AF608504

Handbuch für Bauingenieure

Reihe herausgegeben von

Konrad Zilch, Lehrstuhl für Massivbau, Technische Universität München, München, Deutschland

Claus Jürgen Diederichs, Bauwirtschaft und Baumanagement, Universität Wuppertal, Wuppertal, Deutschland

Klaus J. Beckmann, KJB.Kom Prof. Dr. Klaus J. Beckmann – Kommunalforschung, Beratung, Moderation und Kommunikation, Berlin, Deutschland

Wilhelm Urban, Institut IWAR, Technische Universität Darmstadt, Darmstadt, Deutschland

Carsten Gertz, Institut für Verkehrsplanung und Logistik, Technische Universität Hamburg TUHH, Hamburg, Deutschland

Alexander Malkwitz, Institut für Baubetrieb und Baumanagement, Universität Duisburg-Essen, Essen, Deutschland

Franz Valentin, Germering, Deutschland

Ulvi Arslan, FB Bau- und Umweltingenieurwissenschaften, TU Darmstadt, Darmstadt, Deutschland

Das Handbuch für Bauingenieure bietet Grundwissen kompakt, vollständig und aktuell. Neben den klassischen Fächern des Konstruktiven Ingenieurbaus zählt dazu verstärkt das Fachwissen über das Bau-, Immobilien- und Unternehmensmanagement sowie das Baurecht. Darüber hinaus behandeln ausgewiesene Fachautoren die weiteren Kerngebiete des Bauingenieurs: Geotechnik, Wasserbau, Siedlungswasserwirtschaft, Abfalltechnik, Raumordnung und Städtebau sowie Verkehrssysteme und –anlagen. Das Handbuch wurde den aktuellen Normen und Richtlinien angepasst und versteht sich als Lehrbuch für Studierende und Nachschlagewerk für Praktiker.

Ulvi Arslan
Hrsg.

Geotechnik

Technik – Organisation – Wirtschaftlichkeit

3. Auflage

mit 267 Abbildungen und 58 Tabellen

Hrsg.
Ulvi Arslan
TU Darmstadt
Darmstadt, Deutschland

ISSN 2524-8944 ISSN 2524-8952 (electronic)
Handbuch für Bauingenieure
ISBN 978-3-658-29495-3 ISBN 978-3-658-29496-0 (eBook)
https://doi.org/10.1007/978-3-658-29496-0

Die Deutsche Nationalbibliothek verzeichnet diese Publikation in der Deutschen Nationalbibliografie; detaillierte bibliografische Daten sind im Internet über https://portal.dnb.de abrufbar.

Planung/Lektorat: Ralf Harms
Springer Vieweg ist ein Imprint der eingetragenen Gesellschaft Springer Fachmedien Wiesbaden GmbH und ist ein Teil von Springer Nature.
Die Anschrift der Gesellschaft ist: Abraham-Lincoln-Str. 46, 65189 Wiesbaden, Germany

Vorwort

Das vorliegende Buch entstand als Zusammenstellung der Beiträge zahlreicher Autoren aus den Ingenieurwissenschaften sowie aus der Bauingenieurpraxis zur Sektion Geotechnik, des Handbuchs für Bauingenieure, 3. Auflage. Der Herausgeber dankt allen Autoren sehr herzlich für die hervorragende Arbeit.

Der Herausgeber bedankt sich auch im Namen der beteiligten Autoren beim Springer-Verlag und seinen Mitarbeitern, darunter vor allem Frau Gabriele McLemore und Herrn Ralf Harms für die Koordination sowie Redaktion und Drucklegung des Handbuchs.

Darmstadt, Deutschland

em. Univ.-Prof. Dr.-Ing. Ulvi Arslan
Der Herausgeber

Inhaltsverzeichnis

Bodenmechanik 1
Ulvi Arslan

Baugrunddynamik 59
Stavros Savidis und Christos Vrettos

Baugrunderkundung 83
Markus Herten

Grundbau, Baugruben und Gründungen 107
Markus Herten und Matthias Pulsfort

Maschineller Tunnelbau mit Tunnelvortriebsmaschinen und Rohrvortrieb 167
Ulrich Maidl und Bernhard Maidl

Geotechnische Messverfahren 241
Holger Rosenkranz

Baugrund-Tragwerk-Interaktion 253
Ulvi Arslan und Simon Meißner

Umweltgeotechnik 277
Matthias Vogler

Oberflächennahe Geothermie 325
Ulvi Arslan und Heiko Huber

Stichwortverzeichnis 339

Autorenverzeichnis

Ulvi Arslan em. Univ.-Prof. Dr.-Ing., Fachbereich Bau- und Umweltingenieurwissenschaften, Technische Universität Darmstadt, Darmstadt, Deutschland

Markus Herten Fakultät für Architektur und Bauingenieurwesen/Lehr- und Forschungsgebiet Geotechnik, Bergische Universität Wuppertal, Wuppertal, Deutschland

Heiko Huber Dr.-Ing., CDM Smith SE, Bickenbach, Deutschland

Bernhard Maidl mtc – Maidl Tunnelconsultants GmbH & Co. KG, Duisburg, Deutschland

Ulrich Maidl mtc – Maidl Tunnelconsultants GmbH & Co. KG, Duisburg, Deutschland

Simon Meißner Prof. Dr.-Ing., Prof. Quick und Kollegen Ingenieure und Geologen GmbH, Darmstadt, Deutschland

Matthias Pulsfort Fakultät für Architektur und Bauingenieurwesen/Lehr- und Forschungsgebiet Geotechnik, Bergische Universität Wuppertal, Wuppertal, Deutschland

Holger Rosenkranz Tractebel Hydroprojekt GmbH, Weimar, Deutschland

Stavros Savidis Fachgebiet Grundbau und Bodenmechanik, Technische Universität Berlin, Berlin, Deutschland

Matthias Vogler Ingenieursozietät Prof. Dr.-Ing. Katzenbach GmbH, Darmstadt, Deutschland

Christos Vrettos Fachgebiet Bodenmechanik und Grundbau, Technische Universität Kaiserslautern, Kaiserslautern, Deutschland

Bodenmechanik

Ulvi Arslan

Inhalt

1 **Einführung** ... 1

2 **Bodenphysik** ... 2

3 **Boden als mehrphasiges Medium** ... 9

4 **Grundwasserbewegung im Boden** ... 18

5 **Setzungsermittlung** ... 26

6 **Grenzzustände im Boden** ... 41

Literatur ... 56

Abkürzungen

EAB Empfehlungen des Arbeitskreises für Baugruben
GOF Geländeoberfläche
GW Grundwasserspiegel
NC normalkonsolidiert (Boden)
OC überkonsolidiert (Boden)
OCR Überkonsolidationsverhältnis

1 Einführung

Das Wort Boden in der Bodenmechanik steht für jenes oberflächennahe Material der Erdkruste, das im Gegensatz zum *Festgestein* (Fels) auch *Lockergestein* genannt wird. Die Lockergesteine sind weitgehend durch Verwitterung aus den Festgesteinen entstanden.

Die Mechanik, genauer die *Kontinuumsmechanik,* befasst sich mit der Bewegung materieller Körper in Raum und Zeit unter der Wirkung äußerer Kräfte. Die *Bodenmechanik* ist also jener Zweig der Kontinuumsmechanik, in dem man sich mit materiellen Körpern befasst, die aus Boden bestehen. Solche Körper werden Erdkörper genannt. Unter dem Begriff *äußere Kräfte* werden sowohl die Oberflächenkräfte als auch die Volumenkräfte zusammengefasst. Die an den Erdkörpern angreifenden Oberflächenkräfte werden durch Aufschüttungen oder mehr oder weniger biegsame Gründungskörper wie Sohlplatten, Stützwände und Pfähle ausgeübt. Meistens muss die Wechselwirkung der Gründungskörper mit dem Erdkörper (Baugrund) berücksichtigt werden (Interaktionsprobleme). Für die Erdkörper wich-

U. Arslan (✉)
em. Univ.-Prof. Dr.-Ing., Fachbereich Bau- und Umweltingenieurwissenschaften, Technische Universität Darmstadt, Darmstadt, Deutschland
E-Mail: arslan@ismd.tu-darmstadt.de

U. Arslan (Hrsg.), *Geotechnik*, Handbuch für Bauingenieure,
https://doi.org/10.1007/978-3-658-29496-0_26

tige Volumenkräfte sind die Eigenlast je Volumeneinheit oder Wichte und die volumenbezogene Erdbebenkraft. Auch die mechanische Wirkung des Wassers auf die Erdkörper äußert sich als Volumenkraft.

Die Bodenmechanik ist die Grundlagenwissenschaft der Geotechnik. Geotechnik ist der moderne Oberbegriff für einige alte und einige neue Sparten der Bautechnik, in denen Boden im vorgefundenen Zustand oder in bearbeiteter Form eine wichtige Rolle spielt. Die Bodenmechanik liefert mit Hilfe ihrer mathematischen Modelle Lösungen von geotechnischen Anfangs- und Randwertproblemen. Die Ähnlichkeit des mathematischen Modells mit dem anstehenden geotechnischen Problem ist aber meist nicht ausreichend genau. Die mathematische Lösung allein kann daher i. Allg. nicht als Lösung der geotechnischen Aufgabe betrachtet werden. Vielmehr trägt sie zur Lösung der geotechnischen Aufgabe nach Maßgabe des ingenieurmäßigen Urteils des verantwortlichen Geotechnik-Ingenieurs bei.

Die Ermittlung des lokalen Spannungszustands im Inneren der Erdkörper ist i. Allg. keine statisch bestimmte Aufgabe. Zu ihrer Lösung muss man den Zusammenhang zwischen Spannungen und Formänderungen beachten. Dieser Zusammenhang wird durch *Materialgesetze* (Stoffgesetze) beschrieben. In vielen Sparten des Bauingenieurwesens wird das Hooke'sche Gesetz für das elastische Materialverhalten angenommen. Dieses genügt aber nicht für die Bodenmechanik. Um die Probleme der Bodenmechanik zu verstehen, muss man eine allgemeinere Vorstellung vom Materialverhalten zugrunde legen. Böden bestehen aus einzelnen Körnern. Zwischen den Körnern befindet sich der Porenraum, der mit Luft, aber auch ganz oder teilweise mit Wasser gefüllt sein kann. Dieser Dreiphasenaufbau der Böden ist von entscheidender Bedeutung für ihr Materialverhalten. Bei der Suche nach geeigneten Stoffgesetzen für das Materialverhalten von Böden werden in der Bodenmechanik neben phänomenologischem Vorgehen mikromechanische und bodenphysikalische Betrachtungen vorgenommen. Manchmal werden auch Berechnungs- und Prüfmethoden angewendet, die nur empirisch begründet sind.

Bei Fels bzw. Festgestein hängen die mineralischen Bestandteile mehr oder weniger fest zusammen. Fels ist durch seine Entstehung oder durch tektonische Beanspruchung i. d. R. von Trennflächen und Klüften durchzogen. Deshalb ist es bei der Modellbildung des Felses erforderlich, zwischen Gestein und Gebirge zu unterscheiden. Gestein ist, wie im Boden das Korn, die zusammenhängende Festmasse zwischen den Klüften. Unter Gebirge versteht man die Gesamtheit eines Gesteinsabschnittes inklusive aller Klüfte und Trennflächen. Für die geotechnischen Belange sind eher die Gebirgseigenschaften maßgebend. Die wesentlichen Unterschiede zwischen Boden und Fels bestehen in der Festigkeit des Gesteins und in der Struktur des Gebirges. Im Fels wird die Durchlässigkeit hauptsächlich von der Klüftung bestimmt (Gebirgsdurchlässigkeit). Bei den Festigkeits- und Verformungseigenschaften im Fels müssen die Anordnungen der Trennflächengefüge und die Eigenschaften der Kluftfüllung berücksichtigt werden, um die Anwendung der bodenmechanischen Konzepte auf felsmechanische Probleme zu ermöglichen.

2 Bodenphysik

2.1 Größe und Form der Bodenteilchen, Wasserhüllen

Für die Bodenmechanik sind jene bodenphysikalischen Erkenntnisse interessant, die zum Verständnis des makromechanischen Verhaltens, insbesondere der Beziehungen zwischen Spannungen und Verformungen des Erdstoffes, beitragen. Überragenden Einfluss auf das mechanische Verhalten hat die Tatsache, dass die Bodenteilchen sehr verschiedenen Größenklassen angehören, wie in Tab. 1 dargestellt. Die aus Tonmineralen bestehenden Teilchen liegen im Sichtbarkeitsbereich des Elektronenmikroskops, während andere Minerale zusammen oder allein – v. a. Quarz – Körner im Sand-, Kiesbereich oder darüber bilden. Dass Tonminerale keine großen Teilchen bilden können, liegt an Fehlstellen der Kristallgitter, die das Wachstum der Tonkristalle begrenzen. Als Boden-

Tab. 1 Größenbereich der Bodenphysik

Bereich	Benennung	Kurzzeichen	Korngröße mm
sehr grobkörniger Boden	großer Block	*LBo*	> 630
	Block	*Bo*	> 200 bis 630
	Stein	*Co*	> 63 bis 200
grobkörniger Boden	Kies	*Gr*	> 2 bis 63
	Grobkies	*CGr*	> 20 bis 63
	Mittelkies	*MGr*	> 6,3 bis 20
	Feinkies	*FGr*	> 2,0 bis 6,3
	Sand	*Sa*	> 0,063 bis 2,0
	Grobsand	*CSa*	> 0,63 bis 2,0
	Mittelsand	*MSa*	> 0,2 bis 0,63
	Feinsand	*FSa*	> 0,063 bis 0,2
feinkörniger Boden	Schluff	*Si*	> 0,002 bis 0,063
	Grobschluff	*CSi*	> 0,02 bis 0,063
	Mittelschluff	*MSi*	> 0,0063 bis 0,02
	Feinschluff	*FSi*	> 0,002 bis 0,0063
	Ton	*Cl*	< 0,002

teilchen im Sinne der Bodenmechanik gelten nur solche Teilchen, die in Wasser einigermaßen beständig sind. Statt Bodenteilchen sagt man auch Korn.

In Abb. 1 ist das genormte Korngrößendiagramm nach DIN 18123 und DIN 4022-1 beispielhaft dargestellt. Die Zusammensetzung eines Bodens (bzw. einer Bodenprobe) aus Körnern verschiedener Durchmesser wird durch die in das Diagramm eingetragene Körnungslinie dargestellt. Die Ordinate dieser Kurve über der Abszisse d gibt den prozentualen Gewichtsanteil der Körner bis zum Durchmesser d am Gewicht der getrockneten Probe an. Die Körnungslinie wird durch zwei Zahlen charakterisiert, den

$$\textit{Ungleichförmigkeitsgrad}\ \ U := d_{60}/d_{10}$$

und die

$$\textit{Krümmungszahl}\ \ C := {d_{30}}^2/(d_{10}d_{60}),$$

die aus denjenigen Durchmessern berechnet werden, die 10 %, 30 % und 60 % des Probengewichts entsprechen. In Tab. 1 sind die einzelnen Korngrößenbereiche dargestellt.

Kleine und große Bodenteilchen unterscheiden sich sehr in der Form. Die kleinen, aus Tonmineralen bestehenden Teilchen sind plättchenförmig. Große Teilchen haben meist gedrungene Form wie Körner.

Die Oberflächen aller Bodenteilchen tragen elektrische Ladungen, und zwar hauptsächlich negative. Die Wassermoleküle verhalten sich wegen ihrer mangelhaften Symmetrie als elektrische Dipole. Sie werden deshalb von den fast einheitlich geladenen Oberflächen der Bodenteilchen fest angezogen und ausgerichtet (Abb. 2). Man spricht auch von adsorbiertem (fest gebundenem) Wasser. Mit wachsendem Abstand von der Teilchenoberfläche klingt die bindende Wirkung der Oberflächenladung auf die Wassermoleküle ab. Von der Grenze des adsorbierten Wassers bis zu der Entfernung, ab der gleich viele Wasserteilchen abgestoßen wie aufgenommen werden, befindet sich das Solvatationswasser. Adsorbiertes Wasser und Solvatationswasser bilden die nicht scharf begrenzte diffuse Wasserhülle.

Gedrungene Körner berühren einander nur in Punkten. Schon die auf ein Schluffkorn wirkende Gravitationskraft reicht aus, um die diffuse Wasserhülle an den Kontaktstellen zu verdrängen, sodass *mineralische Kontakte* entstehen, in denen Coulomb'sche Reibung (Festkörperreibung im Gegensatz zu Flüssigkeitsreibung bzw. Newton'sche Reibung) herrscht. Tonplättchen können

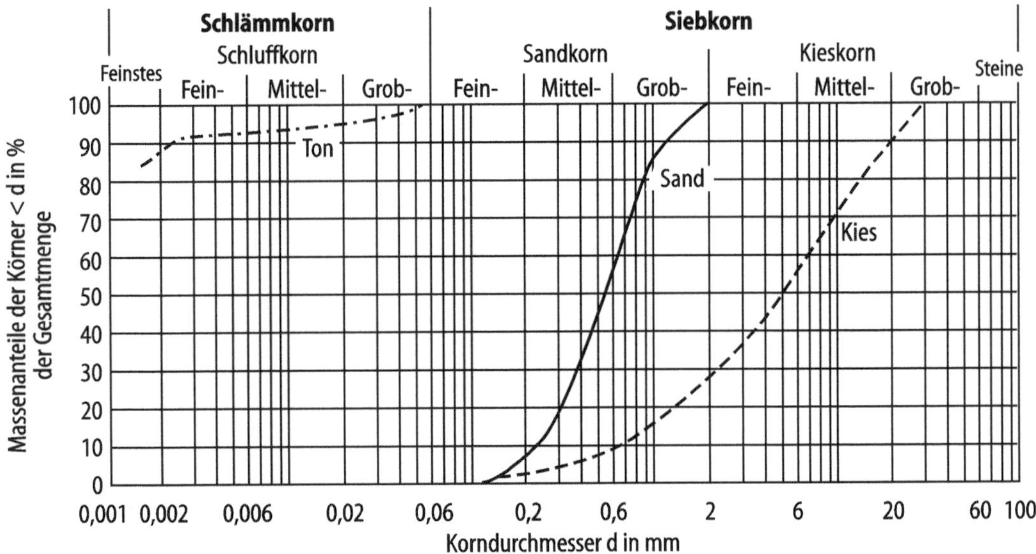

Abb. 1 Korngrößendiagramm mit Körnungslinien nach DIN 18123 und DIN 4022-1

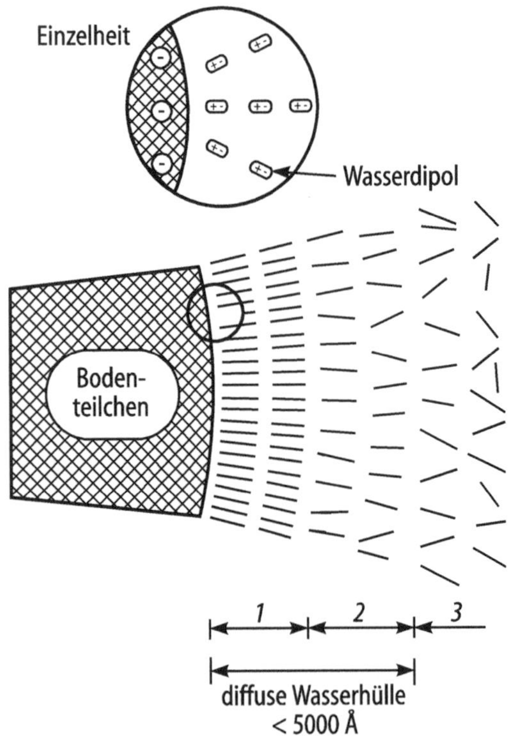

Abb. 2 Diffuse Wasserhülle

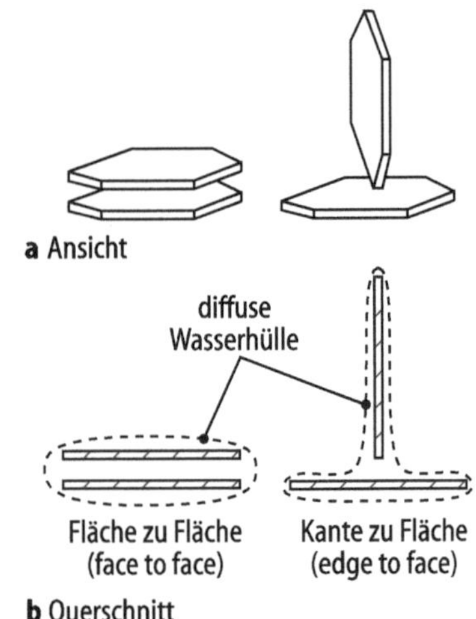

Abb. 3 Gegenseitige Lage von Tonteilchen

auf verschiedene Weisen zueinander orientiert sein. Zwei extreme Möglichkeiten sind in Abb. 3 dargestellt.

Um die diffuse Wasserhülle zwischen den Fläche-zu-Fläche orientierten Plättchen auszuquetschen, müssen sehr viel höhere Drücke in der Größenordnung von 10 MN/m^2 aufgebracht werden als bei Kante-zu-Fläche orientierten Plättchen. Das heißt, die Gegenwart von Wasser ist von großer Bedeutung für das Kräftespiel zwischen den Tonplättchen, aber nicht für die Kräfte zwischen den gedrungenen Körnern von Schluff, Sand und Kies.

2.2 Wassergehalt Atterberg'sche Zustandsgrenzen

Der Wassergehalt w nach DIN 18121 ist das Verhältnis

$$w := \frac{m - m_d}{m_d}.$$

Hierbei ist

- m – Masse der Bodenprobe;
- m_d – Masse der bei 105 °C getrockneten Probe.

Der Zähler des obigen Bruches stellt also denjenigen Anteil der anfänglich in der Probe vorhandenen Wassermasse dar, der bei einer konventionellen Temperatur von 105 °C verdampft. Das Trocknen bei 105 °C treibt nur das Solvatationswasser mehr oder weniger vollständig aus, aber nicht das adsorbierte Wasser (Abb. 2).

Durch die *Fließgrenze* w_L und die Ausrollgrenze w_P nach Atterberg sind die Plastizitätseigenschaften von gesättigten, bindigen Böden definiert. Es handelt sich um Wassergehalte, die in genormten Versuchen dann vorhanden sind, wenn gewisse Arbeiten an den Proben geleistet werden; sie sind somit keine physikalisch begründeten Werte. Zusammen mit der Schrumpfgrenze w_S begrenzen sie nach Abb. 4 vier Zustandsbereiche der feinkörnigen Böden; den festen, halbfesten, plastischen und flüssigen Bereich (siehe DIN 18122), worin $I_P := w_L - w_P$ die *Plastizitätszahl* darstellt, die als Differenz von w_L und w_P die Empfindlichkeit des Bodens für eine Änderung von *w* kennzeichnet. Die Plastizitätseigenschaften bindiger Böden sind ein Maß für ihr Wasserbindungsvermögen.

w_L liegt vor, wenn die Furche in der Schale in Abb. 5 sich auf 10 mm Länge geschlossen hat, nachdem letztere 25-mal um 10 mm fiel und auf eine genormte Unterlage aufschlug. w_P liegt vor, wenn gerollte Würstchen bei 3 mm Dicke zerfallen.

Die *Schrumpfgrenze* w_S wird in einer ganz anderen Art von Versuch gemessen. w_S liegt vor, wenn einer ursprünglich voll wassergesättigten Bodenprobe durch Trocknen soviel Wasser entzogen wurde, dass sie die volle Wassersättigung verliert und Luft in die Poren eindringt. Das Erreichen dieses Kriteriums erkennt man aus dem Verlauf des Porenvolumens mit sinkendem Wassergehalt (Abb. 6). Solange die Probe voll wassergesättigt ist, fällt das Volumen linear mit dem Wassergehalt. Luft dringt ein, wenn die Probe nicht weiter schrumpft und ihren Porenraum nicht weiter verkleinert (Punkt B in Abb. 6).

Die *Konsistenzzahl* I_C bringt den Wassergehalt *w* in Verbindung mit w_L und w_P und dadurch mit dem Gehalt an gebundenem Porenwasser. Es ist

$$I_C := \frac{w_L - w}{I_P} = \frac{w_L - w}{w_L - w_P}.$$

I_C dient auch zur Feingliederung des plastischen Zustandsbereiches (Abb. 7).

In nicht bindigen bzw. grobkörnigen Böden (weniger als 5 Gew.% Körner mit Durchmesser < 0,06 mm, DIN EN ISO 14688) gibt es praktisch keine plastische Konsistenz. Wenn volle Wassersättigung überschritten wird, wechselt die Konsistenz plötzlich von halbfest zu flüssig. w_L und w_P fallen zusammen und die *Plastizitätszahl* I_P ist

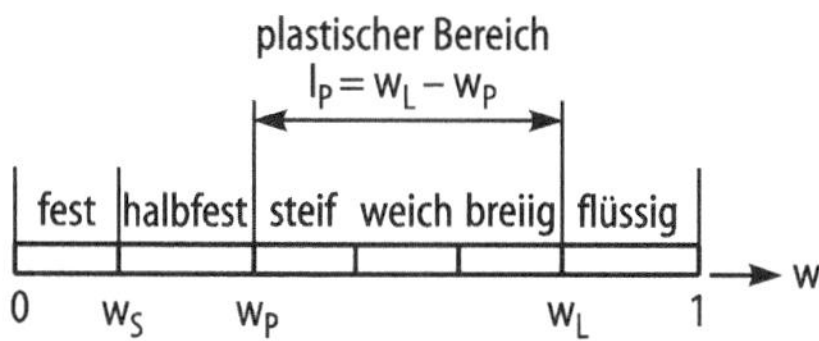

Abb. 4 Zustandsgrenzen nach DIN 18122

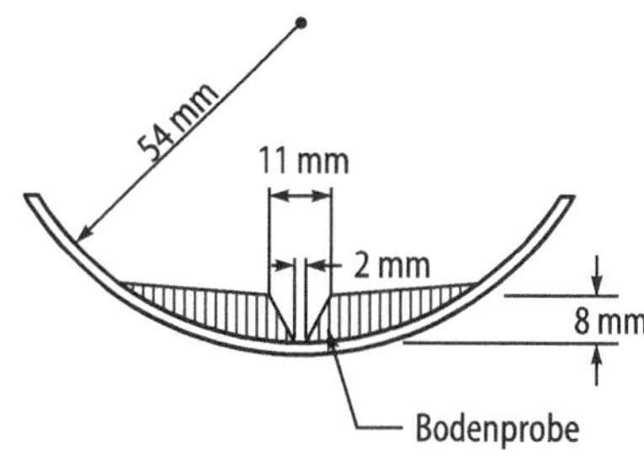

Abb. 5 Fließgrenzengerät nach Casagrande (DIN 18122)

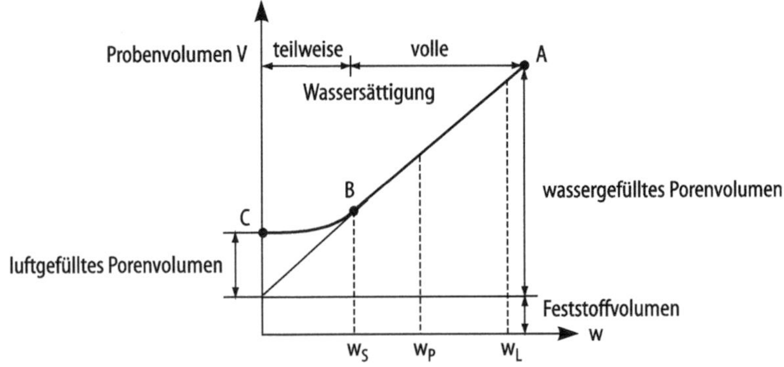

Abb. 6 Abnahme des Wassergehalts während des Trocknungsvorgangs

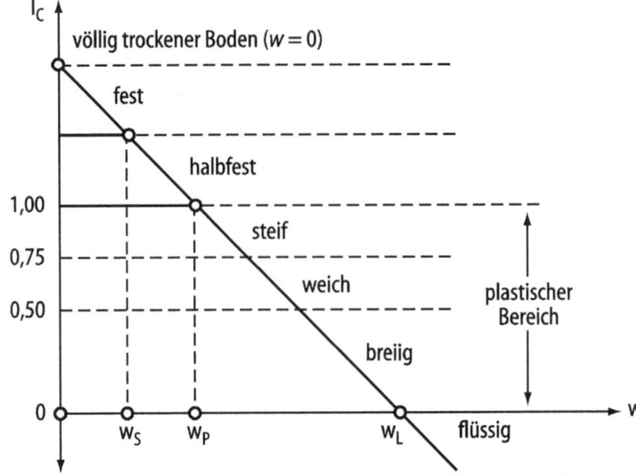

Abb. 7 Unterteilung des plastischen Bereichs

gleich null. Bei Mischböden wächst I_P etwa proportional mit dem Tonanteil, solange es sich um ein und dieselbe Tonsorte handelt.

Dieses Verhalten steht im Einklang mit dem Verschwinden von I_P in nichtbindigen Böden und besagt, dass für ein und dieselbe Tonsorte das Verhältnis von Plastizitätszahl zu Tonanteil etwa konstant ist. Es stellt daher eine mineralogische Charakterisierung des Tonanteils dar, wie Skempton (1953) erkannte. Eine charakteristische Größe dafür ist die Aktivitätszahl I_A. Es gilt

$$I_A := \frac{I_P}{m_{dT}/m_d},$$

wobei

- m_{dT} – Trockenmasse des Probenanteils $\leq 0{,}002$ mm,
- m_d – Trockenmasse des Probenanteils $\leq 0{,}4$ mm.

Folgende Bereiche werden unterteilt:

$$I_A < 0{,}75 \text{ inaktiver Ton,}$$
$$0{,}75 \leq I_A < 1{,}25 \text{ normaler Ton,}$$
$$I_A \geq 1{,}25 \text{ aktiver Ton.}$$

Je größer die Aktivität ist, desto größer ist die Fähigkeit zu quellen (Volumenvergrößerung unter Wasseraufnahme) oder zu schwinden.

Schon früher stellte Casagrande (1947) eine andere Beziehung zwischen den Atterberg'schen Konsistenzgrenzen fest, die im Plastizitätsdiagramm (Abb. 8) dargestellt wird. Darin ist die Plastizitätszahl I_P über der Fließgrenze w_L aufgetragen. Schluffe und Böden mit organischen Beimengungen liefern Punkte, die unterhalb der Casagrande'schen A-Linie mit der Gleichung

$$I_P = 0{,}73(w_L - 20)$$

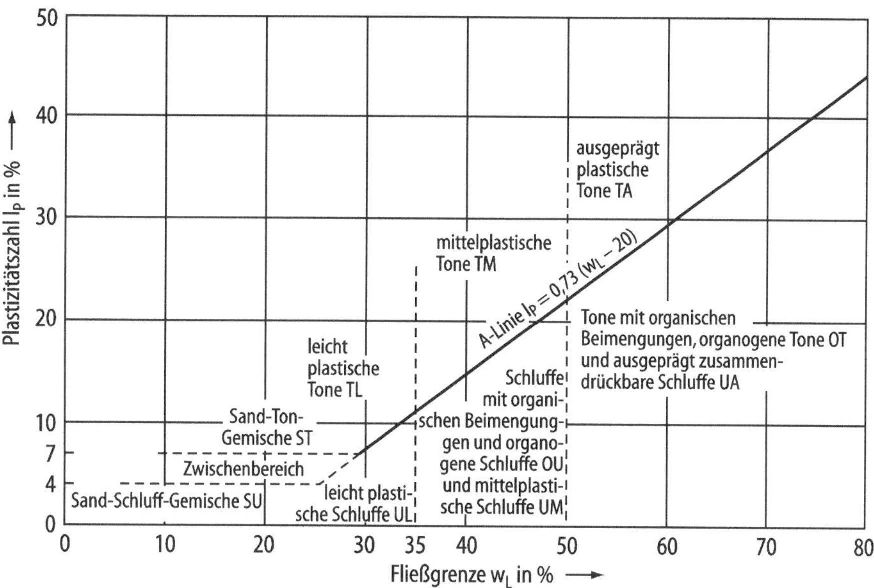

Abb. 8 Plastizitätsdiagramm nach Casagrande. (Aus Wu [1976])

liegen. Rein mineralische Tonböden bilden sich oberhalb der A-Linie ab.

2.3 Zustands- und Strukturbeschreibung von Böden

Neben der Beschaffenheit der Bodenteilchen, insbesondere neben ihrer Größe, ist die räumliche Anordnung der Bodenteilchen wichtig für die mechanischen Eigenschaften der Böden. Die am einfachsten zu ermittelnde Charakterisierung der räumlichen Anordnung ist die Dichte (Masse pro Volumeneinheit) ρ des Bodens. Die Dichten ρ_s der Bodenteilchen (*Korndichte*) unterscheiden sich nur wenig. Für grobkörnige Böden gilt $\rho_s = 2{,}65$ t/m^3, für Tonteilchen im Mittel $\rho_s = 2{,}75$ t/m^3. Die Dichte ρ des Bodens ist daher im Wesentlichen eine Funktion des Porenvolumens, ausgedrückt durch den *Porenanteil* n oder die *Porenzahl* e (Abb. 9). n_w ist der vom Wasser eingenommene Porenanteil und e_w die entsprechende Porenzahl. Ein Gefühl für die Größenordnung der Porosität vermitteln die lockerste (kubische) und dichteste (tetraedrische) gleichmäßige Packung gleicher Kugeln (Abb. 10). Es gilt (s. Abb. 9):

$$n = \frac{\text{Volumen der Poren}}{\text{Gesamtvolumen}} = \frac{V_P}{V} = \frac{e}{e+1},$$

$$e = \frac{\text{Volumen der Poren}}{\text{Volumen der Festmasse}} = \frac{V_P}{V_S} = \frac{n}{1-n}.$$

Der Anteil des Wasservolumens am Porenvolumen ist die

$$\text{Sättigungszahl } S_r := \frac{V_F}{V_P} = \frac{n_w}{n} = \frac{w}{n\rho_w}.$$

Für die Dichte des Bodens bei extremen Sättigungszahlen benutzt man besondere Symbole:

$\rho_d := \rho$ bei $S_r = 0$, *Trockendichte*,

$\rho_r := \rho$ bei $S_r = 1$, Dichte des *wassergesättigten Bodens*

Für die mechanischen Eigenschaften des Erdstoffes wie Steifigkeit und Festigkeit ist nicht die absolute Dichte, sondern ihr Verhältnis zu den beim vorliegenden Boden möglichen extremen Dichten oder – allgemeiner ausgedrückt – zu unter genormten Bedingungen auftretenden und dadurch die Granulometrie (Abmessungen der Körner, Größe, Form etc.) des Bodens charakteri-

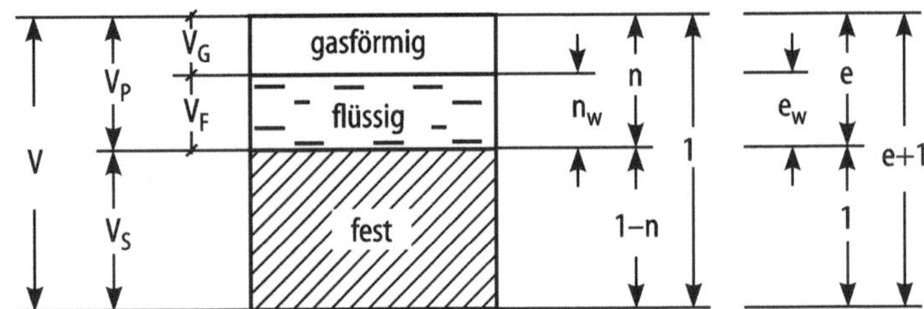

Abb. 9 Volumenanteile der Poren und des Feststoffes (Korngerüst)

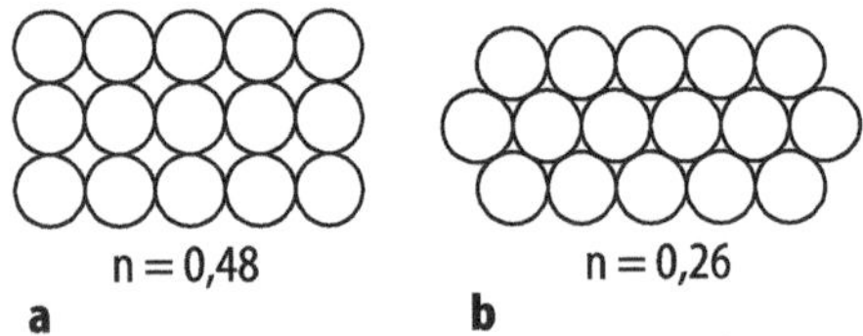

Abb. 10 Extreme gleichmäßige Packungen gleicher Kugeln

sierenden Dichten bedeutsam. Solche Dichten sind die bei körnigen (nichtbindigen) Böden nach DIN 18126 ermittelten Dichten bei lockerster (min ρ_d) und dichtester Lagerung (max ρ_d). Damit berechnet man die *Lagerungsdichte*

$$\text{D für n} = 1 - \rho_d/\rho_s,$$
$$\text{min n} = 1 - \max \rho_d/\rho_s \text{ und}$$
$$\text{max n} = 1 - \min \rho_d/\rho_s \text{ zu}$$
$$D := \frac{\max n - n}{\max n - \min n}.$$

Eine entsprechende Größe lässt sich mittels der Porenzahl e bilden. Es ist die *bezogene Lagerungsdichte*

$$I_D := \frac{\max e - e}{\max e - \min e}.$$

Zwar sind in ein und demselben Boden Festigkeit und Steifigkeit umso größer, je größer ρ_d bzw. je kleiner n und e sind, aber beim Vergleich verschiedener Böden geht diese Gesetzmäßigkeit verloren. Hier sind D und I_C von Nutzen. Sie wachsen – wie man leicht nachprüft – ebenfalls mit ρ_d, berücksichtigen aber dessen Abstand von gewissen unter genormten Bedingungen ermittelten Dichten, welche den Bezug zur jeweils anderen Bodenart herstellen.

Da Festigkeit und Steifigkeit eines Bodens mit wachsender Dichte bzw. abnehmendem Porenvolumen wachsen, ist das Verdichten von Böden eine wichtige geotechnische Maßnahme. Wie die Erfahrung zeigt, hängt es vom Wassergehalt eines Bodens ab, ob er sich leicht oder schwer verdichten lässt. Dieses Verhalten der Böden lässt sich quantitativ erfassen mit Hilfe des Proctor-Versuchs (s. DIN 18127). Hierbei wird eine bestimmte Bodenmasse in einem genormten Gerät mittels einer genormten Arbeit durch ein fallendes Gewicht verdichtet. Die erreichte Trockendichte ρ_d wird über dem Wassergehalt w der Bodenprobe aufgetragen, wie in Abb. 11 zu sehen. Man prüft mehrere Proben bei verschiedenem Wassergehalt und erhält so eine Kurve, die

$$\text{Proctor-Kurve}\, w \rightarrow \rho_d(w, A).$$

Ihr Maximum ist die *Proctor-Dichte* ρ_{pr}. Der zugeordnete Wassergehalt ist der *optimale Wassergehalt* w_{pr}. Die Deutung der Proctor-Kurven wird erleichtert durch gleichzeitige Darstellung der

$$\text{Sättigungs-Kurven}\ w \rightarrow \rho_d(w, S_r),$$

welche die Abhängigkeit der Trockendichte ρ_d vom Wassergehalt w bei konstanter Sättigungszahl S_r, nämlich

$$\rho_d = \rho_d(w, S_r) = \frac{\rho_s}{1 + \frac{w \rho_s}{\rho_w S_r}}$$

wiedergeben. Es handelt sich um eine Schar von Hyperbeln, deren oberste sich für $S_r = 1$ ergibt (s. Abb. 11).

Alle Proctor-Kurven verlaufen unterhalb der Sättigungskurve für $Sr = 1$. Die in situ erzielte Dichte wird zahlenmäßig durch den Verdichtungsgrad $D_{pr} = \rho_d/\rho_{pr}$ ausgedrückt.

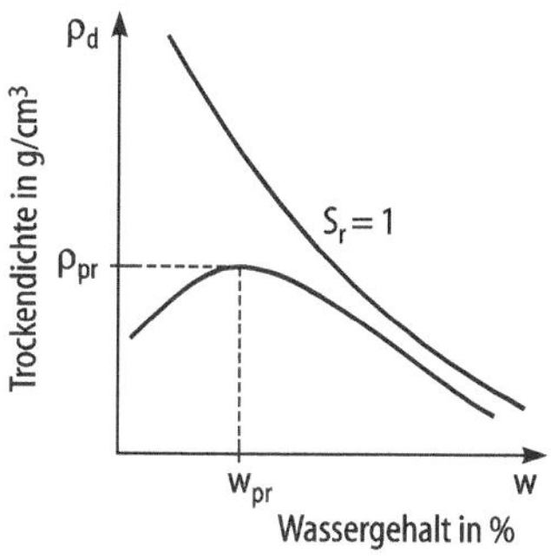

Abb. 11 Proctor-Kurve

Bei bodenmechanischen Berechnungen verwendet man i. d. R. noch die *Wichte* $\vec{\gamma}$ (Eigenlast des Bodens pro Volumeneinheit). Sie ergibt sich aus der Dichte durch Multiplikation mit der Fallbeschleunigung $\boldsymbol{g} = 9{,}81$ N/kg ≈ 10 N/kg.

Die Beziehungen zwischen den verschiedenen hier vorgestellten Wichten und Hohlraum charakterisierenden Bodenkenngrößen sind in Tab. 2 zur besseren Übersicht zusammengefasst.

Zur Beschreibung der räumlichen Anordnung der Tonteilchen, soweit sie nicht durch die Dichte erfasst wird, ist der qualitative Begriff *Struktur* eingeführt. Die bei der Entstehung der Tonböden sich ausbildende Struktur hängt davon ab, ob die Sedimentation im Süß- oder Salzwasser erfolgt. Je mehr Kante-Fläche-Anordnungen vorliegen, desto höher ist die Festigkeit (Abb. 12). Durch starke Verformung wird die Zahl dieser Anordnungen vermindert und die Festigkeit sinkt auf die Restscherfestigkeit.

Tonige Böden reagieren also aufgrund der Struktur ihrer Tonminerale oft empfindlich gegenüber Scherbeanspruchungen oder Bewegungen. Böden, die im Labor aufgearbeitet bzw. auf der Baustelle gelöst und umgesetzt oder durch Geländebewegungen beeinflusst werden, sog. „gestörte Böden", haben häufig eine geringere Scherfestigkeit als ungestörte Böden. Das Verhältnis

$$\frac{\tau_u}{\tau_g} = s_t$$

wird als *Sensitivität* bezeichnet, worin τ_u die Scherfestigkeit des ungestörten und τ_g die Scherfestigkeit des gestörten Bodens darstellt. Anhaltswerte für die Sensitivität werden in Tab. 3 angegeben.

2.4 Klassifikation der Böden

Eine bodenmechanische Klassifikation der Böden ist dann von Nutzen für die Geotechnik, wenn die Klassifikationsmerkmale Hinweise auf mechanische Eigenschaften der Böden geben, die für die Geotechnik wichtig sind und wenn die Klassifikationsmerkmale leichter zu ermitteln sind als die interessierenden mechanischen Eigenschaften. Besonders leicht zu ermitteln ist die Korngrößenverteilung. Zusammen mit den Zustandsgrenzen nach Atterberg bildet sie die Grundlage der heute gebräuchlichen, sich nur unwesentlich unterscheidenden Klassifikationsmethoden.

Der Gebrauch der Klassifikation beruht auf der stillschweigenden Voraussetzung, dass die Klassifikationsmerkmale durch die erdbaulichen Bearbeitungsmethoden (Transportieren, Verdichten) und durch die Beanspruchung des Bodens im Baugrund und im fertigen Erdbauwerk nicht verändert werden, dass also Granulometrie und Mineralogie des Bodens konstant sind. Dies trifft für die Böden in tropischen Gebieten nicht zu. Deswegen ist die herkömmliche Klassifikation für tropische Böden nur begrenzt brauchbar.

DIN 18196 vereinigt Klassifikation und Anwendung der Klassifikationsergebnisse in übersichtlicher Weise in einer einzigen Tabelle. In DIN EN ISO 14688 und DIN EN ISO 14689 wird Boden und Fels einheitlich benannt und beschrieben.

3 Boden als mehrphasiges Medium

3.1 Zur kontinuumsmechanischen Beschreibung des mehrphasigen Mediums

Im Allgemeinen besteht ein Boden aus mehr oder weniger festen Teilchen, zwischen denen sich Flüssigkeit und Gas befindet. Deshalb nennt man Böden auch *mehrphasige Medien* (Tab. 4).

Die drei Phasen können sich relativ zueinander bewegen. An dieser Bewegung ist man interessiert, insbesondere an der Bewegung der flüssigen Phase relativ zur festen Phase. Aus diesem

Tab. 2 Rechnerische Beziehungen zwischen Bodenkenngrößen

Gesuchte Größen	Vorgegebene Größen: γ_s und γ_w und …			
	w; S_r	γ_r	$\gamma(w)$	$\gamma_d(w)$
w ($S_r < 1$)	w	–	$\frac{(\gamma_s - \gamma)S_r\gamma_w}{(\gamma - S_r\gamma_w)\gamma_s}$.	$S_r\left[\frac{\gamma_w}{\gamma_d} - \frac{\gamma_w}{\gamma_s}\right]$
n	$\frac{w\gamma_s}{w\gamma_s+S_r\gamma_w}$	$\frac{\gamma_s - \gamma_r}{\gamma_s - \gamma_\omega}$	$1 - \frac{\gamma}{(1+w)\gamma_s}$	$1 - \frac{\gamma_d}{\gamma_s}$
e	$\frac{w}{S_r}\frac{\gamma_s}{\gamma_w}$	$\frac{\gamma_s - \gamma_r}{\gamma_r - \gamma_w}$	$\frac{S_r\gamma_w\gamma_s}{w\gamma_s + S_r\gamma_w} - 1$	$\frac{\gamma_s}{\gamma_d} - 1$
γ ($S_r < 1$)	$(1 + w) \cdot \frac{S_r\gamma_w\gamma_s}{w\gamma_s + S_r\gamma_w}$	–	γ	$(1 + w)\gamma_d$

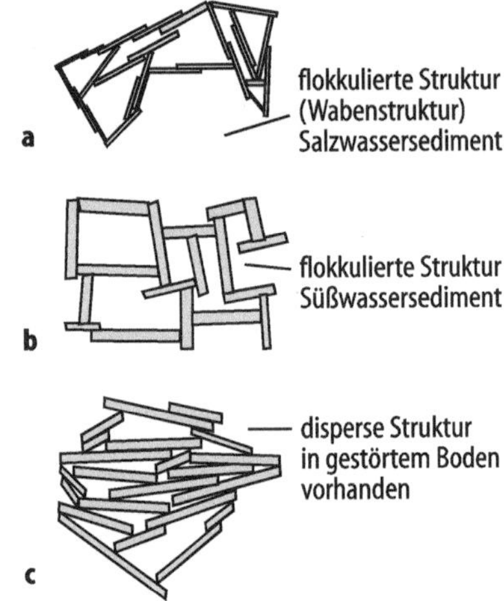

Abb. 12 Tonstrukturen

Tab. 3 Sensitivität von Böden

Boden	S_t
vorbelastete Tone	~ 1,0
normalbelastete Tone	2 … 4
ausgelaugte Meerwassersedimente	bis über 100

Grunde kann man den Boden – dieses Gemisch aus festen Teilchen, Wasser und Luft – nicht als einheitliches Material betrachten. Es ist nicht die Größe der das Gemisch aufbauenden Teilchen, welche die Betrachtung als einheitliches Material verbietet, sondern der fehlende Verbund zwischen den vermischten Materialien oder – wie schon gesagt – deren Fähigkeit, sich relativ zueinander zu bewegen. Im Rahmen der Kontinuumsmechanik werden solche Materialgemische einfach *Mischungen* bzw. *Materialmischungen* genannt. Der entsprechende Zweig der Kontinuumsmechanik heißt *Mischungstheorie*. Die Materialien, welche die Mischung bilden, heißen *Mischungskonstituenten*. Sie entsprechen im Falle des Bodens den drei Phasen. Das Konzept der Materialmischung *verschmiert* die Eigenschaften der drei Phasen, d. h. in jedem Punkt des Gemisches sind alle Mischungskonstituenten anwesend (Planck'sche Mischung).

Jedem Punkt der Materialmischung sind in jedem Augenblick drei Spannungszustände und drei Bewegungszustände zugeordnet, entsprechend den drei Mischungskonstituenten. Im Allgemeinen sind alle Spannungs- und Bewegungszustände miteinander verknüpft. Dieses komplizierte Problem der Mischungsmechanik wird in der Bodenmechanik stark vereinfacht durch drei Konzepte, welche die Wechselwirkungen zwischen den Mischungskonstituenten bzw. zwischen den Phasen betreffen. Es sind dies

1. das auf dem Konzept der Oberflächenspannung beruhende mikromechanische Konzept der *Kapillarität* nach Laplace bzw. das makromechanische Konzept des Kapillardrucks,
2. das Konzept der wirksamen (*effektiven*) *Spannung* nach Terzaghi,
3. das Konzept der *Filterströmung* nach Darcy.

Die Eigenschaften einer Mischungskonstituente heißen *Partialgrößen*. Dagegen heißen die Eigenschaften der Mischung *totale Größen*. Dementsprechend ist die partiale Massendichte die Masse einer Mischungskonstituente in einer Volumeneinheit der Mischung. Die Partialspannung ist die in der Flächeneinheit eines durch die Mi-

Tab. 4 Die drei Phasen des Bodens

Bodenphysikalische Begriffe	Mikromechanische Begriffe	Phasen
Bodenkörner mit gebundenem Wasser	Korngerüst oder Bodenskelett	fest
freies Wasser	Porenwasser	flüssig
mit der Atmosphäre verbundene Luft, Luftblasen in Wasser	Porenluft	gasförmig

schung gelegten Euler'schen Schnittes auf die entsprechende Mischungskonstituente wirkende Kraftdichte. Für die Bedürfnisse der Mischungstheorie werden die Bilanzgleichungen der Mechanik um folgende Grundsätze ergänzt:

- Die an jeder Mischungskonstituente angreifenden Kräfte einschließlich der Wechselwirkungen müssen im Gleichgewicht stehen.
- Die Summe der partialen Gleichgewichtsbedingungen soll gleich der totalen Gleichgewichtsbedingung sein.

Aus diesen Grundsätzen folgt unmittelbar, dass die Summe der Wechselwirkungen verschwindet und die Summe der partialen Spannungszustände dem totalen Spannungszustand gleich ist.

3.2 Kapillareffekte im Boden

3.2.1 Kapillarität

In der Erscheinung der Kapillarität äußert sich in ganz besonderem Maße das Vorhandensein der drei Phasen fest, flüssig und gasförmig. Wo die drei Phasen aneinander grenzen, treten Effekte auf, die selbst auf der mikromechanischen Betrachtungsebene nicht mehr durch den Spannungsbegriff im Sinne einer flächenbezogene Kraftdichte beschrieben werden können. Deshalb denkt man sich die Grenzfläche zwischen flüssiger und gasförmiger Phase als Membran, die in der Lage ist, eine linienbezogene Kraftdichte – die *Oberflächenspannung* – zu übertragen. Die Oberflächenspannung T_S ist eine Materialeigenschaft der Flüssigkeit und kann aufgefasst werden als die Zugfestigkeit des Materials des membranartigen *Flüssigkeitsspiegels* (das ist die Trennfläche zwischen flüssiger und gasförmiger Phase). Wenn die inneren Kräfte die Festigkeit der Membran erreichen, vergrößert sich der Flüssigkeitsspiegel bei konstanter Membranspannung unter Aufnahme neuer Moleküle aus dem Inneren der Flüssigkeit, bis sich eine neue Gleichgewichtskonfiguration einstellt.

Die Oberflächenspannung variiert mit der Temperatur der Flüssigkeit und mit der mittleren Krümmung des Flüssigkeitsspiegels. Für Wasser gilt $T_S = 7{,}56 \cdot 10^{-2}\ N/m$ bei 0 °C und bei ebenem Wasserspiegel.

Mit steigender Temperatur sinkt die Oberflächenspannung . Bei 40 °C ist sie um 10 % kleiner.

Kapillarität nennt man die Gesamtheit der Effekte, die aus dem Zusammenspiel der Oberflächenkräfte der drei Konstituenten des Bodens entstehen und die gewöhnlich mit der Krümmung des Flüssigkeitsspiegels verbunden sind. Laplace (1749–1827) bestimmte die lokale Geometrie des Flüssigkeitsspiegels aufgrund des Gleichgewichts der an einem differenziellen Flächenelement des Flüssigkeitsspiegels angreifenden Kräfte. Hieraus folgt die Beziehung zwischen der Druckdifferenz Δp der konkaven und konvexen Seite und dem Krümmungsradius R und der Oberflächenspannung T_S:

$$\Delta p = T_s \frac{1}{R} \tag{1}$$

3.2.2 Kapillare Steighöhe h_K

Beim kapillaren Aufstieg der Flüssigkeit Wasser innerhalb eines Kapillarrohres ist die konkave Seite die Luftseite. Es ist dann

$$p_{\text{konkav}} = p_a \tag{2}$$

der atmosphärische Luftdruck und

$$p_{\text{konvex}} = p_a + u, \tag{3}$$

wobei der *Porenwasserdruck* u den relativ zu p_a gemessenen Flüssigkeitsdruck darstellt.

$$\Delta p = p_a - (p_a + u) = -u. \quad (4)$$

Im hydrostatischen Fall variiert u nur mit der senkrechten Raumkoordinate, und zwar linear nach unten zunehmend. In Höhe des ursprünglichen, nicht kapillar gehobenen Spiegels ist $u = 0$. Folglich ist der Druck unmittelbar unter dem in die Höhe h über seine ursprüngliche Lage gehobenen Spiegel

$$u = -\gamma_w h \quad (5)$$

Einsetzen in Gl. (4) ergibt:

$$\Delta p = \gamma_w h. \quad (6)$$

Je enger ein in Wasser getauchtes Glasrohr ist, desto höher steigt der Wasserspiegel im Rohr (Abb. 13). Der Winkel α ist darin der von der Oberflächenbeschaffenheit abhängige Benetzungswinkel zwischen Flüssigkeitsspiegel und Rohrwandung. Für Glas mit fettfreier Oberfläche ist $\alpha \approx 15°$. Die mittlere Höhe des Spiegels im engen Kapillarrohr (lat.: capillum das Haar) heißt *kapillare Steighöhe* h_k. Man erhält sie aus dem Gleichgewicht der an der angehobenen Wassersäule angreifenden Kräfte.

$$\gamma_w \frac{\pi}{4} d^2 h_k = (\pi d) T_S \cos\alpha, \quad (7)$$

wonach

$$h_k = \frac{4T_S}{d\gamma_w} \cos\alpha, \quad (8)$$

gilt. Hieraus folgt, dass die senkrechte Komponente der resultierenden Kraft der Membranspannungen am Rand gleich der Eigenlast der angehobenen Wassersäule ist.

Bei ungleichförmigem Längsschnitt der Kapillaren (Jaminrohr) bleibt die kapillare Steighöhe hinter einem periodisch wechselnden Wasserstand zurück. Diese Erscheinung heißt *Kapillar Hysterese*. In Kapillaren mit ungleichförmigem Längsschnitt steht der Meniskus höher oder tiefer, je nachdem, ob die Kapillare zuerst wassergesättigt oder leer war, der Meniskus also auf h_{kp} gefallen oder bis h_{ka} gestiegen ist (Abb. 14).

In einem Haufwerk aus irregulären Körnern (z. B. in einem Sandhaufen) wird ähnliches Verhalten des Wassers beobachtet. Entsprechend Gl. (8) wird die kapillare Steighöhe h_k von einem charakteristischen Korndurchmesser d abhängen, der an die Stelle des Rohrdurchmessers tritt. Für den Kapillardruck p_k innerhalb der Kapillaren gilt dann $p_k = \gamma_w h_k$.

3.2.3 Kapillarkohäsion c_K

Eine andere Wirkung der Oberflächenspannung ist die in feuchtem Sand zu beobachtende *Kapillarkohäsion* c_k. Das Erklärungsprinzip ist aus Abb. 15 ersichtlich. Während der Kapillardruck als äußere Kraft auf das Korngerüst einwirkt, ist die scheinbare Kohäsion ein Beitrag zur Festigkeit, also eine bei Beanspruchung in Erscheinung tretende innere Kraft. Sie hat – ebenso wie der Kapillardruck – die physikalische Dimension einer flächenbezogenen Kraftdichte.

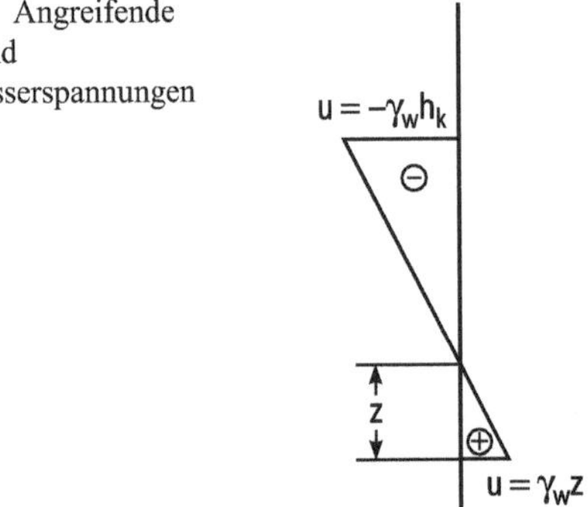

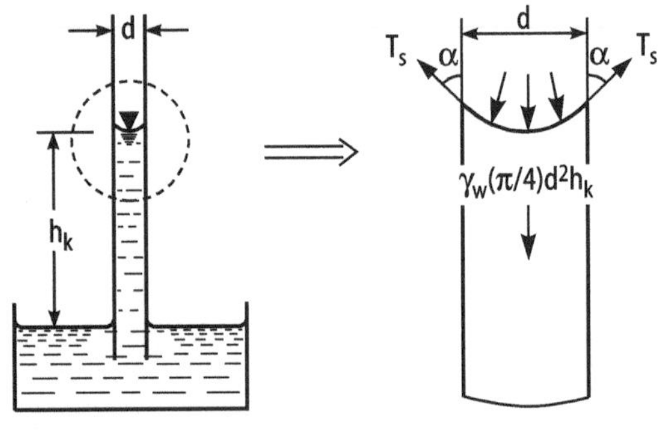

Abb. 13 Angreifende Kräfte und Porenwasserspannungen

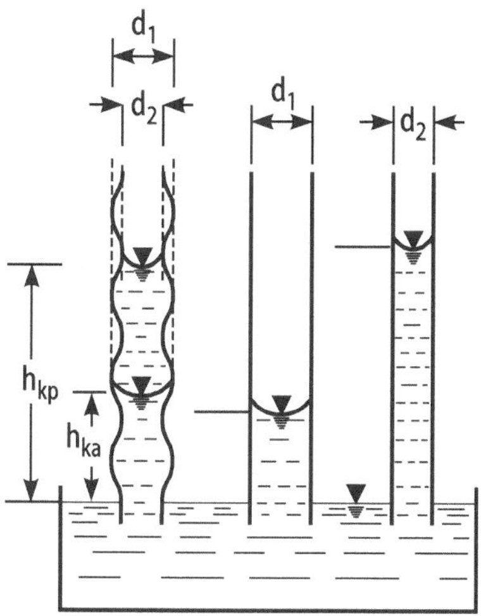

Abb. 14 Kapillare mit ungleichförmigem Längsschnitt, aktive und passive kapillare Höhe

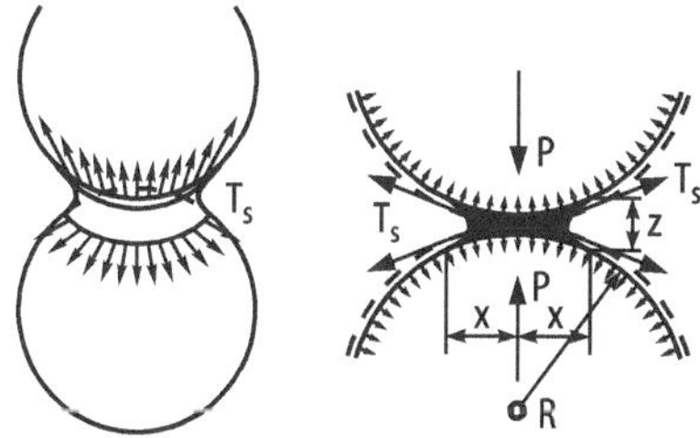

Abb. 15 Oberflächenspannung als Ursache der Kapillarkohäsion

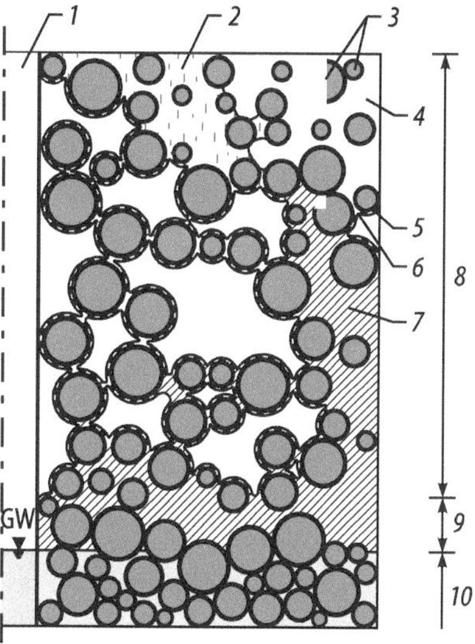

Abb. 16 Erscheinungsformen des Porenwassers

3.3 Porenwasser

Das freie, nicht an die Bodenteilchen gebundene Wasser (Abb. 2) heißt *Porenwasser.* Die Auswirkungen des Zusammenspiels von Schwerkraft und Oberflächenspannung auf das ruhende Porenwasser sind in Abb. 16 auf der mikromechanischen Betrachtungsebene schematisch dargestellt.

Die im Bild mit 3 und 4 bezeichneten Erscheinungsformen des Wassers gehören nicht zum Porenwasser im oben erklärten Sinne. Die Ziffern 8, 9 und 10 bezeichnen zusammenhängende, mit Porenwasser gefüllte Gebiete. Das mit 1 bezeichnete Beobachtungsrohr muss man sich so weit vorstellen, dass darin kein kapillarer Porenwasseraufstieg stattfinden kann. Demnach wirkt auf beide Seiten des Wasserspiegels im Rohr der atmosphärische Luftdruck p_a.

Im ruhenden Porenwasser herrschen die Gesetze der Hydrostatik. Der Spannungszustand des Porenwassers wird relativ zum atmosphärischen Luftdruck angegeben. Der Porenwasserdruck ist in Ebenen parallel zur horizontalen x,y-Ebene konstant. Er wächst in z-Richtung (nach unten) mit konstanter Rate, der Wichte γ_w des Porenwassers. In umgekehrter Richtung, also nach oben fortschreitend, nimmt der Porenwasserdruck mit konstanter Rate ab und muss infolgedessen bei einer gewissen Koordinate den Wert null annehmen, und zwar in allen Punkten der dieser Koordinate entsprechenden Ebene.

Diese Ebene heißt *Grundwasserspiegel* abgekürzt GW. Das Verschwinden des Porenwasserdrucks ist die definierende Eigenschaft des GW. Diese Definition gilt auch außerhalb der Hydrostatik, wenn der Grundwasserspiegel nicht eben ist.

Der GW kann mit der Grenzfläche von flüssiger und gasförmiger Phase zusammenfallen, er muss es aber nicht. So fällt der in Abb. 16 dargestellte horizontale GW innerhalb des Beobachtungsrohres mit der Grenzfläche zusammen, außerhalb des Rohres verläuft er aber im Porenwasser.

Das Porenwasser unterhalb des GW heißt *Grundwasser*. Das über dem GW befindliche, mit dem Grundwasser und unter sich zusammenhängende Porenwasser ist das *Kapillarwasser*. Man unterscheidet den *geschlossenen Kapillarbereich* (in Abb. 16 mit 9 bezeichnet) und das *offene Kapillarwasser* (in Abb. 16 mit 7 bezeichnet). Wenn das Grundwasser abgesenkt wird, dann senkt sich auch das Kapillarwasser, aber nicht das übrige Porenwasser.

Auf der makromechanischen Ebene werden die verschiedenen Erscheinungsformen des Porenwassers summarisch durch die Sättigungszahl S_r und den Porenwasserdruck *u* beschrieben, wie in Abb. 17 angedeutet. Der Sprung im Porenwasserdruck von $-\gamma_w h_k$ auf null entspricht den Menisken am oberen Rand des Kapillarwassers. Diese befinden sich aber nicht alle auf gleicher Höhe, sodass man den Sprung in einer Ebene annehmen muss, die innerhalb des offenen Kapillarwassers verläuft.

Vom GW aus nach unten nimmt *u* gleichmäßig zu, (Abb. 18) d. h.

$$u(z) = \gamma_w (z - z_w) = \gamma_w h.$$

Der Porenwasserdruck in der Tiefe *z* ist gleich der Eigenlast einer darüber befindlichen, bis zum GW reichenden Wassersäule mit Einheitsquerschnitt.

Der Abstand z–z_w bzw. das Verhältnis u/γ_w heißt *Druckhöhe*. Um die Druckhöhe sichtbar zu machen benützt man – in Wirklichkeit oder in der Vorstellung – ein *Piezometerrohr* oder *Standrohr*. Im Unterschied zum Beobachtungsrohr in Abb. 16 hat ein Standrohr einen definierten *Fußpunkt*. Es bringt diesen Punkt mit dem *Standrohrspiegel* in Verbindung. Dessen senkrechter Abstand vom Fußpunkt ist die dem Fußpunkt zugeordnete.

Druckhöhe h. In Abb. 18 ist der Gebrauch des Standrohres skizziert. Ebenso wie das Beobachtungsrohr muss das Piezometer- oder Standrohr so breit sein, dass kein merklicher kapillarer Anstieg stattfindet.

Nach diesen Erläuterungen kann die Beziehung zwischen den Phasen und den Mischungskonstituenten präzisiert werden (Tab. 5).

3.4 Prinzip der wirksamen Spannungen

In einem Baugrund aus Sand oder Kies vermutet man keinen Verbund zwischen Korngerüst und Grundwasser. Aber selbst bei Tonboden ist entgegen dem Augenschein der Verbund zwischen Korngerüst und dem in den mikroskopisch feinen Poren befindlichen Porenwasser langfristig nicht gewährleistet. Terzaghi (1883–1963) erkannte, dass man diese Tatsache erfassen kann, wenn man nicht nur wie bei einem einheitlichen Baustoff die *totale Spannung* – das ist die gesamte je Flächeneinheit eines Euler'schen Schnittes übertragene Kraft betrachtet, sondern den Porenwasserdruck getrennt berücksichtigt, und zwar durch das *Prinzip der wirksamen Spannungen*. Es besagt, dass für die Festigkeit und für die Formänderungen des Bodens nur die um die Porenwasserdruckspannungen verminderten totalen Spannungen von Bedeutung sind. Sie heißen *wirksame*

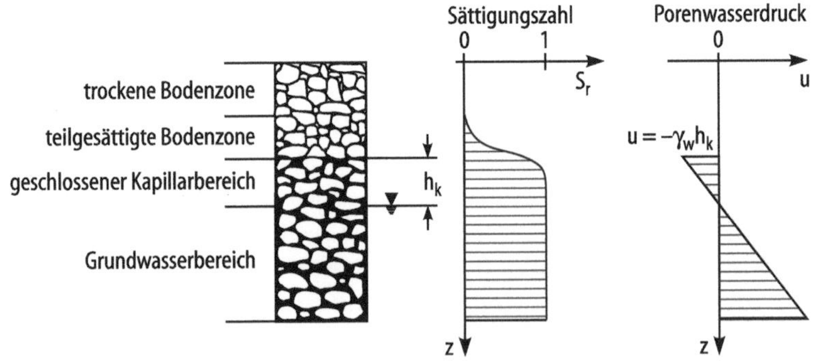

Abb. 17 Darstellung des Porenwassers auf der makromechanischen Ebene

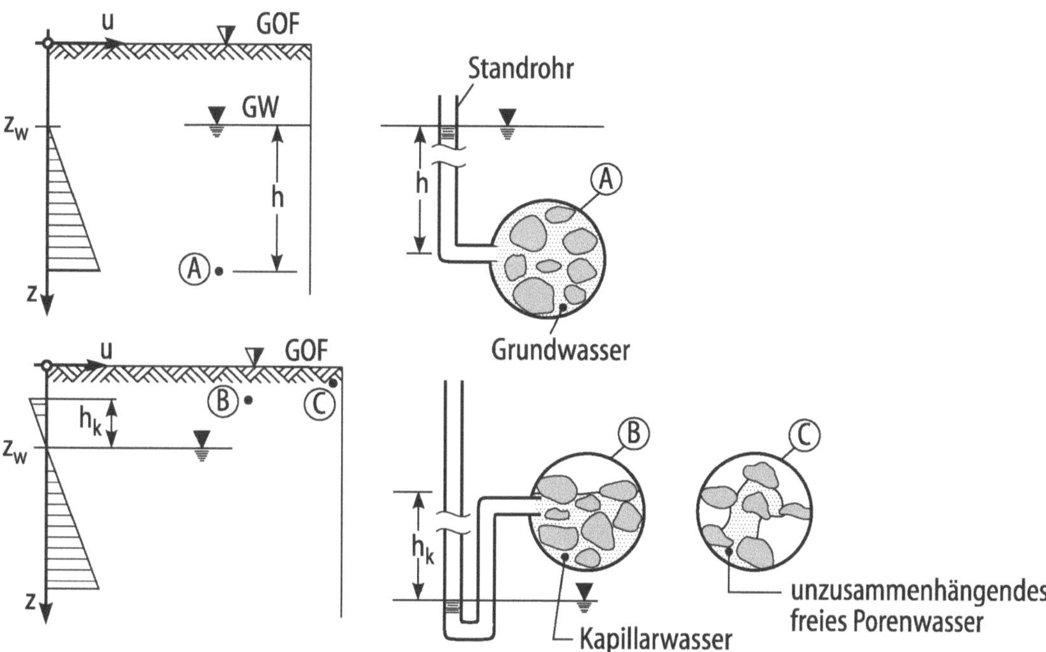

Abb. 18 Hydraulische Höhen, angezeigt durch Standrohre (Piezometerrohre)

Tab. 5 Aufteilung der mikromechanischen Bodenbestandteile auf Phasen und Mischungskonstituenten

Phasen	Bodenbestandteile auf der mikromechanischen Ebene (s. Abb. 16)	Konstituenten der Materialmischung
fest	Korngerüst	fest
flüssig	Haftwasser Porenwinkelwasser Gravitationswasser	
	Kapillarwasser Grundwasser	flüssig
gasförmig	Luftblasen in Wasser	
	mit Atmosphäre verbunden	gasförmig

oder effektive Spannungen und werden mit σ′ bezeichnet.

Vom Standpunkt der Mischungstheorie aus gesehen, ist der wassergesättigte Boden eine Materialmischung mit zwei Mischungskonstituenten: der festen Konstituente und der flüssigen Konstituente (s. Tab. 5). Der Spannungszustand einer Materialmischung ist die Summe der Partialspannungen der Mischungskonstituenten. Terzaghis Prinzip enthält demnach *zunächst* die Definition, dass die Partialspannungen der flüssigen Mischungskonstituente dem *Porenwasserdruck* gleich ist. Weil dem wassergesättigten Boden im Einklang mit der bodenmechanischen Tradition aber nur zwei Konstituenten zugesprochen werden, ist damit auch die andere Partialspannung festgelegt, wenn man die Annahme gelten lässt, dass sowohl die Körner als auch das Wasser inkompressibel sind. Im Sinne der Mischungstheorie wird Terzaghis Prinzip deshalb wie folgt dargestellt:

$$\sigma = \sigma' + u. \tag{9}$$

Im Zusammenhang mit dem Terzaghis Prinzip nennt man die Porenwasserspannungen auch *neutrale Spannungen*.

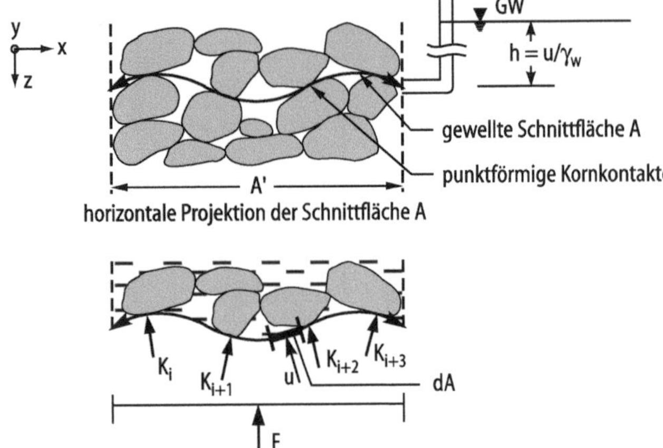

Abb. 19 Terzaghisches Prinzip der wirksamen Spannungen

Betrachtet man einen Baugrund mit horizontal verlaufender Schichtung und horizontaler Oberfläche (Abb. 19) führe in Gedanken in einer gewissen Tiefe einen Schnitt durch die Kornkontakte und den Porenraum, der einer horizontalen Ebene möglichst nahe kommt, so erhält man einen *gewellten Schnitt* wie in der Skizze angedeutet. Wir betrachten einen Teil A der gewellten Schnittfläche. Wegen der getroffenen Voraussetzungen ist die in der Fläche A übertragene Kraft **F** senkrecht gerichtet und wirkt durch den Schwerpunkt der horizontalen Projektion A' von A. **F** setzt sich zusammen aus den vertikalen Kräften $\mathbf{K}_i$, die durch die punktförmigen Kornkontakte übertragen werden, und aus der Kraft **U**, die vom Porenwasser übertragen wird. Aufgrund der Symmetrie gilt

$$\mathbf{U} := \int_a \mathbf{u} dA' \rightarrow U_z = uA'$$

$$U_x = 0$$

$$U_y = 0$$

$$\mathbf{K} := \sum_{i=1}^{n} \mathbf{K}_i \rightarrow K_z = |\mathbf{K}|$$

$$K_x = K_y = 0$$

$$\mathbf{F} = \mathbf{K} + \mathbf{U} \rightarrow F_x = K_x + U_x = 0$$

$$F_y = K_y + U_y = 0$$

$$F_z = K_z + U_z = |\mathbf{K}| + uA'$$

$$\sigma = |\mathbf{K}|/A' + u := \sigma' + u.$$

u ist der mittlere Porenwasserdruck in der gewellten Schnittfläche,

σ' ist die auf die gesamte Projektion der gewellten Schnittfläche bezogene Summe der Kontaktkräfte.

3.5 Spannungen in Erdkörpern infolge Eigengewicht

Der Baugrund wird oft als waagerecht geschichteter, seitlich sehr ausgedehnter Erdkörper mit ruhendem Grundwasser idealisiert. Oberflächenlasten, falls weit ausgedehnt und gleichmäßig verteilt, teilen so die Symmetrie des Systems. Aufgrund der Symmetrie hängen die Spannungen des Erdkörpers infolge Eigengewicht nur von der senkrechten Ortskoordinate z ab, wie die Spannungen des ruhenden Grundwassers.

In dem in Abb. 20 dargestellten Fall besteht der ganze Erdkörper aus einer homogenen Schicht. Der Grundwasserspiegel liegt in der waagerechten Oberfläche des Erdkörpers. Es handelt sich um wassergesättigten Boden mit $S_r = 1$. Durch einen Euler'schen Schnitt ist eine Säule mit der Grundfläche a^2 freigeschnitten. Sie besteht aus einer Materialmischung aus fester und flüssiger Mischungskonstituente. Die Partialwichte einer Mischungskonstituenten im Volumen dV ist gleich der Gewichtskraft ihrer darin enthaltenen Masse geteilt durch dV. Also ist die Partialwichte der festen Phase $(1-n)\gamma_s$ und der flüssigen Phase $n\gamma_w$.

Für die Wichte der Materialmischung bei wassergesättigtem Boden gilt dann

$$\gamma_r = (1-n)\gamma_s + n\gamma_w.$$

Die totale Spannung σ_z ergibt sich aus der Forderung nach Gleichgewicht aller am freigeschnittenen Körper angreifenden, in senkrechter Richtung wirkenden Kräfte.

Im Fall von Abb. 20 lautet die Forderung

$$\sigma_z a^2 - \gamma_r a^2 z = 0.$$

Daraus ergibt sich

$$\sigma_z = \gamma_r z.$$

Die totale Spannung ist die Eigenlast der Materialmischung je Flächeneinheit. Der Porenwasserdruck in der Tiefe z ist

$$u = \gamma_w z.$$

Mit Terzaghi ergibt sich die wirksame Spannung aus der totalen Spannung abzüglich des Porenwasserdrucks zu

$$\begin{aligned} \sigma'_z &= \gamma_r z - u \\ &= (1-n)\gamma_s z + n\gamma_w z - \gamma_w z \\ &= \underbrace{(1-n)(\gamma_s - \gamma_w)}_{\gamma' \text{ wichte unter Auftrieb}} z = (\gamma_r - \gamma_w) z. \\ \sigma'_z &= \gamma' z. \end{aligned}$$

Die Wichte unter Auftrieb γ' ist diejenige Kraft je Volumeneinheit, die abzüglich Auftrieb auf das Korngerüst wirkt.

Der Porenwasserdruck lässt sich aus der Eigenlast der flüssigen Komponente und dem Abtrieb der Körner zusammengesetzt denken:

$$u = n\gamma_w z + (1-n)\gamma_w z.$$

Damit haben wir die *erste Wechselwirkung* zwischen fester und flüssiger Konstituente gefunden. Sie äußert sich in *Auftrieb* und *Abtrieb*.

Die waagerechten Normalspannungen an den Seitenflächen des freigeschnittenen Erdkörpers gleichen sich aufgrund der herrschenden Symmetrie aus. Sie sind in Abb. 20 weggelassen.

Der nächste in Abb. 21 dargestellte Fall ist bereits so komplex, dass er alle Einzelheiten enthält, die bei der Spannungsermittlung infolge Eigengewicht in waagerecht geschichteten Erdkörpern mit ruhendem Grundwasser vorkommen. Insbesondere ist zu beachten, dass volle Wassersättigung des Bodens nicht ausreicht, um die entlastende Wirkung des Auftriebs anzusetzen. Diese tritt nur dort ein, wo das Porenwasser mit dem Grundwasser zusammenhängt (*kommuniziert*) – in Abb. 21 ab der Tiefe z_w – also dort, wo ein Porenwasserdruck auf das Korngerüst wirkt. Man spricht in diesem Zusammenhang auch von druckhaftem Porenwasser.

Ausgehend von der Forderung nach Gleichgewicht der lotrechten Kräfte, erhält man folgende Ausdrücke für die Verteilung der totalen, neutralen und wirksamen Normalspannungen in z-Richtung:

$$0 \le z \le z_1 :$$
$$\sigma_z = \sigma' = \gamma z, u = 0.$$

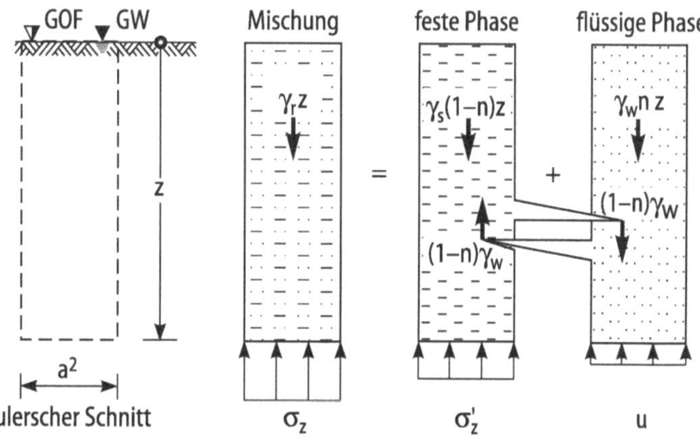

Abb. 20 Senkrechte Normalspannungen in waagrechter Schicht mit ruhendem Grundwasser

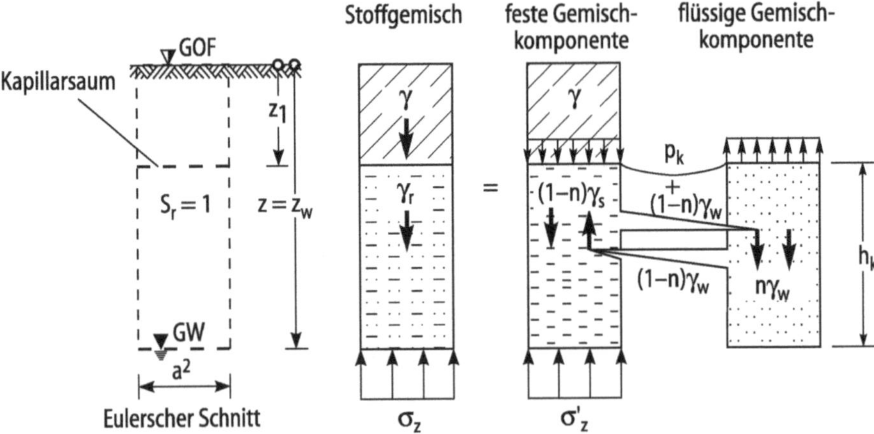

Abb. 21 Senkrechte Normalspannungen in waagerecht geschichtetem Boden mit Kapillarsaum

Mit

$$p_k = \gamma_w h_k = \gamma_w (z_w - z_1)$$

ergibt sich

$$\begin{aligned} z_1 &\leq z: \\ \sigma_z &= \gamma z_1 + \gamma_r (z - z_1), \\ u &= -p_k + \gamma_w (z - z_1) \\ \sigma'_z &= \sigma_z - u = p_k + \gamma z_1 + (\gamma_r - \gamma_w)(z - z_1). \end{aligned}$$

Die *zweite Wechselwirkung* zwischen fester und flüssiger Konstituente äußert sich damit in *Kapillardruck* p_k und *Kapillarzug* $-p_k$.

4 Grundwasserbewegung im Boden

4.1 Filterströmung und spezifische Strömungskraft

Anstelle der wirklichen Bewegung des Grundwassers, d. h. des zusammenhängenden, vom Korngerüst durchlöcherten Porenwassers, betrachtet man in der Bodenmechanik eine fiktive stationäre Kontinuumsströmung, genannt *Filterströmung*, deren Druck und Geschwindigkeit stetige Funktionen des Ortes und der Zeit sind. Die Kurven, die in jedem Punkt den dortigen Vektor der Filtergeschwindigkeit tangieren, sind die Stromlinien der Filterströmung.

Die Filtergeschwindigkeit v ist als Durchfluss pro Flächeneinheit definiert. Die wahre Geschwindigkeit v_w im Porenkanal ist größer als v. Man bezeichnet v_w auch als Sickergeschwindigkeit, die näherungsweise nach der Gleichung $v_w = v/n$ berechnet werden kann.

Man betrachtet nun eine isochore (volumenerhaltende) Sickerströmung in einem starren Korngerüst. In Abb. 22 ist eine Stromlinie in einem eindimensional durchströmten Korngerüst mit ihren entsprechenden Energiehöhen in den Punkten A und B dargestellt.

Für die Energiehöhe (hydraulische Höhe) gilt nach der Bernoulli-Gleichung

$$H = \underset{\text{(kinetischeEnergie)}}{\frac{v_w^2}{2g}} + \underset{\text{(Lage-energie)}}{z} + \underset{\text{(Druck-energie)}}{\frac{u}{\gamma_w}}.$$

Bei einer laminaren Strömung kann die Geschwindigkeitshöhe $v_w^2/2g$ vernachlässigt werden. Dann gilt für die Energiehöhe

$$H = h = \frac{u}{\gamma_w} + z. \tag{10}$$

z ist dabei die geodätische Höhe des betrachteten Punktes von einem Bezugsniveau BN aus, h wird als hydraulische Höhe bezeichnet (Abb. 22). Betrachtet man die Wasserhöhen in den Standrohren 1 und 2, so erkennt man, dass die hydraulische Höhe h aufgrund des Strömungswiderstands durch das Korngerüst in Strömungsrichtung um

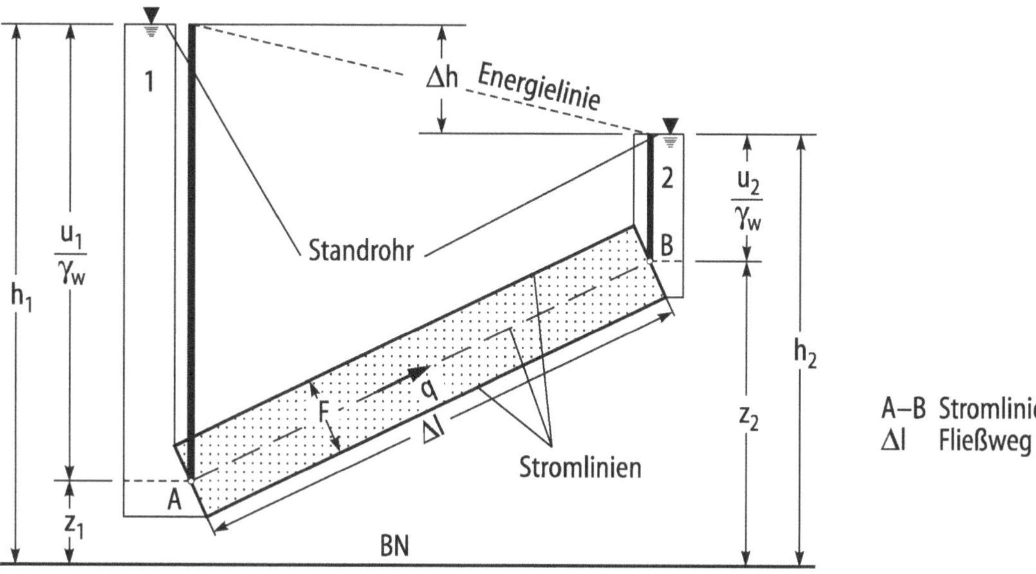

Abb. 22 Zur Definition des hydraulischen Gefälles und der spezifischen Strömungskraft

Δh von h_1 auf h_2 abnimmt. Als hydraulischer Gradient i wird das Gefälle der hydraulischen Höhe in Gegenrichtung bezeichnet.

$$i := -\frac{\Delta h}{\Delta l} \quad \text{bzw.} \quad i := -\frac{dh}{dl}.$$

Als spezifische Strömungskraft wird

$$f_s = i\gamma_w \quad \text{in} \frac{kN}{m^3}$$

definiert. f_s ist eine Volumenkraft, welche die Strömung auf das Korngerüst entgegengesetzt dem Widerstand ausübt, den das Korngerüst der Strömung bietet und, kann deshalb als ein Maß für diesen Widerstand aufgefasst werden. Die spezifische Strömungskraft und der Strömungswiderstand stellen die *Wechselwirkung* zwischen fester (Korngerüst) und flüssiger Konstituente (Sickerströmung) dar.

4.2 Spannungen in Erdkörpern mit strömendem Grundwasser

Wie vorstehend bereits geschildert, übt die Strömung eine Kraft – die spezifische Strömungskraft f_s – auf das Korngerüst aus. Die Größe f_s ist eine vektorielle Größe, die sich zu den anderen im Boden wirkenden Kräften vektoriell addiert, z. B. zum Eigengewicht.

Als resultierende Wichte aus der vektoriellen Addition von f_s und der Wichte unter Auftrieb γ' erhält man die wirksame Wichte $\bar{\gamma}$. Sonderfälle sind dabei die vertikale Strömung nach oben und nach unten, da dabei f_s vertikal gerichtet ist. Bei einer vertikalen Strömung nach unten gilt für

$$\bar{\gamma} = \gamma' + f_s.$$

Bei einer vertikalen Strömung nach oben ergibt sich $\bar{\gamma}$ aus

$$\bar{\gamma} = \gamma' - f_s.$$

In Abb. 23 ist ein Ausschnitt aus einem Baugrund dargestellt. Unterhalb einer mächtigen Tonschicht befindet sich eine durchlässige sandige Kiesschicht. An der Luftseite der Tonschicht steht das Grundwasser auf der Höhe der Geländeoberfläche. Auf der Unterseite der Tonschicht besitzt das Grundwasser die konstante hydraulische Höhe $h_2 > h_1$. Das Grundwasser ist somit gegenüber der Geländeoberfläche *gespannt*. Da h_2 um

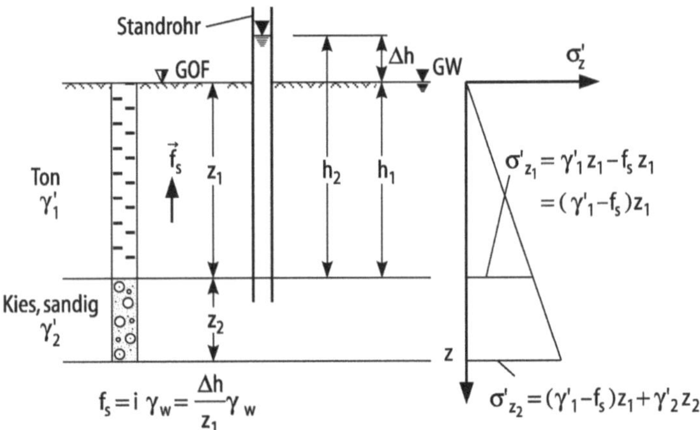

Abb. 23 Vertikale Durchströmung

das Maß Δh größer als h_1 ist, erfolgt eine vertikal nach oben gerichtete Strömung mit dem hydraulischen Gefälle $i = -\Delta h/z_1$. In Abb. 23 ist über die Höhe der Bodenschichtung die vertikale wirksame Normalspannung σ'_z aufgetragen. Für σ'_z gilt demnach in der Tiefe $z = z_1$

$$\sigma'_{z_1} = (\gamma'_1 - f_s) z_1.$$

Wenn f_s die Größe von γ' erreicht, wird σ'_z zu Null. Der Boden verliert dann sein Eigengewicht und kann aufschwimmen bzw. aufbrechen. Falls $f_s \geq \gamma'$ ist, spricht man von *hydraulischem Grundbruch*.

4.3 Gesetz von Darcy

Darcy entdeckte 1856, dass bei körnigen Erdstoffen die Filtergeschwindigkeit v und das hydraulische Gefälle i proportional zueinander sind. Mit der Proportionalitätskonstante k gilt dann

$$v = ki. \tag{11}$$

k wird als *Durchlässigkeitsbeiwert* bezeichnet und ist ein Maß für den Widerstand, der dem fließendem Wasser durch das Korngerüst entgegengesetzt wird. k hat die Dimension einer Geschwindigkeit. Das Gesetz von Darcy gilt nur für folgende Randbedingungen: Das Korngerüst ist bezüglich der Durchlässigkeit isotrop, denn dann stimmen die Richtungen von v und i überein. Im nicht isotropen Fall ist die Durchlässigkeit mit einem Tensor darzustellen. Desweiteren gilt das Darcy'sche Gesetz nur für laminare Strömung. Bei Böden, deren Tonanteil über 20 % liegt, kann aufgrund des hohen Anteils des gebundenen Wassers erst dann eine Strömung einsetzen, wenn i größer als der sogenannte Stagnationsgradient i_0 ist.

$$v = k(i - i_0). \tag{12}$$

Der Durchlässigkeitsbeiwert k wird von verschiedenen Faktoren beeinflusst. Er hängt von der Korngröße bzw. der Größe der Porenkanäle, von der Porosität und von der Zähigkeit des Porenfluids ab. Nach Hazen kann k für gleichförmige körnige Böden aus der Kornverteilung abgeschätzt werden:

$$k = 0{,}0116\, d_{10}{}^2. \tag{13}$$

Darin ist d_{10} der Korndurchmesser in mm bei 10 % Siebdurchgang. Übliche Werte für k sind in Tab. 6 zu finden.

Für bautechnische Zwecke werden die Böden nach DIN 18130-1 in fünf Durchlässigkeitsbereiche eingeteilt (Tab. 7).

Tab. 6 Durchlässigkeitsbeiwerte

Bodenart	k in m/s	
Kies	10^{-1}	bis 10^{-2}
Sand	10^{-2}	bis 10^{-4}
Feinsand	10^{-2}	bis 10^{-5}
Grobschluff	10^{-4}	bis 10^{-6}
Schluff	10^{-6}	bis 10^{-8}
Ton	$< 10^{-8}$	

Tab. 7 Durchlässigkeitsbereiche nach DIN 18130-1

k in m/s	Bodenart
$< 10^{-8}$	sehr schwach durchlässig
10^{-8} bis 10^{-6}	schwach durchlässig
$> 10^{-6}$ bis 10^{-4}	durchlässig
$> 10^{-4}$ bis 10^{-2}	stark durchlässig
$> 10^{-2}$	sehr stark durchlässig

4.4 Laborversuche zur Durchlässigkeit

4.4.1 Durchlässigkeitsversuch mit konstanter Energiehöhe

Der Versuch mit konstanter Energiehöhe wird bei gleichförmigen körnigen, also relativ durchlässigen Böden durchgeführt. Die Bodenprobe mit dem Querschnitt A und dem Durchströmungsweg Δd, die jeweils an ihrer Ober- und Unterseite durch ein feines Sieb begrenzt ist, wird in einem zylindrischen Behälter von unten nach oben, bei konstant gehaltenem Unterschied Δh der hydraulischen Energiehöhen zwischen der Unterseite und der Oberseite, mit Wasser durchströmt (Abb. 24). Mit dem gemessenen Durchfluss Q und den Beziehungen v = Q/A und i = Δh/Δd folgt

$$k = \frac{Q}{A}\frac{\Delta d}{\Delta h}. \tag{14}$$

Die Bodenprobe sollte für den Versuch mit etwa derselben Porenzahl wie in situ eingebaut werden und keine Luftblasen enthalten. Auch das Wasser, mit dem die Probe durchströmt wird, muss vorher entlüftet werden.

4.4.2 Durchlässigkeitsversuch mit veränderlicher Energiehöhe

Der Versuch mit veränderlicher Energiehöhe wird bei gering durchlässigen Böden angewendet, da bei ihnen der Versuch mit konstanter Energiehöhe

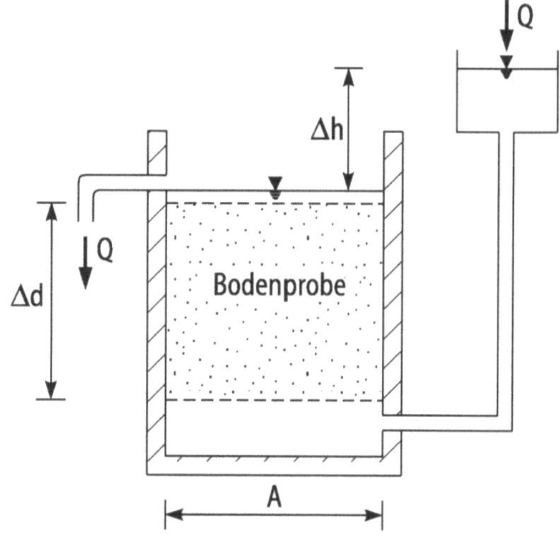

Abb. 24 Durchlässigkeitsversuch mit konstanter Energiehöhe (Prinzipskizze)

einen kaum messbaren Durchfluss liefert. Die Bodenprobe mit dem Querschnitt A und dem Durchströmungsweg Δd wird oben und unten durch Filtersteine abgeschlossen. Das Wasser strömt aus einem Steigrohr ohne weiteren Zufluss von unten nach oben durch die Probe, wobei die Wasserhöhe auf der Oberseite konstant gehalten wird. Im Steigrohr (Querschnittsfläche A_s) wird das Absinken des Wassers beobachtet (Abb. 25). Zur Zeit t beträgt der Durchfluss

$$Q = -\frac{dh}{dt}A_s = Ak\frac{h}{\Delta d}. \tag{15}$$

Misst man die Höhen h_1 und h_2 zu den Zeiten t_1 und t_2, so folgt aus Gl. (15)

$$k = \frac{A_s}{A}\cdot\frac{\Delta d}{t_2 - t_1} \quad \ln\frac{h_1}{h_2}. \tag{16}$$

Damit eine zu große Randumläufigkeit am Probenrand verhindert wird, sollte die Probe seitlich von einer Gummihülle umfasst sein und durch einen äußeren Druck gestützt werden.

4.4.3 Durchlässigkeit und Potenzialabbau bei Mehrschichtpaketen

Zur Beschreibung der Durchströmung von Mehrschichtpaketen, wobei jede Schicht einen unter-

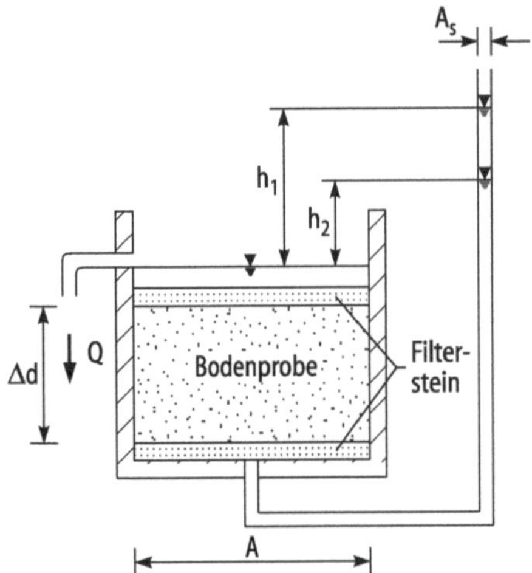

Abb. 25 Durchlässigkeitsversuch mit veränderlicher Energiehöhe (Prinzipskizze)

schiedlichen Durchlässigkeitsbeiwert k_i besitzt, berechnet man einen mittleren Durchlässigkeitsbeiwert k_m. Dabei unterscheidet man die Fälle der *schichtparallelen* und der *schichtnormalen* Durchströmung.

Schichtparallele Durchströmung. Ein Schichtpaket, das aus n Schichten mit den jeweiligen Schichtdicken di und den Durchlässigkeitsbeiwerten ki besteht, wird parallel zur Schichtung durchströmt. Das hydraulische Gefälle i ist dabei für alle Schichten gleich. Es gilt demnach

$$Q_{ges} = \sum_i Q_i,$$

$$Q_{ges} = ik_m A_{ges} = i \sum_i^n k_i A_i.$$

Mit

$$A = d_{ges} b \,\text{und} \quad A_i = d_i b \,\text{folgt}$$

$$k_m = \frac{\sum (k_i d_i)}{d_{ges}}. \tag{17}$$

Schichtnormale Durchströmung. Bei der senkrechten Durchströmung der zuvor genannten n Schichten ist das hydraulische Gefälle i für jede Schicht verschieden, jedoch ist der Durchfluss Q für alle Schichten konstant. Demnach folgt, dass

$$k_m \; i_m = k_i \; i_i \tag{18}$$

mit $i_m = \Delta h/d_{ges}$ gilt. Δh ist der Potenzialabbau über die Länge der gesamten Schichtung. Ferner gilt

$$\Delta h = i_m \; d_{ges} = \sum_i^n \Delta h_i = \sum_i^n i_i \; d_i. \tag{19}$$

Setzt man in Gl. (19) die ii-Werte aus Gl. (18) ein, so folgt

$$k_m = \frac{d_{ges}}{\sum \frac{d_i}{k_i}}. \tag{20}$$

Anhand Gl. (20) erkennt man, dass die Schicht mit dem kleinsten Durchlässigkeitsbeiwert die Größe des Durchflusses Q bestimmt. In dieser Schicht wird im Vergleich zu den anderen das größte Potenzial Δh_i abgebaut.

Durchströmung von Fels. Die Wasserdurchlässigkeit von Fels wird hauptsächlich durch die Trennflächen bestimmt. Die Analogie zwischen Durchströmung von Boden und Fels mit einer Trennflächenschar besteht darin, dass die Gesteinspakete zwischen den Trennflächen ähnlich wie die Körner im Boden praktisch undurchlässig sind und sich das Sickerwasser seinen Weg durch die Trennflächen suchen muss. Für ein homogenes Strömungsmodell im Fels wird hier ebenfalls der Begriff der Filterströmung eingeführt. Der wesentliche Unterschied gegenüber der Durchströmung von Boden besteht in der Richtungsabhängigkeit der Strömung, weil die Durchlässigkeit parallel zur Trennflächennormalen gleich null ist. Diese Richtungsabhängigkeit wird durch den Durchlässigkeitstensor erfasst.

4.5 Theorie der ebenen Filterströmung

Für die Ermittlung des Vektorfeldes der Filtergeschwindigkeiten kann vielfach von potenzialtheoretischen Grundlagen ausgegangen werden. Dabei wird das Geschwindigkeitsfeld mit Hilfe einer Potenzialfunktion beschrieben, sodass durch Hinzuziehung des Zusammenhangs zwischen Strömungswiderstand und Filtergeschwindigkeit in der Form des Darcy'schen Gesetzes auch die Berechnung des zugehörigen Druckfeldes möglich wird.

Bei inkompressiblen Flüssigkeiten führt die Massenbilanz der Filterströmung im starren Korngerüst unter Berücksichtigung des Darcy'schen Gesetzes

$$v_x = -k_x \frac{\partial h}{\partial x}, \quad v_y = -k_y \frac{\partial h}{\partial y}, \quad v_z = -k_z \frac{\partial h}{\partial z}$$

zur Laplace'schen Differenzialgleichung der Filterströmung

$$k_x \frac{\partial^2 h}{\partial x^2} + k_y \frac{\partial^2 h}{\partial y^2} + k_z \frac{\partial^2 h}{\partial z^2} = 0, \qquad (21)$$

wenn Quellen- und Senkenfreiheit des Strömungsfeldes vorausgesetzt wird. Dabei wendet man die in der Hydromechanik übliche Euler'sche Beschreibungsweise an. Die Geschwindigkeit der Filterströmung gegenüber dem x, y, z-Koordinatensystem stimmt überein mit der Geschwindigkeit gegenüber dem starren Korngerüst.

Zur Beschreibung eines Geschwindigkeitsfeldes v (x, y, z, t) ist also eine geeignete Potenzialfunktion $\varphi = -k\ h\ (x, y, z, t)$ für gegebene Rand- und Anfangsbedingungen so zu bestimmen, dass die Gl. (21) erfüllt wird. Dies gelingt auf analytischem Weg nur selten, am wenigsten bei räumlichen Vorgängen. Man vereinfacht daher oft, indem man ebene Strömungsverhältnisse annimmt, sodass nur zwei Geschwindigkeitskomponenten in Betracht kommen und Gl. (21) entsprechend verkürzt wird:

$$k_x \frac{\partial^2 h}{\partial x^2} + k_z \frac{\partial^2 h}{\partial z^2} = 0. \qquad (22)$$

Für den Fall der isotropen Durchlässigkeitsverhältnisse kürzt sich der skalare Faktor $k = k_x = k_z$ heraus.

$$\frac{\partial^2 h}{\partial x^2} + \frac{\partial^2 h}{\partial z^2} = 0. \qquad (23)$$

Weil in den Differenzialgleichungen keine Zeitableitung vorkommt, hängt das gegenwärtige hydraulische Feld h(x, z, t) und damit das gegenwärtige Geschwindigkeitsfeld nur von den gegenwärtigen Randbedingungen und nicht von der zeitlichen Variation der Randbedingungen ab. Die Differenzialgl. Gl. (23) kann numerisch oder näherungsweise grafisch integriert werden.

4.5.1 Grafische Konstruktion und Auswertung des Potenzialnetzes

Ein oft gebrauchtes Verfahren zur näherungsweisen Lösung der Laplace'schen Differenzialgleichung ist die grafische Konstruktion von Strömungsbildern. Sie besteht in der Darstellung der aufeinander normalen Strom- und Potenziallinienscharen unter Beachtung der jeweiligen Randbedingungen. Bei ebenen Filterströmungen kommen gewöhnlich einige oder alle der folgenden vier Randbedingungen vor (Abb. 26):

- ein Teil des Randes des Strömungsgebiets ist undurchlässig (Randstromlinie), Linie a;
- ein Teil des Randes des Strömungsgebiets ist eine Potenziallinie (Randpotenziallinie), Linie b;
- ein Teil des Randes des Strömungsgebiets wird vom Grundwasserspiegel gebildet (spezielle Randstromlinie mit $u = 0$), Linie c;
- ein Teil des Randes des Strömungsgebiets ist Sickerstrecke (weder Potenzial- noch Stromlinie, aber $u = 0$), Linie d.

Ein Strömungsnetz kann man mit fortschreitender Annäherung ohne große Mühe so genau zeichnen, wie es für die Zwecke der Geotechnik nötig und angesichts der natürlichen Schwankungen der hydraulischen Verhältnisse im Boden angemessen ist.

Die Filterströmungen lassen sich unterteilen in Filterströmungen mit geneigtem Grundwasserspiegel wie in Abb. 26 und in gespannte Filterströmungen. Letztere haben keinen Grundwasserspiegel und keine Sickerstrecke und sind leichter zu analysieren. Bei beiden Arten kann das *Potenzialnetz* (d. h. das System von Potenzial- und Stromlinien) grafisch konstruiert werden. Man versucht, ein Netz von krummlinigen Rechtecken gleichen Formates $\Delta l{:}\Delta b$ zu zeichnen. Für die praktische Anwendung ist es am einfachsten *krummlinige Quadrate* mit $\Delta l{:}\Delta b = 1$ zu zeichnen (Abb. 27). Bei Problemen

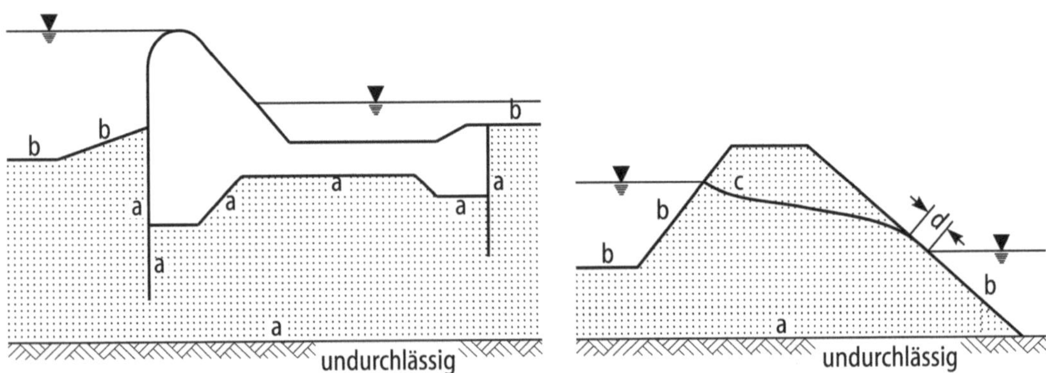

Abb. 26 Ebene Filterströmung mit vier Arten von Randbedingungen

mit Grundwasserspiegel beginnt man so, dass man die Differenz zwischen größtem und kleinstem Potenzial, also zwischen Oberwasser h_o und Unterwasser h_u, in n gleiche Teile Δh unterteilt und die n + 1 Potenziallinien einschließlich der *Randpotenziallinien* skizziert (s. Abb. 27). Dabei ergibt sich zwangsläufig die Anzahl m der Stromkanäle. Bei Strömungen ohne Grundwasserspiegel beginnt man so, dass man zuerst die Stromlinien zwischen den festen Randstromlinien in m gleichen Abständen zeichnet. Dann ergibt sich zwangsläufig die Anzahl n der Potenzialschritte. In jedem Stromkanal fließt derselbe Volumenstrom

$$q = k\frac{(h_0 - h_u)/n}{\Delta l}\Delta b = k\frac{\Delta h}{\Delta l}\Delta b, \tag{24}$$

weil der Potenzialschritt Δh und das Maschenverhältnis Δl:Δb konstant sind. Der gesamte Volumenstrom beträgt demnach

$$Q = mq = k(h_0 - h_u)\frac{m \cdot \Delta b}{n \cdot \Delta l}. \tag{25}$$

Danach beträgt die Filtergeschwindigkeit v in einer Masche mit der mittleren Breite Δb und der mittleren Länge Δl

$$v = k\frac{\Delta h}{\Delta l}. \tag{26}$$

Folglich gilt für die mittlere spezifische Strömungskraft f_s in dieser Masche

$$f_s = \frac{\Delta h}{\Delta l}\gamma_w. \tag{27}$$

Meist ist es in der Natur so, dass die Durchlässigkeitsverhältnisse nicht isotrop sind. Im Fall der Orthotropie der Durchlässigkeitsverhältnisse $k_x \neq k_z$ erfolgt die Ermittlung des Strömungsnetzes für eine Geometrie, die in x-Richtung um den Faktor $\sqrt{\frac{k_x}{k_z}}$ verzerrt wurde. Zur Berechnung des Volumenstroms Q wird anstelle von k in Gl. (25) $\sqrt{k_x k_z}$ eingesetzt.

4.6 Strömung zu einem Sickerschlitz oder Brunnen

Wenn man bei schwach geneigter Spiegellinie von der Näherung ausgehen kann, dass die Potenziallinien vertikal verlaufen, dann ist die Filtergeschwindigkeit proportional zum Gefälle der Spiegellinie und unabhängig von der Tiefe.

Für den ebenen Fall, z. B. beim Sickerschlitz (Abb. 28) ergibt sich aus der Massenbilanz

$$q = vh = -k\frac{\partial h}{\partial x}h = \text{konst} \tag{28}$$

die Spiegelhöhe zu

$$h = \sqrt{\left(h_R^2 - h_0^2\right)\frac{x}{R} + h_0^2} \quad \text{mit} \quad (x_0 \leq x \leq R) \tag{29}$$

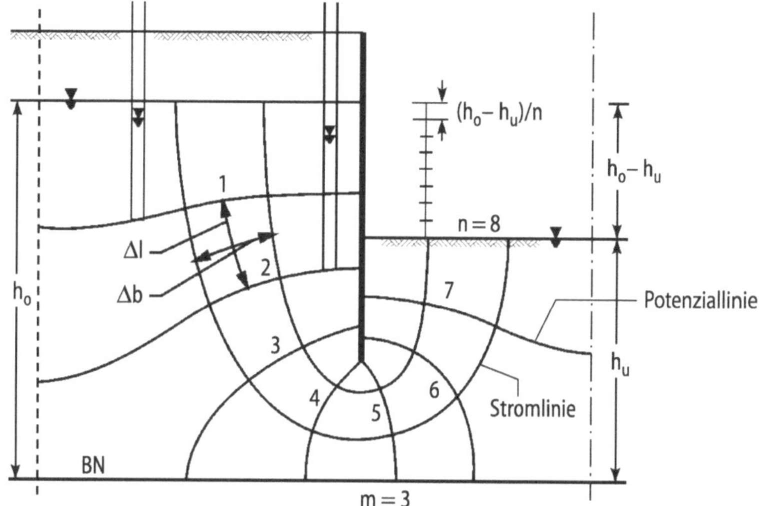

Abb. 27 Potenzialnetz für die Umströmung einer Verbauwand

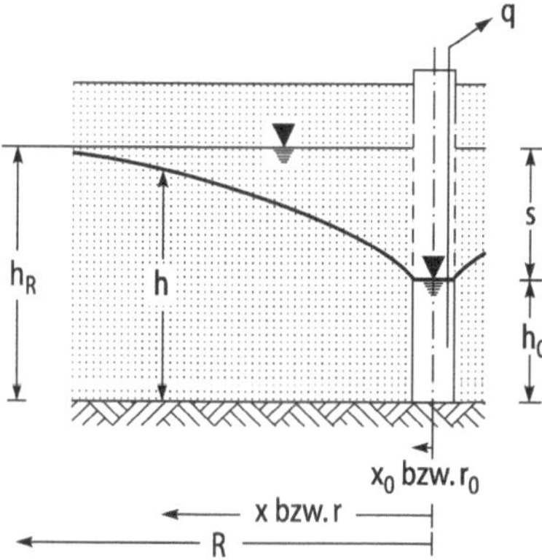

Abb. 28 Freier Grundwasserspiegel im ebenen bzw. im radialsymmetrischen Fall

und der Durchfluss pro Längeneinheit zu

$$q = \frac{k\left(h_R^2 - h_0^2\right)}{2R}. \tag{30}$$

Im radialsymmetrischen Fall (Brunnenanströmung) gilt analog

$$2\pi\ r\ vh = -2\pi\ r\ k\frac{dh}{dr}h = \text{konst} \tag{31}$$

und damit für die Spiegelfläche

$$h = \sqrt{\frac{\left(h_R^2 - h_0^2\right)\ln\left(\frac{r}{r_0}\right)}{\ln\left(\frac{R}{r_0}\right)} + h_0^2} \quad \text{mit} \quad (r_0 \leq r \leq R) \tag{32}$$

und für den Durchfluss

$$q = \frac{\pi k\left(h_R^2 - h_0^2\right)}{\ln\left(\frac{R}{r_0}\right)}. \tag{33}$$

In einem Pumpversuch werden in zwei Abständen r_1 und r_2 von einem Brunnen die Spiegelhöhen h_1 und h_2 der Durchfluss q gemessen. Aus Gl. (33) folgt k als Mittelwert der Durchlässigkeit der Umgebung. Die Reichweite der Absenkung kann mit Hilfe der empirischen Gleichung nach Sichardt

$$R = 3000 s\sqrt{k} \tag{34}$$

abgeschätzt werden. s ist die Absenkung im Brunnen (Abb. 28). Weist der Boden unterhalb der Brunnensohle eine vergleichbare Durchlässigkeit auf, so ist der Durchfluss Q durch den Zustrom von unten um ca. 10 bis 30 % größer als nach Gl. (33).

Bei gespanntem Grundwasser kann der Energiehöhenverlauf mit Hilfe der Gleichung (Abb. 29)

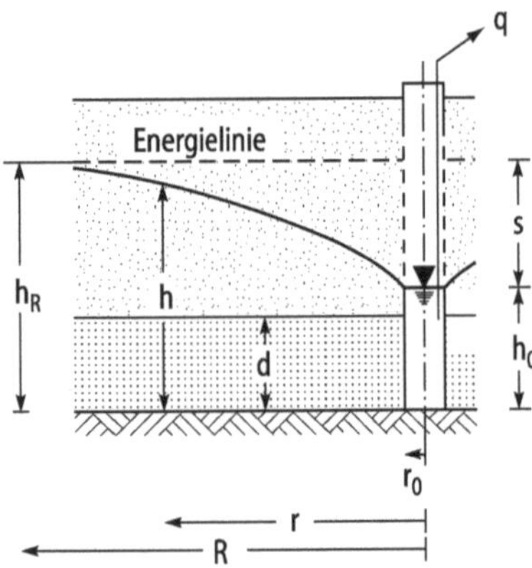

Abb. 29 Gespanntes Grundwasser

$$h = h_0 + \frac{h_R - h_0}{\ln\left(\frac{R}{r_0}\right)} \ln\left(\frac{r}{r_0}\right) \tag{35}$$

ermittelt werden. Für die Wassermenge gilt in diesem Fall

$$q = 2\pi k d \frac{h_R - h_0}{\ln\left(\frac{R}{r_0}\right)}. \tag{36}$$

4.7 Mehrbrunnenanlagen

Für die Wirkung einer Brunnengruppe, bestehend aus gleichen Brunnen, überlagert man die Wirkungen einzelner Brunnen, um für die resultierende Spiegelfläche und für die Gesamtwassermenge folgende Gleichungen zu erhalten:

4.7.1 Gespanntes Grundwasser

Energielinie:

$$h = h_R - \frac{Q}{2\pi k d}\left[\ln R - \frac{1}{n}\ln(x_1 \cdot x_2 \cdot \ldots \cdot x_i \cdot \ldots \cdot x_n)\right], \tag{37}$$

Wassermenge:

$$Q = 2\pi\ kd \frac{h_R - h}{\ln R - \ln - \frac{1}{n}(x_1 \cdot x_2 \cdot \ldots \cdot x_i \cdot \ldots \cdot x_n)}. \tag{38}$$

4.7.2 Freies Grundwasser

Spiegellinie:

$$h^2 = h_R^2 - \frac{Q}{\pi k}\left[\ln R - \frac{1}{n}\ln(x_1 \cdot x_2 \cdot \ldots \cdot x_i \cdot \ldots \cdot x_n)\right], \tag{39}$$

Wassermenge:

$$Q = \pi k \frac{h_R^2 - h^2}{\ln R - \ln \frac{1}{n}(x_1 \cdot x_2 \cdot \ldots \cdot x_i \cdot \ldots \cdot x_n)}. \tag{40}$$

Für kreisförmig um eine Baugrube angeordnete Brunnen gilt für die Baugrubenmitte $x_1 = x_2 = x_i = x_n = x_m$. Mit $h = h_m$ lautet Gl. (40) in diesem Fall

$$Q = \pi\ k \frac{h_R^2 - h_m^2}{\ln\left(\frac{R}{x_m}\right)}. \tag{41}$$

Infolge des analogen Aufbaus von Gl. (33) und Gl. (41) kann eine kreisförmige Mehrbrunnenanlage als ein großer Brunnen mit dem Halbmesser x_m und dem Brunnenwasserstand h_m aufgefasst werden (Abb. 30).

5 Setzungsermittlung

Wird dem Baugrund an der Erdoberfläche eine zusätzliche Belastung aufgeprägt, z. B. durch Bauwerke, Dammschüttungen u. ä. oder wird er z. B. durch Grundwasserabsenkungen, Erschütterungen oder bergbauliche Maßnahmen beansprucht, so kommt es zu einer vertikalen Zusammendrückung des Bodens, die i. d. R. mit einer Verringerung des Porenvolumens einhergeht. Die vertikalen Verschiebungsbeträge werden als Setzungen bezeichnet. Neben dieser Kompression kann es auch zur seitlichen Verdrängung des Bodens kommen. In der Regel verzögern sich die Setzungen. Dieser Vorgang wird als Konsolidierung bezeichnet, wenn der zeitliche Verlauf der Setzungen durch die Strömung des ausgepressten Porenwassers bestimmt wird.

Abb. 30 Mehrbrunnenanlage

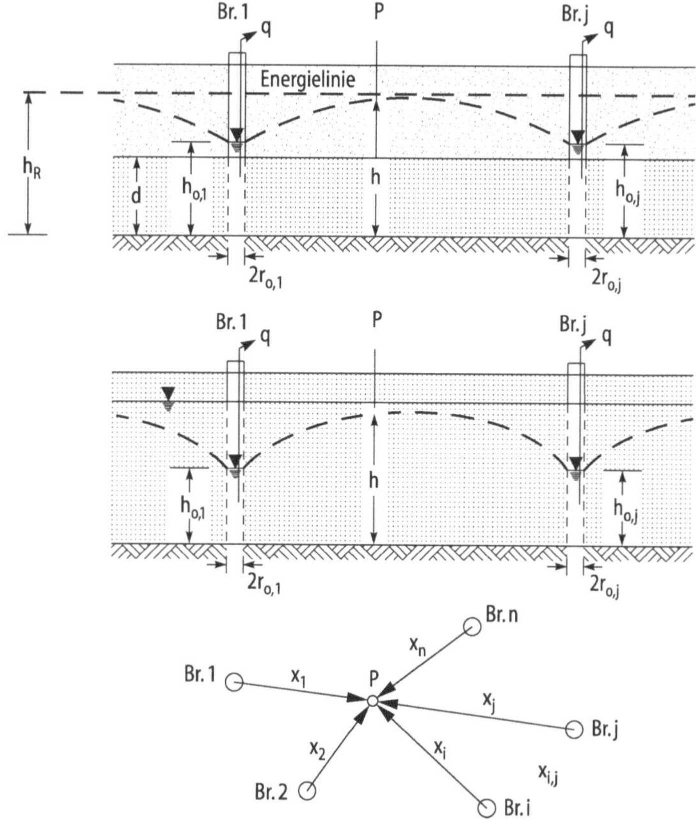

5.1 Zusammendrückbarkeit der Böden

Zur Definition der Zusammendrückung werden im Folgenden die entsprechenden Bewegungs- und Kraftgrößen eingeführt, die anhand des Kompressionsversuches (Ödometerversuch) abgeleitet werden. Für das Maß der Zusammendrückung bei gleicher Last muss zwischen unvorbelastetem und vorbelastetem Boden unterschieden werden.

Die Gesamtsetzung ist die Summe der einzelnen Setzungsanteile Sofortsetzung, Konsolidationssetzung und Kriechsetzung.

- *Sofortsetzung* ist die zeitunabhängige Setzung infolge der Anfangsschubverformung und/oder der Sofortverdichtung.
- *Konsolidierungssetzung* ist der zeitlich verzögerte Setzungsanteil bei bindigen Bodenschichten infolge Auspressens von Porenwasser nach Lastaufbringung.
- *Kriechsetzung* ist der bei bindigen Böden infolge der viskoplastischen Verformung des Korngerüsts auftretende Setzungsanteil.

5.1.1 Relative Zusammendrückung

Nun wird die vertikale relative Zusammendrückung ε eines Bodenelementes mit einer Anfangsdicke d_0 im unverformten Zustand (Abb. 31) wie folgt definiert: Während der Belastung nimmt d_0 um die Dicke Δd bei unveränderter Seitendehnung ab. Für ε gilt dann

$$\varepsilon = \frac{\Delta d}{d_0}. \tag{42}$$

Die Zusammendrückung erfolgt weitestgehend durch Verringerung des Porenvolumens. Folglich nimmt die Porenzahl e_0 auf den Wert

$$e = e_0 - \varepsilon(1 + e_0) \tag{43}$$

ab.

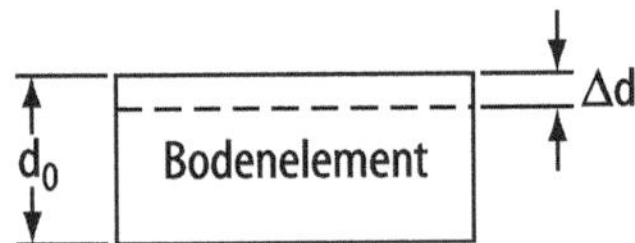

Abb. 31 Zusammendrückung eines Bodenelements

Maßgebend für die Verformungen des Baugrunds bzw. des Korngerüsts ist die von Korn zu Korn übertragene wirksame Spannung σ' (vgl. Abschn. 3.4 und 3.5). Die Zusammendrückbarkeit einer Bodenprobe bei verhinderter Seitendehnung bestimmt man in einem Kompressions- bzw. Ödometerversuch (Abb. 32).

5.1.2 Auswertung und Darstellung des Ödometerversuchs

In einem Kompressionsgerät (Ödometer) wird eine Bodenprobe (Durchmesser 5 bis 10 cm, Höhe 2 bis 4 cm) vertikal komprimiert (Abb. 32). Die Probe ist seitlich durch einen unnachgiebigen, schwebenden Metallring gehalten, um die Seitendehnung der Probe zu verhindern. Bei gesättigten Proben kann das Porenwasser während der Komprimierung über Filtersteine frei abströmen, damit keine Unter- oder Überdrücke im Porenwasser auftreten. Die Belastung der Bodenprobe kann entweder durch stufenweise Erhöhung der Last und Messung der sich dabei einstellenden Verschiebung Δd (bzw. ε Gl. (42)) nach Abklingen der Konsolidierungssetzung oder mittels vorschubgesteuerter Lastaufbringung erfolgen. Dabei wird der Probe eine konstante Deformationsgeschwindigkeit $\varepsilon' = d\varepsilon/dt$ aufgeprägt und in bestimmten zeitlichen Abständen die entsprechende, sich dabei einstellende Kraft gemessen. Als Ergebnis erhält man somit eine zeitlich geordnete Reihe von Wertepaaren $\sigma = F/A$ (A Querschnittsfläche der Bodenprobe) und $\varepsilon = \Delta d/d_0$ die in einem Druck-Setzungs- oder Druck-Porenzahldiagramm aufgetragen werden (Abb. 33 und 34). Darin ist unter σ die wirksame Spannung σ' zu verstehen, da nach Abklingen der Konsolidierungssetzungen für den Porenwasserüberdruck $u = 0$ gilt.

Die Auftragung für σ' kann dabei in linearem oder logarithmischem Maßstab erfolgen. Bei

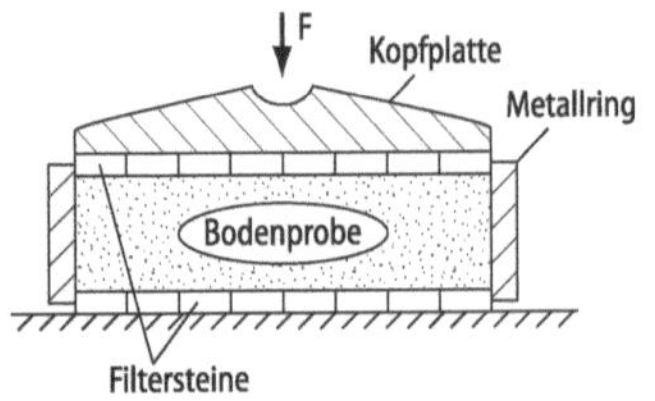

Abb. 32 Prinzipskizze des Ödometers

einer Entlastung von σ_2' auf σ_1' ergibt sich die „Entlastungskurve". Die Porenzahl nimmt bei Entlastung wieder zu, der Boden schwillt. Wird der Boden anschließend wieder bis zur Spannung σ_2' belastet, so zeigt sich der Verlauf der „Wiederbelastungskurve", die etwas oberhalb der Entlastungskurve verläuft. In Abb. 34 erkennt man, dass bei Beginn der Belastung die Anfangskurve, bevor sie in eine Gerade übergeht, ebenfalls eine Wiederbelastungskurve ist.

Bei der Entlastung geht die Zusammendrückung ε nicht vollständig zurück, nur ein relativ kleiner Teil ε_e ist reversibel bzw. elastisch. Es verbleibt ein größerer Anteil plastischer Zusammendrückung ε_p (Abb. 33). Das Maß der Zunahme von ε (bzw. Abnahme von e) beschreibt der Steifemodul E_s.

$$E_s = \frac{d\sigma'}{d\varepsilon}. \qquad (44)$$

E_s nimmt mit größer werdender Spannung σ' zu. Des Weiteren unterscheidet man zwischen dem Steifemodul für Erstbelastung E_{se} und dem Steifemodul für Wiederbelastung E_{sw}. In der Praxis wird der Steifemodul E_s als Sekantenmodul (Abb. 33)

$$E_s = \frac{\Delta\sigma'}{\Delta\varepsilon} \qquad (45)$$

ermittelt. Dabei muss E_s für den Bereich von $\Delta\sigma'$ berechnet werden, der dem Spannungsbereich in situ entspricht.

Da der Steifemodul nicht konstant, sondern spannungsabhängig ist, macht man sich oft die Darstellung der Spannung σ' im logarithmischen Maßstab zunutze (Abb. 34). Für den Bereich der *Erstbelastung* kann die Beziehung zwischen σ'

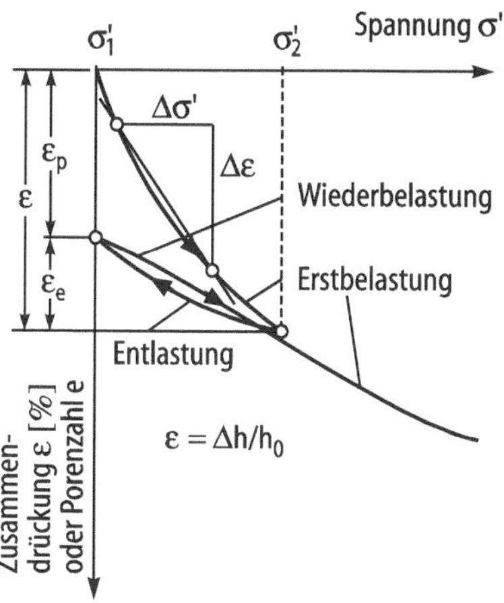

Abb. 33 Druck-Setzungsdiagramm bzw. Druck Porenzahldiagramm

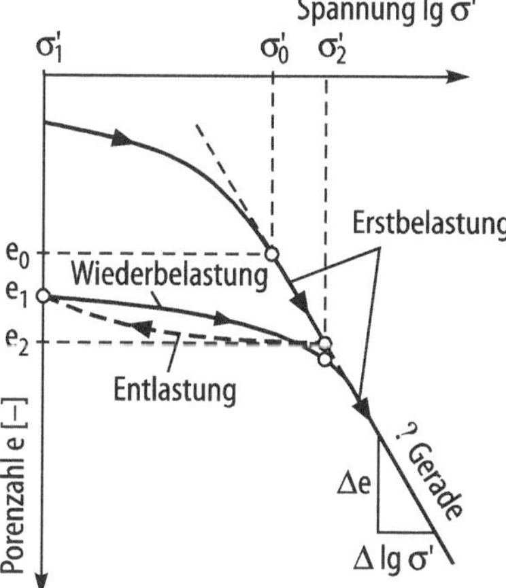

Abb. 34 Druck-Porenzahldiagramm (logarithmisch)

und e näherungsweise als Gerade mit der Steigung C_c dargestellt werden.

$$C_c = \frac{\Delta e}{\Delta \lg \sigma'}. \tag{46}$$

C_c wird als *Kompressionsbeiwert* bezeichnet. Aus Gl. (46) folgt für

$$e = e_0 - C_c \ \lg \frac{\sigma'}{\sigma'_0}, \tag{47}$$

worin e_0 die zur Spannung σ'_0 gehörige Porenzahl ist. Mit

$$\varepsilon = \frac{\Delta d}{d_0} = \frac{\Delta e}{1 + e_0} \tag{48}$$

ist es möglich, E_s als Funktion von C_c darzustellen.

$$E_s = \frac{1 + e_0}{C_c} \sigma'. \tag{49}$$

Analog kann bei Entlastung die Schwellung näherungsweise mit dem Schwellbeiwert C_s nach

$$e = e_2 - C_s \lg \frac{\sigma'}{\sigma'_2} \ mit \sigma' < \sigma'_2 \tag{50}$$

ermittelt werden.

5.1.3 Normal- und überkonsolidierte Böden

Ein vorbelasteter und teilweise wieder entlasteter Boden heißt überkonsolidiert (Kurzbezeichnung: OC). Praktisch kommt dies bei feinkörnigen Böden vor, die früher einem wesentlich höheren Überlagerungsdruck ausgesetzt waren, als dies heute der Fall ist, z. B. bei Vorbelastung durch Gletscher in der Eiszeit oder bei Erosion von Böden. Analog nennt man feinkörnige Böden, bei denen der heutige Überlagerungsdruck nie überschritten wurde, normalkonsolidiert (Kurzbezeichnung: NC). Mit dem Begriff unterkonsolidiert werden Böden bezeichnet, die unter ihrem Eigengewicht noch nicht auskonsolidiert sind. Unter der Annahme eines verschwindend kleinen Schwellbeiwertes wird das Verhältnis von früherem maximalen Überlagerungsdruck zum heutigen als Überkonsolidationsverhältnis OCR bezeichnet.

$$OCR = \frac{\text{früherer max.Überlagerungsdruck}}{\text{heutiger Überlagerungsdruck}} = \frac{\sigma'_{v_{max}}}{\sigma'_v}$$

σ'_v ist darin der heutige Überlagerungsdruck des Bodens in situ. Den früheren maximalen Überlagerungsdruck kann man in einem Ödometerversuch abschätzen (s. Abb. 34). Der Anfangskurvenverlauf bis zur Spannung σ_0' entspricht einer Wiederbelastung. Der Boden verhält

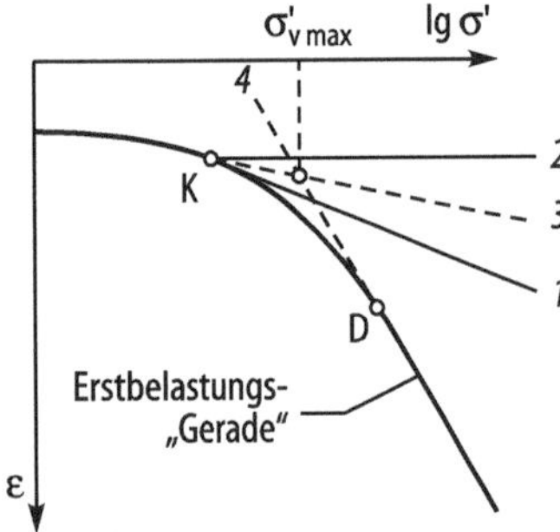

Abb. 35 Ermittlung des Überlagerungsdruckes σ'_{vmax} nach Casagrande

sich in diesem Bereich somit überkonsolidiert. Für die Spannung $\sigma' \geq \sigma'_0$ verhält sich der Boden entsprechend normalkonsolidiert. Statt $\sigma'_0 = \sigma'_{vmax}$ sollte man jedoch den von Casagrande vorgeschlagenen Wert σ'_{vmax} aus Abb. 35 verwenden.

Üblicherweise spricht man noch bei Überkonsolidationsverhältnissen OCR < 2 von normal konsolidierten Böden. Erst ab OCR > 2 gilt der Boden als überkonsolidiert.

5.1.4 Zeit-Setzungsverhalten

Trägt man für einen an einer gesättigten, normalkonsolidierten Tonprobe durchgeführten Ödometerversuch bei einer Laststufe $\sigma = $ konst. die relative Zusammendrückung ε über die Zeit auf, so ergeben sich qualitativ die in den Abb. 36 und 37 dargestellten Kurven.

Man erkennt anhand des Kurvenverlaufs von Abb. 36, dass die Zusammendrückung zu Beginn der Belastung erst stärker zunimmt, dann immer mehr abklingt und gegen einen Grenzwert konvergiert. Die gesamte Zusammendrückung vollzieht sich somit nicht sofort, sondern erstreckt sich über einen gewissen Zeitraum. Dieser Vorgang beruht darauf, dass in der Probe bei Aufbringung einer Spannung $\Delta\sigma$ zunächst ein Porenwasserüberdruck $\Delta u = \Delta\sigma$ entsteht, der aufgrund des langsamen Abströmens des Porenwassers nur allmählich abgebaut werden kann. Erst mit dem Abbau des Porenwasserüberdrucks erhöht sich die wirksame Spannung, mit der die Zusammendrückung einhergeht. Dieser Vorgang wird als *Konsolidierung* bezeichnet, da sich der Boden mit der Zeit verdichtet und an Festigkeit gewinnt.

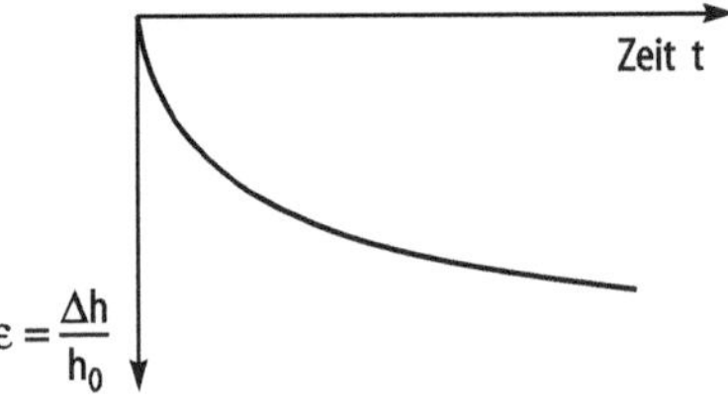

Abb. 36 Zeit-Setzungslinie

Aus Abb. 37 geht hervor, dass der gesamte Zusammendrückungs- oder auch Setzungsverlauf in drei Bereiche unterteilt werden kann:

- Initialsetzung (Anliegesetzung),
- Konsolidierungssetzung,
- Kriechsetzung.

Die Bereiche der Initialsetzung und der Konsolidierungssetzung werden mit Hilfe folgender Annahme getrennt. Der oberste Ast der Zeit-Setzungslinie habe den Verlauf einer quadratischen Parabel. Dann ist die Setzung a, die in der Zeitspanne $\frac{1}{4}t_1$ auftritt genauso groß wie die Setzung, die in der Zeitspanne von $\frac{1}{4}t_1$ bis t_1 auftritt. Die Trennlinie verläuft dann im Abstand a von der Parabel. Im Bereich der Kriechsetzungen ergibt sich für die Last-Setzungslinie ein gerader Verlauf. Mittels der in Abb. 37 dargestellten Tangentenkonstruktion werden die Bereiche der Konsolidationssetzung und Kriechsetzung voneinander getrennt.

5.1.5 Konsolidierungstheorie

Die Konsolidierungstheorie ermöglicht Aussagen über die zeitliche Entwicklung des Konsolidierungsprozesses und somit über den zeitlichen Verlauf der Deformationen bzw. Setzungen von gesättigten, bindigen Böden. Dazu wird eine gesättigte tonige Schicht der Dicke 2d betrachtet, die zwischen zwei durchlässigen Schichten liegt und zusätzlich mit dem vertikalen Druck Δp belastet wird (Abb. 38). Zum Zeitpunkt $t = 0$ wird die Belastung Δp vom Porenwasserüberdruck Δu aufgenommen. Infolge des Überdrucks strömt das Porenwasser zu den Rändern hin ab, wodurch der Porenwasser-

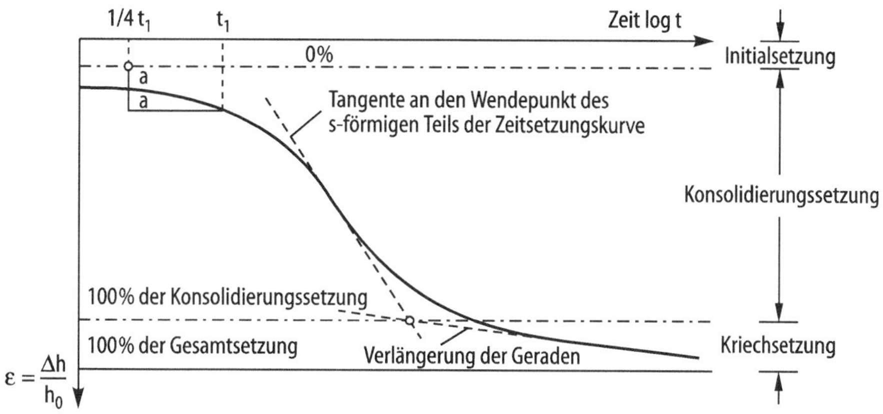

Abb. 37 Zeit-Setzungslinie im halblogarithmischen Maßstab

Abb. 38 Entwicklung der Zusammendrückung ε und des Porenwasserüberdrucks Δu infolge einer Belastung Δp

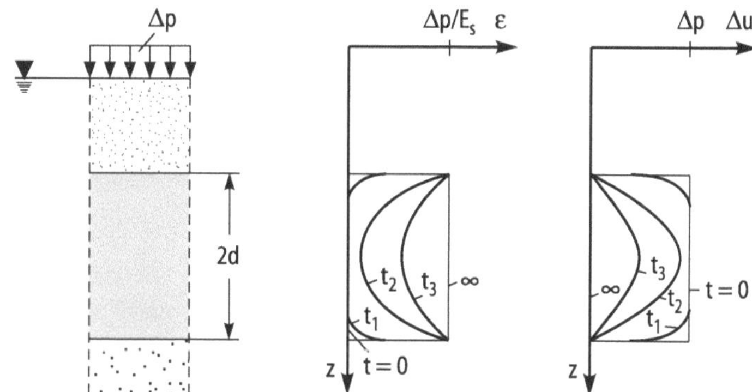

überdruck mit der Zeit t abgebaut wird. Dabei nimmt er an den Schichträndern schneller ab als in der Mitte. Ein solcher Vorgang wird zweckmäßig mit Isochronen grafisch dargestellt. Abb. 38 zeigt qualitativ die ε – Isochronen, und die Isochronen des Porenwasserüberdrucks Δu.

Die durch die Geschwindigkeit v pro Flächeneinheit heraustransportierte Wassermenge auf der Strecke dz beträgt $(\partial v/\partial z)\cdot dz$. Diese Wassermenge entspricht der Zunahmegeschwindigkeit von ε Damit ergibt sich

$$\frac{\partial v}{\partial z} = \frac{\partial(\Delta\varepsilon)}{\partial t}. \qquad (51)$$

Bei unveränderter Last nimmt die wirksame Spannung nach Gl. (9) mit der Zeit um $\Delta\sigma' = \Delta u$ zu. Daraus folgt nach Gl. (45) für die Zusammendrückung

$$\Delta\varepsilon = \frac{-\Delta u}{E_s}. \qquad (52)$$

Für die Filtergeschwindigkeit v gilt nach Gl. (11)

$$v = ki = -k\frac{\partial(\Delta u/\gamma_w)}{\partial z}. \qquad (53)$$

Setzt man die Beziehungen Gl. (52) und Gl. (53) in Gl. (51) ein, so erhält man folgende Differenzialgl.

$$\frac{\partial(\Delta u)}{\partial t} = c_v\frac{\partial^2(\Delta u)}{\partial z^2}, \qquad (54)$$

worin

$$c_v := \frac{kE_s}{\gamma_w} \qquad (55)$$

als *Konsolidierungsbeiwert* definiert ist. Führt man die dimensionslosen Variablen

$$u^* := \frac{\Delta u}{\Delta p}, \tag{56}$$

$$z^* := \frac{z}{d}, \tag{57}$$

$$T := \frac{c_v t}{d^2} \tag{58}$$

ein, wobei T als *Zeitfaktor* bezeichnet wird, so erhält man aus Gl. (54)

$$\frac{\partial u^*}{\partial T} = \frac{\partial^2 u^*}{\partial (z^*)^2}. \tag{59}$$

Der mittlere Konsolidierungsgrad

$$U = \frac{s(t)}{s(\infty)} \tag{60}$$

ist das Verhältnis der Setzung s(t) zum Zeitpunkt t zur Endsetzung $s(\infty)$. s(t) kann damit nach Gl. (60) berechnet werden, wenn U als Funktion der Zeit t bekannt ist.

Mit den Anfangsbedingungen $\Delta u_0 = \Delta p$ für $t = 0$ folgt $u^* = 0$ und $T = 0$. Damit kann die Lösung der Gl. (59) für verschiedene Randbedingungen grafisch als Darstellung von U in Abhängigkeit von T angegeben werden (Abb. 39 und 40).

In Abb. 41 sind die Isochronenbilder für beidseitige Entwässerung bei rechteckiger (1. Fall) und

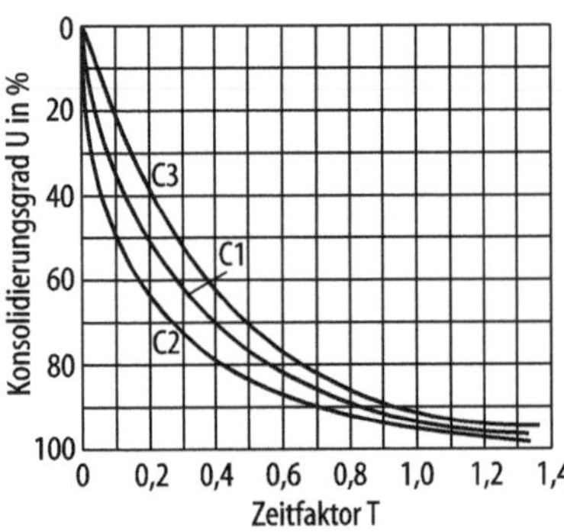

Abb. 39 Zeitfaktoren T als Funktion des mittleren Konsolidierungsgrades U; Verwendung der Kurven 1, 2 und 3 gemäß Abb. 40

bei dreieckförmiger Anfangsverteilung (2. Fall) von Δu für verschiedene Zeitfaktoren T aufgetragen. Die Isochronenbilder für einseitige Entwässerung bei dreieckförmiger Anfangsverteilung (3. und 4. Fall) sind in Abb. 42 dargestellt. Die Isochronenbilder für einseitige Entwässerung bei rechteckförmiger Anfangsverteilung ergeben sich aus Abb. 41, indem man nur die Auftragung bis $z/d = 1$ betrachtet. Bei beidseitiger Entwässerung wird die Dicke der Schicht mit 2d in Rechnung gesetzt. Die Konsolidierungszeiten t_1 und t_2 von Tonschichten verschiedener Schichtdicken d_1 und d_2 bei gleichem Konsolidierungsbeiwert c_v verhalten sich wie folgt zueinander:

$$\frac{t_1}{t_2} = \left(\frac{d_1}{d_2}\right)^2. \tag{61}$$

5.2 Spannungsverteilung im Baugrund infolge Auflast

Die Ermittlung der Spannungsausbreitung infolge einer senkrechten Einzellast auf der Oberfläche eines Halbraums geht auf Boussinesq zurück. Aus dieser Lösung kann mittels Integration die Lastausbreitung für Flächenlasten gewonnen werden. Boussinesq hat folgende Voraussetzungen über die Eigenschaften des Halbraums getroffen:

- Der Halbraum ist elastisch, das Hooke'sche Gesetz gilt ohne Einschränkungen. Dies bedeutet, dass auch Zugspannungen aufgenommen werden und einzelne Lastfälle linear superponiert werden können.
- Der Halbraum ist homogen, der Elastizitätsmodul E und die Querdehnzahl υ sind bei gleichbleibender Richtung in jedem Punkt des Halbraums gleichgroß.
- Der Halbraum ist isotrop, der Elastizitätsmodul E und die Querdehnzahl υ sind in jeder Richtung gleich groß.

5.2.1 Einzellast

Die Spannungsermittlung von Boussinesq für die Belastung des Halbraums durch eine vertikale Einzellast ist in Abb. 43 veranschaulicht. Darin ist der Punkt Q in Polarkoordinaten R bzw.

beidseitig drainierte Tonschichten

Anfangsverteilung von Δp_0:

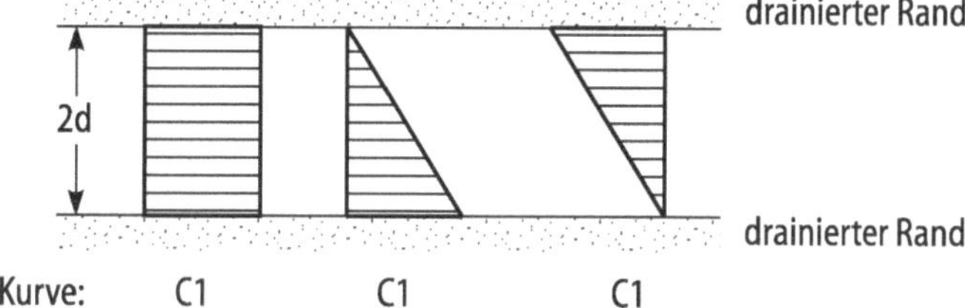

einseitig drainierte Tonschichten

Anfangsverteilung von Δu_0:

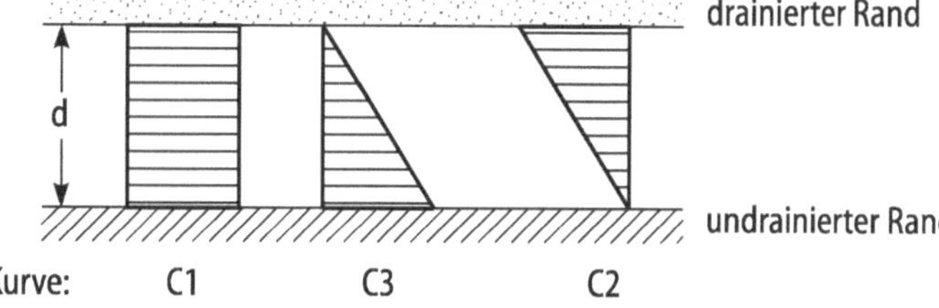

Abb. 40 Randbedingungen für die Verwendung der Kurven aus Abb. 39

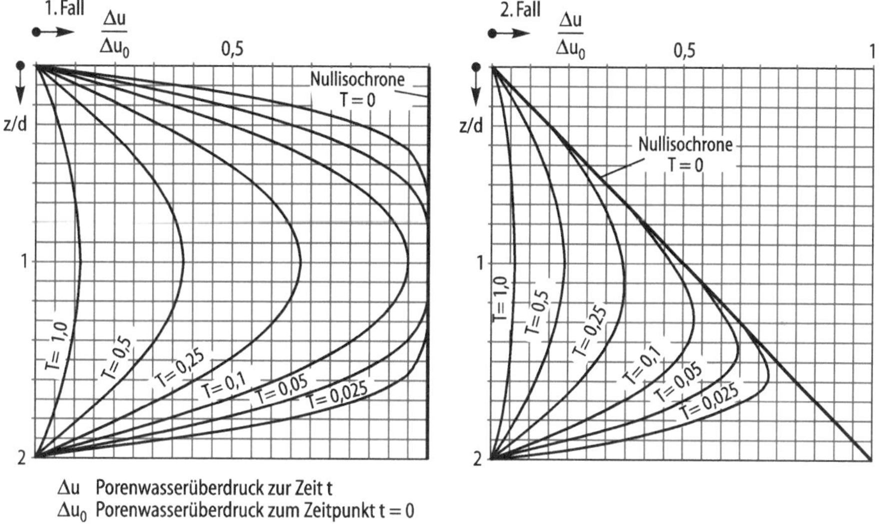

Abb. 41 Isochronenbilder für beidseitige Entwässerung

z und ψ dargestellt. Die Lösung von Boussinesq für die vertikale Spannungskomponente σ'_z lautet damit

$$\sigma'_z = \frac{3P}{2\pi R^2}\cos^3\psi. \tag{62}$$

Setzt man für

$$R^2 = \frac{z^2}{\cos^2\psi}, \tag{63}$$

so folgt

$$\sigma'_z = \frac{3P}{2\pi z^2}\cos^5\psi. \tag{64}$$

Für die Schubspannung τ_{xz} gilt

$$\tau_{xz} = \frac{3P}{2\pi R^2}\cos^2\psi\,\sin\psi. \tag{65}$$

Die Spannungen σ'_z und τ_{xz} sind unabhängig vom Elastizitätsmodul und von der Querdehnzahl

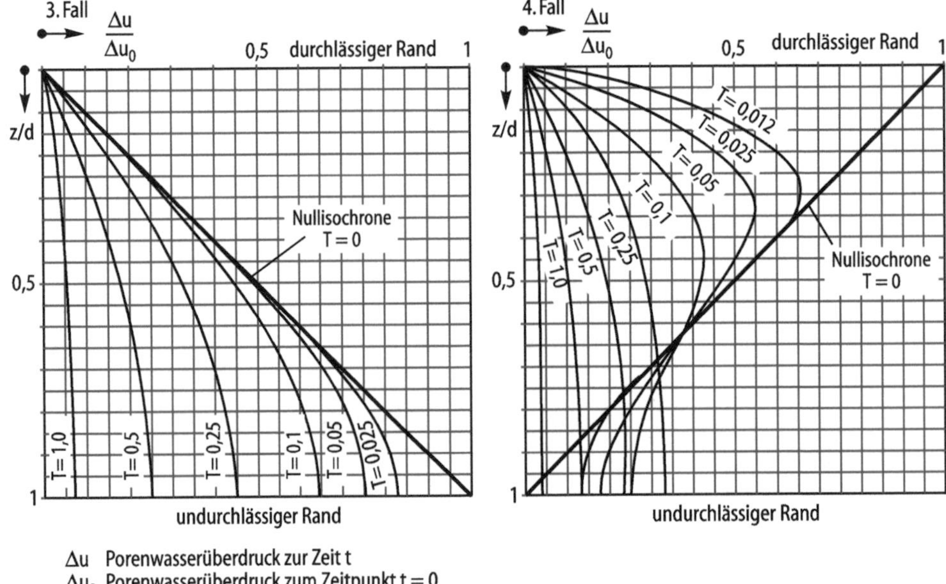

Abb. 42 Isochronenbilder für einseitige Entwässerung

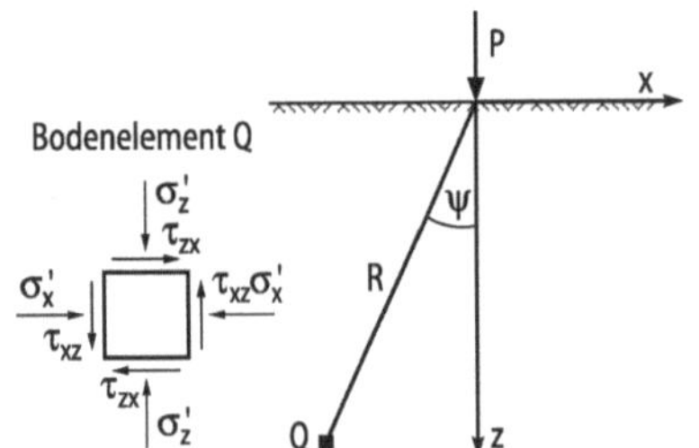

Abb. 43 Ermittlung der Spannung in einem Punkt Q im Halbraum

υ. Sie unterscheiden sich nur durch die Ausdrücke cos ψ bzw. sin ψ. Für die Lastachse (Symmetrieachse) wird τ_{xz} zu null; die lotrechte Normalspannung σ'_z ist damit in der Lastachse ($\psi = 0$) eine Hauptspannung.

Abb. 44 zeigt den Verlauf von σ'_z in verschiedenen Horizontalschnitten. Aufgrund der Mobilisierung von Schubspannungen im Halbraum breiten sich die vertikalen Normalspannungen seitwärts aus, wobei ihre Intensität kleiner wird. Das Flächenintegral über die Spannungen in der horizontalen Ebene bleibt dabei aus Gleichgewichtsgründen unverändert. Der Spannungsverlauf der vertikalen Normalspannung entlang der Lastachse für eine Lastfläche zeigt den in Abb. 45 schematisch dargestellten Verlauf.

5.2.2 Flächenhafte Auflasten

Rechteckförmige Lastflächen. Für die Setzungsberechnung einer gleichmäßig belasteten rechteckförmigen Fundamentplatte wird die Lösung von Steinbrenner zur Ermittlung der vertikalen Normalspannung σ'_z unter dem Eckpunkt N einer rechteckförmigen Lastfläche angewendet. Die Lösung wurde für schlaffe Fundamentplatten hergeleitet, d. h. für Platten ohne Biegesteifigkeit EI. In solch einem Fall entspricht die Sohlspannung der Belastung p (Abb. 46). Für σ'_z gilt demnach

$$\sigma'_z = \frac{p}{2\pi}\left\{\arctan\left[\frac{b}{z}\frac{a\left(a^2+b^2\right)-2az(R-z)}{\left(a^2+b^2\right)(R-z)-z(R-z)^2}\right]\right\} + \frac{p}{2\pi}\left\{\frac{bz}{b^2+z^2}\frac{a\left(R^2+z^2\right)}{(a^2+z^2)R}\right\}, \tag{66}$$

worin für

$$R = \sqrt{a^2+b^2+z^2} \tag{67}$$

gilt. Für σ'_z kann man mit dem Einflussbeiwert i

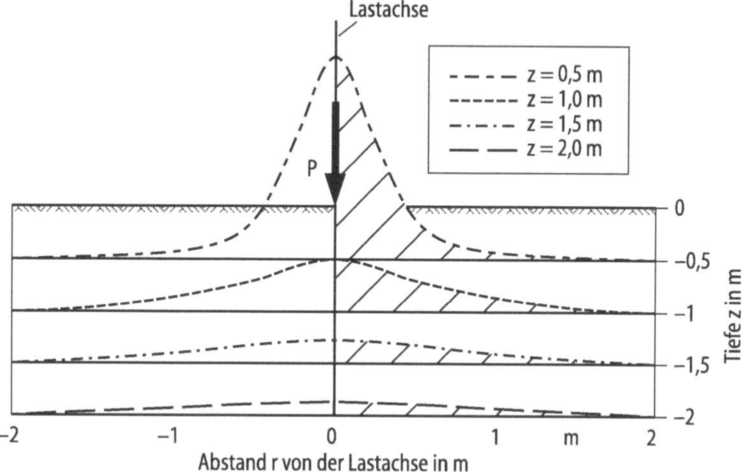

Abb. 44 Verlauf der vertikalen Normalspannung σ'_z in verschiedenen Horizontalschnitten

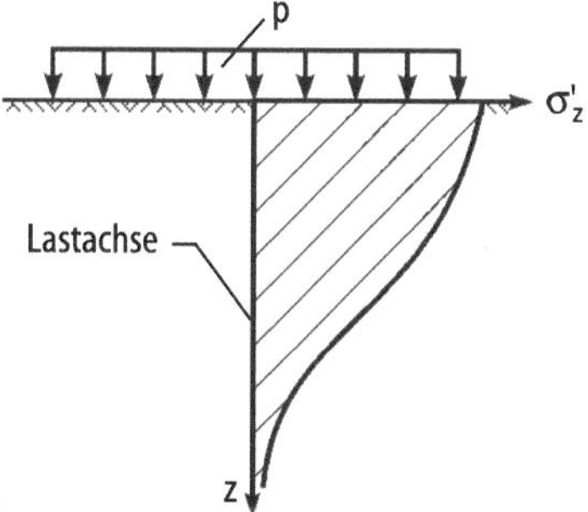

Abb. 45 Verlauf der vertikalen Normalspannung σ'_z in einem vertikalen Schnitt entlang der Lastachse

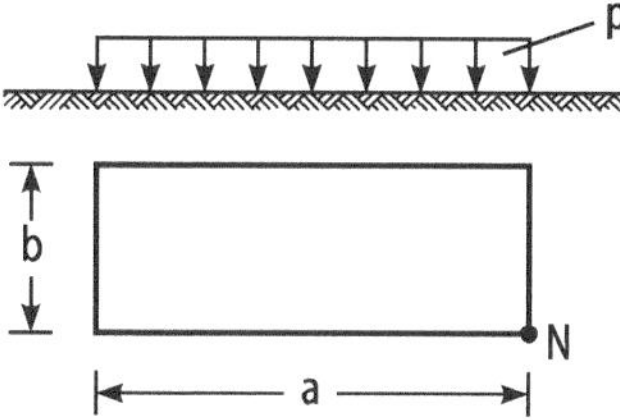

Abb. 46 Ermittlung der Spannung σ'_z unter dem Eckpunkt N einer konstanten rechteckförmigen Lastfläche

$$i = \frac{1}{2\pi}\left\{\arctan\left[\frac{b}{z}\frac{a(a^2+b^2)-2az(R-z)}{(a^2+b^2)(R-z)-z(R-z)^2}\right]\right\} + \frac{1}{2\pi}\left\{\frac{bz}{b^2+z^2}\frac{a(R^2+z^2)}{(a^2+z^2)R}\right\} \quad (68)$$

auch

$$\sigma'_z = pi \quad (69)$$

schreiben.

In Abb. 47 ist die Lösung des Einflussbeiwertes i in Abhängigkeit vom Verhältnis der Rechteckseiten a und b sowie dem Verhältnis der Tiefenlage z ab Unterkante Lastfläche dargestellt.

Für die Berechnung von Spannungen in Punkten, die nicht unter dem Eckpunkt, sondern beliebig unterhalb der konstanten Flächenlast liegen, ist die Lastfläche so in vier Teilrechtecke zu zerlegen, dass der Punkt gemeinsamer Eckpunkt der vier Rechtecke ist (Abb. 48). In der Situation von Abb. 48 ist die Spannung σ'_z unter dem Punkt N in der Tiefe z gesucht. Die Lastfläche wurde in die vier Teilflächen I–IV unterteilt. Die Spannung unter dem gemeinsamen Eckpunkt N wird nun für jede Teilfläche mit Hilfe des Diagramms in Abb. 47 berechnet. Die Summe dieser Spannungen ergibt die gesuchte vertikale Spannung

$$\sigma'_z(N) = p\left(i^I + i^{II} + i^{III} + i^{IV}\right).$$

Analog verfährt man bei der Berechnung von Spannungen unter dem Punkt N′, der außerhalb der rechteckigen Flächenlast liegt (Abb. 49). Danach gilt

$$\sigma'_z(N') = p\left(i^{(ABN'D)} + i^{(JHN'E)} - i^{(FBN'E)} - i^{(GHN'N)}\right).$$

Die bisherigen Berechnungen gelten nur für schlaffe Fundamente. Für die Setzung eines starren Fundaments ist die Spannung unter dem *kenn-*

Abb. 47 Einflusswerte i für die vertikalen Normalspannungen im elastisch-isotropen Halbraum unter dem Eckpunkt einer rechteckigen Flächenlast p

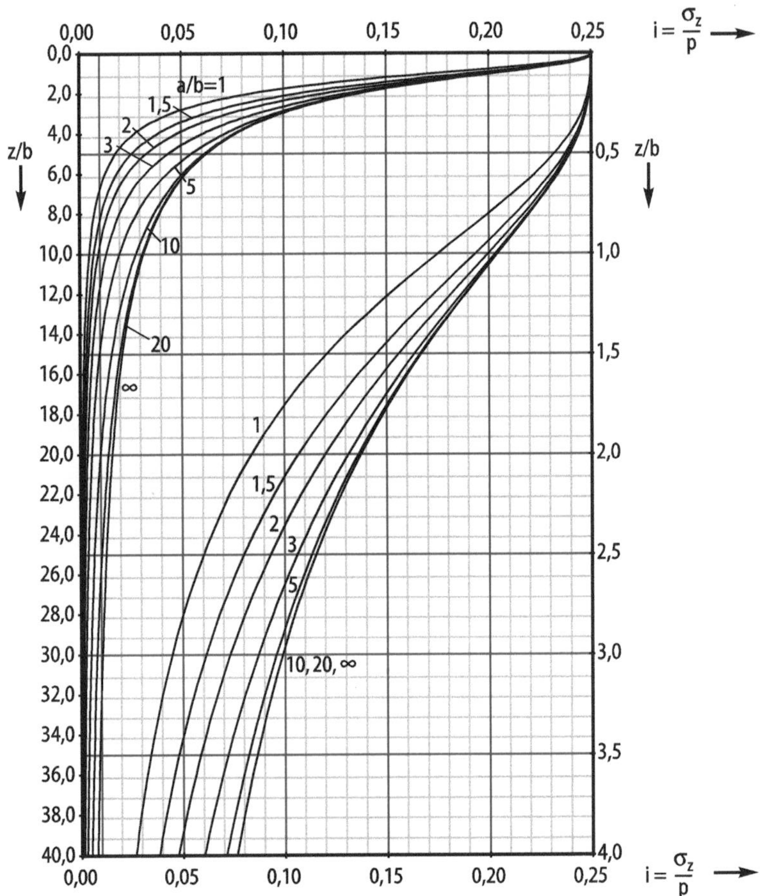

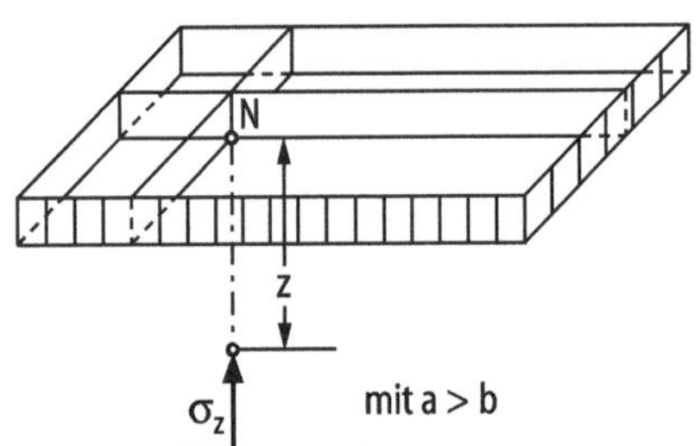

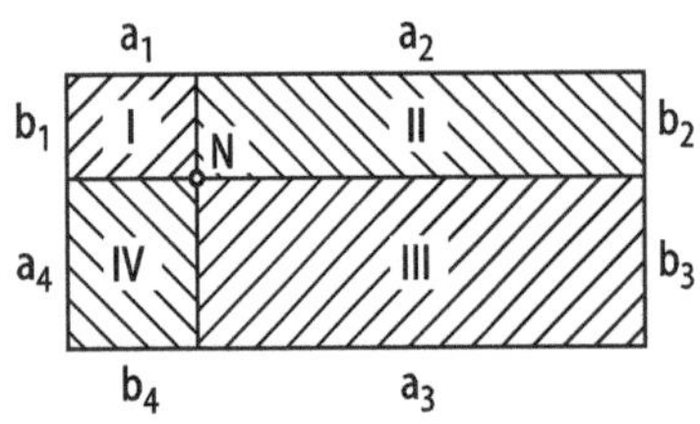

Abb. 48 Ermittlung der Spannung unter dem Punkt N innerhalb der rechteckigen Flächenlast

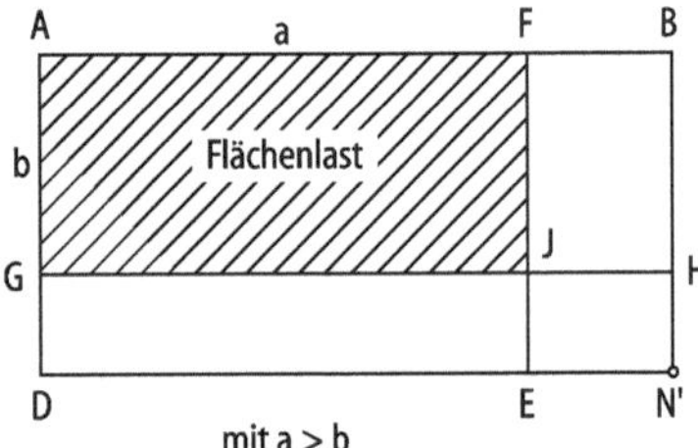

Abb. 49 Ermittlung der Spannung unter dem Punkt N' außerhalb der rechteckigen Flächenlast

zeichnenden Punkt maßgebend. Die Setzung eines gleichmäßig belasteten, starren Fundamentes ist gleich der Setzung einer schlaffen Lastfläche im kennzeichnenden Punkt, wenn diese gleich groß ist und gleiche Belastung erfährt. In Abb. 50 ist der kennzeichnende Punkt C nach Grasshoff/Kany dargestellt. Die Berechnung der Spannung

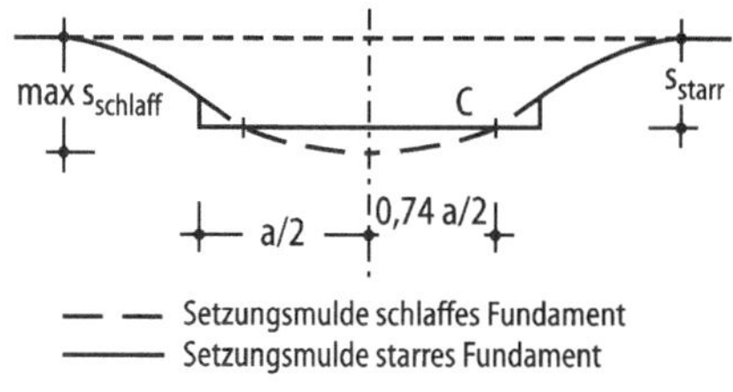

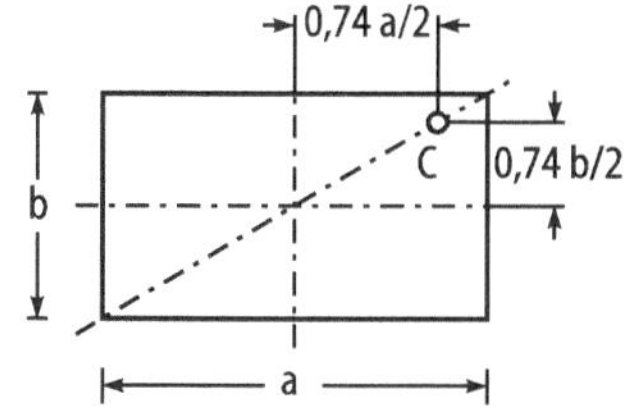

Abb. 50 Kennzeichnender Punkt einer rechteckigen Lastfläche

$\sigma'_z(c) = p\ i_c$ kann mit Hilfe des Diagramms in Abb. 51 zur Ermittlung von i_c erfolgen.

Kreisförmige Lastflächen. Diagramme für die Spannungsermittlung unter einigen ausgewählten Punkten 1 bis 10 innerhalb und außerhalb kreisförmiger Lastflächen in der Tiefe z sind von Lorenz und Neumeuer aufgestellt worden. Die Lage des kennzeichnenden Punktes C ermittelte Grasshoff im Abstand 0,845 r vom Kreismittelpunkt (Abb. 52). Es gilt

$$\sigma'_z(r) = pi_r.$$

Die Einflussbeiwerte i_r können dem Diagramm in Abb. 53 entnommen werden.

5.3 Setzungen infolge Zusammendrückung, Setzungsberechnung

Mit Hilfe der am Ödometerversuch hergeleiteten Spannungs-Verformungsbeziehungen und den nach Bousssinesq bzw. Steinbrenner gewonnenen Lösungen für die Spannungsausbreitung im Boden ist es nun möglich, die Setzungen des Baugrunds infolge begrenzter Zusatzlasten zu bestimmen (s. auch DIN 4019). Eine setzungsrelevante Bodenschicht wird durch eine begrenzte Flächenlast p belastet (Abb. 54). Wenn beispielsweise die Setzung für den Mittelpunkt M der Lastfläche gesucht wird, berechnet man die Spannungsverteilung unter dem Punkt M über die Tiefe z. Die Gesamtsetzung s ergibt sich als Integral (Summe) der Stauchung ε über die gesamte Schichtdicke d. Mit der Beziehung $\Delta\sigma'_z(z) = E_s\varepsilon(z)$ für die Annahme über die Schichtdicke konstanten Steifemoduls. Es folgt dann

$$s = \int_0^d \varepsilon(z)dz = \int_0^d \frac{\Delta\sigma'_z(z)}{E_s}dz = \frac{1}{E_s}\int_0^d \Delta\sigma'_z dz. \quad (70)$$

$\Delta\sigma'_z(z)$ ist darin die Zusatzspannung aus der Belastung in der Tiefe z.

Falls eine Bodenschicht bis in große Tiefen reicht, braucht die Integration nur bis in die sog. *Grenztiefe* durchgeführt zu werden. Die Grenztiefe z* wird als die Tiefe festgelegt, in der die wirksame Spannungsänderung aus der Baumaßnahme 20 % der geologischen Eigengewichtsspannungen σ'_{geol} beträgt (s. Abb. 54). Dabei ist die Bodenschichtung ab Bauwerkssohle relevant.

Zur näherungsweisen Lösung des Integrals aus Gl. (70) ist es ausreichend, die Bodenschicht bis zur Grenztiefe in Teilschichten mit der Dicke d*i* zu zerlegen, und für jede Teilschicht die über die Teilschicht gemittelte Zusatzspannung $\Delta\sigma'_z i$ zu ermitteln (Abb. 55). Dann ergibt sich die Gesamtsetzung

$$s = \frac{1}{E_{si}}\sum_i \Delta\sigma'_{zi}di. \quad (71)$$

Für jede Teilschicht muss der Steifemodul $E_s i$ konstant sein.

Es ist darauf zu achten, ob der Boden normal- oder überkonsolidiert, bzw. vor- oder erstbelastet ist. Ist der Baugrund vorbelastet, so geht der Steifemodul für Wiederbelastung E_{SW} in die Berechnung ein. Es ist des Weiteren darauf zu achten, ob das Bauwerk unter Auftrieb steht.

Für die Setzungsermittlung stehen außerdem f_s-Tafeln zur Verfügung.

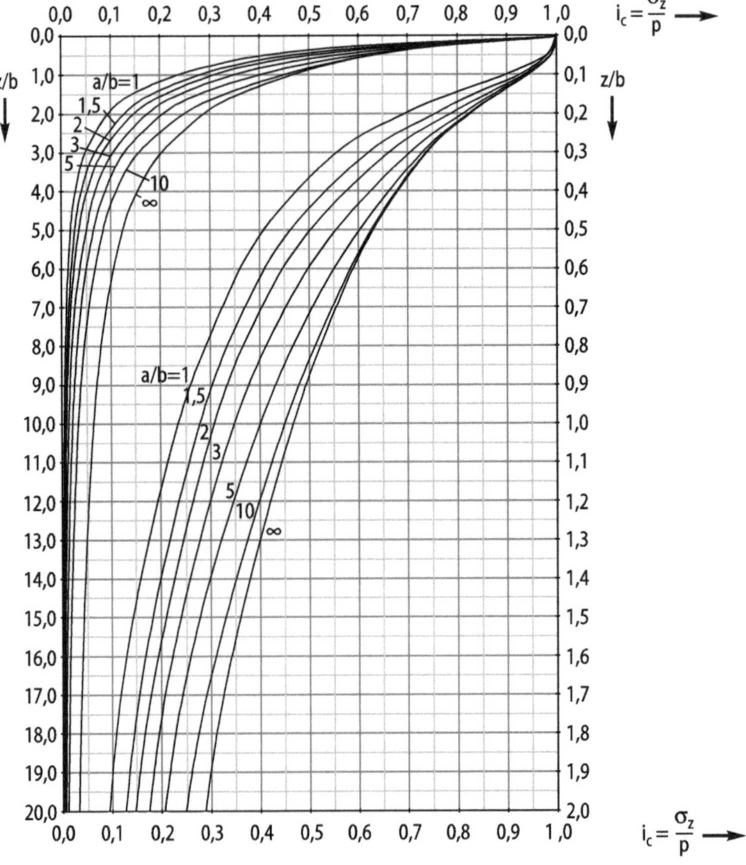

Abb. 51 Einflusswerte *ic* für die vertikalen Normalspannungen im elastisch-isotropen Halbraum unter dem kennzeichnen den Punkt einer rechteckigen Flächenlast *p*

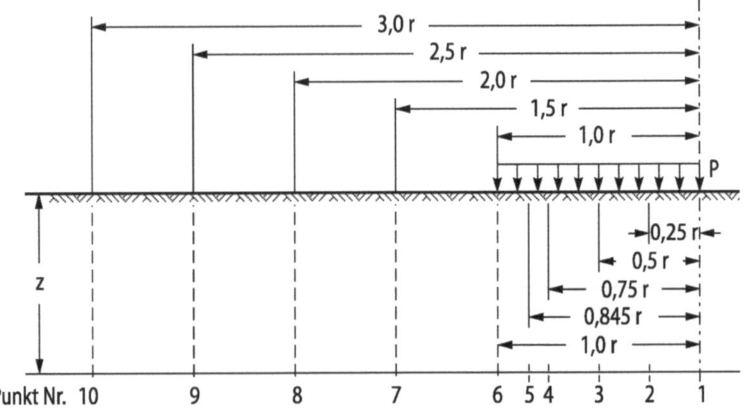

Abb. 52 Ausgewählte Punkte innerhalb und außerhalb einer kreisförmigen Lastfläche

$$s = \frac{f_s \; b \; p}{E_s}. \tag{72}$$

Der Beiwert f_s beinhaltet bereits die Integration der Spannung über die Tiefe z und ist wie der Einflussbeiwert i von den dimensionslosen Werten a/b und z/b abhängig (s. Abschn. 5.2). Die Abb. 56, 57 und 58 enthalten Diagramme zur Berechnung der Werte f_s für den Eckpunkt einer schlaffen Rechtecklastfläche, für den kennzeichnenden Punkt und für kreisförmige Lastflächen.

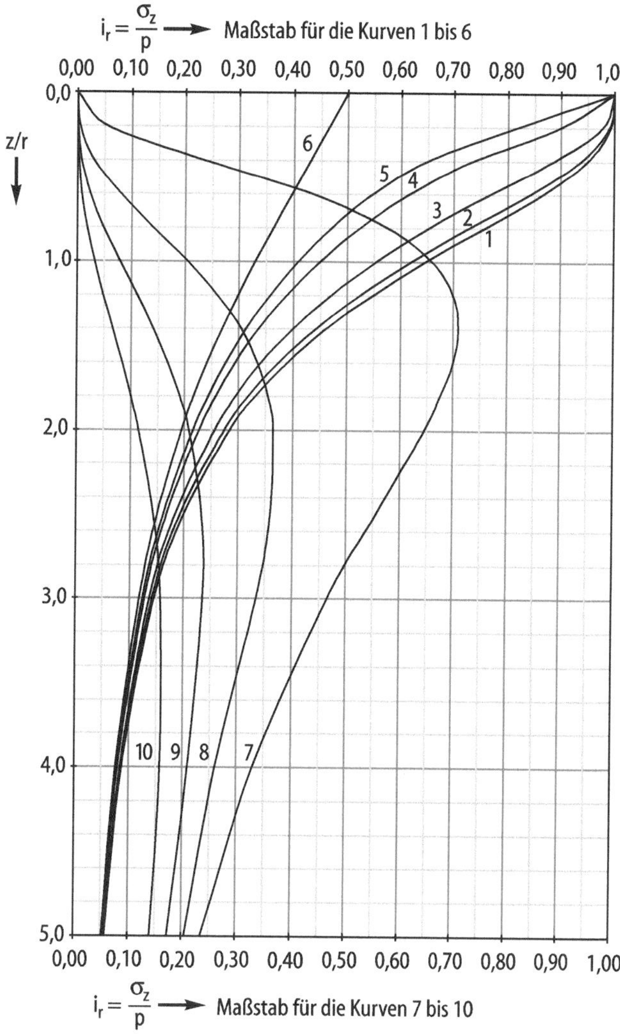

Abb. 53 Einflusswerte *ir* für die vertikalen Normalspannungen im elastisch-isotropen Halbraum unter ausgewählten Punkten innerhalb und außerhalb kreisförmiger Lastflächen

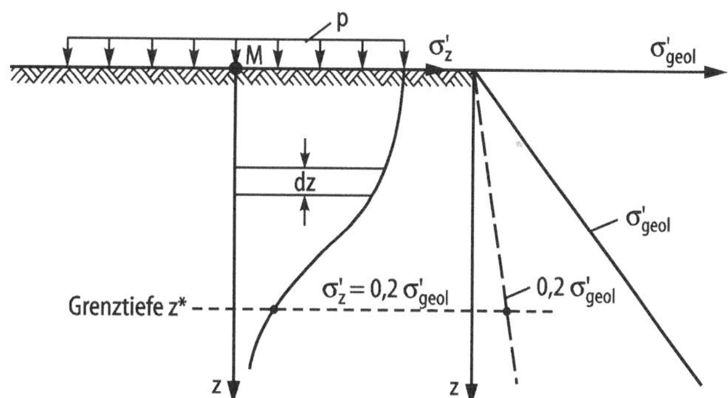

Abb. 54 Zur Verdeutlichung der Setzungsberechnung

5.3.1 Setzungsdifferenzen

Mögliche Ursachen für die Setzungsdifferenzen zwischen bestimmten Punkten der Sohlfläche ergeben sich aus

- unregelmäßiger Bodenschichtung,
- exzentrisch angreifenden Bauwerklasten,
- Spannungsüberlagerungen im Boden,
- Auflasten und Entlastungen neben dem Bauwerk.

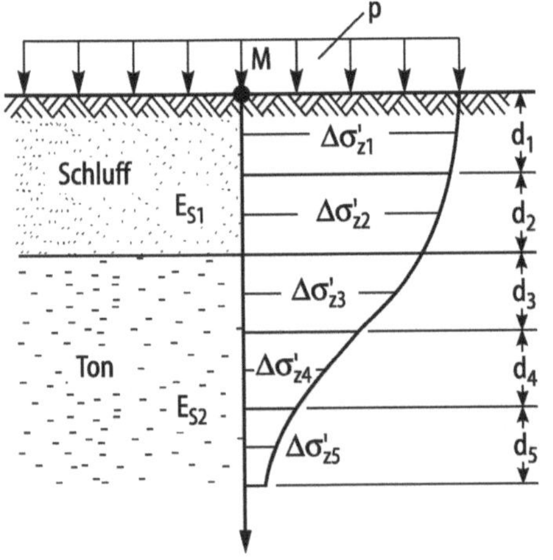

Abb. 55 Darstellung der Spannungsverteilung durch Spannungstrapeze

Die Winkelverdrehung eines Bauwerks infolge unterschiedlicher Setzung schätzt man mit Hilfe der Formel $\tan\beta = \Delta s/l$ ab, worin Δs der Setzungsunterschied zwischen den zwei Punkten und l der Abstand der Punkte sind.

Für die Verträglichkeit von Setzungsunterschieden gelten nach Skempton folgende kritische Werte für $\Delta s/l$:

- 1:750 für maschinelle Einbauten,
- 1:500 für wasserdichte Behälter,
- 1:300 Risse in der Wandverkleidung,
- 1:150 große Risse in Täfelung und Ziegelmauern,
- 1:150 Schäden in der Konstruktion.

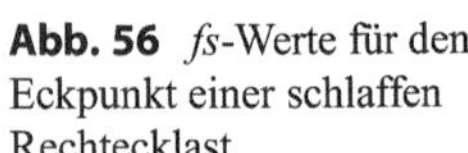

Abb. 56 *fs*-Werte für den Eckpunkt einer schlaffen Rechtecklast

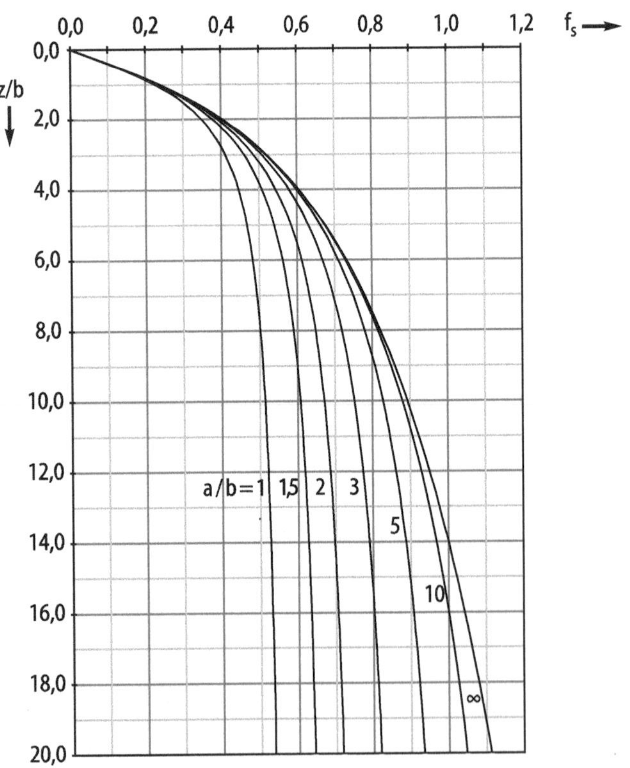

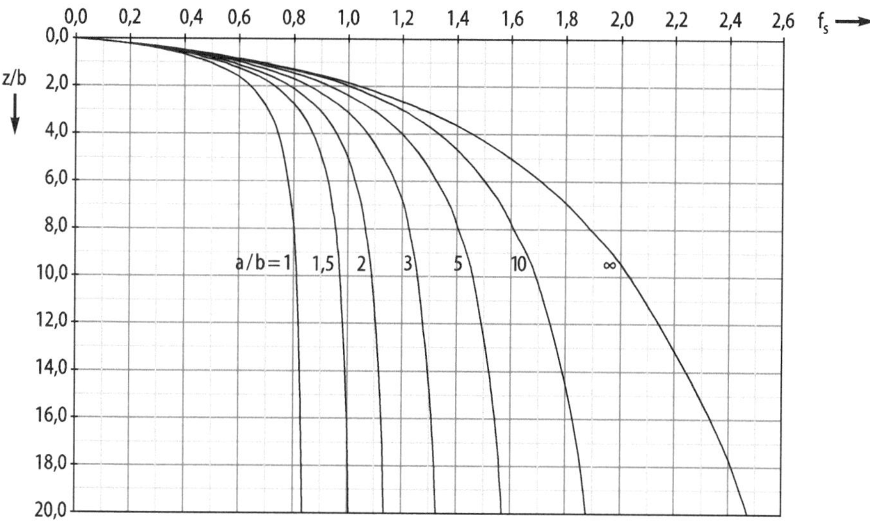

Abb. 57 *fs*-Werte für den kennzeichnenden Punkt

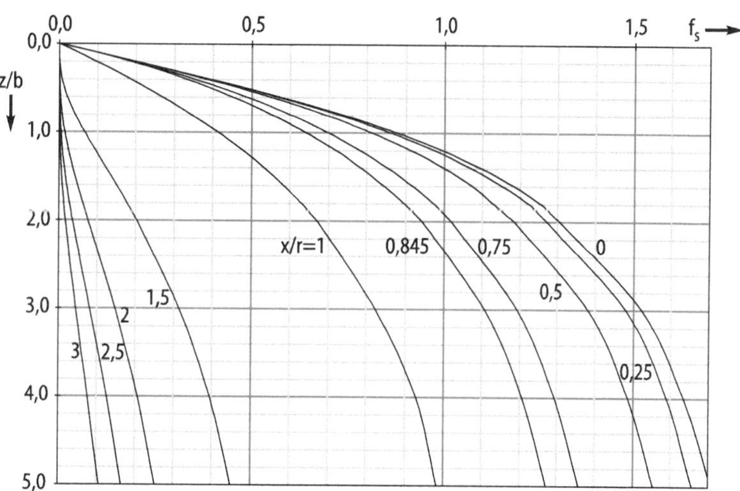

Abb. 58 *fs*-Werte für kreisförmige Lastflächen

In DIN 1054 sind im Hinblick auf die Schadensbegrenzung Richtwerte für maximale Setzungsunterschiede sowie für maximale Setzungsbeträge angegeben.

6 Grenzzustände im Boden

Die Beanspruchung des Bodens als *materielles Kontinuum* ist i. Allg. eine Funktion des Ortes. Die Beanspruchung in einem Punkt des Baugrunds ist gegeben durch den lokalen Spannungszustand. Die Spannungszustände, die ein materielles Teilchen ertragen kann, bilden im Spannungsraum einen zusammenhängenden Bereich, der durch eine zusammenhängende Fläche begrenzt ist, die die Festigkeit des Bodens charakterisiert. Jedem Punkt des materiellen Kontinuums ist ein solcher erträglicher Bereich zugeordnet. Wenn das betrachtete Material *strukturlos* ist und unter Beanspruchung so bleibt, spielt die Orientierung der Hauptspannungsrichtungen gegenüber dem Material keine Rolle. Der erträgliche Bereich lässt sich dann erschöpfend im Raum der drei Hauptspannungen darstellen und muss sogar drei Symmetrieebenen aufweisen (Abb. 59).

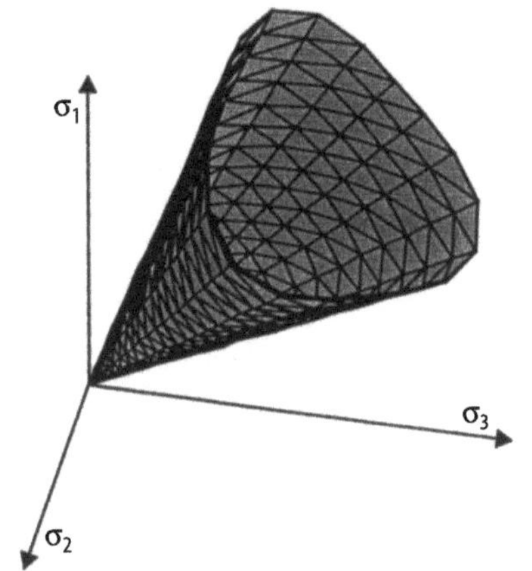

Abb. 59 Erträglicher Bereich im Hauptspannungsraum

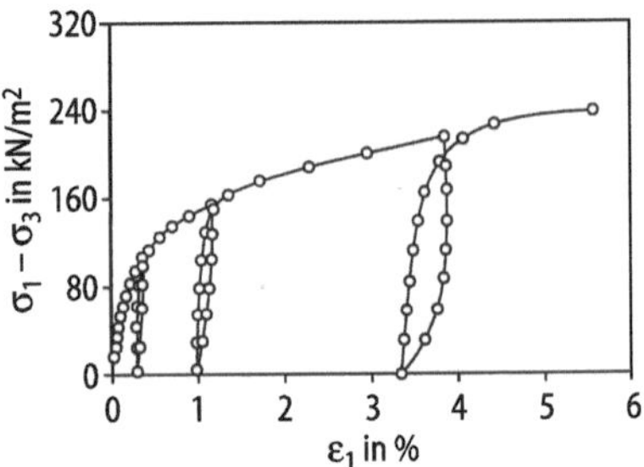

Abb. 60 Sand unter zyklischer Verformung

Wenn ein örtlicher Spannungszustand auf der Grenze des erträglichen Bereiches liegt, dann ist die Festigkeit des Bodens erschöpft, und es handelt sich um einen *Grenzspannungszustand.*

In der klassischen Theorie der Bodenmechanik zur Bestimmung des Erddrucks auf Stützbauwerke und der Tragfähigkeit des Baugrunds unter Gründungskörpern sowie der Standsicherheit von Böschungen bzw. Geländesprüngen werden solche Grenzspannungszustände im Boden betrachtet, ohne dabei auf die vorausgegangenen Verformungen einzugehen.

6.1 Festigkeitseigenschaften der Böden

Um den Bereich der erträglichen Spannungszustände experimentell zu ermitteln, werden Kriterien gebraucht, die die Entscheidung ermöglichen, ob ein Grenzspannungszustand vorliegt (ob die Festigkeitsgrenze erreicht ist) oder nicht. Die Praxis zeigt, dass man solche Kriterien i. Allg. nur unter Beachtung weiterer Aspekte des Stoffverhaltens festlegen kann. Das heißt aber, dass man auch den Begriff der Festigkeit selbst nur unter Beachtung des gesamten Stoffverhaltens mit der erforderlichen Präzision fassen kann.

Es ist typisch für Böden, dass sich große Formänderungen nach Entlastung nicht ganz zurückbilden. Dieses Verhalten heißt „elastoplastisch“. Zyklische Arbeitslinien (das sind Spannungs-Dehnungskurven) elastoplastischer Stoffe weisen *Hysteresis-Schleifen* auf. Abb. 60 zeigt die Verhaltensweise des elastoplastischen Stoffes Sand unter zyklischer Beanspruchung. In Abb. 60 findet man keine geradlinigen Äste der Arbeitslinie. Belastungsäste einerseits und Entlastungsäste andererseits sind gegensinnig gekrümmt. Innerhalb des erträglichen Bereichs des Bodens gibt es demnach keinen Bereich von Spannungszuständen derart, dass der Übergang von einem Zustand zu einem anderen nur von elastischen und reversiblen Verformungen begleitet würde.

Bei der Ermittlung des seitlichen Erddrucks, der Tragfähigkeit von Gründungen und der Standsicherheit von Böschungen wird das elastoplastische Verhalten der Böden stark vereinfacht in Rechnung gestellt. Man nimmt an, dass nur vernachlässigbar kleine Verformungen auftreten, solange der Spannungszustand innerhalb des erträglichen Bereichs bleibt. Man übernimmt also aus der Plastizitätstheorie das Modell des elastisch-ideal-plastischen bzw. ideal-starr-plastischen Verhaltens (Abb. 61).

6.1.1 Die Festigkeitshypothese von Mohr und Coulomb

Festigkeitshypothesen versuchen die erträglichen Bereiche verschiedener Materialien aus einem umfassenden Prinzip zu erklären. Für Böden hat sich die Festigkeitshypothese von Otto Mohr bewährt. In dem Bemühen um einen Zusammenhang zwischen den verschiedenen Festigkeitsmaßen, der Zugfestigkeit, Druckfestigkeit, Schubfestigkeit usw. kam Mohr (1900) zu der Auffassung, dass die Spannungen in den beobachteten Gleit- und Bruchflächen maßgebend für den Verlust der Festigkeit seien und stellte die Hypothese für isotrope Stoffe auf, dass die

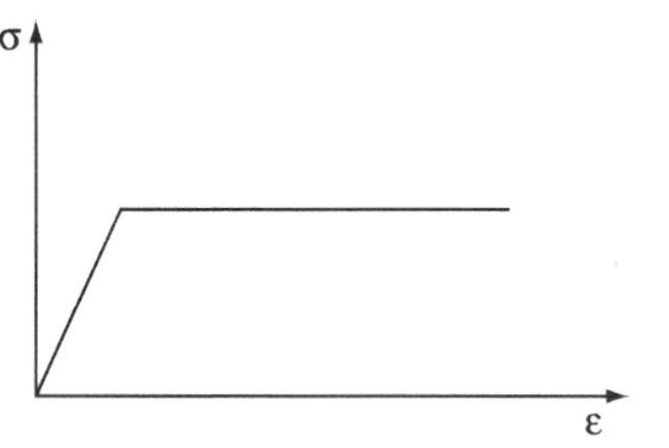

Abb. 61 Linearelastisches-ideal plastisches Materialverhalten

Schubspannung der Gleitfläche an der Festigkeitsgrenze einen von der Normalspannung und von der Materialbeschaffenheit abhängigen Größtwert erreicht.

Er schlug vor, für praktische Zwecke den Zusammenhang zwischen Schubspannung und Normalspannung im Grenzzustand zu *linearisieren*, also das Coulomb'sche Reibungsgesetz als allgemeine Festigkeitshypothese zu verwenden.

$$\tau_f = c' + \sigma' \tan \varphi' \qquad (73)$$

Einer der Hauptgründe für die späte Entwicklung der Bodenmechanik als systematischer Zweig des Bauingenieurwesens ist die Schwierigkeit der Erkenntnis gewesen, dass der Unterschied zwischen den Scherfestigkeitseigenschaften von Sand und Ton nicht so sehr auf dem Unterschied der Reibungseigenschaften der einzelnen Teilchen beruht, sondern vielmehr in dem sehr großen Unterschied in der *Durchlässigkeit.* Die Klärung der Sache begann erst nach der Formulierung des Prinzips der wirksamen Spannung durch Terzaghi (1925) und seiner experimentellen Untersuchung durch Rendulic (1936).

Der größte Widerstand gegen Abscheren in irgendeiner Schnittfläche im Boden ist nicht eine Funktion der in der Schnittfläche wirkenden totalen Normalspannung, sondern eine Funktion der Unterschiede zwischen der totalen Normalspannung und dem Porenwasserdruck, also der wirksamen Normalspannung (s. auch Abschn. 4.3).

$$\tau_f = c' + (\sigma - u) \tan \varphi' \qquad (74)$$

- τ_f – Scherwiderstand in der Gleitfläche,
- σ – totale Normalspannung,
- u – Porenwasserdruck,
- c' – Kohäsion,
- φ' – Winkel der inneren Reibung.

Vom Standpunkt der *Mischungstheorie* aus gesehen, ist dieser Sachverhalt eindeutig darzustellen, wenn zwischen der Scherfestigkeit der festen Phase (drainierte, effektive bzw. wirksame Scherfestigkeit) mit den effektiven Scherfestigkeitsparametern c' und φ' einerseits und der Scherfestigkeit der Mischung, bestehend aus der festen und flüssigen Phase (undrainierte Scherfestigkeit), mit den undrainierten Scherfestigkeitsparametern c_u und φ_u andererseits unterschieden wird.

Bei *geotechnischen Ingenieuraufgaben*, bei denen davon ausgegangen werden kann, dass keine Porenwasserüberdrücke entstehen (drainierter Zustand oder Endzustand nach der Konsolidierung), ist die wirksame Scherfestigkeit (Scherfestigkeit der festen Phase) maßgebend. Bei geotechnischen Ingenieuraufgaben, bei denen die Beanspruchung des Baugrunds so schnell erfolgt, dass das Porenwasser der Belastung nicht entweichen kann und somit Porenwasserüberdrücke entstehen (undrainierter Zustand oder Anfangszustand vor der Konsolidierung), ist neben der Scherfestigkeit der festen Phase auch die Scherfestigkeit der Mischung (undrainierte Scherfestigkeit) in Betracht zu ziehen. Für die Lösung der geotechnischen Aufgabe ist i. Allg. die ungünstigere der beiden Scherfestigkeiten maßgebend.

6.1.2 Laborversuche zur Bestimmung der Scherfestigkeit

Für die experimentelle Erkundung des Bereichs der erträglichen Spannungszustände benötigt man viele gleiche homogene Proben des betreffenden Bodens und Prüfgeräte, die eine homogene Beanspruchung der Proben bewirken. Die genannte Forderung wird vom Triaxialgerät weitgehend aber nicht vom Rahmenschergerät erfüllt.

Rahmenscherversuch. Mit Rahmenschergeräten, wie auch mit Kreisringschergeräten (hierzu z. B. DIN 18137-3) werden nach DIN 18137-1 „direkte Scherversuche" durchgeführt, bei denen die Scherkraft F_s unmittelbar aufgebracht und die Entstehung einer Scherfuge erzwungen wird. Die in das Gerät (Abb. 62) eingebaute quaderförmige

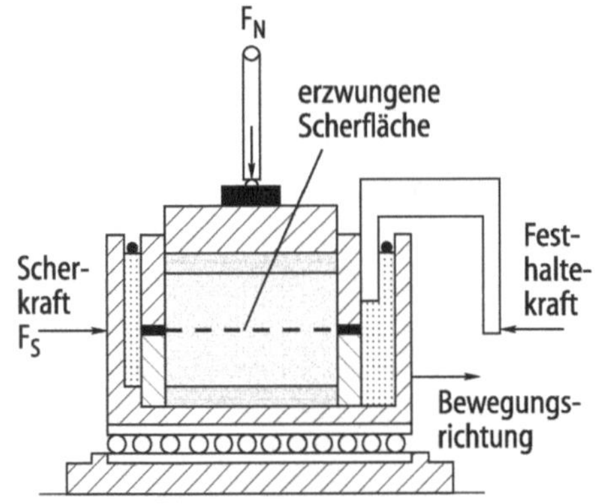

Abb. 62 Schema eines Rahmenschergeräts

Bodenprobe wird dabei unter einer senkrecht zur Scherfuge wirkenden Normalbelastung F_N abgeschert.

Triaxialversuch. Beim Triaxialversuch werden kreiszylindrische Proben in ein Gerät eingebaut, das in Abb. 63 schematisch dargestellt ist. Danach werden die zylinderförmigen Druckzellen mit Flüssigkeit gefüllt und Drücke in der Flüssigkeit (Zelldrücke) aufgebaut. Die Abscherung der Bodenproben erfolgt bei unterschiedlichen Zelldrücken σ_3 und zusätzlichen axialen Belastungen, die mit den radialsymmetrischen Normalspannungen σ_3 die axiale Normalspannung σ_1 ergeben.

Das Triaxialgerät bietet eine Reihe von Möglichkeiten, die Versuchsbedingungen den tatsächlichen Baugrundgegebenheiten anzupassen:

- *Drainierter Versuch (D-Versuch).* Die Probe kann unbehindert Porenwasser abgeben. Die Belastungsänderungen bzw. Verformungen werden so langsam ausgeführt, dass der Porenwasserdruck im gesamten Probenmaterial praktisch konstant und gleich dem Sättigungsdruck bleibt. Der Versuch ergibt somit die effektive Scherfestigkeit der festen Phase.
- *Konsolidierter, undrainierter Versuch (CU-Versuch).* Die Drainage von Porenwasser der Bodenprobe wird in der Abscherphase verhindert und der auftretende Porenwasserdruck gemessen. Der Versuch bietet die Möglichkeit, sowohl die effektive als auch die undrainierte Festigkeit zu ermitteln.
- *Unkonsolidierter, undrainierter Versuch (UU-Versuch).* Bei geschlossenem Porenwassersystem wird der bindige Bodenkörper zuerst durch einen Anfangszelldruck σ_3 belastet und anschließend durch Steigerung der axialen Normalspannung σ_1 abgeschert. Der Porenwasserdruck wird dabei nicht gemessen. Der Versuch liefert die totalen Spannungen in einem Grenzzustand mit einem konstanten Wassergehalt des Probekörpers, der dem Wassergehalt des Baugrunds gleich sein sollte (Anfangsfestigkeit).

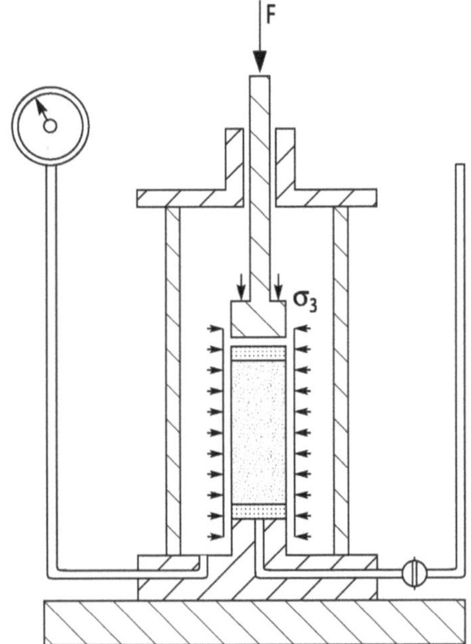

Abb. 63 Prinzipskizze eines Traxialgeräts

Auswertung des Triaxialversuchs. Die Grenzbedingung von Mohr-Coulomb ergibt sich als gerade Umhüllende der mit den Versuchen gewonnenen Mohr'schen σ_1, σ_3 bzw. σ'_1, σ'_3 – Spannungen (Spannungskreise) im Grenzzustand.

Neben der Versuchsauswertung an Hand von Mohr'schen Spannungskreisen sieht DIN 18137-2 noch eine Reihe anderer Möglichkeiten vor. Zwei davon sind in Abb. 64 zu sehen. Die Varianten zeigen die Ergebnisse eines konsolidierten, drainierten Versuchs (CD-Versuch) in zwei Auswertungsversionen. In Abb. 64a werden die Versuchsergebnisse im $(\sigma_1-\sigma_3)/2$-$(\sigma_1+\sigma_3)/2$-Diagramm und im $(\sigma_1-\sigma_3)/2$-ε_1-Diagramm dargestellt.

Die drei Proben des CD-Versuchs aus Abb. 64 wurden vor dem Abschervorgang unter effektiven Konsolidationsspannungen σ'_c der Größe 50 kN/m², 105 kN/m² und 200 kN/m² konsolidiert. Aus Abb. 64b geht hervor, bei welchem ε_1-Wert die jeweils maximale Größe der Hauptspannungsdifferenz $\sigma_1-\sigma_3$ auftritt. Abb. 64a zeigt die Spannungspfade für die drei Probekörper und eine ausgleichende Gerade durch die Maximalwerte der drei Spannungspfade. Mit dem Neigungswinkel α' der Geraden und der Ordinatengröße b' ihres Schnittpunkts mit der $(\sigma_1-\sigma_3)/2$-Achse können unter Nutzung der Beziehungen

$$\sin\varphi' = \tan\alpha', \tag{75}$$

$$c' = \frac{b'}{\cos\varphi'} \tag{76}$$

die effektiven Scherparameter φ' und c' ermittelt werden.

6.2 Erddruck

Wenn der Boden steiler abgeböscht wird, als es seinem natürlichen Böschungswinkel (innerer Reibungswinkel) entspricht, muss er seitlich gestützt werden. Die Kraft, die der Boden auf die Stützkonstruktion ausübt, wird historisch „Erddruck" genannt. Der Erddruck hängt stark von der Nachgiebigkeit und Biegsamkeit der Stützkonstruktion sowie von den Eigenschaften des anstehenden Bodens ab.

6.2.1 Klassische Erddrucktheorien

Die Berechnung des auf eine Stützmauer wirkenden Erddrucks oder des vor einer Ankerwand mobilisierten Erdwiderstands gehört zu den klassischen Aufgaben der *Erdstatik*. Bereits 1773 stellte Coulomb eine Theorie zur Bestimmung des Erddrucks vor. Im 19. Jahrhundert gab es eine Vielzahl von Arbeiten über Erddruckprobleme, wobei von Rankine (1857) der Grenzspan-

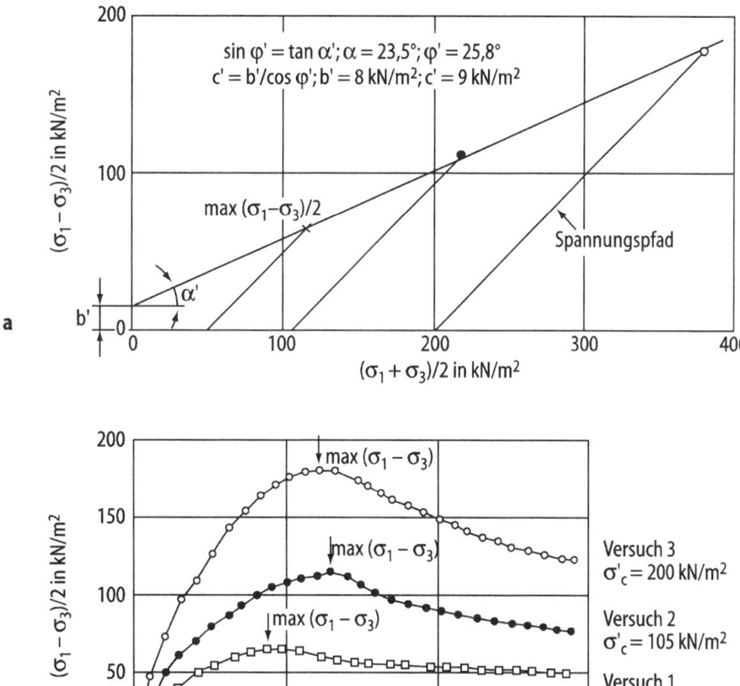

Abb. 64 Ergebnisse eines konsolidierten, drainierten Versuchs (CD-Versuch); Beispiel aus DIN 18137-2

nungszustand in einem unendlich ausgedehnten Erdkörper mit ebener horizontaler oder geneigter Oberfläche untersucht wurde.

Erddrucktheorie von Coulomb. Coulomb (1775) ist von folgenden Voraussetzungen ausgegangen:

- Die Stützwand ist breit genug, um die ebene Betrachtungsweise zu rechtfertigen.
- Der Boden, welcher der Bewegung der nachgebenden Wand folgt, ist vom stehenbleibenden Boden durch eine vom Wandfuß ausgehende ebene Gleitfläche getrennt.
- Infolge der Bewegung wachsen die in der Gleitfläche übertragenen Schubspannungen τ an, wodurch die Wand entlastet wird und zur Ruhe kommt. Die Schubspannungen τ können nur bis zur Scherfestigkeit τ_f anwachsen. Der entsprechende Erddruck ist der sog. aktive Erddruck E_a.
- Die Richtung des Erddrucks ist vorgegeben.

Gemäß Abb. 65 kann die Erddruckkraft E_a bestimmt werden, wenn der Gleitflächenwinkel ϑ_a bekannt ist.

Nach Coulomb stellt sich derjenige Gleitflächenwinkel ϑ ein, der zum größten Erddruck E führt.

$$\frac{dE}{d\vartheta} = 0 \rightarrow \vartheta = \vartheta_a, E_{\max} = E_a. \tag{77}$$

Die analytische Lösung ist dann durch die Gleichung

$$E_a = \left(\frac{1}{2}\gamma\ h^2 + \frac{\cos\alpha\cos\beta}{\cos(\alpha+\beta)}ph\right)\cdot K_{ag} - ch\cdot K_{ac} \tag{78}$$

mit dem horizontalen Erddruckbeiwert

$$K_{agh} = \frac{\cos^2(\varphi+\alpha)}{\cos^2\alpha\left[1+\sqrt{\frac{\sin(\varphi+\delta_a)\sin(\varphi-\beta)}{\cos(\alpha-\delta_a)\cdot\cos(\alpha+\beta)}}\right]^2} \tag{79}$$

und

$$K_{ag} = \frac{K_{agh}}{\cos(\alpha-\delta_a)} \tag{80}$$

gegeben. Der Kohäsionsbeiwert ergibt sich aus

$$K_{ach} = \frac{2\cos\varphi\cos\beta(1-\ \tan\alpha\tan\beta)\cos(\alpha-\delta_a)}{1+\ \sin(\varphi+\delta_a-\alpha-\beta)} \tag{81}$$

und

$$K_{ac} = \frac{K_{ach}}{\cos(\alpha-\delta_a)}. \tag{82}$$

Der sich aus der Grenzwertbetrachtung von Coulomb ergebende Gleitflächenwinkel ϑ_a beträgt:

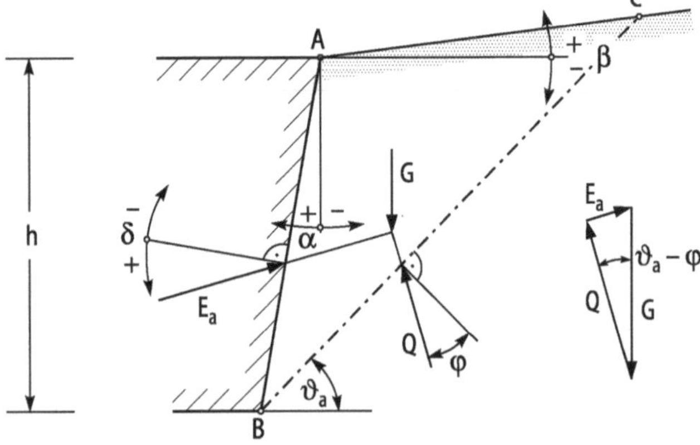

Abb. 65 Erddruck auf eine Stützkonstruktion

$$\vartheta_a = \varphi + \operatorname{arc\,cot}\left[\tan(\alpha+\varphi) + \frac{1}{\cos(\alpha+\varphi)}\sqrt{\frac{\sin(\varphi+\delta_a)\cdot\cos(\alpha+\beta)}{-\sin(\beta-\varphi)\cdot\cos(\delta_a-\alpha)}}\right]. \tag{83}$$

Bewegt sich ein Bauwerk auf den Boden zu, so dreht sich die Wirkungsrichtung der tangentialen Komponente der in der Kontaktfläche Bauwerk-Boden und in der Gleitfläche hervorgerufenen Kräfte E_p und Q gegenüber dem aktiven Grenzzustand um (Abb. 66).

Der Erdwiderstand E_p ist durch

$$E_p = \frac{1}{2}\gamma h^2 \cdot K_{p\,g} + ch \cdot K_{p\,c} \tag{84}$$

mit dem horizontalen Erddruckbeiwert

$$K_{pgh} = \frac{\cos^2(\varphi-\alpha)}{\cos^2\alpha\left[1-\sqrt{\frac{\sin(\varphi-\delta_p)\cdot\sin(\varphi+\beta)}{\cos(\alpha-\delta_p)\cdot\cos(\alpha+\beta)}}\right]^2} \tag{85}$$

und

$$K_{pg} = \frac{K_{pgh}}{\cos(\alpha-\delta_p)} \tag{86}$$

gegeben. Der Kohäsionsbeiwert ergibt sich aus

$$K_{pch} = \frac{2\cos\varphi\cos\beta(1-\tan\alpha\tan\beta)\cos(\alpha-\delta_p)}{1-\sin(\varphi-\delta_p+\alpha+\beta)} \tag{87}$$

und

$$K_{pc} = \frac{K_{pch}}{\cos(\alpha-\delta_p)}. \tag{88}$$

Der Gleitflächenwinkel ϑ_p im passiven Fall lautet

$$\vartheta_p = -\varphi + \operatorname{arccot}\left[\tan(\alpha-\varphi) + \frac{1}{\cos(\alpha-\varphi)}\sqrt{\frac{\sin(\delta_p-\varphi)\cdot\cos(\alpha+\beta)}{-\sin(\beta+\varphi)\cdot\cos(\delta_p-\alpha)}}\right]. \tag{89}$$

Dabei sind die Vorzeichenkonventionen nach Abb. 67 zu beachten.

Verwendung der Indizes:

1. *Index*:
   - a: aktiver Grenzzustand
   - p: passiver Grenzzustand
2. *Index*:
   - g: aus Eigengewicht des Bodens
   - p: aus Auflast c: aus Kohäsion

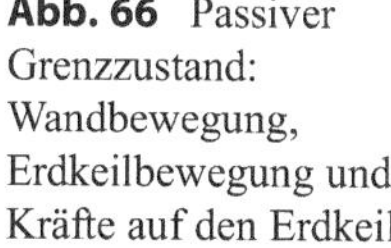

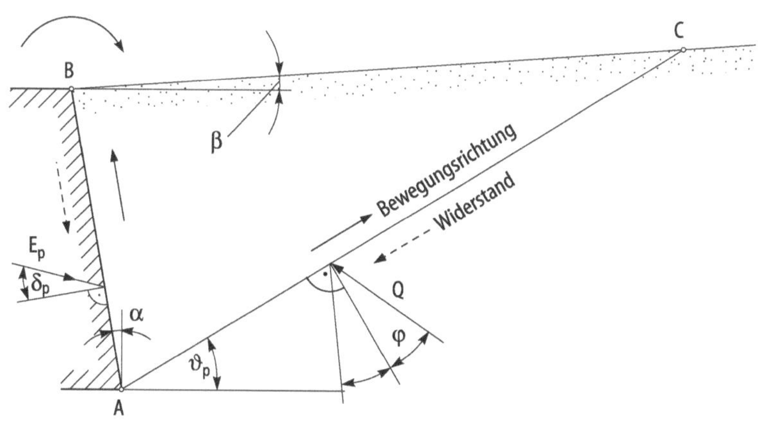

Abb. 66 Passiver Grenzzustand: Wandbewegung, Erdkeilbewegung und Kräfte auf den Erdkeil

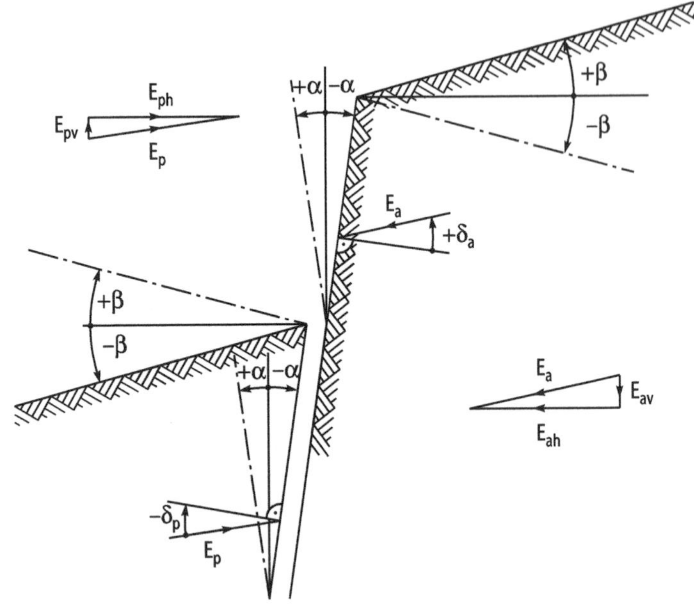

Abb. 67 Vorzeichenregel für die Berechnung des aktiven und passiven Erddrucks

3. *Index*:
   - h: horizontal
   - v: vertikal Ansatz des Wandreibungswinkels:

Der Wandreibungswinkel δ zwischen der Hinterfüllung oder Schüttgütern und der Wand ist von der Rauhigkeit der Wand, von der Neigung des Geländes hinter der Wand, von der Art und Lagerung bzw. Konsistenz des Hinterfüllungsbodens sowie von der Bewegungsmöglichkeit zwischen Wand und Hinterfüllung abhängig. Er muss für ebene Gleitflächen kleiner angesetzt werden als für gekrümmte oder gebrochene Gleitflächen, da anderenfalls mit ebenen Gleitflächen auf der unsicheren Seite liegende aktive oder passive Erddruckbeiwerte ermittelt werden. Tab. 8 gibt maximale Wandreibungswinkel an.

Tab. 8 Wandreibungswinkel gemäß DIN 4085

Beschaffenheit der Wandfläche	Wandreibungswinkel
Verzahnt	φ'_k
z. B.: Der Wandbeton wird so eingebracht, dass eine Verzahnung mit dem angrenzenden Boden entsteht.	
Rauh	$2\varphi'_k/3$
z. B.: Unbehandelte Oberflächen von Stahl, Beton oder Holz	
weniger rauh	$\varphi'_k/2$
z. B.: Wandabdeckungen aus verwitterungsfesten, plastisch nicht verformbaren Kunststoffplatten	
Glatt	0
z. B.: Stark schmierige Hinterfüllung; Dichtungsschicht, die keine Schubkräfte übertragen kann	

Erddrucktheorie von Rankine. Rankine (1857) nahm an, dass in einem Gelände mit ebener, i. Allg. geneigter Oberfläche alle Spannungen proportional zur Tiefe anwachsen und die Spannungszustände die Grenzbedingung der Scherfestigkeit erfüllen (Halbraum im plastischen Grenzgleichgewichtszustand). In allgemeiner Form kann man den Spannungszustand des Bodens im Grenzzustand mit Hilfe der Hauptspannungen durch folgende Gleichung beschreiben:

$$\frac{\sigma_1 + \sigma_3}{2} \sin\varphi = \frac{\sigma_1 - \sigma_3}{2} - c\cos\varphi. \quad (90)$$

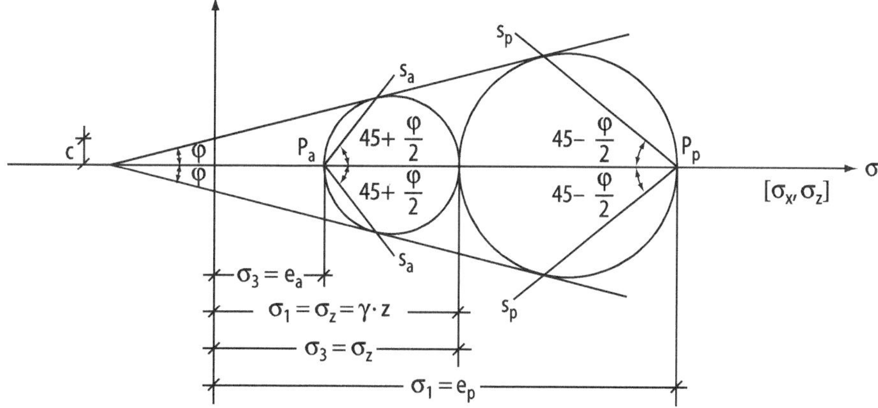

Abb. 68 Mohrscher Spannungskreis für einen bindigen Boden ($c \neq 0$, $\varphi \neq 0$) im aktiven und passiven Grenzzustand

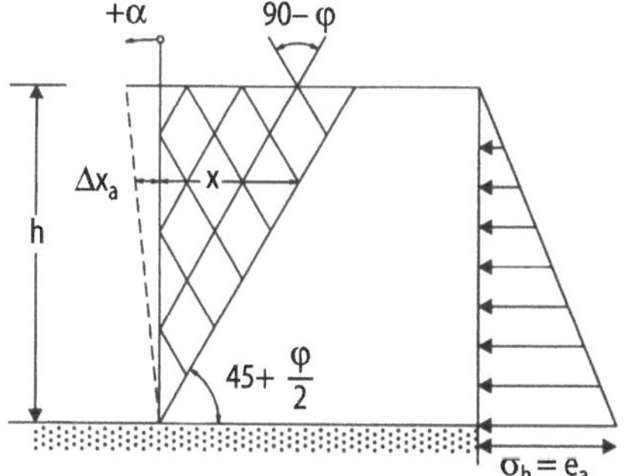

Abb. 69 Zonenbruch hinter einer frei auskragenden Wand im aktiven und im passiven Fall sowie Darstellung der Erddruckverteilung

Aus der Konstruktion der Mohr'schen Spannungskreise erhält man die Gleitflächen im aktiven und passiven Grenzzustand (Abb. 68).

Hinter der Wand bildet sich der aktive Grenzzustand nach Rankine aus, wenn die Verformungsbedingung $\Delta x/x$ = konst erfüllt ist (Abb. 69). Es gilt die Spannungsverteilung

$$\sigma_z = \gamma z, \tag{91}$$

$$\sigma_x = \gamma\ z \tan^2\left(45^\circ - \frac{\varphi}{2}\right) = \gamma z K_a = e_a. \tag{92}$$

mit

$$K_a = \tan^2\left(45^\circ - \frac{\varphi}{2}\right). \tag{93}$$

Durch Integration von e_a über die Tiefe z erhält man die Erddruckkraft

$$E_a = \int_{z=0}^{z=h} e_a dz = \int_{z=0}^{z=h} K_a \gamma z dz. \tag{94}$$

Da die Erddruckverteilung e_a linear mit der Tiefe zunimmt, ergibt sich

$$E_a = \frac{1}{2} K_a\ \gamma h^2. \tag{95}$$

Im passiven Grenzzustand ergibt sich Spannungsverteilung

$$\sigma_z = \gamma z, \tag{96}$$

$$\sigma_x = \gamma z \tan^2\left(45^\circ + \frac{\varphi}{2}\right) = \gamma z\ K_p = e_p \tag{97}$$

mit

$$K_p = \tan^2\left(45^\circ + \frac{\varphi}{2}\right). \tag{98}$$

Integration von e_p über die Tiefe z ergibt sich die Erddruckkraft

$$E_p = \int_{z=0}^{z=h} e_p dz = \int_{z=0}^{z=h} K_p \gamma z dz. \tag{99}$$

Da ebenfalls die Erddruckverteilung e_p linear mit der Tiefe zunimmt, ergibt sich

$$E_p = \frac{1}{2} K_p \gamma h^2. \tag{100}$$

Für diesen speziellen Fall (α, β, δ = 0) stimmen die Erddrücke nach Coulomb und Rankine überein.

6.2.2 Verteilung des Erddrucks

Die Komponenten normal und tangential zur Wand hängen mit Normal- und Schubspannungen in der Wandrückseite über die Gleichungen

$$E \quad \cos\delta = \int_o^h e_n \frac{dz}{\cos\alpha}, \tag{101}$$

$$E \sin\delta = \int_o^h e_t \frac{dz}{\cos\alpha}. \tag{102}$$

Insbesondere ergeben sich bei proportional zur Tiefe zunehmenden Spannungen am Wandfuß

$$e_n = \frac{2E}{h} \cos\alpha \cos\delta, \tag{103}$$

$$e_t = e_n \tan\delta. \tag{104}$$

Es lässt sich zeigen, dass die Rankine'sche Theorie bei δ = β–α auf dieselbe Erddruckverteilung führt (Abb. 69).

6.2.3 Einfluss der Kinematik der Stützkonstruktion auf den Erddruck

Ruhedruck E_o wirkt nur auf Stützkonstruktionen, die unnachgiebig sind. Sobald die Stützkonstruktion sich bewegt, ändert sich der Erddruck. Wenn die Stützkonstruktion von der Erde weg bewegt wird, fällt der Erddruck bei einer gewissen Größe der Bewegung auf den unteren Grenzwert, den aktiven Erddruck E_a, ab. Wenn man umgekehrt die Stützkonstruktion gegen die Erde verschiebt, steigt der Erddruck an und erreicht nach einer größeren Verschiebung den oberen Grenzwert, den passiven Erddruck E_p (Erdwiderstand) (Abb. 70).

Wenn man sich zunächst auf starre Stützkonstruktionen (Wände) beschränkt und davon ausgeht, dass diese sich um einen Punkt drehen, der zwischen Ober- und Unterkante liegt, hat man nicht reinen aktiven oder passiven Erddruck, sondern eine Kombination davon. Es ist zweckmäßiger, die zwei Bewegungsmöglichkeiten bei einem gegebenen Drehpunkt mit Vorzeichen zu versehen (Abb. 71).

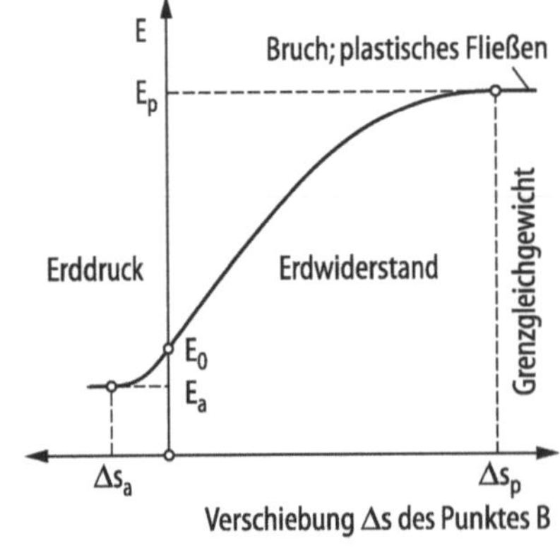

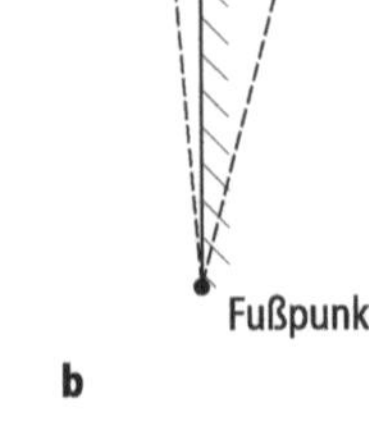

Abb. 70 Erddruck in Abhängigkeit von der Wandverschiebung

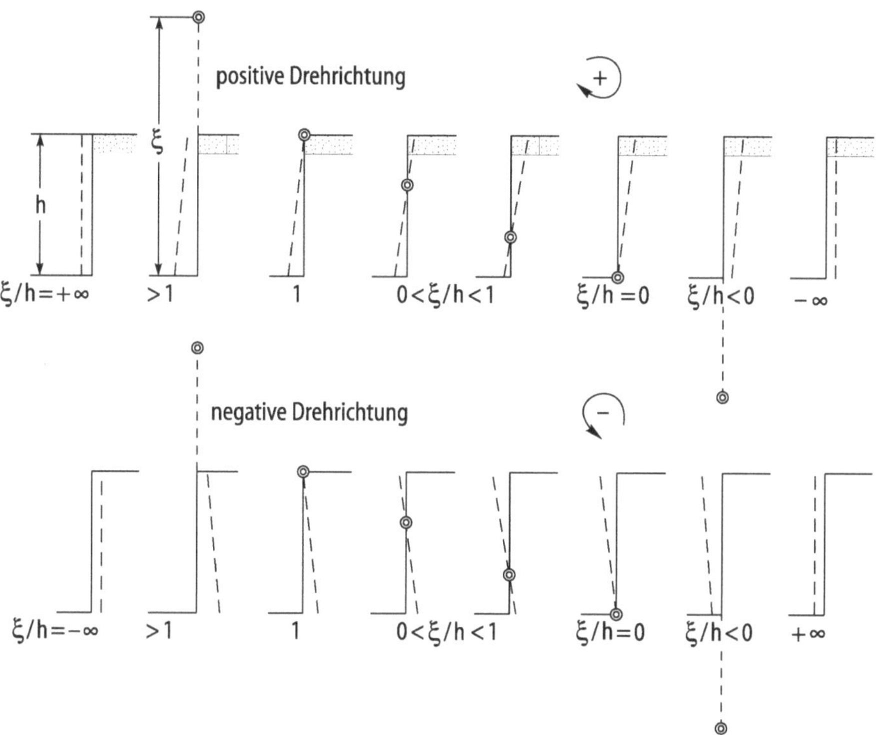

Abb. 71 Drehpunkte bei der Wandbewegung

Abb. 72 Ansatz des Erddrucks aus Nutzlasten bei gestützten und nicht-gestützten Baugruben

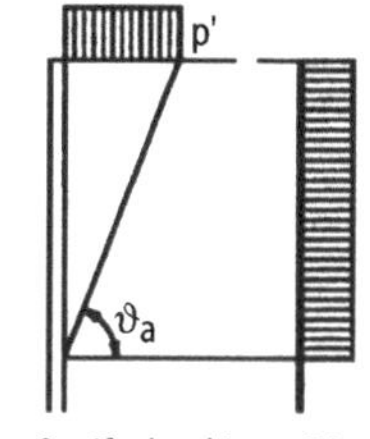

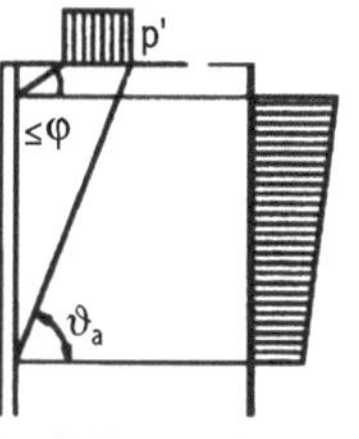

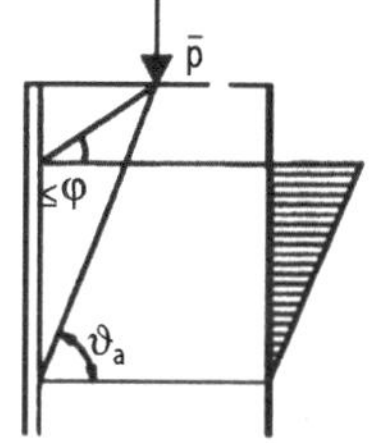

a Streifenlast bis zur Wand **b** Streifenlast mit Abstand von der Wand **c** Linienlast

Bei starren Stützkonstruktionen kann man davon ausgehen, dass die Verteilung des Erddrucks mit der Tiefe linear zunimmt. Viel schwieriger ist die Bestimmung der Verteilung des Erddrucks bei biegsamen Stützkonstruktionen.

6.2.4 Einfluss der Auflasten auf den Erddruck

Begrenzte Linien- und Streifenlasten werden nach EAB gemäß Abb. 72 berücksichtigt.

Nach Sokolovsky/Pregl sind Erddruckbeiwerte für die Berechnung des passiven Erddrucks (gekrümmte Gleitflächen) gegeben:

$\varphi > 0$:

$$K_{pg} = K_{pg,0} * i_{pg} * g_{pg} * t_{pg}$$
$$K_{pp} = K_{pp,0} * i_{pp} * g_{pp} * t_{pp}$$
$$K_{pc} = \cot\varphi * \left(K_{pp,0} * i_{pc} * g_{pc} * t_{pc} - 1/(\cos\alpha * \cos\delta)\right)$$

$\varphi = 0$:

$$K_{pg} = 1$$
$$K_{pp} = \cos\beta$$
$$K_{pc} = (2 * (1+\beta) * (1-\alpha)) / \cos\alpha$$

		infolge Eigengewicht (K_{pg})	infolge Auflast (K_{pp})	infolge Kohäsion (K_{pc})
i	$\delta_p \leq 0$	$i_{pg} = (1-0{,}53 \cdot \delta_p)^{0{,}26+5{,}96\cdot\varphi}$	$i_{pp} = (1-1{,}33 \cdot \delta_p)^{0{,}08+2{,}37\cdot\varphi}$	$i_{pc} = i_{pp}$
	$\delta_p > 0$	$i_{pg} = (1+0{,}41 \cdot \delta_p)^{-7{,}13}$	$i_{pp} = (1-0{,}72 \cdot \delta_p)^{2{,}81}$	$i_{pc} = (1+4{,}46 \cdot \delta_p \cdot \tan\varphi)^{-1{,}14+0{,}57\cdot\varphi}$
g	$\beta \leq 0$	$g_{pg} = (1+0{,}73 \cdot \beta)^{2{,}89}$	$g_{pp} = (1+1{,}16 \cdot \beta)^{1{,}57}$	$g_{pc} = (1+0{,}001 \cdot \beta \cdot \tan\varphi)^{205{,}4+2232\cdot\varphi}$
	$\beta > 0$	$g_{pg} = (1+0{,}35 \cdot \beta)^{0{,}42+8{,}15\cdot\varphi}$	$g_{pp} = (1+3{,}84 \cdot \beta)^{0{,}98\cdot\varphi}$	$g_{pc} = e^{2\cdot\beta\cdot\tan\varphi}$
t	$\alpha \leq 0$	$t_{pg} = (1+0{,}72 \cdot \alpha \cdot \tan\varphi)^{-3{,}51+1{,}03\cdot\varphi}$	$t_{pp} = e^{-2\cdot\alpha\cdot\tan\varphi} / \cos\alpha$	$t_{pc} = t_{pp}$
	$\alpha > 0$	$t_{pg} = (1-0{,}0012 \cdot \alpha \cdot \tan\varphi)^{2910-1958\cdot\varphi}$		

Abb. 73 Beiwerte i, g und t

wobei i, g und t entsprechend nach (Abb. 73) zu ermitteln sind.

6.3 Standsicherheit von Böschungen

6.3.1 Einleitung

Überall dort, wo die Oberfläche des Bodens nicht waagerecht ist, gibt es Kräfte, welche die Bewegung des Bodens von höheren zu tiefer gelegenen Orten begünstigen. Die wichtigsten derartigen Kräfte sind die drei Massenkräfte *Schwerkraft*, *Strömungskraft* und *Erdbebenkraft*. Manchmal kommen noch Oberflächenkräfte hinzu, die durch Gründungselemente wie Plattenfundamente, Streifenfundamente und Ankerpfähle etc. in den Boden eingetragen werden.

Die unter dem Einfluss dieser Kräfte entstehenden Schubspannungen im Erdkörper können die Grenze der Scherfestigkeit erreichen und die Instabilität der Böschung bzw. des Geländesprungs verursachen. Durch jeden Punkt des Erdkörpers gibt es mindestens einen Schnitt, in dem das Verhältnis von vorhandenen Schubspannungen zu der Grenzschubspannung maximal ist. Wenn man sich diese lokale maximale Ausnützung der Festigkeit für jeden Punkt ermittelt denkt, hat man ein skalares Feld vor sich, das die Stabilität der Böschung quantitativ charakterisiert. In der geotechnischen Praxis behilft man sich mit *Näherungslösungen*, und beschränkt sich auf die Untersuchung von Schnitten, die einfachen kinematisch möglichen Gleitflächen entsprechen. Die statische Unbestimmtheit des Problems lässt sich dadurch umgehen, dass man plausible Werte für die Normalspannungen in den jeweils untersuchten Schnitten einführt. Für jeden der untersuchten Schnitte ermittelt man mit Hilfe einer der geotechnischen Aufgabenstellung angepassten Regel ein Maß der durchschnittlichen Ausnützung der Festigkeit in dem betreffenden Schnitt. Dieses Maß wird gewöhnlich mit m oder $1/m = \eta$ bezeichnet und Ausnutzungsgrad oder Sicherheit genannt. Die kleinste aller ermittelten Sicherheiten η_{min} dient zur quantitativen Charakterisierung der Stabilität. Die Sicherheit wird als das Verhältnis der Scherfestigkeit zur im Gebrauchszustand vorhandenen Schubspannung (Fellenius-Regel) definiert:

$$\eta = \frac{\tau_f}{\tau},$$

die sogar für den Reibungsanteil und den Kohäsionsanteil der Scherfestigkeit getrennt ermittelt wird. Somit lautet die Sicherheit für den Reibungswinkel

$$\eta_r = \frac{\tan\varphi_v}{\tan\varphi_e}$$

und für die Kohäsion

$$\eta_c = \frac{c_v}{c_e}.$$

6.3.2 Ebene und gebrochene Gleitflächen

Eine in der Natur vorhandene Schwächezone kann eine Rutschung auf einer ebenen Gleitfläche

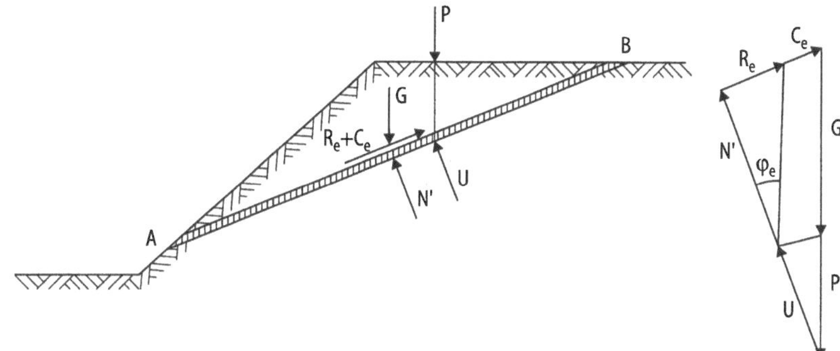

Abb. 74 Ebene Gleitfläche

verursachen (Abb. 74). Vorgegebene Gleitflächen sind weiche Tonschichten, ausgeprägte Schmierschichten, dünne wasserführende Sandschichten und Harnischflächen von früheren Rutschungen.

Im Grenzzustand des Gleichgewichtes bilden die auf den Gleitkörper wirkenden Kräfte ein geschlossenes Krafteck.

$$\eta = \frac{\tan \varphi_v}{\tan \varphi_e} = \frac{c_v}{c_e}.$$

Eine vorgegebene natürliche Gleitschicht kann zu einer Rutschung auf einer Gleitfläche führen, die aus mehreren Abschnitten zusammengesetzt ist. Der Übergang dieser Flächen ist meist unstetig; sie bilden eine gebrochene Gleitfläche (Abb. 75). Bei gebrochenen Gleitflächen ist der Gleitkörper für die Standsicherheitsuntersuchung in Lamellen zu unterteilen.

6.3.3 Lamellenverfahren mit kreisförmigen Gleitflächen

Das grafische Lamellenverfahren nach Krey-Ehrenberg (1936) und das analytische Lamellenverfahren nach Bishop (1955) werden insbesondere bei mehrschichtigem Baugrundaufbau und unterschiedlichen Geländeformen angewandt. Wie in Abb. 76 dargestellt, wird der Bruchkörper in vertikale Lamellen unterteilt. Für die *Standsicherheitsberechnungen* ist das Gleichgewicht der Kräfte an den Einzellamellen und das Momentengleichgewicht am gesamten Bruchkörper um den Gleitkreismittelpunkt zu erfüllen. Vereinfachend werden nur horizontale Erddruckkräfte auf die Lamellenflanken angesetzt. Der damit verbundene statische Fehler ist für die üblichen Anwendungen nicht ausschlaggebend. Außer den Lamellengewichten und äußeren Lasten werden Wasserdruckkräfte, Scherkräfte und wirksame Normalkräfte in der Gleitfläche ermittelt. An jeder Lamelle müssen die haltenden Kräfte mit den treibenden Kräften im Gleichgewicht stehen. Der Ausnutzungsgrad m errechnet sich aus anstehenden Einwirkungen und Widerständen ($m = E_m/R_m$). Einwirkungen E_m und Widerstände R_m werden wie folgt berechnet:

$$E_M = r \sum_i (G_i + P_{vi}) \cdot \sin \alpha_i + \sum M_S \quad (105)$$

und

$$R_M = r \sum_i \frac{(G_i + P_{vi} - u_i \cdot b_i) \cdot \tan \varphi_i + c_i \cdot b_i}{\cos \alpha_i + \cdot \tan \varphi_i \cdot \sin \alpha_i} \quad (106)$$

mit:

- G_i – Eigengewicht der Lamelle i,
- P_{vi} – Vertikale Last auf Lamelle i
- M_s – zusätzlich einwirkende Momente, (z. B. aus Scherwiderstand von Pfählen oder Scherkräfte infolge Zusatzspannungen aus Ankervorspannung),
- u_i – Porenwasserdruck,
- Δu_i – Porenwasserdruck infolge Konsolidierung,
- b – Lamellenbreite.

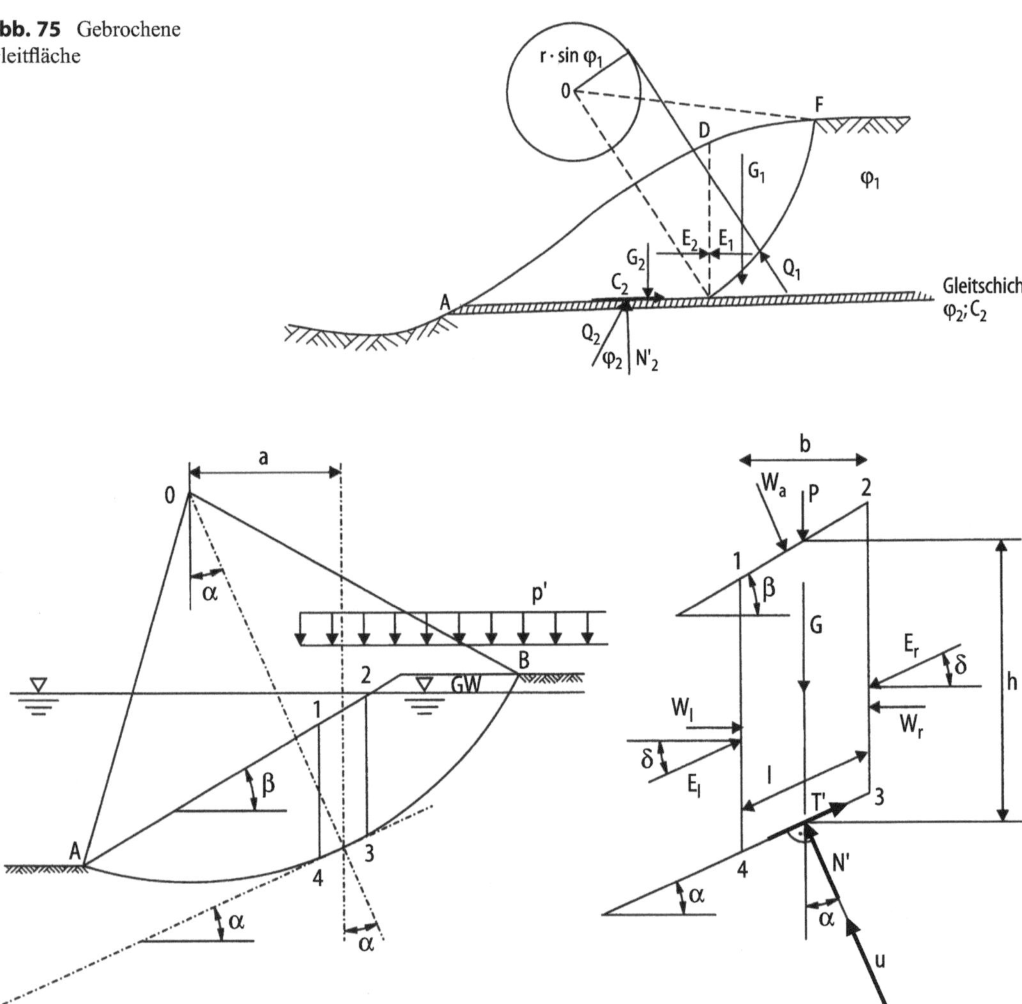

Abb. 75 Gebrochene Gleitfläche

Abb. 76 Auf eine Lamelle wirkende Kräfte

6.3.4 Sicherung von Böschungen

Prinzipiell lässt sich die Standsicherheit von gefährdeten Böschungen durch folgende Einzelmaßnahmen oder deren Kombination erhöhen:

- Abflachen der Böschungsneigung,
- Auflasten am Böschungsfuß oder Bodenaustausch,
- Scherfestigkeitserhöhung durch gezielte Injektionen,
- Verankerung oder Vernagelung der Böschung,
- Einbau von Geotextilien zur Aufnahme von Schubspannungen,
- Entwässerung und Abbau von Strömungs- und Wasserdrücken durch Drainagen,
- Böschungssicherung durch Spritzbeton, Netze und Gitter.

6.4 Tragfähigkeit von Flachgründungen

6.4.1 Einleitung

Wird ein Gründungskörper so stark belastet, dass sich unter ihm im Untergrund Zonen bilden, in denen der Scherwiderstand des Bodens überwunden wird, tritt *Grundbruch* ein. Die dabei aufgenommene Last wird als „Grundbruchlast“ bezeichnet. Ein Grundbruch kann auch eintreten, wenn bei gleich bleibender Last der Scherwiderstand des Bodens abnimmt oder eine seitliche Auflast entfernt wird. Als flach gegründet gelten Fundamente, deren Einbindetiefe $\leq$ b ist.

Die zulässige Belastung des Baugrunds muss durch Vergleich der vorhandenen Bodenpressung mit zulässigen Tabellenwerten, der zu erwartenden Setzungen mit den zulässigen Setzungen und mit einem halbempirischen Verfahren, bei dem Einflüsse aus Kohäsion, Gründungstiefe und Gründungsbreite als Funktion des Reibungswinkels φ' erfasst werden (Grundbruchformel), ermittelt werden.

6.4.2 Grundbruchformel

Die direkte Anwendung der Grundbruchformel ist nur möglich, wenn sich die Gleitfläche in einer Bodenschicht ausbildet. Für eine näherungsweise Berechnung bei geschichtetem Baugrund sind die mittleren Bodenkenngrößen φ, c, γ zu errechnen, wenn die Reibungswinkel der einzelnen Schichten nicht mehr als 5° vom Mittelwert abweichen. Die Bestimmung der Mittelwerte ist nur auf iterativem Wege möglich. Als *maßgebende Scherfestigkeit* ist bei der Ermittlung der Grundbruchsicherheit diejenige Scherfestigkeit zugrunde zu legen, die die kleinste Grundbruchlast ergibt. Wird auf bindigem (wenig durchlässigem Boden) die Belastung schnell aufgebracht, ist die Anfangsfestigkeit mit den Scherparametern c_u und φ_u maßgebend. Für wassergesättigte Tone ist $\varphi_u = 0$ und $c_u = q_u/2$. Die Endfestigkeit mit den Scherparametern c′ und φ' ist maßgebend für die Gründung auf nichtbindigem Boden und auf stark vorverdichtetem bindigem Boden bei langsamer Belastung.

Bei Überschreitung der Grenztragfähigkeit tritt ein Grundbruch ein, der Boden unterhalb des Fundamentes wird zur Seite hin verdrängt (Abb. 77). Es werden drei charakteristische Bereiche unterschieden:

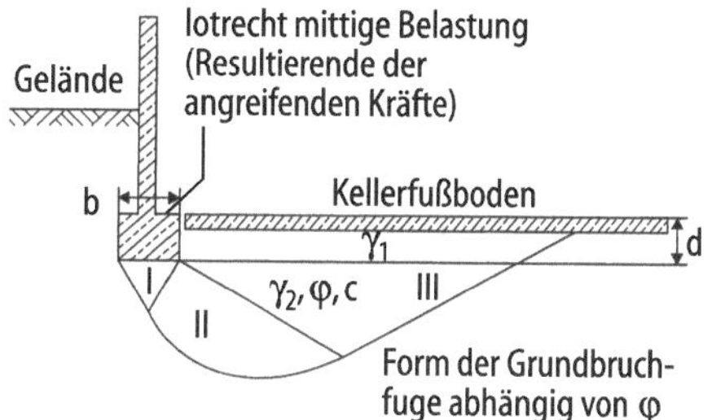

Abb. 77 Grundbruchfigur

- Bereich des aktiven Grenzzustands unterhalb des Fundaments,
- Bereich der radialen Scherung und
- Bereich des passiven Grenzzustands.

Die Resultierende der angreifenden Kräfte setzt sich zusammen aus dem Eigengewicht des Gründungskörpers, dem Auftrieb sowie den ständigen und vorübergehenden Lasten. Die Grundbruchlast kann nach DIN 4017 ermittelt werden mit

$$R_n = a' \cdot b' \cdot (\gamma_2 \cdot b' \cdot N_b + \gamma_1 \cdot d \cdot N_d + c \cdot N_c) \tag{107}$$

Darin bedeuten

- b′ – ggf. reduzierte Breite des Gründungskörpers bzw. Durchmesser des Kreisfundaments in m, $b' < a'$,
- a′ – ggf. reduzierte Länge des Gründungskörpers in m,
- d – geringste Gründungstiefe in m unter GOF bzw. Kellerfußboden,
- c – Kohäsion des Bodens in kN/m²,

$$\begin{aligned} N_b &= N_{b0} \cdot \nu_b \cdot i_b \cdot \lambda_b \cdot \xi_b \\ N_d &= N_{d0} \cdot \nu_d \cdot i_d \cdot \lambda_d \cdot \xi_d \\ N_c &= N_{c0} \cdot \nu_c \cdot i_c \cdot \lambda_c \cdot \xi_c \end{aligned}$$

Tab. 9 Formbeiwerte $\nu_{c,d,b}$

	ν_c ($\varphi \neq 0$)	ν_c ($\varphi = 0$)	ν_d	ν_b
Streifen	1,0	1,0	1,0	1,0
Rechteck	$\frac{\nu_d N_{d0}-1}{N_{d0}-1}$	$1+0{,}2\frac{b'}{a'}$	$1+\frac{b'}{a'}\sin\varphi$	$1-0{,}3\frac{b'}{a'}$
Quadrat/Kreis	$\frac{\nu_d N_{d0}-1}{N_{d0}-1}$	1,2	$1+\sin\varphi$	0,7

$$N_{c0,d0,b0}\ \text{Tragfähigkeitsbeiwerte} \begin{pmatrix} \text{Einfluß der Kohäsion}\ c, \text{Einfluß der seitlichen} \\ \text{Auflast}\ \gamma_1 d, \text{Einfluß der Gründungsbreite}\ b \end{pmatrix}$$

$$N_{d0} = e^{\pi \tan\varphi} \tan^2\left(45 + \frac{\varphi}{2}\right)$$

$$N_{b0} = (N_{d0} - 1)\tan\varphi$$

$$N_{c0} = (N_{d0} - 1)\cot\varphi$$

ν_b, ν_d, ν_c Formbeiwerte (siehe Tab. 9)
i_b, i_d, i_c Lastneigungsbeiwerte
$\lambda_b, \lambda_d, \lambda_c$ Geländeneigungsbeiwerte
ξ_b, ξ_d, ξ_c Sohlneigungsbeiwerte

bei lotrechter Belastung $i_b = i_d = i_c = 1$
bei horizontalem Gelände $\lambda_b = \lambda_d = \lambda_c = 1$
bei horizontaler Fundamentsohle $\xi_b = \xi_d = \xi_c = 1$

in allen anderen Fällen (siehe DIN 4017) (Tab. 9)

Außermittig belastete Streifengründungen und gedrungene Gründungskörper können wie mittig belastete Fundamente mit der reduzierten Breite b′ und der reduzierten Länge a′ berechnet werden, wobei b′ stets die kleinere Seite der reduzierten Grundfläche ist.

Sicherheiten. Die Sicherheit gegen Grundbruch kann auf die Last oder auf die Scherparameter bezogen werden. Hierbei sind nach DIN 1054 drei Lastfälle (Bemessungssituationen) zu unterscheiden:

- *Lastfall 1 (BS-P)*: „Ständige Bemessungssituation" – Ständige Lasten und regelmäßig auftretende Verkehrslasten (auch Wind).
- *Lastfall 2 (BS-T)*: „Vorübergehende Bemessungssituation" – Außer den Lasten des Lastfalls 1 gleichzeitig, aber nicht regelmäßig auftretende große Verkehrslasten; Belastungen, die nur während der Bauzeit auftreten.

Außerdem in Sonderfällen

- *Lastfall 3 (BS-A)*: „Außergewöhnliche Bemessungssituation" – Außer den Lasten des Lastfalls 2 gleichzeitig mögliche außerplanmäßigen Lasten (z. B. durch Ausfall von Betriebs- und Sicherungsvorrichtungen oder bei Belastung infolge von Unfällen).

Die Teilsicherheitsbeiwerte für Einwirkungen und Beanspruchungen sind der DIN 1054:2021 zu entnehmen.

Erklärung zu konkurrierenden Interessen Der/die Autor(en) hat/haben keine Interessenkonflikte zu erklären, die für den Inhalt dieses Manuskripts relevant sind.

Literatur

Bishop AW (1955) The use of the circle in the stability analysis of slopes. Geotechnique 5:7–17

Casagrande A (1947) Classification and identification of soils. In: Proceedings of the ASCE, June, S 783–810

Coulomb CA (1775) Essai sur une application des règles des maximis et minimis à quelques problèmes de statique relatifs à l'architecture – Mèmoires prèsentès à l'Academie des Sciences, VII, Neuabdruck durch Editions Science et Industrie, Paris, 1971

Krey HD, Ehrenberg J (1936) Erddruck, Erdwiderstand und Tragfähigkeit des Baugrundes, 5. Aufl. Ernst & Sohn, Berlin

Rankine WJM (1857) On the stability of loose earth. Philos Trans R Soc London 147(1):9–27

Rendulic L (1936) Porenziffer und Porenwasserdruck in Tonen. Bauingenieur 17:559–564

Skempton AW (1953) The colloidal activity of clays. In: Proceedings of the third international conference on soil mechanics and foundation engineering I:57, Zürich

Terzaghi K (1925) Erdbaumechanik auf bodenphysikalischer Grundlage. Deuticke, Leipzig/Wien. Wiederabdruck, Wien, 1976

Wu TH (1976) Soil mechanics. Allyn & Bacon, Boston

Normen

DIN 1054: Baugrund; Zulässige Belastung des Baugrunds (12/2010)

DIN 1054: Baugrund – Sicherheitsnachweise im Erd- und Grundbau, Ergänzende Regelungen zu DIN EN 1997-1 (04/2021)

DIN 18121-1: Untersuchung von Bodenproben; Wassergehalt, Bestimmung durch Ofentrocknung (04/1998)

DIN 18121-2: Versuche und Versuchsgeräte; Wassergehalt, Bestimmung durch Schnellverfahren (02/2012)

DIN 18122-1: Baugrund; Untersuchung von Bodenproben; Zustandsgrenzen (Konsistenzgrenzen), Bestimmung der Fließ- und Ausrollgrenze (07/1997)

DIN 18122-2: Baugrund, Versuche und Versuchsgeräte; Zustandsgrenzen (Konsistenzgrenzen), Bestimmung der Schrumpfgrenze (09/2000)

DIN 18123: Baugrund; Untersuchung von Bodenproben; Bestimmung der Korngrößenverteilung (11/1996)

DIN 18126: Baugrund; Versuche und Versuchsgeräte; Bestimmung der Dichte nichtbindiger Böden bei lockerster und dichtester Lagerung (11/1996)

DIN 18127: Baugrund; Versuche und Versuchsgeräte, Proctorversuch (09/2012)

DIN 18130-1: Baugrund; Versuche und Versuchsgeräte; Bestimmung des Wasserdurchlässigkeitsbeiwerts – Teil 1: Laborversuche (05/1998)

DIN 18130-2: Baugrund; Versuche und Versuchsgeräte; Bestimmung des Wasserdurchlässigkeitsbeiwerts – Teil 2: Feldversuche (08/2015)

DIN 18137-1: Baugrund; Versuche und Versuchsgeräte; Bestimmung der Scherfestigkeit – Teil 1: Begriffe und grundsätzliche Versuchsbedingungen (07/2010)

DIN 18137-2: Baugrund; Versuche und Versuchsgeräte; Bestimmung der Scherfestigkeit – Teil 2: Triaxialversuch (04/2011)

DIN 18137-3: Baugrund; Untersuchung von Bodenproben, Bestimmung der Scherfestigkeit – Teil 3: Direkter Scherversuch (09/2002)

DIN 18196: Erd- und Grundbau; Bodenklassifikation für bautechnische Zwecke (05/2011)

DIN 4017: Baugrund; Berechnung des Grundbruchwiderstandes von Flachgründungen (03/2006)

DIN 4019: Baugrund; Setzungsberechnungen (05/2015)

DIN 4085: Baugrund; Berechnung des Erddrucks (08/2017)

DIN EN ISO 14688-1: Geotechnische Erkundung und Untersuchung – Benennung, Beschreibung und Klassifizierung von Boden – Teil 1: Benennung und Beschreibung (ISO 14688-1:2017); Deutsche Fassung EN ISO 14688-1:2018

DIN EN ISO 14688-2: Geotechnische Erkundung und Untersuchung – Benennung, Beschreibung und Klassifizierung von Boden – Teil 2: Grundlagen für Bodenklassifizierungen (ISO 14688-2:2017); Deutsche Fassung EN ISO 14688-2:2018

DIN EN ISO 14689: Geotechnische Erkundung und Untersuchung – Benennung, Beschreibung und Klassifizierung von Fels (ISO 14689:2017); Deutsche Fassung EN ISO 14689:2018

Baugrunddynamik

Stavros Savidis und Christos Vrettos

Inhalt

1 **Einleitung** 59

2 **Schwingungen einfacher Systeme** 61

3 **Bodenverhalten bei dynamischer Belastung** 65

4 **Wellenausbreitung im Boden** 68

5 **Messung von dynamischen Bodenkennwerten** 74

6 **Schwingungen von Fundamenten** 78

Literatur 80

1 Einleitung

Bei der Lösung geotechnischer Problemstellungen spielt die Baugrunddynamik häufig eine maßgebende Rolle, z. B.

- bei der Gründung von Maschinenfundamenten,
- im geotechnischen Erdbebeningenieurwesen (Stabilität von Dämmen, Böschungen, Gründungen, Stützwänden und Tunneln),
- bei Erschütterungen infolge Verkehrs,
- bei der Gründung von Offshore-Konstruktionen,
- bei Auswirkungen von Sprengungen,
- bei Setzungen aus Erschütterungen infolge Rammarbeiten,
- bei Gründungen von Hochgeschwindigkeitsstrecken der Bahn.

Die wesentlichen Unterschiede zur klassischen (statischen) Bodenmechanik liegen in folgenden Punkten, wobei der Übergang zwischen Statik und Dynamik meist stetig ist:

- Die Baugrunddynamik untersucht Fälle, bei denen die Lasten sich mit der Zeit schnell ändern. Dies hat die Entstehung von Trägheitskräften zur Folge. Das jeweilige Problem wird mittels Bewegungsgleichungen und nicht durch Gleichgewichtsbedingungen – wie im statischen Fall – beschrieben. Die Lösungsmethoden sind entsprechend unterschiedlich.

S. Savidis
Fachgebiet Grundbau und Bodenmechanik, Technische Universität Berlin, Berlin, Deutschland
E-Mail: savidis@tu-berlin.de

C. Vrettos (✉)
Fachgebiet Bodenmechanik und Grundbau, Technische Universität Kaiserslautern, Kaiserslautern, Deutschland
E-Mail: christos.vrettos@bauing.uni-kl.de

U. Arslan (Hrsg.), *Geotechnik*, Handbuch für Bauingenieure,
https://doi.org/10.1007/978-3-658-29496-0_28

- Baugrunddynamische Probleme sind von anderer Art: Aufgrund dynamischer Beanspruchungen erzeugte Wellen breiten sich im Boden aus. Dies führt dazu, dass der Einflussbereich von Lasten und Verformungen in der Baugrunddynamik erheblich größer ist als in der Bodenmechanik. Noch ausgeprägter ist dies bei Belastungen infolge von Erdbeben, da die Entfernung zum Erdbebenherd im Kilometerbereich liegt. Der Boden wird durch ankommende elastische Wellen (Fußpunkterregung) in Form von Verformungen belastet (und nicht in Form von Spannungen wie bei der statischen Belastung durch Bauwerkslasten). Dadurch wird die Ermittlung der Belastungsmerkmale erheblich erschwert (während bei statischen Problemen ständige Lasten und Verkehrslasten mit ausreichender Genauigkeit angegeben werden können). Die seismische Belastung wird meist als einfache Scherung anstatt als triaxiale Kompression modelliert, und bei der Dimensionierung einer Baukonstruktion sind oft horizontale – und nicht vertikale – Kräfte und Verschiebungen maßgebend.
- In der Baugrunddynamik sind die eingeprägten Lasten und Verformungen nicht nur zeitabhängig, sondern auch zyklisch. Das Bodenverhalten (Spannungs-Verformungsbeziehung) unter zyklischer Last unterscheidet sich wesentlich vom Verhalten bei monotoner, statischer Belastung. Zum Beispiel ist die anelastische, hysteretische Art des Bodenverhaltens bei der zyklischen Belastung von Bedeutung. Ein weiteres Merkmal des Bodenverhaltens bei starker zyklischer Belastung ist die Abnahme der Scherfestigkeit des Bodens und die Entwicklung von Porenwasserüberdrücken.
- Bei dynamischen Lastfällen kann eine Dimensionierung „auf der sicheren Seite" im Sinne der Statik das Gegenteil bewirken: Wegen der Frequenzabhängigkeit des Verhaltens des Systems Boden-Bauwerk kann eine Erhöhung der Steifigkeit von Boden oder Bauwerk ungünstig sein.

Trotz allem gibt es viele Ähnlichkeiten zwischen statischen und dynamischen Fragestellungen. Als Beispiel hierfür diene die Gründung eines Maschinenfundaments, welches eine vertikale harmonische Last erzeugt. Bei der Dimensionierung müssen die vertikalen Verschiebungen prognostiziert und mittels geeigneter konstruktiver Maßnahmen reduziert werden. Zur Problemlösung werden Verfahren angewandt, die eine Erweiterung statischer Methoden darstellen. Weiterhin wird oft die Lösung des zugehörigen statischen Problems als erster approximativer Schritt zur Herleitung sowie zur Überprüfung der Lösung des dynamischen Problems herangezogen.

Komplizierte baugrunddynamische Aufgaben werden heute mit Hilfe von aufwändigen Computerprogrammen gelöst. Diese Programme ermöglichen die numerische Modellierung des Systems Boden-Bauwerk und des nichtlinearen Materialverhaltens des Bodens. Bei vielen baupraktischen Anwendungen werden jedoch einfache mechanische Modelle zugrunde gelegt, welche die wesentlichen Merkmale des betrachteten Problems ausreichend genau wiedergeben können.

Einen wesentlichen Teil der Lösung jeder baugrunddynamischen Aufgabe bildet die Wahl von repräsentativen Bodenkennwerten. Da der durch die Wellenausbreitung beeinflusste Bodenbereich groß ist, sind zu ihrer Bestimmung spezielle Insitu-Messverfahren erforderlich.

Im Abschn. 2 werden die Grundlagen der Schwingungen einfacher mechanischer Systeme behandelt. Abschn. 3 führt in das Bodenverhalten bei dynamischer Belastung ein. Im Abschn. 4 wird die Ausbreitung von Wellen im Boden behandelt. Im Abschn. 5 werden experimentelle Verfahren zur Bestimmung der bodendynamischen Kennwerte beschrieben. Abschn. 6 befasst sich mit Schwingungen von starren Fundamenten auf dem Baugrund.

Der Schwerpunkt der Ausführungen liegt in der kurzen, möglichst einfachen Erläuterung der Begriffe und Darstellung der Methoden der Baugrunddynamik. Auf Normen wird nur am Rande Bezug genommen. Zum vertieften Studium empfehlen sich die umfassenden Fachbücher von Das (1993), Haupt (1986), Kramer (1996), Meskouris (1999), O'Reilly und Brown (1991), Studer, Laue und Koller (2007) sowie Vrettos (2017). Dort werden auch die Probleme des geotechnischen Erdbebeningenieurwesens und des Erschütterungsschutzes ausführlich behandelt.

2 Schwingungen einfacher Systeme

2.1 Allgemeines

Ein schwingendes mechanisches System wird mittels Bewegungsgleichungen beschrieben. Demzufolge ist die Massenverteilung innerhalb dieses Systems von Bedeutung, da die Trägheitskräfte berücksichtigt werden müssen. Systeme mit einer kontinuierlichen Massenverteilung können oft durch eine ingenieurgemäße Vereinfachung als diskrete Systeme abgebildet werden, wobei die Masse in einer finiten Anzahl von Punkten zusammengefasst wird. Die Anzahl der unabhängigen Variablen, die zur Beschreibung der aktuellen Lage aller Massen dient, entspricht der Anzahl der Freiheitsgrade des Systems.

Der Einmassenschwinger, bestehend aus einer Masse m, die auf einer Feder der Steifigkeit k und einem Dämpfer der viskosen Dämpfungskonstante c gelagert ist, stellt das einfachste schwingungsfähige System dar (Abb. 1). Die Verschiebung der Masse wird auf ihre statische Gleichgewichtslage bezogen. Für die zeitabhängige Belastung des Systems wird zwischen zwei Fällen unterschieden:

- externe Kraft Q(t) auf die Masse (z. B. bei Maschinenfundamenten) und
- Fußpunkterregung u(t) durch Schwingung des Auflagers (z. B. bei einer Erdbebenanregung).

Die Belastung des Systems wird hier als harmonisch (sinusförmig) angenommen. Das Verhalten bei transienter Belastung kann mit Hilfe der Fourier-Analyse aus den Antworten des Systems auf eine Reihe von harmonischen Lasten unterschiedlicher Frequenz zusammengesetzt werden. Als Beispiel für eine Struktur, die mit Hilfe eines Einmassenschwingers modelliert werden kann, sei hier das schwingende Fundament auf einem linearelastischen Boden genannt.

2.2 Freie ungedämpfte Schwingungen

Der einfachste Fall nach Abb. 1a entspricht $c = 0$ und $Q(t) = 0$. Die Bewegungsgleichung lautet

$$m\ddot{x} + kx = 0, \tag{1}$$

wobei x die Verschiebung der Masse ist und $(\dot{\ })$ die Ableitung nach der Zeit t bedeutet. Die Lösung dieser Differenzialgleichung ist

$$x(t) = A \sin \omega_0 t + B \cos \omega_0 t, \tag{2}$$

wobei

$$\omega_0 = \sqrt{k/m} \tag{3}$$

in rad/s die Eigenkreisfrequenz des frei schwingenden Systems ist. Die Eigenfrequenz beträgt $f_0 = \omega_0/2\pi$ in Hz, während die Eigenperiode $T_0 = 1/f_0$ in s ist. Somit ist die Eigenfrequenz bzw. die Eigenperiode ein Systemkennwert unabhängig von der Schwingungsamplitude.

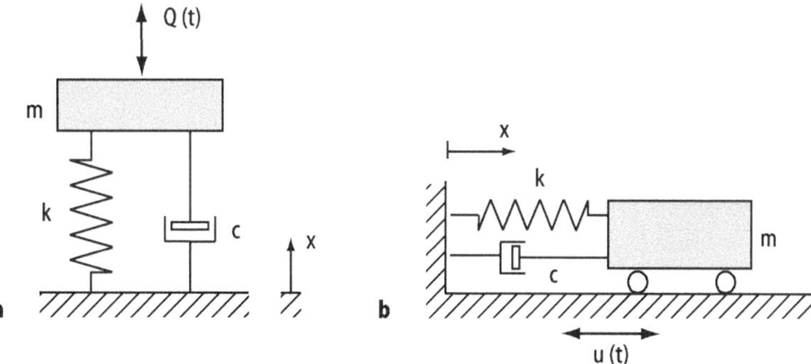

Abb. 1 Einmassenschwinger, belastet durch **a** externe Kraft **b** Fußpunktverschiebung

Eine äquivalente Schreibweise der allgemeinen Lösung nach Gl. (2) lautet $x(t) = C\sin(\omega_0 t + \varphi)$, wobei $C = \sqrt{A^2 + B^2}$ die Schwingungsamplitude und $\varphi = \arctan(A/B)$ den Phasenwinkel gegenüber $\omega_0 t$ darstellen.

Die Konstanten A und B können aus den Anfangsbedingungen bestimmt werden. Ist z. B. bei $t = 0$ die Verschiebung x_0 und die Geschwindigkeit $\dot{x}_0$, so erhält man

$$x(t) = \frac{\dot{x}_0}{\omega_0} \sin \omega_0 t + x_0 \cos \omega_0 t. \tag{4}$$

Zu erwähnen ist, dass bei dynamischen Problemen die Benutzung von trigonometrischen Funktionen zu langen und komplizierten Ausdrücken führt. Eine Vereinfachung ergibt sich mit der Anwendung komplexer Zahlen. Die Formulierung in komplexen Zahlen folgt direkt aus der Eulerschen Formel $e^{i\alpha} = \cos\alpha + i\sin\alpha$, wobei $i = \sqrt{-1}$. Die komplexe Schreibweise der allgemeinen Lösung der Bewegungsgleichung Gl. (1) ist $x(t) = \overline{A}\exp(i\omega_0 t) + \overline{B}\exp(-i\omega_0 t)$.

2.3 Freie gedämpfte Schwingungen

Im vorigen Fall dauert die Schwingung unendlich lang ohne jegliche Veränderung der Amplitude oder der Frequenz. In Wirklichkeit jedoch wird die Schwingung mit der Zeit durch Energieverluste abnehmen, d. h., sie wird gedämpft. Die Dämpfung wird als viskos angenommen, was einer geschwindigkeitsproportionalen Dämpfungskraft $c \cdot \dot{x}$ entspricht. Die zugehörige Bewegungsgleichung lautet

$$m\ddot{x} + c\dot{x} + kx = 0 \tag{5}$$

mit der allgemeinen Lösung

$$x(t) = A\exp(s_1 t) + B\exp(s_2 t), \tag{6}$$

wobei die Konstanten A und B aus den Anfangsbedingungen bestimmt werden und

$$s_{1,2} = -\frac{c}{2m} \pm \sqrt{\left(\frac{c}{2m}\right)^2 - \omega_0^2}. \tag{7}$$

Man unterscheidet zwischen zwei Fällen:

- $c \geq 2m\omega_0$: Beide Wurzeln $s_{1,2}$ sind reell und negativ, was einer nichtperiodischen Schwingung entspricht;
- $c < 2m\omega_0$: Die Wurzeln $s_{1,2}$ sind konjugiert komplex, was einer gedämpften periodischen Schwingung entspricht.

Der Term $2m\omega_0$ wird als kritische Dämpfung c_{kr} bezeichnet. In den für die Baupraxis relevanten Fällen ist $c < c_{kr}$. Für diesen Fall lautet die zugehörige Lösung nach Gl. (6) für die Anfangsbedingungen und $x(0) = x_0$ und $\dot{x}(0) = \dot{x}_0$

$$x = \exp(-D\omega_0 t) \left(\frac{\dot{x}_0 + D\omega_0 x_0}{\omega_D} \sin \omega_D t + x_0 \cos \omega_D t\right), \tag{8}$$

wobei

$$D = \frac{c}{c_{kr}} = \frac{c}{2m\omega_0} \tag{9}$$

das Dämpfungsverhältnis ist und

$$\omega_D = \omega_0 \sqrt{1 - D^2} \tag{10}$$

die gedämpfte Eigenkreisfrequenz des Systems darstellt. Für kleine Werte D gilt $\omega_D \approx \omega_0$. Gl. (8) sowie deren Umhüllende sind für $\dot{x}_0 = 0$ in Abb. 2 dargestellt.

Als logarithmisches Dekrement Δ wird der Logarithmus des Verhältnisses zweier aufeinander folgender Amplituden definiert:

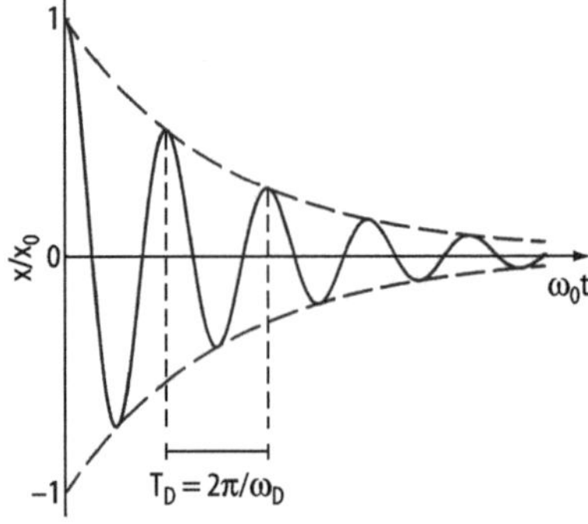

Abb. 2 Gedämpfte Schwingung mit $D < 1$

$$\Delta = \ln \frac{x_i}{x_{i+1}} = \frac{2\pi D}{\sqrt{1-D^2}}. \quad (11)$$

Für kleine Werte (D << 1) folgt dann

$$\Delta \approx 2\pi D. \quad (12)$$

Durch Messung des logarithmischen Dekrements bei einer freien Schwingung kann in einfacher Weise die Dämpfungskonstante eines Systems mit einem Freiheitsgrad bestimmt werden.

2.4 Erzwungene gedämpfte Schwingungen

Harmonische Konstant-Kraft-Erregung

Für das Masse-Feder-Dämpfer-System in Abb. 1a lautet die Bewegungsgleichung bei einer Erregung durch eine harmonische Kraft Q(t) der Amplitude Q_0 und der Kreiserregerfrequenz Ω

$$m\ddot{x} + c\dot{x} + kx = Q_0 \sin \Omega t. \quad (13)$$

Die allgemeine Lösung dieser Differenzialgleichung erhält man durch Superposition der homogenen Lösung nach Gl. (6) und der folgenden partikulären Lösung

$$x_p = Q_0 \frac{(k - m\Omega^2)\sin \Omega t - c\Omega \cos \Omega t}{(k - m\Omega^2)^2 + (c\Omega)^2}. \quad (14)$$

Man beachte, dass die homogene Lösung nach Gl. (6) die Frequenz ω_D hat, während die Frequenz der partikulären Lösung gleich der Erregerfrequenz Ω ist. Da die homogene Lösung mit der Zeit abklingt, erhält man für den stationären Zustand

$$x \approx x_p = x_s V(D, \eta) \sin(\Omega t - \varphi), \quad (15)$$

wobei

$$\eta = \Omega / \omega_0 \quad (16)$$

das Verhältnis von Erreger- zu Eigenfrequenz ist,

$$x_s = \frac{Q_0}{k} \quad (17)$$

die statische Auslenkung unter der Last Q_0 ist,

$$V = \frac{1}{\sqrt{(1-\eta^2)^2 + (2D\eta)^2}} \quad (18)$$

der dynamische Vergrößerungsfaktor und

$$\varphi = \arctan \frac{2D\eta}{1-\eta^2} \quad (19)$$

der Phasenwinkel zwischen Verschiebung und Erregerkraft ist.

Der Vergrößerungsfaktor V ist in Abb. 3 grafisch dargestellt. Folgende Punkte sind dabei von Interesse: Für kleine Werte η bis ca. 0,50 ist $V \approx 1$, d. h. $x \approx x_s$. Das Systemverhalten wird vorwiegend durch die Steifigkeit bestimmt ($kx \gg m\ddot{x} + c\dot{x}$). Für große Werte η ab ca. 1,50 wird $V < 1$, und φ nähert sich 180°. Die Massenträgheitseffekte überwiegen, so dass $x \approx Q_0/m\Omega^2$. Im Bereich um $\eta = 1$ beeinflussen alle Komponenten des Einmassenschwingers dessen Verhalten. Die maximale Amplitude tritt auf bei $\eta = \sqrt{1-2D^2}$ mit einem Vergrößerungsfaktor von $V_{max} = 1/\left(2D\sqrt{1-2D^2}\right)$. Für kleine Werte D ist dann in diesem Bereich $x \approx (Q_0/k)\,(1/2D)$.

Der ungedämpfte Fall entspricht $D = 0$. Wenn dabei die Erregerfrequenz Ω gleich der Eigenfrequenz des Systems ω_0 wird, wird die Schwingungsamplitude des Systems unendlich groß. Man spricht dann von Resonanz. Ungedämpfte Systeme existieren jedoch kaum, sodass dieser singuläre Fall nicht praxisrelevant ist.

Harmonische Fußpunkterregung

Das zugehörige System in Abb. 1b wird durch eine Verschiebung u(t) des Auflagers beansprucht. Die Bewegungsgleichung lautet

$$m(\ddot{u} + \ddot{x}) + c\dot{x} + kx = 0 \quad (20)$$

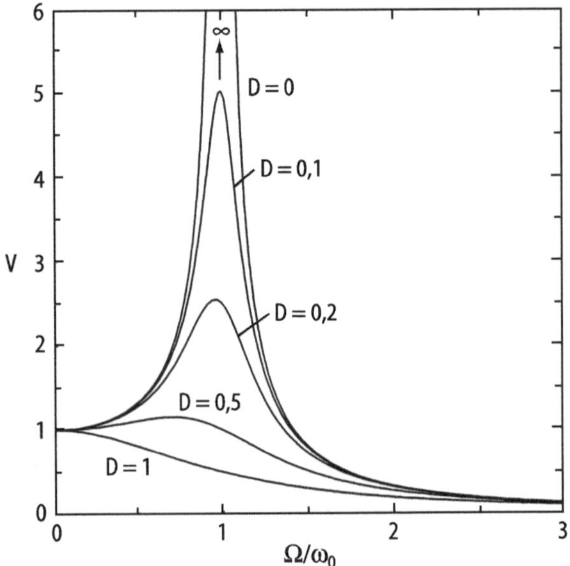

Abb. 3 Vergrößerungsfaktor in Abhängigkeit von der Frequenz und der Dämpfung

bzw. nach Umformung

$$m\ddot{x} + c\dot{x} + kx = -m\ddot{u}, \qquad (21)$$

wobei x die relative Verschiebung der Masse ist. Gl. (21) entspricht einer erzwungenen Schwingung durch eine externe Kraft – mü. Für eine harmonische Fußpunkterregung der Form $u = u_0 \cdot \sin \Omega t$ erhält man die partikuläre Lösung

$$x = \frac{m\Omega^2 u_0}{k} V \sin(\Omega t - \varphi) = x_0 \sin(\Omega t - \varphi). \qquad (22)$$

Dabei ist x_0 die Amplitude der relativen Verschiebung der Masse und $k/m = \omega_0^2$ das Quadrat der Eigenkreisfrequenz der ungedämpften freien Schwingung. Die Vergrößerungsfunktion V(η) und der Phasenwinkel φ sind durch Gl. (18) bzw. Gl. (19) definiert. Die Frequenzabhängigkeit der bezogenen Relativverschiebung (Antwort) des einfachen Schwingers x_0/u_0 ist in Abb. 4 als Funktion des Frequenzverhältnisses η dargestellt. Für eine vorgegebene Erregung (u_0, Ω = konst) und das Dämpfungsverhältnis D wird die maximale Antwort des Systems für verschiedene Werte seiner Eigenfrequenz $0 < \omega_0 < \infty$ im Antwortspektrum aufgetragen. Ist die Erregung transient (z. B. im Falle eines Erdbebens), so wird der Zeitverlauf der Antwort des Einmassenschwingers auf die spezifische transiente Fußpunkterregung für verschiedene Werte der Schwingereigenfrequenz $0 < \omega_0 < \infty$ bestimmt, und die entsprechenden Maximalwerte werden als Funktion von ω_0 im Diagramm aufgetragen. Wird die absolute Be-

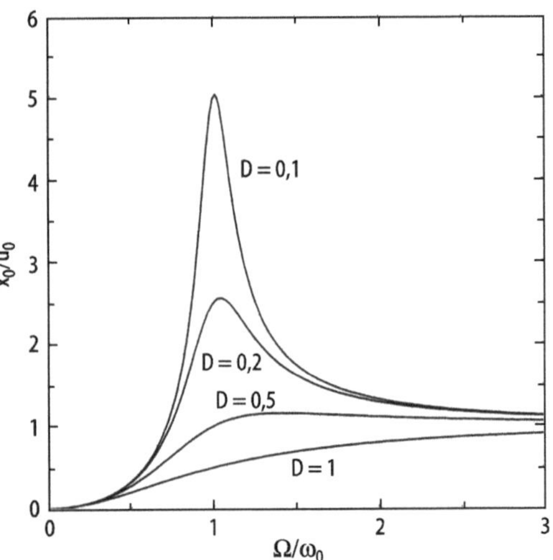

Abb. 4 Antwortspektrum für die Relativverschiebung bei Fußpunkterregung

schleunigung als Bezugsgröße gewählt, spricht man vom Beschleunigungsantwortspektrum. Letzteres wird zur Beschreibung der Erdbebenerregung bei Normen (DIN, Eurocode) benutzt.

2.5 Dämpfung

Energiedissipation in Böden und Baukonstruktionen hat verschiedene Ursachen, so dass eine genaue Modellierung schwierig ist. Der in der Praxis angewandte Mechanismus der Energiedissipation ist die viskose Dämpfung. Ist die harmonische Verschiebung des Einmassenschwingers in Abb. 1

$$x(t) = x_0 \sin \Omega t, \tag{23}$$

so beträgt die Kraft, die auf die Masse durch Feder und Dämpfer ausgeübt wird,

$$F(t) = kx(t) + c\dot{x}(t) = kx_0 \sin \Omega t + c\Omega x_0 \cos \Omega t. \tag{24}$$

Trägt man die Verschiebung über die Kraft auf (Abb. 5), so erhält man eine Ellipse, die sog. „Hystereseschleife“. Deren Form hängt vom Wert der viskosen Dämpfungskonstante c ab. Man beachte, dass die Federkraft ebenfalls gleich Null wird, wenn die Verschiebung gleich Null wird. Damit wirkt nur die Dämpfungskraft auf die Masse. Entsprechend verschwindet die Dämpfungskraft, wenn die Schwinggeschwindigkeit Null wird. Das Seitenverhältnis der Hystereseschleife wird kleiner mit zunehmender Dämpfung; für $c = k/\Omega$ erhält man als Hysteresekurve einen Kreis. Aus einer gegebenen Hysteresekurve kann der Wert der Dämpfungskonstante c und daraus auch das Dämpfungsverhältnis D bestimmt werden.

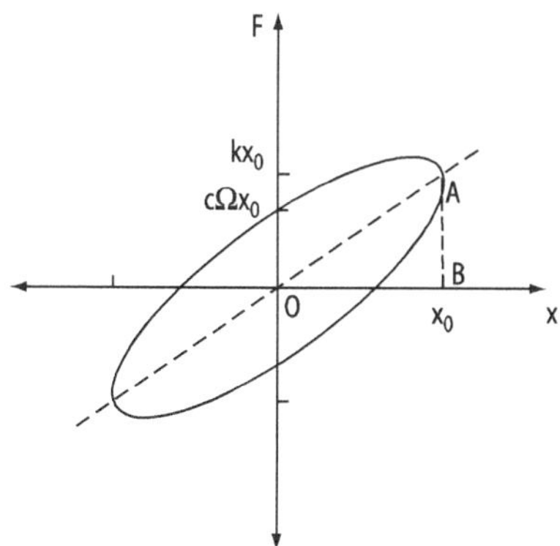

Abb. 5 Hystereseschleife für viskose Dämpfung

Die innerhalb eines Zyklus dissipierte Energie ΔW ist durch den Flächeninhalt der Hystereseschleife gegeben:

$$\Delta W = \pi c \Omega x_0^2. \tag{25}$$

Beim Maximalwert der Verschiebung ist die Geschwindigkeit gleich Null, und die im System gespeicherte Dehnungsenergie beträgt

$$W = \frac{1}{2} k x_0^2, \tag{26}$$

was dem Flächeninhalt des Dreiecks OAB entspricht.

Für $\Omega = \omega_0$ erhält man für das Dämpfungsverhältnis, wie nach Gl. (9) definiert,

$$D = \frac{1}{4\pi} \frac{\Delta W}{W}. \tag{27}$$

Anhand dieser Gleichung kann aus einer gemessenen Hysteresekurve die Dämpfung bestimmt werden.

3 Bodenverhalten bei dynamischer Belastung

Das mechanische Verhalten von Böden bei dynamischer Belastung ist extrem komplex und kann auch mit den heute zur Verfügung stehenden Modellen nur für spezielle Spannungszustände zuverlässig wiedergegeben werden. Die Belastung ist zyklisch (d. h. wiederholt) und schnell, sodass Trägheitskräfte entstehen und bei wassergesättigten Böden (mit Ausnahme von stark durchlässigen Böden) undränierte Verhältnisse bestehen.

Während z. B. Erdbeben ein breites Frequenzspektrum von 0,5 bis 10 Hz zeigen, einige Sekunden mit 10 bis 15 relevanten Zyklen dauern, verformungsgesteuert sind und große Verformungen hervorrufen, ist die Belastung durch Maschinenfundamente harmonisch, hochfrequent, dauert über Tausende von Zyklen, ist kraftgesteuert und erzeugt bei richtiger Dimensionierung nur sehr kleine Verformungen im Boden.

Das Spannungs-Dehnungsverhalten des Bodens bei Scherverformungen zeigt, dass die tangentiale Steifigkeit mit wachsender Verformung abnimmt. Außerdem ist die Steifigkeit bei Entlastung größer als bei Belastung, so dass bei einer zyklischen Beanspruchung die zugehörige τ-γ-Kurve eine Hystereseschleife bildet (Abb. 6).

Würden zyklische Spannungen keine bleibenden Verformungen hervorrufen, wäre diese Schleife geschlossen. Obwohl dies nicht zutrifft, wird in der Bodendynamik vereinfachend angenommen, dass dieser Zustand sich nach einigen Lastwechseln einstellt. Die Hystereseschleife kann beschrieben werden entweder exakt oder approximativ durch globale Parameter, welche die wesentlichen Merkmale innerhalb eines Zyklus wiedergeben. Um auch die bereits vorgestellten linearen Differenzialgleichungen anwenden zu können, wird in der Praxis eine besondere Form der zweiten Alternative gewählt: Die τ-γ-Schleife wird näherungsweise durch eine Ellipse ersetzt, die bei Annahme einer linearen τ-γ-Beziehung und einer linear-viskosen Dämpfung entsteht.

Die nichtlineare τ-γ-Beziehung wird somit ersetzt durch

$$\tau = G\gamma + \mu\dot{\gamma}, \tag{28}$$

wobei μ ein Scherviskositätskoeffizient ist. Gl. (28) beschreibt einen Kelvin-Voigt-Körper: Der Widerstand gegen Scherverformung ist eine Summe aus einer elastischen (Feder) und einer viskosen (Dämpfer)-Komponente.

Für eine harmonische Scherung

$$\gamma = \gamma_0 \sin \omega t \tag{29}$$

beträgt dann die Schubspannung

$$\tau = G\gamma_0 \sin \omega t + \omega\mu\gamma_0 \cos \omega t. \tag{30}$$

Gl. (29) und (30) zeigen, dass die Spannungs-Dehnungsschleife eines Kelvin-Voigt-Körpers eine Ellipse ist. Es besteht somit eine Ähnlichkeit zu der Kraft-Verschiebungsschleife des Eimassenschwingers mit Feder und Dämpfer, wie in Abschn. 2.5 dargestellt. Dort wurde gezeigt, dass das Dämpfungsverhältnis D aus der Hystereseschleife nach Gl. (27) bestimmt werden kann

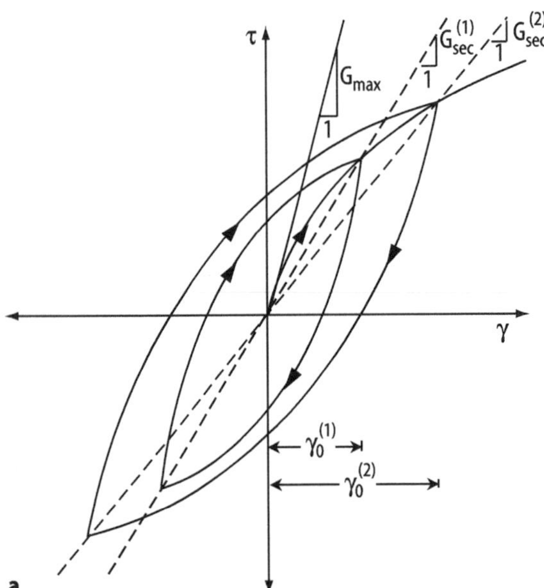

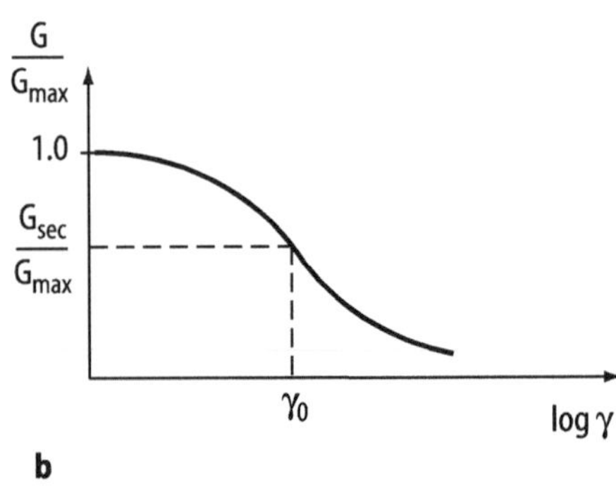

a Spannungs-Dehnungs-Kurve bei zyklischer Belastung
b Typische Variation des Sekanten-Schubmoduls mit der Scherdehnung

Abb. 6 Modell zum Deformationsverhalten des Boden

und, da $D = \omega c/2k$ ist, frequenzabhängig ist. Auch für den Kelvin-Voigt-Körper, der das Bodenverhalten modellieren soll, wird zur Beschreibung der Energiedissipation das Dämpfungsverhältnis D nach Gl. (27) gewählt. Hierzu werden die innerhalb eines Belastungszyklus dissipierte Energie ΔW (Fläche der τ-γ-Ellipse) und die innerhalb des Zyklus maximale gespeicherte Energie W benötigt. Ihre Werte betragen $\Delta W = \pi\mu\omega\gamma_0^2$ und $W = (1/2)G\gamma_0^2$. Daraus folgt für die τ-γ-Beziehung nach Gl. (30)

$$D = \frac{1}{4\pi}\frac{\Delta W}{W} = \frac{\mu\omega}{2G}. \quad (31)$$

Versuche zeigen jedoch, dass die Energiedissipation bei Böden hysteretischer Natur ist und somit unabhängig von der Frequenz. Um die Frequenzabhängigkeit von D in Gl. (31) zu eliminieren, wird in Gl. (27)

$$\mu = \frac{2G}{\omega}D \quad (32)$$

angesetzt. Die Benutzung dieses äquivalenten Scherviskositätskoeffizienten μ führt dazu, dass das Dämpfungsverhältnis D des Bodens unabhängig von der Frequenz ist.

Für eine harmonische Scherung

$$\gamma = \gamma_0 \exp(i\omega t) \quad (33)$$

lässt sich dann Gl. (28) schreiben als

$$\tau = G^*\gamma, \quad (34)$$

wobei

$$G^* = G + i\omega\mu = G(1 + 2iD) \quad (35)$$

der komplexe Schubmodul ist. Er wird zur direkten Bestimmung der Lösung eines Systems mit Dämpfung aus der Lösung des ungedämpften Systems benutzt (Abschn. 6).

Das Kelvin-Voigt-Modell ist das gebräuchlichste Modell für dynamisch belastete Böden. Durch Umordnen und Addition von Federn und Dämpfern können verschiedene Arten des Bodenverhaltens simuliert werden, was jedoch zu einer überproportionalen Zunahme der mathematischen Schwierigkeiten führt.

D ist ein Maß für die Weite der τ-γ-Hystereseschleife in Abb. 6a. Die Neigung der Sekante der Hystereseschleife wird durch den Wert G_{sec} wiedergegeben. Die Nichtlinearität des Bodenverhaltens bedingt, dass G_{sec} mit wachsender Amplitude der zyklischen Belastung γ_0 abnimmt. Der Sekantenmodul G_{sec} und das Dämpfungsverhältnis D werden als „äquivalent-lineare Bodenparameter" bezeichnet. Zur Vereinfachung wird im folgenden der Sekantenschubmodul als Schubmodul G bezeichnet.

Der geometrische Ort, der durch die Spitzen der Hystereseschleifen verschiedener Scherdehnungsamplituden definiert ist, wird in der englischsprachigen Literatur als „Skeleton-Kurve" bezeichnet. Ihr Tangentenwert beim Ursprung (Bereich sehr kleiner Dehnungen) beschreibt den maximalen Wert des Schubmoduls G_{max}. Für größere Dehnungen wird zur Beschreibung von $G(\gamma)$ der Wert von G_{max} und das Verhältnis G/G_{max} angegeben. G/G_{max} wird kleiner 1, sobald der lineare Bereich verlassen, d. h. die lineare Grenzscherdehnung erreicht wird. In der Praxis werden für verschiedene Böden Kurven des bezogenen Schubmoduls, wie in Abb. 6b dargestellt, zusammen mit empirischen Gleichungen für G_{max} benutzt.

Entsprechende Kurven werden für die Zunahme des Dämpfungsverhältnisses D mit zunehmender Scherdehnungsamplitude angewandt. Theoretisch findet unterhalb der linearen Grenzscherdehnung keine hysteretische Energiedissipation statt, und D wäre dann gleich Null. Trotzdem zeigen Versuche, dass auch für den Bereich kleiner Dehnungen ein kleines Maß an Dämpfung mit D ca. 2 % bis 6 % existiert.

Zur experimentellen Bestimmung des Anfangsmoduls G_{max} sind am besten geophysikalische Insitu-Versuche geeignet, da die dabei erzeugten Scherdehnungen sehr klein sind (bis ca. $3 \cdot 10^{-6}$). Alternativ hierzu können Ergebnisse von Laborversuchen bei kleinen Dehnungen benutzt werden. Wenn derartige Versuchsergebnisse nicht zur Verfügung stehen, können Werte für G_{max} aus empirischen Gleichungen herangezogen werden. Die zwei wichtigsten Einflussparameter für den Wert von G_{max} für alle Bodenarten sind die mittlere effektive Spannung $\overline{\sigma}_0'$ und die Porenzahl *e*. Hinzu kommt bei bindigen Böden der Einfluss der Vorbelastung, ausgedrückt mittels des Überkonsolidierungsgrades $OCR = \overline{\sigma}_c' / \overline{\sigma}_0'$, wobei $\overline{\sigma}_c'$ die mittlere Konsolidierungsspannung ist. Die allgemeine Gleichung lautet

$$G_{\max} = S \cdot F(e) \cdot \left(\frac{\overline{\sigma}_c'}{\overline{\sigma}_0'}\right)^k \cdot \left(\frac{\overline{\sigma}_0'}{p_a}\right)^n p_a. \qquad (36)$$

Dabei ist S ein Faktor, F(e) eine Funktion der Porenzahl e, k ein Exponent, der von der Plastizitätszahl I_P entsprechend Tab. 1 abhängt, n ein Exponent und p_a der atmosphärische Druck. $\overline{\sigma}_0'$ wird aus den effektiven Spannungen in den drei Achsrichtungen bestimmt, $\overline{\sigma}_0' = \left(\sigma_x' + \sigma_y' + \sigma_z'\right)/3$. Hardin (1978) schlägt S = 625 und F(e) = 1/(0,3 + 0,7e^2) vor. Der Exponent wird meistens zu n = 0,5 gesetzt, kann jedoch für spezifische Böden aus Laborversuchen bei verschiedenen Werten $\overline{\sigma}_0'$ ermittelt werden.

Weitere empirische Beziehungen in der Fachliteratur basieren für rollige Böden auf Ergebnissen von In-situ-Versuchen wie Drucksondierungen, Standard-Penetration-Tests und für wassergesättigte Tone auf der undränierten Kohäsion (Haupt 1986; Kramer 1996; Studer et al. 2007). Derartige Beziehungen sind bei wichtigen Projekten jedoch nur für eine Vordimensionierung geeignet.

Tab. 1 Exponent *k* in Abhängigkeit von der Plastizitätszahl I_P. (Hardin und Drnevich 1972)

I_P %	0	20	40	60	80
k	0	0,18	0,30	0,41	0,48

Die Abnahme des Schubmoduls bzw. die Zunahme der Dämpfung mit wachsender Scherdehnungsamplitude wird anhand von Laborversuchen ermittelt und hängt vorwiegend von der Plastizitätszahl I_P ab, wie in Abb. 7 dargestellt. Sand entspricht dabei I_P = 0. Bei niedrigen Werten I_P kommt als Einflussparameter die mittlere effektive Spannung $\overline{\sigma}_0'$ hinzu, wobei eine Zunahme von $\overline{\sigma}_0'$ qualitativ den gleichen Effekt wie eine Zunahme von I_P hat (Savidis und Vrettos 1998).

4 Wellenausbreitung im Boden

4.1 Allgemeines

Wie bei Spannungsausbreitungsproblemen wird der Baugrund zur Beschreibung von Wellenausbreitungsphänomenen als ein Kontinuum betrachtet. Für das Materialverhalten wird das isotrope linear-elastische Stoffgesetz nach Hooke angenommen. Hierzu werden zwei voneinander unabhängige Konstanten benötigt. Je nach Schreibweise werden verschiedene Paare von Stoffkonstanten verwendet, die äquivalent zueinander sind. In der Bodendynamik werden fast ausschließlich der Schubmodul G und die Poisson-Zahl *ν* benutzt. Materialdämpfung

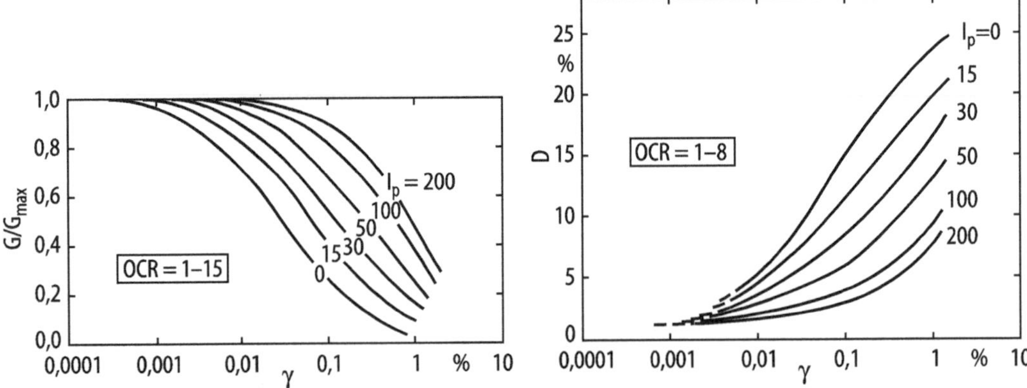

Abb. 7 Einfluss der Plastizitätszahl auf den bezogenen Schubmodul und auf die Dämpfung. (Vucetic und Dobry 1991, mit freundlicher Genehmigung der ASCE)

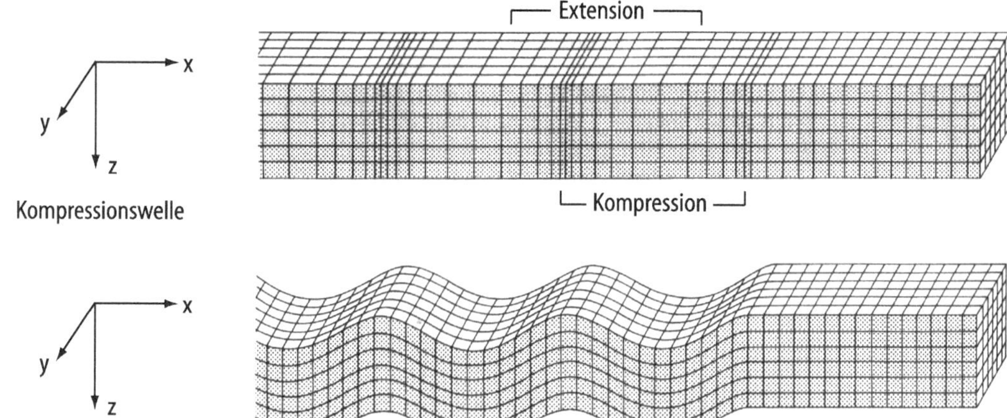

Abb. 8 Raumwellen. (Bolt 1976)

wird bei dieser linear-elastischen Formulierung vernachlässigt.

In einem unbegrenzten Vollraum-Kontinuum existieren nur zwei Wellentypen: Kompressions- (oder P-) und Scherwellen (oder S-Wellen) mit unterschiedlichen Ausbreitungsgeschwindigkeiten. Diese Raumwellen entsprechen einer rotationsfreien bzw. volumentreuen Verformung, wobei die Schwingung der Partikel in bzw. quer zur Wellenausbreitungsrichtung erfolgt (Abb. 8). Alle anderen elastischen Wellentypen (z. B. Oberflächenwellen) entstehen als Kombination der beiden primären Typen aus speziellen Randbedingungen.

4.2 Eindimensionale Wellenausbreitung

Zur Einführung wird zuerst die eindimensionale Ausbreitung von Kompressionswellen in x-Richtung betrachtet, wobei Spannungen $\sigma_x = \sigma_x(x,t)$ und Verschiebungen $u = u(x,t)$ unabhängig von den beiden anderen Koordinaten y und z sind (Abb. 8a). Die Bewegungsgleichung lautet

$$\frac{\partial \sigma_x}{\partial x} = \rho \ddot{u}, \tag{37}$$

wobei ρ die Dichte ist. Die Elimination der Spannungen erfolgt durch Einsetzen der Spannungs-Dehnungsbeziehung $\sigma_x = M\varepsilon_x$, wobei M ein passender Verformungsmodul ist, und der Dehnungs-Verschiebungsbeziehung $\varepsilon_x = \partial u/\partial x$. Da die Verschiebungen in den beiden anderen Richtungen gleich Null sind, entspricht M hier dem aus der Bodenmechanik bekannten Steifemodul E_S (Elastizitätsmodul bei behinderter Seitendehnung). Man erhält somit aus Gl. (37) die eindimensionale Wellengleichung

$$\frac{\partial^2 u}{\partial t^2} = c^2 \frac{\partial^2 u}{\partial x^2}, \tag{38}$$

wobei c die Ausbreitungsgeschwindigkeit der dazugehörigen Welle ist, hier der P-Welle mit $c = c_P$, wobei

$$c_P = \sqrt{\frac{E_S}{\rho}}. \tag{39}$$

Analog hierzu erhält man die Wellengleichung für die Scherbeanspruchung durch Scherwellen (Abb. 8b), wobei für den Verformungsmodul M der Schubmodul G eingesetzt und c durch die Scherwellengeschwindigkeit

$$c_S = \sqrt{\frac{G}{\rho}} \tag{40}$$

ersetzt wird. Anstatt des Steifemoduls wird oft $E_s = [2(1-\nu)/(1-2\nu)]G$ geschrieben.

Typische Werte der Scherwellengeschwindigkeit c_S für Böden sind in Tab. 2 angegeben. Die Poisson-Zahl ist schwer zu bestimmen und reagiert empfindlich auf den Sättigungsgrad des Bodens. Bei wassergesättigten Tonen und Sanden unterhalb des Grundwasserspiegels kann $\nu \approx 0{,}50$ angesetzt werden, jedoch nicht $\nu = 0{,}5$ (inkompressibles Medium), da dann c_P unendlich groß wird. Für annähernd wassergesättigte Tone ist $\nu = 0{,}40 \ldots 0{,}45$, während für Sande Werte zwischen 0,25 und 0,40 angenommen werden (Tab. 3).

Die allgemeine Lösung der eindimensionalen Wellengleichung Gl. (38) für harmonische Wellen der Kreisfrequenz ω lautet

$$u = A_1 \exp\left[i\omega t - kx)\right] + A_2 \exp\left[i(\omega t + kx)\right], \tag{41}$$

wobei k = ω/c die Wellenzahl ist. Der erste Term beschreibt Wellen, die sich in positiver x-Richtung ausbreiten, der zweite Term solche in negativer x-Richtung. Gl. (41) ist harmonisch sowohl bezüglich der Zeit als auch bezüglich des Ortes. Für gegebenes x beschreibt sie die harmonische Bewegung der Kreisfrequenz ω, während für gegebenes t die Verteilung der Verschiebungen entlang der x-Achse wiedergegeben wird, wobei die Wellenzahl k der „Kreisfrequenz" und die Wellenlänge λ = 2π/k der „Periode" entsprechen.

Tab. 2 Typische Werte für c_S für kleine Scherdehnungsamplituden $\gamma \leq 10^{-5}$

Material	c_S m/s
weicher Ton, lockerer Sand	≤150
mittelsteifer Ton	250
steifer Ton, dichter Sand	350
harter Ton, sehr dichter Sand	450
weicher Fels	600
verwitterter Fels	1000
Fels	>1500

Tab. 3 Typische Werte für die Poisson-Zahl ν

Material	ν
wassergesättigter Ton und Sand	0,45 … 0,50
teilgesättigter Ton	0,40 … 0,45
feuchter bzw. trockener Sand	0,25 … 0,40

Der Baugrund mit seiner freien Oberfläche wird als elastisches Halbraum-Kontinuum modelliert. Eine einfache und zugleich wichtige Anwendung der eindimensionalen Wellenausbreitung ist die vertikale Ausbreitung von Wellen in einer Bodenschicht der Dicke H über einer starren Felsunterlage, wie in Abb. 9 dargestellt. Die Wellen können P- oder S-Wellen sein. Das System lässt sich als eine Reihe von nebeneinander liegenden Bodensäulen abstrahieren, welche die gleiche Bewegung ausführen.

Freie Wellenausbreitung muss folgende Randbedingungen erfüllen: An der freien Oberfläche muss Spannungsfreiheit herrschen und an der starren Felsunterlage muss die Verschiebung gleich Null sein (Kramer 1996). Für die allgemeine Lösung nach Gl. (41) erhält man aus der ersten Randbedingung $A_1 = A_2$ und aus der zweiten

$$\cos(kH) = 0. \tag{42}$$

Gl. (42) ist erfüllt für eine unendlich große Anzahl von diskreten Werten

$$\omega_n = (2n-1)\frac{\pi}{2}\frac{c}{H}, \quad n = 1{,}2\ldots \tag{43}$$

Es sind die Eigenkreisfrequenzen der Bodenschicht, da keine externe Erregung vorhanden ist. Beim Einmassenschwinger mit einem Freiheitsgrad gab es nur eine einzige Eigenfrequenz. Die Bodenschicht besitzt als Kontinuum unendlich viele Freiheitsgrade und demzufolge unendlich viele Eigenfrequenzen. In der Praxis beschränkt man sich jedoch auf einige wenige, wobei die erste zur Charakterisierung der Bodenschicht benutzt wird.

Die Verteilung der Verformungen über die Tiefe ermittelt sich zu

$$\frac{u_n(x)}{u_n(0)} = \cos(\omega_n x/c), \tag{44}$$

wobei die Amplitude an der Oberfläche $u_n(0)$ unbestimmt bleibt. Gl. (44) beschreibt die Eigenformen des Systems „Bodenschicht auf Fels".

4.3 Oberflächenwellen

Bei dreidimensionaler Wellenausbreitung folgt man den gleichen Schritten wie bei der eindimensionalen: Die Bewegungsgleichungen werden aus Gleichgewichtsbedingungen, Spannungs-Dehnungs- und Dehnungs-Verschiebungsbeziehungen hergeleitet. Die einzelnen Ausdrücke sind jedoch komplizierter und die Herleitungen aufwendiger. Bei einer freien Oberfläche entsteht neben den Raumwellen auch ein anderer Wellentyp, dessen Einfluss mit der Tiefe rasch abnimmt, die Oberflächenwellen. Die wichtigste ist die Rayleigh-Welle (Abb. 10), die sich entlang der freien Oberfläche als ebene Welle ausbreitet, d. h. die Bewegung ist unabhängig von der Koordinate y. Es ist eine Kombination von Kompressions-(P-Wellen) und vertikal polarisierter Scherwellen (SV-Wellen) mit Verschiebungskomponenten in x- und z-Richtung, u und w. Bezüglich der Herleitung sei auf (Das 1993) verwiesen.

Die Ausbreitungsgeschwindigkeit der Rayleigh-Welle c_R ist eine Funktion der Poisson-Zahl ν und etwas kleiner als die der Scherwelle. In guter Näherung gilt

$$c_R \approx c_S \frac{0{,}862 + 1{,}14\nu}{1 + \nu}. \tag{45}$$

Die Verschiebungen der Rayleigh-Welle nehmen mit der Tiefe exponentiell ab und hängen ebenfalls von der Poisson-Zahl ab (Abb. 11). Die Eindringtiefe verringert sich mit wachsender Frequenz f bzw. mit abnehmender Wellenlänge $\lambda_R = c_R/f$ und ist für praktische Fälle kleiner als 1,5 λ_R. Die Partikelbewegung an der Oberfläche ist eine im Vergleich zur Ausbreitungsrichtung der Welle rücklaufende (retrograde) Ellipse. In einer Tiefe von ca. 0,2 λ_R weist die horizontale Komponente einen Knoten auf, so dass sich unterhalb dieser Tiefe der Umlaufsinn der Ellipse ändert.

Rayleigh-Wellen treten bei Erdbeben auf, sobald die Erdbebenraumwellen (P- und S-Wellen) die Erdoberfläche erreicht haben. Schwingende Maschinenfundamente an der Bodenoberfläche

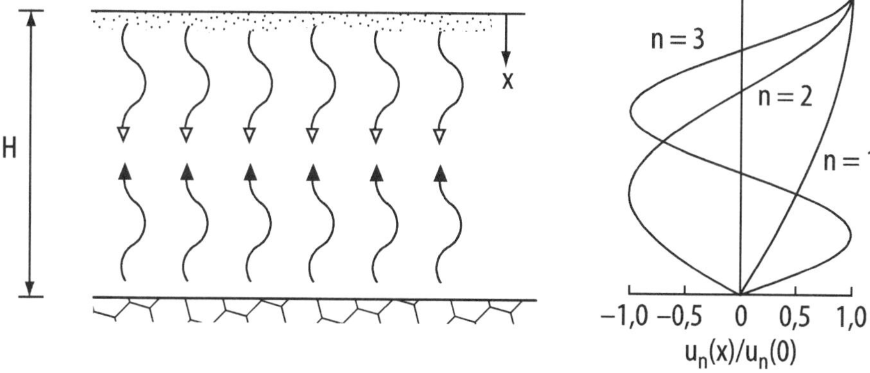

Abb. 9 Eindimensionale Wellenausbreitung in einer Schicht mit den ersten drei Eigenformen

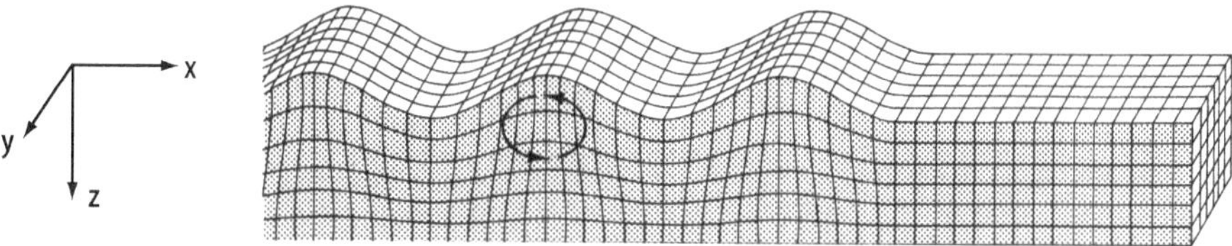

Abb. 10 Rayleigh-Welle. (Bolt 1976)

erzeugen P-, S- und Rayleigh-Wellen. Einige wesentliche Merkmale der drei Wellentypen werden mittels des Modells einer harmonischen Quelle (Kreisfundament) an der Bodenoberfläche veranschaulicht (Abb. 12): P- und S-Wellen strahlen in den Halbraum ab und durchlaufen daher stetig größer werdende Kugelflächen. Rayleigh-Wellen strahlen in einer Schicht beschränkter Dicke ab und durchlaufen somit einen sich stetig vergrößernden Kreisumfang (Zylinderwellen). Da die Energie einer Welle proportional zum Quadrat der Amplitude ist (Spannungen und Dehnung sind jeweils proportional zur Amplitude), muss wegen der Konstanz der abgestrahlten Energie die Amplitude der Raumwellen mit r^{-1} und die der Rayleigh-Wellen mit $r^{-1/2}$ abnehmen, wobei r die Entfernung von der Quelle ist. Weiterhin kann gezeigt werden, dass an der Oberfläche wegen der Randbedingung die Amplitude der Raumwellen mit r^{-2} abnehmen muss, also wesentlich stärker als die der Rayleigh-Wellen (Deutsche Gesellschaft für Geotechnik 2018; Rücker 1989; Woods 1968). Der Energieanteil der einzelnen Wellentypen beträgt 67 % für die Rayleigh-Welle, 26 % für die S-Welle und 7 % für die P-Welle.

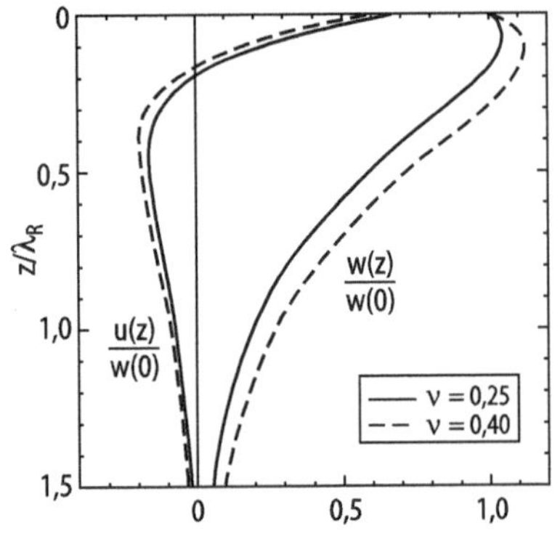

Abb. 11 Horizontale und vertikale Verschiebungskomponente der Rayleigh-Welle

Die Abnahme der Amplitude mit der Entfernung wird geometrische oder Abstrahlungsdämpfung genannt, im Gegensatz zur Materialdämpfung, die den Verlust infolge innerer Reibung beschreibt. Wegen des großen Energieanteils und der schwachen Abnahme mit der Entfernung spielen Rayleigh-Wellen bei Erdbeben sowie bei der Ausbreitung von Erschütterungen des landgebundenen Schienenverkehrs eine wichtige Rolle. Außerdem kann die frequenzabhängige Eindringtiefe der Rayleigh-Welle in Kombination mit der schwächeren Abnahme mit der Entfernung gezielt bei der Erkundung des Baugrunds genutzt werden (vgl. Abschn. 5).

Ein weiterer Typ von Oberflächenwellen kann in einem einfach geschichteten Halbraum entstehen, wobei die Steifigkeit der oberen

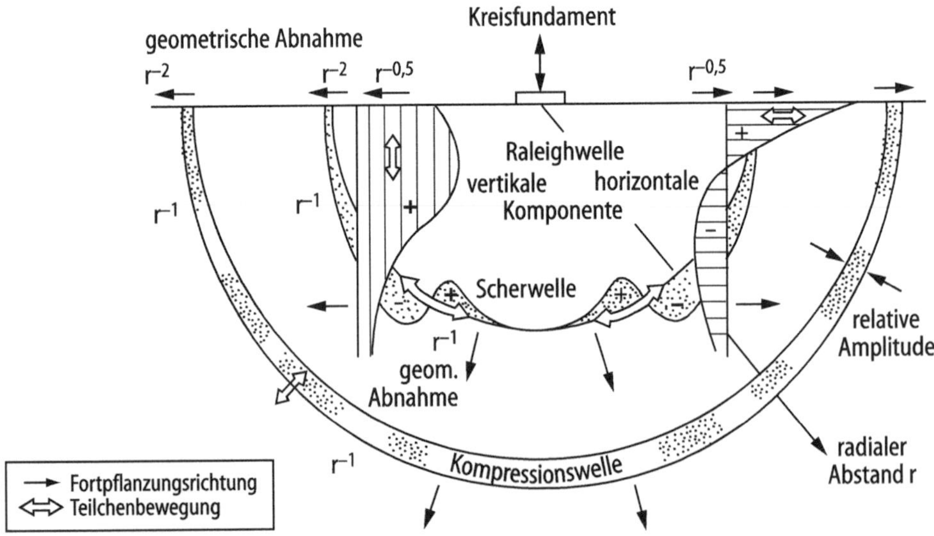

Abb. 12 Wellenausbreitung an einem Kreisfundament. (Woods 1968, mit freundlicher Genehmigung der ASCE)

Schicht kleiner als diejenige des darunterliegenden Halbraums sein muss. Die Welle ist eine horizontal polarisierte Scherwelle (SH-Welle) mit einer Verschiebungskomponente in horizontaler y-Richtung, und wird Love-Welle genannt (Abb. 13). Da die Verformung eine reine Scherung ist, sind die Merkmale dieser Welle unabhängig von der Poisson-Zahl. Die Ausbreitungsgeschwindigkeit der Love-Welle liegt zwischen den Scherwellengeschwindigkeiten der beiden Schichten und ist abhängig von der Frequenz. Die letztgenannte Eigenschaft wird als Dispersion bezeichnet (Vrettos 2017).

Von großer praktischer Bedeutung ist der Sonderfall von Love-Wellen in einer Deckschicht der Dicke H und der Scherwellengeschwindigkeit c_S auf starrer Felsunterlage. Es zeigt sich, dass für Frequenzen kleiner als die Grundeigenfrequenz von Scherwellen in der Schicht, d. h. $f<c_S/4H$, Love-Wellen nicht entstehen können (Kramer 1996). Die Existenz einer Grenzfrequenz ist wichtig im Hinblick auf die Abstrahlungsdämpfung von schwingenden Fundamenten (siehe Abschn. 6). Ähnliche Phänomene (Dispersion, Grenzfrequenzen) werden auch bei Rayleigh-Wellen im geschichteten Halbraum beobachtet.

4.4 Verhalten von Wellen an Schichtgrenzen

Der Welleneinfallswinkel an Schichtgrenzen wird i. Allg. nicht 90° betragen, wie es in Abschn. 4.2 der Fall war, sodass die exakte Lösung des Wellenausbreitungsproblems schwierig wird. Entsprechend nutzt man Näherungsverfahren, wie sie aus der geometrischen Optik bekannt sind, und verfolgt lediglich den Pfad der Wellenfront. An Trennflächen entlang des Wellenpfads werden die einfallenden Wellen reflektiert und refraktiert. Die dabei entstehenden Wellen sind in Abb. 14 dargestellt. Man betrachtet ebene Wellen. Bei Scherwellen muss unterschieden werden zwischen SV- und SH-Wellen. Anfallende P- oder SV-Wellen weisen Partikelbewegung senkrecht zur Trennfläche auf, so dass beide je zwei reflektierte und zwei refraktierte Wellen erzeugen. SH-Wellen haben keine Komponente senkrecht zur Trennfläche und erzeugen demzufolge nur eine reflektierte und eine refraktierte SH-Welle (Kramer 1996). Für die Winkel gilt das Gesetz von Snell:

$$\frac{\sin\theta}{c} = \text{konst.,} \tag{46}$$

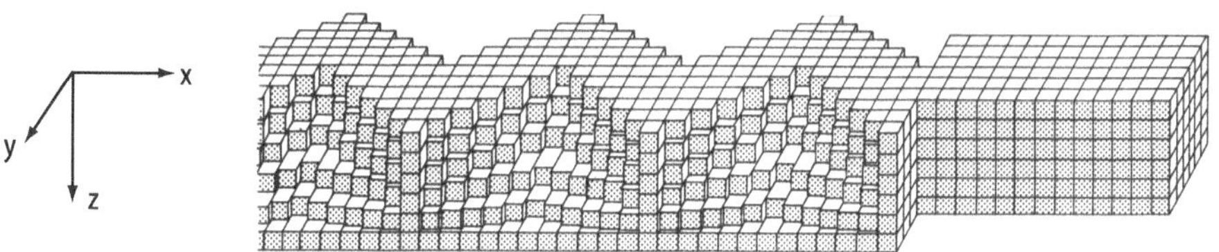

Abb. 13 Love-Welle. (Bolt 1976)

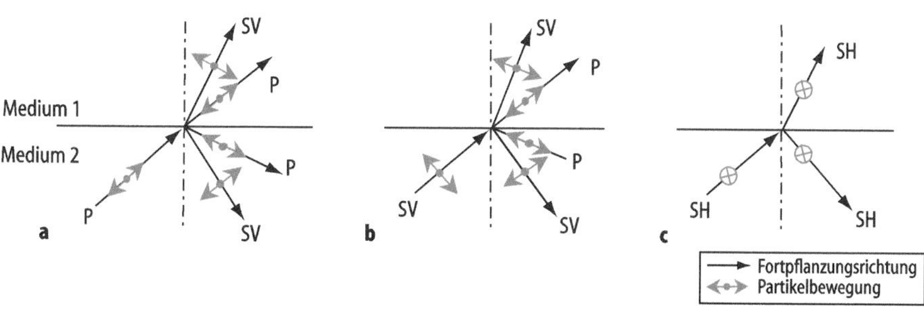

Abb. 14 Reflexion und Refraktion an einer Trennfläche für einfallende **a** P-, **b** SV- und **c** SH-Wellen mit den zugehörigen Partikelbewegungen

wobei θ der Winkel zwischen dem Wellenstrahl und der Normalen zur Trennfläche und c die Geschwindigkeit der Welle (P- oder S-) ist. Die Beziehung Gl. (46) gilt sowohl für die reflektierte als auch für die refraktierte Welle. Der Refraktionswinkel wird somit durch den Einfallwinkel und das Verhältnis der Wellengeschwindigkeiten der beiden Materialien an der Trennfläche c_1 und c_2 bestimmt. Wird der Einfallswinkel hinreichend groß, breitet sich die refraktierte Welle entlang der Trennfläche aus. Der zugehörige Wert des kritischen Einfallswinkels beträgt $\theta_{kr} = \arcsin(c_1/c_2)$ mit $c_2 > c_1$. Dieses Phänomen wird gezielt bei der Baugrunderkundung angewandt (siehe Abschn. 5).

5 Messung von dynamischen Bodenkennwerten

Dabei handelt es sich primär um die Bestimmung der dynamischen Steifigkeit und der Materialdämpfung des Baugrunds für den maßgebenden Dehnungsbereich. Ein sinnvolles Untersuchungsprogramm besteht aus einer Kombination von Feld- und Laborversuchen. Feldversuche liefern Ergebnisse nur im Bereich kleiner Dehnungen. Mittels Laborversuchen lässt sich hingegen das Verhalten bei größeren Dehnungen ermitteln. Eine zuverlässige Bestimmung der Materialdämpfung ist nur im Labor möglich, da in-situ wegen der Überlagerung infolge der stärkeren Abstrahlungsdämpfung die Messergebnisse sehr ungenau sind.

5.1 Feldversuche

In-situ-Versuche haben den Vorteil, dass sie größere Bodenbereiche erfassen und die Messung am ungestörten Boden stattfindet. Die Verfahren basieren auf Prinzipien der elastischen Wellenausbreitung. Man unterscheidet zwischen Oberflächen- und Bohrlochverfahren. Erstere sind wirtschaftlicher und schneller durchzuführen, verlangen jedoch eine indirekte Auswertungsprozedur zur Bestimmung der Tiefenvariation der Bodenparameter, während letztere zwar aufwendiger sind, aber eine direktere Versuchsinterpretation und Prüfung des Bodenmaterials erlauben.

Direkte Laufzeitmessung

Üblicherweise sind Feldversuche seismische Laufzeitmessungen an der Oberfläche. Dabei wird die Laufzeit eines Impulses zwischen zwei Punkten gemessen und daraus die Wellengeschwindigkeit bestimmt. Meistens wird mit einem vertikalen Schlag ein P-Wellenfeld erzeugt und die Kompressionswellengeschwindigkeit c_P gemessen unter der Annahme, dass der Boden homogen ist. Diese Anregung hat auch SV-Wellen zur Folge, die jedoch eine untergeordnete Rolle spielen. Da die Kompressionswelle am schnellsten ist, ist ihre Identifizierung am einfachsten. Es ist auch möglich, durch geeignete Horizontalanregung reine SH-Wellen zu erzeugen (Abb. 15).

Der aktuelle Stand des Grundwasserspiegels muss bei der Interpretation der Ergebnisse berücksichtigt werden. Die P-Wellengeschwindigkeit im Wasser beträgt im Mittel etwa 1450 m/s. Bei weichen wassergesättigten Böden entsprechen hohe Werte von c_P nicht den Eigenschaften des Korngerüsts. In diesem Fall ist eine Messung von c_S sinnvoller.

Refraktionsmessung

Mit diesem Verfahren lassen sich die Wellengeschwindigkeit und die Dicke der oberflächen-

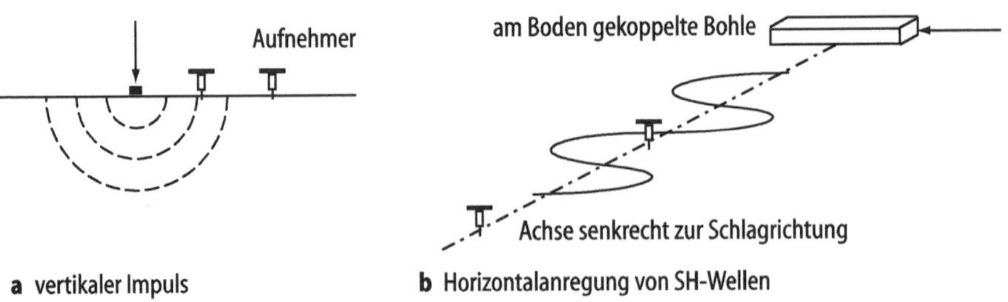

Abb. 15 Anregungsarten für Laufzeitmessungen

nahen Schichten bestimmen. Das Verfahren ist am besten geeignet für großräumige Erkundungen und/oder für größere Tiefen. Ein Impuls wird an der Oberfläche erzeugt und die Antwort mittels Aufnehmer entlang einer Linie aufgezeichnet (Abb. 16). Die Interpretation basiert auf dem in Abschn. 4 vorgestellten Phänomen der Brechung von Wellen und setzt voraus, dass die Wellengeschwindigkeit der oberen Schicht kleiner als die der darunterliegenden ist. Dabei wird jeweils der erste Einsatz an jedem Aufnehmer gemessen. Bei einem vertikalen Impuls ist der erste Einsatz immer eine P-Welle. Wird andererseits durch den Impuls eine reine horizontale Scherwelle (SH) erzeugt, entstehen keine PWellen, und der erste Einsatz entspricht einer SH-Welle. Ab einer bestimmten Entfernung x_c von der Quelle kommt die refraktierte Welle vor der direkten Welle an, da sie einen ausreichend langen Weg in der unteren Schicht mit der höheren Wellengeschwindigkeit zurücklegen konnte. Das Laufzeitdiagramm und der Wellenpfad für Entfernungen größer als x_c sind in Abb. 16 dargestellt. Die Geschwindigkeiten der P- oder S-Wellen lassen sich aus der inversen Neigung des Laufzeitdiagramms bestimmen, während die Dicke H der Schicht aus

$$H = \frac{x_c}{2}\sqrt{\frac{c_2 - c_1}{c_2 + c_1}}, \tag{47}$$

bestimmt wird; c_1 und c_2 sind die (P- oder S-) Wellengeschwindigkeiten der beiden Schichten (Studer et al. 2007). Mit Hilfe einer zusätzlichen Gegenmessung von einem zweiten Standort aus kann auch die Neigung der Schichtgrenze bestimmt werden. Das Verfahren lässt sich auch bei mehrschichtigen Böden anwenden unter der Voraussetzung, dass die tieferliegenden Schichten eine höhere Wellengeschwindigkeit als die darüber liegenden aufweisen.

Rayleigh-Wellen-Messung

Bei diesem Verfahren erzeugt ein Schwinger an der Oberfläche ein stationäres Wellenfeld bekannter Frequenz f (Abb. 17). Ab einer ausreichend großen Entfernung dominieren Rayleigh-Wellen das Wellenfeld an der Oberfläche. Mit Hilfe von radial zum Schwinger angeordneten Aufnehmern können die Stellen gleichphasiger Schwingung

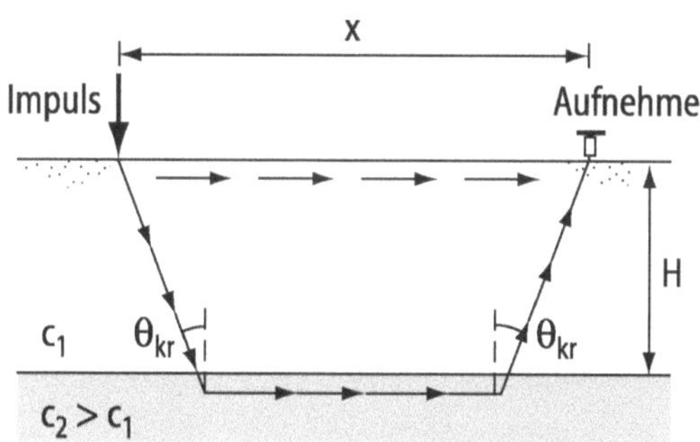

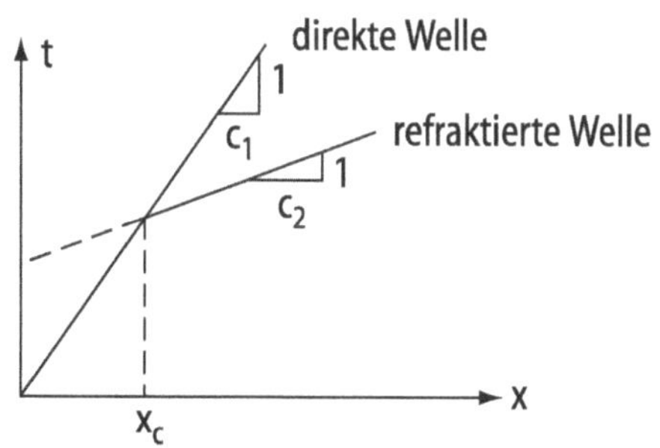

Abb. 16 Refraktionsmessung

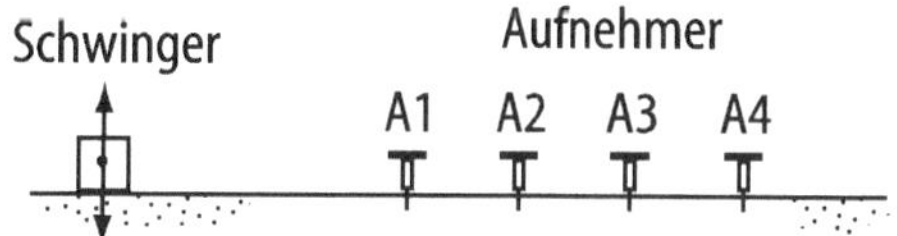

a Versuchsanordnung

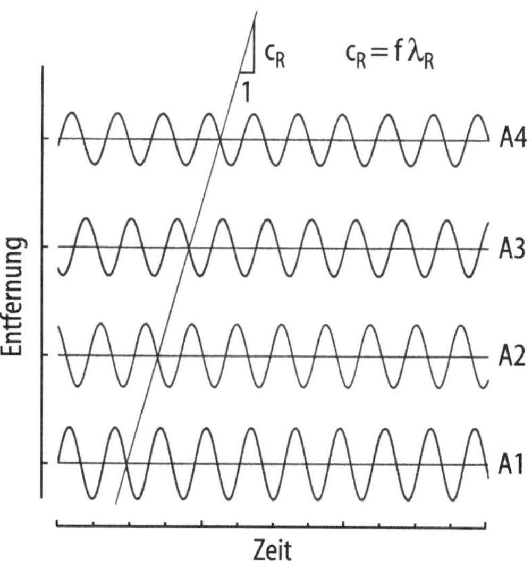

b Messergebnisse

Abb. 17 Rayleigh-Wellen-Messung

bestimmt werden, deren horizontaler Abstand der Rayleigh-Wellenlänge λ_R entspricht (Haupt 1986). Die Rayleigh-Wellengeschwindigkeit ist dann $c_R = f/\lambda_R$. Für einen geschätzten Wert der Poisson-Zahl ν wird dann aus Gl. (45) die Scherwellengeschwindigkeit c_S berechnet.

Wie in Abschn. 4 erwähnt, ist die Eindringtiefe der Rayleigh-Welle frequenzabhängig. Hinzu kommt, dass bei geschichteten Böden bzw. bei Böden, deren Steifigkeit mit der Tiefe zunimmt, auch die Ausbreitungsgeschwindigkeit der Rayleigh-Welle frequenzabhängig ist. Basierend auf diesen Eigenschaften, kann durch Variation der Erregerfrequenz des Schwingers die Verteilung der Wellengeschwindigkeit mit der Tiefe abgeschätzt werden, indem die gemessene Geschwindigkeit an der Oberfläche den Bodeneigenschaften in einer Tiefe von $\lambda_R/3$ zugeordnet wird (Gazetas 1991; Vrettos und Prange 1990).

Da die Eindringtiefe der Rayleigh-Welle begrenzt ist, soll das Verfahren nur zur Erkundung von oberflächennahen Schichten verwendet werden.

Cross-hole-Messung

Die einfachste Form besteht aus zwei Bohrlöchern: Beim einen wird an der Sohle mit einer Impulsquelle erregt und beim anderen in gleicher Tiefe mit einem Aufnehmer die Laufzeit der Wellen registriert (Abb. 18). Mit der Wiederholung des Versuchs bei verschiedenen Tiefen lässt sich ein Profil der Wellengeschwindigkeit erstellen. Genauere Ergebnisse erhält man bei mehreren Bohrlöchern (i. d. R. drei). Da die Erregung im Inneren erfolgt, ist die Kontrolle der Quellencharakteristik (P- oder S-Wellen) schwieriger als bei Oberflächenmessungen. Mit dem Verfahren können tiefere Bodenbereiche erkundet und auch Schichten niedriger Wellengeschwindigkeit identifiziert werden.

Down-hole- und Up-hole-Messung

Hierfür wird nur ein Bohrloch benötigt. Die Quelle befindet sich an der Oberfläche (Down-hole) bzw. im Bohrloch (Up-hole). Down-hole-Versuche werden öfter durchgeführt wegen der einfacheren und genaueren Steuerung der Impulsquelle. SH-Wellenquellen werden bevorzugt, obwohl sie schwieriger zu realisieren sind. Anders als bei Cross-hole wird die Geschwindigkeit einer sich in vertikaler Richtung ausbreitenden P- bzw. S-Welle gemessen.

5.2 Laborversuche

Resonant-Column-Versuch

Eine mit der Grundplatte des Geräts fest verbundene zylindrische Bodenprobe wird durch eine elektromagnetische Belastungsapparatur in harmonische Torsionsschwingungen (Scherwellen) um die Längsachse versetzt (Abb. 19). Das obere Ende der Bodenprobe trägt eine Platte mit dem Antriebskopf. Die Verdrehung der Probe kann als näherungsweise linear über die Höhe verteilt an-

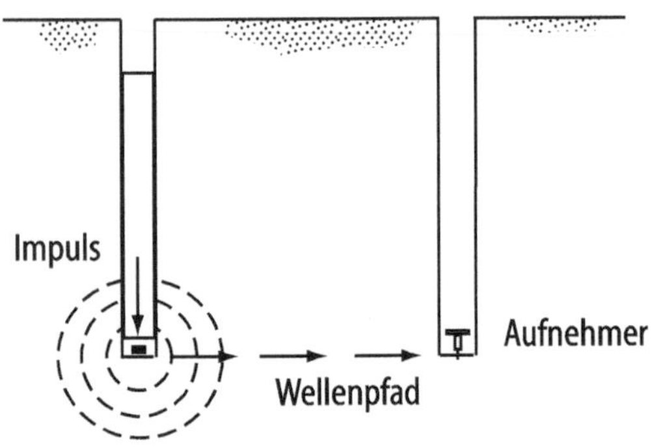

Abb. 18 Cross-hole-Messung

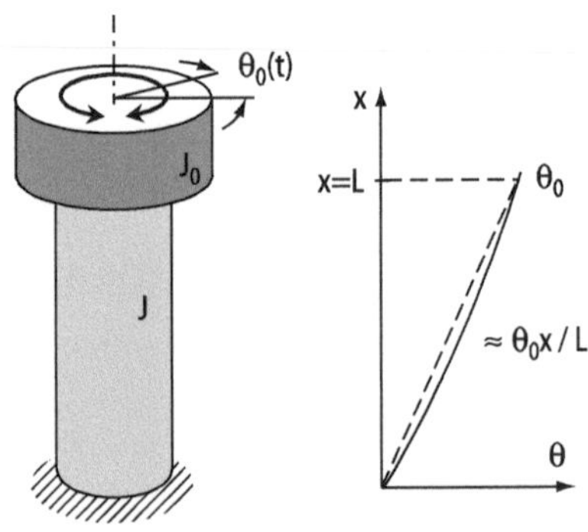

Abb. 19 Resonant-Column-Versuch

genommen werden. Durch Variation der Erregerfrequenz wird die erste Eigenfrequenz des Systems bei Torsion f_T bestimmt, die eine Funktion der Steifigkeit und der Geometrie der Bodenprobe sowie der Gerätedaten ist. Für das aktuelle Niveau der Belastungsamplitude wird dann der dynamische Schubmodul der Probe berechnet:

$$G = \rho \left(\frac{2\pi L f_T}{\beta} \right)^2, \tag{48}$$

wobei ρ die Dichte der Probe ist und β aus dem Verhältnis der polaren Massenträgheitsmomente von Bodenprobe (J) und Endplatte mit Antriebskopf (J_0) nach

$$\beta \tan \beta = J / J_0 \tag{49}$$

bestimmt wird (Studer et al. 2007).

Die Materialdämpfung des Probenmaterials wird berechnet entweder aus der Vergrößerungsfunktion der erzwungenen Schwingung oder aus dem logarithmischen Dekrement beim freien Ausschwingen der Probe nach Abschalten des Antriebs (Haupt 1987; Prange 1983). Durch Variation der Erregungsamplitude werden die äquivalent-linearen Werte des Schubmoduls und der Dämpfung über größere Dehnungsbereiche gemessen. Der Einfluss des statischen Spannungszustands auf Schubmodul und Dämpfung wird in Versuchen bei verschiedenen Zelldrücken untersucht. Anisotrope Ausgangsspannungszustände können nur mit Spezialgeräten untersucht werden.

Zyklischer Triaxialversuch

Diese Erweiterung des klassischen Triaxialversuchs dient zur Bestimmung des Bodenverhaltens unter zyklischer Belastung bei größeren Amplituden. Eine schematische Darstellung gibt Abb. 20 wieder. Aus der Spannungs-Dehnungskurve lassen sich der äquivalent lineare E-Modul bei unverhinderter Seitendehnung und die Materialdämpfung bestimmen. Die Berechnung der Dämpfung ist jedoch schwierig, da das vereinfachte Hysteresemodell bei großen Dehnungsamplituden nicht mehr zutreffend ist.

Mit dem Versuch wird weiterhin der Einfluss der Belastungsamplitude und der Zyklenzahl auf die bleibende Verformung (Setzung) der Probe und/oder auf den Porenwasserüberdruck im undränierten Zustand untersucht. Im Gegensatz zum konventionellen Resonant-Column-Test können mit dem zyklischen Triaxialgerät anisotrope Ausgangsspannungszustände im Boden, wie sie z. B. in Erddämmen oder unterhalb von Bauwerken herrschen, simuliert werden.

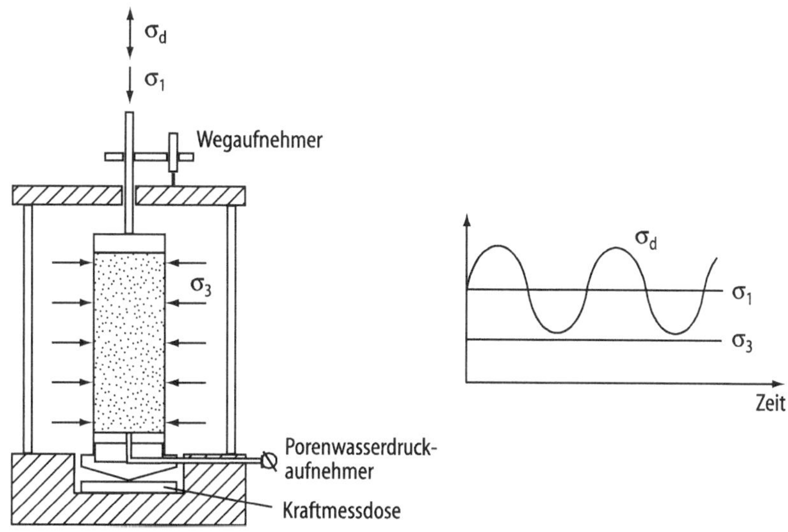

Abb. 20 Zyklischer Triaxialversuch

6 Schwingungen von Fundamenten

Ein dynamisch belastetes starres Fundament hat sechs Freiheitsgrade: drei translatorische und drei rotatorische. Seine Antwort auf die dynamische Belastung stammt nur aus der Verformung des umliegenden Bodens. Das hier betrachtete Fundament mit seinen Aufbauten wird als starr angenommen und liegt auf der Erdoberfläche. Der Boden wird als ein linear-elastischer, isotroper Halbraum modelliert und durch den dynamischen Schubmodul G, die Poisson-Zahl ν und die Dichte ρ beschrieben. Anhand der im Folgenden vorgestellten Methode können die Verschiebungen und Verdrehungen des Fundaments bei harmonischer Belastung bestimmt werden.

Zur Veranschaulichung wird zunächst nur der vertikale Modus betrachtet. Das Fundament mit seinen Aufbauten hat die Masse m und wird durch eine vertikale Kraft $F_z(t) = F_0 \exp(i\Omega t)$ der Kreisfrequenz Ω belastet (Abb. 21). $P_z(t) = P_0 \exp(i\Omega t)$ bezeichnet die gesamte vertikale Bodenreaktion und $w(t) = w_0 \exp(i\Omega t)$ die vertikale Verschiebung des Fundaments infolge der Belastung. Gesucht wird w(t).

Das dynamische Kräftegleichgewicht am Fundament lautet

$$P_z(t) + m\ddot{w}(t) = F_z(t). \tag{50}$$

Die Reaktion des Bodens kann zusammengefasst werden zu

$$P_z(t) = S_z w(t), \tag{51}$$

wobei S_z die frequenzabhängige Steifigkeit (Kraft/Verschiebung-Verhältnis) für das spezifische System Fundament-Boden ist.

Die analytische Lösung des Randwertproblems sowie experimentelle Ergebnisse zeigen, dass zwischen Erregung und Reaktionskraft sowie zwischen Reaktionskraft und Verschiebung eine Phasenverschiebung auftritt. Somit sind P_0 und w_0 und dadurch auch S_z komplexe Größen. Gl. (51) in Gl. (50) eingesetzt, ergibt

$$S_z w_0 - m\Omega^2 w_0 = F_0. \tag{52}$$

S_z kann in folgender Form geschrieben werden:

$$S_z = \widetilde{K}_z + i\Omega C_z, \tag{53}$$

wobei $\widetilde{K}_z$ und C_z Funktionen der Erregerkreisfrequenz Ω sind. Der Realteil, dynamische Federsteifigkeit genannt, beschreibt die Effekte der Steifigkeit und der Massenträgheit des Bodens. Die Dämpfungskonstante C_z gibt die Effekte der Abstrahlungsdämpfung wieder. Die Interpretation von $\widetilde{K}_z$ und C_z als Feder und Dämpfer eines Einmassenschwingers der Masse m wird deutlich, wenn die Gl. (51) und (53) in Gl. (50) eingesetzt werden. Man erhält dann

$$\left[\left(\widetilde{K}_z - m\Omega^2\right) + i\Omega C_z\right] w_0 = F_0. \tag{54}$$

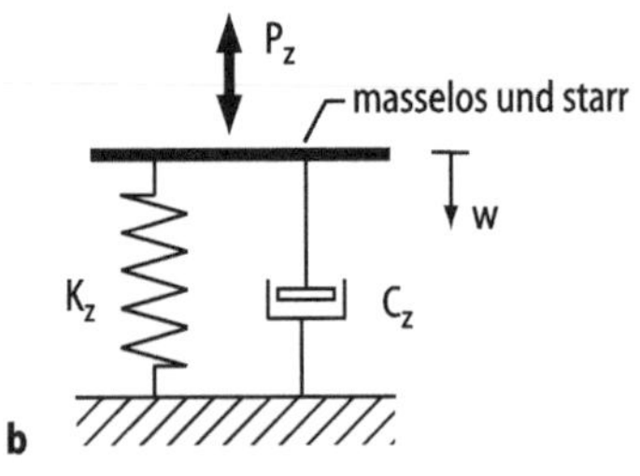

a Dynamisches Gleichgewicht
b Feder-Dämpfer-Ersatzsystem

Abb. 21 Vertikal schwingendes starres Fundament

Die Amplitude der vertikalen Fundamentschwingung ist

$$|w_0| = \frac{F_0}{\sqrt{\left(\widetilde{K}_z - m\Omega^2\right)^2 + (\Omega C_z)^2}}. \quad (55)$$

Analog hierzu wird für die anderen Bewegungsmoden vorgegangen, wobei bei den rotatorischen Moden (Kippen, Torsion) die Steifigkeit als das Moment/Verdrehung-Verhältnis definiert ist. Man beachte, dass alle Steifigkeitsfunktionen auf ein Koordinatensystem mit Ursprung in der Kontakfläche Fundament-Boden bezogen sind. Sie beschreiben die dynamische Steifigkeit eines masselosen Fundaments.

Die Steifigkeitsfunktionen hängen weiterhin vom Bodenprofil (Schichtung), der Grundrissgeometrie, der Einbindetiefe und der Biegesteifigkeit des Fundaments sowie von der Präsenz von Nachbarfundamenten ab. Demensprechend existieren viele Lösungen für die verschiedenen Konfigurationen (Deutsche Gesellschaft für Geotechnik 2018; Gazetas 1991; Pais und Kausel 1988). Komplizierte Fälle werden mit Hilfe von Computerprogrammen behandelt (Wolf 1985).

In der Praxis genügt oft die Approximation des Fundaments durch ein äquivalentes Kreisfundament, wobei für die translatorischen Moden die Grundrissflächen und für die rotatorischen die Flächenträgheitsmomente gleichgesetzt werden. Für die komplexen Steifigkeitsfunktionen wird anstatt Gl. (53) folgende dimensionslose Form gewählt:

$$S_j = K_j\left(k_j + ia_0c_j\right). \quad (56)$$

K_j ist die statische Steifigkeit und

$$a_0 = \frac{\Omega R}{c_S}, \quad (57)$$

wobei R der Fundamentradius und $c_s = \sqrt{G/\rho}$ die Scherwellengeschwindigkeit ist. Der Index j in Gl. (56) repräsentiert den Schwingungsmodus mit j = v für vertikale Translation, j = h für horizontale Translation, j = r für Kippen und j = t für Torsion. Die Formeln für die statischen Steifigkeiten des starren Kreisfundaments sind in Tab. 4 zusammenstellt. Die zugehörigen dimensionslosen Federsteifigkeiten und Dämpfungen k_j und c_j sind in Abb. 22 in Abhängigkeit von der dimensionslosen Frequenz a_0 dargestellt.

Tab. 4 Statische Steifigkeiten für ein starres Kreisfundament auf elastischem Halbraum für verschiedene Bewegungsmoden

Vertikal	**Horizontal**
$K_v = \frac{4GR}{1-\nu}$	$K_h = \frac{8GR}{2-\nu}$
Kippen	**Torsion**
$K_r = \frac{8GR^3}{3(1-\nu)}$	$K_t = \frac{16GR^3}{3}$

Die Approximation durch ein äquivalentes Kreisfundament kann für Rechteckfundamente mit Seitenverhältnis kleiner als vier mit ausreichender Genauigkeit angewandt werden. Der Einfluss der Poisson-Zahl ist bei allen Schwingungsmoden gering, solange ν kleiner 0,4 ist. Größere Werte ν beeinflussen vorwiegend den Vertikal- und den Kippmodus. Die Einbettung des Fundaments führt zu einer Zunahme der Federsteifigkeit sowie der Dämpfung.

Schichtungen des Bodens bewirken Resonanzen in den Eigenfrequenzen der elastischen Schicht sowie das Verschwinden der Abstrahlungsdämpfung für Frequenzen kleiner als eine bestimmte Grenzfrequenz. In guter Näherung entspricht diese der ersten Schichteigenfrequenz nach Gl. (43); $f_{1,S} = c_S/4H$ für Horizontal- und Torsionsschwingungen und $f_{1,P} = c_P/4H$ für Vertikal- und Kippschwingungen, wobei H die Schichtdicke ist (Gazetas 1991).

Die Dämpfungswerte Gl. (53) bzw. Gl. (56) beschreiben nur die geometrische Abstrahlungsdämpfung infolge Wellenausbreitung. Die hysteretische Materialdämpfung des Bodens kann einen wesentlichen Einfluss auf das Schwingungsverhalten des Fundaments im Bereich der Resonanz haben, insbesondere in den Fällen, in denen die Abstrahlungsdämpfung gering ist (z. B. bei niedrigen Frequenzen im Kippmodus und im geschichteten Boden). Die einfachste Methode zur Berücksichtigung der Materialdämpfung ist die Anwendung des Korrespondenzprinzips für linear-viskoelastischen Halbraum und die Substi-

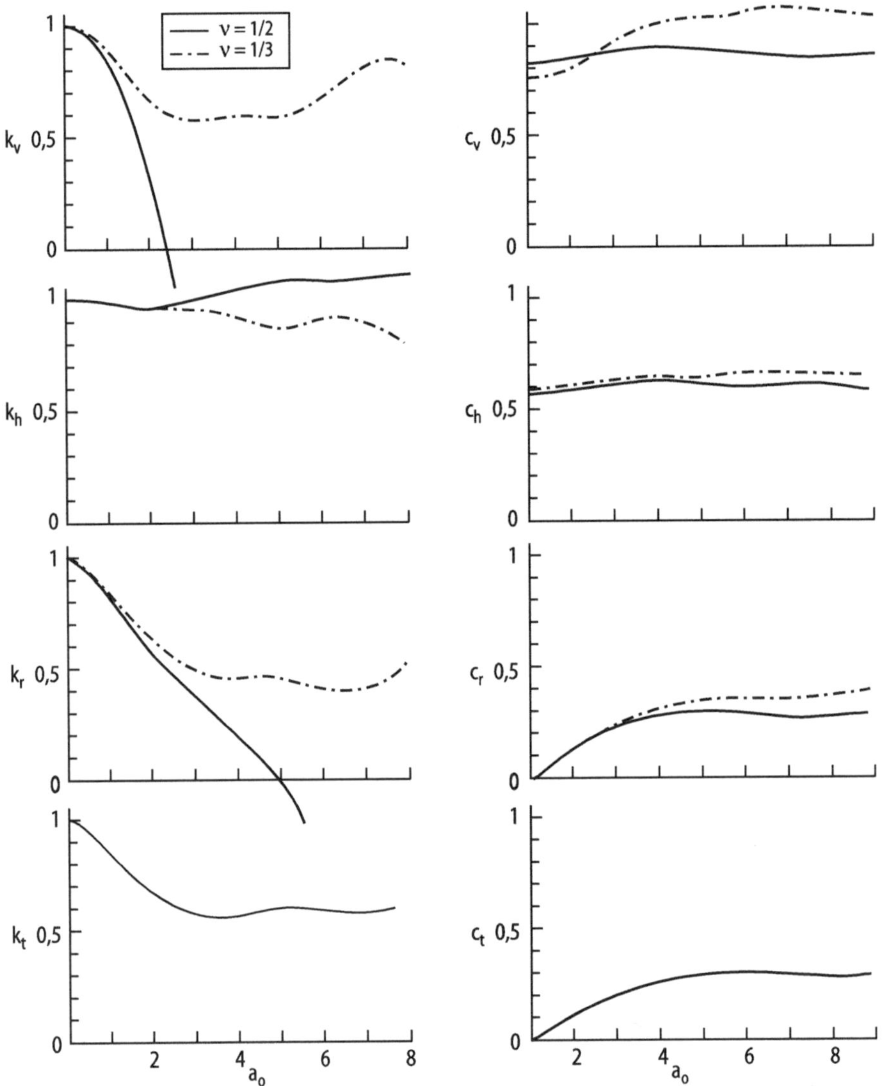

Abb. 22 Dimensionslose Federsteifigkeiten und Dämpfungen für starres Kreisfundament auf homogenem Halbraum. (Gazetas 1983)

tution des Schubmoduls durch sein komplexes Gegenstück, wie in Gl. (35) definiert. Die komplexen Steifigkeitsfunktionen berechnen sich aus

$$S = K\left(k\left(a_0^*\right) + i a_0^* c\left(a_0^*\right)\right)(1 + 2iD) \qquad (58)$$

durch Zusammenfügen der Real- und Imaginärteile, wobei $a_0^* = \sqrt{1 + 2iD} \approx a_0$ für D << 1 angesetzt wird.

Erklärung zu konkurrierenden Interessen Der/die Autor(en) hat/haben keine Interessenkonflikte zu erklären, die für den Inhalt dieses Manuskripts relevant sind.

Literatur

Bolt BA (1976) Nuclear explosions and earthquakes: the parted veil. WH Freeman, San Francisco

Das BM (1993) Principles of soil dynamics. PWS-KENT, Boston

Deutsche Gesellschaft für Geotechnik e.V. (Hrsg) (2018) Empfehlungen des Arbeitskreises „Baugrunddynamik“. Ernst & Sohn, Berlin

Gazetas G (1983) Analysis of machine foundations: state of the art. Soil Dyn Earthq Eng 2:2–42

Gazetas G (1991) Foundation vibrations. In: Fang HY (Hrsg) Foundation engineering handbook. Van Nostrand Reinhold, New York, S 553–593

Hardin BO (1978) The nature of stress-strain behavior of soils. In: Proceedings of the ASCE specialty conference on earthquake engineering and soil dynamics, Pasadena, Bd I, S 3–90

Hardin BO, Drnevich VP (1972) Shear modulus and damping in soils: design equations and curves. J Soil Mech Found Div ASCE 98:667–692

Haupt W (Hrsg) (1986) Bodendynamik. Grundlagen und Anwendung. Vieweg, Braunschweig

Haupt W (1987) Ermittlung der Bodendämpfung im Res-Col-Gerät. VDI-Berichte Nr 627, S 231–245

Kramer SL (1996) Geotechnical earthquake engineering. Prentice Hall, Upper Saddle River

Meskouris K (1999) Baudynamik: Modelle, Methoden, Praxisbeispiele. Ernst & Sohn, Berlin

O’Reilly MP, Brown SF (Hrsg) (1991) Cyclic loading of soils. Blackie/Van Nostrand Reinhold, Glasgow/London/New York

Pais A, Kausel E (1988) Approximate formulas for dynamic stiffnesses of rigid foundations. Soil Dyn Earthq Eng 7:213–227

Prange B (1983) Der Resonant-Column-Versuch – Theorie und Experiment. In: Symposium Meßtechnik im Erd- und Grundbau. Deutsche Gesellschaft für Erd- und Grundbau e.V., München, S 63–69

Rücker W (1989) Schwingungsausbreitung im Untergrund. Bautechnik 66:343–350

Savidis S, Vrettos C (1998) Untersuchungen zum dynamischen Verhalten von marinen Tonen. Bautechnik 75: 363–370

Studer JA, Laue J, Koller M (2007) Bodendynamik. Grundlagen, Kennziffern, Probleme und Lösungsansätze. Springer, Berlin

Vrettos C (2017) Bodendynamik. In: Witt KJ (Hrsg) Grundbau-Taschenbuch, Teil 1: Geotechnische Grundlagen. Ernst & Sohn, Berlin, S 573–631

Vrettos C, Prange B (1990) Evaluation of in-situ effective shear modulus from dispersion measurements. J Geotech Eng ASCE 116:1581–1585

Vucetic M, Dobry R (1991) Effect of soil plasticity on cyclic response. J Geotech Eng ASCE 117:89–107

Wolf JP (1985) Dynamic soil-structure interaction. Prentice Hall, Englewood Cliffs

Woods RD (1968) Screening of surface waves in soils. J Soil Mech Found Div ASCE 94:951–979

Baugrunderkundung

Markus Herten

Inhalt

1 **Ablauf der geotechnischen Untersuchungen** 85

2 **Überblick über Verfahren für geotechnische Untersuchungen** 86

3 **Direkte Aufschlüsse** 88

4 **Indirekte Aufschlüsse** 89

5 **Feldversuche** 94

6 **Laborversuche** 94

7 **Ermittlung charakteristischer Werte** 97

8 **Homogenbereiche** 101

Literatur 103

Baugrunderkundung
Die Planung und Bauausführung von Baugruben, Gründungen und in den Untergrund eingreifenden Bauwerken setzt unbedingt die Kenntnis über die vorhandenen Baugrundverhältnisse und das Verhalten des Baugrundes in Wechselwirkung mit dem vorgesehenen Bauvorhaben voraus. Dazu dienen verschiedene geotechnische Untersuchungsmethoden für Boden und Fels, mit denen die örtlichen Baugrundverhältnisse erfasst und anschließend kategorisiert werden können. Welche dieser Verfahren geeignet und notwendig sind und in welchem Ausmaß sie angewendet werden müssen, richtet sich einerseits nach der Komplexität der Baugrundverhältnisse andererseits nach dem Schwierigkeitsgrad des Bauvorhabens und vor allem der Interaktion zwischen Baugrund und Bauwerk. In DIN EN 1997-2, DIN EN 1997-2/NA und DIN 4020 sind die Anforderungen, die Veranlassung und der Ablauf der geotechnischen Untersuchungen geregelt. Die drei Normen sind im Handbuch Eurocode 7 – Geotechnische Bemessung, Band 2: Erkundung und Untersuchung für die Praxis zu einem in sich geschlossenen Werk und mit fortlaufend lesbarem Text zusammengefügt. Band 1 beinhaltet in gleicher Weise die DIN EN 1997-1, DIN EN 1997-1/NA und DIN 1054. Im Weiteren findet sich in der DIN-EN ISO 22475-1 eine Zusammenstellung

M. Herten (✉)
Fakultät für Architektur und Bauingenieurwesen/Lehr- und Forschungsgebiet Geotechnik, Bergische Universität Wuppertal, Wuppertal, Deutschland
E-Mail: herten@uni-wuppertal.de

U. Arslan (Hrsg.), *Geotechnik*, Handbuch für Bauingenieure,
https://doi.org/10.1007/978-3-658-29496-0_29

der zur Verfügung stehenden Erkundungsverfahren.

Baugrundrisiko

In DIN 4020:2010-12 ist eine begriffliche Definition des Baugrundrisikos wie folgt zu finden:

> „... ein in der Natur der Sache liegendes, unvermeidbares Restrisiko, das bei Inanspruchnahme des Baugrunds zu unvorhersehbaren Wirkungen bzw. Erschwernissen, z. B. Bauschäden oder Bauverzögerungen, führen kann, obwohl derjenige, der den Baugrund zur Verfügung stellt, seiner Verpflichtung zur Untersuchung und Beschreibung der Baugrund- und Grundwasserverhältnisse nach den Regeln der Technik zuvor vollständig nachgekommen ist und obwohl der Bauausführende seiner eigenen Prüfungs- und Hinweispflicht Genüge getan hat."

Diese Definition impliziert, dass der Bauherr als derjenige, der den Baugrund zur Verfügung stellt, zu einer dem Stand der Technik entsprechenden Baugrunderkundung verpflichtet ist.

Geotechnische Kategorien

Die erforderliche Erkundungstiefe und die Dichte des Erkundungsrasters hängen vom Schwierigkeitsgrad der Baugrundverhältnisse und des geplanten Bauwerks ab. Dazu ist im Handbuch Eurocode 7 – Geotechnische Bemessung, Band 1 und Band 2 der Begriff der geotechnischen Kategorien definiert worden, die wie folgt zu unterscheiden sind:

- Die geotechnische Kategorie 1 umfasst einfache Bauwerke bei einfachen und übersichtlichen Baugrundverhältnissen, deren Standsicherheit aufgrund gesicherter Erfahrungen beurteilt werden kann und bei denen ein vernachlässigbares Risiko besteht; dies setzt i. d. R. einen ebenen, tragfähigen und setzungsarmen Untergrund voraus, ebenso, dass in das Grundwasser nicht eingegriffen wird oder ein solcher Eingriff nach örtlicher Erfahrung unbedenklich ist.
- Die geotechnische Kategorie 2 umfasst Bauwerke mit konventionellen Gründungen oder Baugrundverhältnisse mittleren Schwierigkeitsgrades ohne ungewöhnliches Risiko, bei denen die Standsicherheit rechnerisch nachgewiesen werden muss und die eine ingenieurtechnische Bearbeitung mit geotechnischen Kenntnissen und Erfahrungen verlangen (z. B. Flächengründungen, Pfahlgründungen, Stützwände, Baugruben, Brückenpfeiler und -widerlager, temporäre Verankerungen, Dammschüttungen etc.).
- Die geotechnische Kategorie 3 umfasst Bauwerke oder Baugrundverhältnisse von hohem Schwierigkeitsgrad, für deren ingenieurtechnische Bearbeitung vertiefte geotechnische Kenntnisse und Erfahrungen auf dem jeweiligen Spezialgebiet der Geotechnik erforderlich sind und bei denen die Standsicherheit ebenfalls rechnerisch nachgewiesen werden muss. Hierzu sind in der Regel besondere Feld- und Laboruntersuchungsmethoden einzusetzen.

Je höher die geotechnische Kategorie, desto größer sind demnach die Anforderungen an die erforderliche und geeignete Baugrunderkundung. Für die geotechnische Kategorie 1 sind folgende Einschätzungen erforderlich:

- Einholen von Informationen über die allgemeinen Baugrundverhältnisse und örtlichen Bauerfahrungen aus der Nachbarschaft.
- Erkundung der Bodenarten bzw. Felsarten und ihrer Schichtung, z. B. durch Schürfen, Kleinbohrungen und Sondierungen.
- Abschätzung der Grundwasserverhältnisse vor und während der Bauausführung, Hinweise auf möglichen Sickerwasserandrang und
- Inaugenscheinnahme der Baugrundverhältnisse in der fertig ausgehobenen Baugrube.

Für Objekte der geotechnischen Kategorie 2 sind immer direkte Aufschlüsse erforderlich, bei denen der Boden bzw. Fels durch Schürfen, Kleinbohrungen oder Aufschlussbohrungen in Augenschein genommen werden kann. Die zur Klassifizierung der Bodenarten und für die Berechnung notwendigen charakteristischen Bodenkennwerte werden an daraus gewonnenen Proben an Labor-

oder Feldversuchen bestimmt bzw. mit Hilfe von Korrelationen aus Erfahrung abgeschätzt. Dabei ist auch den Grundwasserverhältnissen besondere Aufmerksamkeit zu schenken.

Bauwerke der geotechnischen Kategorie 3 können über den für die geotechnische Kategorie 2 erforderlichen Untersuchungsumfang hinaus weitere Untersuchungen notwendig machen, die sich aus den besonderen Abmessungen, Eigenschaften und Beanspruchungen des Bauvorhabens ebenso wie aus besonderen Eigenschaften des Baugrundes, der Grundwasserverhältnisse oder der Umgebung ergeben können.

1 Ablauf der geotechnischen Untersuchungen

Der Baugrund muss bereits während der Grundlagenermittlung oder der Vorplanung des jeweiligen Bauvorhabens erkundet und beurteilt werden. Dazu ist grundsätzlich eine Ortsbegehung des mit der Erkundung Beauftragten erforderlich. Daneben sind alle verfügbaren Informationen einzuholen, zu sichten und zu bewerten (z. B. geologische und ingenieurgeologische Karten, hydrogeologische Karten, örtlich auch Baugrundkarten). Einen Überblick gibt DIN EN 1997-2, Anhang B. Die Baugrunderkundung gliedert sich im Regelfall in eine Voruntersuchung und eine Hauptuntersuchung. Im Rahmen der Voruntersuchung wird geklärt, ob ein geplantes Bauwerk im Hinblick auf die Baugrundverhältnisse überhaupt errichtet werden kann und falls ja, welche besonderen Anforderungen aus technischer und wirtschaftlicher Sicht für die Gründungskonzeption, die Baukonzeption sowie die Bauausführung dabei zu beachten sind. Die Voruntersuchung muss Folgendes umfassen:

- Sichtung und Bewertung vorhandener Unterlagen, topografischer, geologischer und hydrogeologischer Karten, Altlastenverdachtsflächen und Kampfmittelgefährdung,
- Interpretation von Luftbildern und Archivmaterial,
- geologische Beurteilung,
- ein weitmaschiges Untersuchungsnetz, entweder in systematischer Anordnung oder je nach Zugänglichkeit an ausgewählten Stellen und
- stichprobenhafte Feststellung der maßgebenden Eigenschaften und Kennwerte.

Im Rahmen der Hauptuntersuchung soll eine Beurteilung der Ausführung von voraussehbaren Varianten der Gründungs- und Erdarbeiten ermöglicht werden. Dieser Untersuchungsschritt ist üblicherweise für die geotechnische Kategorie 2 und 3 erforderlich. Dazu sind neben dem Umfang der Voruntersuchung direkte und indirekte Aufschlüsse sowie boden- und feldmechanische Feldversuche erforderlich. Je nach Aufgabenstellung und Randbedingungen sind auch Untersuchungen auf umweltrelevante Stoffe, Probebelastungen, hydraulische Feldversuche sowie über einen längeren Zeitraum durchzuführende Messungen von Grundwasserschwankungen, Hangbewegungen etc. notwendig. Bezüglich der Abstände der Aufschlüsse und der Aufschlusstiefe gibt DIN EN 1997-2, Anhang B konkrete Empfehlungen. Die Ergebnisse aller Untersuchungen sind zusammen mit den sich daraus ergebenden Beurteilungen und Empfehlungen für das Bauvorhaben als Geotechnischer Bericht nach DIN 4020 darzustellen.

Die Beschreibung von Fels erfolgt nach DIN EN ISO 14689 und die von Boden nach DIN EN ISO 14688, Teil 1 und 2, die Klassifizierung von Böden für bautechnische Zwecke nach DIN 18196, wobei die Begriffe grobkörnig und feinkörnig oder bindig verwendet werden. In anderen Regelwerken, wie z. B. EAU, EA-Pfähle und EAB, wird für grobkörnige Böden der Begriff nichtbindig gebraucht.

Für die Ausschreibung der Aufschlussverfahren werden in M QGeoE (2015) Empfehlungen gegeben, wobei entsprechend Tab. 1 eine Bewertung der Zuständigkeiten für die einzelnen Aufgaben im Rahmen einer Erkundung enthalten ist.

Wesentlich ist auch eine baubegleitende Untersuchung, indem im Verlaufe des Bauvorhabens die vor Ort angetroffenen Baugrundverhältnisse auf Übereinstimmung mit den Ergebnissen der Hauptuntersuchung überprüft, ggf. ergänzt und dokumen-

Tab. 1 Bewertung der Zuständigkeiten bei geotechnischen Erkundungen entsprechend M QGeoE (2015)

		Bauherr	Planungsbüro	Sachverständiger für Geotechnik	Auftragnehmer (Bohr- und Sondierfirma)	Fachmann Fachbehörde
1	Planung der Baugrunderkundung	o	o	+	–	–
2	Ortsbegehung/ Anfahrbarkeit der Ansatzpunkte	+	+	+	–	–
3	Zufahrts- und Betretungsrechte	+	(+)	(+)	+	(+)
4	Ausschreibung der Aufschlussarbeiten	(+)	o	+	–	–
5	Vergabe der Aufschlussarbeiten	+	o	(+)	–	–
6	Abstecken der Ansatzpunkte	(+)	(+)	(+)	+	(+)
7	Kampfmittelerkundung	–	–	–	–	+
8	Überwachung der Aufschlussarbeiten	o	o	+	–	–
9	Ausführung der Aufschlussarbeiten	–	–	o	+	(+)
10	Probeaufnahme/-ansprache	–	–	+	–	–
11	Einmessen der Ansatzpunkte	(+)	(+)	(+)	+	(+)
12	Abrechnen der Aufschlussarbeiten	+	o	(+)	–	–
13	Durchführung der Laborversuche	o	–	+	o	(+)
14	Anfertigung Geotechnischer Bericht	–	–	+	–	–
…	weiterführende geotechnische Beratung	–	–	+	–	–

Symbolbedeutung:
+ gut geeignet, (+) machbar, o nicht zu empfehlen, – nicht möglich

tiert werden. In besonderen Fällen können auch baubegleitende Messungen erforderlich werden, insbesondere im Rahmen der im Handbuch Eurocode 7 – Geotechnische Bemessung, Band 1 beschriebenen Beobachtungsmethode.

2 Überblick über Verfahren für geotechnische Untersuchungen

Die zur Baugrunderkundung verfügbaren geotechnischen Untersuchungsverfahren lassen sich nach dem Gegenstand der Untersuchung (Boden, Fels und/oder Grundwasser) sowie nach dem Zweck der Untersuchung (Feststellung der Schichtenfolge, Art und Lage der einzelnen Schichten, bodenmechanische bzw. felsmechanische Eigenschaften) aber auch nach direkten und indirekten Verfahren oder Feld- und Laborversuchen unterscheiden.

2.1 Untersuchung des Bodens hinsichtlich Lage, Art und Eigenschaften

Zur Ermittlung von Art und Schichtung des anstehenden Bodens sind „Aufschlüsse" erforderlich, wobei zwischen direkten und indirekten Aufschlüssen unterschieden wird. Bei direkten Aufschlüssen ist ein unmittelbares Erkennen der

Boden- und Felsarten, ihrer Zusammensetzung und ihrer Zustandsform ebenso wie die Entnahme von Proben für Laborversuche möglich, während indirekte Aufschlüsse nur mittelbar Rückschlüsse über die Baugrundverhältnisse durch Korrelation jeweils gewonnener physikalischer Messgrößen mit einzelnen bodenmechanischen Kenngrößen zulassen. Indirekte Aufschlüsse sind daher nur bei Kenntnis der anstehenden Bodenschichtung, d. h. nur in Verbindung mit direkten Aufschlüssen interpretierbar. Auf Grundlage der bei den direkten Aufschlüssen gewonnenen Bodenproben erfolgt die Benennung, Beschreibung und Klassifizierung nach DIN EN ISO 14688-1 (s. Abb. 5), wozu i. d. R. Labor- und Feldversuche erforderlich sind.

Unter Eigenschaften des *Bodens* werden aus bodenmechanischer Sicht vor allem seine Scherfestigkeit sowie sein Spannungs-Verformungsverhalten verstanden. Dabei lassen sich drei verschiedene Verfahren unterscheisden:

- die Ableitung der Eigenschaften aufgrund der Klassifikation aus entsprechenden Tabellen (Erfahrungswerte),
- die unmittelbare Ermittlung der Eigenschaften aus Feldversuchen (z. B. mit indirekten Aufschlussverfahren oder Probebelastungen) und
- die unmittelbare Ermittlung der Eigenschaften aus geeigneten Laborversuchen.

Zur Ermittlung der Wasserdurchlässigkeit des anstehenden Bodens, wenn dieser z. B. für eine Grundwasserabsenkung im Rahmen der Bauausführung zunächst trocken gelegt werden muss, ist die Bestimmung des Wasserdurchlässigkeitsbeiwertes k_f erforderlich. Dazu stehen Feld- und Laborversuche zur Verfügung.

2.2 Untersuchung von Fels hinsichtlich Lage, Art und Eigenschaften

Auch zur Untersuchung von Fels können direkte und indirekte Aufschlussverfahren eingesetzt werden. Die Eigenschaften des Fels werden nicht nur von der Gesteinsart, sondern vor allem vom Gebirgsverband mit seinem Trennflächengefüge aus Schichtung, Klüftung und Schieferung, aber auch von großräumigen Verwerfungen beeinflusst. Daher sind vor allem die Abstände und die Raumstellung der Trennflächen, ggf. auch die Verwerfungen zu erkunden (Tiefenlage, Streichrichtung, Einfallwinkel gegen die Horizontale) sowie ihre Eigenschaften (z. B. Durchtrennungsgrad, Rauigkeit, mögliche Trennflächenfüllungen), zu beschreiben. Die Eigenschaften des Gebirgsverbandes sind allgemein in Feldversuchen zu ermitteln. Die Gesteinseigenschaften, z. B. Einaxiale Druckfestigkeit, können in Laboruntersuchungen bestimmt werden. Die Benennung, Beschreibung und Klassifizierung von Fels erfolgt nach DIN EN ISO 14689.

2.3 Untersuchung der Grundwasserverhältnisse hinsichtlich Lage, Art und Eigenschaften

Die Tiefenlage des Grundwasserspiegels, d. h. der Trennlinie zwischen der ungesättigten Bodenzone (in der Kapillarwasser und Luft als Porenfüllung enthalten ist) und der sog. gesättigten Bodenzone, lässt sich durch direkte Aufschlüsse wie Bohrungen (vorübergehend oder dauerhaft zu Grundwassermessstellen ausgebaut) oder indirekte Aufschlüsse (z. B. während Sondierungen, bei denen über Piezometergeber der Porenwasserdruck gemessen werden kann) bestimmen. Neben der Lage sind auch die möglichen jahreszeitlichen Schwankungen des Grundwasserspiegels und die Fließrichtung des Grundwassers zu beschreiben, ebenso die Art des Grundwasservorkommens (gespannter oder freier Grundwasserleiter). Die Richtung der Grundwasserströmung lässt sich durch Aufstellen einer Grundwassergleichen-Karte aus mindestens drei im Gelände angeordneten Grundwassermessstellen ermitteln. Der Wasserdurchlässigkeitsbeiwert k_f des Bodens kann mit Hilfe von Feldversuchen (z. B. Pumpversuche) gemessen werden. Bei Kenntnis des Wasserdurchlässigkeitsbeiwertes und der Grundwassergleichenabstände lässt sich im Allgemeinen auch die

Fließgeschwindigkeit des Grundwassers abschätzen.

Zusätzlich kann eine Untersuchung des Grundwasserchemismus notwendig sein. Das Grundwasser kann zum einen aufgrund seiner chemischen Inhaltsstoffe aggressiv für die einzusetzenden Baustoffe (Beton, Stahl) des Bauwerkes sein. Andererseits kann sich auch der Chemismus des Grundwassers durch das Bauverfahren verändern, sodass die Ermittlung der ursprünglichen chemischen Zusammensetzung des Grundwassers aus Beweissicherungsgründen erforderlich sein kann. Zur Bewertung des Einflusses auf die Bauteile werden aus Grundwassermessstellen oder auch aus den Bohrungen Wasserproben nach DIN EN ISO 22475-1 entnommen und anschließend im Labor auf Betonaggressivität nach DIN 4030 und Korrosionswahrscheinlichkeit nach DIN 50929 Teil 1 und 3 untersucht.

3 Direkte Aufschlüsse

3.1 Verfahren

Im DIN 4020, Beiblatt 1, Tab. 4 sind die folgenden direkten Aufschlussverfahren mit Angaben zur Eignung zusammengestellt:

- vorgegebene und einsehbare Aufschlüsse (Böschungen, Anschnitte),
- Schürfe (Handschürfe, Baggerschürfe),
- Untersuchungsschacht/Untersuchungsstollen,
- Rotationskernbohrung,
- Rammkernbohrung,
- Kleinbohrung (Rammkernsondierung),
- Kleinstbohrung (früher auch als Nutsonde bezeichnet),
- nicht gekernte Bohrverfahren (Schappe und Ventilbohrer),
- Greiferbohrung und
- Spülbohrung.

Die früher verwendeten Kurzbezeichnungen für Aufschlussverfahren, z. B. BK, BS, Sch etc., sind nicht mehr genormt und bedürfen daher immer einer Zuordnung. Bei der zeichnerischen Darstellung der Ergebnisse mit Bohrsäulen bzw. Bohrprofilen werden für den Baugrund üblicherweise die deutschen Kurzformen der DIN 4023 verwendet.

Die aufgelisteten Aufschlussarten lassen jeweils recht unterschiedliche Verfahren der Probenahme zu, die wiederum die Qualität der entnehmbaren Bodenproben und die zu treffenden Aussagen beeinflussen. Die Verfahren zur Gewinnung von Bodenproben können im Allgemeinen in die folgenden Gruppen eingeteilt werden:

- Durchgehende Gewinnung von Proben mittels Bohrverfahren,
- Probenentnahme mittels Entnahmegeräten und
- Entnahme von Blockproben.

Einen Überblick über verfügbare Bohrwerkzeuge und Bohrverfahren gibt DIN EN ISO 22475-1 im Anhang C. In dieser Norm und auch in der DIN EN 1997-2 werden die beschriebene Verfahren der Probenentnahme nach Kategorie A, B und C bezüglich der erreichbaren Güteklasse der Bodenprobe bewertet. Nur wenn die Bodeneigenschaften bei der Entnahme unverändert bleiben, lassen sich diese auch in den Laborversuchen sinnvoll bestimmen. Gleichzeitig ist zu beachten, dass die Anwendbarkeit der entsprechenden Probennahmeverfahren im Hinblick auf die gewünschte Güteklasse der Proben sehr von der jeweiligen Bodenart abhängt, wie aus Tab. 2 hervorgeht.

3.2 Abstände direkter Aufschlüsse

In DIN EN 1997-2, Anhang B, der für Deutschland normativ ist, sind Richtwerte zur Festlegung der Abstände direkter Aufschlüsse gegeben. Sie beziehen sich zunächst unabhängig vom anstehenden Boden nur auf die Art des geplanten Bauwerks, z. B. für Hoch- und Industriebauten ein Rasterabstand von 15–40 m, bei Staudämmen und Wehren 25–75 m und bei Linienbauwerken (Verkehrs- und Infrastrukturtrassen) ein Abstand

Tab. 2 Beispiele erreichbarer Güteklasse in Abhängigkeit vom Bohrwerkzeug bzw. Entnahmegerät und Bodenart inclusive Zuordnung Kategorie der Probenentnahme. (Quelle: BAW, Siebenborn 2005)

Bohrwerkzeug bzw. Entnahmegerät	Bodenart	Entnahme *über* oder *unter* dem Grundwasserspiegel	i. d. R. erreichbare Güteklasse	Kategorie		
				A	B	C
Seil mit Ventilbohrer	Kies und Sand	unter GW	5			
Gestänge mit Schappe oder Schnecke	alle Böden	über GW	4			
	bindige Böden	unter GW				
Rammkernrohr mit Schnittkante innen	nichtbindige Böden	über GW unter GW	3			
Rammkernrohr mit Schnittkante innen	bindige Böden	über GW	2			
dünnwandiges Entnahmegerät für Sonderproben	bindige und organische Böden mit halbfester Konsistenz	über GW unter GW				
dünnwandiges Entnahmegerät für Sonderproben	bindige und organische Böden mit weicher oder steifer Konsistenz	über GW unter GW	1			

von 20–200 m. Es wird jedoch zugleich empfohlen, diese Richtwerte in Abhängigkeit von den angetroffenen Bodenverhältnissen zu überprüfen. So sind bei schwierigen geologischen Verhältnissen geringere Abstände vorzusehen, während bei einem einfachen Baugrund größere Abstände gewählt werden oder aber einige der direkten durch indirekte Aufschlüsse ersetzt werden können. Abweichungen sollten jedoch immer durch örtliche Erfahrung gerechtfertigt sein.

3.3 Tiefe direkter Aufschlüsse

Die Erkundungstiefe bei direkten Aufschlüssen muss alle Schichten erfassen, die das Bauvorhaben beeinflussen (d. h. in Bezug auf Standsicherheit und Setzungen) oder die durch das Bauvorhaben beeinflusst werden. Daher ist die Aufschlusstiefe in Abhängigkeit von der Art des geplanten Bauwerks zu wählen. Empfehlungen zur Aufschlusstiefe sind ebenfalls in DIN EN 1997-2, Anhang B für verschiedene Bauwerksarten zu finden (z. B. für Hoch- und Industriebauten $z_a \geq 6$ m bzw. $z_a \geq 3{,}0 * b_F$ mit b_F = kürzere Seitenlänge der Gründung bzw. $z_a \geq 1{,}5 * b_F$ bei Plattengründungen). Bei Pfahlgründungen beginnt die erforderliche Erkundungstiefe unterhalb der Pfahlsohle, wobei die Bedingungen $z_a \geq 5$ m und $z_a \geq 3{,}0 * D_F$ (D_F = Pfahlfußdurchmesser) bzw. $z_a \geq 1{,}0 * b_g$ (b_g = kleinere Grundrissbreite einer Pfahlgruppe) eingehalten werden sollten. Liegt bei Baugruben der Grundwasserspiegel entsprechend Abb. 1 oberhalb der Baugrubensohle, wird $z_a \geq t + 2$ m, $z_a \geq 0{,}4$ h und $z_a \geq H + 2$ m gefordert, wobei zusätzlich gilt $z_a \geq t + 5$ m, falls kein Grundwasserstauer erreicht wird. Für Ingenieurbauwerke, Erdbauwerke, Linienbauwerke, Hohlraumbauten und Dichtungswände sind weitere Richtwerte angegeben. Während EAB und EA-Pfähle auf die entsprechenden Normen verweisen, sind in der EAU zusätzlich Hinweise zur Reihenfolge und zur Anordnung von Bohrungen und Sondierungen enthalten.

4 Indirekte Aufschlüsse

Als indirekte Aufschlussverfahren können Sondierungen und geophysikalische Verfahren Anwendung finden. Entsprechend dem Erkundungsziel lassen sich Ramm-, Druck- und Flügelsondierungen durchführen. Bei Festgesteinen werden ausschließlich geophysikalische Verfahren angewandt.

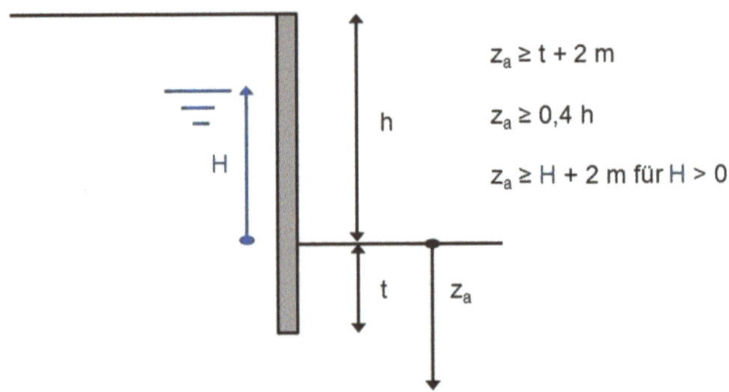

Abb. 1 Erforderliche Erkundungstiefe bei Baugruben nach DIN EN 1997-2

4.1 Ramm- und Drucksondierungen

Die Anwendung, Durchführung und Auswertung von Ramm- und Drucksondierungen sind in DIN EN ISO 22476-1 bis -3 sowie bei (Melzer et al. 2017) ausführlich beschrieben.

4.2 Rammsondierung

Bei Rammsondierungen wird eine konische Sonde mit einem genormten Energieeintrag (Fallhöhe eines Gewichts) in den Boden eingeschlagen (Dynamic Probing). Dabei misst man die Anzahl der Schläge für eine definierte Eindringtiefe (z. B. N_{10} die Anzahl der Schläge je 100 mm, Abb. 2). Genormt sind fünf unterschiedlich schwere Sondentypen DPL (leicht), DPM (mittelschwer), DPH (schwer) und DPSH-A bzw. DPSH-B (superschwer) mit unterschiedlicher Sondengröße und spezifischer Arbeit je Rammschlag; gegenüber der nicht mehr gültigen DIN 4094 sind verschiedene in Deutschland eingesetzte Typen von Rammsonden in der europäischen Norm nicht mehr vorgesehen. Mit diesem Verfahren lassen sich mit geringem Aufwand grobkörnige Böden untersuchen und die Rammbarkeit von Pfählen oder Spundwänden bewerten. Schichtenverläufe sind jedoch nur eingeschränkt erkennbar und in bindigen Boden auch nur bedingt einsetzbar. Ein großer Nachteil ist die Verfälschung der Ergebnisse durch die mit der Tiefe zunehmende Gestängereibung.

Dieses Problem umgeht der Standard-Penetration-Test (SPT), da bei diesem die Rammsonde an der Sohle eines verrohrten Bohrlochs eingeschlagen wird. Dadurch entfällt der verfälschende Effekt einer möglichen Mantelreibung am Sondiergestänge. Die geringen Eindringtiefen der Sondierstange von 45 cm (als Ergebnis wird die Schlagzahl N_{30} für die letzten 30 cm der Eindringstrecke angesehen) erschweren jedoch die Auswertung, Abb. 3. Deshalb und aufgrund des höheren Aufwandes wird das Verfahren häufig nur eingesetzt, wenn eine Rammsondierung wegen Hindernissen oder sehr großen Tiefen nicht möglich ist.

4.3 Drucksondierung

Bei einer Drucksondierung (CPT = Cone Penetration Test) wird die Sonde mit einer konstanten Geschwindigkeit in den Boden eingedrückt, wobei die dafür erforderliche Kraft (Eindringwiderstand) üblicherweise getrennt nach Spitzenwiderstand an der Spitze der Sonde und Mantelreibung an einer darüber angebrachten Reibungshülse gemessen wird. Zusätzlich kann als Sondierergebnis auch das Verhältnis von Mantelreibung zu Spitzendruck, das sog. Reibungsverhältnis, abgeleitet werden. Es sind auch Sonden mit Messeinrichtungen für den Porenwasserdruck u_i verfügbar (CPTU). Da die Position des Porenwasserdruckaufnehmers an der Sonde einen sehr großen Einfluss haben kann, wird die Position über den Index i (u_1, u_2 oder u_3) beschrieben. Das Ergebnis einer solchen Sondierung

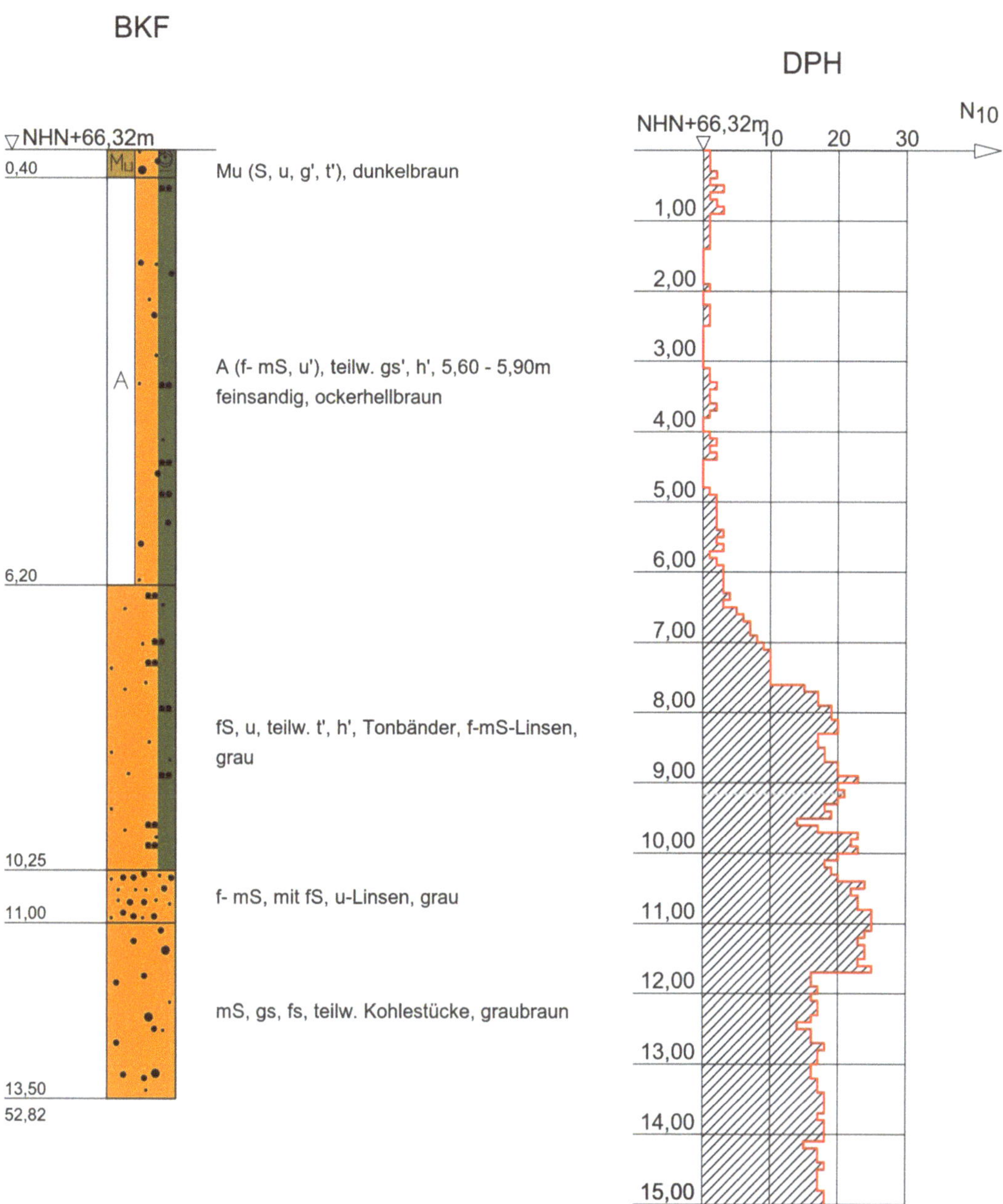

Abb. 2 Ergebnisse einer schweren Rammsondierung (DPH) und einer Bohrung mit fester Umhülle in 2 m Abstand. (Quelle: BAW)

mit einem Porenwasserdruckaufnehmer an der Spitze (u_1) ist exemplarisch in Abb. 4 zusammen mit deren Interpretation dargestellt. Da das Einpressen der Sondierstange ein Widerlager erfordert, ist der Aufwand größer als bei der Rammsondierung. Das Verfahren liefert jedoch gegenüber der Rammsondierung mehr und qualitativ höherwertige Informationen z. B. zum Schichtenverlauf und der Unterscheidung zwischen grobkörnigen und feinkörnigen Böden und sollte daher bevorzugt werden. In

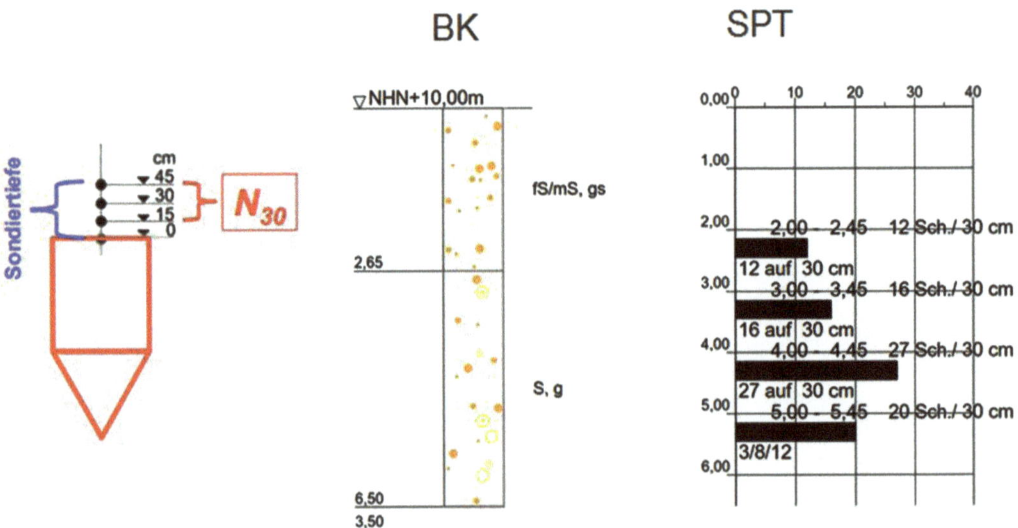

Abb. 3 Bohr- und Sondiergebnisse eines Standard-Penetration-Tests (SPT). (Quelle: BAW)

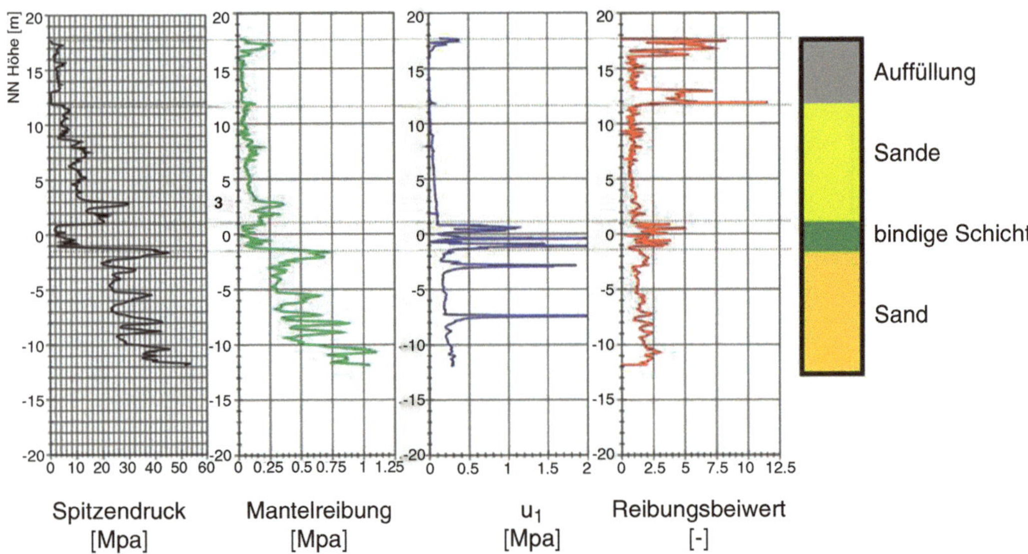

Abb. 4 Ergebnisse einer Drucksondierung CPTU und deren Interpretation. (Quelle: BAW)

steinigen Böden ist Drucksondierung jedoch nicht immer anwendbar.

Qualitativ kann mit solchen Sondierverfahren vor allem die Schichtenfolge über die Tiefe zur Verdichtung des Rasters von direkten Aufschlüssen und die Gleichmäßigkeit des Baugrundes oder einer Schüttung über die Tiefe bestimmt werden. Bei Kenntnis der anstehenden Bodenarten und Schichtenfolgen sowie der Schichtmächtigkeiten und der Grundwasserstände werden in der Literatur und in den entsprechenden Normen Formeln und Diagramme angegeben, die eine Ableitung folgender geotechnischer Kenngrößen aus den gemessenen Eindringwiderständen erlauben:

Tab. 3 Beispiel für eine tabellarische Beziehung zwischen dem Spitzenwiderstand q_c (10 cm^2-Spitze) des CPT und der Lagerungsdichte D für nichtbindige Böden nach. (EAB 2021)

Spitzenwiderstand q_c	Lagerungsdichte D	Lagerungsdichte D	
[MP]	$U \leq 3$	$U > 3$	Bezeichnung
< 5	< 0,15	< 0,20	sehr locker
5–7,5	0,15–0,30	0,20–0,45	locker
7,5–15,0	0,30–0,50	0,45–0,65	mitteldicht
15,0–25,0	0,50–0,75	0,65–0,90	dicht
> 25,0	> 0,75	> 0,90	sehr dicht

- Lagerungsdichte und bezogene Lagerungsdichte von nichtbindigen Böden,
- Konsistenz bei bindigen Böden,
- Reibungswinkel bei nichtbindigen Böden,
- Steifebeiwert zur Ermittlung des oedometrischen Steifemoduls bei bindigen und nichtbindigen Böden.

Die empirischen Formeln und Diagramme zur Ermittlung der genannten Kennwerte sind u. a. in (Melzer et al. 2017) und im Anhang zu DIN EN 1997-2 zusammengestellt. Auch die Ergebnisse der verschiedenen Sondentypen untereinander sind für verschiedene Bodenarten miteinander korrelierbar. Bei ihrer Anwendung muss der jeweils angegebene Gültigkeitsbereich unbedingt beachtet werden. Außerdem ist bei Angabe von auf diesem Weg ermittelten Kennwerten darauf hinzuweisen, dass es sich nicht um Versuchsergebnisse, sondern um durch Korrelation gewonnene Kennwerte auf Grundlage von empirischen Formeln handelt.

Selbst für gut untersuchte Bodenarten weisen jedoch die bekannten Beziehungen, z. B. zwischen Sondierwiderstand und bezogener Lagerungsdichte I_D, große Streubreiten auf, die einer Abweichung von ein bis zwei Abstufungen bei der Klassifizierung nach DIN EN 14688-2, Tab. 5 entsprechen können.

Obwohl Melzer et al. (2017) zu Recht schreiben: „*Daher muss es als unzulässig angesehen werden, z. B. eine für alle Sande oder gar alle Sande und Kiese allgemeingültige Beziehung zur Ermittlung der Lagerungsdichte verbindlich festzulegen*“, ist es daher fraglich, ob die nur für ganz bestimmte Randbedingungen geltenden Korrelationen nicht eine Genauigkeit bzw. Zuverlässigkeit vortäuschen, die in der Praxis nicht erreicht werden kann. Deshalb ist es angebracht, vereinfachten Ansätzen, z. B. Tab. 3, anzuwenden, wohl wissend, dass im Einzelfall deutliche Abweichungen vorliegen können.

4.4 Flügelsondierung

Bei der in DIN EN 1997-1 erwähnten Flügelsondierung (genormt in DIN EN ISO 22476-9) wird ein gekreuzter Metallflügel aus rechtwinklig zueinander angeordneten Platten, deren Abmessungen genormt sind, von der Oberfläche oder der Bohrlochsohle aus an einem Gestänge in den Boden eingedrückt. Anschließend werden Gestänge und Flügel um die Gestängeachse gedreht, sodass ein durch die Flügelabmessungen definierter zylindrischer Bodenkörper abgeschert wird. Aus der Messung des Drehmoments lässt sich der Scherwiderstand des Bodens c_{fv} beim erstmaligen Abscheren ermitteln. Daraus kann bei Annahme eines vorwiegend reibungsfreien Scherverhaltens von bindigen Böden durch Anwendung eines empirischen Korrekturfaktors die undränierte Scherfestigkeit $c_{fu} = \mu^* \ c_{fv}$ abgeleitet werden.

4.5 Geophysikalische Verfahren

Geophysikalische Erkundungsverfahren sind in Verbindung mit Bohrungen und Sondierungen sinnvoll, um großräumig die Tiefenlage von Boden- und Felsschichten festzustellen oder Schichtanomalien, Fremdkörper oder Hohlräume im Untergrund zu orten. Auch Leckagewasserströme bzw. konzentrierte Wasserwegigkeiten lassen sich damit erkunden ebenso wie chemisch veränderte Grundwasser-Fahnen. Eine Übersicht über geophysikalische Verfahren (Seismik, Geoelektrik, Elektromagnetik, Bodenradar, Gravimetrie, Magnetik oder Thermografie), die von der Geländeoberfläche aus eingesetzt werden können, ist zusammen mit Hinweisen zur jeweiligen Eignung und den Anwendungsgrenzen im Beiblatt 1 zu DIN 4020 zusammengestellt. Dort finden sich auch Hinweise zum Einsatz der geophysikalischen Verfahren in Bohrlöchern, mit denen sich die erreichbare indirekte Erkundungstiefe erheblich steigern lässt.

Bei seismischen Untersuchungen wird aus dem elastischen Verhalten des Bodens auf seine Art, Schichtung und Festigkeit geschlossen. Durch z. B. einen Hammerschlag auf eine Stahlplatte (Hammerschlagseismik) werden Bodenerschütterungen erzeugt, die sich als Wellen fortpflanzen. Über Seismografen wird die Dauer bis zum Eintreffen der Welle an verschiedenen Orten gemessen, über die unterschiedlichen Laufzeiten werden die Schichten unterschieden und deren Mächtigkeiten ermittelt. Für die Seismik sind weitere detaillierte Hinweise in Tab. 4 bzw. dem Merkblatt der DGZfP (2013) enthalten.

5 Feldversuche

5.1 Versuche zur Klassifikation

Als Eingangsgrößen für die Klassifikation werden insbesondere die Korngrößenverteilung, die Zustandsgrenzen, Korndichte, Gehalt an organischen Bestandteilen, Kalkgehalt und Wasseraufnahmevermögen benötigt. Darüber hinaus sind die Kornform, die Oberflächenbeschaffenheit, die mineralogische oder chemische Zusammensetzung von Bedeutung. Einiges kann schon mit einfachen Versuchen bei der Ansprache abgeschätzt werden. Die Benennung von Böden nach DIN EN ISO 14688-1 erfolgt entsprechend ihrem Hauptanteil, der die bautechnischen Eigenschaften des Bodens bestimmt, nach Abb. 5.

In Tab. 5 sind einfache Versuche zur Klassifikation von Böden zusammengestellt. Eine Beschreibung dieser Versuche ist in DIN EN ISO 14688-1 enthalten. Auch Fels bzw. Festgestein lässt sich mit Feldversuchen beurteilen. Diese Versuche sind in Tab. 6 zusammengestellt und werden in DIN EN ISO 14689 näher beschrieben.

5.2 Versuche zur Ermittlung der Eigenschaften des Baugrunds

Als Feldversuche zur Ermittlung des Festigkeits- und Verformungsverhaltens stehen vor allem Bohrloch-Aufweitungsversuche nach DIN EN ISO 22476 mit Pressiometer- oder Seitendrucksonden in Böden oder Dilatometer-Sonden in Fels zur Verfügung. Auch statische Lastplattendruckversuche an der Oberfläche nach DIN 18134 können zu dieser Gruppe von Untersuchungen gezählt werden. Zweck des Plattendruckversuchs ist es, Drucksetzungslinien bzw. Verformungslinien für Böden in situ zu ermitteln und daraus die Tragfähigkeit des Bodens zu beurteilen. Aus den Drucksetzungslinien kann der Verformungsmodul bestimmt werden. Die Hauptanwendungsgebiete sind die Prüfung des Ausgangsplanums sowie der Trag- und Frostschutzschichten im Straßenbau.

Die Bestimmung der Wasserdurchlässigkeit in Böden erfolgt im Feld z. B. durch Versickerungsversuche nach DIN 18130-2 oder mit Pumpversuchen nach DIN EN ISO 22282-4, während in Bohrlöchern in Fels Wasserabpressversuche (WD-Tests) nach DIN EN ISO 22282-3 üblich sind. Besser geeignet sind jedoch Slug- und Bailtests (Odenwald et al. 2017).

6 Laborversuche

Laborversuche sind einerseits zur Klassifikation, andererseits auch zur direkten Ermittlung der Eigenschaften von Boden- und Gesteins-

Tab. 4 Applikationsmatrix zum Einsatz seismischer Verfahren. (Niederleithinger 2014)

		Oberfläche				Bohrloch/Sondierung			Offshore	
		Refraktionsseismik	Reflexionsseimik	Oberflächenwellen (aktive)	Oberflächenwellen (passiv)	Downhole/ SCPT	Crosshole	Tomografie	Sub-Bottom-Profiler	Marine SCPT
Erkundungs-tiefe	bis 10 m	+	–	+	–	+	+	(+)	+	(+)
	bis 30 m	+	(+)	+	o	+	+	+	+	+
	bis 100 m	o	+	–	+	(+)	+	+	+	(+)
	über 100 m	–	+	–	+	o	(+)	+	–	–
Untergrundaufbau	Homogen-Inhomogenbereiche	(+)	(+)	(+)	(+)	(+)	(+)	(+)	(+)	(+)
	Schichtgrenzen horizontal	(+)[1]	+	(+)	(+)	+	+	+	+	+
	Schichtgrenzen vertikal	–	o	o	o	–	–	(+)	o	–
	Grundwasserspiegel	+	o	–	–	+	+	+	n. a.	n. a.
	einlagerte Weichschichten	–	+	+	+	+	+	+	+	+
	Einlagerungen, Hohlräume, Einschlüsse	–	(+)	(+)	–	–	o	+	(+)	–
Material-parameter	Schubmodul G_0	(+)[2]	(+)[2]	+	+	+	+	2	–	+
	Elastizitätsmodul E_0	(+)	(+)	–	–	+	+	+	–	+
	Dämpfung	(+)[2]	(+)[2]	(+)[3]	–	–	–	–	–	–
	Kompressionswellen-geschwindigkeit c_p	(+)	(+)	–	–	+	+	+	–	+
	Scherwellen-geschwindigkeit c_s	(+)[2]	(+)[2]	+	+	+	+	+	–	+

(Fortsetzung)

Tab. 4 (Fortsetzung)

		Oberfläche				Bohrloch/Sondierung			Offshore	
		Refraktionsseismik	Reflexionsseimik	Oberflächenwellen (aktive)	Oberflächenwellen (passiv)	Downhole/ SCPT	Crosshole	Tomografie	Sub-Bottom-Profiler	Marine SCPT
Verfahrens-parameter	Mögl. Aufl ösung vertikal	(+)	+	o	o	+	+	+	+	+
	Mögl. Auflösung horizontal	(+)	+	o	o	–	o	(+)	+	–
	Platzbedarf	$(-)^4$	o	o	o	+	(+)	(+)	+	+

Symbolbedeutung:
Für Erkundungstiefe, Strukturerkundung, Materialparameter:
+ gut geeignet, (+) gut geeignet mit Einschränkungen, o mäßig geeignet, – schlecht geeignet
Für Verfahrensparameter:
+ günstig, (+) akzeptabel, o mäßig, – ungünstig
[1] Nur bei Zunahme der Geschwindigkeit nach unten, dann aber +
[2] Nur bei Scherwellen-Refraktions- bzw. Reflexionsseismik
[3] Stationäres Oberflächenwellenverfahren, wird nur selten angewendet
[4] Lange Auslagen im Vergleich zur Erkundungstiefe

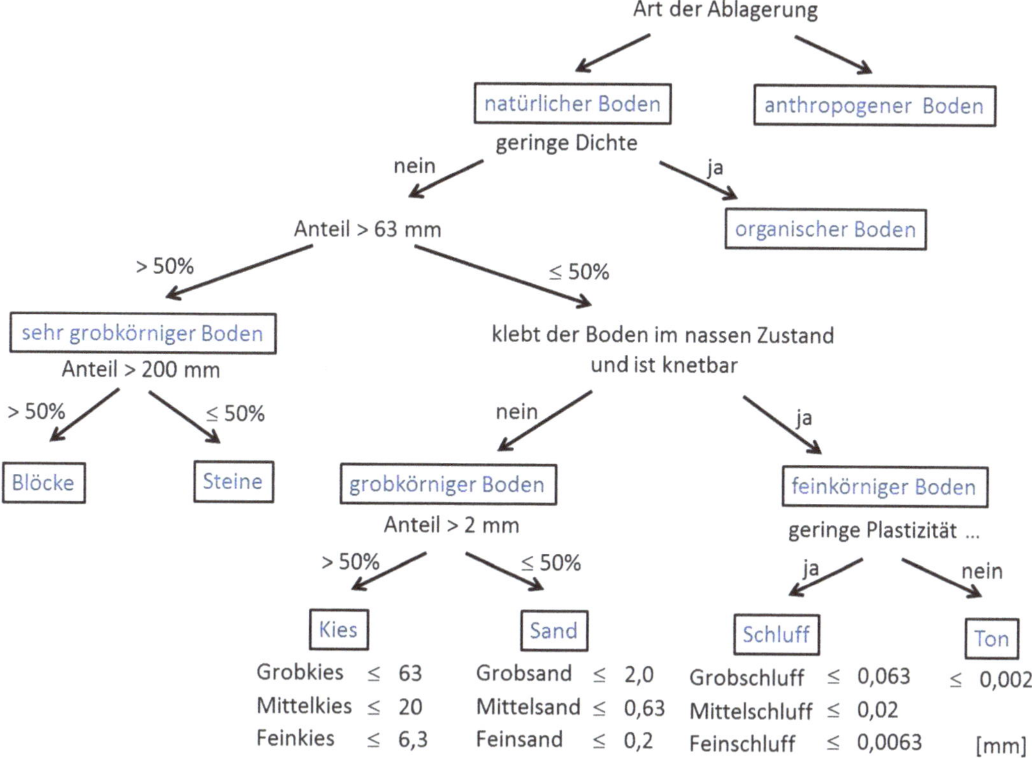

Abb. 5 Flussdiagramm für die Benennung und Beschreibung von Boden nach DIN EN ISO 14688-1

proben geeignet (v. Soos und Engel 2017). In DIN EN 1997-2, Anhang M werden Laborversuche zur Klassifikation, Benennung und Beschreibung von Böden genannt. Die wichtigsten Versuche sind in Tab. 7 für Boden und Tab. 8 für Gestein aufgelistet. Hier wird auch neben den sich daraus ergebenden Kenngrößen und Anwendungsbereichen die erforderliche Güteklasse bei der Probenentnahme angegeben.

Bei grobkörnigen Böden ist die Ermittlung der Korngrößenverteilung der am haufigsten ausgeführte Versuch. Dabei werden die einzelnen Kornfraktionen durch Siebung separiert, wie in Abb. 6 dargestellt, und anschließend deren Gewichtsanteile bestimmt. Weitere Hinweise zu den Laborversuchen finden sich im Kapitel Bodenmechanik von Ulvi Arslan.

7 Ermittlung charakteristischer Werte

Versuchstechnisch gewonnene Kennwerte unterliegen einerseits einer statistischen Streuung durch die Inhomogenität der Baugrundverhältnisse innerhalb einer Bodenschicht, andererseits können auch Störungen an den verwendeten Proben bzw. Modellierungsfehler gegenüber dem tatsächlichen in-situ-Verhalten eine Rolle spielen. Daher müssen versuchstechnisch ermittelte Kennwerte ebenso wie die Ergebnisse von Korrelationen mit anderen Messwerten zunächst sachgerecht interpretiert werden, ggf. sind Anpassungsfaktoren anzuwenden. Dabei sind für einzelne Homogenbereiche (meist Bodenschichten) repräsentative Mittelwerte abzuschätzen, sodass i. d. R. mehrere Einzelversuche durchzuführen oder ent-

Tab. 5 Bodenansprache nach DIN EN ISO 14688-1

zu bestimmendes Merkmal	Verfahren
Korngröße nichtbindige Böden	optische Ansprache eventuell mit Kornstufenschaulehre
Kornform nichtbindige Böden	optische Ansprache
Kornfestigkeit	an sehr groben Körnern (siehe Fels)
Mineralische Zusammensetzung	optische Ansprache
Korngrößenverteilung gemischkörniger Böden	Auswaschversuch
Unterscheidung Ton/Schluff	Anhand von Dilatanz, Zähigkeit, Plastizität, Trockenfestigkeit, Griffigkeit, Verhalten im Wasser und Kohäsion
Konsistenz	bleibende Verformung beim Durchkneten
Farbgebung des Bodens	optische Ansprache eventuell mit Farbtafel
Organischer Anteil	Riechen
Kalkgehalt	Betropfen der Felsprobe mit verdünnter Salzsäure
Zersetzungsgrad von nassem Torf	Ausquetschversuch
Zersetzungsgrad von trockenem Torf	optische Ansprache

Tab. 6 Felsansprache nach DIN EN ISO 14689

zu bestimmendes Merkmal	Verfahren
allg. Beschreibung wie Farbe, Verwitterung, Veränderungen, geologische Struktur und Schichtung, Trennflächen, Körnigkeit, Korngröße, Raumausfüllung und Geruch	organoleptische Ansprache
Kornbindung	Beurteilung der Ritzbarkeit, Abriebeigenschaften
Mineralkornhärte	Ritzbarkeit, Mohssche Härteskala
Zerfall	optische Ansprache nach Lagerung an der Luft bzw. im Wasser
Einaxiale Druckfestigkeit	Handprüfung
Gesteinsart	Leitfaden zum Benennen von Fels
Kalkgehalt	Betropfen der Felsprobe mit verdünnter Salzsäure

sprechende Erfahrungswerte heranzuziehen sind (Ziegler 2017).

Als charakteristischer Wert für eine geotechnische Eigenschaft ist nach Handbuch Eurocode 7 – Geotechnische Bemessung, Band 1 ein auf der sicheren Seite des Mittelwertes liegender vorsichtiger Schätzwert festzulegen, wobei neben der Streuung der Versuchsergebnisse (quantifizierbar z. B. anhand des Variationskoeffizienten) auch der Einfluss des entsprechenden Parameters auf das Gesamtergebnis zu berücksichtigen ist (s. Abb. 7). Charakteristische Werte können untere Werte sein, die geringer sind als die wahrscheinlichsten (z. B. Scherfestigkeitsparameter) oder obere Werte, die darüber liegen (z. B. die Wichte von belastendem Boden). Falls dabei statistische Verfahren eingesetzt werden, sollte der charakteristische Wert so festgelegt werden, dass für den jeweils betrachteten Grenzzustand die rechnerische Wahrscheinlichkeit für einen ungünstigeren Wert ≤ 5 % ist. Die charakteristischen Werte werden mit dem Index „k" gekennzeichnet (z. B. charakteristischer Wert des Reibungswinkels φ_k).

Falls für einfache Verhältnisse keine Ergebnisse aus Feld- oder Laborversuchen vorliegen, können die charakteristischen Werte der Bodenkenngrößen auch direkt verschiedenen Tabellen aus der Fachliteratur entnommen werden. Diese Tabellenwerte beruhen auf Erfahrungswerten; die tatsächlichen Bodenkennwerte können die angegebenen Werte sowohl über- als auch unterschreiten. Daher sei ausdrücklich auf die grundsätzliche Forderung hingewiesen, solche Tabellenwerte nur für Vorentwürfe zu verwenden. Bei Ausführungsentwürfen sind versuchstechnisch ermittelte bzw. aus Korrelationen abgeleitete Kennwerte zu berücksichtigen (EAU 2020). Tabellen zur Abschätzung der Bodenkennwerte sind z. B. in DIN 1055-2, EAB und insbesondere in EAU enthalten.

Neben den charakteristischen Bodenkennwerten lässt sich für einfache Gründungen auch der Bemessungswert des Sohldruckwiderstandes unter Streifen- und Einzelfundamenten für verschiedene (homogene) Bodenarten anhand von Tabellen ermitteln, z. B. in DIN 1054. Die Größe des Sohldruckwiderstandes unter Berücksichtigung von Standsicherheit und Gebrauchstaug-

Tab. 7 Laborversuche Boden

Versuch	*	Bodenart	Ausführung nach	Kenngrößen	Anwendung
Bestimmung des Wassergehalts	3	alle, insbesondere fein- und gemischtkörnige Böden	DIN EN ISO 17892-1: 2015-03	Wassergehalt w	Zustandsbeschreibung, Korrelationsgrundlage für Belastbarkeit des Baugrunds
Bestimmung der Dichte des Bodens	2	alle, insbesondere fein- und gemischtkörnige Böden	DIN EN ISO 17892-2: 2015-03	Feuchtdichte ρ Trockendichte ρ_d	Zustandsbeschreibung, erdstatische Kenngröße, Korrelationsgrundlagen für Belastbarkeit des Baugrunds
Bestimmung der Korndichte	4	alle	DIN EN ISO 17892-3: 2016-07	Korndichte ρ_s	Hilfsgröße zur Berechnung der Porenzahl und Sättigungszahl; Hinweis auf Mineralgehalt
Bestimmung der Korngrößen-verteilung	4	alle	DIN EN ISO 17892-4: 2017-04	Körnungslinie	Benennung, Klassifizierung, Korrelationsgrundlage
Oedometer-versuch mit stufenweiser Belastung	1	feinkörnige und gemischtkörnige Böden	DIN EN ISO 17892-5: 2017-08	E_{oed} Ödometermodul, C_c Kompressionsbeiwert, C_s Schwellindex, c_v Konsolidationsbeiwert, C_α Kriechbeiwert	Setzungsberechnung, Sackung, Zeit-Setzungsverhalten, Quelldruck und Quellhebung
Einaxialer Druckversuch an feinkörnigen Böden	1	feinkörnige und gemischtkörnige Böden	DIN EN ISO 17892-7: 2018-05	Einaxiale Druckfestigkeit q_u	Korrelationsgröße für Belastbarkeit des Baugrunds, erdstatische Berechnungen
Unkonsolidierter undränierter Triaxialversuch	1	feinkörnige und gemischtkörnige Böden	DIN EN ISO 17892-8: 2018-07	Totale Scherparameter c_u und φ_u	erdstatische Berechnungen, c_u ist Korrelationsgröße für Pfahlbemessung
Konsolidierte triaxiale Kompressionsver-suche an wassergesättigten Böden	1	alle	DIN EN ISO 17892-9: 2018-07	Effektive Scherparameter φ' und c'	erdstatische Berechnungen, Setzungsberechnung
Direkter Scherversuch	1 bzw. 4	alle	DIN 18137-3: 2002-09	Effektive Scherparameter φ' und c'	Erdstatische Berechnungen, Setzungsberechnung
Bestimmung des Wasser-durchlässig-keitsbeiwerts	1	alle	DIN 18130-1: 1998-05	Durchlässigkeitsbeiwert k	Strömungsprobleme, Wasserbewegung im Baugrund

(Fortsetzung)

Tab. 7 (Fortsetzung)

Versuch	*	Bodenart	Ausführung nach	Kenngrößen	Anwendung
Bestimmung der Fließ- und Ausrollgrenze	4	feinkörnige Böden	DIN 18122-1: 1997-07	Fließgrenze w_L, Ausrollgrenze w_P, Plastizitätszahl I_P	Benennung, Klassifizierung, Bezugsgröße zum Wassergehalt Korrelations-grundlagen
Bestimmung der Schrumpfgrenze	4	feinkörnige Böden	DIN 18122-2: 2000-09	Schrumpfgrenze w_S	Bewertung von Setzungen infolge Austrocknung, zur Abgrenzung von halbfest/fest
Bestimmung des Wasseraufnahmever-mögens	4	feinkörnige und gemischtkörnige Böden	DIN 18132: 2012-04	Wasseraufnahmevermögen W_a	Klassifizierung, Indexwert, Anhaltswert für die Plastizität und Aktivität
Bestimmung des Glühverlustes	4	organische und organisch verunreinigte Böden	DIN 18128: 2002-12	Glühverlust V_g	Benennung, Klassifizierung
Kalkgehaltsbestim-mung	4	alle	DIN 18129: 2011-07	Kalkgehalt V_{ca}	Klassifizierung, Korrelationsgrundlage
Bestimmung der Dichte nichtbindiger Böden bei lockerster und dichtester Lagerung	4	grobkörnige Böden	DIN 18126: 1996-11	max ρ_d bzw. min n oder min e bei dichtester Lagerung, min ρ_d bzw. max n oder max e bei lockerster Lagerung	Bezugsgröße zur Dichte Berechnung von D und I_D
Proctorversuch	4	alle	DIN 18127: 2012-09	Proctordichte ρ_{Pr}, optimaler Wassergehalt w_{Pr}	Verdichtungsverhalten von Böden, Bezugsgröße für Dichte
Granulats – Détermination des coefficients d'abrasivité et de broyabilité	4	grobkörnige Böden	NF P18-579: 2013-02	LCPC-Abrasivitätsindex A_{BR}	Bewertung der Abrasivität
Röntgendiffrakto-metrie (XRD)	4	alle	DIN EN 13925-2: 2003-07	Mineralische Zusammensetzung, quellfähige Anteile	Bewertung der Abrasivität Quellverhalten
Thermische Analyse	4	feinkörnige und gemischtkörnige Böden	DIN 51006: 2005-07	Mineralische Zusammensetzung, quellfähige Anteile	Bezug zum Ödometerversuch, Konsolidationsverhalten, Quellverhalten

*Mindestgüteklasse

Tab. 8 Laborversuche für Fels

Versuch	Ausführung nach	Kenngrößen	Anwendung
Einaxiale Druckversuche an zylindrischen Gesteinsprüfkörpern	DIN 18141-1: 2014-05	Einaxiale Druckfestigkeit, Elastizitätsmodul des Gesteins, Querdehnzahl	felsmechanische Berechnungen, Bohrbarkeit, Lösbarkeit, Eignung als Baustoff, Tragfähigkeit von Bohrpfählen
Dreiaxiale Druckversuche an Gesteinsproben	Nr. 2*: Bautechnik 7/1979	Querdehnzahl, Kriechverhalten, Elastizitätsmodul des Gesteins, Scherparameter	felsmechanische Berechnungen
Indirekter Zugversuch an Gesteinsproben – Spaltzugversuch	Nr. 10*: Bautechnik 9/2008	Gesteinszugfestigkeit	Lösbarkeit, Eignung als Baustoff, felsmechanische Berechnungen
Laborscherversuch an Felstrennflächen	Nr. 13*: Bautechnik 9/1988	Scherfestigkeit entlang definierter Scherflächen	felsmechanische Berechnungen
Punktlastversuche an Gesteinsproben	Nr. 5*: Bautechnik 6/2010	Punktlastindex	Korrelationsgrundlage für Gesteinsfestigkeit
Quellversuche an Gesteinsproben	Nr. 11*: Bautechnik 3/1986	Quelleneigenschaften, Schrumpfverhalten	felsmechanische Berechnungen, Gründungen, Hohlraumbau, Baustoffbeurteilung
Veränderlichkeit im Wasser	DIN EN ISO 14689-1: 2018-05	Löslichkeit Zerfall	Eignung als Baustoff
Prüfverfahren für Naturstein – Petrografische Prüfung	DIN EN 12407: 2007-06	Benennung der Mineralanteile	Gesteinsname, Korrelationsgrundlage
Bestimmung der Abrasivität von Gesteinen mit dem CERCHAR	Nr. 23*: Bautechnik 6/2016	Cerchar Abrasivitätsindex CAI	Bewertung der Abrasivität
Erkennen und Klassifizieren von veränderlich festem Gestein	Nickmann und Thuro (2010)	Neigung zum Zerfall	Eignung als Baustoff felsmechanische Berechnung

lichkeit wird dort unter Voraussetzung von bestimmten Mindestanforderungen an die Baugrundeigenschaften angegeben; eine ausreichende Erkundung des Baugrunds wird also vorausgesetzt. Bei Anwendung dieser Tabellen sind die im Einzelnen in DIN 1054 genannten Voraussetzungen auch nachweislich einzuhalten.

8 Homogenbereiche

Gemäß den Normen der VOB Teil C (Allgemeine Technische Vertragsbedingungen) für Erdbau-, Tiefbau- und Spezialtiefbauarbeiten ist der Baugrund in der Baubeschreibung nach folgenden Normen in Homogenbereiche einzuteilen:

- DIN 18300 Erdarbeiten
- DIN 18301 Bohrarbeiten
- DIN 18304 Ramm-, Rüttel- und Pressarbeiten
- DIN 18311 Nassbaggerarbeiten
- DIN 18312 Untertagebauarbeiten
- DIN 18313 Schlitzwandarbeiten mit stützenden Flüssigkeiten
- DIN 18319 Rohrvortriebsarbeiten
- DIN 18320 Landschaftsbauarbeiten
- DIN 18321 Düsenstrahlarbeiten
- DIN 18324 Horizontalspülbohrarbeiten

Abb. 6 Grobkörniger Boden zerlegt in seine Kornfraktionen incl. Siebmaschine. (Quelle: BAW)

Die Einteilung in Homogenbereiche ist für den Auftragnehmer die Grundlage für die Planung seiner Gerätetechnologie und darauf aufbauend für seine Kalkulation. Die Definition der Homogenbereiche nach der VOB Teil C erfolgt in der jeweiligen Norm im Kapitel „Stoffe und Bauteile". Sie lautet in der allgemeinen Form: „*Boden und Fels sind entsprechend ihrem Zustand vor dem Lösen in Homogenbereiche einzuteilen. Der Homogenbereich ist ein begrenzter Bereich, bestehend aus einzelnen oder mehreren Boden- oder Felsschichten, der für* [das jeweilige Verfahren] *vergleichbare Eigenschaften aufweist.*"

Sind umweltrelevante Inhaltsstoffe zu beachten, so sind diese bei der Einteilung in Homogenbereiche zu berücksichtigen. Die anzugebenden Kennwerte hängen vom Bauverfahren ab. Die in den Vergabeunterlagen anzugebenden Kennwerte und deren Bandbreite können sowohl auf den oben aufgeführten Labor- und Felduntersuchungen als auch auf Erfahrungswerten beruhen. Die VOB-Normen legen für jeden Kennwert eine oder mehrere Normen oder Empfehlungen fest, nach denen die Kennwerte im Bedarfsfall im Rahmen der Bauausführung zu überprüfen sind. Daher sollten diese Normen und Empfehlungen bereits bei der Baugrunderkundung angewendet werden. Für die Einteilung des Baugrunds in Homogenbereiche lassen die VOB-Normen einen weiten Spielraum zu. Im (MEH 2017) werden Hilfestellungen gegeben, nach welchen Kriterien diese

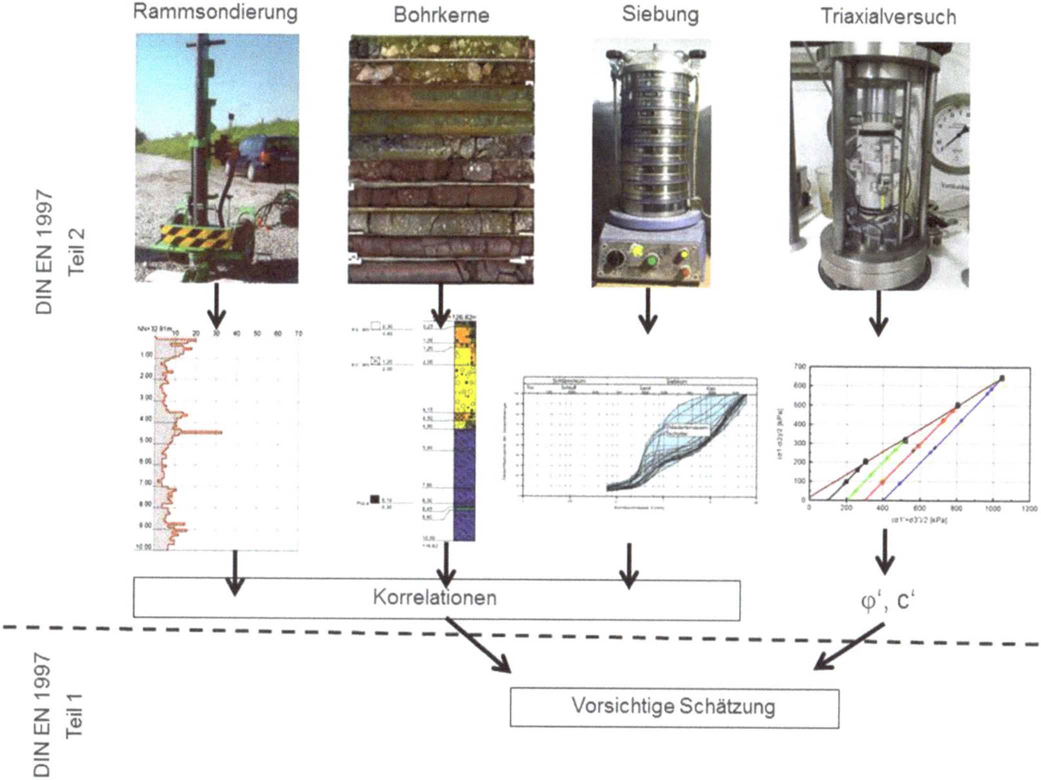

Abb. 7 Flussdiagramm für abgeleitete Werte geotechnischer Eigenschaften nach DIN EN 1997-2

Einteilung erfolgen kann. Für die Festlegung der Homogenbereiche sind sowohl bodenmechanische als auch baubetriebliche bzw. verfahrenstechnische Kriterien zu beachten. Daher ist hier eine enge Zusammenarbeit zwischen dem Bauherrn bzw. dem von ihm beauftragten Planer und dem Geotechnischen Sachverständigen erforderlich.

Erklärung zu konkurrierenden Interessen Der/die Autor(en) hat/haben keine Interessenkonflikte zu erklären, die für den Inhalt dieses Manuskripts relevant sind.

Literatur

Melzer K, Fecker E, Westhaus T (2017) Baugrunduntersuchungen im Feld. In: Witt K-J (Hrsg) Grundbau-Taschenbuch, 8. Aufl. Teil 1. Ernst & Sohn, Berlin, S 45–137

Nickmann M, Thuro K (2010) Ingenieurgeologische Untersuchungen zur Charakterisierung veränderlich fester Gesteine. Geotechnik 33(4):320–325

Niederleithinger E (2014) DGZfP-Merkblatt B08 zur seismischen Baugrunderkundung, Informationen zu Verfahren, Einsatzbereichen, Beauftragung und Qualitätssicherung. Beton Stahlbetonbau 109(7):500–502

Odenwald B, Hekel U, Henning T (2017) Grundwasserströmung – Grundwasserhaltung. In: Witt K-J (Hrsg) Grundbau-Taschenbuch, 8. Aufl. Teil 2. Ernst & Sohn, Berlin, S 635–861

Siebenborn G (2005) Direkte Baugrundaufschlüsse: Bohrungen, Methoden, Durchführung und Überwachung, BAW-Seminar „Baugrundaufschlüsse – Planung, Ausschreibung, Durchführung und Überwachung". Bundesanstalt für Wasserbau, Karlsruhe, 13.–14. September 2004

v. Soos P, Engel J (2017) Eigenschaften von Boden und Fels – ihre Ermittlung im Labor. In: Witt KJ (Hrsg) Grundbau-Taschenbuch, 8. Aufl. Teil 1. Ernst & Sohn, Berlin, S 139–242

Ziegler M (2017) Sicherheitsnachweise im Erd- und Grundbau. In: Witt KJ (Hrsg) Grundbau-Taschenbuch, 8. Aufl. Teil 1. Ernst & Sohn, Berlin, S 1–42

Normen

DIN 1054: 2010-12 Baugrund – Sicherheitsnachweise im Erd- und Grundbau – Ergänzende Regelungen zu DIN EN 1997-1
DIN 1055-2:2010-11 Einwirkungen auf Tragwerke – Teil 2: Bodenkenngrößen
DIN 18122-1:1997-07 Baugrund, Untersuchungen von Bodenproben – Zustandsgrenzen (Konsistenzgrenzen) – Teil 1: Bestimmung der Fließ- und Ausrollgrenze
DIN 18122-2:2000-09 Baugrund; Untersuchungen von Bodenproben Zustandsgrenzen (Konsistenzgrenzen) Teil 2: Bestimmung der Schrumpfgrenze
DIN 18130-2:2015-08 Baugrund – Untersuchung von Bodenproben: Bestimmung des Wasserdurchlässigkeitsbeiwerts; Teil 2 Feldversuche
DIN 18141-1:2014-05 Baugrund – Untersuchung von Gesteinsproben – Teil 1: Bestimmung der einaxialen Druckfestigkeit
DIN 18196:2011-05 Erd- und Grundbau – Bodenklassifikation für bautechnische Zwecke
DIN 18299:2016-09 VOB Vergabe- und Vertragsordnung für Bauleistungen – Teil C: Allgemeine Technische Vertragsbedingungen für Bauleistungen (ATV) – Allgemeine Regelungen für Bauarbeiten jeder Art
DIN 18300:2016-09 VOB Vergabe- und Vertragsordnung für Bauleistungen – Teil C: Allgemeine Technische Vertragsbedingungen für Bauleistungen (ATV) – Erdarbeiten
DIN 18301:2016-09 VOB Vergabe- und Vertragsordnung für Bauleistungen – Teil C: Allgemeine Technische Vertragsbedingungen für Bauleistungen (ATV)- Bohrarbeiten
DIN 18304:2016-09 VOB Vergabe- und Vertragsordnung für Bauleistungen – Teil C: Allgemeine Technische Vertragsbedingungen für Bauleistungen (ATV) – Ramm-, Rüttel- und Pressarbeiten
DIN 18311:2016-09 VOB Vergabe- und Vertragsordnung für Bauleistungen – Teil C: Allgemeine Technische Vertragsbedingungen für Bauleistungen (ATV) – Nassbaggerarbeiten
DIN 18312:2016-09 VOB Vergabe- und Vertragsordnung für Bauleistungen – Teil C: Allgemeine Technische Vertragsbedingungen für Bauleistungen (ATV) – Horizontalspülbohrarbeiten
DIN 18313:2016-09 VOB Vergabe- und Vertragsordnung für Bauleistungen – Teil C: Allgemeine Technische Vertragsbedingungen für Bauleistungen (ATV) – Schlitzwandarbeiten mit stützenden Flüssigkeiten
DIN 18319:2016-09 VOB Vergabe- und Vertragsordnung für Bauleistungen – Teil C: Allgemeine Technische Vertragsbedingungen für Bauleistungen (ATV) – Rohrvortriebsarbeiten
DIN 18320:2016-09 VOB Vergabe- und Vertragsordnung für Bauleistungen – Teil C: Allgemeine Technische Vertragsbedingungen für Bauleistungen (ATV) – Landschaftsbauarbeiten
DIN 18321:2016-09 VOB Vergabe- und Vertragsordnung für Bauleistungen – Teil C: Allgemeine Technische Vertragsbedingungen für Bauleistungen (ATV) – Düsenstrahlarbeiten
DIN 18324:2016-09 VOB Vergabe- und Vertragsordnung für Bauleistungen – Teil C: Allgemeine Technische Vertragsbedingungen für Bauleistungen (ATV) – Horizontalspülbohrarbeiten
DIN 4020 Beiblatt 1: 2003-10 Geotechnische Untersuchungen für bautechnische Zwecke – Anwendungshilfen, Erklärungen
DIN 4020:2010-12 Geotechnische Untersuchungen für bautechnische Zwecke – Ergänzende Regelungen zu DIN EN 1997-2
DIN 4023:2006-02 Geotechnische Erkundung und Untersuchung – Zeichnerische Darstellung der Ergebnisse von Bohrungen und sonstigen direkten Aufschlüssen
DIN 4030-1:2008-06 Beurteilung betonangreifender Wässer, Böden und Gase – Teil 1: Grundlagen und Grenzwerte
DIN 4030-2:2008-06 Beurteilung betonangreifender Wässer, Böden und Gase – Teil 2: Entnahme und Analyse von Wasser- und Bodenproben
DIN 50929-1:2017-03 Korrosion der Metalle – Korrosionswahrscheinlichkeit metallener Werkstoffe bei äußerer Korrosionsbelastung – Teil 1: Allgemeines
DIN 50929-3:2018-03 Korrosion der Metalle – Korrosionswahrscheinlichkeit metallener Werkstoffe bei äußerer Korrosionsbelastung – Teil 3: Rohrleitungen und Bauteile in Böden und Wässern
DIN EN 1997-1/NA:2010-12 Nationaler Anhang – National festgelegte Parameter – Eurocode 7: Entwurf, Berechnung und Bemessung in der Geotechnik – Teil 1: Allgemeine Regeln
DIN EN 1997-1:2009-09 Eurocode 7: Entwurf, Berechnung und Bemessung in der Geotechnik – Teil 1: Allgemeine Regeln
DIN EN 1997-2/NA:2010-12 Nationaler Anhang – National festgelegte Parameter – Eurocode 7: Entwurf, Berechnung und Bemessung in der Geotechnik – Teil 2: Erkundung und Untersuchung des Baugrundes
DIN EN 1997-2:2010-10 Eurocode 7: Entwurf, Berechnung und Bemessung in der Geotechnik – Teil 2: Erkundung und Untersuchung des Baugrundes
DIN EN ISO 14688-1:2018-05 Geotechnische Erkundung und Untersuchung – Benennung, Beschreibung und Klassifizierung von Boden – Teil 1: Benennung und Beschreibung
DIN EN ISO 14688-2:2018-05 Geotechnische Erkundung und Untersuchung – Benennung, Beschreibung und Klassifizierung von Boden – Teil 2: Grundlagen für Bodenklassifizierungen
DIN EN ISO 14689:2018-05 Geotechnische Erkundung und Untersuchung – Benennung, Beschreibung und Klassifizierung von Fels
DIN EN ISO 17892-1:2015-03 Geotechnische Erkundung und Untersuchung – Laborversuche an Bodenproben – Teil 1: Bestimmung des Wassergehalts
DIN EN ISO 17892-2:2015-03 Geotechnische Erkundung und Untersuchung – Laborversuche an Bodenproben – Teil 2: Bestimmung der Dichte des Bodens

DIN EN ISO 17892-3:2016-07 Geotechnische Erkundung und Untersuchung – Laborversuche an Bodenproben – Teil 3: Bestimmung der Korndichte

DIN EN ISO 17892-4:2017-04 Geotechnische Erkundung und Untersuchung – Laborversuche an Bodenproben – Teil 4: Bestimmung der Korngrößenverteilung

DIN EN ISO 17892-5:2017-08 Geotechnische Erkundung und Untersuchung – Laborversuche an Bodenproben – Teil 5: Ödometerversuch mit stufenweiser Belastung (ISO 17892-5:2017)

DIN EN ISO 17892-6:2017-07 Geotechnische Erkundung und Untersuchung – Laborversuche an Bodenproben – Teil 6: Fallkegelversuch

DIN EN ISO 17892-7:2018-05 Geotechnische Erkundung und Untersuchung – Laborversuche an Bodenproben – Teil 7: Einaxialer Druckversuch

DIN EN ISO 17892-8:2018-07 Geotechnische Erkundung und Untersuchung – Laborversuche an Bodenproben – Teil 8: Unkonsolidierter undränierter Triaxialversuch

DIN EN ISO 17892-9:2018-07 Geotechnische Erkundung und Untersuchung – Laborversuche an Bodenproben – Teil 9: Konsolidierte triaxiale Kompressionsversuche an wassergesättigten Böden

DIN EN ISO 22282-3:2012-09 Geotechnische Erkundung und Untersuchung – Geohydraulische Versuche – Teil 3: Wasserdruckversuche in Fels

DIN EN ISO 22282-4:2012-09 Geotechnische Erkundung und Untersuchung – Geohydraulische Versuche – Teil 4: Pumpversuche

DIN EN ISO 22475-1:2007-01 Geotechnische Erkundung und Untersuchung – Probenentnahmeverfahren und Grundwassermessungen – Teil 1: Technische Grundlagen der Ausführung

DIN EN ISO 22476-1:2013-10 Geotechnische Erkundung und Untersuchung – Felduntersuchungen – Teil 1: Drucksondierungen mit elektrischen Messwertaufnehmern und Messeinrichtungen für den Porenwasserdruck

DIN EN ISO 22476-2:2012-03 Geotechnische Erkundung und Untersuchung – Felduntersuchungen – Teil 2: Rammsondierungen

DIN EN ISO 22476-3:2012-03 Geotechnische Erkundung und Untersuchung – Felduntersuchungen – Teil 3: Standard Penetration Test

DIN EN ISO 22476-9:2014-04 Geotechnische Erkundung und Untersuchung – Felduntersuchungen – Teil 9: Flügelscherversuch

Handbuch Eurocode 7 – Geotechnische Bemessung, Band 1:2015-12 Allgemeine Regeln 2. aktualisierte Auflage

Handbuch Eurocode 7 – Geotechnische Bemessung, Band 2:2011-06 Erkundung und Untersuchung 1. Aufl.

NF P18-579:2013-02 Granulats – Détermination des coefficients d'abrasivité et de broyabilité

Empfehlungen

Arbeitskreises 3.3 (2008) Empfehlung Nr. 10 des Arbeitskreises 3.3 „Versuchstechnik Fels" der Deutschen Gesellschaft für Geotechnik e. V.: Indirekter Zugversuch an Gesteinsproben – Spaltzugversuch. Bautechnik 85(9):623–627

DGZfP (2013) Merkblatt B08 Seismische Baugrunderkundung, Deutsche Gesellschaft für Zerstörungsfreie Prüfung e.V., August

EAB (2021) Empfehlungen des Arbeitskreises „Baugruben" der Deutschen Gesellschaft für Geotechnik e.V., 6. Aufl. Verlag Ernst & Sohn, Berlin

EAU (2020) Empfehlungen des Arbeitsausschusses „Ufereinfassungen", Häfen und Wasserstraßen der Hafenbautechnischen Gesellschaft e.V. und der Deutschen Gesellschaft für Geotechnik e.V., 11. Aufl. Verlag Ernst & Sohn, Berlin

Käsling H, Plinninger RJ (2016) Empfehlung Nr. 23 des Arbeitskreises 3.3 „Versuchstechnik Fels" der Deutschen Gesellschaft für Geotechnik e. V.: Nr. 23: Bestimmung der Abrasivität von Gesteinen mit dem CERCHAR-Versuch. Bautechnik 93(6):409–415

Leichnitz W (1988) Empfehlung Nr. 13 des Arbeitskreises 19 „Versuchstechnik Fels" der Deutschen Gesellschaft für Erd- und Grundbau e. V.: Laborversuche an Felstrennflächen. Bautechnik 65(9):301–305

M QGeoE (2015) Merkblatt zur Qualitätssicherung bei der geotechnischen Erkundung – Teil 1 Empfehlungen für die Ausschreibung der Aufschlussverfahren, FGSV 557/1

MEH (2017) BAW-Merkblatt – Einteilung des Baugrunds in Homogenbereiche nach VOB/C, Bundesanstalt für Wasserbau

Mutschler T (2004) Neufassung der Empfehlung Nr. 1 des Arbeitskreises „Versuchstechnik Fels" der Deutschen Gesellschaft für Geotechnik e. V.: Einaxiale Druckversuche an zylindrischen Gesteinsprüfkörpern. Bautechnik 81(10):825–834

Pahl A (1979) Empfehlung Nr. 2 des Arbeitskreises „Versuchstechnik Fels" der Deutschen Gesellschaft für Erd- und Grundbau e. V.: Dreiaxiale Druckversuche an Gesteinsproben. Bautechnik 7:221–224

Paul A (1986) Empfehlung Nr. 11 des Arbeitskreises 19 „Versuchstechnik Fels" der Deutschen Gesellschaft für Erd- und Grundbau e. V.: Quellversuche an Gesteinsproben. Bautechnik 1986(3):100–104

Thuro K (2010) Empfehlung Nr. 5 „Punktlastversuche an Gesteinsproben" des Arbeitskreises 3.3 „Versuchstechnik Fels" der Deutschen Gesellschaft für Geotechnik. Bautechnik 87(6):322–330

Grundbau, Baugruben und Gründungen

Markus Herten und Matthias Pulsfort

Inhalt

1 **Baugrundverbesserung** ... 107
2 **Flächengründungen** ... 117
3 **Pfahlgründungen** ... 123
4 **Senkkästen** ... 141
5 **Baugruben** ... 146
6 **Stützkonstruktionen aus bewehrter Erde** ... 164
Literatur ... 165

Abkürzungen

DGGT	Deutsche Gesellschaft für Geotechnik
DSV	Düsenstrahlverfahren
EA Pfähle	Empfehlungen des Arbeitskreises „Pfähle“
EAB	Empfehlungen des Arbeitskreises „Baugruben“
EAU	Empfehlungen des Arbeitsausschusses „Ufereinfassungen“: Häfen und Wasserstraßen
EBGEO	Empfehlungen für Bewehrungen aus Geokunststoffen
KPP	Kombinierte Pfahl-Plattengründung

1 Baugrundverbesserung

1.1 Allgemeines

Verfahren zur Baugrundverbesserung dienen üblicherweise dem Zweck, die Standsicherheit von Gründungen neuer Bauwerke zu erhöhen und deren zu erwartende Setzungen zu verringern.

1.2 Bodenaustausch

Beim Bodenaustausch im Sinne einer Baugrundverbesserung wird der anstehende, als Baugrund für eine direkte Gründung ungeeignete Boden entfernt und durch ein nicht bindiges Schüttmaterial

M. Herten (✉) · M. Pulsfort
Fakultät für Architektur und Bauingenieurwesen/Lehr- und Forschungsgebiet Geotechnik, Bergische Universität Wuppertal, Wuppertal, Deutschland
E-Mail: herten@uni-wuppertal.de; pulsfort@uni-wuppertal.de

U. Arslan (Hrsg.), *Geotechnik*, Handbuch für Bauingenieure,
https://doi.org/10.1007/978-3-658-29496-0_30

ersetzt. Die Anwendung beschränkt sich meist auf oberflächennah anstehende Böden folgender Art:

- organische Böden, die aufgrund ihrer geringen Scherfestigkeit, großer Zusammendrückbarkeit und der fortschreitenden Zersetzung nicht als Baugrund geeignet sind,
- bindige Böden von weicher bis flüssiger Konsistenz, wenn eine Verringerung ihres Wassergehalts mit hohem Zeit- oder Kostenaufwand verbunden ist oder nicht dauerhaft gewährleistet werden kann.

Der Umfang, in dem ein Bodenaustausch erforderlich ist, richtet sich sowohl nach den Eigenschaften und der räumlichen Ausdehnung des nicht ausreichend tragfähigen Bodens als auch nach der Gründungsfläche und der Größe der vom Bauwerk hervorgerufenen Belastungen (Abb. 1).

Beim Bodenaustausch wird zwischen Voll- und Teilaustausch unterschieden. Ein Vollaustausch der nicht ausreichend tragfähigen Schicht ist notwendig, wenn diese nur bis zu einer Tiefe ansteht, in der die aus dem Bauwerk resultierenden Spannungen hinsichtlich Standsicherheit und Setzungen noch relevant sind.

Da aufgrund der Spannungsausbreitung die infolge einer Bebauung verursachten Spannungen im Baugrund mit zunehmender Tiefe kleiner werden, die Spannungen aus dem Bodeneigengewicht dagegen mit der Tiefe zunehmen, ist jedoch häufig der Austausch des oberen Bereichs der nicht tragfähigen Schicht ausreichend. Dieser Austausch wird als „teilweiser Bodenaustausch" oder „Polstergründung" bezeichnet. In Bezug auf die horizontale Ausdehnung ist zu beachten, dass der Austausch wegen der Spannungsausbreitung seitlich über die Gründungsfläche hinausreichen muss.

Für einen Bodenaustausch ist zunächst der Aushub oder die Verdrängung des anstehenden Bodens erforderlich. Der Bodenaushub lässt sich oberhalb des Grundwasserspiegels mit Baggern oder Raupen ausführen, unter Wasser können Nassbagger- oder Spülverfahren angewandt werden. Beim Bodenaushub ist die Standsicherheit der Böschungen des ausgehobenen Bereichs zu gewährleisten. Nach dem Aushub wird geeignetes Austauschmaterial lagenweise eingebaut und sorgfältig verdichtet.

In manchen Fällen kann der Bodenaustausch durch Verdrängung erfolgen; dazu wird das Austauschmaterial auf dem auszutauschenden, nicht tragfähigen Boden aufgeschüttet. Dadurch wird gezielt ein Grundbruch unter der Schüttung erzeugt, durch den das auszutauschende Material seitlich verdrängt wird. Dieser Effekt lässt sich durch mehrfache Anwendung oder eine überhöht aufgebrachte Aufschüttung oder Bodenaushub neben der Aufschüttung noch verstärken. Eine Bodenverdrängung ist auch durch gezielte Spren-

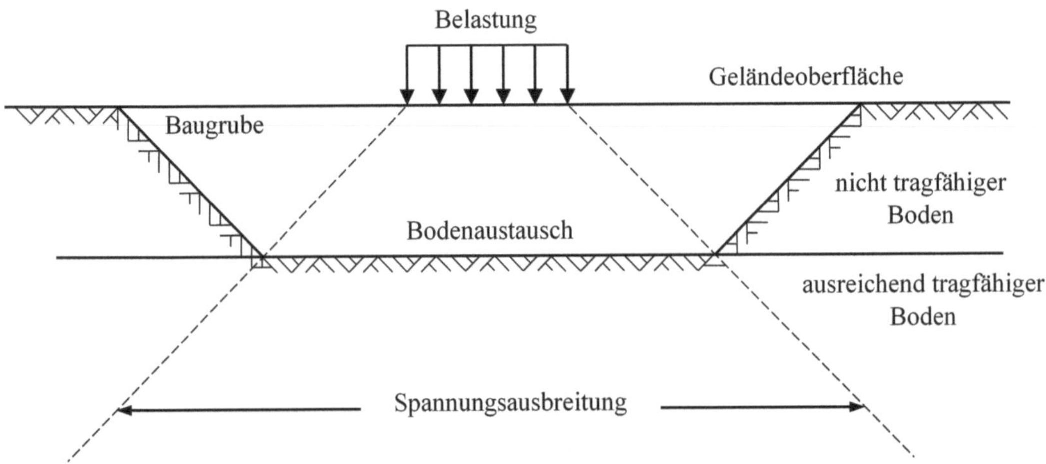

Abb. 1 Bodenaustausch

gungen möglich. Beim sog. „Moorsprengverfahren“ werden Sprengladungen in Bohrungen unter einer vorläufigen Aufschüttung angebracht. Diese Sprengladungen werden zeitlich versetzt gezündet. Über die Zündreihenfolge wird die Richtung der Verdrängung gesteuert, da der beim Sprengen verdrängte Boden in die Richtung ausweicht, in der der geringste Widerstand besteht, also in den infolge Ausdehnung der Gase der vorhergehenden Sprengung geschaffenen Hohlraum hinein.

1.3 Verdichtung

Eine Baugrundverbesserung von nicht ausreichend dicht gelagerten Böden ist auch mit Verdichtungsverfahren zu erzielen, die in unterschiedlichen Tiefen und bei bestimmten Bodenarten angewandt werden können. In Bezug auf die Tiefe wird zwischen Oberflächen- und Tiefenverdichtung unterschieden. Bei ersterer beschränkt sich die Auswirkung auf die an der Geländeoberfläche anstehenden Bodenschichten, erreichbar sind Wirkungstiefen von ca. 1 m. Bei der Tiefenverdichtung muss die Verdichtungsenergie tiefer gelegene Bodenschichten erreichen. Eine statische Belastung des Baugrundes kann ebenfalls eine Verdichtung bewirken.

Die Bodenart hat entscheidenden Einfluss auf Auswahl und Durchführung des geeigneten Verdichtungsverfahrens. Während bei nicht bindigen Böden die eingeleitete Energie, vor allem Vibrationsenergie, eine sofortige Verdichtung bewirkt, wird bei bindigen Böden zunächst ein Porenwasserüberdruck erzeugt, der zu einer Wassergehaltsänderung durch abströmendes Porenwasser und damit zu einer zeitverzögerten Volumenreduzierung (und damit Setzung) des Bodens führt. Die Tragfähigkeit des Bodens nimmt mit dem Abbau des Porenwasserüberdrucks, also während des Konsolidierungsprozesses, zu. Dieser Prozess kann je nach Durchlässigkeit des Bodens und Mächtigkeit der zu konsolidierenden Schicht bis zu mehreren Jahren dauern. Drainagen können die Konsolidation beschleunigen.

Zu geringe Wassergehalte können einer Verdichtung ebenfalls entgegenwirken. Der für eine Verdichtung optimale Wassergehalt lässt sich in Laborversuchen (Proctor-Versuch nach DIN 18127) ermitteln. Bei zu geringem Wassergehalt kann Wasserzugabe die Verdichtung unterstützen.

Der Erfolg einer Oberflächenverdichtung wird vorzugweise durch die Messung der Dichte nach DIN 18125-2 nachgewiesen. Alternativ können Korrelationen mit dem Plattendruckversuch nach DIN 18134 verwendet werden. Bei einer Tiefenverdichtung kann die Überprüfung mit Korrelationen mithilfe von Sondierverfahren erfolgen. Eine weitere Kontrollmöglichkeit bieten Setzungsmessungen beim Verdichten oder die Bestimmung des Volumens des zum Ausgleich der beim Verdichten entstandenen Bodensenkungen eingebrachten Bodenmaterials.

Oberflächenverdichtung

Eine Vorbelastung, entweder mittels Auflasten durch Überschüttung oder Vakuumbelastung unter einer Kunststofffolie oder durch mehrere Überfahrten mit einem Verdichtungsgerät (z. B. schwerer Walzenzug oder Rüttelplatte), führt zur statischen bzw. dynamischen Verdichtung der Oberfläche. Zu den statischen Verfahren, bei denen allein der aufgebrachte Druck die Verdich tung bewirkt, zählen die Vorbelastung und z. B. der Einsatz von Walzen. Ebenfalls zu den statischen Verfahren zählt die Verdichtung durch eine Kombination aus Druckeinwirkung und Kneten (z. B. mit Stampffuß- oder Schaffußwalzen erreichbar). Dieses Verfahren ist für bindige Böden geeignet; bei nicht bindigen Böden kann es eine Auflockerung des Untergrunds bewirken.

Analog zu den statischen Verfahren ist auch bei den dynamischen Verfahren eine Unterscheidung nach der Art des Eintrags der Verdichtungsenergie möglich. Die dynamische Verdichtung kann sowohl schlagend (z. B. mittels Explosionsstampfer) als auch durch Hochfrequenz-Vibration (z. B. mit Rüttelwalzen oder Rüttelplatten) erfolgen.

Verdichtung durch statische Belastung

Vorbelastung. Die Verdichtung durch Vorbelastung eignet sich besonders für bindige Böden; wegen der erforderlichen langen Lasteinwirkungsdauer muss die Vorbelastung rechtzeitig aufgebracht werden. Der Zeitbedarf für diese Verdichtungsart hängt sowohl von der Durchlässigkeit des Bodens als auch von der Länge der für einen Porenwasserdruckabbau relevanten Fließwege ab und kann über einen Ödometerversuch nach DIN EN ISO 17892-5 abgeschätzt werden.

Die Vorbelastung lässt sich auf zwei Arten aufbringen: in Form einer Aufschüttung oder durch Erhöhung der Wichte des Bodens. Indem der Grundwasserspiegel gesenkt wird, steht der Boden nicht mehr unter Auftrieb. Bei diesem Verfahren ist zu beachten, dass die zur Vorbelastung des Bodens geplante Auflast geringer sein muss als die Grundbruchlast, da der anstehende Boden anderenfalls wie oben beschrieben verdrängt statt verdichtet wird.

Entwässerung. Dieses v. a. für bindige Böden geeignete Verdichtungsverfahren kann für sich oder in Verbindung mit anderen Verfahren angewandt werden. Die Verdichtungswirkung bzw. Konsolidation wird durch die erhöhte wirksame Wichte des Bodens hervorgerufen (fehlender Auftrieb nach Absenkung des Grundwasserspiegels). In Kombination mit anderen Verfahren bewirkt die Entwässerung eine Verkürzung der Konsolidationszeit. Hier hat die Entwässerung den Zweck, die durch die eigentliche Verdichtungsarbeit im Boden erzeugten Porenwasserüberdrücke schneller abzubauen.

Zur Entwässerung des Bodens eignen sich verschiedene Methoden:

- Vertikaldränagen aus Sand, geotextilem Vlies oder Pappe,
- Brunnen,
- Vakuumentwässerung.

Drainage und Brunnen bewirken eine Verringerung der Konsolidationszeit, da die Fließwege des Porenwassers verkürzt werden. Bei der Vakuumentwässerung wird die Fließgeschwindigkeit zusätzlich durch einen aufgebrachten Potenzialunterschied (infolge Vakuums erhöhte Porenwasserdruckdifferenz bzw. elektrische Spannung) gesteigert.

Tiefenverdichtung

Dynamische Intensivverdichtung. Bei dieser Form der Tiefenverdichtung wird die Verdichtungsenergie an der Geländeoberfläche eingeleitet, indem eine

Platte aus Stahl oder Stahlbeton mit einer Masse von bis zu 200 t aus bis zu 30 m Höhe in freiem Fall auf den Boden aufschlägt. Dieser Energieeintrag bewirkt eine horizontale Verspannung im Boden, die bei nicht bindigen Böden direkt als effektive Spannung wirkt, bei bindigen Böden zunächst als Porenwasserüberdruck. Die Porenwasserüberdrücke führen bereichsweise zu einer Bodenverflüssigung, wodurch eine Teilchenumlagerung in eine dichtere Lagerung erleichtert wird. Mit dem Abbau des Porenwasserüberdrucks nehmen die effektiven Spannungen zu. Bei bindigen Böden wird diese Art der Verdichtung auch als „dynamische Konsolidation" bezeichnet. Da mit der Einleitung der Stoßimpulse Risse im Boden entstehen, konsolidiert der Boden bei diesem Verdichtungsverfahren vergleichsweise schnell.

Sind mehrere Übergänge vorgesehen, so ist jeweils abzuwarten, bis sich die Porenwasserüberdrücke weitgehend abgebaut haben. Aus dieser Forderung wird deutlich, dass die dynamische Intensivverdichtung nur bei relativ großen zu verdichtenden Bereichen wirtschaftlich ist, da sonst für den zum Heben des Fallgewichts erforderlichen Kran unwirtschaftliche Stillstandszeiten entstehen.

Sprengverdichtung. Bei dieser Tiefenverdichtung wird die Verdichtungsenergie direkt in der zu verdichtenden Bodenschicht freigesetzt. Dazu wird zunächst ein Rohr in die nicht ausreichend tragfähige Schicht abgeteuft, in diesem Rohr der Sprengkörper abgesenkt und anschließend das Rohr gezogen. Um zu vermeiden, dass der Explosionsdruck nach oben entweicht, wird der nach dem Ziehen des Rohres verbliebene Hohlraum verdämmt. Abschließend wird die Sprengladung gezündet. Der hohe Druck beim Sprengen führt zu einer Bodenverflüssigung, wodurch die Umlagerung der Bodenteilchen zu einer höheren Dichte begünstigt wird. Dieses Verfahren ist bisher erfolgreich vor allem bei locker gelagerten, wassergesättigten Sanden angewandt worden. Für bindige Böden ist es weniger geeignet, da der Tonanteil eine starke Dämpfung der beim Sprengen erzeugten Kompressionswellen bewirkt.

Rütteldruckverdichtung. Die Anwendung dieses Verfahrens beschränkt sich auf nicht bindige, locker gelagerte Böden. Dabei wird ein torpedoförmiger Rüttler durch Vibration, sein Eigengewicht und i. d. R. unterstützt von einer Wasserspülung in den Boden abgeteuft. Die horizontalen Schwingungen führen zu einer Verflüssigung des Bodens, wodurch eine spannungsfreie Umlagerung zu einer höheren Lagerungsdichte möglich ist. Als Voraussetzung gilt, dass der Boden nahezu wassergesättigt ist, was erforderlichenfalls über eine Wasserzugabe erreicht werden kann. Das infolge der Verdichtung entstehende fehlende Bodenvolumen wird entweder durch von der Geländeoberfläche nachrutschendes Material oder gezielte Bodenzugabe aufgefüllt. Nach dem Abteufen wird der Rüttler intervallweise gezogen, um sowohl den anstehenden Boden als auch das zusätzliche Material zu verdichten. Nach Abschluss der Rütteldruckverdichtung müssen die durch das Nachrutschen des Bodens entstandenen Trichter an der Geländeoberfläche aufgefüllt werden. Da die Rütteldruckverdichtung im oberflächennahen Bereich nicht wirksam ist, sind in diesem Bereich andere geeignete Verdichtungsverfahren anzuwenden (Abb. 2).

Rüttelstopfverdichtung. Mit diesem für tiefere Bodenschichten bis ca. 20 m geeigneten Verfahren der Bodenverbesserung wird zusätzlicher Schotter, Kies oder Splitt als Stopfmaterial – üblicherweise über Schleusenrüttler – in vertikalen Säulen direkt in den Boden eingebracht und beim Ziehen verdichtet, sodass Bodensäulen entstehen. Es wird bei Böden angewendet, die aufgrund eines höheren Feinkornanteils (etwa ab 10 %) für die Rütteldruckverdichtung nicht geeignet sind. Das Verfahren wird i. Allg. zu den Tiefenverdichtungen gezählt, jedoch ist hier die Verdichtung des Bodens eher von untergeordneter Bedeutung. Wie bei der Rütteldruckverdichtung wird der Rüttler durch Vibration und sein Eigengewicht, ggf. unterstützt von einer Wasserspülung und/oder Druckluft, in den Boden eingebracht.

Beim Abteufen des Rüttlers werden gemischtkörnige und bindige Böden ebenso wie die nicht

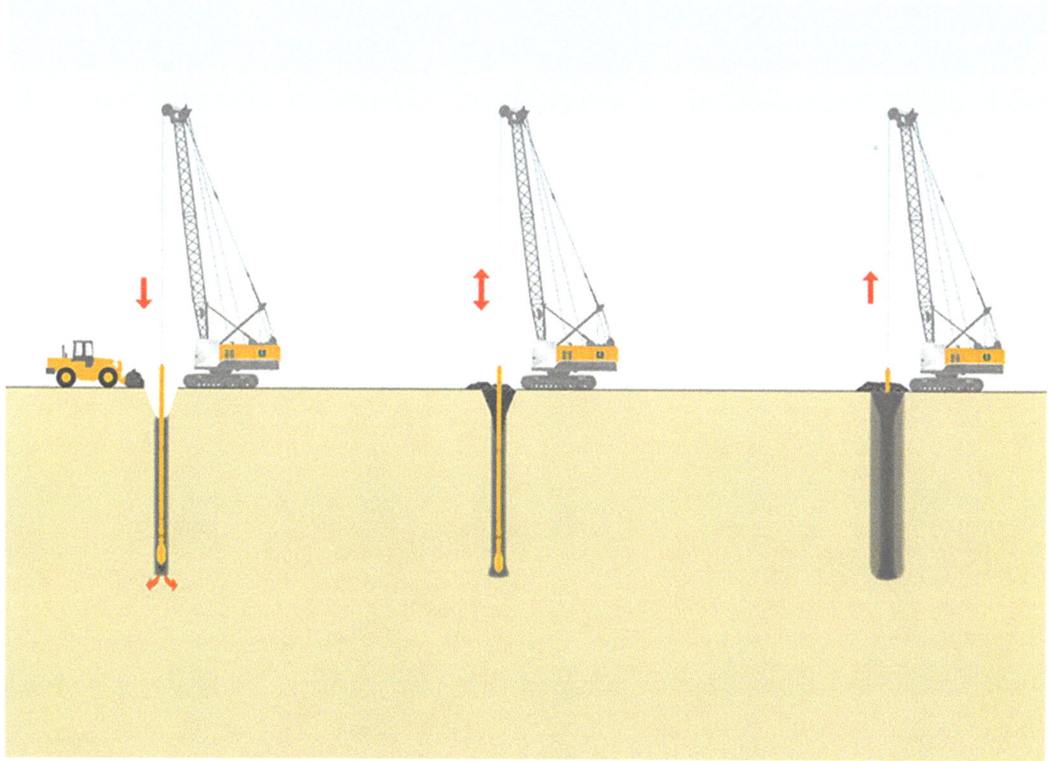

Abb. 2 Rütteldruckverdichtung [Bauer Spezialtiefbau©]

bindigen Böden verflüssigt. Bei bindigen Böden wirkt jedoch deren Kohäsion einer Verdichtungswirkung entgegen, sodass sie nur verdrängt werden. Bei nicht bindigen Böden wird eine radiale Verdichtung erzielt.

Die Auffüllung kann kontinuierlich von unten nach oben oder in Intervallen mit Ziehen und Senken des Rüttlers erfolgen. Dabei wird das Zugabematerial durch „Stopfen" verdichtet und ggf. wieder seitlich verdrängt. Die Wiederholung dieser Arbeitsschritte führt zur Verfüllung des Hohlraums bis zur Geländeoberfläche (Abb. 3).

Die Tragfähigkeit eines durch Rüttelstopfverdichtung verbesserten Bodens hängt davon ab, wie der umgebende Boden die erstellten Säulen horizontal abstützt. Es wird vorausgesetzt, dass die Rüttelstopfsäulen in einer tragfähigen Bodenschicht abgesetzt werden. Die vertikale Belastbarkeit der Säulen ist abhängig vom horizontalen Stützdruck des zu verbessernden anstehenden Bodens und vom Reibungswinkel des eingefüllten Materials. Daher ist dieses Verfahren für bindige Böden breiiger oder flüssiger Konsistenz oder organische Böden aufgrund der unzureichenden Stützwirkung nicht geeignet.

In Bezug auf die Verbesserung des anstehenden Bodens ist bei den Rüttelstopfsäulen auch deren Drainagewirkung relevant. Die Säulen weisen eine relativ hohe Wasserdurchlässigkeit auf, wodurch auch in dem umgebenden bindigen Boden ein schnellerer Abbau von Porenwasserüberdrücken in vertikaler Richtung ermöglicht wird.

Neben den beschriebenen Stopfsäulen können mit diesem Verfahren auch vermörtelte Säulen unter Verwendung von ungelöschtem Kalk oder Zement und Betonrüttelsäulen hergestellt werden. Ungelöschter Kalk bewirkt eine zusätzliche Entwässerung der nicht tragfähigen Schicht durch die Wasseraufnahme des Kalkes bei der Hydratation sowie eine Verbesserung der Druckfestigkeit des Säulenmaterials. Die Zugabe einer Zementsuspension erfolgt durch Einpressen über am Rüttler angebrachte Injektionsleitungen. Sie dient der Verfestigung des eingefüllten nicht bindigen Bo-

Abb. 3 Rüttelstopfverdichtung [Bauer Spezialtiefbau©]

dens. Die mit Zement verfestigten Säulen sind mit unbewehrten Pfählen vergleichbar, ebenso wie Betonrüttelsäulen. Bei Betonrüttelsäulen wird anstelle eines nicht bindigen Bodens erdfeuchter Beton eingebaut und mit dem Rüttler verdichtet. Vermörtelte Stopfsäulen und Betonrüttelsäulen sind im Unterschied zu Schottersäulen weniger von der horizontalen Stützung durch den umgebenden Boden abhängig, da sie analog zu Pfählen aufgrund ihrer höheren Festigkeit Vertikallasten abtragen können.

Verdichtungspfähle. Eine mit Verdichtungspfählen ausgeführte Baugrundverbesserung bewirkt sowohl eine Verdichtung als auch eine Bewehrung des Bodens. Als Material für die auch als „Spickpfähle“ bezeichneten Verdichtungspfähle kann Beton oder Holz dienen. Die Verdichtungspfähle können in den Boden eingerammt, einvibriert, eingedreht oder eingedrückt werden.

1.4 Verfestigung

Die Verfestigung von Böden wird zur Baugrundverbesserung, aber auch direkt zur Bauwerksstabilisierung als Unterfangung oder zur Baugrubenumschließung bzw. zu deren Abdichtung ausgeführt. Unter einer Verfestigung ist eine Erhöhung der Scherfestigkeit durch „Verklebung“ der Bodenteilchen zu verstehen. Diese ist erreichbar, indem ein Bindemittel in den Boden eingebracht wird, das in Verbindung mit diesem eine höhere Festigkeit als der ursprüngliche Boden entwickelt. Eine andere Methode besteht in der Verfestigung des anstehenden Bodens durch Gefrieren.

Die Zugabe des Bindemittels kann an der Geländeoberfläche durch Untermischen/Einfräsen erfolgen. Bei diesem Verfahren ist die Mächtigkeit der zu verfestigenden Schicht auf 0,30 bis 0,50 m begrenzt. Soll eine dickere oder aber tiefer liegende Bodenschicht verfestigt werden, so eignen sich folgende Verfahren:

- Niederdruckinjektion,
- Soil Fracturing,
- Compaction Grouting,
- Düsenstrahlverfahren.

Bei der Entscheidung, welches der genannten Verfahren für die jeweilige Baumaßnahme am geeignetsten ist und mit welchem Verfestigungsmittel die Arbeiten ausgeführt werden, sind verschiedene Faktoren zu berücksichtigen. Eine Verfestigung kann mit Suspensionen, Pasten, Lösungen oder Emulsionen auf Zement-, Bentonit-, Silikatgel- oder Kunstharzbasis durchgeführt werden.

Für die Auswahl eines geeigneten Zugabemittels ist zunächst das Ziel der Maßnahme entscheidend, also ob z. B. die Verfestigung oder aber eine Verringerung der Durchlässigkeit im Vordergrund steht. Neben dem Ziel der Maßnahme sind die rheologischen Eigenschaften (Viskosität und Fließgrenze) der unterschiedlichen Verfestigungsmittel, die Durchlässigkeit des zu verbessernden Bodens und die gewünschte Reichweite relevant. Die Durchlässigkeit wird bei Lockergestein durch Größe und Ausbildung des Porenraums bzw. im Festgestein durch die Anzahl und Ausbildung von Klüften bestimmt. Bei einer durchlässigen Schicht können die vorhandenen Hohlräume unter Aufbringung niedriger Einpressdrücke ohne Veränderung der Struktur des Bodens aufgefüllt werden. Dieses Verfahren wird als „Niederdruckinjektion“ (bis ca. 20 bar Verpressdruck) bezeichnet.

Bei geringeren Durchlässigkeiten sind höhere Einpressdrücke besser geeignet. Hier werden nicht nur die vorhandenen Poren verfüllt, sondern durch Verdichtung bzw. Aufreißen wird die Entstehung neuer sowie die Vergrößerung bestehender Hohlräume erreicht, welche ebenfalls verfüllt werden. Zu diesen Verfahren zählen das Soil Fracturing und das Compaction Grouting.

Das Düsenstrahlverfahren unterscheidet sich von den anderen Methoden dadurch, dass hier nicht nur ein Zugabemittel in den Untergrund eingebracht, sondern damit zugleich auch das Bodenmaterial ausgespült wird, sodass es eigentlich eher ein Bodenaustauschverfahren ist, bei dem säulenförmige Zementsteinkörper entstehen.

Bei der Zugabe eines Fremdstoffes zur Verfestigung des Bodens muss dessen Umweltverträglichkeit sichergestellt sein bzw. eine umweltrechtliche Zustimmung für die Verwendung vorliegen.

Die Bodenvereisung ist ein temporäres, voll reversibles Verfahren zur Verfestigung, während bei allen anderen Verfahren Material im Boden verbleibt.

Oberflächenverfestigung

Bei dem v. a. aus dem Straßenbau bekannten Verfahren erhöht ein Bindemittel – i. d. R. ungelöschter Kalk oder Zement bzw. Mischbinder – sowohl die Festigkeit als auch die Steifigkeit des Ausgangsmaterials. Das Bindemittel wird aufgestreut und anschließend untergefräst. Da bei hydraulischen Bindemitteln die zur Verfestigung führenden chemischen Reaktionen direkt mit dem Aufstreuen beginnen, ist auf die Einhaltung möglichst kurzer Zeitabstände zwischen dem Aufstreuen, dem Untermischen und der anschließenden Verdichtung der im Mischvorgang aufgelockerten Bodenschicht zu achten.

Niederdruckinjektion

Bei Poreninjektion, Kluft-/Kontaktinjektion, Hohlraumverfüllung nach DIN EN 12715 soll die Struktur des Bodens – speziell der Porenraum – nicht verändert werden. Daher betragen die im Vergleich zu anderen Verfahren geringeren Drücke, mit denen das Injektionsgut in die im Untergrund vorhandenen Poren eingepresst wird, nur etwa 2 bis 30 bar. Damit Auflockerungen vermieden werden, darf der Verpressdruck die im Boden vorliegenden effektiven Vertikalspannungen nicht überschreiten. Um eine Aufweitung des Porenraums zu vermeiden, müssen die Porenradien und die Korndurchmesser der Injektionsbestandteile aufeinander abgestimmt sein. Diese Abstimmung kann z. B. anhand der Durchlässigkeit des Untergrunds vorgenommen werden (Abb. 4).

Das Injektionsmittel wird von einer Bohrung aus über ein Manschettenrohr mit Hilfe von Doppelpackern eingebracht. Die Manschetten haben die Funktion von Dichtungen. Sie sollen das Abströmen des Injektionsmittels ermöglichen, ein Zurückfließen jedoch verhindern. Vom Manschettenrohr breitet sich das Injektionsgut annähernd kugelförmig aus. Zum Erstellen von säulenförmigen verfestigten Bodenkörpern werden die Packer zwischen den einzelnen Einpressvorgängen versetzt.

Niederdruckinjektionen in verschiedenen Tiefen können sowohl von unten nach oben als auch von oben nach unten beim Abteufen durchgeführt werden. Beim Verpressen von oben nach unten wird kein Manschettenrohr benötigt, wenn abschnittsweise gebohrt wird. Bei diesem Verfahren wird der gebohrte Bereich verpresst und anschließend der verpresste Bereich wieder durchbohrt, um den darunter anstehenden Boden zu verpressen.

Stehen im zu injizierenden Bereich Bodenschichten mit unterschiedlichen Durchlässigkeiten an, so ist eine Verfestigung in mehreren Arbeitsgängen mit unterschiedlichen Injektions-

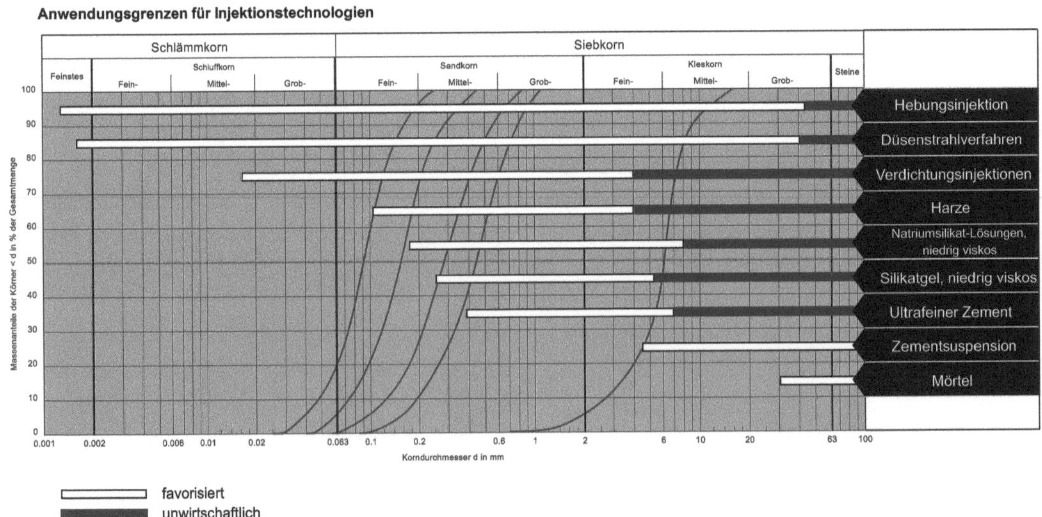

Abb. 4 Eignung der Injektionsmittel in Abhängigkeit von der Korngröße des Bodens

mitteln möglich. Zunächst werden die Bodenschichten, welche die größte Durchlässigkeit aufweisen, mit einem relativ zähen Injektionsmittel verpresst. Anschließend verpresst man die Schichten geringerer Durchlässigkeit mit einem fließfähigeren Material und injiziert zugleich die bereits im ersten Arbeitsgang verpressten Schichten mit diesem Mittel nach. Die Anpassung der Viskosität des Injektionsgutes an die Durchlässigkeit des Bodens erlaubt die Verfestigung säulenförmiger Bodenkörper mit annähernd konstantem Durchmesser.

Soil Fracturing

Das Soil Fracturing bzw. Kompensationsinjektion nach DIN EN 12715 ist ein Verfahren, bei dem – wörtlich übersetzt – der Boden aufgerissen wird. Eine Verfestigung des Untergrunds durch Soil Fracturing wird analog zur Niederdruckinjektion ausgeführt. Die Injektionsdrücke werden hier jedoch in Abhängigkeit von der Vertikalspannung des Bodens so groß gewählt, dass ein Aufsprengen der Poren durch das Einpressen des Injektionsgutes möglich ist. Das Aufsprengen des Porenraumes ermöglicht es, Bauwerksetzungen mittels planmäßiger Hebungen in den Ausgangszustand zurückzuführen (sog. Compensation Grouting).

Compaction Grouting

Bei diesem Verfahren einer Verdichtungsinjektion nach DIN EN 12715 wird Mörtel mit einem Druck bis zu 50 bar über Manschettenrohre in den Boden gepresst. Die dickflüssige Konsistenz und die grobkörnigen Bestandteile des Mörtels sorgen dafür, dass dieser nicht in die Poren des Bodens eindringt, sondern ihn verdrängt und damit verdichtet. Compaction Grouting ist ein besonders für sandige und schluffige Böden geeignetes Verfahren.

Düsenstrahlverfahren

Bei dem Düsenstrahlverfahren nach DIN EN 12716 tritt i. d. R. eine Zementsuspension unter hohem Druck durch eine Düse im unteren Bereich des bis in die erforderliche Tiefe gebohrten Injektionsgestänges als sog. „Schneidstrahl" rechtwinklig zur Gestängeachse mit hoher Geschwindigkeit aus. Indem das Injektionsgestänge unter gleichzeitigem Ziehen gedreht wird, erzeugt der Schneidstrahl einen säulenförmigen Körper, der aus der sich verfestigenden Mischung aus anstehendem Boden und Zementsuspension besteht. Mit der Suspension wird ein Teil des gelösten Bodens durch den Ringraum um das Bohrgestänge zur Arbeitsebene gefördert. Andere Formen der Verfestigung im Boden sind durch pendelndes Drehen des Gestänges mit einem Winkel $< 360°$ möglich.

Die Pumpendrücke liegen zwischen 300 und 600 bar, um den Boden mit der kinetischen Energie des eingedüsten Flüssigkeitsstrahls aufzuschneiden. Neben der Auflösung der vorhandenen Bodenstruktur und der dadurch möglichen vollständigen Durchmischung mit der eingebrachten Suspension wird bei diesem Verfahren auch Boden ausgespült und durch die Suspension ersetzt. Der Anteil der Bodenentnahme hängt dabei von seinem Feinkorngehalt ab. Während bei einem bindigen Boden das gelöste Material nahezu vollständig gefördert wird, verbleibt es mit zunehmendem Grobkorngehalt als Bestandteil des sich verfestigenden Materials. Dieses Verfahren ist für alle Bodenarten geeignet.

Beim Düsenstrahlverfahren können drei Verfahrensvarianten unterschieden werden: das Ein-, Zwei- und Dreiphasenverfahren (Abb. 5). Beim *Einphasenverfahren* wird über die Düsen nur die für die Verfestigung erforderliche Suspension mit einem Druck von 300 bis 500 bar in den Boden eingebracht. Aufgrund des hohen Druckes wird der Boden von der Suspension zunächst gelöst und aufgenommen. Entsprechend der Menge der zugeführten frischen Suspension wird während des Düsvorgangs die mit Boden angereicherte Suspension in einem um das Bohrgestänge sich bildenden Kanal an die Oberfläche gedrückt.

Beim *Zweiphasenverfahren* verwendet man zur Optimierung des Aufschneidens zusätzlich zur Suspension Wasser oder Luft als zweite Phase. Bei der Kombination von Suspension und Luft zum Zweiphasenverfahren wird der Suspensionsstrahl wie beim Einphasenverfahren mit einem Druck von 300 bis 500 bar in den Boden eingedüst. Zusätzlich ummantelt ein Luftstrahl mit einem Druck von 2 bis 17 bar den Suspensionsstrahl. Die dadurch bewirkte Bündelung des Sus-

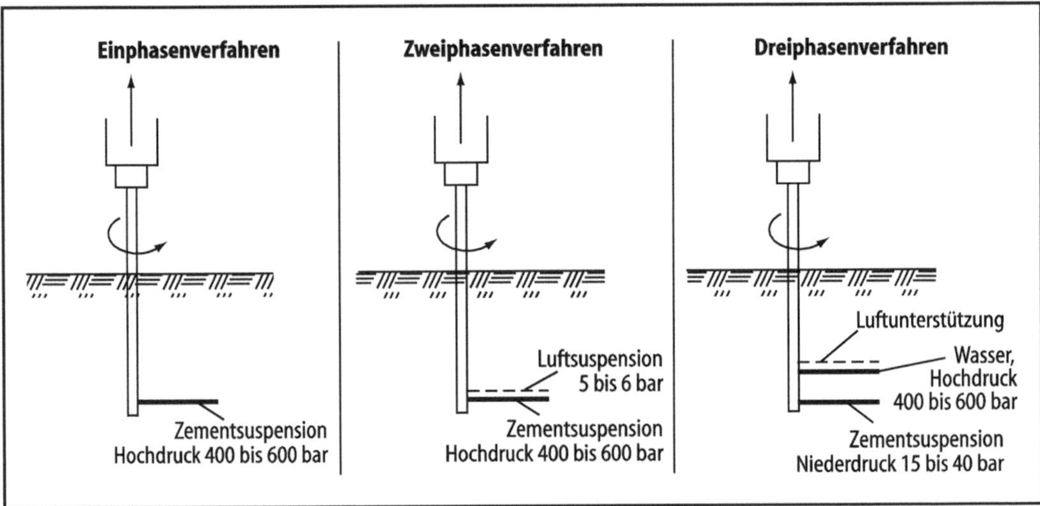

Abb. 5 Unterschiedliche Varianten des Düsenstrahlverfahrens [Bauer Spezialtiefbau©]

pensionsstrahles ermöglicht eine größere Reichweite. Wird Wasser als zweites Medium verwendet, so dient es als Schneidstrahl, der ebenfalls mit einem Druck von 300 bis 600 bar aus einer Düse über der Suspensionsdüse austritt. Mit dem Wasser wird außerdem ein Teil des gelösten Bodens durch den Ringraum um das Bohrgestänge zur Arbeitsebene gefördert.

Für das *Dreiphasenverfahren* wird der anstehende Boden von einem luftummantelten Wasserstrahl aufgeschnitten und anschließend über eine separate Düse mit Zementsuspension vermischt. Der analog zum Zweiphasenverfahren zur Bündelung und somit zur Erhöhung der Reichweite verwendete Luftstrahl wird mit einem Druck von 2 bis 17 bar, der Wasserstrahl mit einem Druck von 300 bis 600 bar beaufschlagt. Die Zementsuspension wird nachlaufend mit einem Mindestdruck von 20 bar als Bindemittel für den gelösten Boden eingepresst.

Bodenvereisung

Bei der Bodenvereisung wird der anstehende Boden soweit abgekühlt, bis das im Boden enthaltene Wasser gefriert. Der gefrorene Bodenkörper weist eine höhere Festigkeit und eine geringere Durchlässigkeit als im nicht gefrorenen Ausgangszustand auf. Zur Vereisung des Untergrunds werden Gefrierrohre in den Boden gerammt oder in Bohrlöcher eingebaut. In diesen Rohren zirkuliert als Kühlmittel für länger dauernde Maßnahmen eine in Kältemaschinen gekühlte Salz-Lösung oder für kurzfristige Maßnahmen angelieferter Flüssig-Stickstoff. Damit der Boden für die temporäre Verfestigung vereist werden kann, müssen folgende Voraussetzungen erfüllt sein:

- nur geringe Grundwasser-Strömungsgeschwindigkeit zur Vermeidung eines Kälteabstroms,
- schadstofffreies Grundwasser, da die Wirkung vieler Schadstoffe mit der eines Frostschutzmittels vergleichbar ist,
- geringer Feinkornanteil im Boden, da sonst Frosthebungen auftreten können,
- hoher Wassergehalt der zu verfestigenden Schicht, der oberhalb des Grundwasserspiegels durch Wasserzugabe herzustellen ist.

Die Vereisung ist ein reversibles, schadstofffreies Verfahren, welches bezüglich der Geometrie des zu verfestigenden Bereichs sehr flexibel ist. Der wesentliche Nachteil dieses Verfahrens ist der hohe Energieaufwand, sodass es nur für räumlich und zeitlich begrenzte Baumaßnahmen wirtschaftlich ist. Bei der Planung einer Vereisung ist zu prüfen, ob durch die Volumenzunahme des Wassers beim Gefrieren auftretende Hebungen des Bodens unschädlich sind.

1.5 Bewehrung

Neben dem Bodenaustausch, der Verdichtung und der Verfestigung nicht ausreichend tragfähiger Böden ist die Bewehrung eine weitere Methode zur Baugrundverbesserung. Diese Bewehrung kann z. B. in Form einer unter dem Bauplanum eingebrachten Baugrundvernagelung realisiert werden, wobei sich der Untergrund bereichsweise aufgrund der Verdübelung wie ein Monolith verhält. Das Verfahren kann auch gezielt zur Verdübelung möglicher Gleitflächen dienen.

Alternativ lässt sich die Tragfähigkeit von aufgeschütteten Bodenkörpern auch verbessern, indem eine Bewehrung in Form von Gittern bzw. Matten aus Geokunststoff oder Geotextil (heute kaum noch Bänder aus Stahl) eingelegt wird. Dieses als „bewehrte Erde“ bezeichnete System ist ein aus dem Bereich der Hangstabilisierung oder der Sicherung von Geländesprüngen bekanntes Verfahren (s. Abschn. 6). Auch bei horizontalem Gelände kann sich der Einbau einer Bewehrungslage – z. B. in einem Bodenaustauschpolster – als vorteilhaft erweisen, da über die höhere Scherfestigkeit des bewehrten Untergrunds eine bessere Lastverteilung erzielt wird. Dieses Verfahren wird z. B. im Straßenbau und im Bahnbau angewandt.

Eine Alternative zur Bodenvernagelung und zum Einbau von Bewehrung bietet die ingenieurbiologische Bewehrung. Dieses Verfahren beruht auf dem Einbau von lebenden Pflanzen, bei denen die Wurzeln einen wesentlichen Beitrag zur Bodenstabilisierung leisten. Dieses Verfahren wird i. Allg. nur zur dauerhaften konstruktiven Hangsicherung verwendet.

2 Flächengründungen

2.1 Begriffe und Gründungsarten

Unter Flächengründungen sind Gründungen zu verstehen, bei denen alle Lasten über die Sohlfläche in Form von Sohlspannungen übertragen werden. Flächengründungen können nach den Abmessungen der jeweiligen Fundamente in zwei Arten unterteilt werden:

- Einzel- bzw. Streifenfundamente,
- durchgehende Plattengründungen bzw. Trägerrostgründungen.

Einzelfundamente werden überwiegend bei der Gründung von Einzelstützen und *Streifenfundamente* bei der Gründung von Wänden oder Stützenreihen realisiert. Durch monolithische Verbindung von Streifenfundamenten untereinander entsteht eine Trägerrostgründung, deren Biegesteifigkeit Lastumlagerungen und damit ein gleichmäßigeres Setzungsverhalten ermöglicht. Eine durchgehende *Plattengründung* bietet gegenüber mehreren Einzel- oder Streifenfundamenten neben den geringeren Setzungsunterschieden innerhalb des Bauwerks den Vorteil, dass damit größere Bauwerkslasten abgetragen werden können und eine durchgehende Bauwerksabdichtung möglich wird. Die Begrenzung der Setzungsunterschiede ist bei der Planung von Fundamenten besonders zu beachten, da es sonst zu unverträglichen Schiefstellungen des Bauwerks bzw. zu durch Zwang hervorgerufenen Schäden (meist Risse) kommen kann.

Zur Dimensionierung der Fundamentabmessungen sind die Einhaltung einer ausreichenden Sicherheit gegen Grundbruch (Grenzzustand der Tragfähigkeit ULS – ultimate limit state) und der durch die Gebrauchstauglichkeit bei der vorgesehenen Nutzung zulässigen Setzungen (Grenzzustand der Gebrauchstauglichkeit SLS – serviceabilty limit state) maßgebend. Für einfache Gründungen auf Streifenfundamenten kann der sog. aufnehmbare Sohldruck (früher bezeichnet als zulässige Bodenpressung) unter bestimmten Voraussetzungen auch aus Tabellen übernommen werden, die unter Einhaltung beider Kriterien ermittelt wurden.

2.2 Aufnehmbarer Sohldruck

Aufnehmbarer Sohldruck aus Tabellenwerten
In DIN 1054 sind Bemessungswerte des Sohlwiderstandes für einfache Flächengründungen in Form von Streifen- und Einzelfundamenten angegeben. Dabei werden die Gründungen hinsichtlich der Bodenarten, der Abmessungen und

Einbindetiefe der Fundamente sowie der für die Gebrauchstauglichkeit zulässigen Bauwerksetzungen unterschieden. Bei den Bodenarten wird zwischen nichtbindigen und bindigen Böden sowie Fels differenziert. Die Abgrenzung zwischen nichtbindig und bindig wird hier allein nach dem Schlämmkornanteil (Bodenteilchen mit einem Durchmesser ≤ 0,063 mm) getroffen. Böden mit einem Schlämmkornanteil unter 15 Gew.-% werden als „nichtbindig", diejenigen mit einem höheren Schlämmkornanteil als „bindig" bezeichnet. Bei Auffüllungen sind die Tabellen entsprechend der Klassifikation des Auffüllungsmaterials anzuwenden; für Böden, die nach DIN 18196 als „organisch" zu bezeichnen sind, werden keine aufnehmbaren Sohldruckspannungen angegeben.

Für die Anwendung der entsprechenden Tabellen bestehen folgende allgemeine Anforderungen:

- Geländeoberfläche und Schichtgrenzen annähernd waagerecht
- frostsichere Einbindetiefe der Gründung,
- ausreichende Festigkeit des anstehenden Baugrunds bis in eine Tiefe der zweifachen Fundamentbreite bzw. ≥ 2,0 m unter der Gründungssohle (für nichtbindige Böden s. Tab. 1),
- überwiegend statische Beanspruchung der Fundamente, kein nennenswerter Porenwasserüberdruck,
- Neigung der resultierenden charakteristischen Beanspruchung in der Sohlfläche $\tan \delta = H_k/V_k \leq 0{,}20$ gegen die Sohlennormale,
- die zulässige Lage der charakteristischen Sohldruckresultierenden ist eingehalten (Ausmitte e ≤ 1. Kernweite für Kombinationen von ständigen Einwirkungen, Ausmitte e ≤ 2. Kernweite für Kombinationen mit veränderlichen Einwirkungen).

Bei außermittiger Belastung muss die Fundamentfläche soweit verkleinert werden, dass der Flächenschwerpunkt der für die Spannungsermittlung angesetzten Fläche mit dem Lastangriffspunkt übereinstimmt (bei einem Streifenfundament: reduzierte Fundamentbreite $b'_x = b_x - 2 * e_x$, bei Einzelfundamenten auch $b'_y = b_y - 2 * e_y$). Für alle weiteren auf die Fundamentabmessungen bezogenen Angaben sind die Maße dieser reduzierten Fläche (*Fundamentfläche* $A' = b'_x * b'_y$) entsprechend anzusetzen. Darüber hinaus sind auch die Auswirkungen einer Schiefstellung auf das Bauwerk zu prüfen, falls dieses auf Einzel- oder Streifenfundamente mit unterschiedlichen Abmessungen, Belastungen oder auf verschiedenen Bodenarten gegründet wird. Weitere Anforderungen sind getrennt für nichtbindige und bindige Böden angegeben. Der Nachweis, dass der Bemessungswert des Sohlwiderstandes $\sigma_{R,d}$ nicht überschritten wird, erfolgt dann in der Form:

$$\sigma_{E,d} \leq \sigma_{R,d}. \tag{1}$$

Dabei ist $\sigma_{E,d}$ der auf die reduzierte Fundamentsohlfläche A′ bezogene Bemessungswert der Sohldruckspannung.

Tab. 1 Voraussetzungen für die Anwendung (und Voraussetzungen für die Erhöhung) der Tabellenwerte für Bemessungswerte des Sohlwiderstandes $\sigma_{R,d}$ auf nichtbindigem Boden nach DIN 1054

Bodengruppe nach DIN 18196	Ungleichförmigkeitszahl nach DIN 18196 $C_U = d_{60}/d_{10}$	Mittlere Lagerungsdichte nach DIN 18126 D	Mittlerer Verdichtungsgrad nach DIN 18127 D_{Pr}	Mittlerer Spitzenwiderstand der Drucksonde q_c [MN/m²]
SE, GE	≤ 3	≥ 0,30	≥ 95 %	≥ 7,5
SU, GU		(≥ 0,50)	(≥ 98 %)	(≥ 15)
ST, GT				
SE, SW	> 3	≥ 0,45	≥ 98 %	≥ 7,5
SI, GE		(≥ 0,65)	(≥ 100 %)	(≥ 15)
GW, GT				
SU, GU				

Nichtbindige Böden. Bei nichtbindigen Böden wird für die Ermittlung des aufnehmbaren Sohldrucks zwischen setzungsempfindlichen und setzungsunempfindlichen Bauwerken unterschieden. Diese Unterscheidung wird jedoch erst ab einer Fundamentbreite über 1,0 m relevant. Bis zu dieser Breite ist die Grundbruchsicherheit für die Ermittlung der zulässigen Bodenpressung der maßgebende Faktor. Mit zunehmender Fundamentbreite steigt die nach der Grundbruchformel ermittelte zulässige Belastung des Baugrunds linear; ein höherer Spannungseintrag bedingt allerdings zugleich entsprechend größere Setzungen. Für setzungsempfindliche Bauwerke sind die zulässigen Bodenpressungen so angegeben, dass die zu erwartenden Setzungen bis 1,5 m Breite einen Betrag von etwa 1 cm, bei breiteren Fundamenten etwa 2 cm nicht überschreiten, wodurch bei Fundamentbreiten ab ca. 1,5 m nicht der Grundbruchnachweis maßgebend ist, sondern die Begrenzung der Setzungen bestimmend wird (Abb. 6). In Tab. 2 sind die Werte des aufnehmbaren Sohldrucks an der Fundamentsohle sowohl für setzungsunempfindliche als auch für setzungsempfindliche Bauwerke angegeben.

Bei kleineren Fundamentbreiten darf linear extrapoliert werden; Zwischenwerte der Fundamentbreiten und Einbindetiefen werden linear interpoliert. Ab einer Breite von 5,0 m ist der aufnehmbare Sohldruck generell anhand von Grundbruch- und Setzungsberechnungen zu ermitteln, ebenfalls bei höheren Horizontallastanteilen $H_k/V_k > 0{,}20$.

Eine Verminderung des Bemessungswerte des Sohlwiderstandes ist bei setzungsunempfindlichen Bauwerken für geringe Grundwasserabstände vorzunehmen. Liegt der Grundwasserspiegel in Höhe der Gründungsebene, so ist der Bemessungswert des Sohlwiderstandes nach Tab. 2 um 40 % zu verringern, für tiefere Grundwasserstände ist der Abminderungsfaktor 0,40 mit t/b′ zu multiplizieren (t = Abstand der Gründungsebene vom Grundwasserspiegel). Steht das Grundwasser über der Gründungsebene an und ist die Einbindetiefe geringer als 0,8 m oder 0,8 * b′, dürfen die Tabellenwerte nicht angewendet werden.

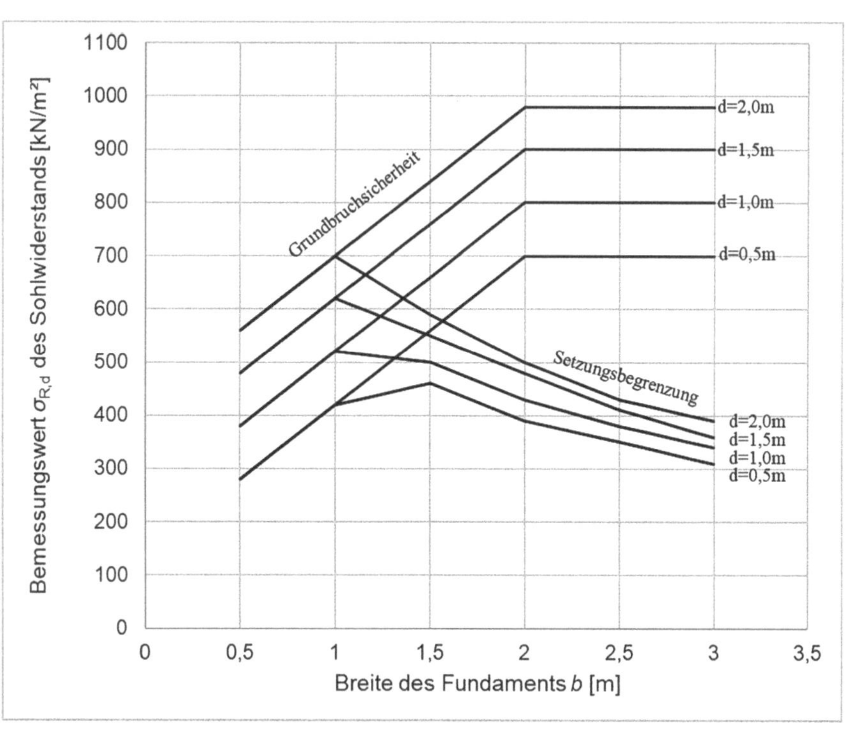

Abb. 6 Bemessungswerte des Sohlwiderstandes $\sigma_{R,d}$ für Streifenfundamente auf nichtbindigem Boden auf Grundlage einer ausreichenden Grundbruchsicherheit und ggf. einer Begrenzung der Setzungen nach DIN 1054

Tab. 2 Bemessungswerte des Sohlwiderstandes $\sigma_{R,d}$ für Streifenfundamente auf nichtbindigem Boden auf Grundlage einer ausreichenden Grundbruchsicherheit und ggf. einer Begrenzung der Setzungen mit den Voraussetzungen der Tab. 1

Kleinste Einbindetiefe des Fundamentes d [m]	Bemessungswerte des Sohlwiderstandes $\sigma_{R,d}$ [kN/m^2] in Abhängigkeit von der Fundamentbreite b bzw. b' [m]:							
	setzungsempfindlich					setzungsunempfindlich		
b bzw b′	0,50	1,00	1,50	2,00	2,50	3,00	1,50	≥ 2,00
0,50	280	420	460	390	350	310	560	700
1,00	380	520	500	430	380	340	660	800
1,50	480	620	550	480	410	360	760	900
2,00	560	700	590	500	430	390	840	980
bei Einbindetiefen	0,30 m ≤ d ≤ 0,50 m							
und Fundamentbreiten	b bzw. b′ ≥ 0,30 m:					210		

Eine weitere Verminderung der Tabellenwerte für setzungsunempfindliche Bauwerke ist bei einer waagerechten Komponente H_k in der Sohldruckbeanspruchung erforderlich, indem bei streifenförmigen Fundamenten ($b'_x/b'_y > 2$) und der Wirkungsrichtung der Horizontalkraft parallel zur längeren Fundamentseite die Tabellenwerte mit dem Faktor $(1-H_k/V_k)$ verringert werden. In allen anderen Fällen, also insbesondere, wenn die Horizontalkraft parallel zur kürzeren Fundamentseite wirkt, ist eine Multiplikation der Tabellenwerte mit dem Faktor $(1-H_k/V_k)^2$ erforderlich.

Ist der verminderte Wert für setzungsunempfindliche Bauwerke kleiner als der unveränderte Wert für setzungsempfindliche Bauwerke, so ist dieser verminderte Wert des aufnehmbaren Sohldrucks auch für setzungsempfindliche Bauwerke maßgebend.

Neben den genannten Abminderungen ist unter bestimmten Voraussetzungen auch eine Erhöhung der in Tab. 2 genannten Werte des aufnehmbaren Sohldrucks möglich. Generell dürfen diese Werte nur erhöht werden, wenn sowohl die Einbindetiefe als auch die Fundamentbreite größer als 0,5 m ist. Bei Einzelfundamenten mit einem Verhältnis der beiden Fundamentseiten von $b'_x/b'_y \leq 2$ oder Kreisfundamenten darf der aufnehmbare Sohldruck um 20 % erhöht werden. Für alle setzungsunempfindlichen Bauwerke ist die Erhöhung nur dann anzuwenden, wenn die Einbindetiefe t der Fundamente $t \geq 0{,}6 \cdot b'$ beträgt. Weitere Erhöhungen des aufnehmbaren Sohldrucks bis zu 50 % der Tabellenwerte sowohl für setzungsempfindliche wie auch für setzungsunempfindliche Bauwerke sind zulässig, wenn sich für den Baugrund bis in eine Tiefe der zweifachen Fundamentbreite bzw. ≥ 2,0 m unter der Gründungssohle eine deutlich höhere Festigkeit entsprechend den in Tab. 2 in den Klammern angegebenen Kriterien nachweisen lässt.

Bindige Böden. Bei bindigen Böden ist der aufnehmbare Sohldruck weder in Abhängigkeit von der Fundamentbreite gestaffelt noch wird zwischen setzungsempfindlichen und setzungsunempfindlichen Bauwerken unterschieden. Beide Unterscheidungen sind hier nicht sinnvoll, da für die Festlegung des aufnehmbaren Sohldrucks i. Allg. die Begrenzung der Setzungen maßgebend ist. Bei bindigen Böden werden die Setzungen entscheidend vom Wassergehalt beeinflusst, sodass die aufnehmbare Sohldruckspannung in Abhängigkeit von der Konsistenz gestaffelt wird.

Für die Anwendung der Tab. 3 ist mindestens eine steife Konsistenz (Konsistenzzahl nach DIN 18122 $I_C > 0{,}75$) bzw. eine mittlere einaxiale Druckfestigkeit nach DIN 18136 von $q_{u.k} > 120$ kN/m^2 des bindigen Bodens gefordert. Eine Ausnutzung des aufnehmbaren Sohldrucks entsprechend Tab. 3 kann zu Setzungen des entsprechenden Fundamentes in der Größenordnung von 2 bis 4 cm führen.

Für Fundamentbreiten zwischen 2,0 und 5,0 m müssen die Werte aus Tab. 3 um jeweils 10 % je Meter zusätzlicher Fundamentbreite vermindert werden. Ab einer Breite von 5,0 m ist der Grenzzustand der Tragfähigkeit und der Gebrauchstauglichkeit nachzuweisen. Bei Rechteckfundamenten mit einem Verhältnis der beiden Fundamentseiten

Tab. 3 Bemessungswerte des Sohlwiderstandes $\sigma_{R,d}$ für Streifenfundamente bei bindigem oder gemischtkörnigem Baugrund nach DIN 1054 mit Breiten b bzw. b' von 0,50 m bis 2,00 m

Bodengruppe nach DIN 18196	UL	SŪ, ST, ST̄, GU, GT̄			UM, TL, TM			TA		
Mittlere Konsistenz	steif bis halbfest	steif	halbfest	fest	steif	halbfest	fest	steif	halbfest	fest
Kleinste Einbindetiefe des Fundamentes [m]	Aufnehmbarer Sohldruck σ_{zul} [kN/m²]									
0,50	180	210	310	460	170	240	390	130	200	280
1,00	250	250	390	530	2000	290	450	150	250	340
1,50	310	310	460	620	220	350	500	180	290	380
2,00	350	350	520	700	250	390	560	210	320	420
Mittlere einax. Druckfestigkeit $q_{u,k}$ [kN/m²]	> 120	120 bis 300	300 bis 700	> 700	120 bis 300	300 bis 700	> 700	120 bis 300	300 bis 700	> 700

von $b'_x/b'_y \leq 2$ oder Kreisfundamenten darf der aufnehmbare Sohldruck um 20 % erhöht werden.

Fels. Für Flächengründungen auf Fels sind in DIN 1054 Bemessungswerte des Sohlwiderstandes in Abhängigkeit von der einaxialen Druckfestigkeit des Gesteins und dem Trennflächenabstand zusammengestellt, die eine sehr breite Spanne zwischen 0,35 MN/m² und 14 MN/m² umfassen. Eine Auswahl ist in Tab. 4 zusammengestellt.

Bemessungswerte des Sohlwiderstandes $\sigma_{R,d}$ aus Grundbruch- und Setzungsberechnung

Die Zugrundelegung der in DIN 1054 aufgeführten Tabellen stellt die einfachste Methode zur Ermittlung des Bemessungswert des Sohlwiderstandes für einfache Flächengründungen dar. Sind die Voraussetzungen für die Anwendung dieser Tabellen nicht erfüllt oder sollen höhere als die dort angegebenen Spannungen auf den Boden aufgebracht werden, so sind die maximal möglichen Sohldruckspannungen anhand von Grundbruch- und Setzungsberechnungen zu ermitteln.

Grundbruchberechnung

Der Nachweis der Sicherheit gegen Grundbruch gehört zu den Nachweisen der äußeren Standsicherheit gegenüber dem Grenzzustand der Tragfähigkeit (GEO2). Dazu ist die Grenzzustandsbedingung (2) zu erfüllen:

$$V_d \leq R_d. \tag{2}$$

Dabei ist:

V_d der Bemessungswert der Beanspruchung senkrecht zur Fundamentsohle unter Berücksichtigung von Teilsicherheitsbeiwerten für die Beanspruchung

R_d der Bemessungswert des Grundbruchwiderstandes

$$R_d = \frac{R_k}{\gamma_{R,v}}$$

$\gamma_{R,v}$ Teilsicherheitsbeiwert für den Grundbruchwiderstand nach DIN 1054 (1,40 für BS-P)

Die Berechnung des Grundbruchwiderstandes R_k ist in DIN 4017 ausführlich beschrieben. In die Berechnung der Grundbruchlast gehen neben den charakteristischen Bodenkennwerten (Scherparameter und Wichte) auch die Abmessungen des betrachteten Fundaments sowie dessen Einbindetiefe d ein. Der Einfluss der Fundamentbreite b′ und der Einbindetiefe d auf die Grundbruchlast wird für Streifenfundamente besonders deutlich, da hier der Grundbruchwiderstand nicht von Formbeiwerten für die Grundrissform des Fundaments ab-

Tab. 4 Bemessungswerte des Sohlwiderstandes $\sigma_{R,d}$ für quadratische Einzelfundamente auf Fels nach DIN 1054

Erforderliche Felseigenschaften nach DIN EN ISO 14689-1	Einaxiale Druckfestigkeit des Gesteins q_u [MN/m²]	Mittlerer Trennflächenabstand K [mm]	Bemessungswerte des Sohlwiderstandes $\sigma_{R,d}$ [MN/m²]
– dichte oder poröse Raumausfüllung – mindestens mäßige Kornbindung – in Wasser nicht veränderlich	1,25	≥ 250	0,35
		≥ 550	0,7
		≥ 1000	1,4
	5,0	≥ 150	0,7
		≥ 350	1,4
		≥ 600	3,5
	12,5	≥ 100	1,4
		≥ 350	3,5
		≥ 550	7,0

hängt; hier ergibt sich aus der dreigliedrigen Grundbruchformel (Tiefenglied, Breitenglied, Kohäsionsglied) ein linearer Zusammenhang zwischen der Grundbruchspannung und der Fundamentbreite oder der Einbindetiefe. Bei Einzelfundamenten sind Formbeiwerte – abhängig vom Verhältnis der Seitenlängen b'_x/b'_y der reduzierten Fundamentfläche – zu berücksichtigen. Auf das Setzungsverhalten eines Fundaments hat dessen Einbindetiefe meist nur geringen Einfluss. Bei als Plattengründung und als Tiefgründung ausgeführten Flächengründungen ist nicht die Grundbruchsicherheit, sondern das Setzungsverhalten für die Ermittlung des aufnehmbaren Sohldrucks maßgebend.

Setzungsberechnung

Die infolge der Sohldruckspannung auftretenden Setzungen eines Fundamentes lassen sich aus der Größe der Spannungsänderungen im Boden, der Steifigkeit des Untergrunds und der Dicke der Schicht, in der durch die Spannungsänderungen Stauchungen entstehen, berechnen.

Dabei sind auf nichtbindigen Böden die Sohldruckspannungen infolge der charakteristischen Werte der ständigen Einwirkungen und der regelmäßig auftretenden veränderlichen Einwirkungen zu berücksichtigen. Bei der Ermittlung der Konsolidationssetzungen auf bindigen Böden dürfen veränderliche Einwirkungen vernachlässigt werden, deren Einwirkungszeit wesentlich kürzer ist als die Zeit, die zum Abbau des Porenwasserüberdrucks erforderlich ist. Aushubentlastungen dürfen berücksichtigt werden.

Der Aufbau des Untergrundes und die Steifigkeitsparameter der einzelnen Bodenschichten sind vorab im Rahmen der Baugrunderkundung zu ermitteln. Dabei ist zu beachten, dass der die Bodensteifigkeit beschreibende Steifemodul E_S keine Bodenkonstante, sondern eine spannungsabhängige Größe ist. Der Steifemodul ist in Abhängigkeit vom vorhandenen Spannungszustand und den erwarteten Spannungsänderungen anzusetzen. Die Spannungsänderung aus dem Sohldruck nimmt aufgrund der Spannungsausbreitung im Baugrund mit zunehmender Tiefe ab. Einflusswerte für die Berechnung der Spannungsausbreitung können den entsprechenden Zusammenstellungen verschiedener Autoren (u. a. Boussinesq, Graßhoff, Jelinek, Kany, Steinbrenner) entnommen werden. Mit diesen Eingangswerten kann die Setzungsberechnung durchgeführt werden. Die Setzungen werden dabei i. Allg. durch Integration der Stauchungen bis zur sog. „Grenztiefe" berechnet; letztere beschreibt die Tiefe, in der die zusätzlichen Spannungen aus dem Neubau nur noch 20 % der Spannungen aus der Vorbelastung (Bodeneigengewicht, ggfs. schon vorhandene Bauwerkslasten) betragen.

Die so ermittelten rechnerischen Setzungen der einzelnen Fundamente sind zum Nachweis der Gebrauchstauglichkeit unter Berücksichtigung der Konstruktion des gesamten Tragwerks zu beurteilen. Dabei sind i. d. R. nicht die absoluten Setzungen, sondern Setzungsdifferenzen bzw. Verdrehungen bei mehreren Einzel- oder Streifenfundamenten bzw. Krümmungsradien bei Streifen- oder Plattengründungen maßgebend.

2.3 Berechnungsverfahren für die Sohldruckverteilung

Die Sohldruckverteilung unter Flächengründungen wird für die Ermittlung der Biege- und Schubbeanspruchung der Fundamente benötigt. Zur Berechnung der Sohldruckverteilung stehen verschiedene Berechnungsverfahren zur Verfügung. Das einfachste Verfahren ist das *Spannungstrapezverfahren*. Hier wird nur die Art des Lasteintrages in das Fundament berücksichtigt (zentrisch oder exzentrisch belastet) und ein geradliniger Sohldruckverlauf angenommen. Diese Sohldruckverteilung stellt bei geringen Einbindetiefen und kleinen Fundamenten eine gute Näherung dar, kann jedoch in Bezug auf die Schnittgrößen in den Fundamenten aufgrund der nicht angesetzten Spannungsspitzen auf der unsicheren Seite liegen.

Bei großen Einbindetiefen oder bei der Berechnung von Streifen- bzw. Plattengründungen ist das Steifemodulverfahren dem Spannungstrapezverfahren vorzuziehen; als Kompromisslösung dazwischen ist das Bettungsmodulverfahren einzuschätzen, das heute in den meisten Statik- und Bemessungsprogrammen für Balken oder Platten bereits implementiert ist. Beim *Bettungsmodulverfahren* wird der Boden als ein System unabhängiger (Flächen-)Federn idealisiert, wodurch das Querdehnungsverhalten des Bodens nicht berücksichtigt werden kann. Ebenso findet hier eine Beeinflussung durch benachbarte Sohlspannungen keine Berücksichtigung. Entsprechend würde sich für eine konstante Belastung einer biegeweichen Platte bei einem konstanten Bettungsmodul $k_S = \sigma/s$ [MN/m^3] anstelle der zu erwartenden Setzungsmulde mit diesem Verfahren ein „Setzungsgraben" mit gleichmäßiger Setzung des Untergrunds ergeben, was bodenmechanisch nur eine sehr grobe Näherung darstellt. Entsprechend kann dieses Verfahren nur zutreffende Ergebnisse liefern, wenn die Verteilung des Bettungsmoduls über die Fundamentfläche durch zu den jeweils ermittelten Sohldruckverteilungen durchgeführte Setzungsberechnungen iterativ verbessert wird.

Das *Steifemodulverfahren* legt für das Verhalten des Bodens unter der Gründungssohle den elastischisotropen Halbraum zugrunde, sodass sich eine gegenseitige Beeinflussung verschiedener Teilflächen des Fundamentes durch benachbarten Spannungseintrag ergibt. Die nach dem Steifemodulverfahren ermittelte Sohldruckverteilung liefert dann eine Setzungsmulde entsprechend der Biegelinie des Fundaments.

Eine genaue Beschreibung der Verfahren zur Berechnung der Sohldruckverteilung ist in DIN 4018 zu finden.

3 Pfahlgründungen

3.1 Pfahlarten

Pfähle dienen als Gründungselemente, um Bauwerkslasten auf tiefer liegende, tragfähige Baugrundschichten zu übertragen. Die Unterscheidung der verschiedenen Pfahlarten erfolgt sowohl nach ihrem Material als auch nach dem Herstellungsverfahren und der Art der Lastabtragung. Als Material kann Holz, Stahlbeton, Spannbeton oder Stahl eingesetzt werden.

Der äußere Widerstand eines Einzel-Druckpfahls in axialer Richtung setzt sich aus Fußwiderstand (Spitzendruck) in der Aufstandsfläche und Mantelwiderstand (Mantelreibung) in den vom Pfahl durchfahrenen tragfähigen Bodenschichten zusammen. Je nachdem, ob die eine oder andere Kraftwirkung überwiegt, werden die Pfähle als „Spitzendruckpfähle" oder „Reibungspfähle" bezeichnet. Bei Zugpfählen ist nur der Mantelwiderstand mobilisierbar.

In Bezug auf die Herstellung ist eine Einteilung der Pfähle in Verdrängungspfähle ohne Bodenentnahme und Bohrpfähle mit Bodenentnahme üblich. Bei weiteren Verfahren wird der Boden teilweise verdrängt. Verdrängungspfähle weisen aufgrund der bei der Herstellung bewirkten Bodenverdichtung vergleichsweise höhere Tragfähigkeiten auf, jedoch mit einer anteilig durch die glatten Oberflächen (z. B. bei Betonfertigpfählen) bedingten geringeren Mantelreibung. Die Abschätzung der erforderlichen Einbindetiefe ist bei Bohrpfählen über die Begutachtung des geförderten Bodenmaterials und bei Verdrängungspfählen über den Eindringwiderstand möglich.

Die Herstellverfahren sind mit einer sehr unterschiedlichen, verfahrensabhängigen Lärmentwicklung und Bodenerschütterung verbunden, sodass die Entscheidung für ein bestimmtes Pfahlherstellverfahren, z. B. im innerstädtischen Bereich, von diesen Faktoren maßgeblich beeinflusst wird.

Verdrängungspfähle

Verdrängungspfähle nach DIN EN 12699 können als Fertigpfähle oder Ortbetonverdrängungspfähle ausgeführt werden.

Fertigpfähle sind Pfähle, die in kontrollierbarer Güte auf dem Bauplatz oder im Werk in vorgegebener Länge vorfabriziert werden. Das Einbringen erfolgt durch Rammen, Vibrieren oder auch Pressen. Werden Fertigpfähle aus Beton verwendet, so sind Schäden beim Rammen möglich. Der Rammschlag bewirkt eine Stoßwelle, die den Pfahl vom Kopf bis zur Spitze durchläuft. Bei kurzen Pfählen pflanzt sich die Welle gleichsinnig fort und der Pfahl erhält nur Druckbeanspruchungen. Bei langen Pfählen kann es dagegen zu Überlagerungen zwischen vor- und rücklaufender Welle kommen, wodurch Zugspannungen im Querschnitt entstehen können. Rissbildungen bei gerammten Betonpfählen lassen sich durch Vorspannen der Pfähle vermeiden (Spannbeton-Pfähle).

Eine Besonderheit bei Fertigpfählen besteht in ihrer anfangs verringerten Mantelreibung am Pfahlschaft in bindigen, wassergesättigten Bodenschichten, da beim Einbringen der Pfähle in der direkten Pfahlumgebung ein erhöhter Porenwasserdruck erzeugt wird. Diese verringerte Mantelreibung kann in Abhängigkeit von der Höhe des Porenwasserüberdrucks und der Durchlässigkeit des Bodens bis zu mehreren Wochen vorherrschen. Die mit dem Abbau des Porenwasserüberdrucks einhergehende Zunahme des Mantelreibungswiderstandes wird als „Festwachsen" des Pfahles bezeichnet.

Zur Erhöhung der Tragfähigkeit werden Verdrängungspfähle ausgeführt, die während des Einbringens verpresst werden. Bei Stahlpfählen wird die Zuleitung für das Verpressgut so am Pfahl befestigt, dass sie beim Abteufen nicht beschädigt wird oder abreißt. Dies wird i. Allg. dadurch erreicht, dass der Pfahlfuß eine größere Aufstandsfläche aufweist als die Pfahlquerschnittsfläche. Beim Abteufen wird also im Mantelbereich ein größerer Hohlraum durch Bodenverdrängung geschaffen als der Pfahlschaft einnimmt. Dieser Hohlraum wird durch Verpressmörtel ausgefüllt. Verpresste Verdrängungspfähle werden auch als MV-Pfähle (Mörtel-Verpress-Pfähle), RI-Pfähle (Rüttel-Injektions-Pfähle) oder RV-Pfähle (Ramm- oder Rüttelverpress-Pfähle) bezeichnet.

Bei der Herstellung von Ortbetonverdrängungspfählen wird zuerst ein Rohr mit den gleichen Abmessungen wie der zu erstellende Pfahl in den Boden eingebracht. Das Abteufen des Rohres kann ebenfalls durch Rammen, Pressen oder Vibrieren erfolgen. Danach besteht zur Erhöhung der Tragfähigkeit die Möglichkeit, eine Fußverbreiterung auszurammen. Verdrängungspfähle mit ausgerammter Fußverbreiterung werden als *„Franki-Pfähle"* bezeichnet. Anschließend wird die Bewehrung eingestellt, der Pfahl betoniert und – parallel dazu – das Rohr vibrierend gezogen.

Bohrpfähle

Bohrpfähle nach der DIN EN 1536 (Durchmesser 0,3 m bis 3,0 m) unterscheiden sich von den Verdrängungspfählen dadurch, dass ein Hohlraum durch Bodenaushub geschaffen wird, in dem sie betoniert werden. Die Herstellung besteht aus den drei Verfahrensschritten Bohren, Bewehren und Betonieren (Abb. 7).

Für das Abteufen der Bohrung stehen verschiedene Verfahren zur Auswahl. Sie werden nach der Art der Bodenförderung in Drehbohren, Greiferbohren und Spülbohren unterschieden. Neben den verschiedenen Arten der Bodenförderung unterscheiden sich Bohrpfähle auch in der Art der Stützung der Bohrlochwandung während des Abteufens und des Einbaus der Bewehrung.

Bohrpfähle können verrohrt oder unverrohrt (ungestützt oder flüssigkeitsgestützt) oder mit einer durchgehenden Bohrschnecke hergestellt werden. Eine unverrohrte und ungestützte Bohrung ist nur im Fels oder bei Böden mit entsprechend hoher Kohäsion und daraus entstehender freier Standhöhe möglich. Bei ungestützten Bohrungen wird nach dem Abteufen direkt der Bewehrungskorb eingestellt und anschließend der Beton eingebracht.

Bei gestützten Bohrungen dient die Stützung der Wandung dazu, Auflockerungen oder Boden-

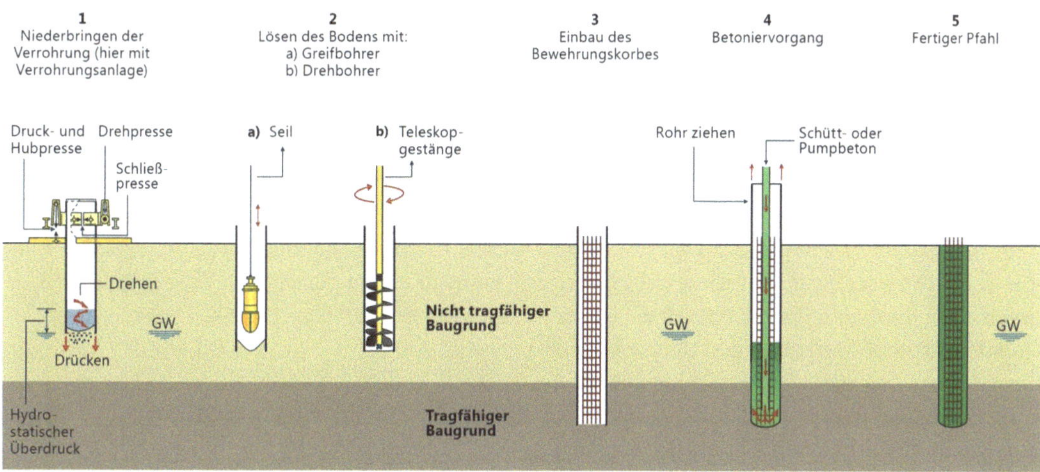

Abb. 7 Herstellung eines Bohrpfahles [© PORR]

einbrüche aus dem den Pfahl umgebenden Erdreich zu vermeiden bzw. zu reduzieren. Bei verrohrten Bohrungen kann das Bohrrohr eingepresst, eingedreht, eingeschlagen oder ein vibriert werden. Bei Verwendung einer Verrohrung soll diese dem Bodenaushub jeweils vorauseilen. Im Grundwasser wird der Boden unter Wasserauflast ausgehoben, d. h. mit einem Wasserstand im Bohrrohr, der immer höher gehalten wird als der Grundwasserspiegel im umgebenden Boden, um ein Zufließen des Grundwassers und unkontrollierten Bodeneintrieb am unteren Ende der Verrohrung zu vermeiden. Bei verrohrten Bohrungen erfolgt das Bewehren und Betonieren nach Erreichen der Endteufe analog den ungestützten Bohrungen.

Bei den flüssigkeitsgestützten Bohrungen wird die Stützkraft über die Stützflüssigkeit (Bentonitsuspension oder Polymerlösung) aufgebracht, die gegenüber dem anstehenden Grundwasser einen Überdruck aufweisen muss. Der hydrostatische Stützdruck dient – wie bei Schlitzwänden – primär zur Sicherung der Bohrung gegen den anstehenden Wasserdruck und Erddruck. Aufgrund des Überdrucks werden Auflockerungen des umgebenden Bodens vermieden. Durch Abfiltrieren von Wasser aus der Suspension in den Boden bildet sich an der Bohrlochwandung in feinkörnigen Böden ein Filterkuchen, dessen Mächtigkeit sowohl von der Durchlässigkeit des Bodens als auch von der Verweildauer der Suspension in der Bohrung abhängt. In gröberen Böden dringt die Suspension in den Porenraum eine gewisse Strecke ein und überträgt so den Stützdruck entlang der Eindringstrecke auf das Korngerüst. Der Bewehrungskorb wird in die Stützflüssigkeit eingestellt und diese anschließend durch im Kontraktorverfahren mit einem Schüttrohr eingebrachten Beton verdrängt. Der Filterkuchen kann unter bestimmten Umständen aufgrund seiner Festigkeitseigenschaften die vom Boden auf den Pfahl übertragbare Mantelreibung vermindern.

Bei Bohrungen mit durchgehender Bohrschnecke wird die Bohrlochwandung über das Bohrgut in der Schnecke gestützt. Das Gewinde der Schnecke ist spiralförmig um ein inneres Seelenrohr angeordnet. Beim Abteufen der Bohrung wird kein oder nur relativ wenig Boden gefördert, sodass eine teilweise Bodenverdrängung entsprechend dem Volumen des Innenrohres stattfindet. Um die Menge des geförderten Bodens zu begrenzen, muss bei diesem Verfahren die Drehgeschwindigkeit auf die Abteufgeschwindigkeit abgestimmt sein. Nach Erreichen der Endteufe kann bei ausreichend großem Durchmesser des Innenrohres darin auch ein Bewehrungskorb eingestellt werden. Anschließend bringt man den Beton über das Innenrohr in die Bohrung ein. Parallel zum Betonieren wird die Schnecke ohne Rückdrehung aus dem Boden gezogen. Unterdruck beim Ziehen und damit verbundene Bodeneinbrüche lassen sich vermeiden, indem beim Betonieren ein Betonüberdruck aufgebracht wird. Ist ein Einbau von Bewehrung über das Innenrohr nicht möglich, kann auch ein kurzer Bewehrungskorb nach Abschluss des Betonierens in den frischen Beton eingerüttelt werden.

Eine Besonderheit weist der sog. „Bohrpfahl mit Fußaufweitung" auf. Bei diesem Pfahl wird durch einen Spezialgreifer oder durch ein entsprechendes Drehbohrwerkzeug der Boden im Fußbereich über den normalen Durchmesser hinaus ausgeräumt. Die so erzielte Pfahlfußverbreiterung ermöglicht einen höheren Lastabtrag über Spitzendruck. Der Boden im Fußaufweitungsbereich muss dazu aber ohne Verrohrung standsicher sein.

Eine höhere Pfahltragfähigkeit lässt sich auch durch nachträgliches Verpressen der Pfähle erzielen. Die hierfür erforderlichen Injektionsschläuche bzw. -rohre werden am Bewehrungskorb angebracht. Bei der Nachverpressung mit Zementsuspension wird durch den Injektionsdruck der noch nicht vollständig erhärtete Beton aufgesprengt. Die Verpressung kann sowohl entlang der Mantelfläche in der tragfähigen Bodenschicht zur Verbesserung des Verbunds zwischen Pfahl und Boden als auch im Pfahlfußbereich zur Vergrößerung des mobilisierbaren Spitzendrucks realisiert werden.

Verdrängungsbohrpfähle

Bei den Verdrängungsbohrpfählen wird zwischen Teil- und Vollverdrängungsbohrpfählen unterschieden. Bei den *Teilverdrängungsbohrpfählen* wird, wie bei Bohrpfählen mit durchgehender Stützung durch die Bohrschnecke beschrieben, ein Teil des Bodenmaterials gefördert, während ein Teil durch das am Fuß verschlossene Seelenrohr seitlich verdrängt wird. Eine weitere Variante von Teilverdrängungsbohrpfählen sind Rammpfähle, bei denen durch Vorbohren mit kleinerem Durchmesser der Boden vorab örtlich entspannt wird, wodurch der Eindringwiderstand beim anschließenden Rammen verringert wird.

Bei *Vollverdrängungsbohrpfählen* wird kein Bodenmaterial gefördert. Nach Erreichen der Endteufe wird die Schnecke nicht gezogen, sondern zurückgedreht. Der von dem Bohrgewinde eingenommene Raum wird mit Beton gefüllt, und die Pfähle erhalten eine mit einer Schraube vergleichbare Form, weshalb sie als „Schraubbohrpfähle" bezeichnet werden. Dieses Gewinde sorgt für einen guten Verbund mit dem Boden, wodurch große Mantelreibungskräfte übertragen werden können. Zudem führt die Verdrängung des Bodens zu einer Erhöhung der Lagerungsdichte und somit zu einem günstigeren Tragverhalten als bei anderen Bohrpfählen.

3.2 Pfahlprobebelastung

Die in Abschn. 3.4 angegebenen Rechenwerte für Pfahlfußwiderstand und Mantelreibung sind empirische Werte, die nur angewendet werden dürfen, wenn Erfahrungen hinsichtlich der Pfahlart, der Herstellungsmethode, des Baugrunds und der Belastungsart vorliegen. Ohne die entsprechenden Erfahrungswerte ist die Anwendung der Tabellenwerte nicht zulässig, dann sind Pfahlprobebelastungen zur Ermittlung der Pfahltragfähigkeit durchzuführen. Auch bei ausreichenden Erfahrungen können Pfahlprobebelastungen sinnvoll sein, da die Tabellenwerte zu einer Überdimensionierung der Pfähle führen, während die einzuhaltenden Sicherheitsbeiwerte bei der Durchführung von Probebelastungen reduziert werden dürfen. Bei der Durchführung von Pfahlprüfungen sollten die in den EA Pfähle (2012) enthaltenen Empfehlungen für statische bzw. dynamische Pfahlprüfungen beachtet werden.

Pfahlprüfungen können als statische Pfahlprobebelastungen ausgeführt werden oder als dynamische Pfahlprobebelastungen, bei denen der Pfahl durch eine Stoßkraft belastet wird.

Zusätzlich zu den statischen oder den dynamischen Pfahlprobebelastungen kann man auch eine dynamische Integritätsprüfung durchführen. Nach der Fertigstellung dient dieses Verfahren der Qualitätskontrolle hinsichtlich der Geometrie des Pfahles und der Qualität des Baustoffs. Dabei wird der zu prüfende Pfahl mit einem Hammerschlag o. ä. beaufschlagt. Aufgenommen und ausgewertet werden die Laufzeiten der Stoßwellen innerhalb des Pfahls.

Statische Pfahltests

Bei statischer Probebelastung wird ein Pfahl bis zum Erreichen seiner Grenzlast belastet. Als Belastungswiderlager können entweder eine Totlast, Reaktionspfähle oder Anker dienen. Die Belastung erfolgt i. Allg. durch hydraulische Pressen. In der Regel wird die erschütterungsfrei aufzubringende Last stufenweise gesteigert, wobei jeweils erst nach Abklingen der Setzungen unter der jeweiligen Laststufe weiterbelastet wird. Alternativ ist auch eine stufenweise Laststeigerung mit konstanten Zeitintervallen oder eine Belastung mit konstanter Verformungsgeschwindigkeit möglich. Zu jeder Laststufe – bzw. bei konstanter Verformungsgeschwindigkeit kontinuierlich – werden die Setzungen des Pfahlkopfes aufgenommen. Zur Trennung zwischen elastischen und plastischen Verformungen sind Zwischenentlastungen vorzusehen. Bei der Auswertung der statischen Probebelastung werden die gemessenen Setzungen über den jeweils zugehörigen Spannungen als Widerstands-Verschiebungslinie des Pfahles dargestellt. Statische Probebelastungen können auch analog für horizontal oder auf Zug beanspruchte Pfähle ausgeführt werden.

Dynamische Pfahltests bzw. Pfahlprobebelastungen

Bei einer dynamischen Pfahlprobebelastung wird eine Stoßkraft anstelle der statischen Prüfkraft verwendet. Die Stoßbelastung bewirkt Dehnungen und Beschleunigungen im Pfahl, welche mit ihrer zeitlichen Entwicklung messtechnisch erfasst werden. Aus dem Verlauf der Dehnungen und Beschleunigungen lassen sich der Kraft- und Geschwindigkeitsverlauf berechnen. Zur weiteren Auswertung der dynamischen Pfahltests stehen zwei verschiedene Verfahren zur Verfügung: das CASE- und das CAPWAP-Verfahren.

Eine Alternative zu dynamischen Pfahlprobebelastungen sind die bei Rammpfählen verfügbaren Rammformeln. Hier wird direkt beim Rammen aus der Rammenergie, den Kennwerten des Pfahles und der erreichten Eindringung des Pfahles auf die Pfahltragfähigkeit geschlossen. Empirisch ermittelte Rammformeln sind nach DIN 1054 nur in Ausnahmefällen zulässig. Darüber hinaus ist ihre Zuverlässigkeit anhand örtlicher Erfahrungen in Form von Probebelastungen nachzuweisen bzw. zu kalibrieren.

3.3 Tragverhalten von axial belasteten Pfählen

Tragverhalten von Einzelpfählen

Bei Pfählen wird zwischen der inneren und der äußeren Tragfähigkeit unterschieden. Der Nachweis der inneren Tragfähigkeit umfasst die Querschnittsbemessung und das gewählte Material, damit der Pfahl die Einwirkungen sowohl im Bau- als auch im Endzustand auf den Baugrund übertragen kann. Durch den Nachweis der äußeren Tragfähigkeit ist zu prüfen, ob die Festigkeits- und Verformungseigenschaften des Bodens ausreichen, um die Belastung, die vom Pfahl auf den Boden übertragen werden soll, ohne unzulässig große Setzungen aufzunehmen.

Die Krafteinleitung vom Pfahl in den Boden kann über Spitzendruck und/oder Mantelreibung erfolgen. Als „Mantelreibung“ werden die Schubspannungen q_s zwischen der Mantelfläche eines Pfahles und dem umgebenden Boden bezeichnet. Der Spitzendruck entspricht der Sohlspannung q_b unter dem Pfahlfuß. Tragen Pfähle ihre Last ausschließlich über Mantelreibung ab, so wird diese Pfahlgründung als „schwimmende Gründung“ bezeichnet (Abb. 8).

Die Art der Lastabtragung eines Pfahles wird auch anhand seiner Widerstands-Verschiebungslinie deutlich. Typische Widerstands-Verschiebungslinien für einen Spitzendruckpfahl und einen Mantelreibungspfahl sind in Abb. 9 dargestellt.

Der Mantelreibungspfahl kann Lasten bis zum Grenzzustand der Tragfähigkeit bei vergleichsweise kleinen Setzungen aufnehmen. Nach Erreichen des Grenzzustandes treten relativ große Setzungen ohne weitere Laststeigerung auf. Der Bruchwert entspricht dem im Grenzzustand am Pfahlschaft mobilisierbaren Mantelreibungswiderstand. Das Versagen entlang dieser Bruchfläche ist ein Scherversagen, die übertragbare Schubspannung also eine Funktion der Scherfestigkeit. Der Spitzendruckpfahl reagiert dagegen auf Belastung direkt mit Setzungen, da hier

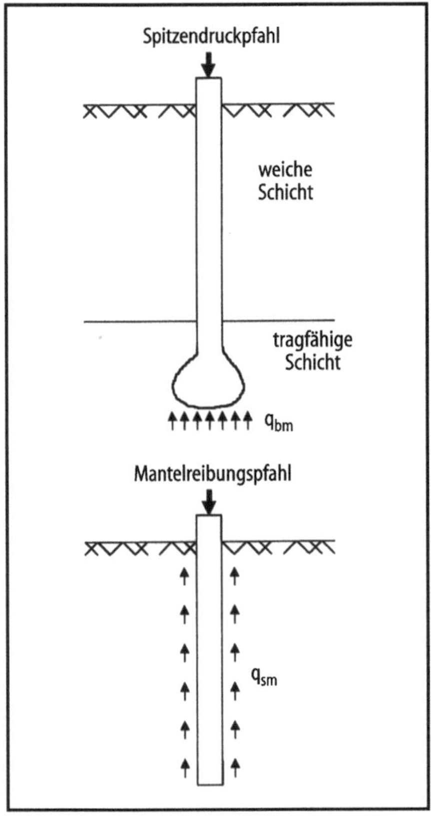

Abb. 8 Spitzendruckpfahl und Mantelreibungspfahl

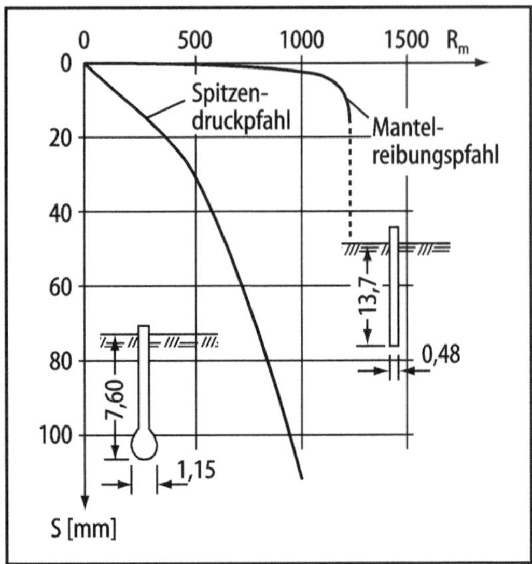

Abb. 9 Beispiel für das Widerstands-Verschiebungsverhalten bei einem Spitzendruckpfahl und einem Mantelreibungspfahl. (Rollberg 1976)

keine Reibungswiderstände überwunden werden müssen. Nach einem kurzen Anfangsbereich ist hier ein weitgehend lineares Widerstands-Verschiebungsverhalten festzustellen.

Neben der Art der Lastabtragung (Spitzendruck oder Mantelreibung) hängt das äußere Tragverhalten eines Pfahles von den Bodeneigenschaften, den Grundwasserverhältnissen, der Einbindelänge in die tragfähigen Schichten, der Pfahlform, der Pfahlneigung, dem Pfahlabstand sowie besonders der Einbringungsart ab. In Bezug auf den Boden sind v. a. dessen Festigkeitseigenschaften relevant. So treten z. B. bei einem nichtbindigen Boden bei einer lockeren Lagerung sehr viel größere Setzungen auf als bei einer großen Lagerungsdichte (Abb. 10 rechts).

Das Tragverhalten von Pfählen hängt stark von der Einbringungsart ab. Während z. B. bei der Herstellung von Bohrpfählen in nichtbindigem Boden die Lagerungsdichte nahezu unverändert bleibt, wird bei der Herstellung von Verdrängungspfählen der umgebende nichtbindige Boden verdichtet, sodass eine vergleichsweise höhere Mantelreibung mobilisierbar ist (s. Abb. 10 links).

Neben den genannten Einflüssen ist auch der Zeitfaktor für die Tragfähigkeit eines Pfahles relevant, d. h. die Zeit zwischen der Herstellung des Pfahles und seiner Belastung bzw. der Prüfung seiner Tragfähigkeit. Bei der Pfahlherstellung werden die Spannungsverhältnisse im Boden verändert. Besonders relevant ist dieser Eingriff in die Spannungszustände bei Vollverdrängungspfählen in wassergesättigten bindigen Böden. Hier wird durch das Einbringen der Pfähle ein Porenwasserüberdruck im Boden erzeugt, wodurch zunächst nur geringe Mantelreibungswiderstände mobilisiert werden können. Zeitgleich ist jedoch eine höhere Spitzendruckkraft bei geringeren Setzungen aufnehmbar. Durch Abbau des Porenwasserüberdrucks nach der Pfahlherstellung werden die totalen Spannungen auf das Korngerüst übertragen, sodass im Endzustand größere effektive horizontale Spannungen im Boden herrschen als vor der Pfahleinbringung. Für die Schubspannungen auf der Pfahlmantelfläche bedeutet dies, dass direkt nach der Pfahlherstellung die aus der Scherfestigkeit im undrainierten Zu-

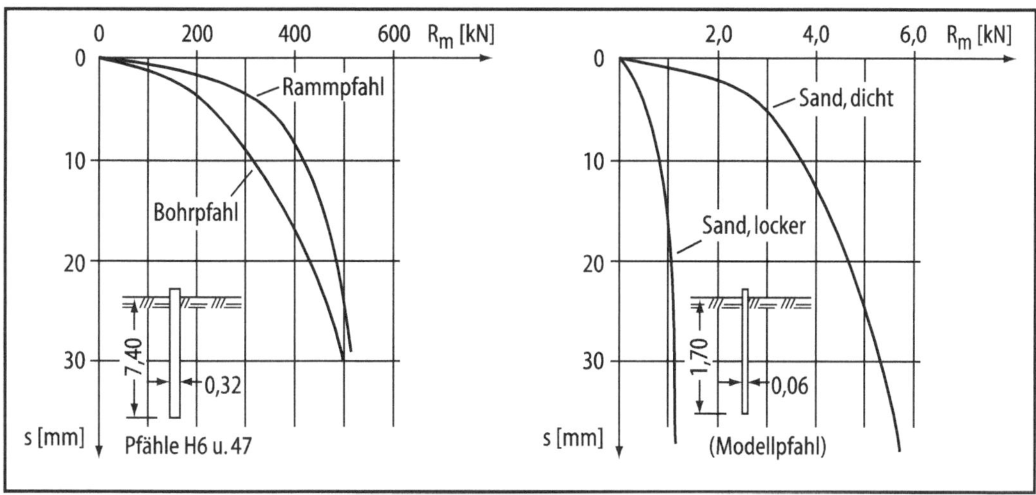

Abb. 10 Beispiele für den Einfluss der Herstellungsart und der Bodenfestigkeit auf das Widerstands-Verschiebungsverhalten von Pfählen. (Rollberg 1976)

stand abzuleitende Adhäsion maßgebend ist. Nach weitgehendem Abbau des Porenwasserüberdrucks werden die effektiven Scherparameter des durch die Pfahlherstellung stärker verdichteten Bodens wirksam. Diese höheren Schubspannungen dürfen bei ihrem Nachweis durch Probebelastungen für die Bemessung angesetzt werden. Der Zeitpunkt der Probebelastung von Verdrängungspfählen wird in den EA Pfähle (2012) für nichtbindige Böden mit drei Tagen, für bindige Böden mit „nicht früher als nach drei Wochen" angegeben.

Die Lastabtragung vom Pfahl auf den Boden über die Mantelreibung beruht auf einer Verschiebung des Pfahles in Richtung der Belastung. Bei reibungsfreien Böden wirken Adhäsions- anstelle von Reibungskräften. Eine negative Mantelreibung bzw. eine negative Adhäsionskraft kann entstehen, wenn sich der den Pfahl umgebende Boden, z. B. infolge einer Aufschüttung stärker setzt als der Pfahl selbst. Dadurch wird der Pfahl zusätzlich axial belastet (Abb. 11).

Tragverhalten von Pfahlgruppen

Als Pfahlgruppen werden Anordnungen von Pfählen bezeichnet, die sich aufgrund ihres geringen Abstands zueinander sowie der Spannungsausbreitung im Boden gegenseitig beeinflussen. Bei relativ kleinen Abständen wirken Druckpfahlgruppen in ihrer Aufstandsebene ähnlich wie eine in dieser Tiefe angeordnete Flächengründung. Die Setzungen der Pfahlgruppe lassen sich dann nach DIN 1054 für eine gleichmäßige Bodenpressung in einer Ersatzfläche in Höhe der Pfahlfußebene abschätzen. Für die Ersatzfläche wird der Einflussbereich je Pfahl mit seinem sechsfachen Radius angesetzt (Abb. 12). Bei der Berechnung der Setzungen werden die Setzungen dieser als fiktives Fundament zu betrachtenden Ersatzfläche zu denen der einzelnen Pfähle addiert.

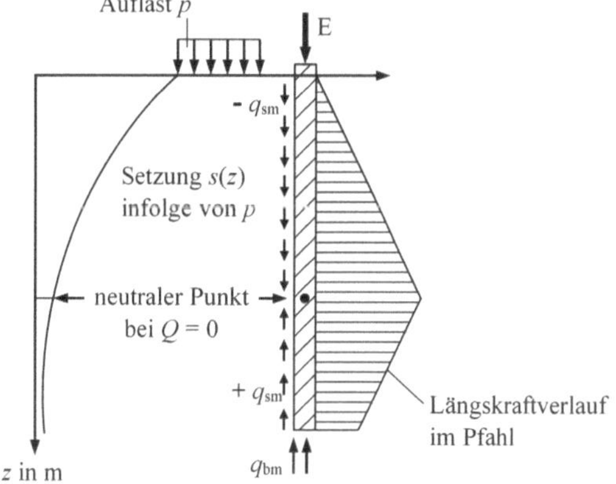

Abb. 11 Negative Mantelreibung

Bei Zugpfahlgruppen ist nach DIN 1054 zusätzlich zum Nachweis der Tragfähigkeit des Einzelpfahls gegenüber Herausziehen auch nachzuwei-

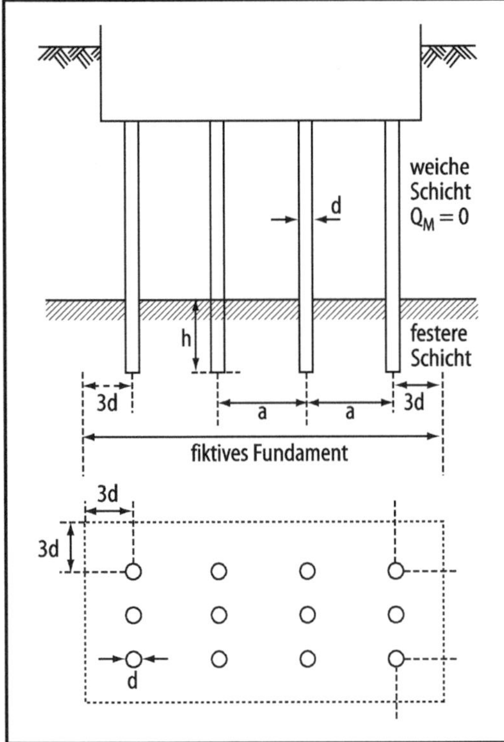

Abb. 12 Fiktives Fundament einer Pfahlgruppe

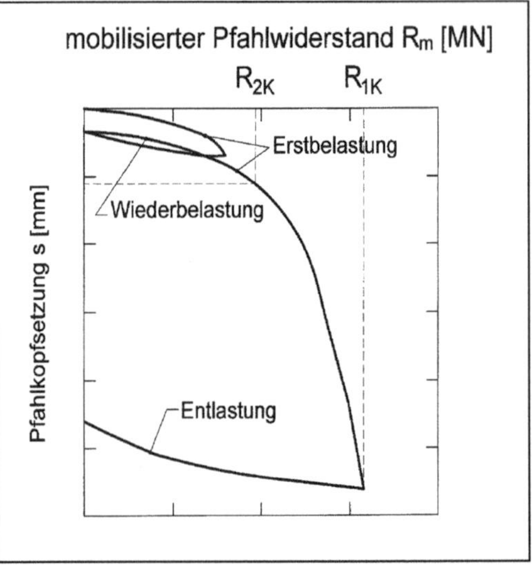

Abb. 13 Beispiel einer Widerstands-Verschiebungslinie für einen Druckpfahl mit Definition des Pfahlwiderstandes $R_{c,k}$ im Grenzzustand GEO2 nach DIN 1054

sen, dass die Pfähle zusammen mit dem von ihnen eingeschlossenen Bodenblock eine ausreichende Sicherheit gegen Abheben aufweisen.

3.4 Abschätzung der Pfahltragfähigkeit

Widerstands-Verschiebungslinie

Das Tragverhalten eines Pfahles wird durch sein Setzungsverhalten bei Belastung beschrieben. Die grafische Darstellung des Tragverhaltens wird als „Widerstands-Verschiebungslinie" bezeichnet. Zu ihrer Ermittlung werden an einem oder mehreren Pfählen Probebelastungen durchgeführt und die dabei auftretenden Pfahlkopf-Setzungen gemessen (Abb. 13).

Anhand der dabei gemessenen Widerstands-Verschiebungslinie kann nach DIN 1054 der charakteristische Wert des Pfahlwiderstandes im Grenzzustand der Tragfähigkeit (ULS) ebenso wie im Grenzzustand der Gebrauchstauglichkeit (SLS) für einen Einzelpfahl ermittelt werden. Der charakteristische Wert $R_{c,k}$ des Pfahlwiderstandes aus einer oder mehreren Probebelastungen ergibt sich unter Berücksichtigung der Streuung der Messergebnisse zu $R_{c,k}$ aus dem kleineren Wert von $R_{m,mitt}/\xi_1$ (mit $R_{m,mitt}$ = dem Mittelwert des Pfahlwiderstandes aus mehreren Probebelastungen, ξ_1 = Streuungsfaktor 1,35 für eine Probebelastung, 1,25 für 2 Probebelastungen, 1,15 für 3, 1,05 für 4 und 1,0 für 5 und mehr) und $R_{m,min}/\xi_2$ (mit $R_{m,min}$ = kleinster Wert des Pfahlwiderstandes aus mehreren Probebelastungen, ξ_2 = Streuungsfaktor 1,35 für eine Probebelastung, 1,15 für 2 Probebelastungen, 1,0 für 3 und mehr). Der Pfahlwiderstand R_c im Grenzzustand der Tragfähigkeit ist an dem Punkt der Widerstands-Verschiebungslinie erreicht, an dem der lineare, steil abfallende Ast beginnt. Die zugehörigen Setzungen werden als Grenzsetzungen s_g bezeichnet. Ist ein solcher Grenzwert aus der Widerstands-Verschiebungslinie nicht eindeutig erkennbar, so kann der Pfahlwiderstand bei einer Grenzsetzung von $s_g = 0{,}10 * D_b$ (mit D_b = Pfahldurchmesser am Fuß) abgelesen werden (Abb. 13).

Die Beurteilung der Tragfähigkeit von Pfählen erfolgt i. d. R. anhand statischer oder dynamischer Pfahlprobebelastungen.

Tragfähigkeitsabschätzung aus Sondierungen
Die Tragfähigkeit der einzelnen Pfähle einer Pfahlgründung lässt sich bereits im Vorfeld der Baumaßnahme anhand der im Rahmen der Baugrunderkundung durchgeführten Sondierungen aus Korrelationen abschätzen. Solche Korrelationen – z. B. für den Pfahl-Spitzenwiderstand q_b aus dem Sondierspitzendruck q_c in Drucksondierungen – kann man zur Vorbemessung der Pfähle zugrunde legen; sie sind jedoch in Bezug auf ihre Aussagekraft nicht mit einer Probebelastung vergleichbar. Zur Abschätzung der Pfahltragfähigkeit aus Sondierergebnissen stehen verschiedene Ansätze aus der Literatur zur Verfügung, die bei Kempfert (2009) zusammengestellt sind.

Tragfähigkeitsabschätzung nach Erfahrungswerten aus Normen
Erfahrungswerte für die Tragfähigkeit von Pfahltypen können der *EA Pfähle* (2012), in denen für solche Erfahrungswerte weiterhin Spannen zur Abschätzung der Pfahltragfähigkeit angegeben sind. Die unteren Werte der Spannweite dürfen bei Druckpfählen ohne Ausführung von Pfahlprobebelastungen angesetzt werden und sind entsprechend auf der sicheren Seite abgeschätzt. Der Verzicht auf Pfahlprobebelastungen ermöglicht es zwar, die damit verbundenen Kosten einzusparen, besonders bei größeren Baumaßnahmen erweist sich jedoch durch die mit den relativ hohen Sicherheiten der vorgegebenen Werte verbundene Überdimensionierung die Durchführung von Pfahlprobebelastungen i. d. R. als wirtschaftlicher. Mit den in den EA-Pfähle angegebenen Werten für den Spitzendruck $q_{b,k}$ und die Mantelreibung $q_{s,k}$ – getrennt nach den Pfahlarten Bohrpfahl, Rammpfahl (Verdrängungspfähle) und Verpresspfahl – lässt sich in Abhängigkeit von der Pfahlsetzung der mobilisierbare Pfahlwiderstand bzw. die Widerstands-Setzungslinie nach Gl. (2) berechnen:

$$R_c(s) = R_{b,k}(s) + R_{s,k} = \eta_b * q_{b,k}(s)^* A_b + \sum_i \eta_s * q_{s,k,i} * A_{s,i} \qquad (3)$$

Dabei ist:

A_b	der Nennwert der Pfahlfußfläche
$A_{s,i}$	der Nennwert der Pfahlmantelfläche in der tragfähigen Schicht i
$q_{b,k}$	der char. Wert des Pfahlspitzenwiderstandes nach den Tab. 15, 16, 17 und 18
$q_{s,k}$	der char. Wert der Mantelreibung in der Schicht i nach den Tab. 15, 16, 17 und 18
$R_{b,k}(s)$	der setzungsabhängige char. Wert des Pfahlfußwiderstandes
$R_{s,k}(s)$	der setzungsabhängige char. Wert des Pfahlmantelwiderstandes
$R_c(s)$	der setzungsabhängige char. Wert des gesamten Pfahlwiderstandes
η_b	Modellfaktor für den Pfahlspitzenwiderstand (nur bei Fertigrammpfählen, sonst $\eta_b = 1{,}0$)
η_s	Modellfaktor für den Pfahlmantelwiderstand (nur bei Fertigrammpfählen, sonst $\eta_s = 1{,}0$)

Tragfähigkeitsabschätzung für Bohrpfähle
Für Bohrpfähle mit Schaftdurchmesser Ø 0,30 m bis 3,00 m sind in den EA-Pfähle Tabellen zur Abschätzung von Spitzendruck und Mantelreibung getrennt für bindige und nichtbindige Böden aufgeführt (Tab. 5, 6, 7 und 8). Voraussetzung für die Anwen-

Tab. 5 Pfahlspitzenwiderstand $q_{b,k}$ für Bohrpfähle in nichtbindige Böden

	Pfahlspitzendruck $q_{b,k}$ [MN/m²] bei einem mittleren Spitzenwiderstand q_c der Drucksonde [MN/m²]		
Bezogene Pfahlkopfsetzung s/D_s bzw. s/D_b	7,5	15	25
0,02	0,55–0,80	1,05–1,4	1,75–2,3
0,03	0,70–1,05	1,35–1,8	2,25–2,95
0,10 (≙ s_g)	1,6–2,3	3,0–4,0	4,0–5,3

Zwischenwerte dürfen geradlinig interpoliert werden. Bei Bohrpfählen mit Fußverbreiterung sind die Werte auf 75 % abzumindern

Tab. 6 Pfahlspitzendruck $q_{b,k}$ für Bohrpfähle in bindige Böden

	Pfahlspitzenwiderstand $q_{b,k}$ [MN/m²] bei einer Scherfestigkeit $c_{u,k}$ des undränierten Bodens [MN/m²]		
Bezogene Pfahlkopfsetzung s/D_s bzw. s/D_b	0,10	0,15	0,25
0,02	0,35–0,45	0,6–0,75	0,95–1,2
0,03	0,45–0,55	0,7–0,9	1,2–1,45
0,10(≙ s_g)	0,80–1,0	1,2–1,5	1,6–2,0

Zwischenwerte dürfen geradlinig interpoliert werden. Bei Bohrpfählen mit Fußverbreiterung sind die Werte auf 75 % abzumindern

Tab. 7 Pfahlmantelreibung $q_{s,k}$ für Bohrpfähle in nichtbindige Böden

Mittlerer Spitzenwiderstand q_c der Drucksonde [MN/m²]	Bruchwert $q_{s,k}$ der Pfahlmantelreibung [MN/m²]
7,5	0,055–0,08
1015	0,105–0,14
≥ 25	0,13–0,17

Zwischenwerte dürfen geradlinig interpoliert werden

Tab. 8 Pfahlmantelreibung $q_{s,k}$ für Bohrpfähle in bindige Böden

Scherfestigkeit $c_{u,k}$ des undränierten Bodens [MN/m²]	Bruchwert $q_{s,k}$ der Pfahlmantelreibung [MN/m²]
0,060	0,03–0,04
0,15	0,05–0,065
≥ 0,25	0,065–0,85

Zwischenwerte dürfen geradlinig interpoliert werden

dung dieser Tabellenwerte ist, dass die Festigkeitseigenschaften der tragfähigen Schicht (bzw. bezüglich der Mantelreibung auch mehrerer Schichten) bekannt sind. Die Pfahlspitzenwiderstände dürfen dabei nur angesetzt werden, wenn die Pfähle mindestens 2,5 m in eine tragfähige Schicht einbinden. Für die tragfähige Schicht ist hier für nichtbindige Böden ein Sondierspitzenwiderstand von $q_c \geq 10$ MN/m², für bindige Böden eine Scherfestigkeit des undränierten Bodens von $c_{u,k} \geq 0{,}10$ MN/m² erforderlich. Bei den angegebenen Pfahlspitzenwiderständen wird der mit Zunahme der Setzungen größer werdende Widerstand über die auf den Pfahl- bzw. Pfahlfußdurchmesser bezogene Pfahlkopfsetzung s/D berücksichtigt. Die Tabellenwerte können sowohl bei verrohrt als auch bei suspensionsgestützt hergestellten Bohrpfählen angesetzt werden, ebenso bei nicht kreisförmigen Bohrpfählen (z. B. einzelne Schlitzwandlamellen als sog. Barette) ohne besondere Abminderungen.

Die Mantelreibung kann bis zum Erreichen ihres Bruchwertes als linear mit den Setzungen zunehmend angenommen werden. Die Bruchwerte der Mantelreibung $q_{s,k}$ im Grenzzustand der Tragfähigkeit sind für nichtbindige Böden in Tab. 7 und für bindige Böden in Tab. 8 angegeben. Der charakteristische Wert des Mantelreibungswiderstandes $R_{s,k}$ (s_{sg}) wird bei einer Pfahlsetzung s_{sg} nach Gl. (4) berechnet.

$$s_{sg} = 0,5^* R_{s,k}(s_{sg})[\mathrm{MN}] + 0,5\ [\mathrm{cm}] \\ \leq 3,0\ \mathrm{cm} \tag{4}$$

mit $R_{s,k}$ (s_{sg}) der Summe der über die Pfahlmantelfläche in den tragfähigen Schichten anzusetzenden Reibungswiderstände.

Mit den in den Tabellen aufgeführten Werten für Spitzendruck und Mantelreibung sowie den angegebenen zugehörigen Setzungen kann die Widerstands-Verschiebungslinie eines Pfahles konstruiert und anhand dieser der charakteristische Pfahlwiderstand ermittelt werden. Für Zugpfähle gelten die Werte nicht, hier sind in der Regel Probebelastungen erforderlich.

Bei einer Einbindung der Pfähle in Fels sind die Bruchwerte für Spitzenwiderstand und Mantelreibung in Abhängigkeit von der Festigkeit des Gesteins für Schluff, Ton und Sandstein angegeben. Es sollte jedoch unbedingt ein Sachverständiger für Geotechnik eingeschaltet werden..

Tragfähigkeitsabschätzung für Rammpfähle
Für Fertigteil-Rammpfähle nach DIN EN 12699 aus Stahl, Stahlbeton oder Spannbeton sind Werte für den Pfahlfußwiderstand und die Pfahlmantel-

reibung in nichtbindigen und bindigen Böden für verschiedene Setzungen in den EA-Pfähle angegeben. Dabei wird in Abhängigkeit von der Bauart unterschieden, ob sich der Spitzendruck auf den Baustoff oder indirekt über den Boden ausbildet. Für quadratische und rechteckige Querschnitte muss ein äquivalenten Pfahldurchmesser D_{eq} berechnet werden. Für Pfähle aus Beton mit einem äquivalnten Pfahldurchmesser von 0,25 bis 0,5 m und geschlossenen Stahlpfählen bis 800 mm werden Werte für die Mantelreibung und den Spitzendruck in den Tab. 9, 10, 11 und 12 gegeben. Dabei sind die Modellfaktoren η_s und η_b bei Beton 1,0 und beim Stahl 0,8. Die Werte setzen voraus, dass die Mächtigkeit der tragfähigen Schicht unter dem Pfahlfuß mindestens 5 Pfahlfußdurchmesser bzw. ≥ 1,50 m beträgt. Der charakteristische Wert des Mantelreibungswiderstandes $R_{s,k}$ (s_{sg*}) wird bei einer Pfahlsetzung s_{sg*} nach Gl. (5) berechnet.

$$s_{sg*}\ [\mathrm{cm}] = 0{,}5 \cdot R_{s,k}\ (s_{sg*})\ [\mathrm{MN}] \leq 1\ [\mathrm{cm}] \quad (5)$$

mit $R_{s,k}$ (s_{sg*}) der Summe der über die Pfahlmantelfläche in den tragfähigen Schichten anzusetzenden Reibungswiderstände.

Tab. 9 Pfahlspitzenwiderstand $q_{b,k}$ für Fertigteil-Rammpfähle in nichtbindige Böden

Bezogene Pfahlkopfsetzung s/D_{eq}	Pfahlspitzendruck $q_{b,k}$ [MN/m²] bei einem mittleren Spitzenwiderstand q_c der Drucksonde [MN/m²]		
	7,5	15	25
0,035	2,2–5,0	4,0–6,5	4,5–7,5
0,10 (≙ s_g)	4,2–6,0	7,6–10,2	8,75–11,5

Zwischenwerte dürfen geradlinig interpoliert werden

Tab. 10 Pfahlmantelreibung $q_{s,k}$ für Fertigteil-Rammpfähle in nichtbindige Böden

Bezogene Pfahlkopfsetzung s/D_{eq}	Pfahlspitzendruck $q_{b,k}$ [MN/m²] bei einem mittleren Spitzenwiderstand q_c der Drucksonde [MN/m²]		
	7,5	15	25
s_{sg*}	0,03–0,04	0,065–0,09	0,085–0,120
0,10(≙ s_g)	0,04–0,06	0,085–0,125	0,125–0,160

Zwischenwerte dürfen geradlinig interpoliert werden

Bei offenen Stahlrohren wird unterschieden, ob sich im Rohr beim Rammen ein Pfropfen ausbildet (D ≤ 0,5 m – Modell 1) der Spitzdruck aufnimmt oder der Boden beim Rammen ins Rohr eindringt und innerhalb des Rohrs Mantelreibung mobilisiert (D ≥ 1,5 m – Modell 2). Für Durchmesser zwischen 0,5 und 1,5 m muss die Grenztragfähigkeit nach beiden Modellen berechnet und anschließend mit einer speziellen Interpolationsfunktion durchmesserabhängig die Grenztragfähigkeit bestimmt werden. Für diese und andere Arten von Pfählen, wie z. B. Ortbeton-Rammpfähle, sind ebenfalls Spannen von Erfahrungswerten in den EA-Pfähle sowohl für nichtbindige als auch für bindige Böden angegeben.

Falls bei gerammten Zugpfählen auf eine Pfahlprobebelastung verzichtet werden soll, ist zur Festlegung der mobilierten Mantelreibung eine besondere Sachkunde und Erfahrung auf dem Gebiet der Geotechnik erforderlich.

Tragfähigkeitsabschätzung für Mikropfähle nach DIN 14199

Für verpresste Mikropfähle mit Durchmesser D < 30 cm, sind i. d. R. Probebelastungen durchzuführen. Sie tragen überwiegend über Mantelreibung, während der Fußwiderstand bei Druckpfäh-

Tab. 11 Pfahlspitzendruck $q_{b,k}$ für Fertigteil-Rammpfähle in bindige Böden

Bezogene Pfahlkopfsetzung s/D_{eq}	Pfahlspitzenwiderstand $q_{b,k}$ [MN/m²] bei einer Scherfestigkeit $c_{u,k}$ des undränierten Bodens [MN/m²]		
	0,10	0,15	0,25
0,035	0,35–0,45	0,55–0,70	0,8–0,9
0,10(≙ s_g)	0,60–0,75	0,85–1,1	1,15–1,5

Zwischenwerte dürfen geradlinig interpoliert werden

Tab. 12 Pfahlmantelreibung $q_{s,k}$ für Fertigteil-Rammpfähle in bindige Böden

Bezogene Pfahlkopfsetzung s/D_{eq}	Pfahlspitzenwiderstand $q_{b,k}$ [MN/m²] bei einer Scherfestigkeit $c_{u,k}$ des undränierten Bodens [MN/m²]		
	0,10	0,15	0,25
s_{sg*}	0,02–0,03	0,035–0,05	0,045–0,065
0,10(≙ s_g)	0,02–0,035	0,04–0,06	0,055–0,08

Zwischenwerte dürfen geradlinig interpoliert werden

len zu vernachlässigen ist. Falls auf Probebelastungen im Ausnahmefall verzichtet werden soll, können für verschiedene Bodenarten Erfahrungswerte für den Mantelreibungswiderstand $q_{s,k}$ nach EA-Pfähle (s. Tab. 13) verwendet werden. Bei dynamischen bzw. zyklischen Einwirkungen sind in Abhängigkeit von der erwarteten Zahl der Lastwechsel und den charakteristischen Lastspannen bei Schwell- oder Wechsellasten besondere Untersuchungen erforderlich.

Allgemein sind die aus Probebelastungen gewonnenen Erkenntnisse über das Tragverhalten von Pfählen den hier genannten Verfahren und Werten zur Abschätzung ihrer Tragfähigkeit vorzuziehen.

3.5 Nachweis der Tragfähigkeit und der Gebrauchstauglichkeit für Einzelpfähle

Zum Nachweis einer ausreichenden Sicherheit gegen Versagen eines axial belasteten Einzelpfahls (Druckpfahl oder Zugpfahl) durch Bruch des Bodens in der Pfahlumgebung ist nach DIN EN 1997-1 die Grenzzustandsbedingung (6) zu erfüllen.

$$F_d \leq R_d = {}^{R_k}/_{\gamma_t} \quad (6)$$

Dabei ist:

F_d der Bemessungswert der Pfahlbeanspruchung in axialer Richtung unter Berücksichtigung der Teilsicherheitsbeiwerte für Einwirkungen bzw. Beanspruchungen γ_G bzw. γ_Q nach DIN 1054

R_d der Bemessungswert des Pfahlwiderstandes

R_k der charakteristische Wert des Pfahlwiderstandes aus Probebelastungen, Korrelationen oder aus Erfahrungswerten

γ_t der Teilsicherheitsbeiwert zur Abminderung des Pfahlwiderstandes in Abhängigkeit von der Art der Ermittlung und Belastung nach Tab. 14

Der Teilsicherheitsbeiwert γ_t hängt dabei nicht von der Bemessungssituation (dauerhaft, temporär oder außergewöhnlich) ab, sondern nur von der Art und Weise, wie der charakteristische Wert des Pfahlwiderstandes ermittelt wird (d. h. hier wird der Aufwand für eine oder mehrere Probebelastungen belohnt).

Bei frei stehenden Pfählen (in Wasser oder über Gelände), aber auch bei Pfählen in weichen bindigen Böden ist bei der inneren Bemessung des Pfahlquerschnittes der Knicksicherheitsnachweis zu führen. Bei Pfählen in bindigen Böden mit einer mindestens steifen Konsistenz und in nichtbindigen Böden kann dieser entfallen.

Der Nachweis der Gebrauchstauglichkeit SLS ist wie nach der Grenzzustandsbedingung Gl. (7) zu führen. Die Zahlenwerte der Teilsicherheitsbeiwerte für Grenzzustände der Gebrauchstauglichkeit sind dabei in der Regel 1,0.

$$E_d \leq C_d \quad (7)$$

Dabei ist:

E_d der Bemessungswert der Pfahlbeanspruchung in axialer Richtung (bestehend aus Gründungslasten, grundbauspezifischen

Tab. 13 Erfahrungswerte der Pfahlmantelreibung $q_{s,k}$ bei verpressten Mikropfählen in nichtbindigen und bindigen Böden

nichtbindigen Böden		bindigen Böden	
Mittlerer Spitzenwiderstand der Drucksonde q_c [MN/m^2]	Bruchwert der Pfahlmantelreibung $q_{s,k}$ [MN/m^2]	Scherfestigkeit $c_{u,k}$ [MN/m^2]	Bruchwert der Pfahlmantelreibung $q_{s,k}$ [MN/m^2]
≥ 7,5	0,135–0,175	0,060	0,055–0,065
15	0,215–0,280	0,150	0,095–0,105
≥ 25	0,255–315	≥ 0,250	0,115–0,125

Zwischenwerte dürfen geradlinig interpoliert werden

Tab. 14 Teilsicherheitsbeiwerte für Pfahl-Widerstände im Grenzzustand der Tragfähigkeit

Widerstand und Art der Ermittlung	Formelzeichen	BS-P, BS-T und BS-A
Pfahldruckwiderstand bei Auswertung von Probebelastungen	γ_t	1,10
Pfahlzugwiderstand bei Probebelastung	$\gamma_{s,t}$	1,15
Pfahlwiderstand auf Druck und Zug aufgrund von Erfahrungswerten	γ_t	1,40

Einwirkungen wie negativer Mantelreibung und ggf. dynamischen Einwirkungen)

C_d das maßgebende Kriterium für die Gebrauchstauglichkeit, d. h. der Wert des Pfahlwiderstandes bei der für das Gesamttragwerk verträglichen Pfahlkopfverschiebung s bzw. aus den zulässigen Verschiebungs-differenzen

Tragverhalten von Pfahlgruppen

Konstruktiv werden meist mehrere Einzelpfähle durch Kopfbalken bzw. -platten oder durch die Steifigkeit des Überbaus zu Pfahlgruppen miteinander verbunden. Bei Druckpfahlgruppen ist dann zu prüfen, ob die sich einstellenden, im Vergleich zu Einzelpfählen größeren Setzungen mit den Kriterien der Gebrauchstauglichkeit vereinbar sind. Als Pfahlgruppen werden Pfähle bezeichnet, die sich aufgrund ihres geringen Abstands zueinander sowie der Spannungsausbreitung im Boden gegenseitig beeinflussen. Bei relativ kleinen Abständen wirken Pfahlgruppen in ihrer Aufstandsebene ähnlich wie eine in dieser Tiefe angeordnete Flächengründung. Zur Ermittlung der im Gebrauchszustand zulässigen Gesamtbelastung einer Pfahlgruppe wird näherungsweise eine Ersatzfläche in der Pfahlfußebene als Einhüllende um jeden Pfahl mit seinem dreifachen Durchmesser angesetzt (Abb. 12). Die im Grenzzustand der Gebrauchstauglichkeit aufnehmbare Druckbelastung dieser Ersatzfläche entspricht dem aufnehmbaren Sohldruck bei einer Flächengründung mit entsprechender Grundfläche und Einbindetiefe.

3.6 Kombinierte Pfahl-Plattengründung

Nach DIN 1054 werden als „Kombinierte Pfahl-Plattengründung" (KPP) Gründungen bezeichnet, bei denen die Vertikallasten durch Verbundwirkung sowohl von der Pfahlkopfplatte als Fundamentplatte analog zu Flächengründungen als auch wie bei reinen Pfahlgründungen über die Pfähle abgetragen werden. Dabei kommt es neben der Gruppenwirkung der Pfähle zu mehrfachen Interaktionen zwischen Pfählen, Platte und dem dazwischen eingeschlossenen Boden. Der sog. Pfahl-Platten-Koeffizient α_{KPP} als Maß für den Anteil des über die Pfähle abgetragenen Teils der Gesamteinwirkungen kann dabei für unterschiedliche Baumaßnahmen zwischen 0,0 (Flachgründung) und 1,0 (Pfahlgründung) variieren, wobei für $\alpha_{KPP} \geq 0{,}9$ die Bemessung wie für eine reine Pfahlgründung erfolgen sollte. Bei der Kombinierten Pfahl-Plattengründung können die Pfähle bis zum Grenzwert ihres mobilisierbaren Widerstandes belastet werden. Der notwendige Sicherheitsabstand gegenüber dem Grenzzustand der Tragfähigkeit wird in Kombination mit der Flächen-Tragwirkung der Platte erreicht.

Da die Pfahlkopfsetzungen durch die starre Verbindung identisch mit der Setzung der Platte sind, ergibt sich die wirksame Sohldruckspannung unter der Platte als Funktion der Pfahlsetzung; da diese Sohldruckspannungen vom Baugrund unter der Platte aufgenommen werden müssen, ist eine KPP-Wirkung nur dann möglich, wenn unter der Platte keine Bodenschichten von geringer Steifigkeit vorhanden sind (z. B. bindige oder organische Weichschichten, locker gelagerte Auffüllungen). Zur Bemessung können die Pfähle wie Einzelkräfte in der Größe der Bruchlast ihrer äußeren Tragfähigkeit betrachtet werden (Hanisch et al. 2002). Wesentliche Vorteile der Kombinierten Pfahl-Plattengründung bestehen im Vergleich zum Pfahlrost in der höheren Ausnutzung der

Pfähle und in den geringeren Setzungen im Vergleich zu einer reinen Flächengründung. Da bei einer Kombinierten Pfahl-Plattengründung die Pfahlsetzungen Voraussetzung für die Mobilisierung des Sohldruckspannung unter der Platte sind, können bei diesem Verfahren keine reinen Spitzendruckpfähle (z. B. auf Fels) zur Ausführung kommen. Die Pfähle wirken bei diesem Verbundsystem eher wie eine „Setzungsbremse“ für die Flächengründung.

3.7 Tragverhalten von quer zur Pfahlachse beanspruchter Pfähle

Aktive Horizontalbelastung

Unter aktiven Horizontalbelastungen versteht man direkt in den Pfahl – i. Allg. am Pfahlkopf – eingeleitete Horizontallasten oder Einspannmomente, durch die der Pfahl eine Biegebeanspruchung erfährt. Nach DIN 1054 sind zur Ermittlung des charakteristischen Pfahlwiderstandes eines Einzelpfahls quer zur Pfahlachse auch Probebelastungen oder Erfahrungen mit vergleichbaren Probebelastungen empfohlen. Für solche Beanspruchungen sind nur Pfähle mit einem Schaftdurchmesser $D_s \geq 0{,}30$ m bzw. einer Kantenlänge $a_s \geq 0{,}30$ m geeignet. Aus solchen Probebelastungen können auch die charakteristischen Werte des horizontalen Bettungsmoduls $k_{s,k}$ für den seitlich stützenden Boden ermittelt werden.

Ausschließlich zur Ermittlung der Größe und Verteilung der Biegemomente sowie der durch die Beanspruchung verursachten horizontalen Verschiebung und Verdrehung ist das Bettungsmodulverfahren zugelassen, wobei der horizontale Bettungsmodul als Verhältnis der horizontalen Bettungsspannung zur horizontalen Verschiebung in den beteiligten Bodenschichten nach Gl. (8) abgeschätzt werden darf:

$$k_{s,d} = E_{S,k}/D_s \quad (8)$$

Dabei ist:

$E_{S,k}$ der charakteristische Wert des Steifemoduls der beteiligten Bodenschicht in horizontaler Richtung

D_s der Pfahlschaftdurchmesser, mindestens mit 1,00 m anzusetzen

Der Bettungsmodul hängt sowohl von der Pfahl-Biegesteifigkeit als auch vom Spannungs-Verformungsverhalten des Bodens in dem betreffenden Spannungsbereich ab. In der Regel können Biegemomente und Horizontalverschiebungen bei horizontalen Belastungen damit nach dem *Bettungsmodulverfahren* berechnet werden, sofern die zugehörigen Verschiebungen im Gebrauchszustand nicht größer werden als 2 cm bzw. 0,03 * D_s. Über den Steifemodul $E_{S,k}$ wird die Abhängigkeit des Bettungsmoduls vom Spannungsniveau des umgebenden Bodens berücksichtigt. Analog zum Steifemodul nimmt auch der Bettungsmodul üblicherweise mit der Tiefe zu. Vier prinzipiell verschiedene Bettungsmodulverläufe sind in Abb. 14 dargestellt:

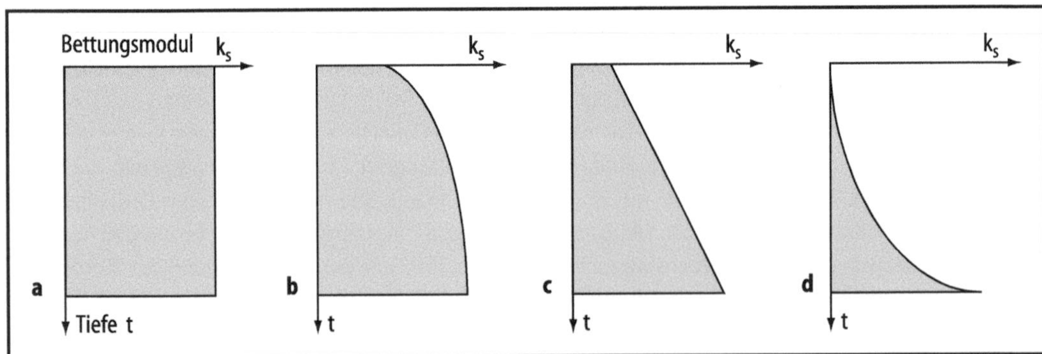

Abb. 14 Qualitativer Verlauf des Bettungsmoduls über die Tiefe

- konstant (oben = unten),
- parabolisch,
- linear (dreieckig bzw. trapezförmig),
- hyperbolisch (oben = 0).

Der in Abb. 14a gegebene Bettungsmodulverlauf beschreibt einen Boden, der an der Geländeoberfläche das gleiche Spannungs-Verformungsverhalten aufweist wie am Pfahlfuß. Dieser Verlauf bzw. der in Abb. 14b dargestellte, zur Geländeoberfläche hin etwas geringere Bettungsmodul ist für einen überkonsolidierten bindigen Boden zutreffend. Der in Abb. 14c gegebene lineare Verlauf kann für einen nicht bindigen oder schwach bindigen Boden angenommen werden. Der in Abb. 14d gezeigte Verlauf und weitere, hier nicht dargestellte Formen (z. B. eine Abnahme des Bettungsmoduls mit der Tiefe) können bei geschichteten Böden unterschiedlicher Steifigkeit auftreten. Die Größe des Bettungsmoduls vor allem am Pfahlkopf muss iterativ angepasst werden, da die daraus entstehenden Bettungsspannungen mit dem mobilisierbaren (unter räumlichen Randbedingungen zu ermittelnden) Erdwiderstand kompatibel sein müssen. Bei Pfahlgruppen mit unterschiedlich biegesteifen Pfählen ist nach EA-Pfähle die Verteilung der Gesamt-Einwirkung auf die einzelnen Pfahlköpfe nach dem Verhältnis der Steifigkeiten vorzunehmen; bei mehreren Pfählen hintereinander mit Achsabstand $a_L < 6 * D_s$ parallel zur Einwirkungsrichtung ist ein „Schatteneffekt" zu berücksichtigen.

Die aus verschiedenen Diagrammen, Erfahrungswerten oder aber horizontalen Probebelastungen ermittelten Werte für den Bettungsmodul beziehen sich auf eine statische Belastung. Wirkt eine zyklische Belastung auf den Pfahl, so soll diese auch bei der Probebelastung zugrunde gelegt werden. Bei einer stoßartigen Horizontalbelastung auf den Pfahl im Sinne einer Anprall-Last bestand bis 2005 nach DIN 4014 die Möglichkeit, eine erhöhte Bodensteifigkeit durch Vergrößerung des für statische Belastung ermittelten Bettungsmodul mit dem Faktor 3 in Ansatz zu bringen. Dies ist nach DIN 1054 nicht mehr ohne weiteres zulässig, da die Bodenreaktionsspannungen abhängig vom dynamischen Verhalten des Gesamtsystems sowohl größer als auch kleiner als die statischen Bettungswiderstände sein können.

Tab. 15 Zulässiger horizontaler Anpressdruck zwischen Pfahlschaft und Fels. (Nach Tab. 9 in DIN 4014)

Einaxiale Druckfestigkeit $q_{u,k}$ [MN/m^2]	0,5	5,0	20,0
Anpressdruck $\sigma_{h,k}$ [MN/m^2]	0,15	0,5	1,0

Bei einer Einbindung der Pfähle in Fels darf für diesen Bereich eine starre seitliche Stützung angenommen werden, z. B. in Form eines unverschieblichen Pfahlfußes. Anhaltswerte für die im Gebrauchszustand aufnehmbaren Bettungsspannungen bei einer Einbindung in Fels als Anpressdruck waren in der früheren DIN 4014 in Abhängigkeit von der einaxialen Druckfestigkeit angegeben (Tab. 15).

Passive Horizontalbelastung

Unter passiver Horizontalbelastung ist ein aus einer horizontalen Bodenbewegung resultierender Seitendruck auf Pfähle zu verstehen. Kann der Pfahl den Bodenbewegungen aufgrund einer Kopfeinspannung oder Fußauflagerung nicht folgen, führt diese Relativverschiebung zu einer horizontalen Druckbelastung auf den Pfahlschaft. Die horizontale Bodenbewegung kann dabei z. B. durch eine in Bezug auf den Pfahl einseitige Belastung der Geländeoberfläche oder Kriechbewegungen an Hängen verursacht sein. Voraussetzung für die Bewegung ist, dass der Boden die auf ihn einwirkenden Schubbeanspruchungen nicht aufnehmen kann. Passive Horizontalbelastungen treten folglich v. a. in reibungsarmen bindigen Böden von flüssiger, breiiger oder weicher Konsistenz oder organischen Böden auf (Abb. 15).

Die früher übliche Betrachtungsweise von zwei verschiedenen Arten der horizontalen Belastung, der durch die Bewegung aktivierte Erddruck oder der Fließdruck des Bodens entspricht nicht mehr dem Stand der Technik (Bauer und Kempfert 2018). Der Arbeitskreis „Pfähle" der DGGT (Moormann 2021) beschreibt die entsprechende Vorgehensweise. Danach müssen bei Böden mit weicher oder noch ungünstigerer Konsistenz oder organischen Böden mit einer undränierten Kohäsion

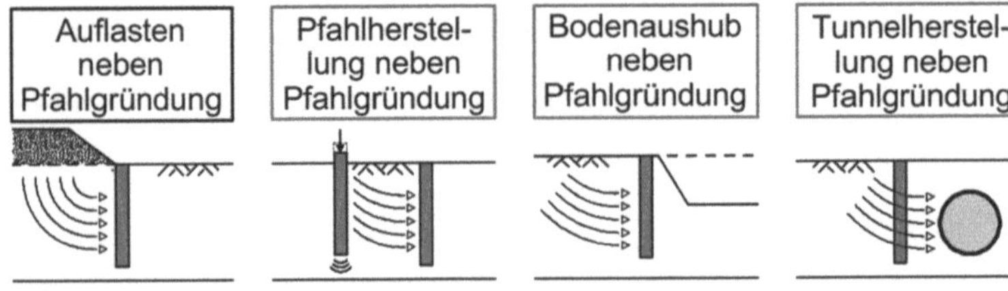

Abb. 15 Ursachen für passive horizontale Einwirkungen auf Pfahlgründungen Bauer (2016)

$c_{u,k} \leq 30$ kN/m^2 Untersuchungen bezüglich Einwirkungen aus Seitendruck durchgeführt werden.

Nachdem die Größe der horizontalen Belastung und die Länge, auf der sie auf den Pfahlschaft einwirkt, ermittelt sind, werden die aufgrund dieser passiven Belastung verursachten Biegemomente und Verschiebungen analog zu einer aktiven horizontalen Belastung berechnet. Zur Aufnahme der Bettungsspannungen werden dabei nur die Bodenschichten berücksichtigt, in denen kein Seitendruck auf die Pfähle ausgeübt wird.

Bei günstigeren als oben beschriebenen Verhältnissen kann die Notwendigkeit einer Pfahlbemessung auf Seitendruck mit Hilfe eines Geländebruchnachweises nach DIN 4084 abgeschätzt werden. Der Ausnutzungsgrad sollte dabei für nichtorganische oder gering organische, bindige Böden nicht größer als 0,8 und für stark organische Böden nicht größer als 0,75 sein. Die Berechnung erfolgt dabei ohne Berücksichtigung der Pfähle und der die Konstruktion oberhalb der Pfähle belastende Erddruck E_k darf entsprechend Abb. 16 stützend angesetzt werden.

3.8 Pfahlroste

Arten

Pfahlroste sind Pfahlgruppen, die durch eine Rostplatte (z. B. Stahlbetonplatte) in Pfahlkopfhöhe zu einem gemeinsamen System verbunden werden, welches äußere Lasten abträgt. Bei Pfahlrosten sind verschiedene Ausführungen möglich (Rodatz 2001):

- tiefe oder hohe Pfahlroste,
- ebene oder räumliche Pfahlroste,
- statisch bestimmte oder statisch unbestimmte Systeme.

Ob ein Pfahlrost als „tiefer“ oder als „hoher“ Pfahlrost zu bezeichnen ist, richtet sich nach der Lage der Rostplatte. Bei tiefen Pfahlrosten ist die Rostplatte. unterhalb der Oberkante des Geländes angeordnet. Bei hohen Pfahlrosten reichen die Pfähle über die Geländeoberfläche hinaus und werden durch Wasser oder durch die Luft zur Pfahlrostplatte geführt.

Bei ebenen Pfahlrosten befinden sich alle Pfähle einer Pfahlreihe in einer Ebene, und bei mehreren Pfahlreihen verlaufen diese Ebenen parallel zueinander. Räumliche Systeme dagegen weisen auch orthogonal zu der genannten Ebene geneigte Pfähle auf.

Ob ein solches System statisch bestimmt oder unbestimmt ist, richtet sich nach der Anordnung und der Anzahl der Pfähle. Ein ebener Pfahlrost ist bei Annahme eines gelenkigen Anschlusses zwischen Pfahl und Rostplatte statisch bestimmt, wenn er aus drei Pfählen besteht, die ausschließlich Normalkräfte übertragen, von denen sich maximal zwei in einem Punkt schneiden und von denen nicht mehr als zwei parallel zueinander verlaufen (Drei-Richtungs-Pfahlrost). Bei einem ebenen statisch bestimmten System entsprechen die drei Pfähle den drei statischen Freiheitsgraden. Ein räumliches System weist sechs Freiheitsgrade auf. Entsprechend besteht ein statisch bestimmter räumlicher Pfahlrost aus sechs Pfählen, die ausschließlich Normalkräfte übertragen, von denen sich maximal drei in einem Punkt schneiden und von denen nicht mehr als drei parallel zueinander verlaufen. Von den sechs Pfählen müssen bei statisch bestimmten Systemen drei Ebenen aufgespannt werden, von denen nicht mehr als zwei parallel zueinander verlaufen. Die Unterscheidung zwischen statisch bestimmten und statisch unbestimmten Systemen ist Voraussetzung für die Berechnung der Pfahlroste.

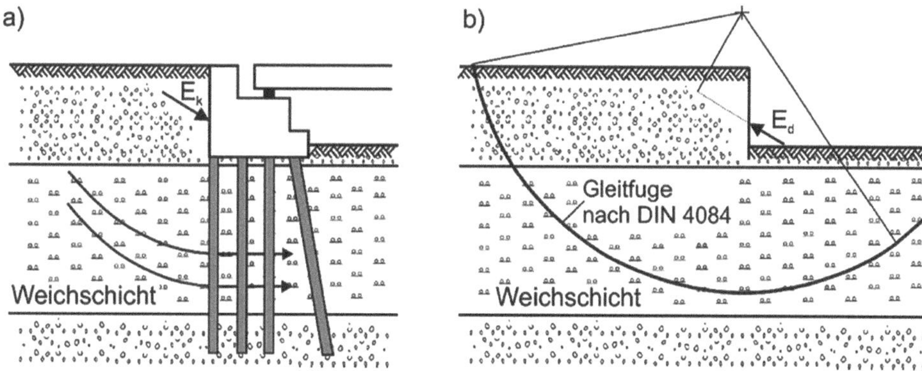

Abb. 16 Untersuchung zur Notwendigkeit einer Pfahlbemessung auf Seitendruck; Ansatz der Stützkraft beim Nachweis der Gesamtstandsicherheit nach DIN 4084 **a**) System; **b**) „entkleidetes System" Moormann. (2021)

Berechnung

Die Berechnungsverfahren für Pfahlroste können nach dem System (statisch bestimmt oder statisch unbestimmt), der Anordnung (eben oder räumlich) und dem Lösungsweg (grafisch oder analytisch) unterschieden werden. In Tab. 16 sind die Berechnungsverfahren zusammengestellt.

Ebene statisch bestimmte Systeme. Die Aufteilung der Normalkräfte auf die einzelnen Pfähle kann bei ebenen statisch bestimmten Systemen entweder analytisch über die drei Gleichgewichtsbedingungen ($\Sigma H = 0$, $\Sigma V = 0$, $\Sigma M = 0$) oder grafisch über ein Krafteck ermittelt werden. Hier sind je nach System zwei verschiedene Ansätze zu unterscheiden. Verlaufen bei einem System zwei der drei Pfähle parallel, so können die Pfahlnormalkräfte anhand eines Kraftecks maßstäblich ermittelt werden (Abb. 17).

Bei Pfahlrosten mit drei verschiedenen Pfahlrichtungen können die Normalkräfte mit dem Verfahren nach Culmann ermittelt werden. Dazu werden zwei Pfähle bis zu ihrem Schnittpunkt und der dritte Pfahl bis zu seinem Schnittpunkt mit der Resultierenden der äußeren Last verlängert. Die Verbindungslinie zwischen diesen beiden Schnittpunkten wird als „Culmannsche Hilfsgerade" bezeichnet. Nach ihrer Ermittlung wird das Krafteck erstellt, welches aus zwei zusammengesetzten Dreiecken besteht, wobei die Hilfsgerade die gemeinsame Seite beider Dreiecke darstellt (Abb. 18). Die Culmannsche Hilfsgerade ersetzt in jedem der beiden Teilkraftecken die zwei fehlenden Kräfte. Die Pfahlnormalkräfte werden in dem für die Lastresultierende gewählten Maßstab aus dem Krafteck ausgemessen.

Diese Verfahren sind auch bei statisch unbestimmten, ebenen Pfahlrosten anwendbar, wenn sich durch das Zusammenfassen von parallel verlaufenden Pfählen zu einer resultierenden Pfahl-Normalkraft vereinfacht ein statisch bestimmtes System ergibt.

Ebene statisch unbestimmte Systeme – analytische Verfahren. Statisch unbestimmte Systeme kann man unter Zugrundelegung der Elastizitätstheorie oder der Plastizitätstheorie berechnen. Beide Verfahren beruhen auf dem Zusammenhang zwischen der einwirkenden Belastung, der Steifigkeit des Systems und der als Reaktion verursachten Verschiebungsgrößen. Der Unterschied zwischen beiden Verfahren besteht in der Art der Verschiebung. Die Elastizitätstheorie geht von einer linear-elastischen Kraft-Weg-Beziehung aus und somit von elastischen Verformungen, während nach der Plastizitätstheorie plastische Verformungen im Gebrauchszustand zulässig sind. Beide Verfahren werden im Folgenden erläutert.

Elastizitätstheorie. Bei einer Berechnung von Pfahlrosten nach der Elastizitätstheorie wird von folgenden Berechnungsannahmen ausgegangen:

- Die Rostplatte ist biegestarr.
- Die Pfähle sind an Kopf und Fuß gelenkig gelagert bzw. angeschlossen.
- Die Pfahlfüße sind unverschieblich.

Tab. 16 Berechnungsverfahren für Pfahlroste

	statisch bestimmt		statisch unbestimmt	
eben	grafisch	Krafteck	grafisch	Spannungstrapezverfahren
		Spannungstrapezverfahren		
	analytisch	3 Gleichgewichtsbedingungen	analytisch	Elastizitätstheorie
				Plastizitätstheorie
räumlich	analytisch	6 Gleichgewichtsbedingungen	analytisch	Elastizitätstheorie
				Plastizitätstheorie

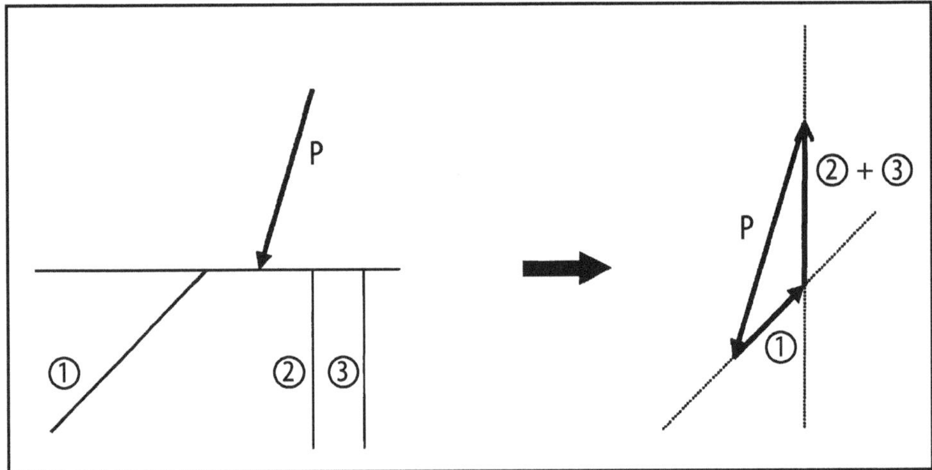

Abb. 17 Pfahlnormalkräfte aus Krafteck

- Die tragende Bodenschicht unterhalb des Pfahlfußes ist unverschieblich.
- Die Pfähle verformen sich in Längsrichtung linear-elastisch.

Da über die Verformungen auch die Längen der einzelnen Pfähle in die Berechnung eingehen, muss die Art der Lastabtragung der Pfähle hier berücksichtigt werden. Vereinfachend wird von der Annahme ausgegangen, dass die Pfahlkräfte vom Pfahlkopf bis zum Fuß konstant sind, was nur bei einer Lastabtragung ausschließlich über Spitzendruck vollständig zutrifft. Werden die in den Pfahl eingeleiteten Kräfte aber über Mantelreibung in den umgebenden Boden abgeleitet, so nimmt die Pfahl-Normalkraft mit der Tiefe ab, was bei konstanter Steifigkeit zu kleineren Verformungen führt. Da in der Berechnung die Last als konstant angesehen wird, werden die geringeren Verformungen über den Ansatz der wirksamen Pfahllänge berücksichtigt. Als wirksame Pfahllänge werden i. d. R. in den Bereichen, in denen die Pfähle über Mantelreibung tragen, nur zwei Drittel der tatsächlichen Pfahllänge angesetzt.

Nach der Elastizitätstheorie gibt es verschiedene klassische Berechnungsmöglichkeiten, z. B. das Matrizenverfahren nach Schiel (1970) oder das Verfahren nach Nökkentved. Die Berechnung der Pfahlkräfte und Pfahlkopfverschiebungen kann aber heute zeitgemäß mit jedem einfachen ebenen Stabwerksprogramm erfolgen, wobei die Dehnsteifigkeit der einzelnen Pfähle E*A zu berücksichtigen ist.

Plastizitätstheorie. Eine Berechnungsmöglichkeit auf der Grundlage der Plastizitätstheorie bietet das *Traglastverfahren*. Nach diesem Verfahren ist die Tragfähigkeit eines ebenen Pfahlrostes erreicht, wenn alle bis auf zwei Pfähle bis zu ihrer jeweiligen Bruchlast beansprucht werden. Die Berechnung der Pfahlkräfte erfolgt nach der Elastizitäts-

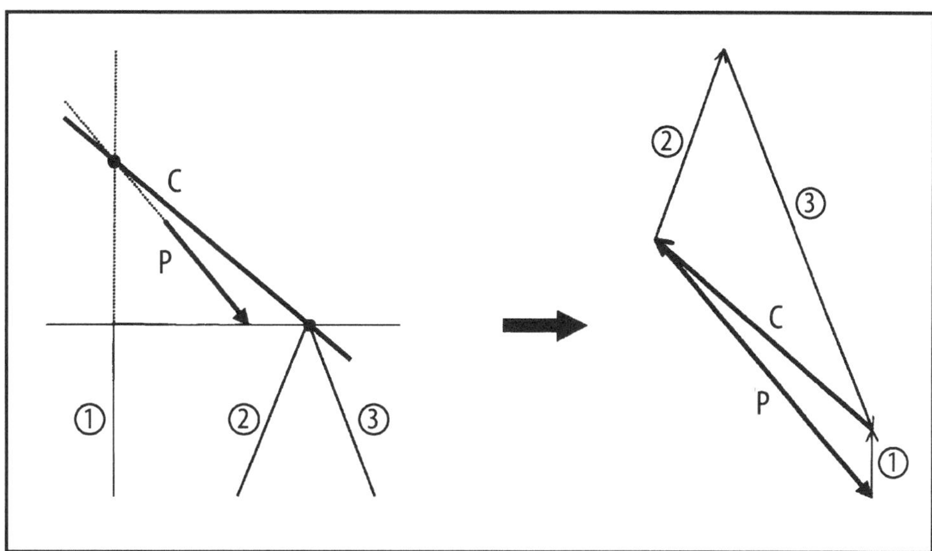

Abb. 18 Pfahlnormalkräfte nach Culmann

theorie. Die Resultierende der äußeren Kräfte wird ohne Richtungsänderung so lange gesteigert, bis der erste Pfahl seine Grenzlast erreicht. Die Grenzlast bezeichnet nicht die zum vollständigen Versagen eines Pfahles führende Last, sondern die Last, von der an sich ein Pfahl überwiegend plastisch verformt. Diese Verformungen sind im Gegensatz zur Elastizitätstheorie nach der Plastizitätstheorie zulässig. Für die weitere Berechnung wird der Pfahl, der die Bruchlast erreicht hat, durch eine bekannte äußere Kraft in Achsrichtung dieses Pfahles entsprechend seiner Grenzlast ersetzt. Die resultierende Belastung wird dann so weit um ΔR gesteigert, bis der drittletzte Pfahl seine Grenzlast erreicht. Diese Belastung wird als Traglast R_T des Pfahlrostes bezeichnet. Der Quotient aus Traglast und vorhandener Belastung entspricht dann der globalen Sicherheit des Gesamtsystems (Abb. 19).

Räumliche statisch bestimmte Systeme – analytische Verfahren. Räumliche statisch bestimmte Systeme weisen sechs Freiheitsgrade auf, für die sechs Gleichgewichtsbedingungen zur analytischen Lösung zur Verfügung stehen. Die Freiheitsgrade entsprechen den möglichen Verschiebungsgrößen u_x, u_y, u_z und den Verdrehungen um die drei Koordinatenachsen φ_x, φ_y und φ_z. Die Gleichgewichtsbedingungen $\Sigma F_x = 0$, $\Sigma F_y = 0$ und $\Sigma F_z = 0$ sowie $\Sigma M_x = 0$, $\Sigma M_y = 0$ und $\Sigma M_z = 0$ reichen also zur Ermittlung der Pfahlkräfte in sechs unabhängigen Pfahlrichtungen aus.

Räumliche statisch unbestimmte Systeme – analytische Verfahren. Die analytische Pfahlkraftermittlung bei statisch unbestimmten, räumlichen Systemen erfolgt analog zu den für ebene Pfahlroste beschriebenen Verfahren. Auch hier kann die Berechnung sowohl nach der Elastizitätstheorie als auch nach der Plastizitätstheorie erfolgen. Durch die sechs Bewegungsmöglichkeiten (drei bei ebenen Systemen) wird die Berechnung nach den klassischen Verfahren relativ aufwändig, sodass hier der Einsatz von räumlichen Stabwerksprogrammen empfohlen wird.

4 Senkkästen

4.1 Konstruktive Ausbildung

Arten

Senkkästen sind für Gründungen unter dem Grundwasserspiegel entwickelt worden. Sie werden an der Geländeoberfläche erstellt und anschließend abgesenkt, indem Boden unterhalb des Senkkastens gezielt abgetragen wird. Der

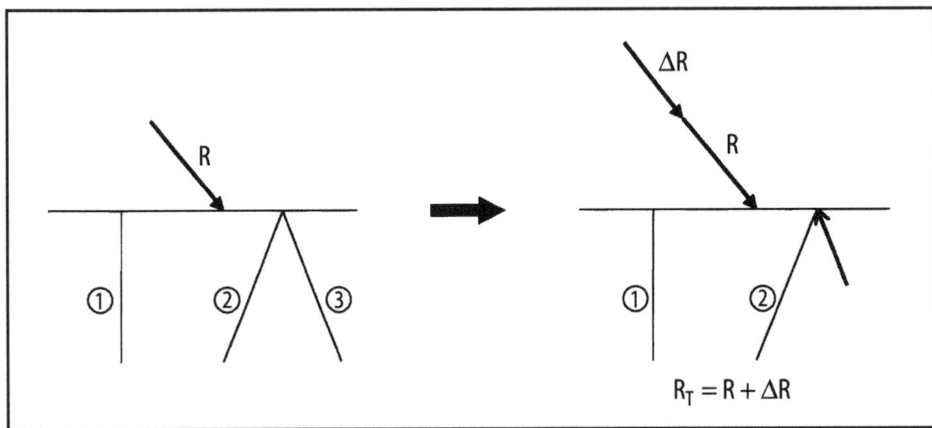

Abb. 19 Pfahlnormalkräfte nach dem Traglastverfahren

Senkkasten kann sowohl als Gründungselement verwendet werden als auch ein eigenständiges, tief gegründetes Bauwerk sein (Rodatz 2001).

Die Außenwände und ggf. Zwischenwände der Senkkästen sind an ihrer Unterkante mit Schneiden versehen. Über diese Schneiden wird die Gewichtskraft des Senkkastens auf den Untergrund übertragen. Der Absenkvorgang und das Eindringen der Schneiden werden durch Ballastierung des Senkkastens und durch die Reduzierung des Widerstands des Bodens gegen Grundbruch, indem der Boden innerhalb des Senkkastens an den Schneiden abgegraben wird, gesteuert.

Man unterscheidet zwischen offenen Senkkästen und Druckluftsenkkästen. Bei offenen Senkkästen erfolgt der Aushub von oben und ab Erreichen des Grundwasserspiegels unter Wasser (Abb. 20).

Bei Druckluftsenkkästen wird der Boden in einer Arbeitskammer abgetragen, die auch als „Druckkammer" bezeichnet wird. Diese Arbeitskammer am Fuß des Senkkastens ist nach oben durch eine Decke geschlossen und zur Vermeidung des Eindringens von Wasser durch die offene Sohle mit einem Luftüberdruck entsprechend dem Druck des anstehenden Wassers beaufschlagt. Zur Aufrechterhaltung des Druckes wird der Boden aus der Abbaukammer über Schleusen (Abb. 21) oder durch Rohrleitungen gefördert.

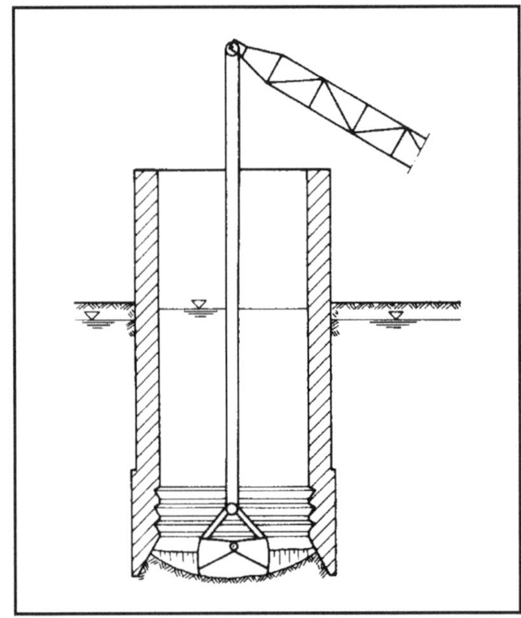

Abb. 20 Offener Senkkasten. (Lingenfelser 1997)

Aufbau

Der *Grundriss* eines Senkkastens kann der Form des Bauwerks entsprechend kreisförmig oder rechteckig gewählt werden. Bei großen Querschnitten können diese durch innenliegende Wände, die der Aussteifung dienen, unterteilt sein. Zur Verbesserung der Steuerungseigenschaften kann man auch diese Wände mit Schneiden versehen.

Die Senkkastenschneiden bilden die Aufstandsfläche eines Senkkastens. Sie sind durch einen aus Stahl bestehenden Schneidenschuh verstärkt. Über die Schneiden wird der nach Abzug der Mantelreibung verbleibende Anteil der Gewichtskraft in den Untergrund übertragen. Ihre

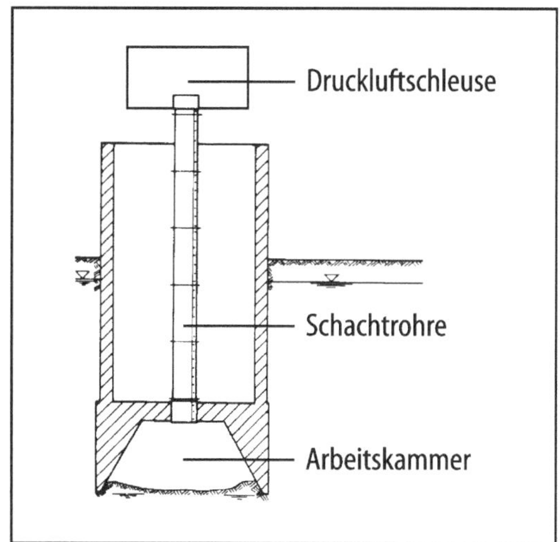

Abb. 21 Druckluftsenkkasten. (Lingenfelser 1997)

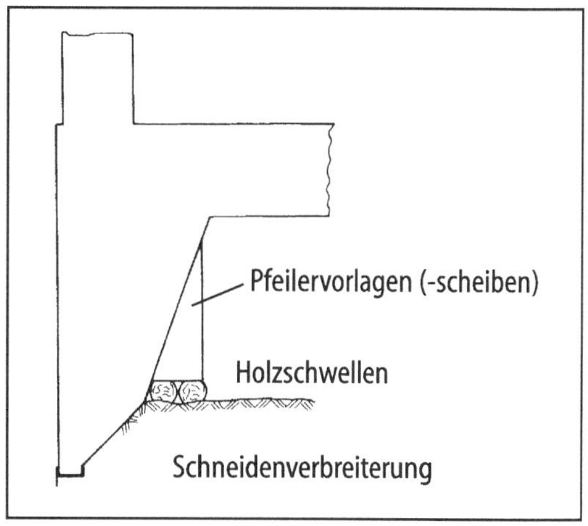

Abb. 22 Pfeilervorlagen. (Lingenfelser 1997)

Form ist entsprechend der Belastung, dem anstehenden Baugrund sowie der gewünschten bzw. zulässigen Eindringtiefe zu wählen. Für offene Senkkästen sind scharfkantige Schneiden besser geeignet, da hier die Erhöhung der Gewichtskraft durch Ballast aufwendig wäre und eine Begrenzung der Eindringtiefe nicht erforderlich ist; gleichzeitig wird durch größere Eindringtiefen die Gefahr von Bodeneinbrüchen von außen in den Senkkastenquerschnitt, verbunden mit einer Auflockerung des umgebenden Bodens, vermindert.

Bei Druckluftsenkkästen muss zum Schutz von Personal und Maschinen in der (i. Allg. 2 bis 3 m hohen) Abbaukammer die Eindringtiefe begrenzt werden. Daraus ergibt sich die Forderung, die Schneidenform auf deren Belastung und die Festigkeit des anstehenden Baugrunds abzustimmen. Eine gute Möglichkeit zur Begrenzung der Eindringtiefe bieten abgeschrägte Schneidenquerschnitte, da mit zunehmender Schneideneinbindetiefe die Aufstandsbreite und somit die grundbrucherzeugende Spannung unter den Schneiden größer werden. Eine zusätzliche Möglichkeit besteht in der Anordnung von Stützkonstruktionen wie Pfeilervorlagen (Abb. 22), durch die die Aufstandsfläche verbreitert und somit das weitere Einsinken erschwert wird.

Die Schneiden der Druckluftsenkkästen bilden die äußere Umschließung der *Arbeitskammer*. Nach Abschluss des Absenkvorgangs wird die Arbeitskammer z. B. mit Sand oder Beton verfüllt, um die Aufstandsfläche als Flächengründung und dadurch die Standsicherheit des Senkkastens im Endzustand herzustellen.

Den oberen Abschluss der Arbeitskammer bildet die *Arbeitskammerdecke*, die zugleich eine Aussteifung des Senkkastens bewirkt und entsprechend zu dimensionieren ist. Da bei offenen Senkkästen horizontale Decken fehlen, ist die Steifigkeit des Kastens geringer als bei Druckluftsenkkästen. Zur Steifigkeitserhöhung lassen sich aber bei offenen Senkkästen neben entsprechend bemessenen Außenwänden z. B. zusätzliche Steifen anordnen.

Die *Sohle* von offenen Senkkästen wird nach dem Absenken i. d. R. aus Unterwasserbeton erstellt. Alternativ kann bei Einbindung der Schneide in eine undurchlässige Schicht die Sohle auch nach dem Abpumpen des Wassers aus dem Senkkasten hergestellt werden. Für dieses Verfahren ist eine ausreichende Sicherheit gegen hydraulischen Grundbruch nachzuweisen.

Zur Verringerung der Reibung und zur Vermeidung unplanmäßiger Schiefstellungen soll die Oberfläche der Außenwände möglichst eben und der Querschnitt über die gesamte Höhe konstant sein. Zur weiteren Reduzierung der Mantelreibung und damit zur Erhöhung der Schneidenlast ordnet man etwa 2 bis 3 m über der Unterkante der Schneiden bzw. bei Druckluftsenkkästen in der Höhe der Oberkante der Arbeitskammer meist einen *Schnei-*

denabsatz an der Wandaußenseite durch eine Verringerung des Radius bzw. der Seitenabmessungen um etwa 5 bis 10 cm an. Er reduziert den im umgebenden Boden auf den Senkkasten wirkenden Erdruhedruck auf den aktiven Erddruck.

Die Absatzstärke sollte mindestens 3 cm betragen, um den wegabhängigen Abfall des Erddrucks auf den aktiven Erddruck zu bewirken.

Der durch den Schneidenabsatz bedingte Spalt wird i. d. R. mit einer Bentonitsuspension aufgefüllt, die sowohl der Schmierung als auch aufgrund ihrer Fließgrenze der Stützung dieses Ringspaltes dient. Die Bentonitsuspension kann durch am Schneidenabsatz angeordnete Injektionsrohre in den Ringspalt eingepresst werden. Eine weitere Möglichkeit zur Einbringung der Suspension besteht in der Erstellung eines Ringgrabens an der Geländeoberfläche entlang der äußeren Senkkastenwand. Dieser Ringgraben wird mit der Bentonitsuspension aufgefüllt, welche beim Absenken in den Ringspalt dringt.

Herstellung
Der für die Absenkung vorgesehene Ort gibt die für die Herstellung von Senkkästen in Betracht kommenden Möglichkeiten vor. Bei einer Absenkung an Land kann es aus wirtschaftlichen Gründen sinnvoll sein, die Absenkung von einer Aufstellebene unmittelbar über dem Grundwasserspiegel zu beginnen. Dazu wird zunächst ein Erdmodell gebaut, auf dem eine Schalhaut ausgelegt wird, die die Arbeitskammer formt. Anschließend wird der Senkkasten abschnittsweise bewehrt, geschalt und betoniert.

Für eine Absenkung im Wasser bestehen mehrere Möglichkeiten der Durchführung: Die Absenkung kann von einer aufgeschütteten Insel oder aber von einer schwimmenden oder aufgeständerten Absenkplattform aus erfolgen. Auch eine Fertigung des Senkkastens an Land und anschließendes Einschwimmen ist möglich.

4.2 Absenkvorgang

Offener Senkkasten
Beim offenen Senkkasten ist der Aushub des Bodens durch Greifer oder Lösen des Bodens unter Wassereinsatz mit Hilfe von Drucklanzen und anschließendem Abpumpen des gelösten Bodens möglich. Während des Aushubs muss sichergestellt werden, dass trotz der Entnahme des Boden-Wasser-Gemisches der im Senkkasten anstehende Wasserspiegel oberhalb des Grundwasserspiegels gehalten wird. Ein zu niedriger innerer Wasserspiegel könnte zu hydraulischen Grundbrüchen und somit zu ungewollten Auflockerungen unterhalb und neben dem Senkkasten führen, wodurch sowohl die seitliche Führung beim Absenken als auch die Tragfähigkeit der endgültigen Gründungsebene beeinträchtigt werden können.

Die Beseitigung von Hindernissen im Boden, speziell im Bereich der Senkkastenschneiden, ist bei offenen Senkkästen schwierig. Der Schneidenbereich ist unter Wasser nur für Taucher zugänglich, ebenso ist der zur Hindernisbeseitigung erforderliche Geräteeinsatz behindert.

Nach dem Betonieren der Sohle und dem Abpumpen des Wassers werden Auftriebskräfte wirksam. Die Auftriebssicherheit für den Endzustand ist nachzuweisen.

Druckluftsenkkasten
Da die Arbeitskammer von Druckluftsenkkästen trocken ist, können Arbeitskräfte und Maschinen den Boden an Ort und Stelle abbauen. Das Lösen des Bodens erfolgt i. d. R. durch Monitore mit Hilfe von Druckwasserstrahlen. Das Boden-Wasser-Gemisch wird mit Pumpen gefördert. Das Lösen und Fördern des Bodens im Trockenen ist ebenfalls möglich, wobei zur Aufrechterhaltung des Luftdrucks in der Arbeitskammer der abgebaute Boden über Materialschleusen gefördert wird.

Hindernisse im Schneidenbereich können bei Druckluftsenkkästen relativ gut entfernt werden, da dieser Bereich für Arbeitskräfte und Geräte zugänglich ist.

Zur Erhöhung der Gewichtskraft, welche bei Druckluftsenkkästen aufgrund der Auftriebskraft durch den Luftdruck größer sein muss als bei offenen Senkkästen, kann in den Bereich oberhalb der Arbeitskammerdecke zwischen der Senkkastenwand und dem Zugangsschacht zur Arbeitskammer Ballast (z. B. Wasser oder abgebauter Boden) eingefüllt werden. Im letzten Bereich vor

Erreichen des Absenkzieles lässt sich alternativ zur Ballasterhöhung auch der dem Absenken entgegengerichtete Auftrieb über den Luftdruck in der Arbeitskammer reduzieren. Bei einer so gesteuerten Luftdruckabsenkung ist zu beachten, dass das anstehende Wasser nicht die Arbeitskammer flutet, kein hydraulischer Grundbruch auftritt und der Senkkasten nicht unkontrolliert zu stark abgesenkt wird. Während der Luftdruckabsenkung darf sich kein Personal in der Arbeitskammer befinden. Nach der gewünschten Absenkung wird zur Gewährleistung der trockenen Arbeitskammer der Druck wieder oberhalb des Wasserdrucks am Schneidenfuß eingestellt.

Die gesetzlichen Vorschriften über den Einsatz von Personen in Räumen mit erhöhtem Luftdruck sind in der sog. „Druckluftverordnung (2017)“ gefasst. Hier sind neben den sicherheitstechnischen Bestimmungen auch die zulässigen Arbeitszeiten unter erhöhtem Druck angegeben. Bezüglich der Arbeitszeiten gilt prinzipiell: je höher der Druck, desto kürzer ist die zulässige Aufenthaltsdauer und desto länger sind die erforderlichen Dekompressionszeiten (stufenweise Druckminderung, um die druckbedingte Stickstoffanreicherung im Blut wieder zu reduzieren, ab 0,7 bar Überdruck mit Sauerstoff). Hohe Drücke haben also auch entsprechend hohe Lohnkosten zur Folge.

Steuerung

Voraussetzung für eine gezielte Steuerung des Senkkastens ist die kontinuierliche Vermessung während des Absenkens. Die mit zunehmender Tiefe größer werdenden Erddruckkräfte erschweren Richtungskorrekturen. Die genaue Ausrichtung des Senkkastens beim Anfahren ist somit maßgebend für die Einhaltung von Absenktoleranzen. Eine erforderliche Richtungsänderung während des Absenkens lässt sich über gezieltes Abgraben in einzelnen Schneidenbereichen steuern. Hohe Festigkeiten des anstehenden Baugrundes bieten eine stabile seitliche Führung, bei trotzdem auftretenden Abweichungen werden jedoch auch Richtungskorrekturen entsprechend schwieriger.

Abweichungen vom Absenkziel können z. B. bei einfallender Bodenschichtung auftreten, verbunden mit Erddruckdifferenzen oder Inhomogenitäten des anstehenden Baugrundes.

Zur Einhaltung von Lage- und Richtungsgenauigkeiten sind hohe Schneidenlasten vorteilhaft. Sie bedingen große Eindringtiefen, wodurch die seitlichen Führungskräfte erhöht und somit die Gefahr von Abweichungen verringert wird. Große Eindringtiefen erschweren jedoch die Steuerung bei erforderlichen Richtungskorrekturen. Man muss davon ausgehen, dass neben dem Senkkasten „Mitnahmesetzungen“ während des Absenkungsvorgangs auftreten, deren Verträglichkeit für die Umgebung zu prüfen ist.

4.3 Berechnung der Absenkung

Zunächst werden die vertikal auf die Aufstandsfläche des Senkkastens wirkenden Kräfte ermittelt. Die auf die Senkkastenschneide wirkende Kraft ergibt sich als Resultierende aus abwärts und aufwärts gerichteten Kräften. Die aufwärts gerichtete Kraft besteht aus der Mantelreibung R sowie bei Druckluftsenkkästen zusätzlich aus dem Auftrieb A. Mit der Resultierenden dieser Kräfte wird die für den Gleichgewichtszustand notwendige Einbindetiefe der Schneiden über eine Grundbruchberechnung nach DIN 4017 bestimmt.

Die Mantelreibung auf die Wände der Arbeitskammer und die oberhalb des Schneidenabsatzes tiefenabhängig wirksame Schaftfläche wird aus der Mantelfläche und dem Erddruck berechnet, wobei der aktive Erddruck und an der Kammerwand ein negativer Wandreibungswinkel $\delta_1 = -(2/3 \div 1) \cdot \varphi_K$ anzunehmen ist. Oberhalb des Schneidenabsatzes ist bei einer Bentonitschmierung ein Wandreibungswinkel $\delta_2 = -5°$ realistisch. Der Auftrieb A ergibt sich aus der Grundfläche des Senkkastens und dem in der jeweiligen Tiefe herrschenden Luftdruck. Sowohl Auftrieb als auch Mantelreibung – und somit die Summe der aufwärts gerichteten Kräfte – nehmen mit größer werdender Absenktiefe zu.

Für die Planung des Absenkvorgangs wird zunächst der Verlauf der aufwärts gerichteten Kräfte (R + A) in Abhängigkeit von der Absenktiefe ermittelt. Anschließend können über die Grundbruchformel aus den Scherparametern der einzelnen Schichten sowie den Grenzwerten der Eindringtiefe die zugehörigen charakteristischen

Werte des mobilisierbaren Schneidenwiderstandes V_S ermittelt werden.

Die abwärts gerichtete Kraft entspricht der Summe aus Eigengewicht des Senkkastens G und Ballast B. Senkkästen werden i. d. R. abschnittsweise während des Absenkvorgangs erstellt. Das Eigengewicht wird also stufenweise mit fortschreitender Absenktiefe erhöht. Eine Ballastierung ist sowohl nach Fertigstellung des ersten Abschnitts über der Arbeitskammerdecke als auch erst nach Aufbau des gesamten Senkkastens möglich. Ballast lässt sich wahlweise in Etappen oder kontinuierlich zugeben. Die abwärts gerichteten Kräfte aus Eigengewicht und Ballast sind dabei mit fortschreitender Absenktiefe so zu erhöhen, dass nach Abzug der aufwärts gerichteten Kräfte die Schneiden für das weitere Absenken in den Boden eindringen können.

Die zugrunde gelegten Berechnungsannahmen bezüglich der Wandreibung sind während der Absenkung anhand des Vergleichs zwischen berechneter und gemessener Eindringtiefe ständig zu überprüfen und ggf. zu korrigieren. Ein möglicher Verlauf der beim Absenken auftretenden Kräfte ist in Abb. 23 für einen Druckluftsenkkasten anhand eines Absenkdiagramms dargestellt.

5 Baugruben

5.1 Allgemeines

Die Dimensionierung einer Baugrube sowie die Art der Baugrubenumschließung sind auf die örtlichen Gegebenheiten und das geplante Bauwerk

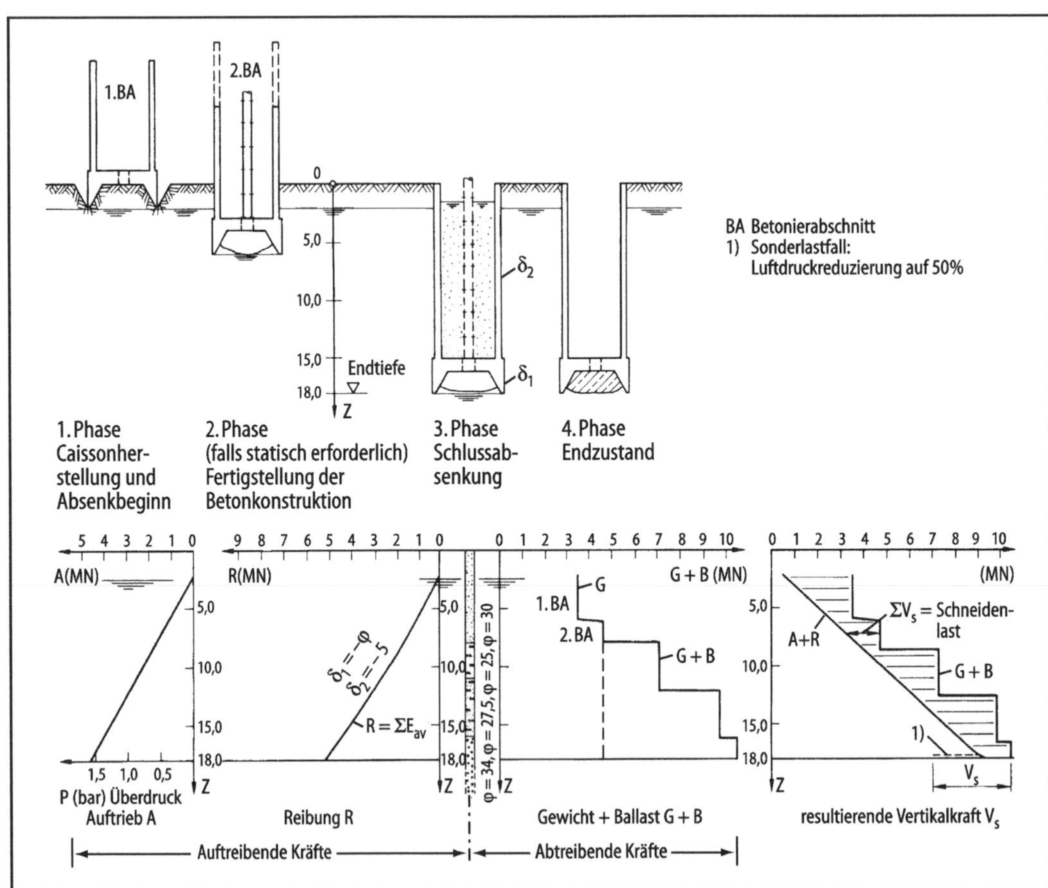

Abb. 23 Beispiel für wesentliche Bauphasen und Absenkdiagramme eines Druckluftsenkkastens mit Wandschmierung. (Lingenfelser 1997)

abzustimmen. Dabei sind u. a. folgende Randbedingungen in die Planung einzubeziehen:

- Abmessungen des geplanten Gebäudes,
- Gründungstiefe,
- Arbeitsraum/Platzbedarf in der Gründungsebene,
- vorgesehene Gründungsart,
- Grundwasserstand,
- Kennwerte und Eigenschaften des anstehenden Bodens oberhalb und unterhalb der geplanten Ausschachtungssohle,
- Nachbarbebauung,
- Belastungen im Bau- und im Endzustand.

Aus den technisch möglichen Verbauarten wird i. d. R. die kostengünstigste Variante gewählt. Soweit dies unter den örtlichen Gegebenheiten möglich ist, werden Baugruben mit geringen Tiefen frei abgeböscht – ohne einen Verbau – erstellt. Mit zunehmender Gründungstiefe nehmen die Kosten für Aushub und Wiederverfüllung aber erheblich zu, sodass ein Kostenvergleich bei tieferen Baugruben ergeben kann, dass der senkrechte Verbau wirtschaftlich auch dann günstiger ist als frei geböschte Baugruben, wenn die Umgebung eine Abböschung zulassen würde. Bei allen von OK Gelände aus hergestellten Arten von Baugrubenverbau ist die unvermeidliche Lotabweichung der Verbundkonstruktion zu beachten (üblicherweise 1 % der Wandhöhe, sofern keine besonderen Maßnahmen ergriffen werden).

5.2 Baugrubenumschließungen

Geböschte Baugruben

Frei geböschte Baugruben werden i. Allg. nur oberhalb des Grundwasserspiegels angeordnet. Die einzuhaltenden Böschungsneigungen sind entsprechend den Festigkeitseigenschaften des anstehenden Bodens sowie den jeweiligen Lasteinwirkungen zu ermitteln. Nach DIN 4124 dürfen ohne rechnerischen Nachweis der Standsicherheit folgende Böschungsneigungen, die den Winkel zwischen der Böschungsoberfläche und der Horizontalen beschreiben, nicht überschritten werden:

- $\beta = 45°$ bei nichtbindigen oder weichen bindigen Böden,
- $\beta = 60°$ bei bindigen Böden von steifer oder halbfester Konsistenz,
- $\beta = 80°$ bei Fels (bei günstigem Trennflächengefüge des Gebirges).

Zusätzlich zur Einhaltung der gegebenen Böschungswinkel sind jeweils im maximalen Höhenabstand von 3,0 m Bermen mit einer Mindestbreite von 1,5 m anzuordnen. Senkrechte Baugrubenwände ohne Verbau (z. B. für Kanalgräben) dürfen unter der Voraussetzung einer ausreichenden Anfangsstandsicherheit nur bis zu einer Tiefe von 1,25 m hergestellt werden, bei bestimmten konstruktiven Sicherungsmaßnahmen auch bis 1,75 m.

Die Standsicherheit für geböschte Baugruben ist für folgende Fälle rechnerisch nach DIN 4084 nachzuweisen:

- bei Überschreitung der vorgenannten Böschungswinkel,
- bei Böschungshöhen über 5 m,
- bei besonderen, die Standsicherheit gefährdenden Einflüssen, z. B. Störungen des Bodengefüges, zur Baugrubensohle hineinfallende Trennflächen oder Schieferung von Fels, starken Erschütterungen, Zufluss von Schichtwasser, nicht entwässerten Fließsandböden oder Grundwasserabsenkung durch offene Wasserhaltung,
- bei einer möglichen Gefährdung vorhandener baulicher Anlagen,
- bei einer stärker als 1:10 gegen die Horizontale geneigte Geländeoberfläche,
- bei Belastung der Geländeoberfläche neben der Baugrube mit Auflasten über 10 kN/m^2,
- bei Befahren des Baugrubenrandes im Abstand von weniger als 1 m mit Fahrzeugen unter 12 t Gewicht bzw. in einem Abstand von weniger als 2 m mit Fahrzeugen von über 12 t Gewicht.

In Abb. 24 wird der Platzbedarf für geböschte Baugruben ersichtlich. Bei beengten Verhältnissen kann auch eine Kombination eines senkrechten Verbaus im unteren Baugrubenbereich mit

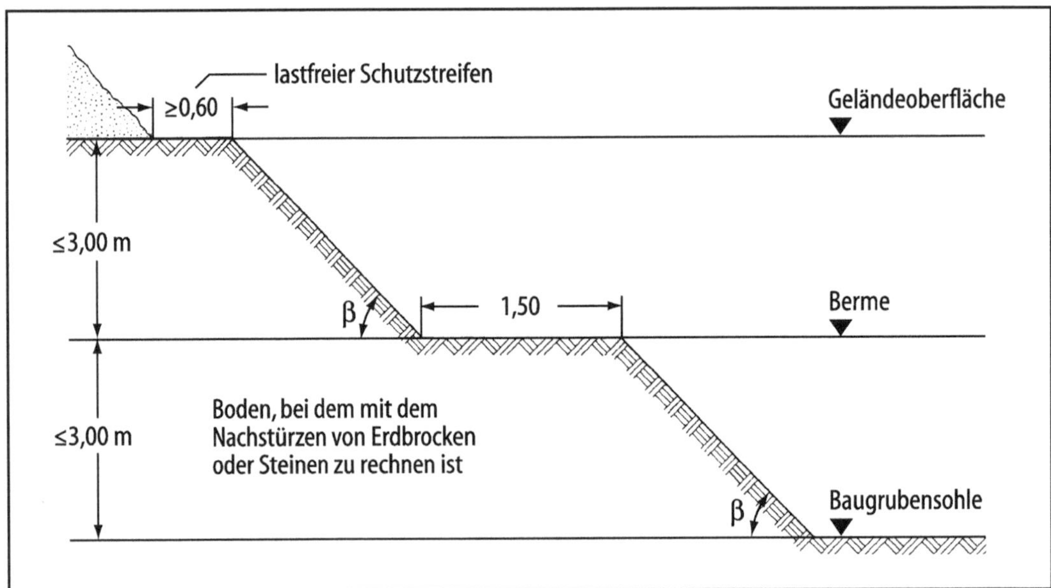

Abb. 24 Baugrubenböschung nach DIN 4124

einer freien Abböschung im oberen Bereich erfolgen.

Grabenverbau

Bei der Erstellung von Gräben als schmale Baugruben sind zur Sicherung der Grabenwand drei Verbauarten zu unterscheiden:

- waagerechter Grabenverbau,
- senkrechter Grabenverbau,
- Grabenverbau-Geräte bzw. -Systeme.

Waagerechter Grabenverbau. Für den waagerechten Norm-Verbau wird der Graben in Abhängigkeit von der Anfangsstandfestigkeit maximal bis zu einer Tiefe von 1,25 m ohne Abstützung ausgeschachtet. Anschließend werden die Grabenwände durch waagerecht angeordnete Holzbohlen gesichert. Diese Bohlen wiederum werden über senkrechte Brusthölzer, auch Aufrichter oder Laschen genannt, in der Mitte und in den Endbereichen miteinander verbunden. Die sich jeweils gegenüberliegenden Brusthölzer beider Grabenwände werden über Steifen an die Wände gedrückt. Eine zusätzliche Fixierung wird durch Keile zwischen Bohlen und Brusthölzern bzw. Brusthölzern und Steifen erreicht. Der weitere Aushub wird darum analog zum ersten Abschnitt gesichert, wobei der Aushub bei standfesten Böden dem Verbau nur maximal zwei Bohlenbreiten – sonst nur eine Bohlenbreite – vorauseilen darf. Die Bohlenbreite ist mit 20 bis 30 cm vorgegeben. Werden die Anforderungen, die in DIN 4124 für den sog. „Normverbau" vorgegeben sind, eingehalten, erübrigen sich weitere Nachweise für diese Art des Grabenverbaus (Abb. 25). Nachteilig bei dieser Lösung sind die zahlreichen Quersteifen.

Senkrechter Grabenverbau. Der senkrechte Grabenverbau kann im Gegensatz zum waagerechten Verbau auch bei weniger standfesten Böden (z. B. locker gelagerte nichtbindige oder weiche bindige Böden) angewandt werden. Bei diesem Verfahren eilen die die Grabenwände sichernden Bohlen dem Aushub voraus. Dazu werden die Bohlen senkrecht angeordnet und mit zunehmender Aushubtiefe entsprechend durch Rammen, Rütteln oder Drücken tiefer nachgesetzt. Die Bohlen werden über horizontal angeordnete Gurte abgestützt, die wiederum gegen die jeweils gegenüberliegenden Gurte der anderen Grabenwand ausgesteift werden. Ein sicherer Ver-

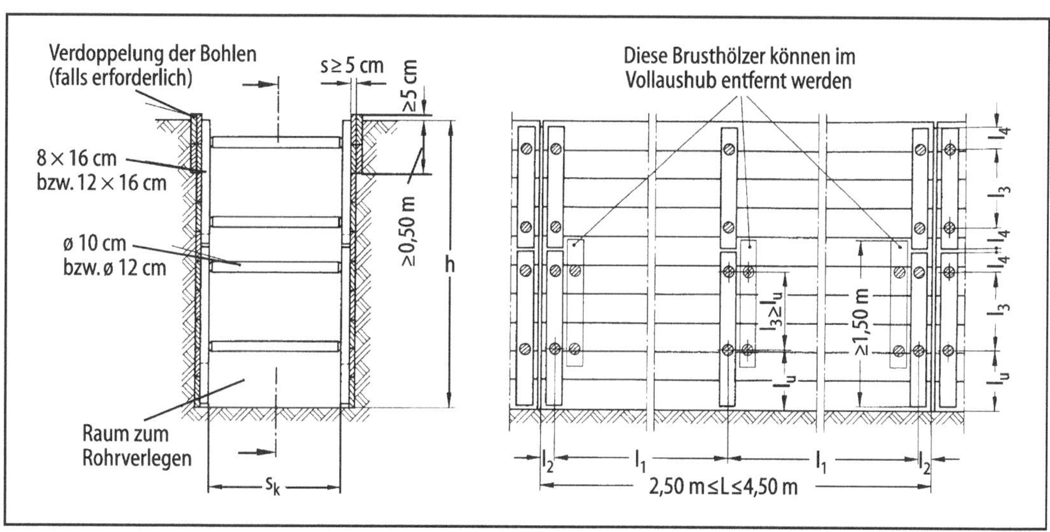

Abb. 25 Waagerechter Normverbau (ohne Darstellung der Befestigungsmittel) (aus DIN 4124)

bund zwischen Bohlen, Gurten und Steifen wird auch hier durch Verkeilen erreicht. Während des Einbringens der Bohlen wird die Verkeilung jeweils kurzzeitig wieder gelöst. Anstelle der Bohlen können auch Stahlprofile (z. B. sog. Kanaldielen) verwendet werden, die sich besser rammen lassen als Holzbohlen. Für den senkrechten Grabenverbau gilt analog zum horizontalen, dass ein Nachweis bei Verwendung des in DIN 4124 angegebenen Normverbaus nicht erforderlich ist (Abb. 26). Eine Variante ist der sog. Kammerplattenverbau (Abb. 27), bei dem die Kanaldielen am Kopf in eine ca. 1,0 m hohe Stahlkammer eingespannt sind, sodass weniger Querabsteifungen erforderlich sind.

Grabenverbau-Geräte aus Fertigteilen. In zunehmendem Maße werden für den Grabenverbau sog. „Verbaueinheiten" verwendet. Je nach Einbauverfahren unterscheidet man zwei Arten: Die erste Methode besteht darin, den Graben bis auf die gewünschte Tiefe auszuschachten und anschließend die Verbaueinheit in den Graben zu stellen und gegen die Grabenwände zu pressen. Diese Methode ist nur bei Böden mit ausreichender Anfangsstandfestigkeit bis ca. 4 m Tiefe anwendbar. Das Betreten der Gräben ist erst nach Einbau des Verbaus zulässig. Zudem ist darauf zu achten, dass durch das ungesicherte Ausheben keine baulichen Anlagen in diesem Bereich gefährdet werden. Die zweite Methode ist auch für weniger standfeste Böden geeignet. Hier werden die Verbaueinheiten im Absenkverfahren niedergebracht (z. B. sog. Gleitschienenverbau). Der Aushub erfolgt jeweils im gesicherten Bereich. Bis zum Erreichen der Endtiefe wird abwechselnd abgesenkt und ausgehoben. Die wesentlichen Vorteile solcher Verbaueinheiten im Vergleich zum herkömmlichen Grabenverbau bestehen in dem geringeren Personalbedarf und den kürzeren Bauzeiten. Die Verformungen im unmittelbaren Einflussbereich an der Geländeoberfläche sind damit aber nur bei sehr sorgfältigem Arbeiten zu begrenzen.

Trägerbohlwand

Trägerbohlwände bestehen aus Stahlprofilen als senkrechten Traggliedern und einer waagerechten Ausfachung i. d. R. aus Holzbohlen oder aus Spritzbeton. Die Trägerbohlwände werden durch Steifen oder Verpressanker gestützt, die Stützkräfte entweder direkt oder über sog. „Gurte" in die senkrechten Tragglieder eingeleitet. Eine direkte Stützung durch Anker ohne Gurtung ist möglich, wenn die Tragglieder aus miteinander verbundenen][-Profilen gebildet werden (Weißenbach und Hettler 2009).

Diese Stützung und die Einbindung der Träger in den anstehenden Baugrund unterhalb der Baugrubensohle sorgen für die Aufnahme des auf die

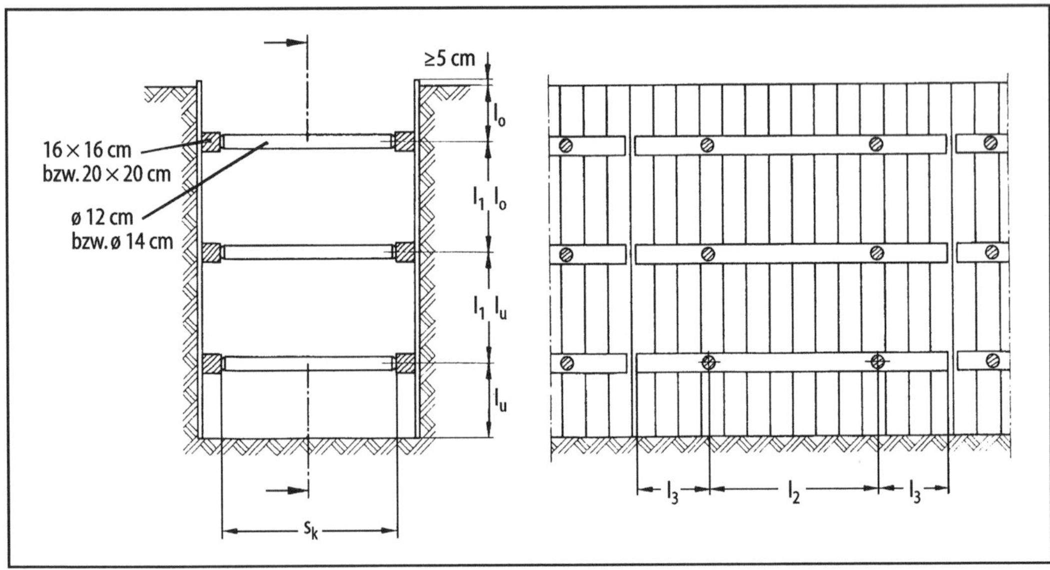

Abb. 26 Senkrechter Normverbau mit Verbauteilen aus Holz (ohne Darstellung der Besfestigungsmittel) (aus DIN 4124)

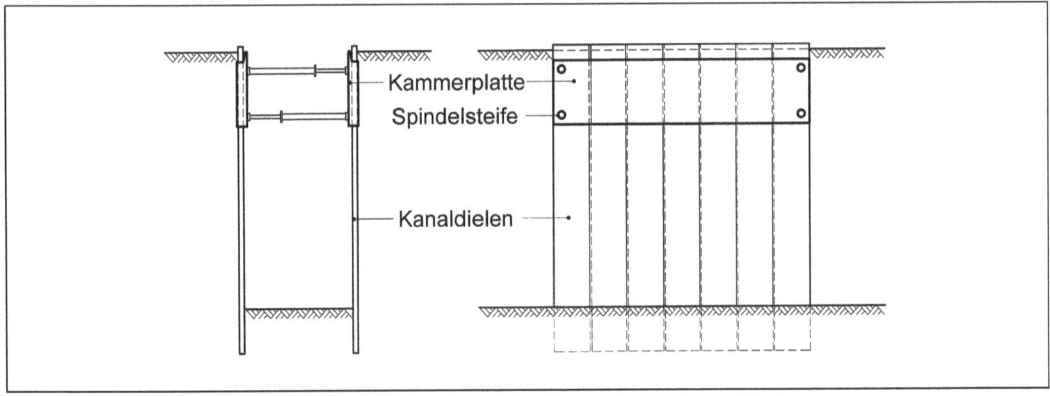

Abb. 27 Kammerplattenverbau mit vertikalen Kanaldielen

Wand wirkenden Erddruckes. Zur Erstellung einer Trägerbohlwand werden zunächst die senkrechten Tragglieder in den Boden gerammt bzw. in vorgebohrte Löcher eingestellt. Bei vorgebohrten Löchern ist der Raum zwischen Träger und Bohrlochwandung wieder zu verfüllen. Als Verfüllmaterial kann nichtbindiger Boden oder Einkornbeton verwendet werden. Die Ausfachung erfolgt mit fortschreitendem Aushub. Dabei hat der Aushub i. Allg. einen Vorlauf von 0,5 m, bei steifem oder halbfestem bindigen Boden von bis zu 1,0 m. Holzbohlen werden durch Doppelkeile gegen das Erdreich verspannt. Die Gurte und Steifen bzw. Anker werden parallel zum Baufortschritt in den zuvor berechneten Höhen eingebaut.

Geringe Fertigungstoleranzen bei gut rammbarem Untergrund ermöglichen die Verwendung der Trägerbohlwand als äußere Schalung für das geplante Bauwerk. Diese Bauweise wurde Anfang des 20. Jahrhunderts in Berlin beim U-Bahn-Bau angewendet und wird seitdem als „Berliner Bauweise" bezeichnet.

Wird die Baugrube so dimensioniert, dass um das geplante Gebäude ein Arbeitsraum zur Erstellung der äußeren Schalung und erforderlichenfalls der Außenhautabdichtung besteht. Diese Bauweise wird als „Hamburger Bauweise" bezeichnet.

Beide Bauweisen ermöglichen die Verwendung von Trägerbohlwänden in nahezu allen Bodenarten über dem Grundwasser bzw. dem Schutz einer Grundwasserabsenkung, da die Wände wasserdurchlässig sind. Die Verwendung von Ankern anstelle von Steifen erlaubt die Erstellung beliebig großer Baugrubenquerschnitte. Nach Abschluss der Arbeiten in der Baugrube können die Träger i. d. R. wieder gezogen werden, wenn ein Holzverzug gewählt wurde. Weitere Vorteile der Trägerbohlwand bestehen in der Anpassbarkeit bezüglich des Grundrisses und der Querschnittsform. Die Trägerbohlwand ist ein vergleichsweise biegeweicher Verbau, durch dessen Verformungen Setzungen an der Geländeoberfläche und Schäden an der Nachbarbebauung auftreten können.

Spundwand

Spundwände bestehen aus senkrechten Stahlelementen, den Spundbohlen, die in den Boden schlagend oder vibrierend eingerammt oder auch eingepresst werden. Die einzelnen Bohlen werden über eine Spundung – ähnlich dem Nut-und-Federsystem – miteinander verbunden. Diese als „Schloss" bezeichnete Verbindung kann wasserdicht ausgeführt werden, sodass Spundwände auch unterhalb des Grundwasserspiegels eingesetzt werden können. Bei der Herstellung von Spundwänden ist zu berücksichtigen, dass Hindernisse im Baugrund zu Schlosssprengungen führen können.

Die auf eine Spundwand wirkenden Kräfte aus Erd- und Wasserdruck werden über deren Einbindung unterhalb der Baugrubensohle in den Baugrund und gegebenenfalls zusätzlich über Anker oder Steifen abgetragen. Bei der Fußeinbindung ist eine Staffelung des Spundwandfußes möglich, bei der benachbarte Bohlen bis zu 1 m unterschiedliche Einbindelängen erhalten. Zur gleichmäßigen Verteilung der Anker oder Steifenkräfte werden Gurte verwendet.

Stahlspundwände lassen sich in Bezug auf Profilform und Schlossanordnung in vier Anwendungsgruppen unterteilen:

- Profile für untergeordnete Zwecke (Kanaldielen, Leichtprofile, Tafelprofile); Anwendungsbeispiele: Kanalgrabenverbau, kleine Baugruben;
- Flachprofile für Wände, die nur auf Zug beansprucht werden; Anwendungsbeispiel: Zellenfangedämme;
- Spundwand-Normalprofile, Anwendungsbeispiele: Baugrubenwände, Uferbefestigungen, Trogwände;
- hochstegige Normalprofile und Kombinationswände, Anwendungsbereich: hohe Geländesprünge, Kaianlagen.

Die unterschiedlichen Profile sind in Abb. 28 dargestellt.

Sollen Stahlspundwände nicht nur temporär, sondern als Bestandteil des Bauwerks im Baugrund verbleiben, so ist besonders bei wechselnden Wasserständen, kontaminiertem Grundwasser oder Salzwasser ein Korrosionsschutz vorzuse-

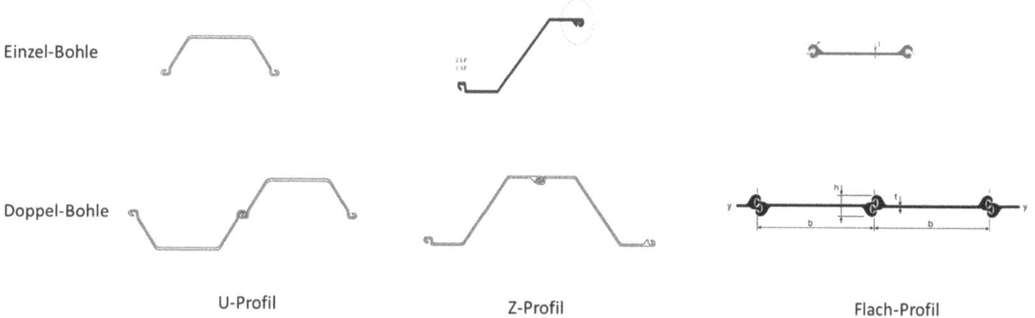

Abb. 28 Profile von Stahlspundbohlen

hen. Ausführungen hierfür sind z. B. ein größerer als der statisch erforderliche Querschnitt (mit Abrostungszuschlag), eine Beschichtung oder ein kathodischer Korrosionsschutz.

Die Vorteile eines Spundwandverbaus sind die Anpassbarkeit an beliebige Baugrubenquerschnitte und die Möglichkeit zur Wiedergewinnung der Spundwandbohlen. Nachteilig sind v. a. die mit der Einbringung verbundenen Erschütterungen, die sich allerdings durch den Einsatz von Vibrationsbaren mit regelbarem statischen Moment beeinflussen lassen.

Bohrpfahlwände

Je nach Anordnung der entweder verrohrt oder flüssigkeitsgestützt hergestellten Bohrpfähle (s. Abschn. 3.1) unterscheidet man vier Arten (s. Abb. 29):

- überschnittene Bohrpfahlwände,
- tangierende Bohrpfahlwände,
- aufgelöste Bohrpfahlwände ohne Zwischengewölbe,
- aufgelöste Bohrpfahlwände mit Zwischengewölbe.

Überschnittene Bohrpfahlwände sind bei anstehendem Grundwasser als wassersperrender Verbau geeignet. Sie bestehen üblicherweise abwechselnd aus bewehrten und unbewehrten Pfählen mit einer Überschneidung von 10 bis 15 cm, wobei wegen der Lotabweichung der Bohrungen das notwendige Überschnittmaß von der Tiefe der Wand abhängt (Haugwitz und Pulsfort 2009). Bei der Herstellung wird im ersten Arbeitsgang aus einer Bohrschablone heraus jeder zweite Pfahl unbewehrt erstellt, im zweiten Arbeitsgang werden die zwischenliegenden Pfähle so gebohrt, dass die im ersten Arbeitsgang hergestellten unbewehrten Pfähle beidseits angeschnitten werden. Diese werden gemäß den Anforderungen bewehrt. Auch Bohrpfahlwände mit drei unbewehrten Pfählen zwischen den bewehrten Pfählen werden ausgeführt.

Tangierende Bohrpfahlwände können für Baugruben oberhalb des Grundwasserspiegels vorgesehen werden. Bereits fertiggestellte Pfähle werden hier nicht angeschnitten, jeder Pfahl wird bewehrt, sodass sich hiermit die größte Biegesteifigkeit der Wand erzielen lässt.

Bei aufgelösten Bohrpfahlwänden werden die Pfähle „auf Lücke" gestellt. Im Allgemeinen werden diese Lücken während bzw. nach dem Aushub der Baugrube mit Spritzbeton gesichert, wobei bogenförmige Spritzbetongewölbe zur Aufnahme des Erddrucks besonders geeignet sind. In gut standfesten Böden und in Fels kann dieser Horizontalverzug u. U. auch entfallen.

Die wesentlichen Vorteile von Bohrpfahlwänden sind die Anpassbarkeit an unregelmäßige Baugruben-Grundrissformen, die Möglichkeit zur Staffelung der Einbindetiefe, die geringen zu erwartenden Wandverformungen und die relativ hohe Maßgenauigkeit. Nachteilig ist bei überschnittenen Wänden die Vielzahl von Fugen.

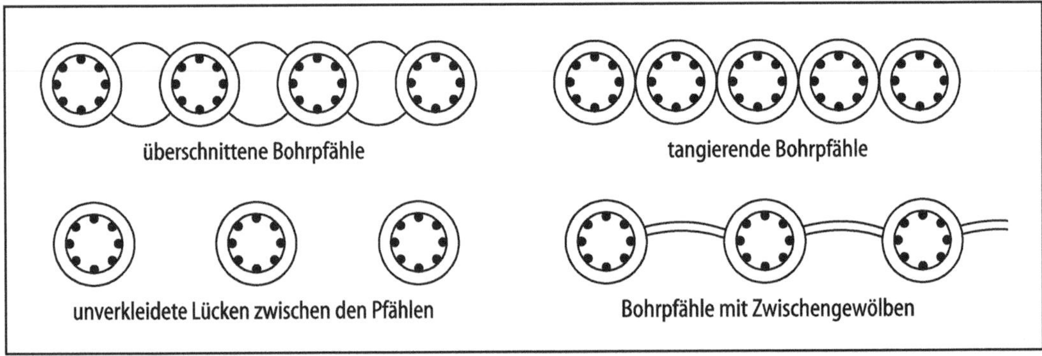

Abb. 29 Ausbildung von Bohrpfahlwänden

Schlitzwände

Schlitzwände nach DIN EN 1538 werden in flüssigkeitsgestützten Schlitzen im Boden mit einer Mindestdicke von 40 cm hergestellt. Sie können sowohl statische als auch abdichtende Funktionen haben. Als Baustoff werden Stahlbeton, Beton oder zementgebundene, selbsterhärtende Suspensionen verwendet. Bei der Herstellung von Schlitzwänden unterscheidet man zwischen Einphasen- und Zweiphasenverfahren.

Bei Einphasen-Schlitzwänden wird als Stützflüssigkeit zur Sicherung des Schlitzes während des Aushubs eine selbsterhärtende Suspension auf Zementbasis verwendet, die nach Fertigstellung des Schlitzelementes im Schlitz verbleibt. Zur Bewehrung und auch zur Abdichtung werden Spundbohlen oder Stahlprofile bzw. eine Kombination aus beiden in die noch nicht erhärtete Suspension eingehängt. Die erhärtete Dichtwandmasse muss dann die Erddruckspannungen in horizontaler Richtung auf die vertikalen Tragelemente übertragen. Beim Zweiphasen-Verfahren wird der Schlitz dagegen unter Stützung mit einer reinen Bentonitsuspension oder Polymerlösung ausgehoben; nach Erreichen der Endteufe und ggf. Einstellen der Bewehrung verdrängt der im Kontraktorverfahren mit einem Schüttrohr eingebrachte Beton die Stützflüssigkeit. Es gibt auch Beispiele, bei denen in die Stützflüssigkeit vorgefertigte Wandelemente eingestellt wurden und Kontraktorbeton nur am Fuß der Fertigteile eingebaut wird.

Für die Herstellung einer Schlitzwand sind verschiedene Bauabläufe erforderlich, s. (Haugwitz und Pulsfort 2009). Zunächst wird in der Flucht der herzustellenden Wand ein Graben ausgehoben, in dem beidseitig die Leitwände von etwa 0,7–1,5 m Tiefe hergestellt werden. Leitwände sind Hilfskonstruktionen, die beim Schlitzaushub dem Aushubwerkzeug eine Führung geben und den oberen Bereich des Schlitzes vor Nachbrüchen sichern. Danach folgt der Aushub. Die Wand kann als gegreiferte Wand, z. B. mit Seilgreifer bzw. Hydraulikgreifer (bei Dichtwänden bis ca. 12 m Tiefe auch mit Hydraulikbagger und Tieflöffel), oder als gefräste Wand erstellt werden (Abb. 30). Die Vorteile und Nachteile der verschiedenen Aushubverfahren sind in Tab. 17 zusammengestellt.

Parallel zum Bodenaushub wird die Stützflüssigkeit in den Schlitz eingefüllt. Bei Einphasenschlitzwänden wird eine zementgebundene Suspension (Dichtwandmasse) verwendet, die während der Aushubphase ausreichend fließfähig sein und zugleich im erhärteten Zustand die geforderte Festigkeit und ggf. Undurchlässigkeit aufweisen muss.

Beim Zweiphasenverfahren werden nach Erreichen der Endteufe Abstellkonstruktionen (z. B. Fugenrohre oder Flachfugenelemente) zur seitlichen Begrenzung und als Voraussetzung für dichte Anschlüsse der Nachbarelemente in den Schlitz eingestellt. Anschließend wird der Bewehrungskorb im Schlitz abgesenkt.

Die beim Betonieren im Kontraktorverfahren aufgrund ihrer geringeren Dichte vom Beton verdrängte Stützflüssigkeit wird abgepumpt und je nach Zustand regeneriert und wiederverwendet bzw. entsorgt. Die Regenerierung umfasst die Abtrennung der beim Aushub in die Suspension gelangten Bodenbestandteile. Eine möglichst häufige Wiederverwendung ist erstrebenswert, da speziell bei Bentonitsuspensionen die Entsorgung mit relativ hohen Kosten verbunden ist. Vor einer möglichen Deponierung muss die Suspension zur Volumenreduzierung und Erhöhung der Festigkeit entwässert werden, doch auch nach der Entwässerung ist eine Ablagerung aufgrund der geringen Standfestigkeit problematisch. Für die Aufbereitung sowie für die Entwässerung werden Siebe, Entsandungsanlagen, Absetzbecken, Hydrozyklone und Zentrifugen verwendet. Zur Entsorgung kann ein Zusatzmittel das Ausflocken bzw. eine Zementzugabe die Verfestigung des entwässerten Materials bewirken.

Schlitzwände sind im Vergleich zu anderen Verbauarten verformungsarme, dichtende und statisch tragende Baugrubenumschließungen, die erschütterungsarm, platzsparend und schnell errichtet werden können. Sie haben deutlich weniger Fugen als andere Verfahren und liefern daher nur geringe Restwassermengen, besonders wenn die Fugen zwischen den einzelnen Lamellen mit einem Dichtungsband versehen werden. Sie erfor-

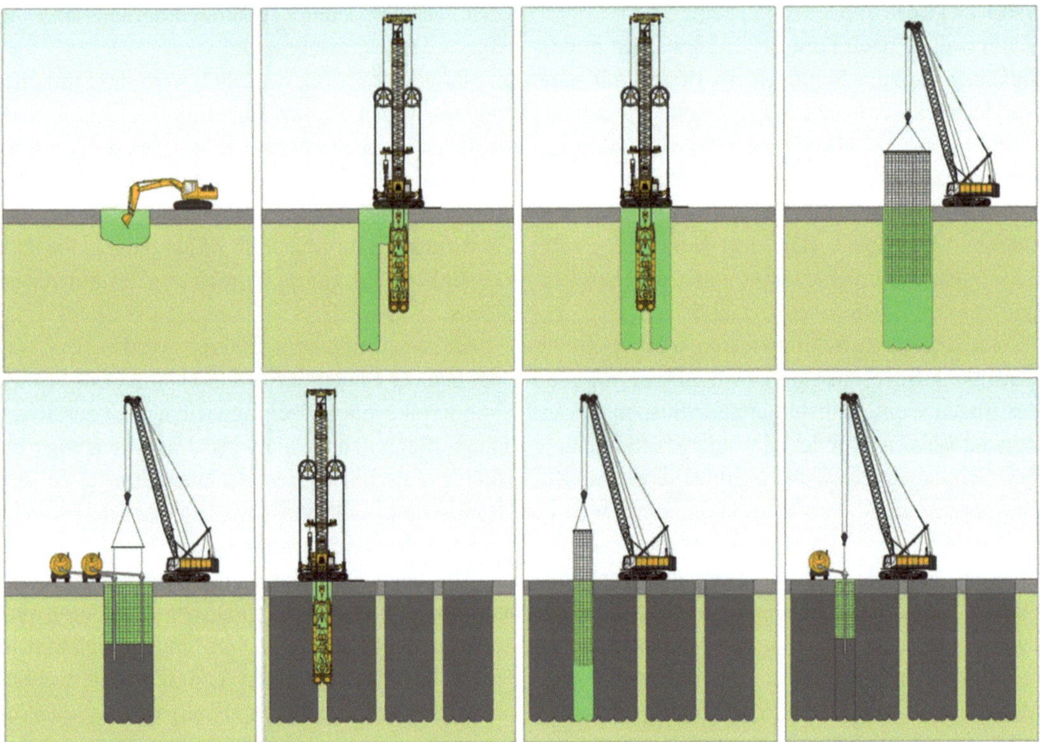

Abb. 30 Schlitzwandherstellung mit einer Schlitzwandfräse [Bauer Spezialtiefbau ©]

Tab. 17 Vor- und Nachteile verschiedener Aushubverfahren bei der Herstellung von Schlitzwänden

	Schlitzwandgreifer	Schlitzwandfräse	Tieflöffel
Vorteile	– gute Vertikalität durch senkrecht hängendes Seil – einfacher Wechsel auf Meißel möglich	– Kontrolle und Steuerung der Richtung beim Abteufen möglich – große Schlitztiefen realisierbar – hohe Leistung durch kontinuierliche Bodenforderung beim Abteufen	– geringer maschineller Aufwand – relativ hohe Leistung
Nachteile	– nur für Lockergestein geeignet – Spielzeiten nehmen linear mit Tiefe zu	– Verkleben des Fräskopfes in weichen Böden – Voraushub mit Greifer erforderlich – separates Gerät zum Meißeln bei Bohrhindernissen erforderlich	– nur für Einphasenverfahren geeignet, da keine Lamellenunterteilung – geringere Tiefen als mit Fräse oder Greifer

dern allerdings – insbesondere beim Zweiphasenverfahren – eine aufwändige Baustelleneinrichtung und bei Stahlbetonwänden eine geeignete Fugenkonstruktion.

MIP-Wände

Beim MIP-Verfahren (Mixed-in-Place-Verfahren) wird der vorhandene Boden durch Auffräsen und Vermörtelung mit einer Zement- oder Zement-Bentonitsuspension an Ort und Stelle zu einzelnen Säulen oder längeren Wandelementen vermörtelt. Dabei wird durch die Länge und den Durchmesser des eingesetzten Mischwerkzeugs (Endlosschnecke, Paddel, Fräsräder) ein definiertes Bodenvolumen mit einer festgelegten Menge an Bindemittel zu einer homogenen und selbsterhärtenden Masse vermischt. Durch das Lösen des Bodens und die Füllung des Porenraums mit einer hydraulisch erhärtenden Suspension entsteht eine Art Erdbeton, der ähnlich feststoffreich wie eine Zweiphasen-Dichtwandmasse ist. Durch Einstellen von vertikalen Tragelementen können MIP-Wände auch statisch-konstruktive Aufgaben als wassersperrende Verbauwand übernehmen (Haugwitz und Pulsfort 2009). Die erhärtete MIP-Masse trägt dann zwischen den vertikalen Trägern (die abgesteift oder rückverankert werden können) wie ein horizontal gespanntes Gewölbe als Verzug (Weißenbach und Hettler 2009).

Baugrubenumschließung durch Verfestigung
Die Umschließung einer Baugrube kann aus einem zu diesem Zweck zur Verfestigung in den Boden eingebrachten Material oder mit Hilfe des Düsenstrahlverfahrens hergestellt werden. Verfahren zur Verfestigung des anstehenden Bodens sind allgemein in Abschn. 1.4 zusammengestellt und beschrieben.

Außer zum Erstellen von wasserundurchlässigen Wänden und Sohlen eignet sich die Verfestigung auch zum Nachbessern von Fehlstellen bei mit anderen Verfahren erstellten Wänden und für Bereiche, die z. B. aufgrund von Leitungsquerungen mit anderen Verbauarten nicht oder nur mit erheblich höherem Aufwand geschlossen werden können. Dies gilt auch für die Bodenvereisung.

Bodenvernagelung
Bei der Bodenvernagelung wird der gewachsene Boden mit einer Bewehrung versehen, d. h. ein Verbundkörper geschaffen, dessen Zug- und Scherfestigkeiten weit über denen des unbewehrten Bodens liegen. Damit lässt sich der anstehende Boden selbst als tragender oder stützender Baustoff heranziehen. Der vernagelte Boden wirkt wie eine Schwergewichtsmauer, die in der Lage ist, Kräfte aus Eigengewicht, Erddruck und evtl. Auflasten aufzunehmen.

Zur Erstellung einer Baugrubenwand wird der Boden je nach seiner Standfestigkeit in Abschlagshöhen von etwa 1,2–2,0 m lagenweise ausgehoben und die freigelegte, steil geneigte bis senkrechte Fläche mit durch Betonstahlmatten bewehrtem Spritzbeton versiegelt. Die Dicke dieses Spritzbetons beträgt bei temporären Baumaßnahmen etwa 10–15 cm und bei bleibenden Bauwerken 15–25 cm. Nach dem Erhärten des Spritzbetons werden aus Stahl oder Kunststoff bestehende Nägel mit einem Durchmesser von etwa 20–50 mm senkrecht zur Wandfläche durch Rammen, Bohren, Spülen oder Vibrieren in den Boden eingebracht. Zur Sicherung des Verbunds wird der Ringraum zwischen Boden und Nagel mit Zementsuspension bzw. -mörtel verpresst. Nach Erhärten des Zementmörtels wird der Nagelkopf kraftschlüssig mit dem Spritzbeton verbunden, der Nagel wird jedoch nicht vorgespannt. Anschließend kann mit dem Aushub der nächsten Lage begonnen werden. Längen und Abstände der Nägel richten sich nach Bodenart, Wandneigung gegen die Vertikale, Nagelquerschnitt und Baugrubengeometrie. Übliche Werte sind Nagellängen von etwa der 0,5- bis 0,8-fachen Wandhöhe und Anordnungen von 0,4–1,0 Nägel je m^2 Wandfläche. Bei Schichtwasser ist zusätzlich eine Drainagemöglichkeit (z. B. Drainagematten mit Abschlauchung durch die Spritzbetonschale) vorzusehen, damit sich hinter der Wand kein Wasserdruck aufbauen kann.

Gegenüber anderen Verfahren werden bei der Bodenvernagelung nur kleine Geräte mit relativ geringem Platzbedarf benötigt, wodurch es sich besonders bei schwierigen und beengten Platzverhältnissen als vorteilhaft erweist. Das Bauverfahren ist sowohl geräusch- als auch erschütterungsarm. Weitere Vorteile dieser Bauweise sind die geringen Verformungen der Wand, die flexible Grundrissgestaltung und die möglichen Wandneigungen. Die Bodenvernagelung eignet sich sowohl für temporäre als auch für bleibende Baumaßnahmen oberhalb des Grundwasserspiegels.

Elementwände
Elementwände sind ein der Bodenvernagelung artverwandtes Verfahren. Zur Herstellung wird die Baugrube je nach Standfestigkeit des Baugrunds in 1–3 m mächtigen Lagen ausgehoben. Die freigelegten Flächen werden durch Betonstahlmatten und Spritzbeton gesichert und anschließend quadratische Stahlbeton-Fertigteilplatten vorgestellt. Durch Aussparungen darin werden Verpressanker gebohrt und verpresst sowie

nach deren Erhärtung gegen die Fertigteile vorgespannt, bevor die nächste Lage ausgehoben wird. Die Fertigteilplatten wirken im Vergleich zur Bodenvernagelung wie große Kopfplatten als zusätzliche Sicherung und müssen nicht die gesamte Fläche der Baugrubenwand abdecken.

Wie die Bodenvernagelung eignet sich dieses Verfahren besonders bei beengten Platzverhältnissen. Zudem ist es geräusch- und erschütterungsarm, führt nur zu geringen Verformungen der Wand und ermöglicht eine flexible Gestaltung des Grundrisses und der Wandneigungen.

5.3 Stützung der Wände

Fußauflager

Baugrubenwände, die als Trägerbohlwände, Spundwände, Bohrpfahlwände, Schlitzwände, oder MIP-Wände mit Traggliedern erstellt werden, binden unterhalb der Baugrubensohle in den anstehenden Baugrund ein (Abb. 31) und erhalten dort ein horizontales und ein vertikales Fußauflager. Je nach Einbindetiefe der Wand in den Boden unterhalb der Baugrubensohle werden drei Fälle unterschieden, für die sich unterschiedlich große erforderliche Einbindetiefen t_1 ergeben:

- Wände mit voller Fußeinspannung,
- im Boden frei aufgelagerte Wände,
- Wände mit teilweise vorhandener Fußeinspannung.

Aussteifung

Zur Aussteifung von Baugruben oberhalb der Sohle stehen verschiedene Steifenarten aus Holz, Stahl oder Stahlbeton zur Verfügung. Holzsteifen sind nur bei Baugruben mit begrenzter Breite (bis etwa 10 m) üblich. Am häufigsten kommen Stahlsteifen in Form von Rundrohren zum Einsatz. Aussteifungen werden i. d. R. beim Einbau vorgespannt. Bei geringen Vorspannkräften kann die Vorspannung über das Einschlagen von Keilen zwischen den an den Verbauwänden angeordneten Gurten und den Steifen aufgebracht werden, größere Vorspannkräfte werden mittels hydraulischer Pressen erzeugt. Aussteifungen müssen auf Druck, Knicken, Biegedrillknicken, Kippen und Beulen nachgewiesen werden. Zur Erhöhung der Knicksicherheit der Steifen sind erforderli-

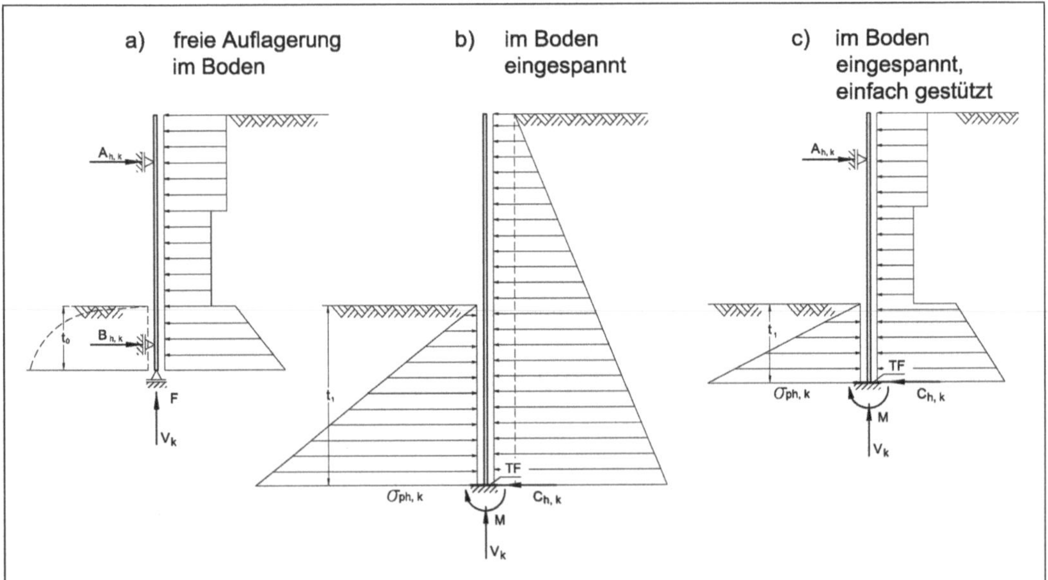

Abb. 31 Statische Systeme für eine a) einfach gestützte, am Fuß frei aufgelagerte Stützwand, b) eine nicht gestützte Wand und c) eine einfach gestützte, im Boden voll eingespannte Stützwand

chenfalls Mittelabstützungen vorzusehen. Steifen, insbesondere, wenn sie in mehreren Lagen eingebaut werden müssen, können den Bauablauf und den Baubetrieb erheblich behindern.

Verankerung
Verankerungen übertragen die erforderlichen Stützkräfte der Baugrubenwände in den hinter den Wänden anstehenden Baugrund. Eine Verankerung ist sowohl über Verpressanker als auch über Zugpfähle oder eingesetzte Ankerplatten (sog. Tote Männer) möglich. Verpressanker nach DIN EN 1537 bestehen aus Spannstahl (Einzelstäbe oder Litzenbündel) und werden in Bohrlöcher eingeführt, die mit Bodenförderung oder Verdrängung geschaffen worden sind. Anschließend werden die Bohrlöcher mit Zementsuspension oder -mörtel zur Herstellung des Verbunds zwischen Boden und Zugglied verfüllt und ggf. verpresst. Zur Steigerung der Tragfähigkeit kann eine ein- oder mehrstufige Nachverpressung durchgeführt werden. Zur Verringerung der Verformungen der Baugrubenwände werden Verpressanker nach Erhärten des Verpresskörpers vorgespannt. Dabei wird die Zugdehnung des Ankerstahls vor allem durch ein Hüllrohr als Ummantelung des Zuggliedes auf der Freispielstrecke zwischen Verbauwand und Verpresskörper, aber auch der zur Mobilisierung der Verbundkraft erforderliche Schlupf entlang der Verpressstrecke vorweggenommen.

Bei Verpressankern wird zwischen Kurzzeitankern und Daueranker unterschieden. Der wesentlichen Unterschiede zwischen Kurzzeit- und Daueranker bestehen in dem bei Daueranker höheren Anforderungen an den Korrosionsschutz. Für Verpressanker sind entsprechend der Prüfnorm EN ISO 22475-5 Untersuchungsprüfungen, Eignungsprüfungen und Abnahmeprüfungen vorgesehen:

- Untersuchungsprüfungen: Ermittlung der Herausziehwiderstände,
- Eignungsprüfungen: Prüfung von jeweils drei Verpressankern durch Zugversuche mit einer Mindestprüfzeit von 60 min (in nichtbindigem Boden oder Fels) bis 180 min (in bindigem Boden),
- Abnahmeprüfung: Zugversuche an allen Verpressankern mit einer Mindestprüfzeit von 5 min (für nichtbindige Böden und Fels) bzw. 15 min (für bindige Böden).

Eignungsprüfungen sind bei Dauerankern immer vorzusehen. Bei Kurzzeitankern kann auf eine Eignungsprüfung verzichtet werden, wenn die Prüfergebnisse einer anderen Baumaßnahme aufgrund der Vergleichbarkeit von Anker, Baugrund, Herstellungsverfahren und Prüfkraft zugrunde gelegt werden können.

5.4 Baugrubensohlen

Allgemeines
Baugrubensohlen stellen die Gründungsebene des geplanten Bauwerks dar. Je nach vorgesehener Gründungsart bzw. geplantem Geräteeinsatz werden daran unterschiedliche Anforderungen hinsichtlich Ebenheit und Festigkeitseigenschaften gestellt (z. B. im Hinblick auf die Befahrbarkeit oder die während der Bauphase zu erwartenden Verformungen). Die Baugrubensohle muss ausreichende Sicherheit gegen Grundbruch bzw. bei Baugruben unterhalb des Grundwasserspiegels ausreichende Sicherheit gegen hydraulischen Grundbruch und Sohlaufbruch aufweisen, s. (EAB 2021). Die Gefahr eines Grundbruches besteht besonders bei tiefen Baugruben in Böden mit geringer Scherfestigkeit; die Sicherheit gegen Grundbruch lässt sich durch größere Einbindetiefen der Baugrubenwände unterhalb der Baugrubensohle erhöhen. Bei Baugruben oberhalb des Grundwasserspiegels besteht die Sohle aus dem beim Aushub freigelegten Erdplanum, das durch Aufbringen einer Schutzschicht bzw. bei Plattengründungen direkt der Beton-Sauberkeitsschicht gegen Auflockerung und Verschlammung gesichert werden muss.

Wasserhaltung
Baugruben unterhalb des Grundwasserspiegels in gering durchlässigem Untergrund können auch ohne Grundwasserabsenkung erstellt werden, wenn an Tiefpunkten der Baugrube in einzelnen Vertiefungen, Gräben oder Drainageleitungen das

zufließende Wasser gefasst und abgeführt wird. Bei dieser sog. „offenen Wasserhaltung" muss gewährleistet sein, dass die zufließende Wassermenge mit Sicherheit abgeführt werden kann. Die Gefahr eines hydraulischen Grundbruchs ist bei der offenen Wasserhaltung am größten, da der Strömungsdruck des Wassers die Wichte des Bodens innerhalb der Baugrube verringert und außerhalb der Baugrube erhöht. Alternativ zur offenen Wasserhaltung ist eine Absenkung des Grundwasserspiegels über Brunnen möglich. Hier kann zwischen zwei verschiedenen Funktionsweisen der Brunnen unterschieden werden:

- Schwerkraftentwässerung,
- Vakuumentwässerung.

Bei einer Schwerkraftentwässerung fließt das Wasser nur aufgrund des Potenzialunterschieds der Wasserspiegel dem Brunnen zu. Das hydraulische Gefälle entsteht durch die Schwerkraft.

Wenn die Schwerkraft z. B. bei sehr feinkörnigen Böden nicht ausreicht, um das Wasser dem Brunnen zufließen zu lassen, kann das Grundwasser über in den Boden eingebrachte Vakuumlanzen (sog. Flachbrunnen) abgesenkt werden; das Vakuum vergrößert das hydraulische Gefälle zwischen Grundwasserspiegel und Brunnen. Schwerkraftbrunnen können zur Steigerung der Ergiebigkeit auch mit Vakuum beaufschlagt werden (sog. Vakuum-Tiefbrunnen).

Baugrubensohlen unterhalb des Grundwasserspiegels werden bei einer Grundwasserabsenkung wie solche oberhalb des Grundwasserspiegels erstellt. Bei der Berechnung der Grundbruchsicherheit ist jedoch zu beachten, dass der Boden unter der Baugrubensohle je nach Höhe des abgesenkten Grundwasserspiegels unter Auftrieb steht.

Eine offene Wasserhaltung ist auch bei Baugrubensohlen oberhalb des Grundwasserspiegels zur Abführung von Niederschlagswasser immer ratsam.

Grundwasserschonende Bauweisen

Baugruben unterhalb des Grundwasserspiegels lassen sich auch durch vertikale und horizontale Barrieren als Trog abdichten. Eine vertikale Barriere ist eine wasserundurchlässige Baugrubenumschließung, die den horizontalen Zustrom von Wasser verhindert. Bindet eine solche wasserundurchlässige Wand in eine gering wasserdurchlässige Bodenschicht unterhalb der Baugrubensohle ein, kann kein bzw. nur sehr wenig Wasser der Baugrube zufließen. Steht keine ausreichend gering durchlässige Schicht unterhalb der geplanten Baugrubensohle im Untergrund an, so kann eine wasserundurchlässige horizontale Barriere oder eine Betonsohle hergestellt werden (Herten 2011). Bei einer wassersperrend verbauten Baugrube kann vereinbart werden, dass die zutretende Restwassermenge über die benetzte Wand und Sohlflächen Werte zwischen 0,5 – 5 l/(s · 1000 m^2) einhält.

Bei wassersperrenden Baugrubensohlen ist eine ausreichende Sicherheit gegen Auftrieb nachzuweisen. Zur Erreichung der Auftriebssicherheit kann die horizontale Barriere tiefer als die Unterkante der Baugrube angeordnet werden. In diesem Fall dient das über der Abdichtung anstehende Bodenmaterial mit seinem Eigengewicht als Ballast gegen Auftrieb (Abb. 32 rechts). Alternativ kann als eine dem Auftrieb entgegenwirkende Maßnahme eine Verankerung vorgese-

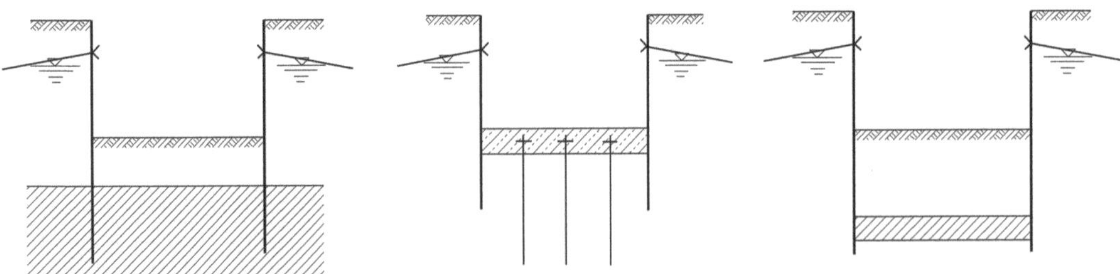

Abb. 32 Trogbaugruben links mit Einbindung in eine dichte Schicht, mittig mit rückverankerter Unterwasserbetonsohle und rechts mit Dichtsohle aus Weichgel oder Düsenstrahlsäulen

hen werden (Abb. 32 mittig) oder auch eine Kombination der beschriebenen Verfahren.

Bei den als horizontale Barriere ausgebildeten Baugrubensohlen unterscheidet man je nach Herstellungsverfahren zwischen Injektionssohlen, Düsenstrahlsohlen und Unterwasserbetonsohlen.

Injektionssohle, Düsenstrahlsohle

Injektionssohlen und Düsenstrahlsohlen werden analog zu den mit, dem Injektionsverfahren bzw. Düsenstrahlverfahren hergestellten Wänden in Form von rasterformig angeordneten, sich überschneidenden Zylinderkörpern erstellt, und zwar innerhalb der bereits fertiggestellten wasserundurchlässigen Baugrubenumschließung. Dies ist entweder von der Geländeoberfläche aus möglich oder aber von einer Voraushubebene noch oberhalb des Grundwasserstandes. Die Abdichtungssohle muss entweder in auftriebssicherer Tiefe angeordnet werden oder eine unter Wasser herzustellende Rückverankerung erhalten (sog. hoch liegende bzw. mittelhoch liegende Sohlen). Nach dem Erhärten der Sohle kann der Wasserspiegel innerhalb der Baugrube abgesenkt werden und der Aushub bis zur geplanten Endtiefe im erdfeuchten Boden erfolgen Abb. 33.

Unterwasserbetonsohle

Für Unterwasserbetonsohlen (UW-Beton) wird die Baugrube bis zur geplanten Endteufe unter Wasser ausgehoben. Zur Vermeidung eines hydraulischen Grundbruchs muss der Wasserspiegel innerhalb der Baugrube während des Aushubs etwas höher gehalten werden als der außerhalb vorhandene Grundwasserspiegel. Zum Erreichen der Auftriebssicherheit der gelenzten Baugrube ist i. d. R. eine rasterförmige vertikale Rückverankerung der Sohle erforderlich, die vor dem Betonieren der Sohle einzubringen ist. Das Betonieren erfolgt im Kontraktorverfahren mit einem Schüttrohr. Je nach Erfordernissen kann alternativ zu unbewehrtem Beton auch faserbewehrter Beton Verwendung finden oder unter Wasser ein Bewehrungskorb eingebaut werden.

Das Wasser wird aus der Baugrube erst nach dem Erhärten des UW-Betons abgepumpt. Reicht das Eigengewicht der Unterwasserbetonsohle für eine ausreichende Sicherheit gegen Auftrieb nicht aus, so ist die Sohle in dem darunter anstehenden Baugrund über die Ableitung von Zugkräften zu verankern Abb. 34. Dadurch wird die Gewichtskraft des Bodens unterhalb der Sohle als haltende Kraft gegen den Auftrieb aktiviert. Zur Ableitung der Zugkräfte in den Untergrund werden Reibungspfähle, Injektionspfähle, vermörtelte Zugpfähle oder vorgespannte Anker verwendet. Die Pfähle können sowohl durch Rammen, Vibrieren oder Bohren (Kleinbohrpfähle) hergestellt werden. Die Zugglieder werden üblicherweise erst nach Aushub unter Wasser bis zur Endteufe von einer schwimmenden Arbeitsplattform mit Taucherunterstützung hergestellt.

5.5 Bemessung

Erddruckansatz

In die Ermittlung des Erddruckes auf eine Stützwand gehen die charakteristischen Werte der Bodenwichte, des Reibungswinkels und der Kohä-

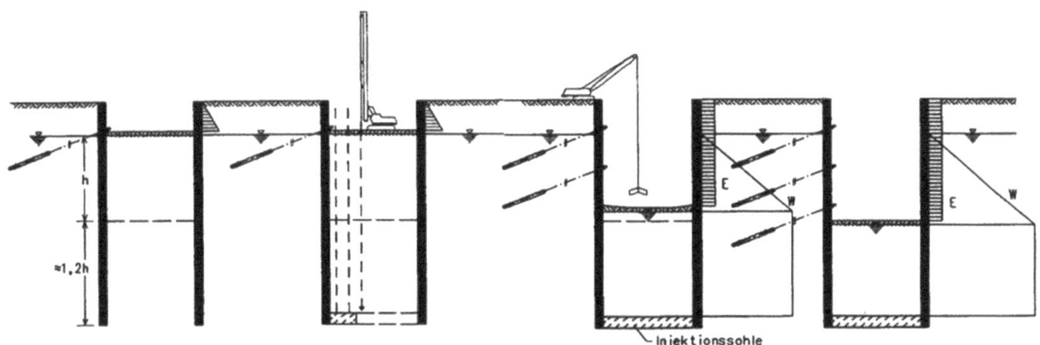

Abb. 33 Bauablauf Düsenstrahl- oder Injektionssohle mit Erd-und Wasserdruckansatz

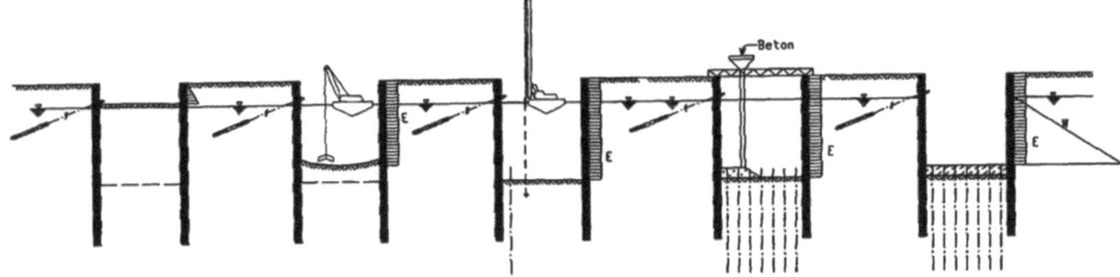

Abb. 34 Bauablauf Unterwasserbetonsohle mit Erd-und Wasserdruckansatz

sion des Bodens ein, ebenso die Beschaffenheit der erdseitigen Wandoberfläche (Wandreibungswinkel) sowie die Neigung von Wand und Geländeoberfläche und seitliche Auflasten. Daneben sind nach den EAB (2021) für den Ansatz des Erddruckes auf Baugrubenwände die Art und Nachgiebigkeit der Stützung der Wand und ihre Durchbiegungsmöglichkeit relevant. Messungen an Baugrubenwänden und ihren Aussteifungen haben ergeben, dass der Erddruck hinter gestützten Wänden mit der Tiefe nicht linear zunimmt, sondern eher der in Abb. 35 dargestellten, in Abhängigkeit von der Stützung umgelagerten Verteilung entspricht.

Ursache für die dargestellte Erddruckumlagerung ist, dass die zuerst eingebauten oberen Steifen (oder Anker) die Entspannung des Bodens auf den aktiven Grenzwert bei fortschreitendem Aushub behindern. Daher treten an den relativ unverschieblichen Stützpunkten Spannungskonzentrationen auf, während im Feld zwischen den Stützpunkten durch die Nachgiebigkeit der Wand Gewölbe im Boden entstehen, die dort zu einer Abnahme des Erddruckes führen. Nach den EAB (2021) ist es für einfache Fälle (horizontales Gelände, mindestens mitteldicht gelagerter, nichtbindiger Boden oder mindestens steife Konsistenz bei bindigem Boden, wenig nachgiebige Stützung) zulässig, den nach der Coulomb'schen Erddrucktheorie berechneten aktiven Erddruck in ein Rechteck (bei Stützung der Wand nahe am Kopfpunkt $h_k/H \leq 0{,}10$) bzw. in eine abgestufte Rechteckfigur (für $0{,}10 < h_k/H \leq 0{,}30$) umzulagern, deren Ordinatenverhältnis mit tiefer liegender Stützung zunimmt. Bei zwei- und mehrlagig ge-

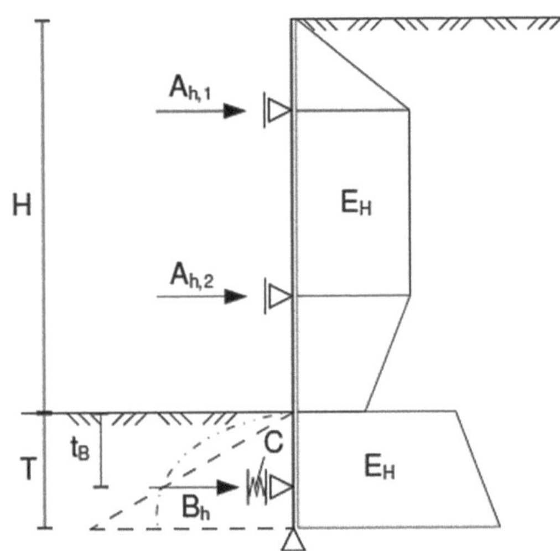

Abb. 35 Lastfigur für eine zweimal gestützte Baugrubenwand

stützten Wänden können sog. zutreffende Erddruckverteilungen mit Knicken an den Stützpunkten angesetzt werden, wobei die Konstruktion dann auf die zugehörigen Beanspruchungen an den Stützpunkten zu bemessen ist; letztlich lässt sich in ausreichend dicht gelagerten nichtbindigen oder mindestens steifen bindigen Böden mehr oder weniger jede Erddruckverteilung durch entsprechende Vorspannung von Steifen bzw. Ankern erreichen. Die Erddruckumlagerung erfolgt rechnerisch nur bis zur endgültigen Baugrubensohle; der Erddruck aus begrenzten Oberflächenlasten oder Bauwerkslasten wird nicht mit umgelagert. Eine Erddruckumlagerung kommt aber in locker gelagerten nichtbindigen Böden ebensowenig zustande wie in bindigen Böden von nur breiiger oder weicher Konsistenz.

Am Wandfuß muss zur Aufnahme der untersten Auflagerkraft $B_{h,k}$ entlang der Einbindetiefe tendenziell der passive Erddruck mobilisiert werden; allerdings sind zur Weckung des vollen passiven Erddruckes im Grenzzustand der Tragfähigkeit sehr viel größere Wandbewegungen erforderlich als zur Weckung des aktiven Erddruckes, die jedoch durch den Teilsicherheitsbeiwert γ_{Ep} praktisch bereits für den Gebrauchszustand begrenzt werden.

Bei nicht gestützten Wänden wird das Einspannmoment der auskragenden Wand durch ein Kräftepaar aus teilmobilisiertem Erdwiderstand vor bzw. hinter der Wand aufgenommen (s. Abb. 31), ähnlich auch bei gestützten Wänden mit Fußeinspannung, bei denen zwar ein geringeres Biegemoment auftritt als bei freier Auflagerung, dafür aber eine größere Einbindetiefe erforderlich ist.

Mit ein- oder mehrlagiger Stützung – vor allem mittels vorgespannter Verpressanker – lassen sich verformungsarme Wandkonstruktionen erzielen, wenn die Beanspruchungen der Wand und der Stützung mit einem erhöhten aktiven Erddruck als gewichtetem Mittel aus aktivem Erddruck (unter Berücksichtigung der Erddruckumlagerung) und Erdruhedruck ermittelt werden, Näheres s. (EAB 2021). In solchen Fällen empfiehlt sich eine Berechnung mit elastischer Bettung im Fußauflager-Bereich, wobei die hier aus dem Zustand vor dem Baugrubenaushub vorhandenen Erdruhedruckspannungen $e_{0g,k}$ nach Abb. 36 als ohne Fußverformungen verfügbare, stützende Spannungen vorgelagert werden können.

Trägerbohlwände

Für die Bemessung einer Trägerbohlwand ist der aktive Erddruck bzw. der erhöhte aktive Erddruck bis zur Baugrubensohle anzusetzen. Mit den sich daraus ergebenden Beanspruchungen sind unter Berücksichtigung der Teilsicherheitsbeiwerte nach DIN 1054 folgende Nachweise zu führen, wobei für Baugruben i. d. R. die Bemessungssituation BS-T zugrunde gelegt werden kann:

- Nachweis der ausreichenden Einbindetiefe zur Aufnahme der Fußauflagerkraft durch räumlichen Erdwiderstand vor dem einzelnen Trägerfuß (mit und ohne Überschneidung der Bruchmuscheln),
- Nachweis des Gleichgewichtes der Horizontalkräfte unterhalb der Baugrubensohle (s. Abb. 37) an der als durchgehend angenommenen Wand,
- Kontrolle des Gleichgewichtes der Vertikalkräfte bzw. der Vertikalkomponente des zu mobilisierenden Erdwiderstandes,
- Nachweis der Abtragung von Vertikalkräften in den Untergrund,
- Geländebruchsicherheit i. S. von DIN 4084
- Nachweis gegen Aufbruch der Baugrubensohle (nur erforderlich bei Böden mit Reibungswinkel $\varphi_k \leq 25°$)
- Bemessung der Stahl-Verbauträger,
- Bemessung der Ausfachung (Holz oder Spritzbeton),
- Bemessung des Aussteifungssystems bei ausgesteiften Baugruben (Nachweis der Steifen immer für BS-P),

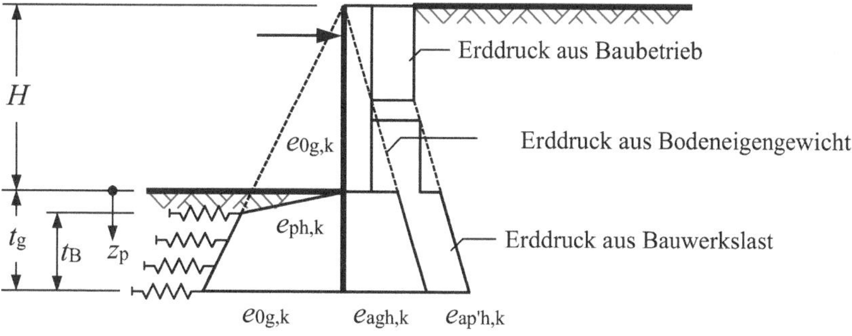

Abb. 36 Belastungsfigur für elastische Bettung des Wandfußes in nichtbindigem Boden nach (EAB 2021), EB 102

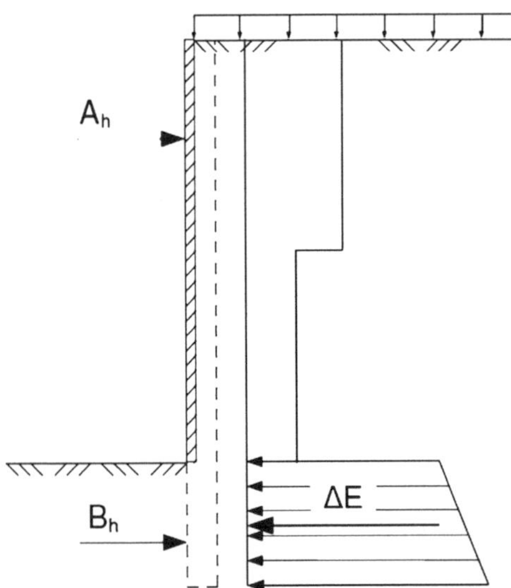

Abb. 37 Nachweis des Gleichgewichtes der Horizontalkräfte unterhalb der Baugrubensohle bei einer Trägerbohlwand

- Bemessung der Anker und Nachweis der ausreichenden Ankerlänge durch den Nachweis der Standsicherheit in der tiefen Gleitfuge bei verankerten Baugruben.

Großflächige veränderliche Einwirkungen können für Nachweise im Grenzzustand GEO2 vereinfacht durch einen Faktor $f_Q = \gamma_Q/\gamma_G = 1{,}3/1{,}2 = 1{,}08$ (BS-T) vergrößert und dann in ihrer Auswirkung auf die Beanspruchungen wie ständige Einwirkungen behandelt werden. Die damit ermittelten charakteristischen Werte der Schnittgrößen sind dann nur noch mit dem Teilsicherheitsbeiwert für ständige Einwirkungen γ_G zu vergrößern, um Bemessungswerte der Beanspruchungen zu erhalten. Verkehrslasten bis 10 kN/m^2 zur Berücksichtigung des Erddrucks aus Baustellenverkehr können wie ständige Einwirkungen behandelt werden.

Für den Nachweis der ausreichenden Einbindetiefe vor dem einzelnen Trägerfuß wird der charakteristische Wert des räumlichen Erdwiderstands $E_{ph,k}$ berechnet. Die Berechnung kann über tabellierte Erdwiderstandsbeiwerte nach Streck oder Weißenbach erfolgen (Weißenbach und Hettler 2009).

Wenn der Bemessungswert des Erdwiderstandes $E_{ph,d} = E_{ph,k}/\gamma_{Ep}$ nochmals mit einem Anpassungsfaktor $\eta_{Ep} = 0{,}80$ abgemindert wird, kann davon ausgegangen werden, dass die Verschiebungen des Wandfußes in derselben Größenordnung liegen wie die der übrigen Wand. Der Nachweis des Gleichgewichtes der Horizontalkräfte unterhalb der Baugrubensohle umfasst neben den Fußauflagerkräften der Träger $B_{h,k}$ (verschmiert auf den Trägerabstand a) auch die Erddruckkräfte $\Delta E_{ah,k}$, die zwischen den Flanschen der Verbauträger auf eine gedachte durchgehende Wand wirken.

Durch die Kontrolle des Gleichgewichtes der Vertikalkräfte erfolgt zugleich eine Kontrolle des für die Ermittlung des Erdwiderstandes gewählten negativen Wandreibungswinkels δ_p: Die Summe aller abwärts gerichteten Kräfte V_k muss im Gebrauchszustand gleich oder größer sein als die Vertikalkomponente $B_{v,k}$, die zur charakteristischen Auflagerkraft $B_{h,k}$, gehört. Anderenfalls ist die Berechnung für einen geringeren Betrag des Wandreibungswinkels δ_p zu wiederholen (was zu einer höheren Einbindetiefe führt), bis das Gleichgewicht der Vertikalkräfte gegeben ist.

Der Nachweis der Abtragung der Vertikalkräfte in den Untergrund wird im Grenzzustand GEO2 über die nach unten wirkenden Bemessungswerte der Vertikalkräfte im Vergleich zur Summe der Bemessungswerte der vertikalen Widerstände R_d wie für die axiale Tragfähigkeit bei Pfählen geführt. Die vertikale Beanspruchung setzt sich zusammen aus der Wandeigenlast, dem Vertikalanteil des Erddrucks und ggf. zusätzlich in die Wand eingeleiteten Kräften (z. B. aus einer schräg angeordneten Rückverankerung oder Auflasten auf dem Wandkopf Abb. 38). Die Widerstände ergeben sich vor allem aus Spitzendruck, in abgemindertem Umfang d. h. ohne die der Baugrube abgewandten Flächen auch aus Mantelreibung, bei ausbetonierten Trägerfüßen entsprechend für einzelne Bohrpfähle, bei gerammten Verbauträgern mit den Stahlflächen.

Der Standsicherheitsnachweis in der sog. Tiefen Gleitfuge dient der Ermittlung der erforderlichen Ankerlänge. Über die Ankerlänge wird die rechnerische Größe des Bodenkörpers festgelegt, der im Versagensfall als Ganzes auf einer tiefliegenden Gleitfläche abrutschen würde.

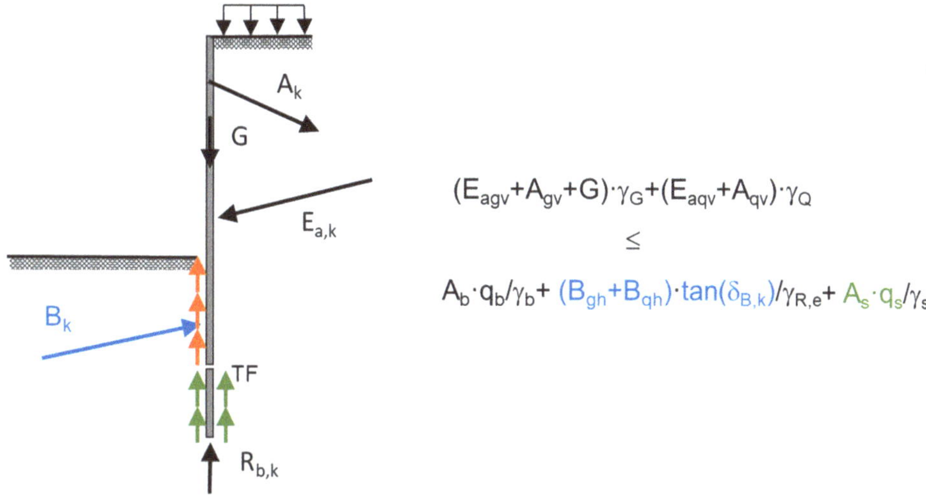

Abb. 38 Nachweis der Abtragung der Vertikalkräfte (TF – theoretischer Fußpunkt der Wand aus statischen Erfordernissen)

Bohrpfahlwände, Schlitzwände und Spundwände

Tangierende Bohrpfahlwände, Schlitzwände und Spundwände unterscheiden sich im Tragverhalten von Trägerbohlwänden zum einen wegen ihrer meist deutlich größeren Biegesteifigkeit, aber auch dadurch, dass die Wand unterhalb der Baugrubensohle durchgehend ist, sodass vor dem Wandfuß der ebene Erdwiderstand mobilisiert werden kann. Zur Bemessung wird auch hier der aktive bzw. erhöhte aktive Erddruck zunächst mit charakteristischen Werten ermittelt. Die Verteilung der Erddruckspannungen hängt hier noch mehr als bei Trägerbohlwänden von der Lage und Nachgiebigkeit der Stützung ab; entsprechend ist eine zutreffende Erddruckverteilung anzusetzen. Für die sich daraus ergebenden Beanspruchungen sind unter Berücksichtigung der Teilsicherheitsbeiwerte nach DIN 1054 folgende Nachweise zu führen:

- für Schlitzwände zunächst: Standsicherheit des flüssigkeitsgestützten Schlitzes und damit Nachweis der zulässigen Lamellenlänge nach DIN 4126,
- Nachweis der ausreichenden Einbindetiefe zur Aufnahme der Fußauflagerkraft durch ebenen Erdwiderstand vor dem durchgehenden Wandfuß,
- Kontrolle des Gleichgewichtes der Vertikalkräfte bzw. der Vertikalkomponente des zu mobilisierenden Erdwiderstandes,
- Nachweis der Abtragung von Vertikalkräften in den Untergrund,
- Geländebruchsicherheit i. S. von DIN 4084,
- Nachweis gegen Aufbruch der Baugrubensohle (nur erforderlich bei Böden mit Reibungswinkel $\varphi_k \leq 25°$)
- Biege- und Schubbemessung der Wände,
- Bemessung des Aussteifungssystems bei ausgesteiften Baugruben,
- Bemessung der Anker und Nachweis der ausreichenden Ankerlänge durch den Nachweis der Standsicherheit in der Tiefen Gleitfuge bei verankerten Baugruben.

Bei ein- oder mehrlagig gestützten Wänden kann sich eine volle Fußeinspannung nach Abb. 31b i. d. R. nur bei Spundwänden einstellen, die so biegeweich sind, dass sich eine Rückdrehung des Wandfußes zur Mobilisierung der Ersatzkraft C einstellen kann. Bei massiven Wänden (Bohrpfahlwänden, Schlitzwänden) kommt i. d. R. nur eine Teileinspannung zustande (Abb. 31c).

Die Einbindelänge von Spundwänden und Bohrpfahlwänden kann gestaffelt werden.

Zum Nachweis der Abtragung von Vertikalkräften in den Untergrund kann bei Bohrpfahlwänden und Schlitzwänden der Spitzendruck unter der tatsächlichen Aufstandsfläche angesetzt werden, während bei Spundwänden der Spitzendruck nur die Stahlfläche in Rechnung gestellt werden kann. Oberhalb des statisch erforderlichen Fußpunktes darf entweder, die Mantelreibung auf der Baugrubenseite oder die Reibung infolge der Fußauflagerkraft berücksichtigt werden (s. Abb. 38) (Herten 2023).

Für die im Zuge der Herstellung von Schlitzwänden suspensionsgestützten Schlitze begrenzter Länge wird zwischen der inneren und der äußeren Standsicherheit des Schlitzes unterschieden (Haugwitz und Pulsfort 2009). Die „innere Standsicherheit" bezieht sich auf das Abgleiten von Einzelkörnern oder Korngruppen in den Schlitz. Sie wird über die Fließgrenze der Stützflüssigkeit nachgewiesen. Des Weiteren muss der Nachweis gegen Zutritt von Grundwasser in den Schlitz erbracht werden sowie die Sicherheit gegen Unterschreiten des statisch erforderlichen Flüssigkeitsspiegels gegeben sein.

Als „äußere Standsicherheit" wird die Sicherheit gegen den Schlitz gefährdende Gleitflächen im Boden bezeichnet. Wesentlich für die äußere Standsicherheit flüssigkeitsgestützter Erdschlitze ist die hydrostatische Stützung der Erdwand. Die wirksame hydrostatische Stützkraft ergibt sich aus der Differenz der Stützkraft der Stützflüssigkeit und der Wasserdruckkraft des im Erdreich anstehenden Grundwassers. Für den Nachweis der Sicherheit gegen das Abgleiten eines Erdkörpers in den Schlitz kann aufgrund der endlichen Länge des Schlitzes der räumliche aktive Erddruck angesetzt werden.

6 Stützkonstruktionen aus bewehrter Erde

Stützkonstruktionen aus bewehrter Erde sind sehr vielseitig, jedoch eher als dauerhafte Stützbauwerke verwendbar, da ihr Aufbau von unten nach oben erfolgt. Bei einer Stützkonstruktion aus bewehrter Erde werden hinter einer Außenhaut Bewehrungselemente (aus Stahl, Kunststoff oder Geotextilien) in den Hinterfüllungsboden eingebettet, die über die auf ihre Oberfläche wirkenden Vertikalspannungen Reibungskräfte aufnehmen und abgeben können. Damit wird ein Verbundsystem zwischen Boden und Bewehrung hergestellt, das in Richtung der Bewehrung Zugkräfte aufnehmen kann.

Die Bewehrung verleiht dem Boden eine anisotrope Kohäsion, deren Größe dem Reibungswiderstand zwischen dem Boden und der Bewehrung direkt proportional ist. In der sog. „aktiven Zone" direkt hinter der aus Fertigteilen oder Drahtgitter-Körben versiegelten Außenhaut werden über Reibung Zugkräfte in den Bewehrungselementen geweckt, die in der „passiven Zone" wieder an den Boden abgegeben werden. Dem bewehrten Boden können damit Zugspannungen zugeordnet werden, die sonst von nichtbindigen Böden generell nicht und von bindigen Böden nur in geringem Maße aufgenommen werden können. Daher dient die Außenhaut nicht direkt – wie bei herkömmlichen Stützwänden – zur Aufnahme des Erddruckes, sondern verhindert das Herausrieseln des Verfüllbodens.

Stützkonstruktionen aus bewehrter Erde bestehen aus folgenden Bauelementen:

- Bewehrungselemente (Stahlbänder, Kunststoffbänder oder Geotextilien),
- Verfüllboden (Böden mit hohem Reibungswinkel),
- Außenhautelemente (Metallprofile, Betonfertigteile, Gitterkörbe oder Geotextilien),
- ggf. Streifenfundamente als Vertikalauflager für Außenhaut aus Betonfertigteilen.

Die Stützkonstruktionen aus bewehrter Erde werden lagenweise von unten nach oben errichtet, wobei folgende Arbeitsschritte anfallen:

- Gründungsplanum herstellen,
- Streifenfundamente für die Außenhautelemente betonieren,
- Außenhautelemente der unteren Lage versetzen,
- Verfüllen bis zur ersten Bewehrungslage,

- Verdichten des Verfüllbodens,
- Bewehrung verlegen,
- Verfüllen bis Oberkante Außenhautelement und Verdichten,
- nächstes Außenhautelement versetzen usw.

Ein vergleichbares Tragverhalten ist auch bei einer Bodenvernagelung zugrunde zu legen, bei der die Außenhaut durch eine Spritzbetonschale und die Bewehrung durch gebohrte Nägel gebildet werden.

Erklärung zu konkurrierenden Interessen Der/die Autor(en) hat/haben keine Interessenkonflikte zu erklären, die für den Inhalt dieses Manuskripts relevant sind.

Literatur

Bauer J (2016) Seitendruck auf Pfahlgründungen in bindigen Böden infolge quer zur Pfahlachse wirkender Bodenverschiebungen. Universität Kassel, Kassel, Heft 26

Bauer J, Kempfert H-G (2018) Untersuchungen zum Seitendruck auf Pfahlgründungen in bindigen Boden, Bauingenieur 93(12): 473–481. VDI-Verlag

Hanisch J, Katzenbach R, König G (2002) Richtlinie für den Entwurf, die Bemessung und den Bau von Kombinierten Pfahl-Plattengründungen (KPP-Richtlinie). Verlag Ernst & Sohn, Berlin

Haugwitz H-G, Pulsfort M (2009) Pfahlwände, Schlitzwände, Dichtwände. In: Witt KJ (Hrsg) Grundbau-Taschenbuch. 7. Aufl. Teil 3. Ernst & Sohn, Berlin, S 579–648

Herten M (2011) Baugruben fürSchleusen. Bauingenieur – Jahressonderausg 2010/2011 85:104–109

Herten M (2023) Vertikale Tragfähigkeit von Spundwänden mit Austauschbohrungen als Einbringhilfe. In: Bundesanstalt für Wasserbau (Hrsg) Geohydraulische Aspekte bei Planung und Ausführung von Baumaßnahmen des Verkehrswasserbaus. Bundesanstalt für Wasserbau, Karlsruhe, S 52–59

Kempfert H-G (2009) Pfahlgründungen. In: Witt KJ (Hrsg) Grundbau-Taschenbuch. 7. Aufl. Teil 3. Ernst & Sohn, Berlin, S 73–278

Lingenfelser H (1997) Senkkästen. In: Smoltczyk U (Hrsg) Grundbau-Taschenbuch. 5. Aufl. Teil 3. Ernst & Sohn, Berlin, S 351–396

Moormann C (2021) Jahresbericht 2020 des Arbeitskreises „Pfähle" der Deutschen Gesellschaft für Geotechnik (DGGT). Bautechnik 98(2):163–186

Rodatz W (2001) Grundbau, Baugruben und Gründungen. In: Zilch K, Diederichs CJ, Katzenbach R (Hrsg) Handbuch für Bauingenieure, 1. Aufl. Springer, Berlin

Rollberg D (1976) Bestimmung des Verhaltens von Pfählen aus Sondier- und Rammergebnissen. Forschungsberichte aus Bodenmechanik und Grundbau, H 4. RWTH, Aachen

Schiel F (1970) Statik der Pfahlwerke. Springer, Berlin/ Heidelberg/New York

Weißenbach A, Hettler A (2009) Baugrubensicherung. In: Witt KJ (Hrsg) Grundbau-Taschenbuch, 7. Aufl. Teil 3. Ernst & Sohn, Berlin, S 427–578

Normen

DIN 1045-2:2008-08: Tragwerke aus Beton, Stahlbeton und Spannbeton Teil 2: Beton – Festlegung, Eigenschaften, Herstellung und Konformi-tät Anwendungsregeln zu DIN EN 206-1

DIN 1054:2010-12: Baugrund Sicherheitsnachweise im Erd- und Grundbau Ergänzende Regelungen zu DIN EN 1997-1

DIN 4017 (2006-03): Baugrund; Grundbruchberechnungen und Beiblatt 1 (2006-11)

DIN 4018: Baugrund; Berechnung der Sohldruckverteilung unter Flächengründungen (1974-09)

DIN 4019: Baugrund; Setzungsberechnungen (1979-04)

DIN 4084: Baugrund – Geländebruchberechnungen (2021-11)

DIN 4085: Baugrund; Berechnung des Erddrucks (2017-08)

DIN 4124: Baugruben und Gräben; Böschungen, Verbau, Arbeitsraumbreiten (2012-01)

DIN EN 12715 (2021-08): Ausführung von besonderen geotechnischen Arbeiten (Spezialtiefbau); Injektionen

DIN EN 12716 (2019-03): Ausführung von besonderen geotechnischen Arbeiten (Spezialtiefbau); Düsenstrahlverfahren

DIN EN 14199:2012-01: Ausführung von besonderen geotechnischen Arbeiten (Spezi-altiefbau) Pfähle mit kleinen Durchmessern (Mikropfähle); Deutsche Fas-sung EN 14199:2005

DIN EN 1536 (2015-10): Ausführung von besonderen geotechnischen Arbeiten (Spezialtiefbau) – Bohrpfähle

DIN EN 1537:2014-07: Ausführung von Arbeiten im Spezialtiefbau Verpressanker; Deutsche Fassung EN 1537:2013

DIN EN 1538 (2015-10): Ausführung von besonderen geotechnischen Arbeiten (Spezialtiefbau) – Schlitzwände

DIN EN 1993-5 (2010-12): Eurocode 3 – Bemessung und Konstruktion von Stahlbauten; Teil 5: Pfähle und Spundwände

DIN EN 1997-1/NA:2010-12; Nationaler Anhang – National festgelegte Parameter Eurocode 7: Entwurf, Berechnung und Bemessung in der Geotechnik Teil 1: Allgemeine Regeln

DIN EN 1997-1:2009:09: Eurocode 7: Entwurf, Berechnung und Bemessung in der Geotechnik Teil 1: Allgemeine Regeln; Deutsche Fassung EN 1997-1:2004 + AC: 2009

DIN SPEC 18537:2017-11: Ergänzende Festlegungen zu DIN EN 1537:2014-07, Ausführung von Arbeiten im Spezialtiefbau – Verpressanker

DIN SPEC 18538:2012-02: Ergänzende Festlegungen zu DIN EN 14199:2012-01, Aus-führung von besonderen geotechnischen Arbeiten (Spezialtiefbau) – Pfähle mit kleinen Durchmessern (Mikropfähle)

ISO 22477-1:2018-11: Geotechnical investigation and testing Testing of geotechnical structures Part 1: Testing of piles: static compression load testing

ISO 22477-5:2018-08: Geotechnical investigation and testing Testing of geotechnical structures Part 5: Testing of grouted anchors

Empfehlungen

EA Pfähle (2012) Empfehlungen des Arbeitskreises AK 2.1 „Pfähle" der Deutschen Gesellschaft für Geotechnik e.V, 2. Aufl. Ernst & Sohn, Berlin

EAB (2021) Empfehlungen des Arbeitskreises „Baugruben" der Deutschen Gesellschaft für Geotechnik e.V, 6. Aufl. Ernst & Sohn, Berlin

EAU (2020) Empfehlungen des Arbeitsausschusses „Ufereinfassungen" Häfen und Wasserstraßen, 12. Aufl. Wilhelm Ernst & Sohn, Berlin

EBGEO (1997) Empfehlungen für Bewehrungen aus Geokunststoffen. Deutsche Gesellschaft für Geotechnik e. V. Ernst & Sohn, Berlin

Vorschriften

Verordnung über Arbeiten in Druckluft (Druckluftverordnung) zuletzt geändert am 29.03.2017, Bundesgesetzblatt I, S 2768 ff.

Maschineller Tunnelbau mit Tunnelvortriebsmaschinen und Rohrvortrieb

Ulrich Maidl und Bernhard Maidl

Inhalt

1 **Einteilung der Tunnelvortriebsmaschinen** ... 167

2 **Tunnelbohrmaschinen** ... 168

3 **Schildmaschinen** ... 169

4 **Tunnelsicherung beim Schildvortrieb** ... 186

5 **Bodenseparation beim Schildvortrieb mit hydraulischer Bodenförderung** ... 191

6 **Die wichtigsten rechnerischen Nachweise** ... 194

7 **Digitalisierung im maschinellen Tunnelvortrieb** ... 200

8 **Rohrvortrieb (Der Vortrieb kleiner Querschnitte)** ... 209

Literatur ... 238

1 Einteilung der Tunnelvortriebsmaschinen

Eine Übersicht und Definition der Tunnelvortriebsmaschinen geben die Empfehlungen des Deutschen Ausschusses für Unterirdisches Bauen (DAUB 2010) (Abb. 1). Grundsätzlich sind Tunnelbohrmaschinen für den Einsatz in Festgestein und Schildvortriebsmaschinen für den Einsatz in Lockergestein vorgesehen, doch ist das Einsatzspektrum übergreifend.

Tunnelbohrmaschinen (TBM) können sowohl mit als auch ohne Schild ausgeführt sein. Der Unterschied zu den Schildmaschinen liegt in der konstruktiven Ausbildung der Abbaueinrichtung und der unterschiedlichen Übertragung der Vortriebskräfte. Der Bodenabbau erfolgt bei TBM grundsätzlich im Vollschnitt mit einem Bohrkopf. Die Ortsbrust ist entweder standfest oder nur durch die Stahlkonstruktion des Bohrkopfes gesichert. Bei *Schildmaschinen* ist hingegen sowohl der vollflächige Abbau mit einem Schneidrad als auch der teilflächige Abbau möglich. Für die beiden Hauptgruppen Vollschnitt- und Teilschnittabbau besteht eine weitere Typeneinteilung in Abhängigkeit der Ortsbruststützung.

Hier werden vorrangig die *Schildvortriebsverfahren* behandelt, da viele Einzelkomponenten ähnlich und deshalb auf die Tunnelbohrmaschine

U. Maidl (✉) · B. Maidl
mtc – Maidl Tunnelconsultants GmbH & Co. KG, Duisburg, Deutschland
E-Mail: office@maidl-tc.de; office@maidl-tc.de

U. Arslan (Hrsg.), *Geotechnik*, Handbuch für Bauingenieure,
https://doi.org/10.1007/978-3-658-29496-0_32

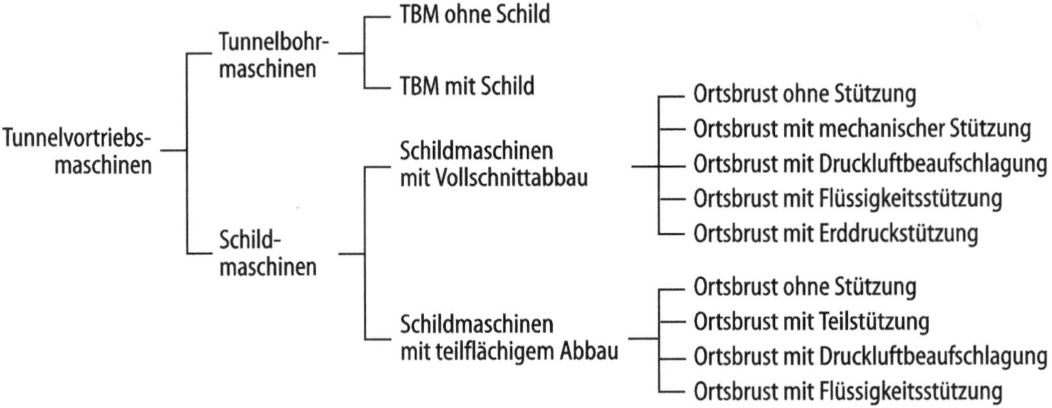

Abb. 1 Übersicht Tunnelvortriebsmaschinen. (DAUB 2010)

übertragbar sind. Das Funktionsprinzip der Tunnelbohrmaschinen wird im Folgenden in seinen wesentlichen Elementen beschrieben. Ausführliche Hinweise enthalten (Maidl 2004; Hamburger und Weber 1993).

2 Tunnelbohrmaschinen

2.1 Tunnelbohrmaschine ohne Schild

Die klassische Tunnelbohrmaschine (TBM) löst den Fels mit einem mit Schneidwerkzeugen – heute i. d. R. Rollenmeißeln (Disken) – besetzten Bohrkopf. Diese Rollen laufen unter einem Anpressdruck von etwa 200 kN auf konzentrischen Bahnen über die Ortsbrust. Übersteigt der Anpressdruck der Rollenmeißel die Gebirgsfestigkeit in ausreichendem Maße, so werden größere Gesteinsbrocken (Chips) aus dem Felsverband gelöst. Der Zusammenhang zwischen der Penetration und dem Anpressdruck der Meißel ist von zahlreichen felsmechanischen und maschinentechnischen Faktoren (Gebirgsfestigkeit, Klüftigkeit, Schneidbahnabstand, Diskendurchmesser, Bohrkopfdrehzahl und Bohrkopfdurchmesser usw.) abhängig und wurde ausführlich von Hamburger und Weber (1993) untersucht.

Der Gesamtanpressdruck des Bohrkopfes muss bei der klassischen TBM ohne Schild über hydraulisch radial ausfahrbare Abstützplatten (Gripper), mit denen sich die Maschine im aufgefahrenen Hohlraum verspannt, ins Gebirge eingeleitet werden. Das Bohrgut wird im Bohrkopf durch schaufelartige Mitnehmerbleche von der Sohle aufgenommen und fällt aus dem Firstbereich des rotierenden Schneidrades durch einen Trichter auf ein Förderband. Das Förderband befördert das Bohrgut durch den i. d. R. mittenfreien Schneidradantrieb aus dem Bohrkopf über den Nachläufer in die Schuttermulden.

Falls es die Gebirgsverhältnisse erfordern, besteht die Möglichkeit im Maschinenbereich unmittelbar hinter dem Bohrkopf Sicherungsarbeiten durchzuführen. Hierzu sind die Maschinen mit speziellen Plattformen zum Einbau klassischer Sicherungsmittel wie Felsanker, Baustahlmatten und Spritzbeton ausgestattet. Der Einbau erfolgt parallel zum Bohrprozess, sodass Tunnelbohrmaschinen im Gegensatz zu den meisten Schilden annähernd kontinuierlich bohren und hierdurch höhere Vortriebsleistungen erreichen. Der Bewegungsablauf einer Doppelgrippermaschine (System Wirth) ist exemplarisch in Abb. 2 dargestellt.

Bei zu großer Klüftigkeit und hieraus resultierendem Überprofil oder geringer Gebirgsfestigkeit besteht die Gefahr, dass sich die Maschine nicht mehr ausreichend im Gebirge verspannen kann. Die Tunnelbohrmaschine gerät an die Einsatzgrenzen, wenn die Standzeit und die Festigkeit des Gebirges unzureichend sind oder zu hohe Kluftwasser-

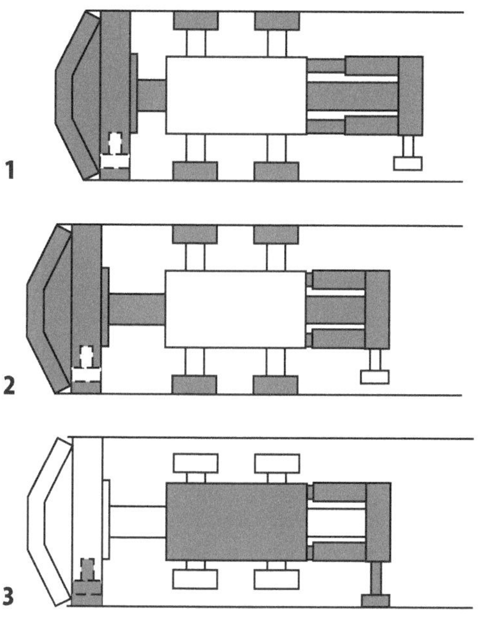

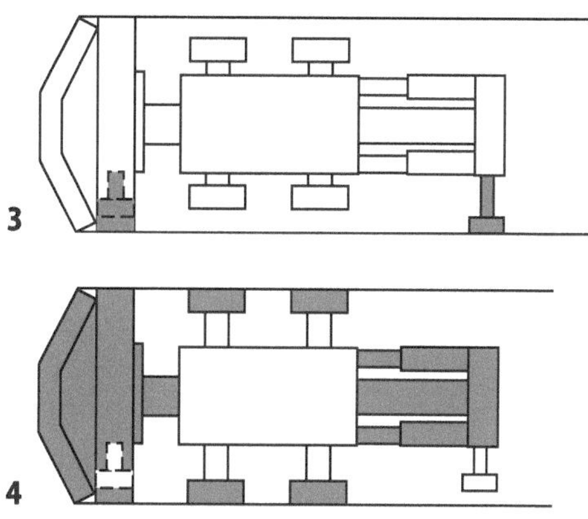

1 Maschine verspannt, Abstützeinrichtung eingefahren, Bohrbeginn;
2 Hub abgebohrt, Bohrende;
3 Abstützeinrichtung ausgefahren, Verspannung eingefahren, Außenkelly gleitet nach vorn;
4 Ausrichten der Maschine durch hintere Abstützeinrichtung, Maschine entspannt;
5 Maschine verspannt, Abstützeinrichtung eingefahren, neuer Bohrbeginn

Abb. 2 Bewegungsablauf einer Tunnelbohrmaschine. (Maidl 2004)

mengen anfallen. Für den Einsatz in klüftigem Gebirge wird der Bohrkopf durch eine Haube oder einen geschlossenen Mantel gegen nachbrechenden Fels geschützt, um eine Bohrkopfblockade zu verhindern. Hinweise bezüglich der Einsatzgrenzen enthalten die Empfehlungen des DAUB (2010).

2.2 Tunnelbohrmaschine mit Schild

Die TBM mit Schild entspricht im Wesentlichen den Schildmaschinen mit Vollschnittabbau. Diese werden im Folgenden detailliert behandelt.

3 Schildmaschinen

3.1 Grundprinzip des Schildvortriebs

Das Grundprinzip des Schildvortriebs besteht darin, dass eine i. Allg. zylindrische Stahlkonstruktion (Schild) in der Tunnelachse vorgeschoben wird und gleichzeitig der Ausbruch des Gebirges erfolgt. Die Stahlkonstruktion sichert solange den Ausbruchshohlraum, bis an seinem Ende die vorläufige oder die endgültige Tunnelsicherung eingebaut ist. Der Schild muss dabei dem Druck des umgebenden Gebirges widerstehen und, soweit vorhanden, anstehendes Grundwasser zurückhalten.

Der Schild wird mit fortschreitendem Abbau in Richtung der Tunnelachse vorgeschoben, um den geschaffenen Hohlraum zu sichern. Die dafür notwendigen Vorschubkräfte werden i. d. R. mit Hydraulikpressen erzeugt; die bereits erstellte Auskleidung dient als Widerlager. Daher müssen Tunnelauskleidung und Vortriebstechnik fein aufeinander abgestimmt werden. Sowohl die einwandfreie Funktion des Schildes als auch die Qualität der Tunnelröhre hängen von der Verträglichkeit dieser beiden Aspekte ab.

Da die Sicherung i. Allg. im Schutz des Schildmantels eingebaut wird, bleibt bei Weiterfahrt des Schildes ein Spalt, der zu verfüllen ist, um Auflockerungen und Setzungen zu minimieren. Daher ist eine geeignete Hinterfüllung bzw. Hinterpressung vorzusehen und der Schild mit einer entsprechenden Vorrichtung auszurüsten.

3.2 Möglichkeiten zur Stützung der Ortsbrust

Während der Hohlraum entlang der Tunnellaibung durch den Schildmantel selbst gesichert ist, sind an der Ortsbrust in Abhängigkeit von den anzutreffenden Boden- und Grundwasserverhältnissen zusätzliche Sicherungsmaßnahmen erforderlich. In Abb. 3 sind fünf unterschiedliche Methoden zur Stabilisierung der Ortsbrust dargestellt; sie werden in Abschn. 3.5 bis 3.7 eingehend erläutert.

Diese Möglichkeiten zur Stabilisierung der Ortsbrust bilden einen großen Vorzug der *Schildbauverfahren*. Damit wird es im Gegensatz zu allen anderen Tunnelbauweisen möglich, das Gebirge schon während des Auffahrens an jeder Stelle unmittelbar zu stützen.

3.3 Möglichkeiten des Bodenabbaus und der Bodenförderung

Neben der Art der Ortsbruststützung ist die Methode des Gebirgsabbaus ein wichtiges Charakteristikum für Schilde (Abb. 4 und 5).

Der *manuelle Abbau* in „Handschilden" ist das einfachste Verfahren. Er wird heute nur noch in Ausnahmen praktiziert, z. B. bei kurzen Strecken und günstigen geologischen und hydrologischen Verhältnissen, d. h. Strecken mit vorübergehend standfesten Böden oberhalb des Grundwassers.

Gängiger ist der *Einsatz von Maschinen*. Dabei wird zwischen teilflächigem und vollflächigem Abbau unterschieden. Beim *teilflächigen Abbau* wird die Ortsbrust abschnittsweise bearbeitet. Es kommen Geräte wie Bagger oder Teilschnittmaschinen mit speziellen Meißel- und Schneidkopfeinrichtungen zum Einsatz (Abb. 6), die entweder vom Bedienungspersonal oder automatisch geführt und gesteuert werden.

Ein *vollflächiger Abbau* ist in Abhängigkeit von der Geologie mit Bohrköpfen, Speichenrädern oder Felgenrädern (ggf. mit Verschlusskappen) möglich. Weitere Alternativen sind der *hydraulische Abbau* mittels druckbeaufschlagten Flüssigkeitsstrahlen und der *Extrusionsabbau*, bei dem unter Wirkung der Vortriebspressen ein ausgeprägt plastischer Boden durch verschließbare Öffnungen in der stirnseitigen Abschlusswand des Schildes hineingedrückt werden kann.

Zur *Schutterung* des abgebauten Materials sind spezielle Fördersysteme notwendig, mit denen der Abraum von der Ortsbrust durch den Schild hindurch nach Übertage transportiert wird. Geeignete Systeme sind im direkten Zusammenhang mit der Art des anstehenden Gebirges und der daraus resultierenden Art von Ortsbruststützung und Abbaumethode zu sehen, da diese die Parameter Konsistenz und Transportmöglichkeit des zu schutternden Materials beeinflussen. Abb. 5 stellt die Fördermöglichkeiten vor, die sich prinzipiell in die Gruppen Trockenförderung, Pump- oder Flüssigförderung gliedern. Der Streckentransport erfolgt auch abhängig vom Medium der Ortsbruststützung über Förderleitungen, Förderbänder, Erdtransporter oder gleisgebundene Systeme (Schutterzüge).

3.4 Ortsbrust ohne Stützung

Schilde, bei denen die Ortsbrust ohne Stützung ist (s. Abb. 3a und 4) oder nur durch eine Böschung gestützt wird, werden auch als „offene Schilde" bezeichnet. Offene Schilde haben kein geschlossenes System zum Druckausgleich an der Ortsbrust zur Boden- und Grundwasserstützung.

Der Bodenabbau kann sowohl im Vollschnitt mit einem Schneidrad als auch im Teilschnitt vorgenommen werden. Der Einsatz im Lockergestein unterhalb des Grundwasserspiegels ist jedoch ohne Zusatzmaßnahmen (Grundwasserabsenkung, Injektionen, Vereisung) nicht möglich. Bei geringen anfallenden Sickerwassermengen oder örtlichen Wasserlinsen wird bei offenen Schilden eine offene Wasserhaltung an der Ortsbrust betrieben. Injektionsbrunnen und -lanzen sind ebenfalls geeignete Maßnahmen zur Entspannung und Beherrschung des Grundwasserdruckes.

Die Ortsbrust ist bei größeren Querschnitten unterteilt und – mit Ausnahme der Schilde mit geschlossenem Schneidrad – zugänglich. Die hohe Flexibilität insbesondere der Handschilde und der teilmechanisierten offenen Schilde ermög-

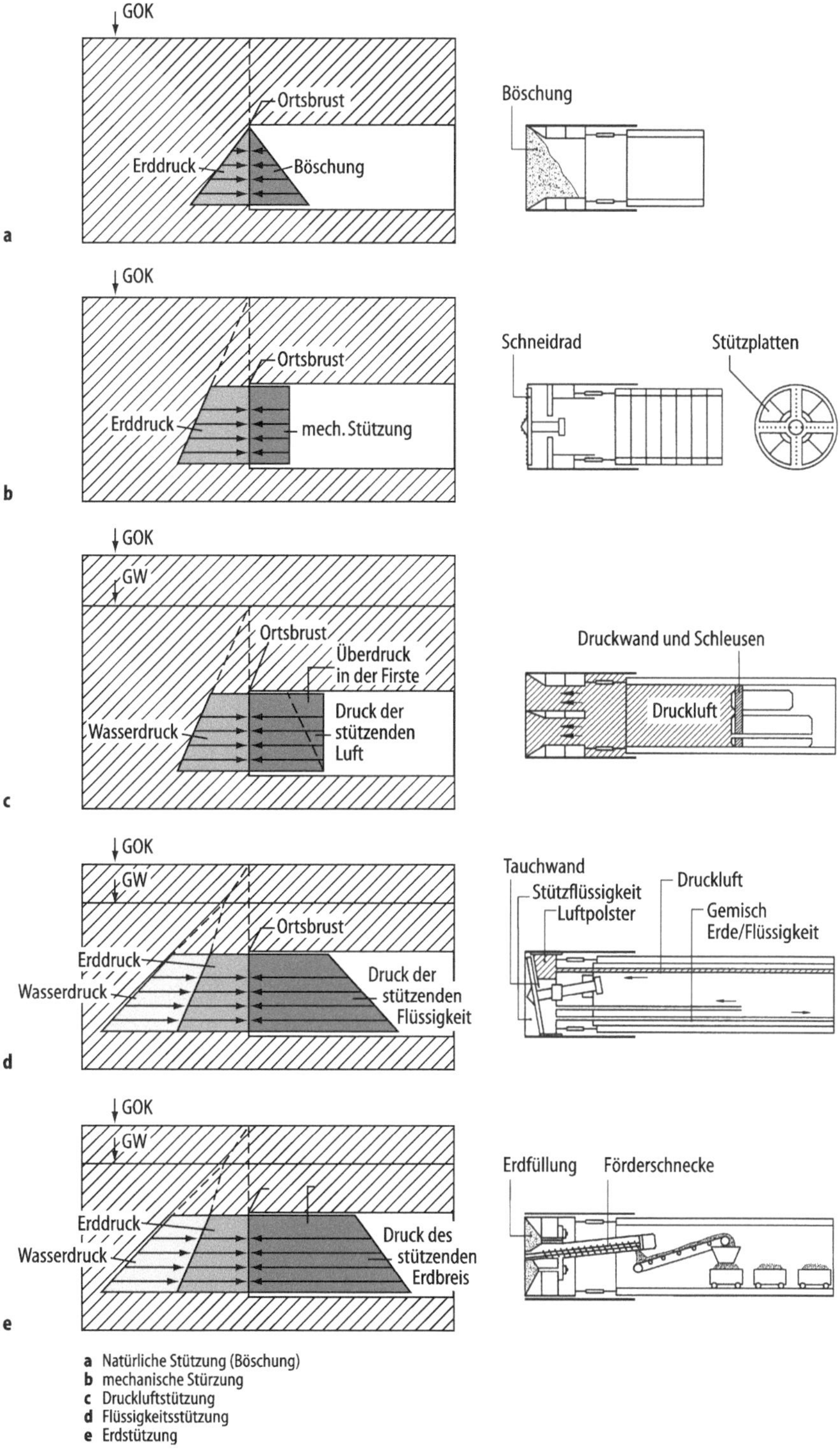

Abb. 3 Möglichkeiten zur Gebirgsstützung und Wasserhaltung an der Ortsbrust. (Sievers 1984)

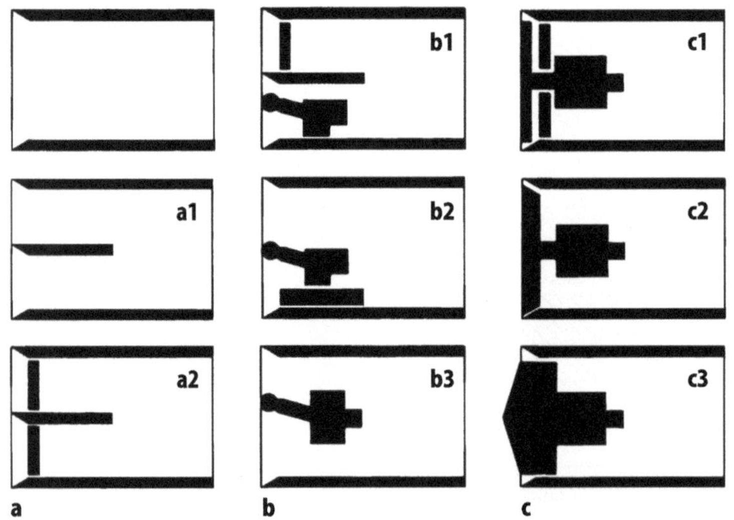

a Handschilde
b mechanisch teilflächig abbauende Schilde
c mechanisch vollflächig abbauende Schilde

a1 Arbeitsbühne
a2 Brustverbaubühne
b1 Brustverbau mit Teilschnittmaschine
b2 mobile Teilschnittmaschine
b3 integrierte Teilschnittmaschine
c1 Vollschnittmaschine mit Schürfscheibe, wahlweise Brustabstützung
c2 Vollschnittmaschine mit Schneidrad
c3 Vollschnittmaschine mit Rollenmeißel-Bohrkopf

Abb. 4 Übersicht über verschiedene Ausbruchsverfahren. (Maidl 2004)

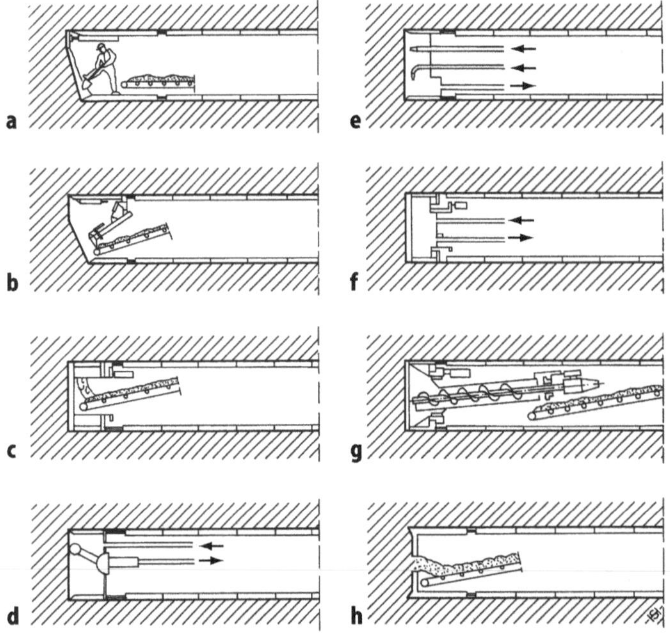

a Handabbau und Trockenförderung mittels Förderband
b mechanisch teilflächiger Abbau (hier Zughacke) und Trockenförderung mittels Förderband
c mechanisch vollflächiger Abbau und Trockenförderung mittels Förderband (die Übergabe auf das Förderband ist auch im mittleren oder unteren Bereich des Schneidrades über Schuttertaschen möglich)
d mechanisch teilflächiger Abbau und Flüssigförderung
e hydraulischer Abbau und Flüssigförderung
f mechanisch vollflächiger Abbau und Flüssigförderung
g mechanisch vollflächiger Abbau, Förderung mit einer Schnecke und Abgabe auf ein Förderband
h Extrusionsabbau und Abgabe des Materials auf ein Förderband

Abb. 5 Mögliche Fördersysteme im Schildbereich. (Maidl 2004)

licht Vortriebe auch dann, wenn die Ortsbrust ganz oder teilweise aus Fels besteht oder Findlinge enthält. Der im Vergleich zu anderen Schildsystemen geringe erforderliche Investitionsaufwand für die Maschinentechnik ermöglicht wirtschaftliche Lösungen bei geringen Vortriebslängen.

Schildmaschinen mit teilflächigem Abbau werden mit Abbaubaggern (Exkavator) oder Fräsköpfen (Roadheader oder Schrämme) zum Abbau des Gebirges ausgerüstet. Erwähnenswert sind neue Entwicklungen, die Abbaubagger bzw. Fräsarme als Module eines Baukastensystems je nach

Abb. 6 Abbaubagger und Teilschnittfräsen als Abbauwerkzeuge bei offenen Schilden (Westfalia Lünen)

anstehendem Gebirge in der Vortriebsmaschine austauschen können.

Als wesentlicher Vorteil der Teilschnittmaschinen gegenüber den Vollschnittmaschinen ist die Möglichkeit der Erstellung nichtkreisförmiger Querschnitte zu nennen. Doch auch hierzu gibt es bei Vollschnittmaschinen Entwicklungen, die v. a. in Japan zu finden sind.

Um den Vortrieb in fester Gebirgsformation zu ermöglichen bzw. die Vortriebsleistung in Lockerböden zu erhöhen, werden offene Schilde mit vollmechanischer Abbauvorrichtung verwendet. Die vollflächig arbeitende Abbaueinrichtung kann als Schneidrad oder als Bohrkopf (TBM), mit den entsprechenden Werkzeugen bestückt, ausgebildet sein.

3.4.1 Ortsbrust mit mechanischer Stützung

Als mechanische Stützung der Ortsbrust wird die Stützung gegen den Erddruck durch verfahrbare oder federnd gelagerte Platten, aber auch durch die Konstruktion der Abbaueinrichtung selbst bezeichnet. Dem Grundwasserdruck kann hierdurch jedoch nicht begegnet werden.

Bei Vollschnittmaschinen lässt sich die mechanische Stützung durch einen annähernd vollständigen Verschluss der Schneidradöffnungen mittels federnd gelagerter Platten, die im Schneidrad integriert sind, erzielen. Die Federsteifigkeit ist hierbei so eingestellt, dass die Platten während des Vortriebs nach hinten gedrückt werden und der gelöste Boden in die Abbaukammer fällt. In der Praxis hat sich diese Technik meist nicht gut bewährt. Der Einsatz derartiger Schilde beschränkt sich auf trockene bindige Böden oder auf Wechsellagerungen aus bindigen und nichtbindigen Böden.

Bei Teilschnittmaschinen ist durch Querschnittsunterteilung, z. B. mittels Bühnen oder Platten, eine beschränkte Stützung der Ortsbrust erzielbar. Häufig verwendet man bei teilmechanisierten Schilden auch hydraulisch betriebene Brustverbauplatten, die in Einzelbereichen und am Umfang des Schildmantels angeordnet sind. In Abb. 6 sind diese im Firstbereich oberhalb des Exkavators in eingeklapptem Zustand zu erkennen.

3.5 Ortsbrust mit Druckluftbeaufschlagung

Druckluftschildvortriebe sind Handschilde, teil- oder vollmechanische Schilde mit einer zusätzlichen Druckluft- und Schleuseneinrichtung für den Einsatz der Schilde unterhalb des Grundwasserspiegels oder unter offenen Gewässern.

3.5.1 Funktionsprinzip

Das Verfahren ist dadurch gekennzeichnet, dass in die Abbaukammer des Schildes Druckluft eingepresst wird, um den Arbeitsraum von eindringendem Wasser freizuhalten. Die Druckluft hält dabei dem hydrostatischen Druck des anstehenden Wassers das Gleichgewicht. Die Luftdruckhöhe muss größer oder gleich dem an der Schildsohle anstehenden Wasserdruck sein (s. Abb. 3c). Aufgrund des Dichteunterschieds von Luft und Wasser entsteht an der Firste ein Überdruck, sodass die Luft dort in den Boden eindringt und zur Geländeoberfläche ausströmt. Bei geringer Überdeckung besteht dann die Gefahr eines Kollabierens der Ortsbrust („Ausbläser" s. Abschn. 6.2), wenn die Bodenteilchen durch die Luftströmung in ein labiles Gleichgewicht geraten. Die Vorgänge sind in (Hewett und Johannesson 1960) ausführlich beschrieben. Eine Aufnahme des Erddruckes durch Druckluftstützung ist nicht zulässig. Der Boden muss somit vorübergehend standfest sein, falls keine zusätzlichen Stützmaßnahmen vorgesehen werden.

Um die vordere Druckkammer für Reparaturen und Wartungsarbeiten am Abbaugerät betreten zu können, sind Personen- und Materialschleusen in der Druckwand notwendig. Die Druckluftverordnung (BG BAU 2005) schreibt über die Verwendung der Schleusen u. a. vor, dass Personenschleusen nicht zum Schleusen von Material verwendet werden dürfen. Umgekehrt dürfen Materialschleusen nicht zum Schleusen von Personen dienen. Für die kombinierten Schleusen gelten die Vorschriften für Personenschleusen. Es wird auch verlangt, von einem Betriebsdruck von mehr als 1 bar Überdruck an eine Krankendruckluftkammer bereitzustellen. Personenschleusen müssen eine Mindesthöhe von 1,60 m haben. Die Personenschleuse hat so groß zu sein, dass ein Luftraum von 0,75 m^3/Person zur Verfügung steht.

3.5.2 Einsatzgrenzen

Die Grenzen des Druckluftverfahrens im Tunnelbau sind im Wesentlichen gesetzt durch:

- die nach der Druckluftverordnung maximal zugelassene Höhe von 3,6 bar Überdruck,
- die Luft- bzw. Wasserdurchlässigkeit des Bodens (oberer Grenzwert bei Durchlässigkeitswert für Wasser $k_W \leq 10^{-4}$ m/s),
- eine Mindestüberdeckung über der Tunnelfirste (ein- bis zweifacher Tunneldurchmesser je nach Bodenart zur Gewährleistung der Ausbläsersicherheit),
- kürzere Arbeitszeit vor Ort wegen Ein- und Ausschleuszeiten,
- verminderte Leistungsfähigkeit der Belegschaft innerhalb der Druckluft (auch Gefahr von Drucklufterkrankungen),
- erhöhte Brandgefahr.

Hier werden nur Schildsysteme behandelt, bei denen ausschließlich die Abbaukammer unter Druckluft gesetzt wird. Der Einbau der Sicherung erfolgt unter atmosphärischen Verhältnissen. Grundsätzlich besteht auch beim Schildvortrieb die Möglichkeit, den gesamten Tunnel bis zum Anfahrschacht unter Druckluft zu setzen. Hinweise hierzu enthält (Maidl et al. 2011).

Wegen der arbeitshygienischen und verfahrenstechnischen Defizite des Druckluftschildvortriebs im Vergleich zu modernen Flüssigkeitsschilden und Erddruckschilden finden Druckluftschilde immer seltener Anwendung. Dennoch kommt der Behandlung der Druckluftstützung besondere Bedeutung zu, da auch bei Verfahren mit Flüssigkeits- und Erddruckstützung für die Begehung der Arbeitskammer (z. B. bei Ortsbrustbegehungen, Serviceleistungen oder Störfällen) die Bedingungen für den Einsatz von Druckluft gelten.

3.6 Ortsbrust mit Flüssigkeitsstützung

Der Einsatzbereich der Schilde mit Flüssigkeitsstützung erstreckt sich heute auf alle vorkommenden Lockerböden, auch ohne Grundwasser. Im standfesten Gebirge mit Grundwasser bietet die Methode unter Umständen ebenfalls Vorteile.

Bei den Flüssigkeitsschilden sind drei Entwicklungsreihen zu erkennen: Eine japanische, die zu den heutigen Slurry Shields führte, eine englische (inzwischen eingestellte) und eine deutsche Entwicklungsreihe, die zu den Hydroschilden sowie dem Hydrojet- und Thixschild (Abb. 7) führte.

3.6.1 Funktionsprinzip

Die Ortsbrust wird bei den Flüssigkeitsschilden mittels einer von den Bodenverhältnissen abhängigen Stützflüssigkeit – i. Allg. eine Suspension aus Wasser und Bentonit oder Ton (ggf. mit Zusätzen) – gestützt. Die Suspension wird in die geschlossene Abbaukammer vor die Ortsbrust gepumpt. Die Stützflüssigkeit dringt druckbeaufschlagt in den Boden ein, versiegelt ihn und bildet den sog. „Filterkuchen". Als Filterkuchen wird die quasi undurchlässige Schicht aus Bentonit oder Tonteilchen verstanden, die entsteht, wenn

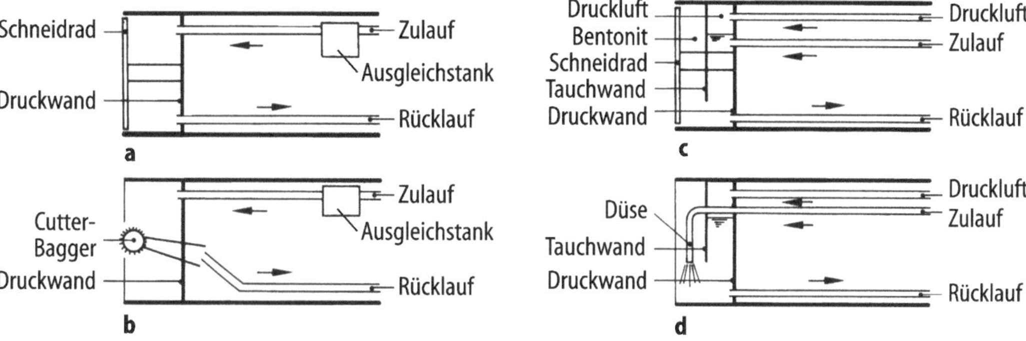

Abb. 7 Funktionsprinzipien der Flüssigkeitsschilde. **a** Slurry-Shield; **b** Thixschild; **c** Hydroschild; **d** Hydrojetschild. (Maidl et al. 1995)

die Suspension unter dem Strömungsgradienten an der Oberfläche der Ortsbrust filtriert wird. Über den Filterkuchen hält die in der Abbaukammer unter Druck stehende Suspension dem angreifenden Erd- und Wasserdruck das Gleichgewicht (s. Abb. 3d). Die Stützflüssigkeit dient bei den Flüssigkeitsschilden gleichzeitig als Fördermedium. Der durch Abbauwerkzeuge gelöste Boden wird mit der Stützflüssigkeit in der Abbaukammer vermischt. Das Suspension-Boden-Gemisch wird dann durch Rohrleitungen an die Oberfläche gepumpt. In einer meist oberirdisch angeordneten Separieranlage wird die Stützflüssigkeit vom Boden getrennt, dann nach Bedarf aufgefrischt und zur Ortsbrust zurückgepumpt.

Die bei den Flüssigkeitsschilden erforderliche Trennanlage (Separieranlage s. Abschn. 5) und der damit verbundene Platz- und Energiebedarf sowie die Schwierigkeiten bei der Deponierung des getrennten Feststoffes als auch der nicht trennbaren, mit Feinkorn aufgeladenen Bentonitsuspension sind die wesentlichen Nachteile des Bauverfahrens v. a. im innerstädtischen Bereich. Der wirtschaftliche Einsatz von Flüssigkeitsschilden wird im Vergleich zu anderen möglichen Verfahren wesentlich durch den erforderlichen Separieraufwand der Fördersuspension bestimmt. Die technischen Einsatzgrenzen werden von der Durchlässigkeit des anstehenden Bodens bestimmt.

3.6.2 Slurry Shield

Besondere Charakteristika der Slurry Shields sind die Art der verwendeten Stützflüssigkeit (i. Allg. eine Tonsuspension), die Konstruktion des Schneidrades und die Methodik zur Steuerung und Kontrolle des Stützdruckes. Das Schneidrad der Slurry Shields ist eben und fast geschlossen. Damit ergibt sich zusätzlich zur Flüssigkeitsstützung der Ortsbrust eingeschränkt auch eine mechanische Stützwirkung. Ein Zugang zur Ortsbrust (z. B. zur Bergung von Hindernissen) ist nur über wenige, im Betrieb verschlossene Fenster möglich. Die Abbauwerkzeuge – i. Allg. Messer oder Zähne – sind hier doppelreihig strahlen förmig angeordnet, sodass ein Abbau in beide Drehrichtungen möglich ist. Der Boden kann durch parallel zu den Abbauwerkzeugen angeordnete Schlitze das Schneidrad passieren, wobei die Breite der Einlassschlitze dem zu erwartenden Maximalkorn angepasst wird. Gleichzeitig wird durch die Schlitze das nicht hydraulisch förderbare Überkorn zurückgehalten.

Die Zugabe der Stützflüssigkeit erfolgt oben im Abbauraum, der Abzug des Boden-Suspension-Gemisches im unteren Bereich des Abbauraumes in der Nähe eines Rührwerkes, das Absetzerscheinungen vermeiden und ein homogenes Fördergemisch erzielen soll.

Bei den Slurry Shields wird der Stützdruck an der Ortsbrust direkt durch gesteuertes Zu- und Abpumpen der Stützflüssigkeit in die Abbaukammer beeinflusst (s. Abb. 7a und 8). Der mit elektrischen Porenwasserdruckaufnehmern in der Abbaukammer sowie in der Speise- und Förderleitung gemessene Stützdruck wird rechnergestützt mit dem theoretischen (berechneten)

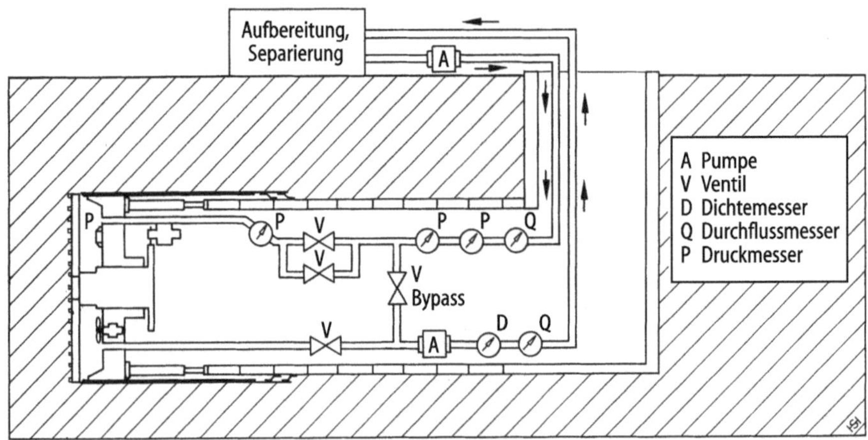

Abb. 8 Stützdrucksteuerung eines Slurry-Shield. (Maidl et al. 2011)

Stützdruck verglichen. Entsprechend werden die Pumpen und Ventile im Suspensionskreislauf gesteuert.

Da die Ortsbrust nicht einsehbar ist, wird die Stabilität der Ortsbrust – d. h., ob lokale Einbrüche entstehen – über einen Massevergleich zwischen theoretischem und vorhandenem Abbauvolumen kontrolliert. Das vorhandene Abbauvolumen wird ermittelt, indem die Dichte der Stützflüssigkeit gemessen und das theoretische Abbauvolumen unter Berücksichtigung der Wichte, der Lagerungsdichte und des Porenanteils berechnet wird. In der Praxis ist diese Vorgehensweise noch nicht zufriedenstellend anwendbar.

3.6.3 Thixschild

Die Kombination der Flüssigkeitsstützung mit dem Abbau im Teilschnitt ist als Thixschild „System Holzmann" bekannt (Abb. 9). Der sphärisch in der Druckwand gelagerte, teleskopierbare Abbauarm eines Cutter-Baggers baut die Ortsbrust programmgeführt oder – bei festen Hindernissen – handgesteuert ab; er ermöglicht auch die Durchörterung von weichen Felspartien. Hinsichtlich des geologischen Einsatzspektrums kann auf die Ausführungen zum Hydroschild verwiesen werden. Der Schneidkopf hält gleichzeitig die nicht hydraulisch förderfähigen Korngrößen vom im Innern der Schneidkrone mündenden Saugstutzen zurück. In der Abbaukammer angeordnete, einzeln ansteuerbare Verbauplatten können den Schild weitgehend nach vorn verschließen.

Vor dem Betreten des Abbauraumes – z. B. zu Reparaturzwecken oder zur Hindernisbeseitigung – ist das teilweise oder vollständige Ablassen der Bentonitsuspension möglich; der Schildraum wird dann unter Druckluft gesetzt. Angesammelte Hindernisse werden durch eine Schleuse geborgen.

3.6.4 Hydroschild

Im Vergleich zu Japan finden sich in Europa wechselhafte Böden. Entsprechend ist das Grundkonzept des Hydroschildes hinsichtlich der geologischen Einsatzbereiche flexibler. Hydroschilde eignen sich heute für nahezu alle Lockerböden, mit Zusatzeinrichtungen bis hin zu Felsformationen (Abb. 10).

Alle heute auf dem Markt befindlichen Hydroschilde basieren auf der Entwicklungsarbeit von Wayss & Freytag (Maidl et al. 2011). Ihr auffälligstes Konstruktionsmerkmal ist die Teilung der Abbaukammer durch eine Tauchwand in zwei Bereiche. Der Stützdruck an der flüssigkeitsbenetzten Ortsbrust wird – im Gegensatz zu den Slurry Shields – nicht über die Flüssigkeit, sondern über eine Luftblase im hinteren Bereich der Arbeitskammer geregelt.

Ein weiterer verfahrenstechnischer Unterschied zum Slurry Shield ist die Verwendung der in europäischen Böden i. Allg. besser geeigneten Wasser-Bentonit-Suspensionen. Mit der Verwendung von Bentonit ist eine Filterkuchenbildung an der Ortsbrust verbunden.

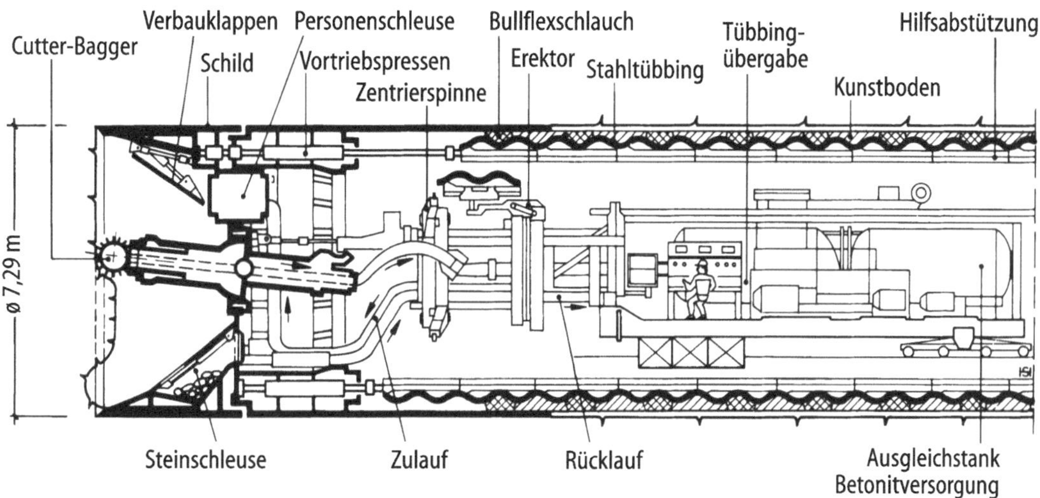

Abb. 9 Längsschnitt Thixschild; Baulos Trienkamp, Stadtbahn Gelsenkirchen 1990 (Ph. Holzmann)

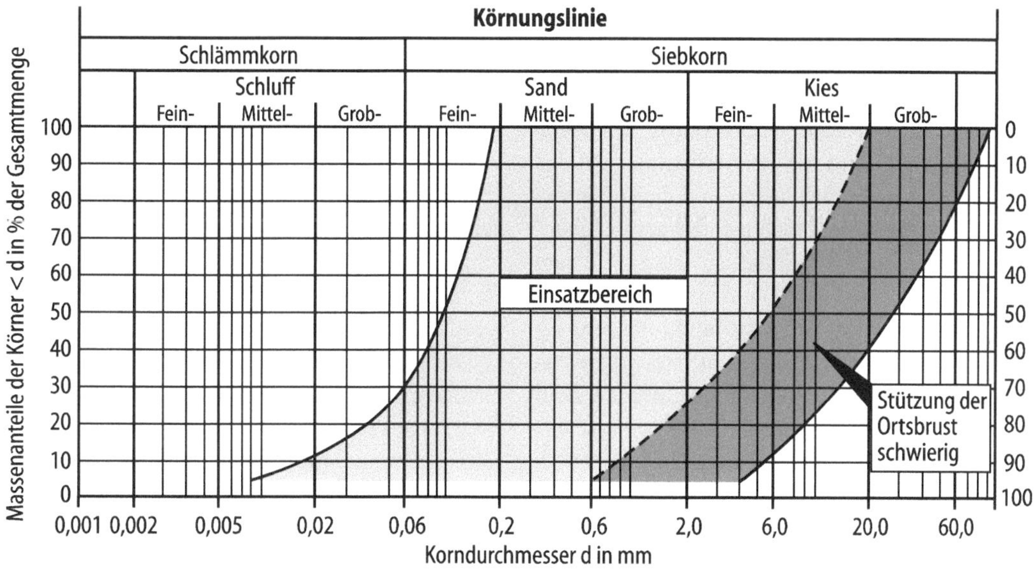

Abb. 10 Einsatzbereich des Hydroschildes in Abhängigkeit der Bodenart. (Krause 1987)

Der wesentliche Vorteil der zweigeteilten Abbaukammer mit Luftblase in der hinteren Kammer zur Regelung des Stützdruckes an der Ortsbrust ist die Entkoppelung der Stützdrucksteuerung von der Suspensionsumlaufmenge im Förderkreislauf. Über einen relativ großen Toleranzbereich, der sich ungefähr aus dem in der hinteren Kammer befindlichen Suspensionsvolumen ergibt, können plötzliche Verluste der Stützflüssigkeit (z. B. beim Anfahren von Störzonen) ohne Einbruch des Stützdruckes an der Ortsbrust abgefangen werden. Auch ist eine Erhöhung bzw. Änderung des Suspensionsumlaufvolumens ohne direkten Einfluss auf den Stützdruck möglich, wenn dies aus fördertechnischen Erwägungen erforderlich ist.

Luftblase und Tauchwand erlauben jederzeit den ungefährdeten Zugang zur Arbeitskammer durch eine im Schildfirst angeordnete Schleuse. Damit wird auch die Bergung von angefahrenen Hindernissen im Vergleich zu den Slurry Shields

Abb. 11 Hydroschild für 4. Röhre Elbtunnel, $D = 14{,}12$ m

einfacher. Zum Zwecke der Hindernisbergung, aber auch zu Reparatur- und Wartungszwecken am Schneidrad, wird die Bentonitsuspension aus der Abbaukammer abgelassen und durch Druckluft ersetzt. Der die Ortsbrust temporär versiegelnde Filterkuchen ermöglicht eine Stützung der Ortsbrust allein mit Druckluft. Zur Begrenzung der Luftverluste muss der bei Luftberührung schrumpfende Bentonitkuchen in Intervallen aufgefrischt werden (z. B. durch Besprühen oder Fluten der Kammer).

Die Auflösung des Schneidrades in einem offenen Stern mit freistehenden Speichen (Abb. 11) ermöglicht das sofortige Abfließen des abgebauten Materials hinter das Schneidrad in die Abbaukammer; Stütz- und Abbaufunktion sind damit ebenfalls entkoppelt. Als Folge des offenen Schneidrades ist ein Rechen vor dem Einlauf der Förderleitung erforderlich, um nicht förderfähiges Überkorn zurückzuhalten. Vor dem Rechen angeordnet ist in heutigen Hydroschilden ein hydraulisch betriebener Steinbrecher, der größere Steine auf eine förderbare Größe zerkleinert. Materialablagerungen vor dem Rechen werden durch gerichtete Spülströme der Speisesuspension vermieden.

3.6.5 Mixschild als Hydroschildversion

Aus dem Konzept des Hydroschildes wurde von Wayss & Freytag gemeinsam mit der Herrenknecht GmbH ein hinsichtlich der Ortsbruststützung umbaubarer Schildtyp konzipiert. Die unterschiedlichen Betriebsmodi ermöglichen nach Herstellerangaben ein breites geologisches Anwendungsspektrum.

Die Konzeption des Schildes ermöglicht den Umbau für die Betriebsweise mit Flüssigkeitsstützung, mit Erddruckstützung und mit Druckluftstützung, wobei die letztere den offenen Betrieb mit einschließt. Nicht gebrauchte Einrichtungen werden im Betrieb durch Verschlüsse abgeschottet. Die meisten dieser als Mixschilde bezeichneten Vortriebsanlagen wurden jedoch während eines Vortriebs nicht umgebaut und ausschließlich als Hydroschildversion gefahren. Als Beispiel wird ein Schild der Stadtbahn Duisburg – Duissern vorgestellt (Abb. 12).

3.6.6 Hydrojetschild

Der Hydrojetschild ist eine Entwicklung von Wayss & Freytag, die 1979 zum Patent angemeldet wurde (s. Abb. 7d). Anstelle des mechanischen Abbaus mit einem Schneidrad erfolgt der Abbau des Gebir-

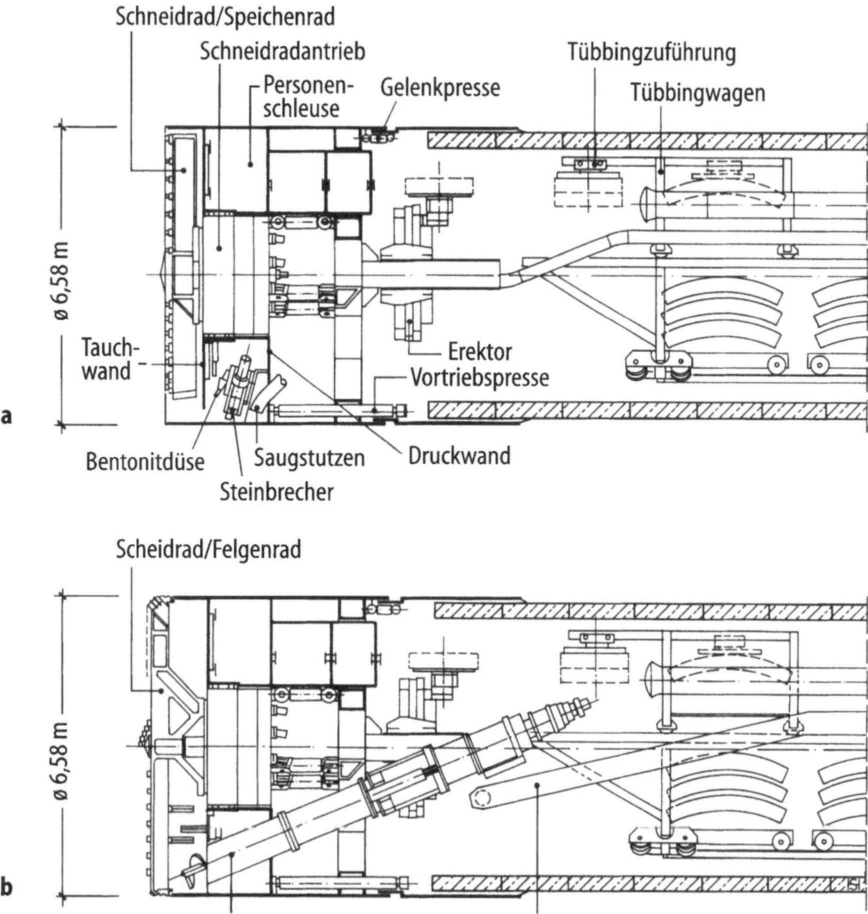

Abb. 12 Mixschild für Betrieb mit **a** Flüssigkeitsstützung und **b** Erddruckstützung; Stadtbahn Duisburg 1994 (Herrenknecht)

ges mittels gerichteten Flüssigkeitsstrahlen in der Abbaukammer. Der Verzicht auf einen zentral angeordneten Antriebsblock für das Schneidrad bei kleinen Schilddurchmessern ermöglicht den Zugang zur Ortsbrust. Der damit jederzeit mögliche händische Abbau von Hindernissen und deren Bergung macht den Flüssigkeitsschild mit hydraulischem Abbau zu einer flexiblen Lösung. Hinsichtlich des geologischen Einsatzspektrums dieses Schildtyps kann auf die konventionellen Hydroschilde verwiesen werden. Verfestigte Böden oder solche, die ein hohes Maß an Kohäsion aufweisen, begrenzen allerdings den Anwendungsbereich. Bindige Bodenarten erlauben bei gleichen Ladedrücken der Abbaustrahlen nur geringere Vortriebsgeschwindigkeiten.

3.6.7 Hydraulische Bodenförderung

Der Austrag des Aushubs als Suspension in einer durch Kreiselpumpen förderbaren Flüssigkeit stellt die eleganteste und raumsparendste Art der Überbrückung von Raum- und Druckunterschieden dar (Maidl et al. 2011). Die Stützflüssigkeit übernimmt gleichzeitig die Aufgabe des Fördermediums. Nachdem die aufgeladene Suspension in einer Separieranlage vom mitgeführten Feststoff getrennt wurde, wird sie im Kreislauf zum Schild zurückgepumpt (Abb. 13).

Das vom Schneidrad gelöste Material sinkt je nach Korngröße mehr oder minder schnell in der mit dem Schneidrad langsam rotierenden Flüssigkeitsfüllung nach unten. Bei hochliegenden Ansaugstutzen der Förderleitung werden schnell

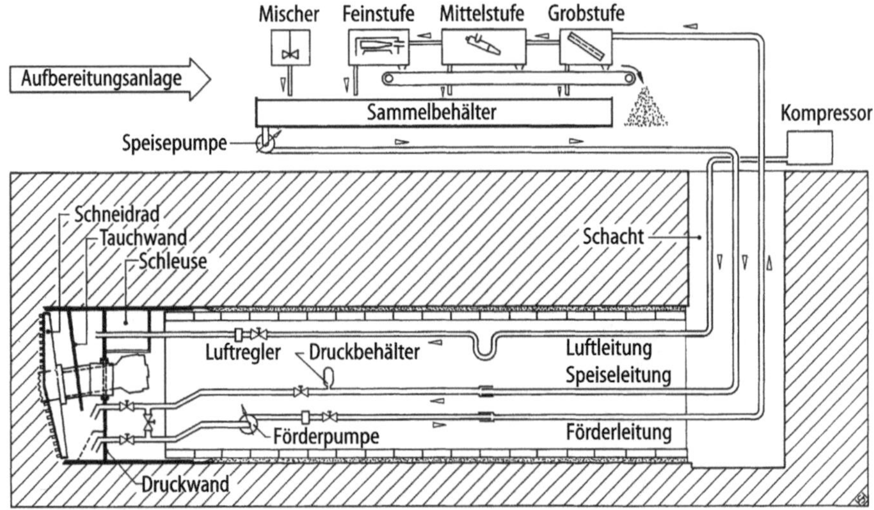

Abb. 13 Schema des Kreislaufs der Stütz- und Förderflüssigkeit im Hydroschild (Wayss & Freytag). (Maidl et al. 1995)

sinkende grobe Körnungen durch Taschen im Schneidrad oder mechanische Aufwirbler wieder gehoben. Die Anordnung des Saugstutzens im Tiefstpunkt vermeidet solche Hilfsmaßnahmen.

3.6.8 Brecher

Ein Einlaufrechen schützt die Pumpen- und Förderstrecke vor störungsträchtigen Korngrößen. Das zurückgehaltene Überkorn kann bei gering anfallender Menge von Hand geborgen werden. Sonst wird es von Brechern im Abbauraum auf eine förderfähige Größe zerkleinert. Die Zerkleinerer arbeiten in der Stützsuspension. Um schädliche Druckschwingungen an der Ortsbrust zu vermeiden, dürfen keine schnell laufenden Maschinen eingesetzt werden. Je nach Einbauposition sind verschiedene Brechertypen üblich (Abb. 14).

Während der *Backenbrecher* und der *Kastenbrecher* vom Schneidrad beschickt werden, erfordert der *Greiferbrecher* keine Beschickung. Das weit öffnende Maul erfasst auch große Steine (Abb. 15).

Im Förderstrang liegende Steinfallen oder Brecher bringen keine durchgreifende Wirkung, da die Rohrstrecke im Schild mit ihren Armaturen nicht mit wesentlich weiterem Durchmesser ausgeführt werden kann als die spätere Leitungsstrecke, um etwa gleiche Transportgeschwindigkeit zu erhalten.

3.6.9 Materialfluss in der Abbaukammer zur Vermeidung von Verklebungen

Die Ausgestaltung von Schneidrad und Abbaukammer für den hydraulischen Transport von der Ortsbrust bis zum Einlass des oft schwenkbar ausgebildeten Saugrüssels erfordert viel Erfahrung. Die geringe Fließgeschwindigkeit der Flüssigkeit im großen Querschnitt bewirkt keinen gerichteten Zwangstransport. Anhäufungen von Boden in toten Ecken sind jedoch ebenso zu vermeiden wie das Anbacken bindiger Bodenarten an den Flächen des Abbaurades oder vor dem Rechen. Gerichtete Spülstrahlen der von der Separieranlage zurückkommenden Suspension sorgen hier für Abhilfe. Auch der vor dem Rechen in der Suspension arbeitende Brecher unterstützt mechanisch die Reinigungswirkung.

3.7 Ortsbrust mit Erddruckstützung

Der Erddruckschild wurde in den 70er-Jahren in Japan entwickelt. Vorausgegangen war die Entwicklung von den in bindigen Böden mit guten Plastizitätseigenschaften verwendeten Blindschilden (Abb. 16). Der Boden wird beim Blindschild nicht maschinell gelöst. Stattdessen wird die Viskosität des Abbaumediums ausgenutzt und der Boden infolge des Anpressdruckes der Vortriebs-

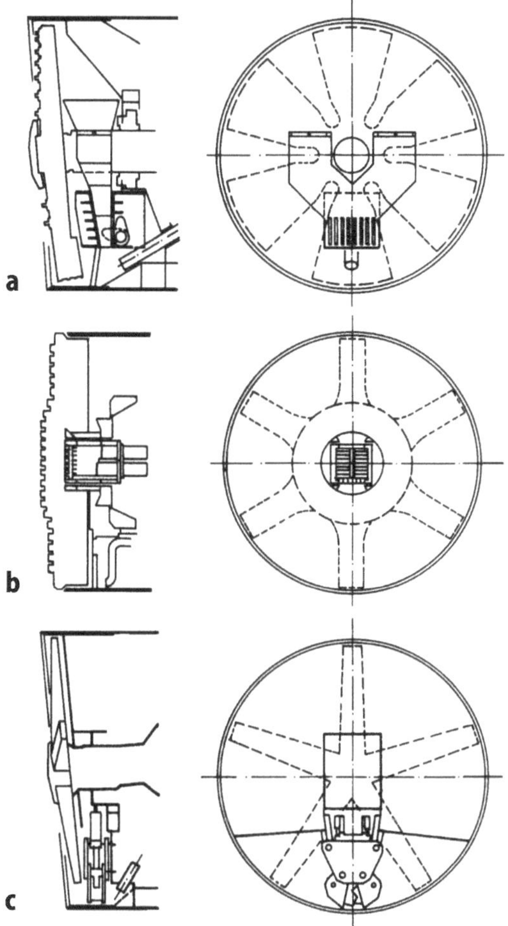

Abb. 14 Einbauskizzen verschiedener Brechertypen im Abbauraum von Flüssigkeitsschilden

pressen durch eine schieberregulierte Öffnung der stirnseitigen Druckwand des Schildes gedrückt.

3.7.1 Funktionsprinzip

Bei Schildvortrieben in nicht standfesten, wasserführenden Böden muss ein Stabilitätsverlust der Ortsbrust durch Erzeugung eines Stützdruckes vermieden werden. Beim Erddruckschild kann im Gegensatz zu den anderen Schildvortriebsverfahren auf ein sekundäres Stützmedium (Druckluft, Suspension, Brustverbau) verzichtet werden; als Stützmedium dient der mit dem Schneidrad gelöste Boden (Abb. 17).

Abb. 15 Greiferbrecher vor dem Einlaufrechen

Der Boden wird von den Werkzeugen des rotierenden Schneidrades an der Ortsbrust gelöst. Er fällt nicht wie beim Flüssigkeitsschild in die Abbaukammer, sondern wird durch die Öffnungen des Schneidrades in die Abbaukammer gedrückt. Hier vermischt er sich mit dem dort bereits vorhandenen plastischen Erdbrei. Die Vortriebspressenkraft wird über die Druckwand auf den Erdbrei übertragen und verhindert somit ein unkontrolliertes Eindringen des Bodens von der Ortsbrust in die Abbaukammer. Der Gleichgewichtszustand ist erreicht, wenn der Erdbrei in der Abbaukammer durch den anstehenden Erd- und Wasserdruck nicht weiter verdichtet werden kann. Wird der Stützdruck des Erdbreis über den Gleichgewichtszustand hinaus erhöht, kommt es zu einer weiteren Verdichtung des Erdbreis in der Abbaukammer sowie des anstehenden Bodens und u. U. zu einer Hebung des Geländes vor dem Schild. Bei einer Reduzierung des Erddruckes kann der anstehende Boden in den Erdbrei der Abbaukammer dringen und somit Setzungen an der Geländeoberfläche erzeugen.

Ein Schneckenförderer bewegt das Material aus der Abbaukammer hinaus. Dieser Vorgang muss gesteuert erfolgen, um auch nur kurzzeitige Reduzierungen des Erddruckes in der Abbaukammer und damit Setzungen zu vermeiden. Der Weitertransport durch den Tunnel kann über Schutterbetrieb (Transportband, Gleis bzw. Lkw) oder auch nach Zugabe einer Flüssigkeit durch hydrau-

Abb. 16 Blindschild mit zwei Kammern, Außendurchmesser 6,32 m (Mitsubishi)

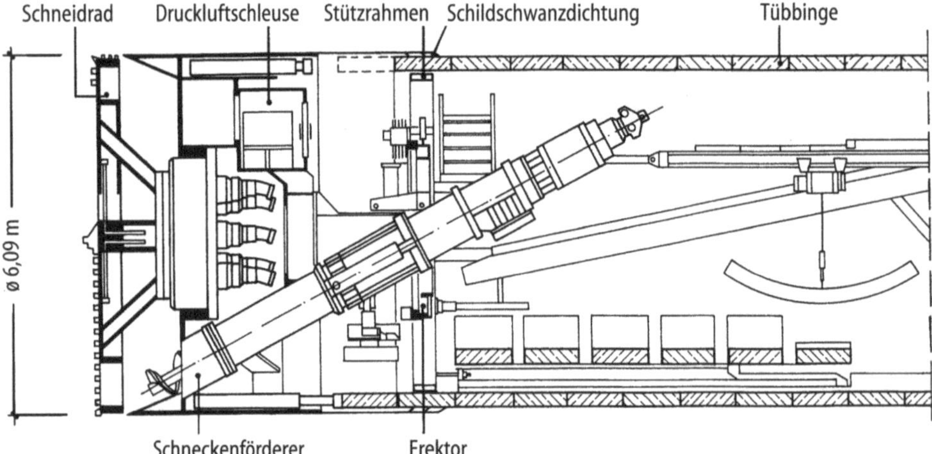

Abb. 17 Prinzipieller Aufbau eines Erddruckschildes; Metro Taipei, Tamshui-Linie, Baulos C201 A, 1992 (Herrenknecht)

lische Förderung mit Dickstoffpumpen vorgenommen werden.

3.7.2 Einsatzbereiche und Bodenkonditionierungsverfahren

Damit der an der Ortsbrust gelöste Boden als Stützmedium verwendbar ist, muss dieser Erdbrei folgende Anforderungen erfüllen:

- gute plastische Verformungseigenschaften,
- breiige Konsistenz,
- geringe innere Reibung,
- geringe Wasserdurchlässigkeit,
- gutes Federvermögen.

Gute plastische Verformungseigenschaften und eine breiige Konsistenz gewährleisten, dass der

Stützdruck möglichst gleichmäßig über die Ortsbrust verteilt ist, ein kontinuierlicher Materialfluss zum Schneckenfördereingang entsteht und Blockierungen bzw. Verstopfungen in Bereichen geringen Druckgefälles vermieden werden.

Abb. 18 zeigt ein Strömungsbild für die Fließbewegung des Bodens in der Abbaukammer und durch den Schneckenförderer. Dargestellt sind die Strömungslinien und die darauf senkrecht stehenden Drucklinien (Äquipotenziallinien). Im Firstbereich ist das Druckgefälle gering, sodass erhöhte Verklebungsgefahr besteht.

Über eine möglichst geringe innere Reibung des Bodens werden Verschleiß und Energiebedarf minimiert. Die geringe Wasserdurchlässigkeit ist für eine schleusenfreie Materialübergabe auf das Transportband am Schneckenförderausgang erforderlich. Gutes Federvermögen des Bodens erleichtert die Stützdrucksteuerung über den Schneckenförderer.

Sind die geforderten Eigenschaften im natürlich anstehenden Boden nicht vorhanden, muss dieser konditioniert werden. Das gewählte Konditionierungsverfahren richtet sich nach der anstehenden Bodenart und ist somit von den Bodenparametern Körnungslinie, Wassergehalt w (%), Fließgrenze w_L (%), Plastizitätsgrad I_p und Konsistenzzahl I_c abhängig (Maidl 1995a). Diese Parameter lassen sich beeinflussen durch die Zugabe von

- Wasser,
- Bentonit-, Ton- oder Polymersuspensionen,
- Tensid- oder Polymerschäumen.

Bei der Planung und Auswahl des Verfahrens muss der voraussichtliche prozentuale Anteil der Zusatzmittel bestimmt werden. Der Ausgangszustand des Bodens sollte möglichst unverändert bleiben; die Konsistenz des Bodens muss den weiteren Transport auf die Deponie baubetrieblich und kostengünstig gewährleisten. Bei hoher prozentualer Zugabe von Konditionierungsstoffen kommt es zu einer Verlagerung des Separierproblems auf die Deponie. Die Konditionierung des Bodens sollte möglichst beim Abbau an der Ortsbrust vor dem Schneidrad stattfinden, um bei geschlossenen Schneidrädern mit geringen Öffnungsweiten das Verkleben des Schneidrades zu verhindern.

Optimale Voraussetzungen für den Einsatz eines Erddruckschildes bieten tonig-schluffige und schluffig-sandige Böden. In Abhängigkeit der Zustandsform des anstehenden Bodens ist keine oder nur eine geringe Zugabe von Wasser erforderlich. Durch Anordnung von Agitatoren und Knetwerkzeugen in der Abbaukammer werden auch stark kohäsive Böden aufgrund der mechanischen Einwirkung in einen plastischen Brei verwandelt.

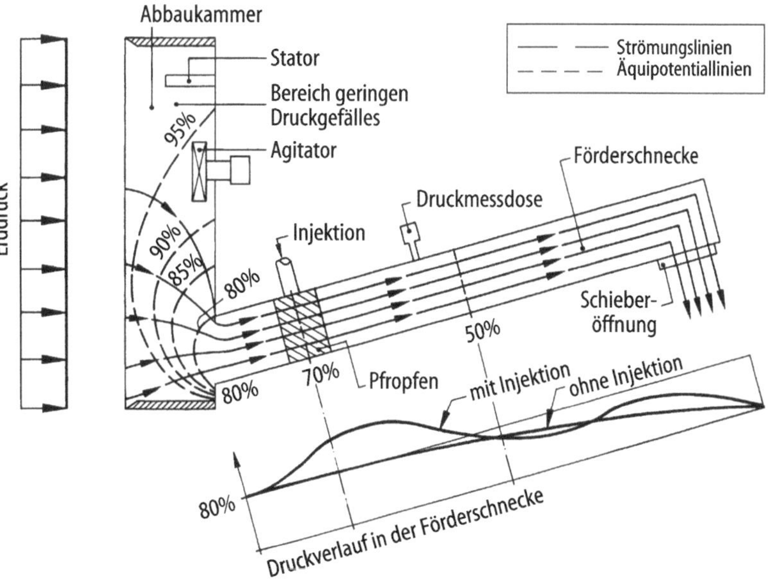

Abb. 18 Strömungsbild für die Fließbewegung des Bodens in der Abbaukammer. (Krause 1987; Maidl 1995a)

Mit steigendem Sandanteil ist die alleinige Zugabe von Wasser nicht mehr wirkungsvoll. Es kommt zu keiner Reduktion des inneren Reibungswinkels, zudem besteht die Gefahr einer Entmischung des Erdbreis. Die erhöhte Wasserdurchlässigkeit macht eine Abdichtung des Schneckenförderers problematisch. Der fehlende Anteil an Mehlkorn muss durch Zugabe von Ton- oder Bentonitsuspensionen ergänzt werden. Porenwasser kann von der quellfähigen Suspension gebunden werden; das Abbaumaterial verwandelt sich in einen plastischen Erdbrei mit guten Fließeigenschaften und reduzierter Permeabilität. Gute Ergebnisse lassen sich auch durch die Injektion einer stark wasseradsorbierenden Polymersuspension erzielen (Maidl 1995b).

Das gesamte Einsatzspektrum der Erddruckschilde zeigt Abb. 19. Im Bereich I, oberhalb einer weitgestuften Grenzlinie (Körnungslinie 1) mit einem Mindestanteil an Feinmaterial von 30 % bestehen bezüglich der Kornverteilung des Bodens praktisch keine Einsatzgrenzen. Es handelt sich um weitgehend wasserundurchlässige Böden, deren Konsistenz vom vorhandenen Wassergehalt bestimmt ist. Bei fester Konsistenz ($I_c>1$), hoher Kohäsion und geringer Wasserdurchlässigkeit des Bodens kann i. d. R. ohne Stützdruck gearbeitet werden. Besteht jedoch die Notwendigkeit der Ortsbruststützung, sollte die Konsistenz des Bodens weich ($I_c=0{,}4 \ldots 0{,}75$) sein. Als Konditionierungsmittel können in Abhängigkeit der mineralogischen Zusammensetzung des Bodens Wasser, niedrigviskose Suspensionen (Bentonit, Polymer), aber auch Schäume verwendet werden.

Unterhalb der Grenzlinie, in den Bereichen II und III, steigen die Wasserdurchlässigkeit sowie die innere Reibung des Bodens stark an. Die Einsatzgrenze wird durch den Wasserdurchlässigkeitsbeiwert k_W sowie den anstehenden Grundwasserdruck bestimmt. Für den praktischen Einsatz sollte der Wasserdurchlässigkeitsbeiwert einen Wert von 10^{-5} m/s bei einem Druck von maximal 2 bar nicht überschreiten (Krause 1987). In Abb. 19 liegt dieser Bereich II oberhalb der Körnungslinie 2.

Im Bereich III zwischen den Körnungslinien 2 und 3 sollten Erddruckschilde bei Grundwasserdruck nicht mehr eingesetzt werden. Unterhalb der Körnungslinie 3 ist die Wasserdurchlässigkeit des Bodens zu hoch und der Einsatz von Konditionierungsmitteln wirkungslos, da diese vor der Ortsbrust ungehindert abfließen und die Erzeugung eines Stützdruckes nicht möglich ist.

Ebenfalls zu begrenzen sind der Durchmesser und der Anteil von Steinen. Im Gegensatz zu Hydroschilden lassen sich keine Steinbrecher innerhalb der Abbaukammer anordnen, sodass der Schneckenförderer leicht beschädigt werden kann. Als Konditionierungsmittel im Bereich III eignen sich nur hochviskose Tonsuspensionen (High-Density Slurry) oder Polymerschäume. Übersteigt der Anteil des Konditionierungsmittels einen Wert von 40 % bis 45 % des Ausbruchvolumens, liegt die Konsistenz i. d. R. im flüssigen Bereich; die Materialförderung über ein Transportband ist in diesem Fall durch ein hydraulisches Fördersystem zu ersetzen.

3.7.3 Einsatz von Schaum bei Erddruckschilden

Die Bodenkonditionierung mit Schaum hat sich beim Einsatz von Erddruckschilden bewährt und bietet gegenüber der Konditionierung mit suspensionsartigen Konditionierungsstoffen Vorteile. Von besonderer verfahrenstechnischer Bedeutung ist die Verdrängung des Porenwassers an der Ortsbrust bei gleichzeitiger, wenn auch nur temporärer Versiegelung (Maidl 1995a; Maidl et al. 1995). Es zeigt sich außerdem, dass durch die feinen Luftblasen die Durchlässigkeit und die innere Reibung sandiger Böden erheblich reduziert werden.

Dennoch existieren zahlreiche kritische Situationen, in denen der konventionelle Erddruckschild frühzeitig an die verfahrenstechnischen Grenzen gerät. Die Ursachen liegen i. d. R. bei der Kontrolle des Stützdruckes. Die konventionelle Stützdrucksteuerung über die Schneckendrehzahl und die Vortriebspressenkraft ist besonders in grobkörnigen Böden problematisch. Aufgrund des hohen Kompressionsmoduls verursachen hier bereits geringe Volumenschwankungen innerhalb der Abbaukammer erhebliche Stützdruckschwankungen (Maidl 1997b).

Die Injektion von Schaum kann die erforderliche Kompressibilität des Stützmediums erheblich steigern. Die neuesten Entwicklungstendenzen beim Erddruckschild zielen dahin, dass die Anlage

Bereich	Voraussetzungen	Konditionsstoff
(I)	I_c Stützmedium = 0,4 … 0,75	Wasser Ton- und Polymersuspensionen Tensidschäume
(II)	k < 10 E – 05 m/s; Wasserdruck < 2 bar	Ton- und Polymersuspensionen Polymerschäume
(III)	k < 10 E – 04 m/s; kein Wasserdruck	High-Density-Slurrys Hochmolekulare Polymersuspensionen Polymerschäume

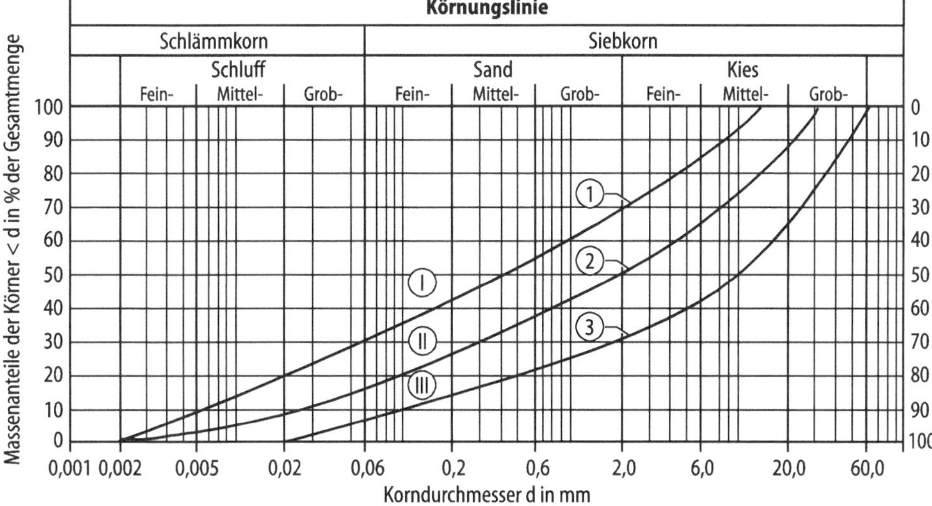

Abb. 19 Einsatzbereich der Erddruckschilde in Abhängigkeit von der Bodenart. (Maidl 1995a, b)

zur Herstellung und Injektion des Schaumes zur aktiven Steuerung des Stützdruckes (ähnlich dem Druckluftpolster des Hydroschildes) genutzt wird (Abb. 20) und der Schneckenförderer nur noch das sekundäre Steuerelement ist. Die Injektion des Schaumes erfolgt sowohl durch das Schneidrad als auch durch an der Druckwand angebrachte Statoren. Vor den einzelnen Injektionspunkten befinden sich Druckmessgeber zur Überwachung der Injektionsdrücke p_i. Die Injektionsmenge wird in Abhängigkeit der Bodenverhältnisse, der Vorschubgeschwindigkeit und des gemessenen Stützdruckes p über einen Personal Computer (PC) berechnet und regelungstechnisch dosiert.

Verfahrenstechnisch führt die aktive Stützdruckkontrolle zu folgenden Verbesserungen:

- Der Boden wird vom permanent zuströmenden Schaum in ständiger Bewegung gehalten und zum Schneckenfördereingang (s. Abb. 18) gedrückt.

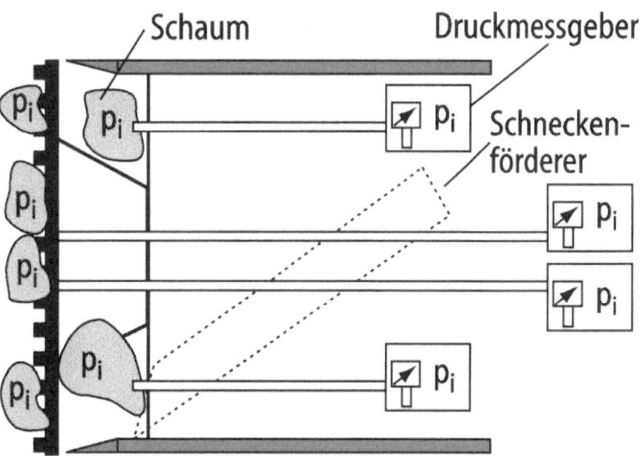

Abb. 20 Schauminjektion beim Erddruckschild. (Maidl 1997b)

- Der Stützdruck an der Druckwand entspricht annähernd dem an der Ortsbrust wirkenden und ist über die Schauminjektion aktiv steuerbar.
- Die Bodenkonditionierung mit Schaum reduziert den Kompressionsmodul des Bodens drastisch. Das Stützmedium verhält sich wie

eine Feder, sodass Volumenschwankungen in der Abbaukammer deutlich geringere Stützdruckschwankungen verursachen.

4 Tunnelsicherung beim Schildvortrieb

4.1 Ein- und zweischalige Konstruktionen

Der mit der Tunnelvortriebsmaschine geschaffene Hohlraum wird meist mit Fertigteilen, sog. „Tübbingen", gesichert. Als Baustoff eignet sich besonders Beton, aber auch Gusseisen, Gussstahl oder Stahl werden heute noch für besondere Anforderungen verwendet. Prinzipiell wird beim maschinellen Schildvortrieb zwischen ein- und zweischaligen Bauweisen unterschieden (Abb. 21).

Bei *einschaligen* Konstruktionen werden an die Tübbingauskleidung wesentlich höhere Anforderungen an die Dichtigkeit im Gebrauchszustand gestellt als bei zweischaligen. Die Tübbingkosten, aber auch die Anforderungen an den Einbau der Tübbinge, sind bei einschaligen Konstruktionen entsprechend höher. Die Bemessung muss auf den wirkenden Erd- und Grundwasserdruck erfolgen.

Bei *zweischaligen* Konstruktionen ist die Dichtigkeit durch Verwendung von WU-Beton für die Innenschale zu gewährleisten oder eine entsprechende Abdichtung vorzusehen. Bei Anordnung einer Rundumabdichtung (z. B. Folie) kann die Dichtigkeit verbessert und eine Lasttrennung erreicht werden. Die meist unbewehrte Innenschale trägt somit nur den hydrostatischen Druck, während der Biegemomente erzeugende Erddruck von der bewehrten Tübbingaußenschale aufgenommen wird.

Fortschritte bei der Tübbingentwicklung und -herstellung ermöglichen es, heute auch bei hohen Dichtigkeitsanforderungen und Wasserdrücken bis über 5 bar einschalige Tübbingsysteme zu verwenden. Zweischalige Konstruktionen kommen bei besonders schwierigen Randbedingungen oder bei besonderen Anforderungen im Gebrauchszustand (z. B. Brandschutz) zum Einsatz.

Eine Sonderform stellt die Tübbingauskleidung mit Injektionsbeton (Extrudierbeton s. Abschn. 4.4) dar. Bei ihr wird während des Vortriebs hinter dem Tübbing anstelle der üblicherweise 10 bis 15 cm messenden Ringspaltverpressung eine etwa 25 bis 30 cm messende Betonschale hergestellt.

4.2 Tübbingsysteme

4.2.1 Geometrische Formen und Anordnung

Ein Tübbingring besteht i. d. R. aus 5 bis 12 Einzelsegmenten. Bauarten, die keinen geschlosse-

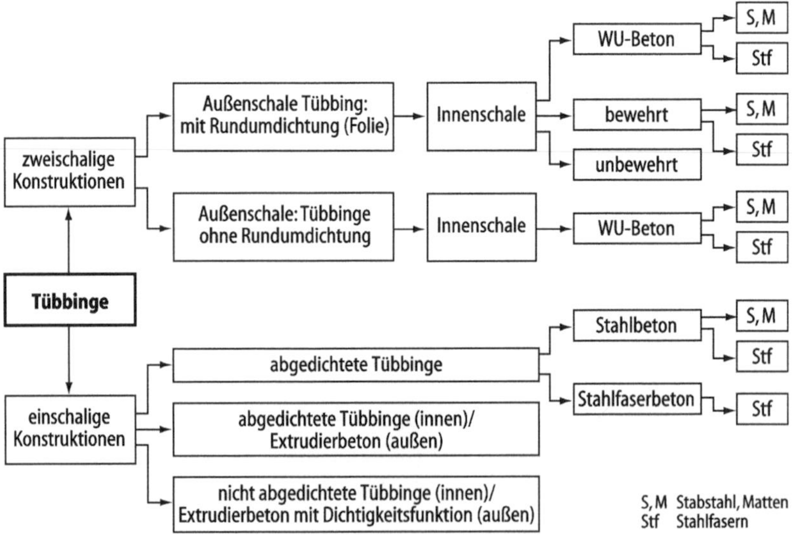

Abb. 21 Ein- und zweischalige Konstruktionen beim Schildvortrieb. (Maidl 1997a)

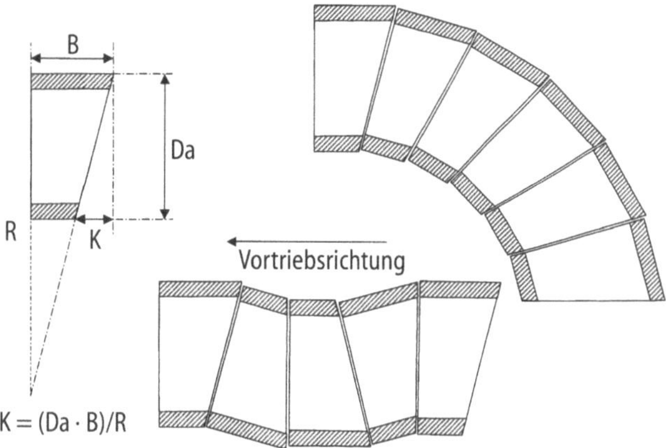

Abb. 22 Kurvenring aus Tübbingen mit konischen Ringfugen. (S. auch (Philipp 1986))

nen Ring bilden, wie der Rauten- und Wendeltübbing, haben sich in der Praxis nicht bewährt und werden kaum noch angewendet.

Um Klaffungen bei Kurvenfahrten zu vermeiden, müssen konische Ringe eingebaut werden, deren Ringstirnflächen nicht parallel sind. Besonders bewährt haben sich die in Abb. 22 dargestellten einseitig konischen Ringe, mit denen unter Berücksichtigung des geometrisch möglichen Mindestradius durch entsprechendes Verdrehen der Ringe jede räumliche Kurve hergestellt werden kann (Philipp 1986). Technische Innovationen bei der Tübbingherstellung sowie bei den Erektor- und Pressensystemen lassen heute auch Schlusssteinpositionen unterhalb der Ulmen bis in die Sohle zu. Somit entfällt die Forderung nach Verwendung von Links- und Rechtsringen.

Aus statischen Gründen ist es vorteilhaft, alle Ringsegmente möglichst gleich groß auszuführen, d. h. der Schlussstein hat etwa den gleichen Öffnungswinkel wie die restlichen Segmente. Für den Ringbau ist jedoch ein kleiner, leicht handhabbarer Schlussstein vorteilhaft (Abb. 23). Für jedes Projekt muss abgewogen werden, welches System sinnvoller ist. Der große Schlussstein setzt sich jedoch mehr und mehr durch.

Entsprechend Abb. 23 sollten zwei aufeinanderfolgende Ringe gegenseitig verdreht werden. Hierdurch werden Kreuzfugen – die bevorzugten Leckagebereiche – vermieden. Des Weiteren wird verhindert, dass sich Ringfugenversätze über mehrere Ringe summieren und somit die Risiken von Tübbingbeschädigungen und Undichtigkeiten zunehmen.

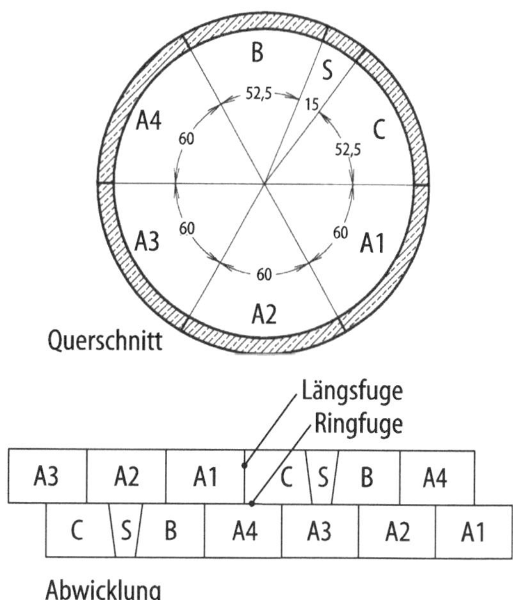

Abb. 23 Schema eines Tübbingringes

4.2.2 Fugenausbildung in den Längsfugen

In den Längsfugen werden die Ringnormalkräfte und die Biegemomente durch außermittige Normalkräfte und Querkräfte übertragen. Um die jeweils maßgebenden Kräfte aufnehmen zu können, wurden verschiedene Fugentypen (Abb. 24) entwickelt:

- *Ebene Fugen* übertragen die Normalkräfte flächig und können (im überdrückten Zustand) aufgrund der breiten Berührungsfläche auch begrenzt Biegemomente übertragen. Querkräfte werden nur durch Reibung aufgenom-

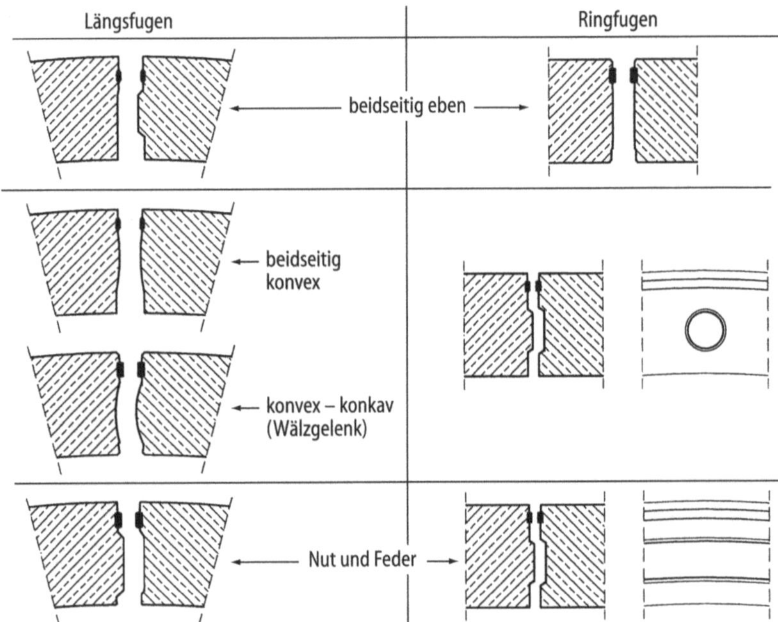

Abb. 24 Fugenausbildung bei Tübbingsystemen

men. Sie bieten bei der Montage keine Führung, lassen jedoch auch montagebedingte Versätze zu, ohne Betonabplatzungen zu verursachen.

- *Beidseitig konvexe Fugen* („Rollenlagerung") können bei großen Drehwinkeln (Baumann 1992) hohe Normalkräfte aufnehmen (hohe Druckfestigkeit des Betons durch Brunelsche Schneidenlagerung), jedoch kein Moment und praktisch keine Querkraft. Die Montage dieser Segmente ist äußerst schwierig, insbesondere beim Einsatz von Kompressionsfugenbändern.
- *Konkav-konvexe Fugen* („Wälzgelenkfuge") übertragen hohe Normalkräfte, nur sehr geringe Momente und hohe Querkräfte. Außerdem bieten sie bei der Montage eine gewisse Führung des neu gebauten Segments.
- *Fugen mit Nut und Feder* („Schubladenfuge") bieten eine gute Führung bei der Montage und übertragen Normalkräfte, Momente sowie Querkräfte. Da die Nutflanken nicht effektiv bewehrt werden können, entstehen jedoch bereits bei geringer Überschreitung des Fugenspiels Betonabplatzungen.
- Eine Sonderform der Nut- und Federfuge ist die *einseitige Nut-Feder-Ausbildung*, z. B. der innenliegende Sporn. Sie wird meist nur bei kleinen Schlusssteinen ausgeführt, um ein Herausrutschen zu verhindern.

4.2.3 Fugenausbildung in den Ringfugen

In den Ringfugen werden die Normalkräfte aus den Vortriebspressenkräften und die Querkräfte aus Zwängungen im Schildschwanz oder durch äußere Lasten aus der Schildschwanzverpressung sowie durch radialunsymmetrischen Auftrieb und Erddruck nach Verlassen des Schildschwanzes übertragen. Bei unterschiedlichen Verformungsbildern von zwei aufeinanderfolgenden Ringen entstehen bei Verformungsbehinderung zusätzlich Kopplungskräfte (Querkräfte) in den Ringfugen. Kaubitplatten und -streifen sowie Holzfaserplatten werden zur definierten Kraftübertragung in den Ringfugen verwendet. Plastische Zwischenlagen gleichen fertigungsbedingte Unebenheiten der Betonoberflächen, die zu unzulässig hohen Kontaktspannungen führen können, aus.

Ebene Fugen nehmen die Querkräfte nur über Reibung auf. Ausreichende Reibung ist nur vorhanden, wenn die Normalkräfte aus den Vorschubpressen aufgebracht sind. Bei geringen Vorschubkräften können sich Versätze einstellen. Zwischenlagen aus elastischen Holzfaserplatten erhöhen die Reibung und verbessern die Querkraftübertragung.

Ein *Topf-und-Nocke-System* in den Ringfugen dient in erster Linie als Zentrierhilfe und Herabfallschutz bei der Ringmontage. Bei Überschreiten der zulässigen Querkraft soll die Nocke abscheren, um eine großflächige Abplatzung zu verhindern. *Fugen mit Nut- und Federausbildung* werden meist mit speziellen „Kopplungsstellen" ausgerüstet, um die Kräfte aus gegenseitigen Verformungen gezielt aufnehmen zu können. Neu sind Fugenausbildungen mit aufgelöster Nut und Feder. Bei derartigen Systemen werden die Vorteile der Systeme „Nut und Feder" sowie „Topf und Nocke" kombiniert.

4.2.4 Verbindungsmittel und Dichtungssysteme

Aus statischen Gesichtspunkten ist eine Verschraubung oder Verdübelung der Tübbinge untereinander nicht erforderlich: In der Ringebene (über die Längsfugen) wird der Ring durch den Erd- und Wasserdruck zusammengedrückt, in Tunnellängsrichtung bringen die Vortriebspressen eine Vorspannung auf. Im Bauzustand ist die Verschraubung der Tübbinge aus folgenden Gründen erforderlich:

- Vorspannung der Tübbingdichtungsbänder in Längs- und Ringrichtung zur Gewährleistung der Wasserundurchlässigkeit (Vermeidung des Aufatmens),
- Koppelung der Ringe im noch nicht erhärteten Ringspalt,
- Vermeidung von Deformationen des Tübbingrings im noch nicht erhärteten Ringspalt (z. B. aus Zwängungen im Schildschwanz oder infolge des Ringspaltverpressdruckes).

Die Verschraubung muss die einzelnen Segmente gegen den Fugenbanddruck zusammenhalten; sie stellt sicher, dass in den Fugen Querkräfte über Reibung übertragen werden können. Die Verschraubungen können die Verformungen selbst nicht verhindern, da die Kräfte zu groß und die Schraubenquerschnitte für gewöhnlich zu gering sind. Bei Verwendung von Quellgummidichtungen oder bei Vortrieben ohne Gebirgswasser kann häufig auf die Verschraubung verzichtet werden. Dies gilt insbesondere bei zweischaliger Auskleidung. Die einzelnen Systeme sind in Abb. 25 wiedergegeben.

4.2.5 Tübbingdichtungsbänder

Neben einer versatz- und abplatzungsfreien Tübbingmontage und der Betonqualität der Tübbinge entscheidet letztlich der Dichtungsrahmen in den Tübbingfugen über die Dichtigkeit der Tunnelröhre. Für Dichtungsrahmen in den Tübbingfugen verwendet man Kunststoffe, Elastomere, Neoprene, Silikone sowie Quellgummifabrikate (Hydrotite o. ä.).

Die Dichtungsrahmen werden in der durch Normalkraft beanspruchten Tübbingfuge in eine umlaufende Nut eingelegt (Abb. 26). Das Kompressionsverhalten des Profils und die Nutausbildung müssen so aufeinander abgestimmt werden, dass Betonabplatzungen hinter der Nut aus Spaltzug verhindert werden. Die Zusammenhänge zwi-

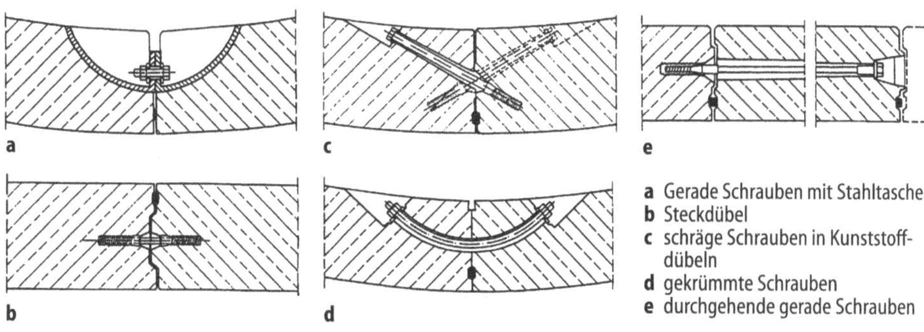

Abb. 25 Verbindungen von Blocktübbingen

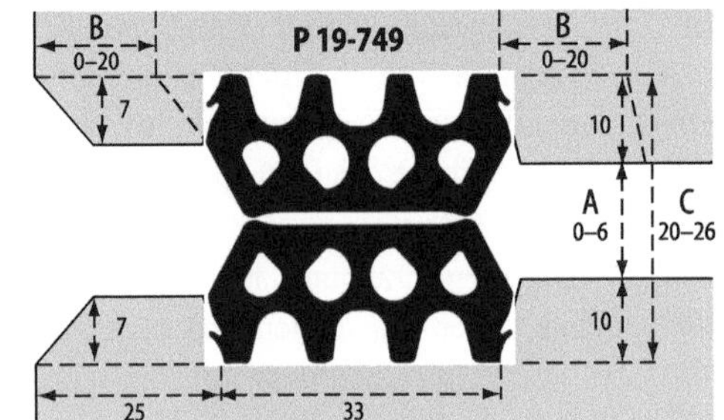

a Elastomerband (Dätwyler)
b Zusammenhang Kompressionskraft – Fugenöffnung
c Zusammenhang Prüfdruck – Fugenöffnung für Ringfugenversätze 0, 5, 10, 15 und 20 mm
A Fugenöffnung
C Nutgrund

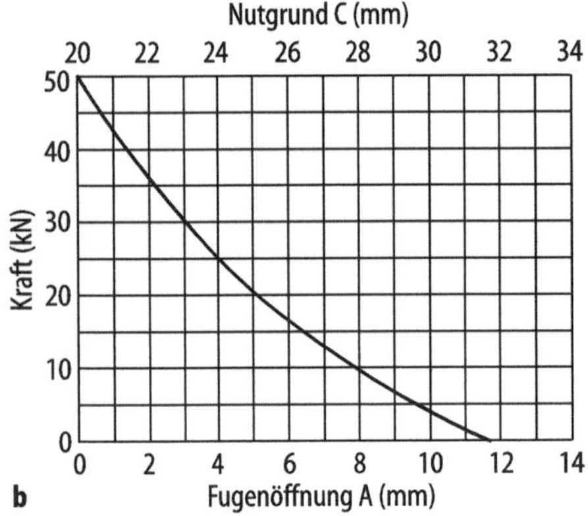

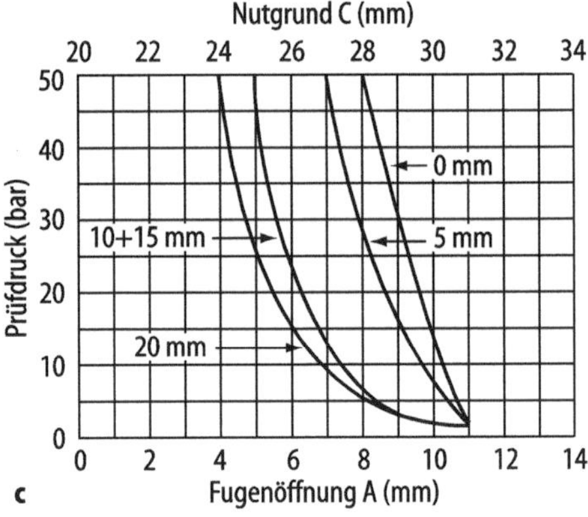

Abb. 26 Elastomerdichtungsband

schen Fugenöffnung und Kompressionskraft sowie Prüfdruck und Fugenöffnung sind in Abb. 26 exemplarisch für ein Profil des Herstellers Dätwyler dargestellt.

Demnach sinkt mit zunehmender Fugenöffnung A die Kompressionskraft im Dichtungsprofil (s. Abb. 26b). Hierdurch reduziert sich der erzielbare Prüfdruck. Die Abnahme des erzielbaren Prüfdruckes wird des Weiteren mit zunehmendem Fugenversatz verstärkt (s. Abb. 26c).

4.3 Einbau der Tübbingauskleidung

Die Tübbinge werden im Schildbereich mit einem sog. „Erektor" versetzt, der den Tübbing entweder mechanisch mit einer Klauenkonstruktion oder pneumatisch mit einem Vakuumkissen aufnimmt. Von der exakten Steuerbarkeit des Erektors hängt die Genauigkeit des Ringbaus zu wesentlichen Teilen ab.

Zur Gewährleistung einer möglichst exakten Positionierung des Tübbingelements besitzen moderne Erektorköpfe Bewegungsmöglichkeiten in allen sechs Freiheitsgraden (Verschiebung in der x-, y- und z-Ebene sowie drei Drehungen). Eine weitgehende Entkoppelung der Bewegungen voneinander beschleunigt den Einpassvorgang. Das Funktionsprinzip des Ringerektors ist in Abb. 27 dargestellt. Der Versetzkopf sitzt auf einer Brücke zwischen zwei am Drehkranz befestigten Teleskopen. Der Drehbereich ist auf ±200° aus der Mittellage (Übernahmestellung) begrenzt.

4.4 Extrudierbeton

Das Extrudierverfahren ist dadurch gekennzeichnet, dass unmittelbar hinter dem Schildschwanz der Tunnelvortriebsmaschine Fließbeton über mehrere Rohrleitungen durch die im Schildschwanz bewegliche Stirnschalung in den stets gefüllten Ringraum gepumpt wird. Der Ringraum

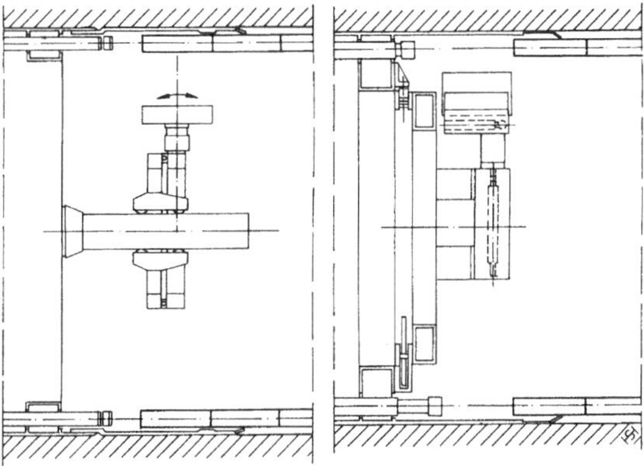

Abb. 27 Ringerektorbauarten. (**a**) Längsfahrbare Lagerung (Herrenknecht); (**b**) feste Drehlagerung am Schildspant. (Maidl et al. 1995)

ist nach außen vom umgebenden Gebirge, nach innen von einer umsetzbaren Stahlschalung und nach vorn von der elastisch gelagerten Stirnschalung begrenzt (Abb. 28). Die umsetzbare Stahlschalung besteht i. d. R. aus 1,20 m langen, in einzelne Segmente zerlegbaren Ringen (Tübbingschalung), die mit Hilfe einer speziellen Umsetzeinrichtung in kurzen Taktzeiten ausgeschalt, umgesetzt und im Schutz des Schildschwanzes wiederaufgebaut werden (Braach 1993).

Die Gesamtlänge der Umsetzschalung ist abhängig von der Festigkeitsentwicklung des Betons und der projektierten maximalen Vortriebsleistung; sie beträgt etwa 15 m. Erstmals angewandt wurde das Verfahren beim Bau eines Abwassersammlers in Hamburg im Jahre 1978 (Magnus 1980).

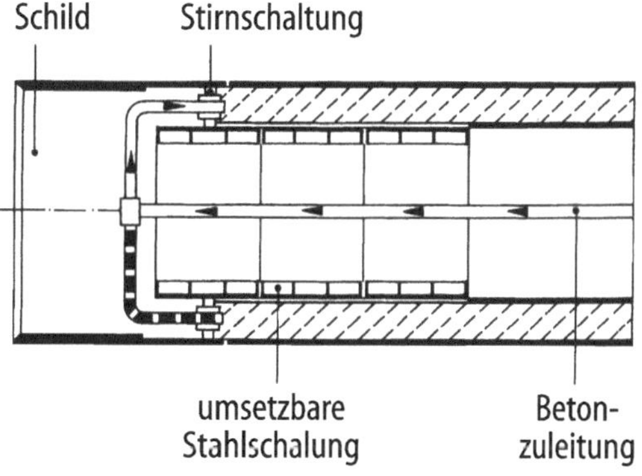

Abb. 28 Schematische Darstellung des Extrudierverfahrens. (Braach 1993)

5 Bodenseparation beim Schildvortrieb mit hydraulischer Bodenförderung

Bei Einsatz eines Hydroschildes muss zur Gewährleistung einer gleichbleibenden Qualität der Bentonitsuspension der teilweise dispergierte Boden vor einer Wiedernutzung möglichst vollständig von der Suspension getrennt werden. Die rheologischen Eigenschaften der Suspension sollten durch den Trennungsvorgang nicht verschlechtert werden. Dieser Prozess ist besonders in feinkörnigen Böden technisch aufwendig und kostenintensiv. Die Trennung des Fördergutes Boden vom Fördermedium Suspension wird als „Separation" bezeichnet.

Während größere Bodenklumpen und grobkörnigere Fraktionen bis zum Mittelkiesbereich durch mechanische Rüttelsiebe von der beladenen Suspension getrennt werden können, sind für die sandigen und feinkörnigen Fraktionen im Unterlauf des Siebes aufwendigere Einrichtungen erforderlich. Technisch gesehen wäre eine vollständige Trennung des Bodens aus der Trägerflüssigkeit möglich. Die hohen Anschaffungs- und Betriebskosten der Separieranlagen stehen hierzu im Widerspruch. Das Gerätekonzept ist folglich nach wirtschaftlichen Kriterien zu entwerfen, wobei ein Kompromiss zwischen Bodentrennung und Abfuhr der mit Feinstkorn aufgeladenen Suspension auf Sonderdeponien gefunden werden muss. Hierbei sind die örtlichen Deponievorschriften und Entsorgungsmöglichkeiten einzubeziehen.

Abb. 29 zeigt exemplarisch den schematischen Aufbau einer in den Förderkreislauf des Hydro-

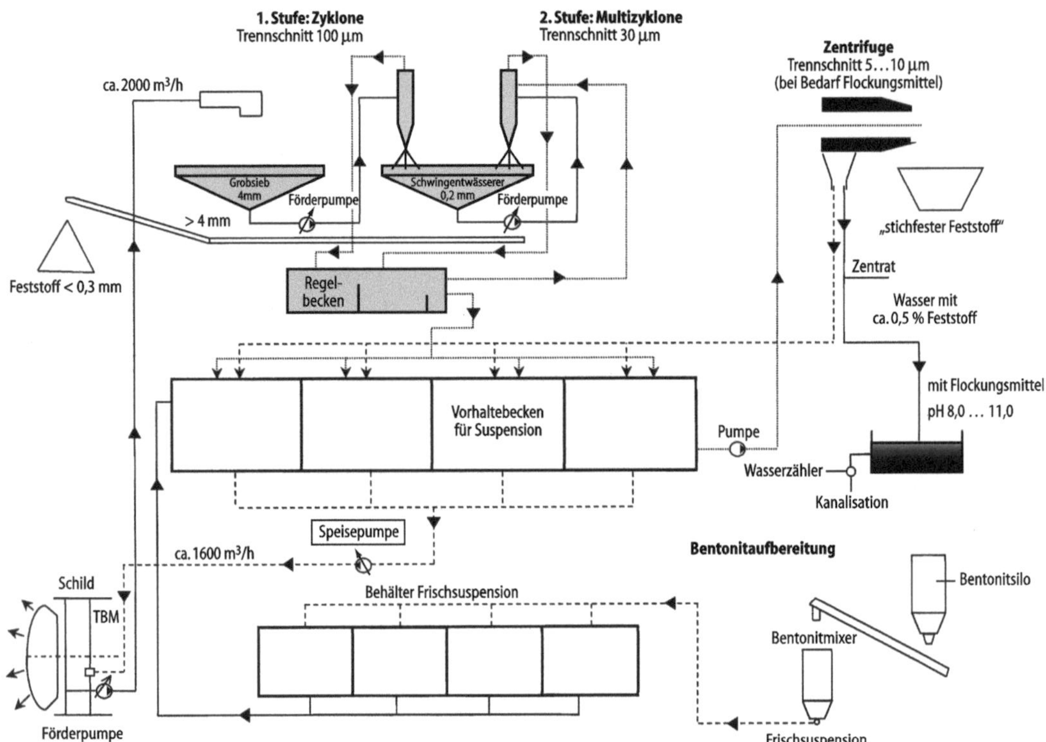

Abb. 29 Schematischer Aufbau einer Separieranlage

schildes integrierten Separieranlage. Das hydraulisch aus dem Tunnel zutage geförderte Boden-Suspension-Gemisch, das üblicherweise eine Dichte von 1,2 bis 1,3 t/m^3 aufweist, strömt zunächst über ein Grobsieb und durchläuft im weiteren Verlauf zwei Trennstufen, bestehend aus Hydro- und Multizyklonen. Eine Zyklonstufe besteht aus mehreren Einzelzyklonen (s. Abb. 31 und 32). Den in den Zyklonen abgetrennten Feststoffanteil der Suspension bezeichnet man als „Unterlauf". Er verlässt die Zyklone am unteren Ende und gelangt auf den Schwingentwässerer. Der noch feinkornhaltige Suspensionsstrom, der die Zyklone am oberen Ausgang gesammelt verlässt, wird als „Oberlauf" bezeichnet.

Der Oberlauf der ersten Zyklonstufe gelangt zunächst in ein Regelbecken und wird im Folgenden gemeinsam mit dem flüssigen Durchgang des Schwingentwässerers der zweiten Zyklonstufe zugeführt. Die zweite Zyklonstufe und das Regelbecken bilden einen geschlossenen Kreislauf. Nach ausreichender Trennung gelangt die nun ausreichend entsandete und schluffarme Suspension in ein Vorhaltebecken und wird von dort wieder zurück zum Schild gepumpt. An das Vorhaltebecken sind, bei Bedarf, zur Abtrennung des Feinschluffkorns zusätzlich sog. „Zentrifugen" angeschlossen. Die Eigenschaften der Suspension im Vorhaltebecken werden regelmäßig überwacht. Bei Erfordernis wird die Suspension mit Frischsuspension aus der Bentonitaufbereitungsanlage angereichert oder vollständig gegen Frischbentonit ausgetauscht.

Der sog. „Trennschnitt" definiert das Separierergebnis der einzelnen Separierstufen. In Abb. 30 sind die realisierbaren Trennschnitte exemplarisch für ein weitgestuftes Korngemisch dargestellt.

Das Funktionsprinzip und der Wirkungsgrad der einzelnen Gerätekomponenten werden im Folgenden am Beispiel der in Abb. 29 dargestellten Anordnung erläutert.

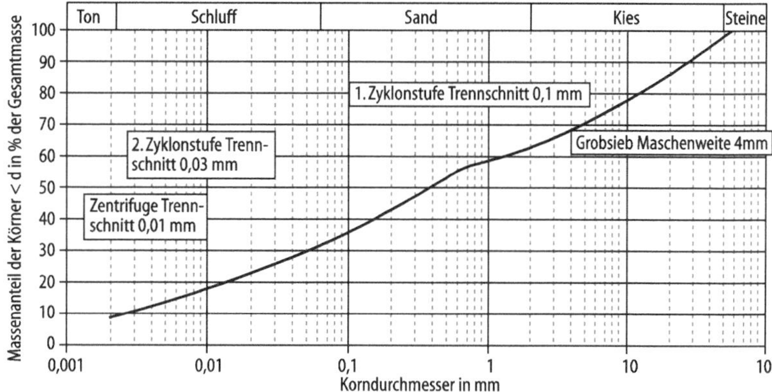

Abb. 30 Darstellung möglicher Trennschnitte eines weitgestuften Bodens

5.1 Grobsiebmaschine

Hier wird neben den Kiesanteilen der nicht dispergierte Boden in Klumpen bis zu einem Durchmesser von 4 mm abgeschieden. Die Dimensionierung der Sieboberfläche, die Form und die Unwuchtfrequenz sind so auszulegen, dass ein Verstopfen der Sieböffnungen durch die klebrigen Tonchips verhindert wird. Das Siebdeck sollte demnach mehrfach gestuft sein. Im günstigsten Fall können 40 % bis 50 % der Feststoffmasse bereits hier aus dem Förderstrom getrennt werden.

5.2 Erste Zyklonstufe (Hydrozyklon)

Die Kornfraktionen, die das Grobsieb passieren, werden auf die Einzelzyklone (Abb. 31) aufgegeben. In den oberen zylindrischen Teil des Zyklons wird die zu trennende Suspension unter hoher Geschwindigkeit in tangentialer Richtung eingeleitet; sie bewegt sich auf abwärts gerichteten Spiralbahnen zur Unterlaufdüse des konischen unteren Zyklonbereichs. Die korngrößenabhängigen Zentrifugalkräfte bewirken eine Trennung der Suspension. Während die größeren und somit schwereren Fraktionen durch den Unterlauf den Zyklon verlassen, steigt im Inneren die noch ausreichend kinetische Energie besitzende, feinkornangereicherte Suspension in einer gegen gerichteten Wirbelströmung auf. Die gereinigte Suspension verlässt schließlich am Überlauf den Zyklon und kann wiederverwendet werden oder wird bei zweistufigen Anlagen der zweiten Zyklonstufe zugeführt. Der Trennschnitt der Hydrozyklone liegt bei etwa 0,1 mm (s. Abb. 30).

5.3 Zweite Zyklonstufe (Multizyklon)

Die zweite Zyklonstufe besteht aus Multizyklonen mit gegenüber Hydrozyklonen kleinerem Durchmesser und somit höherem Ladedruck sowie höherer Radialbeschleunigung (Abb. 32). Der Trennschnitt kann so bis in den Grobschluffbereich (0,03 mm) herabgesetzt werden. Der Durchsatz eines Multizyklons ist aufgrund des kleineren Durchmessers geringer, so dass gegenüber den Hydrozyklonen eine wesentlich höhere Zyklonenanzahl erforderlich ist.

5.4 Schwingungsentwässerer

Der Unterlauf (Abscheidung) der beiden Zyklonstufen wird über einen gemeinsamen Schwingentwässerer weiter entwässert. Das Gerät besteht aus schwingenden Spaltsiebmatten, die den sich bildenden Feststoffkuchen am oberen Rand abwerfen. Der Boden lässt sich so bis zur Feinsandgrenze gut entwässern. Ein zunehmender Anteil an Fein- und Feinstkorn verstopft den sich bildenden Bodenfilter schnell. Der Entwässerer läuft über. Fehlt das Grobkorngerüst über den etwa

Abb. 31 Hydrozyklon, Heinenoord-Tunnel

Abb. 32 Multizyklon, Heinenoord-Tunnel

0,2 mm weiten Schlitzen, kann die Siebmatte keinen Feststoff zurückhalten, und der Boden verbleibt im Kreislauf (Maidl et al. 2011).

5.5 Zentrifugen

Die Leistungsfähigkeit der Zentrifugen bestimmt die Kapazität der Separieranlage in sehr feinkörnigen Böden. Die Zentrifugen haben die Aufgabe, möglichst viel Feststoff aus dem Überlauf der Zyklone zu trennen. Bei Unterdimensionierung der Zentrifuge muss entweder die Vortriebsleistung reduziert oder die überladene Suspension aus dem Regel- oder Vorhaltebecken kostenintensiv mit Kübelwagen abgefahren und entsorgt werden. Üblicherweise reicht das Trennvermögen der Zentrifugen bis etwa 0,005 mm. Im Praxisbetrieb sollte die Zentrifuge jedoch so eingestellt werden, dass das Bentonit (0,005 bis 0,01 mm) in das Vorhaltebecken zurückgeführt werden kann und somit im Förderkreislauf verbleibt (Maidl et al. 2011).

5.6 Siebbandpressen

Parallel zu den Zentrifugen kann der Unterlauf der Hydrozyklone mit Siebbandpressen eingedickt werden. In der Praxis haben sich kontinuierlich arbeitende Bandfilter bewährt.

6 Die wichtigsten rechnerischen Nachweise

6.1 Berechnung der Ortsbruststabilität bei Flüssigkeits- und Erddruckstützung

Um die Stabilität der Ortsbrust zu gewährleisten, muss der vom Stützmedium auf die Ortsbrust übertragbare Druck mit dem Wasser- und Erddruck im Gleichgewicht stehen (s. Abb. 3). Zur Berechnung des Erddruckes wird im anstehenden Boden ein plastisches Grenzgleichgewicht betrachtet. In Abhängigkeit der Randbedingungen können sich entweder Linien- oder Zonenbrüche einstellen.

Das im Folgenden vorgestellte kinematische Berechnungsmodell eignet sich besonders für grobkörnige Bodenarten bei Suspensionsstützung und wurde in einer umfangreichen Parameterstudie (Anagnostou und Kovari 1992) bestätigt. Grundlage bildet ein Bruchkörpermodell (Horn 1961), das von einem Linienbruch ausgeht.

6.1.1 Berechnungsmodell

Zur Berechnung des aktiven Erddruckes werden Bruchkörper untersucht, die sich entlang einer Gleitfuge in die Abbaukammer des Schildes hinein bewegen. Dieses Verfahren wird als „Kinematische Methode" oder auch „Grenzwertmethode" bezeichnet; sie bildet die Grundlage der Coulombschen Erddrucktheorie, wenn ebene Gleitflächen untersucht werden. Die maximale Erddruckresultierende E_a, ermittelt aus der ungünstigsten Gleitfuge, zuzüglich der Wasserdruckresultierenden W des in Abb. 3 dargestellten Wasserdruckverlaufs muss dem Integral des Stützdruckes p über die Ortsbrustfläche (Abb. 33a) entsprechen oder dieses überschreiten. Der Wasserdruck wird in wasserdurchlässigen Böden, auf der sicheren Seite liegend, aus der hydrostatischen Druckhöhe berechnet.

In guter Näherung kann die Berechnung des Erddruckes beim erdgestützten Schildvortrieb in Böden mit innerer Reibung aus der Gleichgewichtsbetrachtung des in Abb. 33b dargestellten Bruchkörpers vorgenommen werden.

Die kreisförmige Ortsbrustfläche wird mit einem Quadrat angenähert, dessen Seitenlängen dem Schilddurchmesser D entsprechen. Der Bruchkörper vor der Ortsbrust besteht aus einem Gleitkeil, der vertikal vom bis zur Geländeoberfläche reichenden Bodenprisma belastet ist. Das Eigengewicht des Bodenprismas kann durch die nach der Silotheorie verminderte vertikale Last σ_z ersetzt werden.

$$\sigma_z = \gamma \cdot r_0 \cdot [1/(2 \cdot K_S \cdot \tan\varphi)] \cdot (1 - e^{-a}) + q \cdot e^{-a},$$
$$a = (2 \cdot K_S \cdot \tan\varphi \cdot t)/r_0, \tag{1}$$

K_S Silobeiwert, q Auflast in kN/m^2, r_0 Siloradius in m, t Überdeckung in m, γ Wichte des Bodens in kN/m^3 und φ Reibungswinkel des Bodens in Grad. Der Silobeiwert K_s berechnet sich vereinfacht zu

$$K_S = \frac{1 - \sin^2\varphi}{1 + \sin^2\varphi} \tag{2}$$

Für die hier betrachtete rechteckige Grundrissform des Silokörpers mit den Seitenlängen D und b (s. Abb. 33a) ist anstelle des Siloradius r_0 der Ersatzradius

$$r_e = D \cdot b/(D + b) \tag{3}$$

zu verwenden.

In Abb. 33b sind die am Gleitkeil wirksamen Kräfte dargestellt. Die Ermittlung der Erddruckresultierenden E_a kann grafisch aus dem Krafteck oder durch folgende Beziehung ermittelt werden:

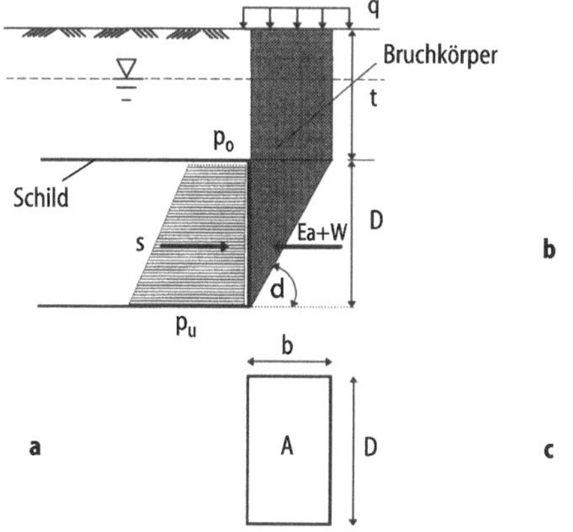

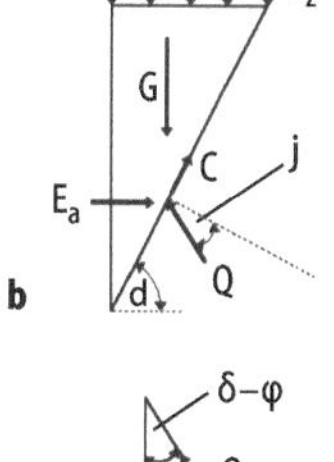

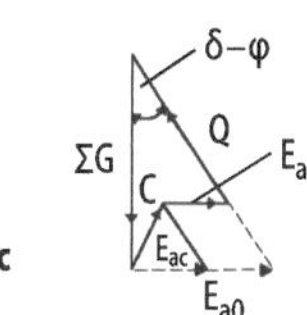

Abb. 33 Berechnung des Stützdruckes in der Abbaukammer anhand einer Bruchkörperuntersuchung: Gleichgewichtsbetrachtung zur Ermittlung des Stützdruckes bei Linienbrüchen. (Maidl 1995a)

a Näherung für den Bruchkörper nach Horn (1961)
b wirksame Kräfte am Gleitkeil
c Krafteck

$$E_a = E_{a0} - E_{ac} \quad (4)$$

$$\text{Mit } E_{a0} = \tan(\vartheta - \varphi) \cdot (G + \sigma_z \cdot A) \quad (5)$$

$$\text{und } E_{ac} = \left[c \cdot D^2 \cdot \sin\left(90^\circ - \varphi\right)\right] / \left[\sin\vartheta \cdot \sin\left(90^\circ - \vartheta + \varphi\right)\right] \quad (6)$$

A Grundrissfläche des Silokörpers, c Kohäsion, G Gewichtskraft des Gleitkeiles. Dabei ist E_{a0} die Erddruckresultierende unter Vernachlässigung der Kohäsion (c=0). Bei Ansatz der Kohäsion wirkt der Erddruckresultierenden E_{a0} der Kraftvektor E_{ac} entgegen (s. Abb. 33c). Bei geschichtetem Baugrund werden die Scherparameter über die jeweiligen Schichtdicken gemittelt. Der Ansatz der Kohäsion kann auch vereinfacht mittels eines Ersatzreibungswinkels erfolgen.

Der Gleitflächenwinkel ϑ ist so lange zu variieren, bis die Erddruckresultierende einen Extremwert annimmt. Die Minderung des Erddruckes infolge der an den Seitenflächen des Gleitkeiles wirkenden Wandschubkräfte T nach der sog. „Schultertheorie" [DIN 4126] bzw. dem Verfahren von Prater (Lorenz und Walz 1982) ist in Gl. (4) nicht berücksichtigt. Hinweise zu einem bilinearen Ansatz der seitlich wirkenden Normalspannungen gibt [DIN 4126]. Räumliche Berechnungsmodelle sind ebenfalls anwendbar.

Mit der Einführung des Umrechnungsfaktors $\pi/4$ zur Berücksichtigung des Flächenunterschieds zwischen der quadratischen Stirnseite des Gleitkeiles und der kreisförmigen Ortsbrustfläche erhält man die erforderliche Stützkraft S zu

$$S = W + \eta \cdot E_a \cdot \pi/4, \quad (7)$$

wobei W die Wasserdruckresultierende in kN ist.

Der Sicherheitsbeiwert η ist anhand der projektspezifischen Anforderungen zu definieren und in den Ausschreibungsforderungen festzulegen. Für den Schlitzwandbau wurde er in DIN 4126 (1986) zu $1{,}1<\eta<1{,}3$ in Abhängigkeit des Belastungszustands im unmittelbaren Bereich des Schlitzes festgelegt. Beim maschinellen Schildvortrieb werden in der Praxis häufig höhere Sicherheiten gefordert. So wird z. B. für die Wasserdruckresultierende ein Sicherheitsbeiwert $\eta=1{,}05$ und für den Erddruck ein Sicherheitsbeiwert $\eta=1{,}5$ angesetzt. Beispiele für die Einführung eines einheitlichen Sicherheitsbeiwertes für die beiden Lastanteile sind ebenfalls bekannt. Den erforderlichen Stützdruck p in der Abbaukammer berechnet man schließlich aus der Bedingung

$$S = \left(\pi \cdot D^2/8\right)\left(p_o - p_u\right) \quad (8)$$

mit p_o Stützdruck in der Schildfirste und p_u Stützdruck in der Schildsohle (beide in kN/m^2).

6.2 Berechnung der Aufbruch- und Ausbläsersicherheit

Das in Abschn. 6.1 beschriebene Berechnungsverfahren dient dem Nachweis des horizontalen Gleichgewichts. Insbesondere bei Tunneln mit geringer Überdeckungshöhe und großem Grundwasserdruck ist außerdem das vertikale Gleichgewicht zu untersuchen. Hierbei muss nachgewiesen werden, dass beim erforderlichen bzw. maximal zulässigen Stützdruck in der Firste ein Aufbruch in vertikaler Richtung (bei Suspensionsstützung) bzw. das Entstehen eines Ausbläsers (bei Druckluftstützung) ausgeschlossen ist.

Die Aufbruchsicherheit ist i. Allg. gewährleistet, wenn die vertikale Auflast oberhalb der Tunnelfirste den dort herrschenden Stützdruck p übersteigt (Abb. 34). Da bei Druckluftstützung i. d. R. der Stützdruck auf den erforderlichen Stützdruck in der Tunnelsohle bzw. bei Teilabsenkung (Suspensionsstützung) auf Suspensionsniveau eingestellt werden muss, entsteht aufgrund des vernachlässigbaren Gewichts der Druckluft im Firstbereich ein Ungleichgewicht gegenüber dem trapezförmig wirkenden Wasser- bzw. Erd- und Wasserdruck (Filterkuchen vorhanden). Aufgrund des Luftüberdruckes p_L im Firstbereich, der in diesem Fall den rechnerisch erforderlichen Suspensionsdruck übersteigt, können bei zu geringer Überdeckung prinzipiell zwei Fälle eintreten, die im Extremfall in einem Ausbläser enden:

- Bei unversiegelter Ortsbrust strömt kontinuierlich Luft zur Oberfläche und trocknet den

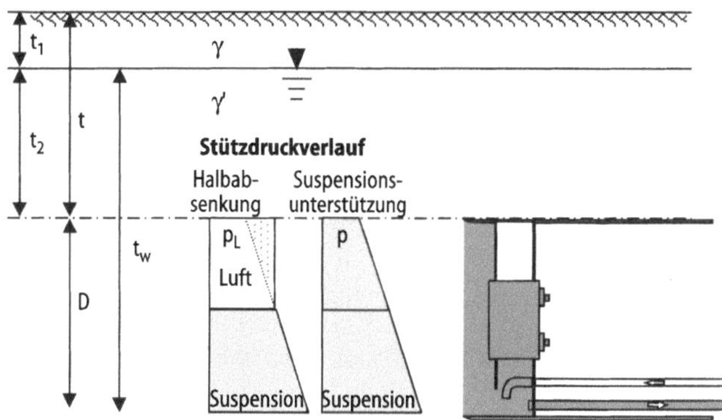

Abb. 34 Nachweis des vertikalen Gleichgewichts

Boden unter Bildung von größeren Wegsamkeiten aus.

- Bei vorhandener Membran (Filterkuchen) im Firstbereich besteht bei zu geringer Bodenauflast zunächst die Gefahr eines Aufbruchs, der zwangsläufig zu einem Ausbläser führt.

Aus diesem Grund sollte der in der Firste wirkende Suspensions- bzw. Luftdruck die vorhandene Auflast aus Boden und Wasser nicht übersteigen. Der Ansatz der Bodenauflast ist jedoch nur dann zulässig, wenn der Boden eine sehr geringe Durchlässigkeit hat oder die Versiegelung durch einen Filterkuchen garantiert ist. Entsprechend kann der Nachweis der Sicherheit gegen Aufbruch η_{Auf} nach folgender Beziehung geführt werden:

$$\eta_{\text{Auf}} = \left[\gamma \cdot t_1 + \gamma' \cdot t_2 + \gamma_W \cdot (t_W\text{-}D)\right]/p_0 = 1{,}1 \quad (9)$$

mit D Schilddurchmesser in m; t_1, t_2 Überdeckung oberhalb bzw. unterhalb Grundwasserspiegel in m; t_W Wasserstand über Sohle in m; p_o Stützdruck in der Schildfirste in kN/m^2; γ, γ', γ_W Wichte des Bodens, des Bodens unter Auftrieb bzw. des Wassers in kN/m^3.

6.3 Berechnung der Vortriebspressenkraft

Besondere Bedeutung bei der maschinentechnischen Auslegung eines Vortriebsschildes kommt der Berechnung der erforderlichen Vortriebskraft zu (Maidl et al. 2011). Die Unterdimensionierung bzw. das Auftreten vorher nicht absehbarer Widerstände kann im schlimmsten Fall zu aufwendigen technischen Umbaumaßnahmen unter Tage führen und ist deshalb durch sorgfältige Vorausberechnung, aber auch durch Auswertung und Analyse empirischer Projektdaten, zu vermeiden.

6.3.1 Vortriebswiderstände aufgrund der Schildmantel-Reibungskräfte

Durch die Radial- bzw. Horizontal- und Vertikalbelastung aus Überdeckung, Bebauung und Verkehrslasten sowie durch das Schildeigengewicht ergeben sich rund um den Schildmantel Reibungskräfte, die mit den Vortriebspressenkräften überwunden werden müssen. Diese Reibungskräfte lassen sich über die Konizität des Schildes bzw. den Überschnitt des Schneidschuhs oder mittels Schmierung (z. B. Bentonit) verringern.

Je nach Zusammensetzung und Bodenart des zu durchfahrenden Gebirges gibt Herzog (1985) unterschiedliche Reibungsbeiwerte μ an (Tab. 1) und erhält damit rechnerisch überschlägige Reibungskräfte W_M am Schildmantel in kN zu

$$W_M = \mu \cdot \left[\pi \cdot D \cdot L\left(p_{v\ \text{ges}} + p_h\right)/2 + G_S\right] \quad (10)$$

$$\text{mit } p_{v\ \text{ges}} = p_v + p_{Beb} + p_{Verk} \quad (11)$$

$$\text{und } p_h = K_0 \cdot p_{v\ \text{ges}}, \quad (12)$$

D Schilddurchmesser in m; G_S Eigengewicht des Schildes in kN; K_0 Erdruhedruckbeiwert; L Länge des Schildmantels in m; p_{Beb} vertikale Belastung durch Bebauung in kN/m^2; p_h, p_v, $p_{v\ ges}$

Tab. 1 Reibungsbeiwerte m zwischen Schildmantel (Stahl) und Bodenart. (Herzog 1985)

Bodenart	Reibungsbeiwert μ
Kies	0,55
Sand	0,45
Lehm, Mergel	0,35
Schluff	0,30
Ton	0,20

horizontale, vertikale bzw. gesamte vertikale Belastung in kN/m²; p_{Verk} vertikale Belastung durch Verkehrslasten in kN/m².

In sandigen und kiesigen Böden ist durch Schmierung des Schildmantels mit einer Bentonit- oder anderen Tonsuspensionen eine Reduktion des Reibungsbeiwertes μ auf 0,1 bis 0,2 möglich. Bei der Ermittlung der vertikalen Auflast darf die verminderte Überdeckungshöhe h' infolge einer Gewölbe- und Silowirkung angesetzt werden.

6.3.2 Vortriebswiderstände am Schneidschuss

Der Schildmantel wird mit einer Schneide bzw. mit einem Schneidschuh durch das Gebirge vorgetrieben. Der Spitzenwiderstand p_{Sch} in kN/m² wird abhängig von der Bodenart (Tab. 2) angegeben (Herzog 1985).

Die genannten Spitzenwiderstände sind unabhängig von der tatsächlichen Überdeckung und von den sonstigen Belastungsannahmen. Der Erddruckbeiwert K liegt meist über dem passiven Erddruckbeiwert K_p.

$$p_{Sch} > K_p \cdot p_{v\ \text{ges}} \text{ in kN/m}^2.$$

Nach (Herzog 1985) ergibt sich für den unverminderten Schneidenwiderstand am Umfang der Schildschneide

$$W_{Sch} = \pi \cdot D \cdot p_{Sch} \cdot t \qquad (13)$$

mit D Schilddurchmesser in m, p_{Sch} Spitzenwiderstand in kN/m² und t Schneidenwanddicke in m.

Bei Erreichen eines kritischen Wertes p_{Sch} tritt im Bereich der Schildschneide ein „lokaler" Grundbruch auf, so dass der Schild in das Erdreich vordringen kann. Durch gezielten Überschnitt (Schürfscheibe, Felsbohrkopf, ausfahrbare Kalibermeißel) wird der Schneidenwiderstand verringert bzw. aufgehoben.

Tab. 2 Spitzenwiderstand p_{Sch} des Baugrundes nach Bodenart. (Herzog 1985)

Bodenart	Spitzenwiderstand p_{Sch} kN/m²
felsähnlicher Boden	12000
Kies	7000
Sand, dicht gelagert	6000
Sand, mitteldicht gelagert	4000
Sand, locker gelagert	2000
Mergel	3000
Tertiärton	1000
Schluff, Quartärton	400

6.3.3 Vortriebswiderstände an der Ortsbrust durch Bühnen und Abbauwerkzeuge

Vorhandene Bühnen (z. B. bei Handschilden) wirken ähnlich wie Schneiden und führen zu Widerständen beim Vorschub des Schildes. Die Lastannahmen sind wie bei den Schneiden anzusetzen.

Die Anpressdrücke der Abbauwerkzeuge zum Lösen des Bodens sind abhängig von der vorhandenen Bodenart. Die Lastannahmen der Widerstände W_{BA} in kN für den Anpressdruck der Abbauwerkzeuge beim Bodenabbau können vereinfachend in Lockergesteinsböden wie folgt ermittelt werden:

$$W_{BA} = A_{BA} \cdot K \cdot p_{v\ \text{ges}} \qquad (14)$$

mit A_{BA} Anpressfläche der Abbauwerkzeuge in m², K Erdruckbeiwert ($K_a<K<K_p$), K_a, K_p aktiver bzw. passiver Erddruckbeiwert, $p_{v\ ges}$ gesamte vertikale Belastung in kN/m². Für die erforderlichen Anpressdrücke der Rollenmeißel im Fels sind gesonderte Annahmen zu treffen.

6.3.4 Vortriebswiderstände bei Flüssigkeits-, Erd- und Druckluftstützung

Die Vortriebswiderstände aus Erd- und Wasserdruck bzw. aus dem daraus resultierenden Stütz-

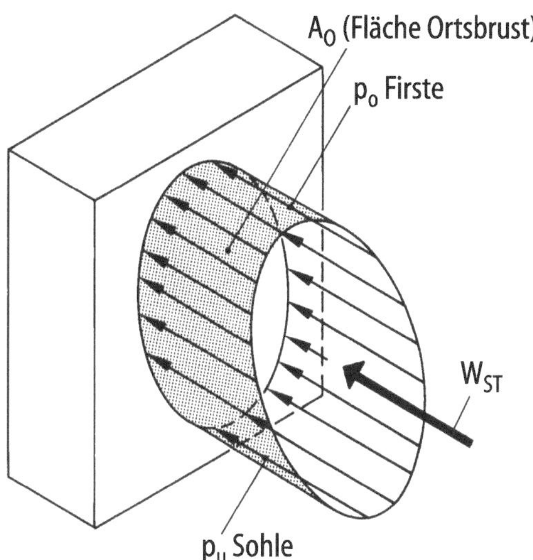

Abb. 35 Stützkraft W_{ST} aus dem Integral des Stützdruckes über der Ortsbrustfläche

druck sind ebenfalls von den Vortriebspressen aufzubringen. Nach Abb. 35 ergibt sich die resultierende Stützkraft W_{ST} aus dem Integral des Stützdruckes über die Ortsbrustfläche A_0.

$$W_{ST} - W_E + W_W, \tag{15}$$

$$W_W = A_0 \cdot (p_{W\ Firste} + p_{W\ Sohle})/2, \tag{16}$$

$$W_{ST} = A_0 \cdot (p_o + p_u)/2; \tag{17}$$

A_0 Ortsbrustfläche in m^2; p_o, p_u Stützdruck in der Schildfirste bzw. Schildsohle in kN/m^2; $p_{W\ Firste}$, $p_{W\ Sohle}$ Wasserdruck in der Schildfirste bzw. Schildsohle in kN/m^2; W_E resultierender Erddruckwiderstand aus Bruchkörperuntersuchung (s. Abschn. 6.1: $W_E = E_a$) in kN; W_{ST} Widerstand bei Ortsbruststützung in kN; W_W resultierender Wasserdruckwiderstand in kN. Bei Druckluftbeaufschlagung ist der Stützdruck über die gesamte Ortsbrustfläche konstant anzunehmen.

6.3.5 Vortriebswiderstände aus der Steuerung des Schildes

Die Kurvenfahrt erfolgt bei Schilden durch unterschiedliches Aktivieren bzw. Ausfahren der Vorschubpressen. Das Ansteuern der Vortriebspressen ist bei kleinen Durchmessern individuell möglich, bei größeren Schilden werden Pressengruppen angesteuert.

Bei engen Kurvenfahrten treten Zwängungen auf, die desto größer sind, je länger der Schild im Verhältnis zum Durchmesser ist. Durch gezielten Überschnitt, konische Gestaltung des Schildes sowie Bentonitschmierung über Injektionsstutzen im Schildmantel lassen sich diese Zwänge abbauen. Auch die Anordnung eines Gelenks zwischen Mittelschuss und Schildschwanz kann diese Zwänge ändern. Die verbleibenden Vortriebswiderstände aus der Schildsteuerung sind aufgrund empirischer Erfahrungen zu berücksichtigen.

6.3.6 Zusammenstellung

Die Auslegung der Vortriebspressen ergibt sich aus den Einzelwiderständen ΣW unter Berücksichtigung eines Sicherheitszuschlags.

$$P_V = \Sigma W + \text{Sicherheitszuschlag}, \tag{18}$$

$$\Sigma W = W_M + W_{Sch} + W_{BA} + W_{ST}; \tag{19}$$

P_v max. Vortriebspressenkräfte in kN; W_{BA} Widerstände der Abbauwerkzeuge in kN; W_M Reibungskräfte in kN; W_{Sch} Schneidenwiderstand in kN; W_{ST} Widerstand bei Ortsbruststützung in kN.

Maßgebend ist die ungünstigste Superposition der Einzelwiderstände. Der Sicherheitszuschlag stellt eine empirische Größe dar und beinhaltet alle rechnerisch nicht exakt erfassbaren Kräfte:

- Zugkraft Nachläufer,
- Reibungskraft der Schildschwanzdichtung auf der Tunnelauskleidung,
- erhöhter Schneidenwiderstand beim Auffahren auf Hindernisse,
- erhöhte Mantelreibungskraft und erhöhter Schneidenwiderstand in Injektionszonen,
- erhöhte Mantelreibungskraft durch Gebirgsquelldrücke,
- erhöhte Mantelreibungskraft durch Kurvenfahrt und Steuerung.

6.4 Ermittlung des Luftbedarfs bei Druckluftstützung

Für eine grobe Schätzung des voraussichtlichen Luftverbrauchs bei Schildvortrieben unter offenen Gewässern und damit der zu installierenden Leistung (auf die angesaugte Luft bezogen) der Niederdruckkompressoren wurde bereits 1922 von Hewett und Johannesson (Hewett und Johannesson 1960) folgende Faustformel veröffentlicht:

$$Q_L = (3,66\ldots7,32)\cdot D^2 \qquad (20)$$

mit D Schilddurchmesser in m und Q_L angesaugte Luftmenge in m^3/min; Faktor 3,66 bei normalem wasserführendem Boden (z. B. Mittelsand), Faktor 7,32 für stark durchlässigen Boden (z. B. Kies oder Kiessand).

Diese Formel enthält keine Bezugsgrößen für Tunnellänge und Undichtigkeit. Sie bezieht sich lediglich auf den Durchmesser des Tunnels. Jedoch darf angenommen werden, dass die Bezugsgrößen im Zahlenfaktor der Formel enthalten sind. Die Erfahrungen von Hewett und Johannesson liefern auch heute noch brauchbare Ergebnisse, wenn bei Schildvortrieb unter Druckluft die vorgesehenen Voraussetzungen herrschen. Meist werden sie jedoch nicht vorliegen, da der Vortrieb nicht immer unter offenen Gewässern stattfindet, sondern auch ausschließlich im Grundwasser unter bebauten Stadtteilen. Für eine genauere und allgemeine Ermittlung des Luftbedarfs (Kompressorkapazität) beim Druckluftschildvortrieb stehen die Ausführungen von (Schenck und Wagner 1963) zur Verfügung (Tab. 3).

Obwohl die Exaktheit der theoretischen Zusammenhänge nur in homogenen Böden gegeben ist, kann man sie auch für nicht einheitliche und geschichtete Böden als geltend ansehen, wenn für den Luftdurchlässigkeitsbeiwert des Bodens k_L ein den vorliegenden Durchlässigkeitsverhältnissen entsprechender Mittelwert eingeführt werden kann. Voraussetzung dafür ist jedoch, dass sich im Wesentlichen ein Luftströmungsfeld einstellen kann, wie es auch in homogenen Böden auftritt (Abb. 36).

Die Luftdurchlässigkeitsbeiwerte des Bodens k_L sollten am besten in Großversuchen mit Luft in der Natur bestimmt werden, also nicht allein in Laborversuchen. Hilfreich ist auch die Auswertung durchgeführter Druckluftvortriebe bei vergleichbaren Bodenverhältnissen. Eine grobe Näherung für eine überschlägige Berechnung liefert die Näherungsgleichung $k_L \approx 70\ k_W$, wobei k_W der Durchlässigkeitsbeiwert des Bodens für Wasser nach Darcy ist. Letzterer sollte aus Grundwasserabsenkungen oder Pumpversuchen bestimmt worden sein. Zu beachten ist die eventuell unterschiedliche Wasserdurchlässigkeit in horizontaler und vertikaler Richtung.

Tab. 3 Allgemeine Ermittlung des Luftbedarfs für Druckluftschildvortrieb nach. (Schenck und Wagner 1963)

Unter offenen Gewässern	Im Grundwasser mit freiem Spiegel unter Geländeoberkante (GOK)
Luftbedarf $Q_L = n \cdot c \cdot k_L \cdot A_0 \cdot q_L \cdot 60 + Q_S$	
$q_L = [(\alpha + \beta_i)/\beta_i] \cdot [(p_T/p_a) + 1]$	$q_L = [(t_2 + D)/(\beta_i \cdot D)] \cdot [(1 - \alpha)/\beta_i] \cdot [(p_T/p_a) + 1]$
A_0 Ortsbrustfläche in m^2	
c Korrekturbeiwert zur Berücksichtigung des Einflusses des räumlichen Luftströmungsfeldes (bei einer Bodenüberdeckung über der Tunnelfirste vom Ein- bis Zweifachen des Tunneldurchmessers: c = 2)	
D Schilddurchmesser in m	
n Komponente zur Berücksichtigung der anteiligen Luftaustritte an der Ortsbrust, am Schildschwanz und an eventuellen Leckstellen	
p_a atmosphärischer Druck in kN/m^2	
p_T Luftüberdruck im Tunnel in kN/m^2	
q_L Druckgefälle und Umrechnung der komprimierten Luftmenge in angesaugte Luftmenge	
Q_L angesaugte Luftmenge in m^3/min	
Q^s zur Schleusung benötigter Luftbedarf in m^3/min	
t_2 Überdeckung unterhalb des Grundwasserspiegels in m	
α Einflussfaktor zur Berücksichtigung des akzeptierten Restwasserstandes im Tunnel	
β_i Verhältnis zwischen Überdeckungshöhe und Tunneldurchmesser	

7 Digitalisierung im maschinellen Tunnelvortrieb

Der Begriff Digitalisierung umschreibt die Möglichkeiten, durch Nutzung von Informations- und Kommunikationstechnik Prozesse digital zu erfassen, zu analysieren, zu optimieren und schließlich im letzten Schritt zu automatisieren. Der hoch

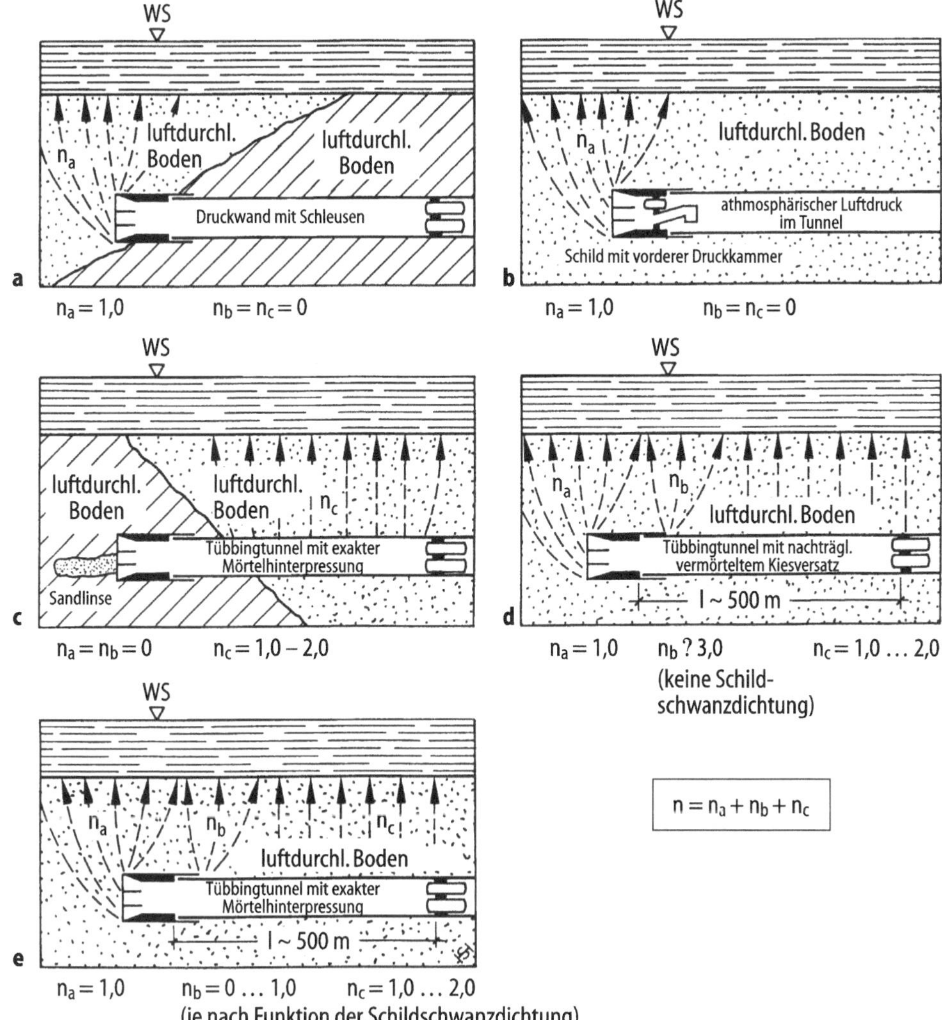

Abb. 36 Faktoren zur Berücksichtigung des anteiligen Luftaustritts an der Ortsbrust, am Schildschwanz und infolge Undichtigkeiten (Fugen) der Auskleidung. (Krabbe 1971)

mechanisierte Schildvortrieb bietet hervorragende Voraussetzungen zur Digitalisierung. Da heutzutage fast alle Funktionen der Vortriebsmaschine elektrisch oder elektro-hydraulisch gesteuert werden, sind die entsprechenden Größen messtechnisch erfassbar und anschließend digital weiterverarbeitbar.

Liegen Informationen und Daten in digitaler Form vor, so eröffnen sich folgende Möglichkeiten:

- Prozessvisualisierung
- Prozessanalyse und Prozess-Controlling (Soll-Ist-Vergleich)
- Prozessoptimierung
- Prozesssteuerung bis hin zur Automatisierung
- Prozessarchivierung (Beweissicherung)

7.1 Erfassung und Verwaltung der Daten (Datenmanagement)

Datenmanagement ist nach WIKIPEDIA die Menge aller methodischen, konzeptionellen, organisatorischen und technischen Maßnahmen und Verfahren zur Behandlung der Ressource Daten mit dem Ziel, sie mit ihrem maximalen Nutzungs-

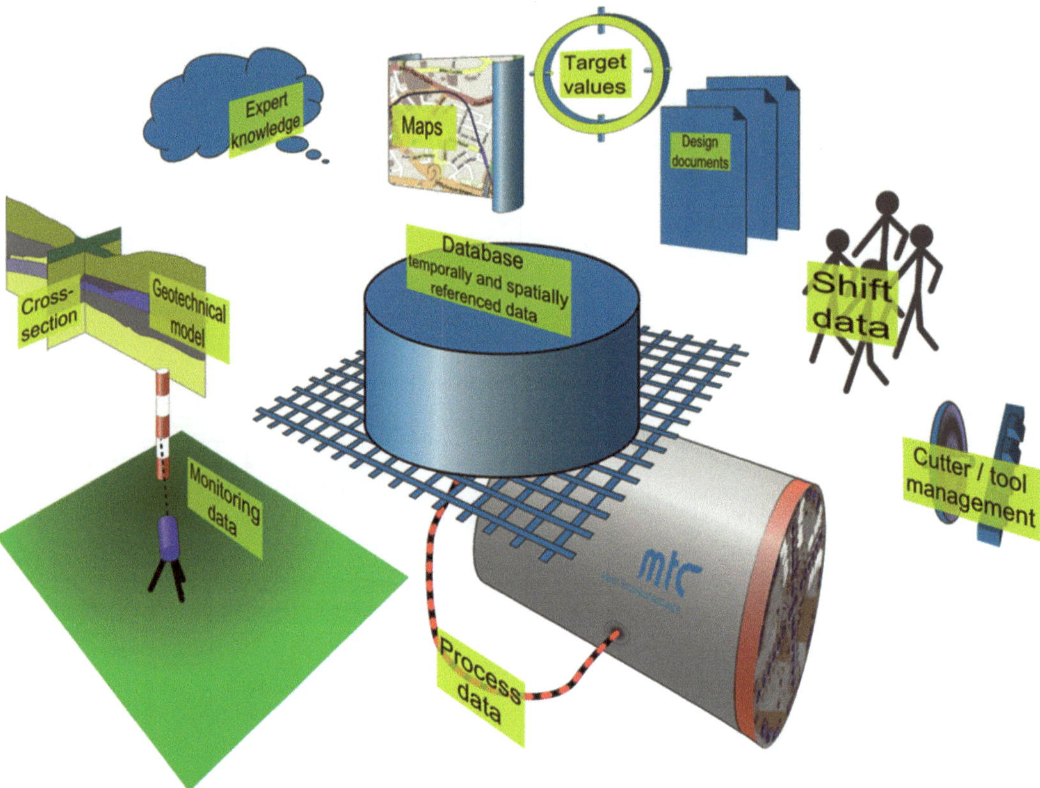

Abb. 37 Datenquellen im maschinellen Tunnelbau (Maidl Tunnelconsultants)

potenzial in die Geschäftsprozesse einzubringen und im laufenden Betrieb deren optimale Nutzung zu gewährleisten.

Im Tunnelbau fällt eine große Menge von Daten an, die von unterschiedlichsten Datenquellen generiert werden. Einen Überblick über diese Datenquellen gibt die Abb. 37.

Eine umfassende Aufzeichnung der Vortriebsdaten gehört bei modernen Schildmaschinen zum Stand der Technik (Maidl und Nellessen 2003). Dabei werden die aus der Maschinensteuerung entnommenen Werte je nach Maschinenhersteller inkrementell bei Änderung des Zustands eines Sensors oder in einer festen Frequenz zwischen einer und zehn Sekunden als sog. Momentanwerte in Datenbanksystemen aufgezeichnet. Abhängig vom Maschinentyp und der Komplexität der Maschinensteuerung werden pro Datensatz ca. 200 bis 1000 Parameter erfasst. Diese werden in der Datenbank durch entsprechende Datenbankalgorithmen aggregiert und weiterverarbeitet, sodass sich beispielsweise Mittel- und Extremwerte über Vortriebszyklen oder Zeiträume bestimmen lassen.

Separat davon wird üblicherweise während des Vortriebs eine Vielzahl von geodätischen und geotechnischen Daten protokolliert. Während dies früher manuell und damit in sehr unterschiedlich langen Zeitintervallen geschah, werden heute Messroboter eingesetzt, die vorab definierte Messpunkte automatisch erfassen und die Daten digital übermitteln.

Neben den Maschinendaten und geodätischen Messdaten werden an weiteren Prozessschnittstellen (Separieranlage, Tübbingwerk usw.) Daten aufgenommen, welche meistens nur analog in Schicht- oder Tagesprotokollen vorliegen. Zur vollständigen Berücksichtigung müssen diese erst aufbereitet werden, um aufgrund der zeitlichen Verzögerung bedingt nutzbar zu sein. Die besondere Herausforderung an das digitale Prozess-Controlling stellt die vortriebssynchrone

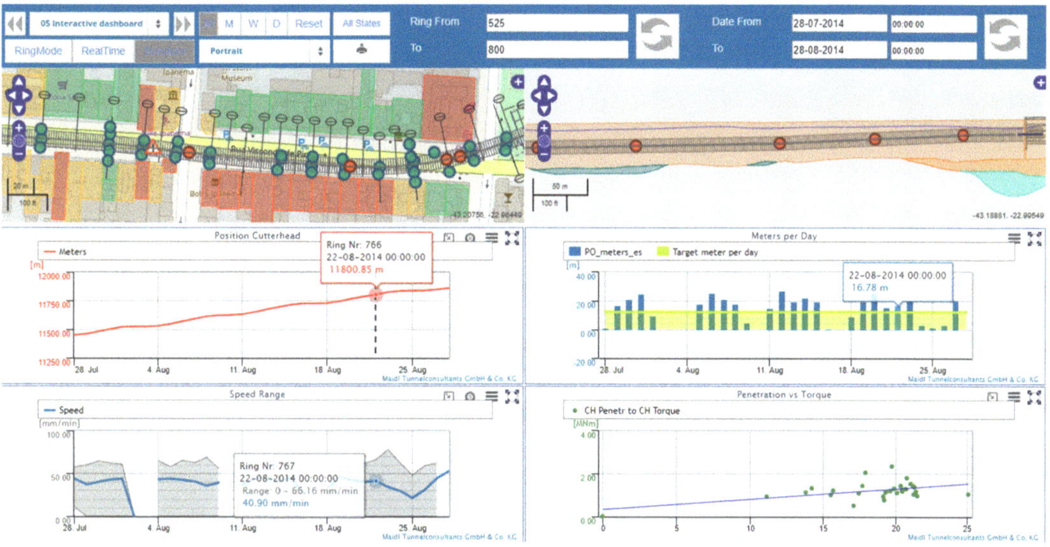

Abb. 38 Dashboard-Visualisierung (PROCON, Maidl Tunnelconsultants)

(Echtzeit-)Bearbeitung der Informationen und Daten dar. Abb. 38 zeigt ein Beispiel für die Implementierung eines bauverfahrensorientierten Prozess-Controllingsystems, bei dem verschiedene Aspekte in Diagrammen analysiert und in den geotechnischen Zusammenhang gestellt wird.

Sämtliche vortriebsrelevanten Informationen werden in Echtzeit webbasiert auf einen Server übertragen und mittels einer speziell für den Schildvortrieb entwickelten Software nach Key Performance Indicators (KPIs) wie z. B. Ortsbruststabilität, Vortriebsgeschwindigkeit, spezifischem Energiebedarf oder Schauminjektions- und Expansionsrate ausgewertet. Betriebsstörungen, Baugrundänderungen sowie deren verfahrenstechnische Konsequenzen können über die Fernanalyse in Echtzeit mitverfolgt oder nachträglich analysiert werden.

Die Datenbank enthält die verfahrensrelevanten Daten des Baugrundes und der Vortriebsmaschine sowie die geotechnischen Messergebnisse. Die Implementierung baubetrieblicher Daten, z. B. die zeitabhängigen Kosten oder Kosten für Stoffe und Energiebedarf, sind ebenfalls möglich. Der Vortriebsverlauf wird dauerhaft archiviert und ist jederzeit nach zeitlichen und örtlichen Kriterien abrufbar (Abb. 39).

Für den Betrieb eines zentralen, weltweit erreichbaren Systems wird eine Webapplikation benötigt, auf die via Internet von jedem Ort aus systemunabhängig zugegriffen werden kann. Die Webapplikation läuft dabei auf einem Webserver, der durch Benutzerkonten gegen unbefugten Zugriff geschützt ist. Als zusätzlichen Schutz können auf dem Server SSL-Zertifikate installiert werden, so dass nur Nutzer mit dem Zertifikat auf den Server zugreifen können. Durch verschlüsselte Kommunikation sind die Vortriebsdaten und deren Auswertung so vor unbefugtem Zugriff geschützt. Die Daten sind in einer oder, je nach Anwendung, mehreren Datenbanken gespeichert, auf die die Webapplikation zugreifen kann.

Ein flexibler Zugriff auf die Daten ist wichtig, um sowohl unterschiedlicher Software als auch Benutzern die Daten jederzeit von überall für Analysen und Berechnungen zur Verfügung zu stellen. Ein weiterer Vorteil einer Webapplikation ist die Vielfalt an Schnittstellen, die diese für die unterschiedlichen Datenanfragen bereitstellen kann. Benutzer greifen mit dem Browser mittels Webseiten auf die Daten zu. Der Benutzer braucht dabei keine neue Software zu installieren und kann überall von verschiedenen Endgeräten Daten abrufen. Softwareapplikationen, die Daten für Berechnungen oder Auswertungen benötigen, können sich in der Regel nicht eigenständig Daten über eine Webseite herunterladen. Diese greifen

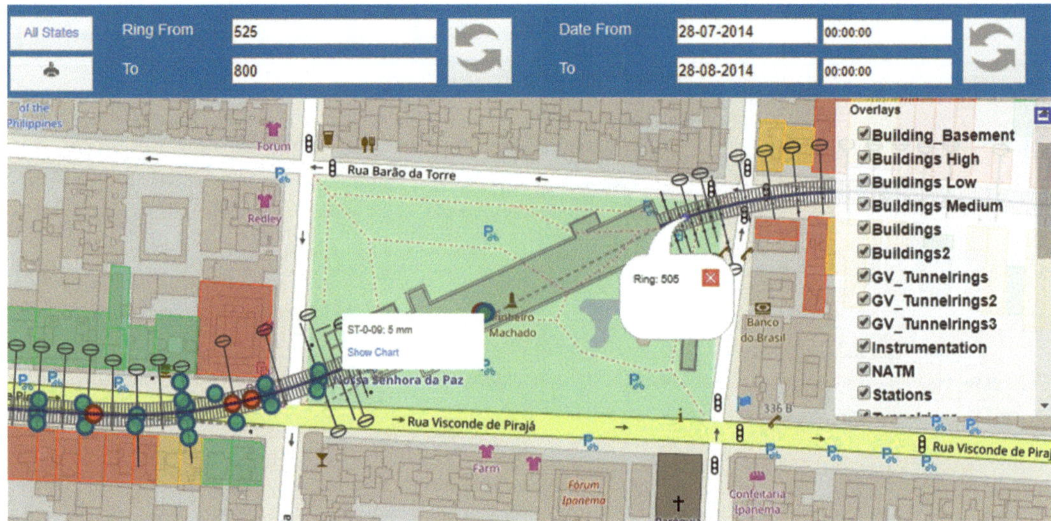

Abb. 39 Oberflächenmonitoring und GIS-Darstellung (PROCON, Maidl Tunnelconsultants)

auf sogenannte REST-Schnittstellen (Representational State Transfer) von integrierten Webservices der Webapplikation zurück. Mittels einer REST-Anfrage können Daten gelesen, bearbeitet, erzeugt und gelöscht werden. Externe Softwareprogramme können somit, unter Anwendung der implementierten REST-Struktur, Vortriebsdaten extrahieren, ihre Analysen und Berechnungen durchführen und dann ihre Ergebnisse zurückschreiben.

7.2 Visualisierungen der Prozessdaten

Liegen die Daten erst einmal in digitaler Form vor, eröffnen sich zahlreiche Analyse- und Visualisierungsmöglichkeiten über Webapplikationen.

7.2.1 Chart- und Dashboard-Visualisierung

Die Vortriebsdaten können mithilfe interaktiver und frei konfigurierbarer Diagramme dargestellt werden. Die Bearbeitung und das Zoomen in den Diagrammen kann direkt im Browser stattfinden, wobei diese auf speziell entwickelten Dashboards angeordnet sind, die vom Benutzer zur Darstellung verschiedener Informationen zu bestimmten Themengebieten zusammengestellt werden können. In diesem Zusammenhang sind Ihre Daten auf den Dashboards mit Karten eines geografischen Informationssystems sowie digitalen Bodenmodellen in einem lokal und zeitlich referenzierten System verknüpft.

7.2.2 Geografische Informationssysteme (GIS)

Alle relevanten Projektdokumente wie CAD-Zeichnungen, Informationen über existierende Infrastrukturbauwerke oder Gebäude, geotechnische Berichte, Baugrundparameter oder Bilder werden in der Datenbank gespeichert und dem projektweiten geometrischen und zeitlichen Referenzsystem zugeordnet. Mithilfe eines Geoinformationssystems (GIS) werden diese Metadaten mit den automatisch erfassten Maschinendaten und allen weiteren Projektinformationen auf interaktiven Karten in den Dashboards angezeigt und in Beziehung gesetzt. Projektrelevante Dokumente und Zeichnungen können auf verschiedenen Layern visualisiert werden. Der Benutzer kann Karten, geologische Modelle, Diagramme unterschiedlicher Datentypen und individuell erstellte Berichte miteinander kombinieren.

7.2.3 Digitales Baugrundmodell

Das ebenfalls georeferenzierte Baugrundmodell beinhaltet nicht nur die geometrische Definition

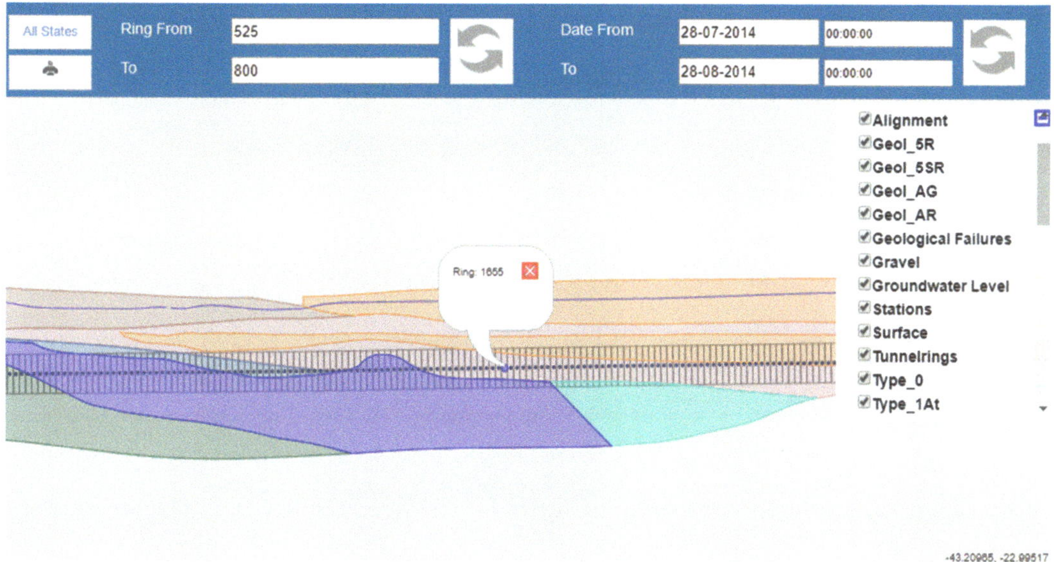

Abb. 40 Digitales Baugrundmodell (PROCON, Maidl Tunnelconsultants)

der einzelnen geotechnischen Schichten sondern auch die dazugehörigen Baugrundparameter wie Festigkeit, Durchlässigkeit, Klüftung oder Abrasivität. Damit bildet das Baugrundmodell die Basis für Verschleiß-, Verbrauchs- und Leistungsanalysen der Vortriebsmaschine. Die Interaktion der Schildmaschine mit dem Baugrund wird dabei kontinuierlich erfasst. Durch den Vergleich von Soll- und Ist-Werten der Ortsbrust- und Ringspaltstützung können auch die Setzungen und die Ortsbruststabilität in Echtzeit überwacht werden. In einer Längsschnittgrafik kann das Baugrundmodell direkt auf dem Dashboard in Kombination mit beliebigen weiteren Visualisierungen angezeigt werden (Abb. 40).

7.3 Analyse der Prozessdaten und des Systemverhaltens

Ein wesentliches Ziel der Prozessdatenanalyse stellt die Identifikation von Abweichungen und die Bestimmung der Ursache dar. Bei Ressourcen wie beispielsweise Kosten, Zeit oder Mengen von Verbrauchstoffen führt die Gegenüberstellung von Soll-Werten mit den wirklich entstandenen Ist-Werten zum sogenannten Soll-Ist-Vergleich. Derartige Vergleiche können auf Basis der digitalen Daten prozessspezifisch auf Knopfdruck über sogenannte Business Intelligence Reports geführt werden. Diese Business Intelligence Reports führen automatisiert einen Soll-Ist Vergleich basierend auf ausgewählten Vortriebsindikatoren durch und stellen das Ergebnis in unterschiedlichen Formaten dem Anwender zur Verfügung. Die Berichte bieten somit eine weitere Option zur Dokumentierung des Vortriebs. Die verwendeten Soll-Werte des Vergleichs sind an die jeweilig vorliegenden Bedingungen genau angepasst und stammen beispielsweise aus den Vortriebsplänen (Abb. 41).

7.3.1 Systemverhalten

Wesentlich komplexer ist die Analyse des sogenannten Systemverhaltens. Die DIN 1054 umschreibt den Begriff Systemverhalten als Bauwerk-Baustof-Umgebungs-Wechselwirkungen. In Anlehnung an die ÖNORM B 2203-2 „Untertagebauarbeiten – kontinuierlicher Vortrieb“ versteht man unter Systemverhalten das Verhalten des Gesamtsystems, resultierend aus Gebirge und Vortriebsverfahren. Tunnel, die im Schildvortrieb aufgefahren werden, zählen zu den Baumaßnahmen mit hohem Schwierigkeitsgrad und ausgeprägten Bauwerk-Baustoff-Umgebungs-Wechselwirkungen. Sie sind in besonderem Maße risikobehaftet,

Aushub und Kräftebilanz			Ziel	letzter Durchschn.	Durchschnitt	Max. Durchschn.	Absolutes Max.	Überschreitungen
Drehmoment		[MNm]	< 6,5	2,01	3,66	4,77	6,83	
Drehzahl		Rev/min]	< 2,5	1,81	1,30	1,81	2,00	
Vortriebsgeschwindigkeit		[mm/min]		14,28	17,45	20,98	35,62	Max. in Ring: 1202; Min in Ring: 1205
Gesamtvortriebskraft		[kN]	< 70.262	51.710	50.177	52.745	55.245	Steigend
Anpresskraft		[kN]	< 15.000	10.503	12.457	13.609	15.081	
Einzelkraft aus VTZ Gruppe	A	[kN]	< 2.510	1.391	1.331	1.562	1.673	
	B	[kN]	< 2.510	1.511	1.558	1.696	1.812	
	C	[kN]	< 2.510	2.225	1.980	2.225	2.432	
	D	[kN]	< 2.510	2.267	2.147	2.267	2.346	
	E	[kN]	< 2.510	2.190	2.076	2.190	2.287	
	F	[kN]	< 2.510	1.515	1.713	2.118	2.266	

Dichtenkontrolle

Abb. 41 Automatisierter Soll-Ist-Vergleich der Vortriebsstillstände (PROCON, Maidl Tunnelconsultants)

weil der wesentliche Baustoff – der Baugrund – schwer zu erkennen und zu beschreiben ist. Beim maschinellen Tunnelvortrieb ist ein Versagen der Ortsbrust vorab nicht erkennbar, falls nicht ausreichend messtechnische Daten zur vortriebsbegleitenden Auswertung zur Verfügung stehen. Aus diesem Grund schreiben die Neufassungen des Eurocode 7 [ÖNORM ENV 1997-1] und der DIN 1054 (2009) für komplexe geotechnische Bauwerke die Beobachtungsmethode vor. Ziel ist es, Maßnahmen, die vor Beginn der Bauausführung festgelegt wurden, während der Bauausführung über Messsysteme zu verifizieren. Prognosen sind zu überprüfen bzw. die Berechnungsmethode ist anzupassen, wenn sich das Verhalten von Baugrund und Bauwerk nicht wie erwartet einstellt. Sind die Gebrauchstauglichkeit oder sogar die Standsicherheit gefährdet, sind Gegenmaßnahmen einzuleiten.

Bei den Interaktionsprozessen des Schildvortriebes mit dem Baugrund werden hierzu Plandaten mit Ist-Daten verglichen. Im geotechnischen und verfahrenstechnischen Sinne berücksichtigt der Soll-Ist-Vergleich alle hierbei relevanten Parameter. Der Prozess als Regelstrecke (Schildvortriebsmaschine) liefert digital messbare Ergebnisse, die der zentralen Datenbank zugeführt werden. Computerbasiert werden die Ergebnisse mit den Planungsvorgaben (Führungsgrößen) verglichen und die Ergebnisse der geotechnischen Fachbauleitung (Regler-Steuereinheit) in ausgewerteter und visualisierter Form zur Verfügung gestellt. Die abschließend vom erfahrenen Anwender vollzogene Interpretation des Soll-Ist-Vergleiches führt zu Anweisungen, die über die Ausführenden umgesetzt werden.

7.3.2 Prognose und Planungsvorgaben

Die Planungsvorgaben (Führungsgrößen) entstammen den vor der Bauausführung durchgeführten geotechnischen Berechnungen und Prognosen.

Das Konzept zur simulations- und monitoringbasierten Prognose von Vortriebsparametern im Zuge des Tunnelvortriebs beinhaltet die drei Phasen: Ersatzmodellerstellung (vorab), monitoringbasiertes Ersatzmodellupdate (prozessbegleitend), Prozessparameterprognose (vorausschauend).

In der ersten Phase wird vor Beginn der Vortriebsarbeiten ein numerisch effizientes Ersatzmodell generiert. Eingabedaten sind Material-, Geometrie- und Prozessparameter. Ausgabedaten sind die Steuerzielgrößen, z. B. Setzungen, Schnittgrößen oder Baugrundverformungen. Für die Material-, Geometrie- und Prozessparameter werden zu untersuchende Bereiche aus den vorhandenen Projektdaten festgelegt.

7.3.3 Wissensbasierter Soll-Ist-Vergleich

In der zweiten Phase wird das Ersatzmodell mit gemessenen Daten (aus der Vermessung oder aus der Maschinendatenerfassung) baubegleitend validiert. Die aus den Projektdaten erlangten Material- und Geometrieparameter und die tatsächlich in den ersten Vortriebsschritten gewählten Prozessparameter werden als Eingabedaten verwendet. Liegen die mit dem Ersatzmodell berechneten Steuerzielgrößen (z. B. Setzungen an ausgewählten Messpunkten) innerhalb eines zu definierenden Toleranzbereichs der gemessenen Größen, kann das Ersatzmodell ohne Modifikation für die Prognose von Vortriebsparametern eingesetzt werden. Anderenfalls wird das Ersatzmodell aktualisiert, indem z. B. einige Material- und Geometrieparameter der Bodenschichten unter Nutzung der Monitoringdaten mit Hilfe von Optimierungsverfahren neu identifiziert werden.

Die aktualisierten Material- und Geometrieparameter werden in der dritten Phase genutzt, um Steuerzielgrößen (z. B. zukünftige Setzungen) zu prognostizieren. Für die Minimierung von Setzungen oder für die Einhaltung zulässiger Setzungen können Optimierungsaufgaben formuliert werden. Die prognostizierten Prozessparameter (z. B. Stütz- und Verpressdrücke) könnten in der Praxis dem Maschinenführer angezeigt werden, um seine Steuerentscheidung zu unterstützen.

Entsprechend der Philosophie der Beobachtungsmethode sind die Beobachtungsdaten des Mess- und Monitoringsystems einzubeziehen. Nach Abb. 42 erfolgt die Fortschreibung des zu erwartenden Verhaltens durch eingehende Analysen, Rückrechnungen (back analyses) sowie durch Simulation.

Da der klassische Controllingregelkreis über die Controllinginstanz und die geotechnische Fachbauleitung bei der Datenflut unmöglich in der Lage wäre, Echtzeitentscheidungen zu treffen, empfiehlt sich, wie in Abb. 42 dargestellt, sog. Reaktionsprogramme oder Expertensysteme (wissensbasierte Methoden) zur Entscheidungsfindung zu implementieren. Für den Schildvortrieb eignen sich besonders folgende Methoden:

- Analytische mechanische, strömungsmechanische und geotechnische Berechnungen,
- Wissensbasierte Systeme (Expertensysteme),
- Statistik, Stochastik,
- Neuronale Netze,
- Fuzzy Logik,
- Neuro-fuzzy.

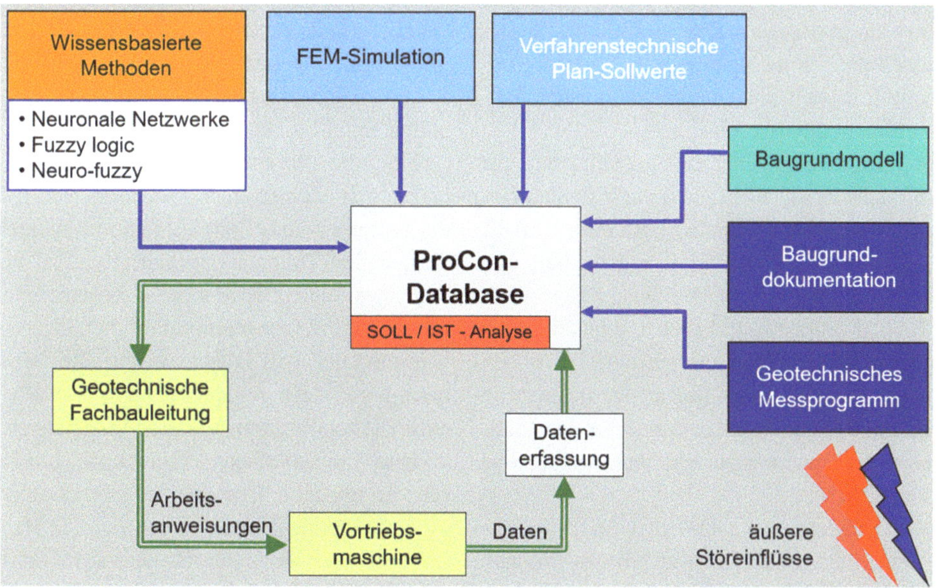

Abb. 42 Das kybernetische System als Basis des wissensbasierten Soll-Ist-Vergleiches. (Maidl 2003a)

7.4 Building Information Management

Im Tunnelbau wird BIM bislang noch nicht vollumfänglich eingesetzt und kann bei Weitem nicht sein ganzes Potenzial, nicht nur im Betrieb von Tunneln, sondern auch in der Planungs- und Bauphase entfalten. Die Grundlage für ein Building Information Model ist üblicherweise eine dreidimensionale geometrische Beschreibung in unterschiedlichen Detaillierungsgraden. Diese stellt zunächst den nach außen sichtbaren Teil des BIM dar und ermöglicht neben der Visualisierung auch eine leicht begreifbare Navigation durch die Projektinformationen. Auch wenn sich die 3D-Darstellung sinnvoll zum besseren Verständnis komplexer Bauteile einsetzen lässt, ergibt sich der eigentliche Mehrwert eines BIM jedoch erst aus der Verknüpfung von Geometrie und Informationen, die sich über alle Leistungsphasen erstrecken.

Wenn es gelingt, jede anfallende Information und jeden Messwert zeit- und ortsbasiert eindeutig den entsprechenden geometrischen Beschreibungen aus der 3D-Modellierung zuzuordnen, so lässt sich durch intelligente Datenbankabfragen und Methoden des Big Data (Toll et al. 2014) jederzeit ein sehr genaues Bild vom Soll- und vom Istzustand des Projektes erzeugen. In seiner zeitlichen Entwicklung aufgeschlüsselt, erhält man nun ein transparentes, ganzheitliches digitales Modell des Tunnelbauprozesses und des Tunnels, mit dem sich die unterschiedlichsten Aufgaben effizient erledigen lassen.

Das bekannteste Datenaustauschformat für BIM-Modelle ist der STEP-basierte IFC-Standard (Industry Foundation Classes) (BuildingSMART 2017), der ursprünglich für den Hochbau entwickelt wurde, für den es aber viele Erweiterungen für den Infrastrukturbereich gibt. In IFC5 sollen viele dieser Erweiterungen wie IfcTunnel, IfcBridge, IfcRoad oder IfcRail berücksichtigt werden, um den IFC Standard auch für den Infrastrukturbereich nutzbar zu machen (Amann und Borrmann 2015).

In der Entwurfsphase sind dies Variantenstudien, Sensitivitätsanalysen und Untersuchungen von Störfallszenarien, die zur Optimierung der Trassierung und der eingesetzten Vortriebsverfahren sowie für die Identifikation von maßgebenden Lastfällen für die Bemessung und die Ausführungsplanung genutzt werden können. Während der Ausführungsplanung, wenn auch der Detailgrad des BIM entsprechend höher ist, lassen sich die geometrischen Informationen gemeinsam mit den dort zugeordneten Materialeigenschaften, Belastungsszenarien und Bauzuständen sehr leicht in die entsprechenden Bemessungsmodelle überführen. Deren Ergebnisse wiederum können erneut den entsprechenden Bauteilen in der Datenbank zugeordnet werden, sodass das ganzheitliche Bild des Tunnels ergänzt wird.

In der Bauphase schließlich kommen die Maschinendaten sowie die Erfassung einer Vielzahl weiterer Informationen als Datenquellen hinzu. Auch hier lassen sich alle Daten räumlich und zeitlich in das BIM integrieren. Um eine „Überladung“ des BIM Modells zu verhindern, sollten allerdings nur ausgewählte Parameter integriert werden. Über eine Verlinkung zur Prozess-Controlling Software kann eine Verbindung zu den anderen Daten hergestellt werden. Somit wird ein ständiger Soll-Ist-Vergleich ermöglicht, der Anpassungen in beiden Richtungen erlaubt. Weicht die Ausführung von den Planungen ab, so kann dies schnell erkannt und entsprechend korrigiert werden. Weichen die angenommenen Verhältnisse von den vorgefundenen Gegebenheiten ab, so kann ebenso schnell die Modellierungsgrundlage angepasst und eine entsprechende Prognose über das nun zu erwartende Systemverhalten erstellt werden.

Um die vorgenannten Möglichkeiten und damit den eigentlichen Mehrwert von BIM in der Planungs- und Bauphase von maschinell vorgetriebenen Tunneln optimal nutzen zu können, bedarf es jedoch einer klaren und einfachen Datenintegration zwischen allen beteiligten Softwaremodulen und Dienstleistern. Die Datenintegration sollte dabei jederzeit auf Knopfdruck von autorisierten Projektbeteiligten ausgeführt werden können, um komplexen, fehleranfälligen Prozessen vorzubeugen. Um eine zeit- und ortsunabhängige Datenintegration zu gewährleisten, muss diese darüber hinaus online und auf Knopfdruck automatisiert über sichere und kompatible Schnittstellen erfolgen. Umsetzen lässt sich eine solche bidirektionale Datenintegration mittels Plugin-Möglichkeiten in der BIM Software und den REST-Schnittstellen der Prozesscontrolling Software.

8 Rohrvortrieb (Der Vortrieb kleiner Querschnitte)

8.1 Allgemeines

Das Auffahren kleiner Querschnitte in geschlossener Bauweise für den Leitungsbau, sogenannte „grabenlose Bauverfahren“ [DIN EN 12889], hat heute einen hohen Stellenwert erreicht. Die Entwicklungen in Deutschland und in Japan haben dazu geführt, dass es heute technisch möglich ist, bei geeignetem Baugrund innerstädtische Ver- und Entsorgungsleitungen in unterschiedlichen Bauverfahren mit Nennweiten ab 45 mm und in Haltungslängen bis zu 1800 m lagegenau in geschlossener Bauweise herzustellen (Stein 2003). Die ursprünglich in Ermangelung geeigneter Horizontalbohrgeräte praktizierte kostspielige Technologie, nämlich Auffahren eines größeren unterirdischen Hohlraumes, kann zukünftig Sonderfällen vorbehalten bleiben. Kleine Querschnitte werden unter anderem gebraucht für Rohrleitungen zur Wasserversorgung, zur Abwasserbeseitigung, für Gas, für Fernwärme und für Kabel.

Die grabenlosen Bauverfahren werden nachfolgend gemäß der DIN EN 12889 (2000) getrennt als bemannte und unbemannte Verfahren behandelt. Unter unbemannten Verfahren versteht man dabei „Verfahren ohne Einsatz von Personal an der Ortsbrust während des Vortriebs“ [DIN EN 12889]. Einen Überblick über die derzeit gängigen Verfahren gibt Abb. 43.

8.2 Bemannte Verfahren

8.2.1 Allgemeines

Die Möglichkeit des Personaleinsatzes an der Ortsbrust bei den grabenlosen Bauverfahren ist abhängig vom Durchmesser der einzubringenden Rohrleitung. In der ATV-A 125 (1996) sind folgende minimalen Innendurchmesser für den Personaleinsatz während des Vortriebs festgelegt:

In der Regel: Innendurchmesser ≥ 1200 mm

- Für Vortriebstrecken ≤ 80 m oder falls ein vorgeschaltetes Arbeitsrohr (Innendurchmesser 1200 mm) mit mindestens 2 m Länge vorhanden ist: Innendurchmesser ≥ 1000 mm

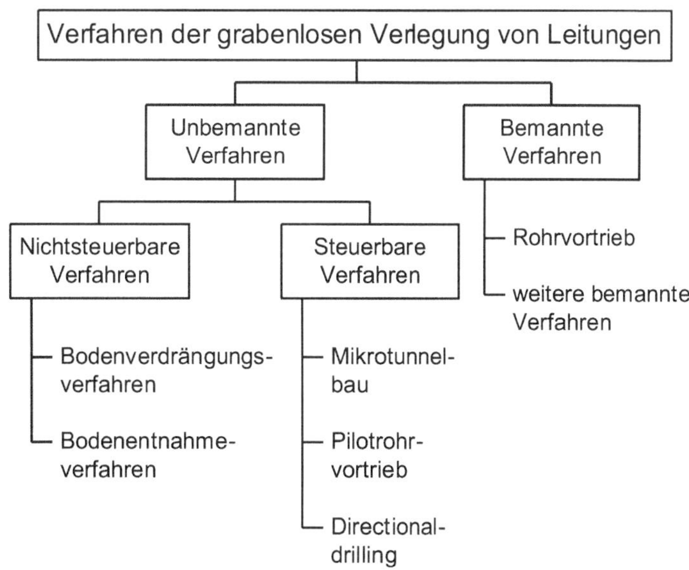

Abb. 43 Einteilung der grabenlosen Bauverfahren, nach DIN EN 12889 (2000)

Als Ergänzung dazu gelten im Zusammenhang mit den grabenlosen Bauverfahren die Vorschriften der Tiefbau-Berufsgenossenschaft für Bauarbeiten unter Tage. Diese schreiben in der BGV C 22 (ehemals VBG 37) folgende Mindestlichtmaße für Arbeitsplätze in Tunneln, Stollen und Durchpressungen vor:

Bei Längen unter 50 m:

- Bei Kreisquerschnitt: 0,80 m Durchmesser.
- Bei Rechteckquerschnitt: 0,80 m Höhe, 0,60 m Breite.

Bei Längen von 50 m bis unter 100 m:

- Bei Kreisquerschnitt: 1,00 m Durchmesser.
- Bei Rechteckquerschnitt: 1,00 m Höhe, 0,60 m Breite.

Bei Längen von 100 m und mehr:

- Bei Kreisquerschnitt: 1,20 m Durchmesser.
- Bei Rechteckquerschnitt: 1,20 m Höhe, 0,60 m Breite.

Das Lichtmaß ist dabei als freier, nicht durch Einbauten eingeengter Querschnitt definiert. Werden diese Werte unterschritten, ist der Personaleinsatz, auch für Inspektions- oder Reparaturarbeiten, nur unter besonderen Auflagen möglich.

Die geschlossenen Bauverfahren für die Herstellung unterirdischer Hohlräume haben in allen Bereichen des Untertagebaus eine bedeutende Entwicklung erfahren. Für Querschnitte von einer Größe an, in der ein Mann arbeiten kann, gibt es für den Leitungsbau keine bauwerksspezifischen Vortriebsverfahren, das heißt, geschlossene Vortriebsverfahren können sowohl für den Bau von Verkehrstunneln als auch für die Herstellung von Ver- und Entsorgungsstollen eingesetzt werden. Alle in den bisherigen Kapiteln behandelten Vortriebsverfahren können grundsätzlich zum bemannten Auffahren kleiner Querschnitte angewendet werden.

Die Sprengvortriebe, die Schildvortriebe und die Tunnelvortriebsmaschinen wurden bereits ausführlich behandelt, so dass nur auf die Rohrvortriebe eingegangen wird.

8.2.2 Rohrvortrieb

Allgemeines. Beim Rohrvortrieb werden Spezialrohre von einem Startschacht aus mit Hilfe hydraulischer Pressen in das Gebirge vorgepresst. Dabei erfolgen gleichzeitig der Abbau des Bodens an der Ortsbrust (maschinell oder von Hand) und das Abfördern des gelösten Bodens durch die vorgepresste Rohrstrecke (Abb. 44).

Der technische Erfolg eines unterirdischen Rohrvortriebes hängt in hohem Maße vom Zusammenwirken der verwendeten Maschinenteile ab: Schneidschuh, Zwischenpressstationen und

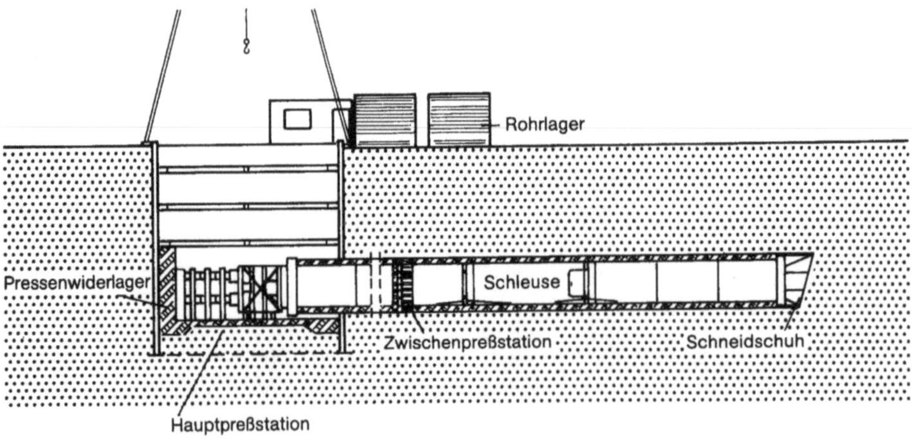

Abb. 44 Prinzip des Rohrvortriebs

Hauptpressstation sind deshalb in ihren Abmessungen, Kräften und Vortriebsgeschwindigkeiten genau aufeinander abzustimmen. In dieses Geräteprogramm, das dem Rohrvortrieb unmittelbar dient, sind meist die Löse-, Lade- und Transporteinrichtungen integriert. Der Rohrvortrieb bietet folgende Vor- und Nachteile:

Vorteile:

- Große Presslängen bis zu etwa 1,5 km.
- Große Zielgenauigkeit durch Möglichkeit der Steuerung.
- Gekrümmte Trassen und Gradienten sind möglich.
- In einschaliger oder zweischaliger Bauweise ausführbar, d. h. mit sofortigem Einbau des Produktrohres, oder mit zweiteiligem Einbau von Schutzrohr und nachträglichem Produktrohr.
- In nahezu allen Bodenarten mit und ohne Grundwasserandrang einsetzbar.
- Hoher Mechanisierungsgrad.

Nachteile:

- Relativ großer Start- und Zielschacht erforderlich.
- Ausbildung eines Pressenwiderlagers im Startschacht erforderlich.
- Begrenzung der Kurvenradien in Abhängigkeit der Nennweite.
- Spezialrohre zur Aufnahme der hohen Kantenpressungen erforderlich.
- Je länger der Vortrieb, desto langsamer wird er, da mehr Zwischenpressstationen erforderlich sind.
- Bei großen Durchmessern gestaltet sich der Transport der Rohre zur Baustelle oftmals schwierig und kostenintensiv, unter Umständen sind sogar Feldfabriken zur Herstellung der Rohre erforderlich.

Schneidschuh. Wesentlicher Bestandteil des steuerbaren Rohrvortriebes ist der Schneidschuh oder Schild, der jeder einzubauenden Rohrleitung voranzustellen ist (Abb. 45). Er hat die Aufgaben:

a) den Boden so vorzuschneiden, dass die nachfolgende Rohrstrecke mit einem Mindestmaß an Setzungen und geringstmöglicher Mantelreibung vorgepresst werden kann;
b) den Ausbruchraum solange gegen das Gebirge abzustützen, bis die nachgepressten Rohre endgültig alle Lasten und Kräfte aufnehmen;

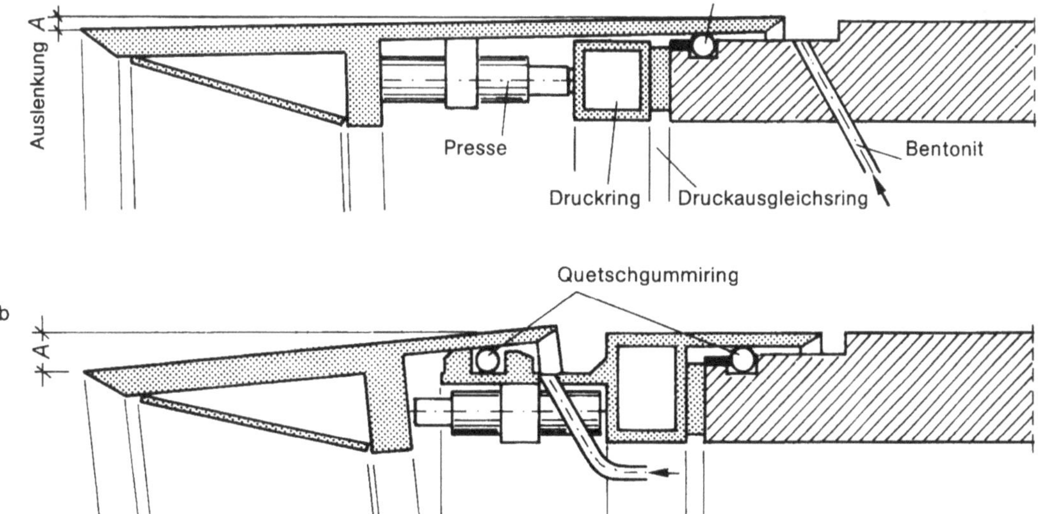

Abb. 45 Bauweise eines einteiligen (a) und eines zweiteiligen (b) Schneidschuhs. (Scherle 1977)

c) die Ortsbrust gegen hereinbrechendes Gebirge zu sichern;
d) die Vortriebsstrecke bei Einhaltung der zugelassenen Abweichungen auf der geplanten Trasse und Gradiente zu steuern.

In der Regel wird der Schneidschuh in Form eines Schildes analog dem Schildvortrieb im Tunnelbau ausgebildet, wobei ebenfalls nach zahlreichen Konstruktionen hinsichtlich Bodenabbau, Stützung des Erddruckes und Stützung des Wasserdruckes unterschieden werden muss. Ein Schneidschuh wird durch mehrere über den Gesamtumfang verteilte hydraulische Pressen, die sich rückwärtig gegen den Rohrstrang abstützen, vorgetrieben und gesteuert. Durch nicht gleichzeitiges Vortreiben aller Pressen ist es möglich, Radien aufzufahren.

Einsatzbereich. Zur Zeit kommen fast ausnahmslos Kreisquerschnitte zur Anwendung (Stein 2003). Die Einsatzgrenzen sind im Wesentlichen durch den Rohrdurchmesser, das Rohrgewicht sowie die Vortriebslänge bestimmt.

Der minimal erforderliche Rohrdurchmesser ergibt sich aus den Anforderungen an die Begehbarkeit des Querschnitts.

Der maximal mögliche Rohrdurchmesser beträgt bei nicht auf der Baustelle gefertigten Rohren aufgrund der Transportgrenzen rd. 5,4 m Außendurchmesser, das maximal zulässige Gewicht rd. 50 t (Hähnlen 1992). Bei Rohren, die auf der Baustelle gefertigt werden, liegt die Grenze aufgrund der zur Verfügung stehenden Hebewerkzeuge bei rd. 100 t [ATV-A 125]. Bei Baustellenfertigung ist auf gute Maßhaltigkeit und eine möglichst glatte Rohraußenwandung zu achten.

Große Vortriebslängen beeinträchtigen die Wirtschaftlichkeit des Verfahrens, da die dafür notwendige große Anzahl an Zwischenpressstationen zusätzlichen Kosten verursacht und den Vortrieb verlangsamt [ATV-A 125].

Mit dem Rohrvortriebsverfahren ist der Vortrieb sowohl im trockenen als auch im wasserführenden Gebirge möglich. Da dieses Verfahren steuerbar ist, können gekrümmte Gradienten aufgefahren werden. So wurden bereits mit 1 m langen Stahlbetonrohren DN 2000 Radien von 95 m hergestellt (Uffman 2001). In der Regel sollte der aufgefahrene Radius in Abhängigkeit vom Überschnitt nach (Stein et al. 2001) folgenden Wert nicht unterschreiten:

$$R=\left(\frac{L_{Rohr}^2}{16\cdot\ddot{u}}-\frac{1}{2}\cdot D_A\right)\cdot\frac{1}{1000} \qquad (21)$$

wobei:

L_{Rohr} = die Rohrlänge [mm],

$\ddot{u}$ = der Âberschnitt [mm],

D_A = der Außendurchmesser der Rohre und

R = der Kurvenradius ist.

Arbeitsablauf. Der Rohrvortrieb erfolgt von einem Startschacht aus, der die Pressenanlage aufnimmt und dessen Rückseite als Widerlager ausgebildet ist (siehe Abb. 44). Das erste Rohr wird mit dem Schneidschuh, der im Allgemeinen steuerbar ist, zur Verringerung des Spitzenwiderstandes ausgerüstet. Der Vortrieb selbst erfolgt mit der im Startschacht installierten Pressstation, wobei die Einleitung der Kräfte über einen stählernen Druckausgleichsring auf die Vorpressrohre erfolgt. Durch Zwischenpressstationen, die ein taktweises Vorpressen der Rohrabschnitte ermöglichen, sind Vortriebslängen von über 1000 m ohne Zwischenschächte möglich (Herrenknecht 2002). Der Arbeitsablauf ist in Abb. 46 dargestellt.

Die aufzubringenden Kräfte richten sich nach der Bodenart, dem Rohrdurchmesser, dem Rohrwerkstoff, der Rohrlänge, dem Gradientenverlauf, den notwendigen Steuerkorrekturen und den Bodenauflasten. Um den Vorpresswiderstand, der sich aus dem Spitzenwiderstand und der Mantelreibung zusammensetzt, zu verringern, wird Bentonitsuspension zwischen Rohr und umgebendem Erdreich eingepresst werden (siehe Abb. 45). Diese Schmierung reduziert die Mantelreibung bis auf rund 50 %. Im grundwasserführenden Gebirge kann auf diese Maßnahme verzichtet werden, da hier das Wasser die Schmierung übernimmt.

Bei grundwasserführendem Gebirge sind Grundwasserabsenkung, offene Wasserhaltung, flüssigkeitsgestützte Schilde, erddruckgestützte Schilde

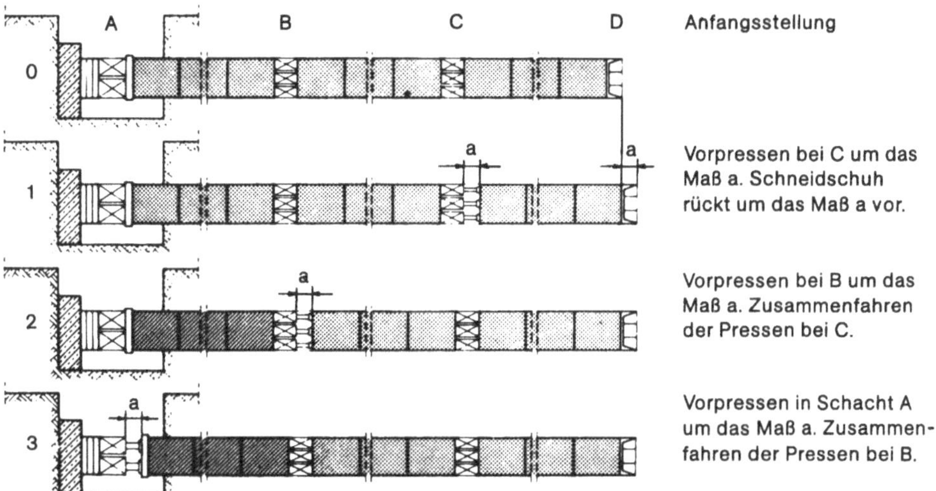

Abb. 46 Taktweises Vorpressen mit Haupt- und Zwischenpressstationen

und Arbeiten unter Druckluft möglich. Der Einbau der Druckluftschleusen kann in der Startgrube oder im Rohr selbst erfolgen.

Bodenabbau und Förderung. Der Abbau des Bodens erfolgt heute mehr und mehr maschinell, wobei beispielsweise Vollschnitt- oder Teilschnittmaschinen eingesetzt werden. Die Abförderung des Bodens kann gleislos, gleisgebunden, mit Stetigförderern oder mittels Flüssigkeitsförderung erfolgen (Abb. 47). Die folgenden drei Beispiele stellen den Einsatz von Vortriebsmaschinen bei Rohrvortrieben dar:

Für den Bau von Schmutzwassersammlern DN 1400 und DN 2000 der Stadt Aachen wurde ein Vortriebssystem entsprechend Abb. 47, oben, eingesetzt. Der Abbau des Bodens erfolgt mit einem hydraulisch angetriebenen Baggerarm, der entsprechend den Bedingungen an der Ortsbrust individuell gesteuert werden kann. Das Ausbruchmaterial wird über den Schildtrichter auf ein Förderband gezogen, das als Bunkerband ausgebildet ist, mit einer Kapazität, die dem Inhalt des von Hydraulikwinden bewegten Förderwagens entspricht. Die Leistung betrug im Mittel 7 m/d, die Spitzenleistung lag bei 11 m bei einem sehr schwierigen und heterogenen Baugrund.

Beim Bau eines Schmutzwassersammlers DN 1300 der Stadt Hannover wurde Grundwasser durch Gravitationsbrunnen im Bereich der Ortsbrust bis unterhalb der Rohrsohle abgesenkt (Abb. 47, Mitte). Als Abbauwerkzeug dient eine Schnecke. Sie übernimmt gleichzeitig den Bodentransport in ein Förderbecken. Der weitere Bodentransport geschieht hydraulisch. Die Abbauschnecke ist quasi kardanisch aufgehängt und längsverschieblich zur Rohrachse angeordnet. So ist es möglich, jeden Punkt der Ortsbrust anzufahren. Die Leistung lag bei über 17 m/Schicht, die Spitzenleistung betrug 26,5 m/Schicht.

Beim Bau eines Hochwasserüberleitungsstollens DN 2200 erfolgte der Abbau der Ortsbrust mit einer Vollschnittmaschine (im Bereich der Terrassensande mit Unterstützung des Druckluftverfahrens). Der Baugrund bestand aus Sedimentgestein, unterbrochen von einer Zone grundwassergesättigter Terrassensande. Die Teilfunktionen des eingesetzten Vortriebssystems greifen dabei wie folgt ineinander: Der Schild – eine Verbundkonstruktion aus Stahl und Stahlbeton – bildet die Aufnahmekonstruktion für die Tunnelvortriebsmaschine (Abb. 47, unten). Sie besteht im Wesentlichen aus dem Antriebssatz mit Schneidrad und den Versorgungseinheiten, die in den im Anschluss an den Schild nachgeführten Stahlbetonrohren aufgestellt sind. Der Antriebssatz ist längsverschieblich im Schild angeordnet. Während des Abbauvorgangs in Festgestein stützt sich die Vollschnittmaschine selbsttätig am Gebirge ab. Das

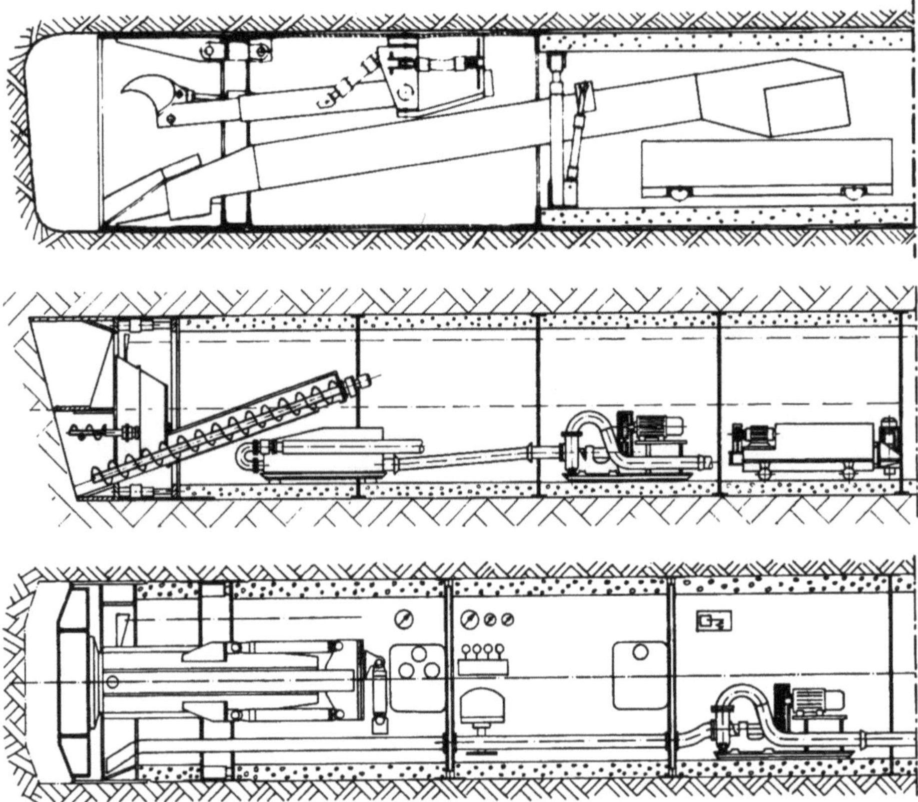

Abb. 47 Bodenabbau und Förderung beim Rohrvortrieb. Oben: Mit Baggerarm und Förderband. Mitte: Mit Abbauschnecke und hydraulischer Rohrförderung. Unten: Mit Vollschnittmaschine und hydraulischer Rohrförderung

Schneidrad wird in Rotation gesetzt und vom Antriebssatz, der mittels hydraulischer Pressen aus dem Schild vorgeschoben wird, gegen die anstehenden Bodenformationen gedrückt. Auf diese Weise kann die Vollschnittmaschine mit einem Hub 50 cm vorschneiden. Danach wird der Antriebssatz zurückgezogen und der gesamte Rohrstrang nachgepresst.

Vorpressrohre können gemäß ATV-A 125 aus Stahlbeton, Stahl, Steinzeug, Beton, Stahlfaserbeton, Faserzement, duktilem Gusseisen, glasfaserverstärktem Kunststoff (GFK), Polymerbeton, PE oder PVC bestehen. Am häufigsten kommen Stahlbeton- oder Stahlfaserbetonvorpressrohre nach DIN EN 1916 zum Einsatz. Beim Einsatz im Abwasserkanalbau können diese Rohre mit einer innenliegenden Korrosionsschutzschicht aus Steinzeug (BK-Rohr), einer PVC-weich-Stegfolie oder aus Stegprofilelementen aus PVC-hart (BKU-Rohr) sowie aus Polyesterharzbeton (Gekaton-Rohr) versehen sein. Die Rohrlänge ist abhängig von der Nennweite und dem Rohrmaterial. Gebräuchliche Längen liegen zwischen 2,5 und 5,5 m. Anleitungen zur Ermittlung der Lasten und Schnittgrößen mit vielen konstruktiven Details der Rohrausbildung finden sich zum Beispiel bei (Bundesverband Deutsche Beton- und Fertigteilindustrie e.V. 1978; Deutscher Verband für Gas- und Wasserwirtschaft 1990; Scherle 1977).

8.3 Unbemannte Verfahren

8.3.1 Allgemeines

Gegenstand dieses Abschnitts über den Vortrieb von Stollen für nichtbegehbare Querschnitte sind innerstädtische Ver- und Entsorgungsleitungen. Früher wurden diese Leitungen fast ausschließlich in der offenen Bauweise hergestellt: Es wird ein Graben ausgehoben, und im Schutze einer Böschung oder eines Verbaus werden die Rohre bzw. Leitungen verlegt; anschließend wird der Graben wieder verfüllt. Begleitet wird diese Baumaßnahme beim Arbeiten in grundwasserführenden Bodenschichten von Wasserhaltungsarbeiten, deren Auswirkungen auf die benachbarte Bebauung und den Bewuchs allgemein bekannt sind.

Angesichts dieser Nachteile und des gewachsenen Umweltbewusstseins der Bevölkerung lässt sich feststellen, dass die geschlossene Bauweise für die Herstellung von Rohrleitungen eine bedeutende Alternative darstellt. Aber auch ökonomische Zwänge spielen eine Rolle, da bei Kostenrechnungen über die Wahl des Bauverfahrens nicht nur die reinen Baukosten, sondern immer auch die Kosten beachtet werden müssen, die aus der Umweltbelastung entstehen. Hierzu gehören:

- Lärm-, Schwingungs- und Emissionsbelastungen aus Baustellenbetrieb und Verkehrsumleitungen.
- Folgen der Wasserhaltung an benachbarten baulichen Anlagen und am Bewuchs.
- Energieverbrauch, Umsatz- und Arbeitszeitverlust durch Verkehrsumleitungen.
- Sicherheitsrisiken für Anlieger.

Unbemannte Vortriebsverfahren lassen sich in steuerbare und nicht bzw. bedingt steuerbare Verfahren unterteilen.

8.3.2 Nicht- oder bedingt steuerbare Verfahren

Diese Verfahren lassen sich aufteilen in Bodenverdrängungsverfahren und Bodenentnahmeverfahren (Tab. 4).

Die Anwendungsgrenzen ergeben sich aus den auffahrbaren Rohrnennweiten, der vergleichsweise geringeren Vortriebslänge und Zielgenauigkeit sowie aus ihrem Einsatzspektrum hinsichtlich der geologischen und hydrogeologischen Verhältnisse.

8.3.3 Bodenverdrängungsverfahren

Allgemeines. Beim Verdrängungsverfahren wird ein kreisförmiger Hohlraum durch einen Verdrängungskopf erzeugt, der statisch oder dynamisch in den Boden getrieben wird. Der Boden wird dabei nicht abgefördert, sondern in die Umgebung des Bohrloches verdrängt. In den entstandenen Hohlraum werden sofort oder nach Fertigstellung des Hohlraumes Schutz- oder Produktrohre eingezogen oder eingeschoben.

Die Verdrängungsverfahren sind einfach einsetzbar und erreichen bei geringem Arbeits- und Arbeitskräfteaufwand eine relativ hohe Vortriebsgeschwindigkeit. Bodensetzungen werden weitgehend vermieden. Auf dem Gebiet des Abwasserleitungsbaues haben sich diese Verfahren nicht durchsetzen können, da ihre Leistungsgrenzen bei Hohlräumen im Regelfall mit einem Durchmesser von 200 mm bzw. von 300 mm mit Aufweitungsverfahren und einer Vortriebslänge von 25 m erreicht werden [ATV-A 125]. Damit ist ihr möglicher Einsatzbereich auf Hausanschlussleitungen, Kabelschutzrohre und Kabel fixiert (Zäschke und Schellin 1981).

Nach diesem Prinzip arbeitende Maschinen sind der Erdverdrängungshammer, auch Bodendurchschlagrakete genannt, die Horizontalrammen mit geschlossenem Rohr, die Pressbohrverfahren sowie das Rohrberst- und das Ausziehverfahren.

Erdverdrängungshammer. Der Erdverdrängungshammer, auch Bodendurchschlagrakete genannt, ist im Prinzip ein Rundpfahl, der durch Hammerschläge in das Erdreich eingetrieben wird.

An die Stelle des Hammers tritt ein Schlagkolben, der sich im Inneren eines Gehäuses befindet (Abb. 48). Dieser Kolben wird mit Druckluft bei einem Betriebsdruck von 6 bis 7 bar angetrieben, schlägt auf einen längsbeweglichen Kopf (Meisselspitze), der seinerseits den erforderlichen Hohlraum im Boden zum Nachziehen des zylindrischen Gehäuses herstellt. Beispiele für unterschiedliche Kopfausbildungen zeigt Abb. 49. Der Aufprall des Schlagkolbens setzt sich in Zertrümmerungsenergie und Verdrängungsarbeit um. Der bei der Beschleunigung des Kolbens im Zylinder auftretende Rückstoß muss von der Mantelreibung aufgenommen werden. Auf diese Art und Weise entsteht ein Hohlraum mit einer stark verdichteten, standfesten Bohrlochrandzone. In diesen Hohlraum kann gleichzeitig mit dem Vortrieb oder nach Beendigung desselben das Produktrohr eingezogen werden.

Tab. 4 Verfahren und Arbeitsprinzip der nicht- oder bedingt steuerbaren Verfahren

Bodenverdrängungsverfahren		Bodenentnahmeverfahren	
Erdverdrängungshammer	Vortrieb eines selbstständig fortschreitenden Erdverdrängungshammers bei Verdrängung des Bodens; gleichzeitiges oder nachträgliches Einziehen eines Produktrohres ist möglich.	Horizontalramme/-presse mit offenem Rohr	Vortrieb durch Rammen oder Pressen eines vorne offenen Rohrstranges aus der Startgrube bei gleichzeitigem oder nachträglichem Bodenabbau.
Horizontalramme/-presse mit geschlossenem Rohr	Vortrieb durch Rammen oder Pressen eines vorne geschlossenen Rohrstranges aus der Startgrube bei Verdrängung des Bodens.	Pressbohrverfahren (auch bedingt steuerbar)	Vortrieb eines Rohrstranges durch Pressen bei gleichzeitigem Bodenabbau an der Ortsbrust durch einen Bohrkopf; kontinuierliche Bodenabförderung durch eine Förderschnecke.
Pressbohrverfahren mit Aufweitung	Verdrängen des Bodens durch Einpressen eines starren Pilotrohrstrangs. Die Rohrleitung wird durch Einziehen oder Einpressen hinter einem Aufweitungsteil eingebaut.	Hammerbohrung	Der Bohrkopf wird mit einem Schlaghammer vorangetrieben, der gelöste Boden wird mechanisch, hydraulisch oder mit Druckluft entfernt.
Rohrberstverfahren	Eine vorhandene Rohrleitung wird von innen aufgebrochen und zusammen mit dem Boden durch ein Aufweitungsteil, dem die Rohrleitung folgt, verdrängt.	Pressbohren mit Räumer	Verdrängen des Bodens durch Einpressen eines starren Pilotrohrstrangs. Die Rohrleitung wird durch Einziehen hinter einem rotierenden Räumer eingebaut.
Rohrausziehverfahren	Eine vorhandene Rohrleitung wird durch Ziehen oder Pressen entfernt und gleichzeitig durch eine neue ersetzt.		

Der Erdverdrängungshammer kann in trockenen und in erdfeuchten Böden der Bodenklassen L nach DIN 18319 geradlinige Hohlräume mit einem Durchmesser bis 200 mm herstellen. Voraussetzung dafür ist, dass es sich um verdrängungsfähige Böden mit geringer Lagerungsdichte handelt. Obwohl diese Geräte ohne Schwierigkeiten Geröllbrocken spalten können, sollte der zu durchörternde Boden möglichst gleichförmig und frei von größeren Einlagerungen sein, da Inhomogenitäten im Boden die Abweichungsgefahr vergrößern. Optimale Böden für Bodenverdrängungsverfahren sind gemischtkörnige Böden mit wenigen bindigen Anteilen und einem Maximalkorn bis 60 mm. Dagegen können Einkornböden bei dichtester Lagerung nur durch die Zertrümmerung der Kornpartikel weiter verdichtet und damit verdrängt werden; dies ist der Grund dafür, dass Verdrängungshämmer in gleichkörnigen Sanden mit einer Korngröße von 0,05 bis 0,2 mm Durchmesser und großer Lagerungsdichte keinen Erfolg mehr haben.

Ein weiterer wichtiger Aspekt, der bei den Bodenverdrängungsverfahren berücksichtigt werden muss, ist das Schrumpfen des aufgefahrenen Hohlraumes. Je bindiger der Boden ist, desto größer ist das Schrumpfmaß, in diesem Fall die Verringerung des Hohlraumdurchmessers hinter dem Verdrängungskopf. Dieser Vorgang ist beim Einziehen der Schutz- oder Produktrohre von großer Bedeutung, denn bei einigen Bodenarten kann der Bohrlochdurchmesser bis zu 5 bis 15 % schrumpfen.

Obwohl die Vortriebslänge theoretisch unbegrenzt ist, liegen die praktischen Einsatzlängen

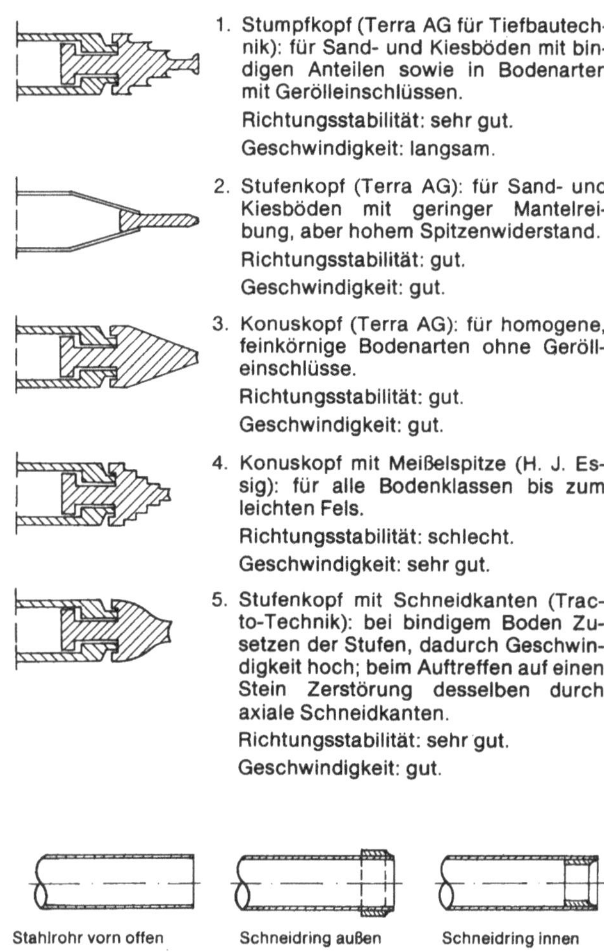

Abb. 48 Bohrköpfe für Erdverdrängungshämmer

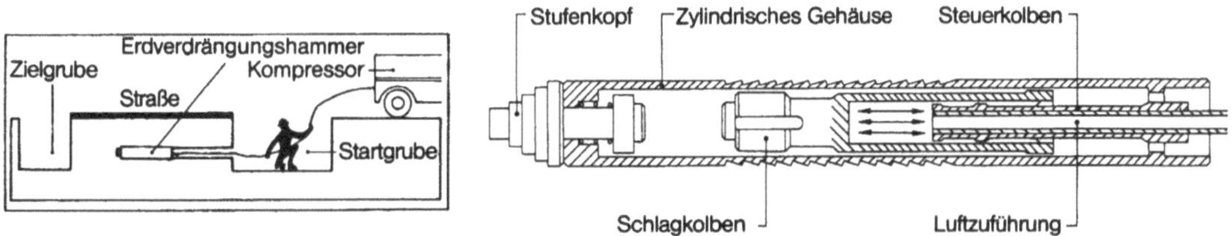

Abb. 49 Erdverdrängungshammer, Prinzip und Schnitt durch die Maschine (Grundomat)

bei maximal 25 m [ATV-A 125]. Der Grund ist die sich mit größer werdender Vortriebslänge verschlechternde Zielgenauigkeit, nach Herstellerangaben rd. 1 bis 2 % der Vortrieblänge, da das Gerät von außen nicht gesteuert werden kann. Die gegenwärtig einzige Möglichkeit, Einfluss auf die Laufstabilität nehmen zu können, bieten die unterschiedlichen und auswechselbaren Kopfformen. Je nach Bodenart werden Stumpf-, Stufen- oder Konusköpfe eingesetzt. Die Vortriebsgeschwindigkeit ist abhängig von der Bodenart und der Lagerungsdichte. Sie wird von den Herstellerfirmen mit 3 bis 30 m/h (Normalgeschwindigkeit 10 bis 20 m/h) angegeben.

Der Erdverdrängungshammer wird von einer Startgrube aus gestartet und ausgerichtet. Bei größeren Hohlräumen von 150 mm Durchmesser an und in den Fällen, bei denen es auf eine hohe Richtungsgenauigkeit ankommt, wie bei Abwasserleitungen, wird zunächst eine Pilotbohrung mit einem kleineren Durchmesser (etwa 130 mm Durchmesser) aufgefahren. In diese wird ein Stahlseil eingezogen und die Richtung sowie die Lage der Bohrung kontrolliert. Anschließend kann ein größerer Kopf nochmals durch die Pilotbohrung laufen.

Da es keine direkte Steuermöglichkeit für den Erdverdrängungshammer gibt, muss bei längeren Hohlräumen eine Korrektur erfolgen. Hierzu werden in Intervallen entlang der Trasse Zwischenschächte aufgefahren, in denen der Erdverdrängungshammer neu ausgerichtet werden kann (Jenne 1981).

Horizontalramme/-presse mit geschlossenem Rohr. Bei der Horizontalramme/-presse mit geschlossenem Rohr erfolgt der Vortrieb eines geschlossenen Stahlrohrs (Mantel- oder Produktrohr) durch Ramm- oder Pressenergie. Da die Spitze dieses Rohres durch einen Konuskopf oder Stumpfkopf geschlossen ist, arbeitet auch dieses Verfahren nach dem Verdrängungsprinzip (Abb. 50).

Mit diesem Verfahren werden Stahlrohre mit einem Durchmesser bis in der Regel 150 mm in allen verdrängungsfähigen Bodenklassen vorgetrieben werden. Gegenüber dem eigentlichen Erdverdrängungshammer erweitert sich der Einsatzbereich auch auf künstlich aufgeschüttete oder nicht standfeste Böden, wie Fließsande, Kleiböden und Böden mit Grundwasserstand, da bei der Horizontalramme die Rückstoßkraft nicht durch die Mantelreibung des Gerätes aufgenommen werden muss. Der mittlere Arbeitsfortschritt liegt bei diesem Verfahren zwischen 0,5 und 5 m/h in Abhängigkeit von der Bodenart und Lagerungsdichte. Bezüglich der erforderlichen Mindestüberdeckung gilt zwölfmal Durchmesser des Vortriebsrohres.

Um den kurzhubigen Rammschlag der Horizontalramme wirkungsvoller bis zur Stahlrohrspitze leiten zu können, werden insbesondere längere Rohre einer Vorspannung von 15 bis 100 kN unterworfen. Meist benutzt man hierzu zwei Seilzüge mit je 15 bis 30 kN Zugkraft. Das Widerlager zur Aufnahme dieser Kräfte muss zuverlässig abgestützt sein. Bedingt durch die relativ hohe Beanspruchung der Rohre können bei diesem Verfahren keine Kunststoffrohre verwendet werden.

mit Aufweitung. Bei diesem Verfahren erfolgt das Verdrängen des Bodens durch statisches Einpressen eines mit einem Rammschuh ausgerüsteten Druckgestänges. Die auf dem Markt befindlichen Anlagen werden hydraulisch oder pneumatisch angetrieben. Die eigentliche Rohrleitung wird durch Einziehen oder Einpressen hinter dem Aufweitungsteil eingebaut (Abb. 51). Da diese Technologie relativ große Vorpresskräfte erfordert, muss die Startgrube entsprechend verbaut sein, um die Kräfte aufnehmen zu können.

Mit diesem Verfahren sind Durchpressungen in verdrängungsfähigen Bodenarten der Bodenklassen LNE/LNW/LBO/LBM 1 und 2 nach DIN 18319 möglich. Grundsätzlich eignen sich auch alle wasserführenden Bodenschichten sowie plastische Tone und Lehme für dieses Verfahren, im Gegensatz zum Erdverdrängungshammer. Schwierigkeiten treten bei größeren Einlagerungen auf, da hier das Zerstören des Hindernisses nur mittels des statischen Druckes möglich ist und somit hohe Presskräfte erforderlich werden können. Horizontalpressanlagen sind mit einer Druckkraft bis zu 500 kN bei 550 bar für Vortriebslängen von 30 bis 60 m ausgelegt. Hauptsächlicher Einsatzbereich sind Vortriebslängen zwischen 15 und 30 m. Die Vortriebsgeschwindigkeit wird von der Förderleistung der Hydraulikpumpe und von der Bodenart und Lagerungsdichte beeinflusst; sie beträgt im Mittel 1 bis zu 40 m/h.

Mit diesem Verfahren können Schutz- oder Produktrohre aus Stahl, PVC, PE und Steinzeug im Durchmesserbereich von DN 70 bis 150 eingebaut werden. Die Mindestüberdeckung ist abhängig vom Durchmesser des Aufweitungskopfes sowie von der Länge der Vortriebsstrecke und damit von den aufgebrachten Presskräften. Sie sollte 1 m nicht unterschreiten.

Die Abb. 51 zeigt schematisch die Arbeitsweise einer Horizontalpressanlage. Nach dem Einrichten und Verspannen des Pressgerätes in der mit Grabenwandträgern und Bohlenwänden

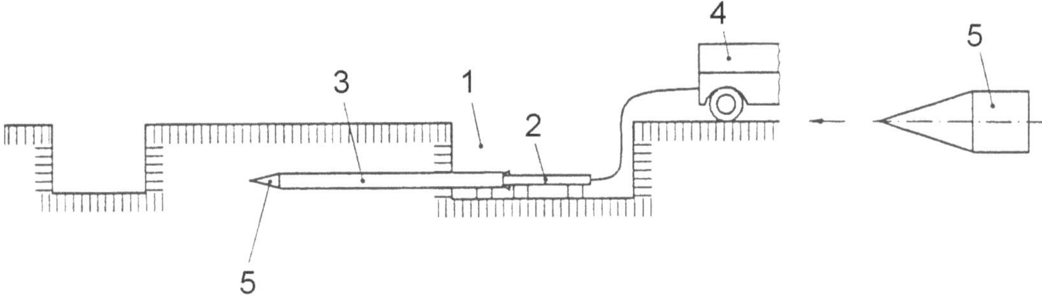

1 Startschacht
2 Horizontalramme
3 Vortriebsrohr mit geschlossenem vorderen Rohrende
4 Kompressor
5 Einzelheiten: geschlossenes vorderes Rohrende

Abb. 50 Horizontalramme/-presse mit geschlossenem vorderem Rohrende [DIN EN 12889]

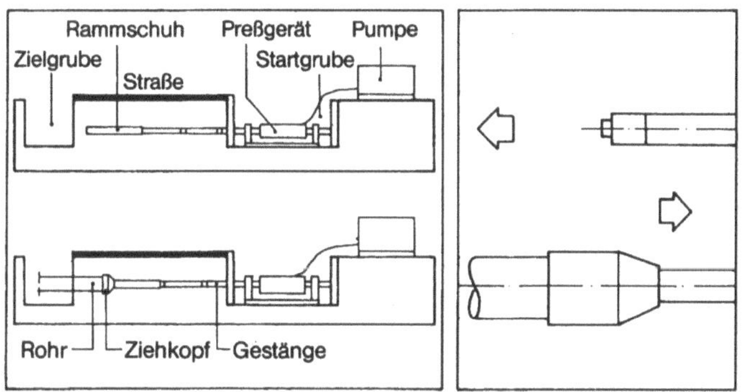

Abb. 51 Horizontalpressbohrverfahren mit Aufweitung. Prinzip des Pressens (oben) und des Ziehens (unten)

verbauten Startgrube wird ein mit einem Rammschuh versehenes Druckgestänge in den Boden gepresst. Damit wird zunächst die künftige Lage des zu verlegenden Rohres fixiert. Nach dem Erreichen der Zielgrube wird der Rammschuh gegen einen konischen, dem Rohrdurchmesser entsprechenden Ziehkopf ausgetauscht, der eine Vorrichtung zum Befestigen des Rohres besitzt, und anschließend mit dem Druckgestänge zurückgezogen.

Rohrberst- und Rohrausziehverfahren. Diese Verfahren dienen zum Austausch bereits bestehender Rohrleitungen.

Beim Rohrberstverfahren werden die vorhandenen Rohre durch ein mit Druckluft oder hydraulisch betriebenes Aufweitungsteil, das durch die Rohre gezogen oder gepresst wird, von innen aufgebrochen. Dabei wird der umgebene Boden verdrängt. Die neue Rohrleitung folgt dem Aufweitungsteil (Abb. 52).

Beim Rohrausziehverfahren wird die vorhandene Rohrleitung durch Ziehen oder Pressen entfernt und gleichzeitig durch eine neue Rohrleitung ersetzt (Abb. 53).

(Bedingt) steuerbare Erdverdrängungssysteme. Inzwischen werden aber auch Erdverdrängungssysteme mit Steuerung angeboten. Dabei gibt es zwei grundsätzlich unterschiedliche Systeme.

Bei dem ersten (Abb. 54) wird die Steuerung durch die Regelung der Rotation des Drehschubgestänges realisiert. Bei ständiger Rotation bewirkt die abgeschrägte Steuerfläche des Lenkkopfes einen linearen Vortrieb. Die Aussetzung der

Abb. 52 Rohrberstverfahren [DIN EN 12889]

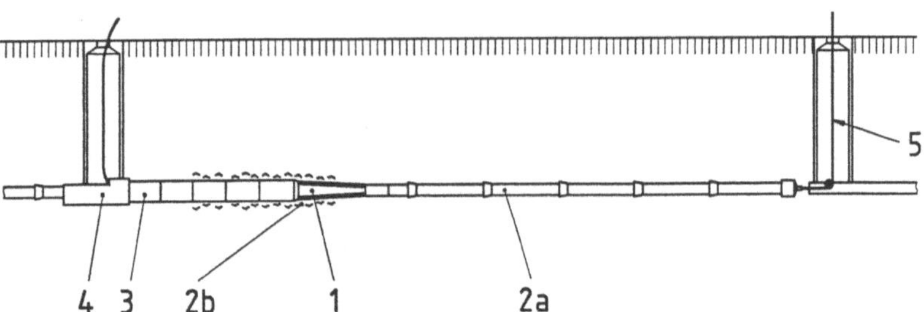

1 Aufweitungsteil
2a zu erneuernde Rohrleitung
2b Aufgeweitete zerstörte Rohrleitung
3 Neues Rohr
4 Hydraulikzylinder
5 Zielschacht

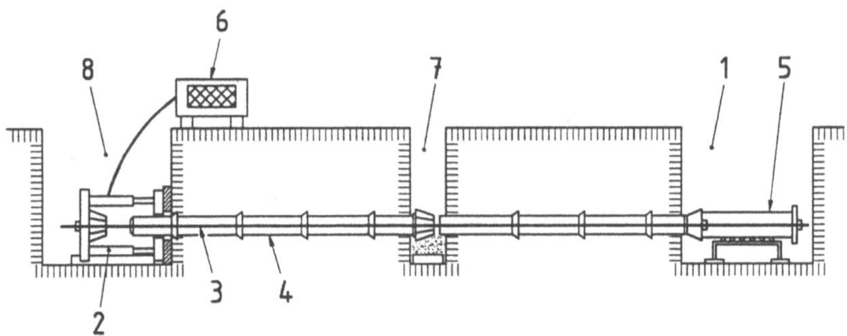

1 Startschacht
2 Hydraulisches Rohrziehgerät
3 Zugstange
4 Altes Rohr
5 Neues Rohr
6 Hydraulikaggregat
7 Zwischenbaugrube
8 Zielschacht

Abb. 53 Rohrausziehverfahren [DIN EN 12889]

Rotation bewirkt je nach Orientierung der Steuerfläche zur Trasse eine Kursänderung des Vortriebes. Die Lage- und Richtungserfassung erfolgt durch ein oberirdisches Erfassungssystem, das die Signale eines im Lenkkopf installierten Senders aufnimmt (siehe auch Abb. 55). Der Vortrieb des Drehgestänges, das eine 100 mm große Pilotbohrung erzeugt, erfolgt dynamisch schlagend aus der Startgrube.

Das zweite System beruht auf einem im Gehäuse gelagerten verstellbaren Verdrängungskopf, der durch Drehen der torsionssteifen Druckluftzufuhr in die gewünschte Lage gebracht werden kann. Die Richtungskontrolle erfolgt mittels Sender im Bohrkopf und Ortung von der Oberfläche aus (Abb. 55):

8.3.4 Bodenentnahmeverfahren

Allgemeines. Soll der Hohlraumdurchmesser über 200 mm betragen oder ist der Baugrund für Verdrängungsverfahren ungeeignet, kommen Bodenentnahmeverfahren zum Einsatz. Der Bodenabbau erfolgt hierbei mechanisch mittels Bohrkopf und Förderschnecke oder durch Spülung. Die Schneckenförderung eignet sich gut zum Transport von nicht-bindigen Lockergesteinen.

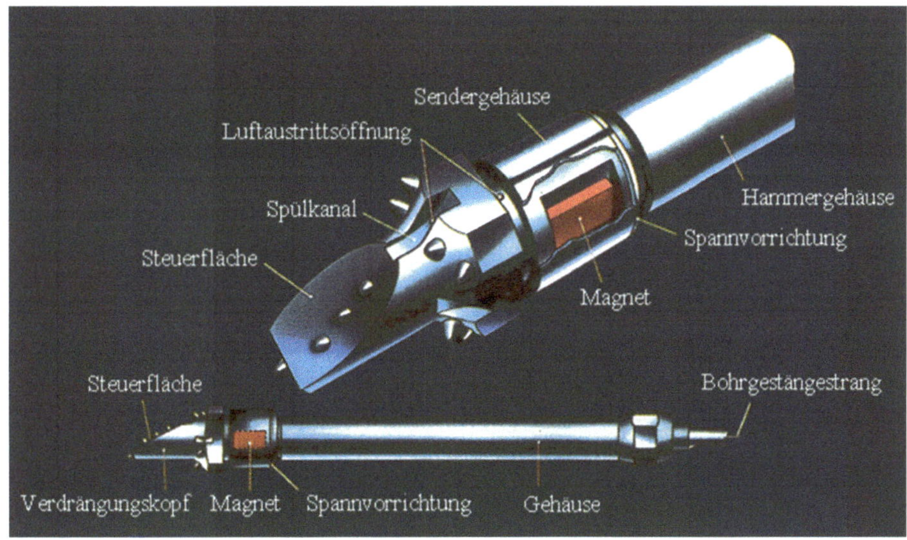

Abb. 54 Prinzipskizze eines steuerbaren Erdverdrängungshammer. (Stein 2003)

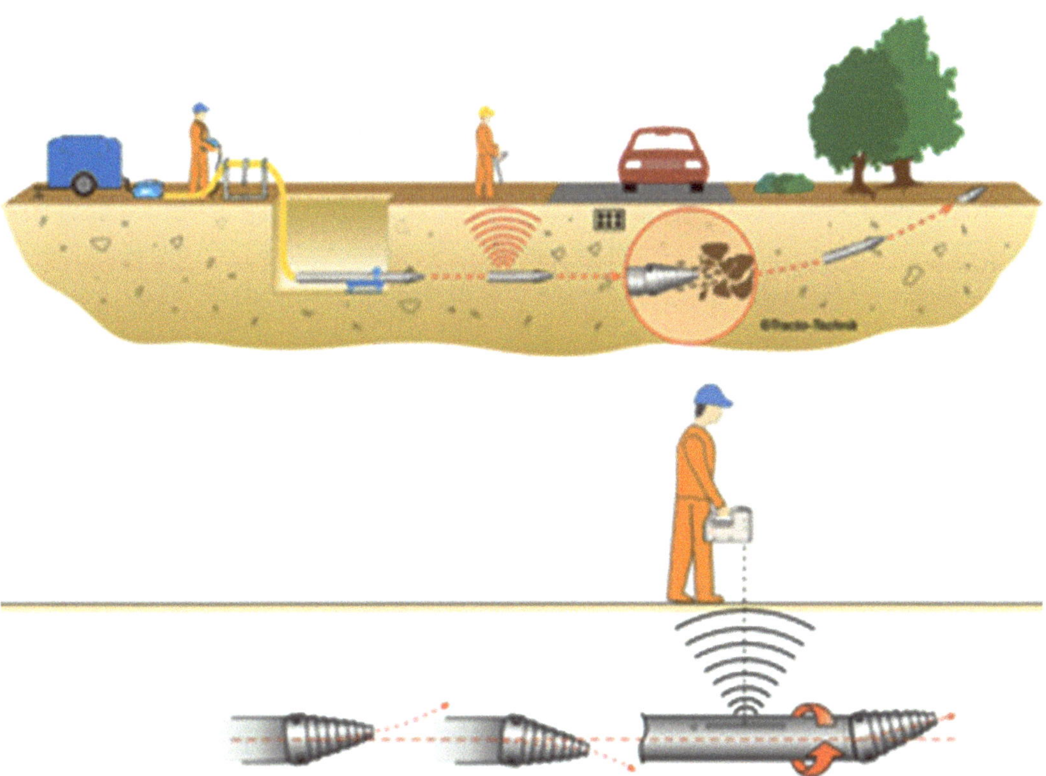

Abb. 55 Prinzip eines steuerbaren Verdrängungshammers; System „GRUNDOSTEER", Tracto Technik GmbH

Bei sehr feuchtem oder nassem bindigem Lockergestein ist sie schwierig oder unmöglich, da es häufig zum Versetzen und Blockieren der Schnecken kommt. Bei der Durchörterung von stark wasserführenden Schichten können Schwierigkeiten durch Entwässerung des Bodens und Verschlammung der Baugrube entstehen, die zu häufigen Unterbrechungen der Arbeit führen können.

Horizontalramme/-presse mit offenem Rohr. Bei diesem Verfahren wird ein vorn offenes Stahlrohr von einer Horizontalramme oder -presse in den Boden getrieben und der Bodenpfropfen mittels Druckwasser, Druckluft oder Spiralbohrer in angemessenen Intervallen aus dem Rohr entfernt. Um die Mantelreibung zu verringern, kann das einzutreibende offene Stahlrohr zusätzlich mit einem äußeren oder inneren Schneidring ausgerüstet werden. Beispiele für die Ausführung der Stahrohrspitze zeigt Abb. 56 und 57.

Hinsichtlich des Einsatzbereiches gelten die Ausführungen über die Horizontalramme mit geschlossenem Rohr. Bedingt durch das Bodenentnahmeprinzip wird der Einsatzbereich jedoch auf Stahlrohre mit einer Nennweite bis DN 2000 in Ausnahmefällen bis zu DN 3500, erweitert. Die Überdeckung kann geringer gewählt werden als bei der Horizontalramme mit geschlossenem Rohr.

Abweichend vom Verfahren mit geschlossenem Rohr wird bei Erreichen eines bestimmten Widerstandes die Horizontalramme auf Rückwärtslauf gestellt und damit vom Rohr gelöst. Nach Entfernen des im Rohrinneren gebildeten Bodenpfropfens wird der Vortrieb fortgesetzt. Bei großen Widerstandskräften im Boden kann zunächst eine Pilotbohrung mit dem Erdverdrängungshammer aufgefahren werden, um dann mit Hilfe eines Hubzuges die Horizontalrammung des Rohres zu unterstützen.

Pressbohrverfahren. Bei diesem Verfahren wird das von dem Bohrkopf gelöste Material durch eine Förderschnecke in die Startbaugrube gefördert und im Allgemeinen mittels eines Kranes entfernt. Die Vortriebsrohre (Mantel- oder Produktrohre) werden dabei in die Vortriebsstrecke gepresst. Das Pressbohrverfahren ist aufgrund des vergleichsweise geringen maschinentechnischen Aufwandes

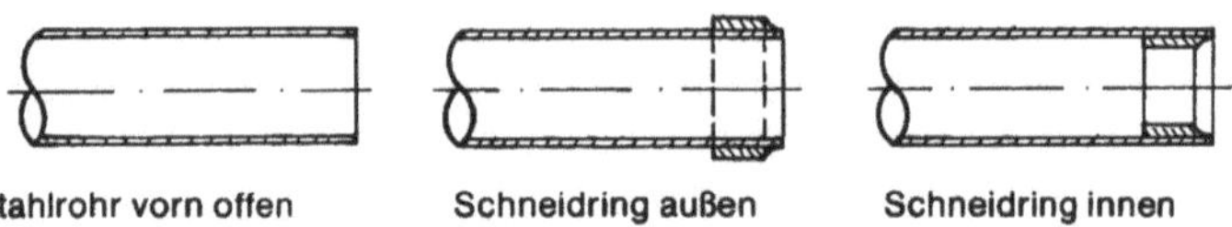

Abb. 56 Stahlrohrspitzen für Horizontalrammen mit offenem Rohr. (Jenne 1979)

Abb. 57 Rohrramme GRUNDORAM Typ Taurus; Tracto Technik

besonders für die Auffahrung kürzerer Haltungen prädestiniert. Den Arbeitsablauf zeigt Abb. 58.

Arbeitsablauf:

1. Ausrichtung mit optischem Zielgerät.
2. Das Pilotrohr und die Stützrohre mit innenliegender Förderschnecke werden eingepresst. Das Erdreich wird dabei herausgebohrt.
3. Nach Erreichen der Zielgrube wird das Pilotrohr durch einen Zugkopf ersetzt.
4. Das Produktrohr wird am Zugkopf mittels Stahlseil und Klemmstück befestigt und durch Zurückziehen der Stützrohre eingezogen.

Für größere Produktrohre wird ein Schälkopf zur Aufweitung eingesetzt.

Das Einsatzspektrum der Pressbohrverfahren unter geologischen Gesichtspunkten zeigt Abb. 59. Bei bindigen Böden muss gegebenenfalls eine Wasserzugabe erfolgen, Kiesböden erfordern bei längeren Haltungslängen eine Bentonitzugabe in der Förderschnecke, um die Reibung in der Schnecke zu verringern. Allgemein lassen

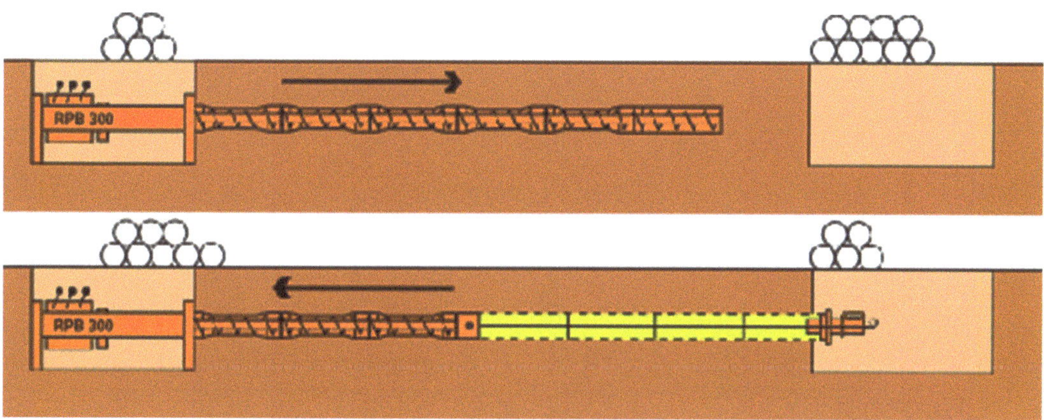

Abb. 58 Prinzip des Pressbohrverfahrens; Lancier Cable GmbH

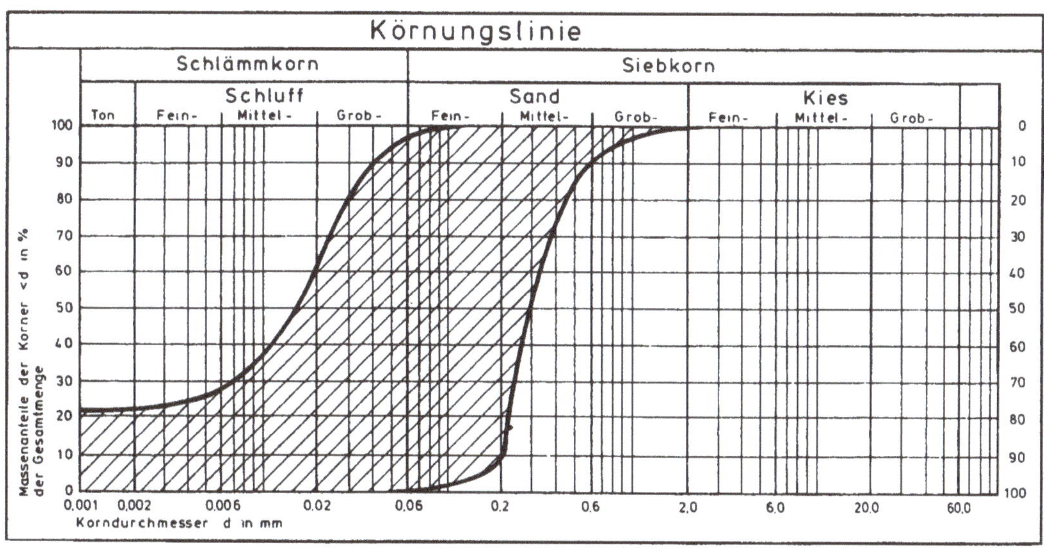

Abb. 59 Einsatzbereiche von Schneckenbohranlagen. (Mähring 1986)

sich alle Bodenklassen L nach DIN 18319 bis hin zu Fels auffahren (FD, FZ 1 bis FD, FZ 4).

Der Einsatz des Pressbohrverfahrens im Grundwasser ist bedingt möglich. Die Vortriebsstrecke wird dann zur Grundwasserhaltung an der Ortsbrust mit Druckluft beaufschlagt. Rohrnennweiten bis DN 1600 sind auffahrbar, im Regelfall erstreckt sich der Anwendungsbereich auf Rohraußendurchmesser bis 1300 mm und 100 m Vortriebsstrecke. Die hinsichtlich der maximalen Vortriebslänge verfahrensbedingten Grenzen ergeben sich aus dem Torsionsmoment an der Förderschnecke. Dies resultiert bei konventionellen Systemen aus der Bodenförderung und dem Antrieb des Bohrkopfes, die aus der Startbaugrube angetrieben werden. Indem der Abbaumechanismus einen eigenen Antrieb erhält, lassen sich nach Herstellerangaben auch Vortriebslängen über 150 m auffahren.

Pressbohrverfahren können auch bedingt steuerbar ausgeführt werden [DIN EN 12889]. Dabei erfolgt die Vermessung mit einem Laserstrahl, Richtungsänderungen werden durch einen hydraulisch verschwenkbaren Steuerkopf ausgeführt [ATV-A 125]. Abb. 60 zeigt die Systemskizze einer bedingt steuerbaren Vortriebsmaschine.

Eine Vorgehensweise zur Richtungskorrektur ist in Abb. 61 dargestellt.

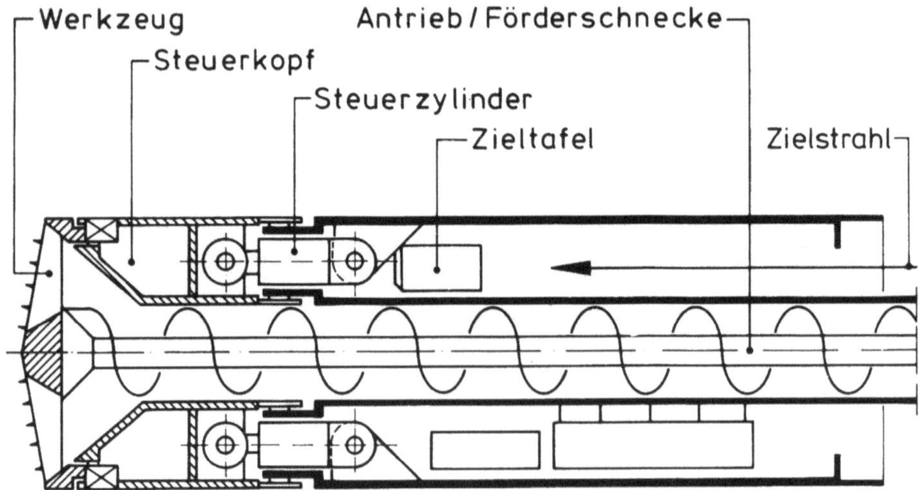

Abb. 60 Systemskizze einer Vortriebsmaschine für das Pressbohrverfahren, Herrenknecht AG

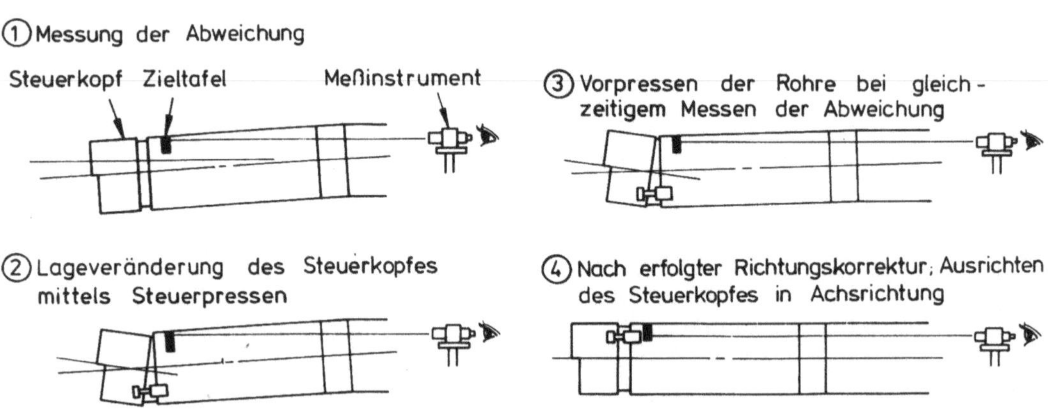

Abb. 61 Verfahren zur Richtungskorrektur für steuerbare oder bedingt steuerbare Verfahren

Hammerbohrung. Hierbei wird der Bohrkopf drehend-schlagend mit einem pneumatischen im Rohr arbeitenden Schlaghammer in den Boden getrieben. Die Bohrung kann mit oder ohne Mantelrohr hergestellt werden. Der gelöste Boden wird anschließend mechanisch, hydraulisch oder mit Druckluft entfernt (Abb. 62). Der Einsatzbereich der Hammerbohrungen sind wenig standfeste Lockergesteine mit (harten) Einlagerungen von Steinen und Blöcken, bis hin zu Fels aller Klassen F nach DIN EN 18319 mit einer Festigkeit von bis zu 200 N/mm^2 Der Bohrlochdurchmesser beträgt in der Regel weniger als 1100 mm, die Vortriebslänge liegt unter 100 m und die durchschnittliche Vortriebsleistung bei 6 bis 15 m/h (Stein 2003).

Bei den eingesetzten Bohrköpfen wird zwischen zentrisch angeordneten und exzentrisch angeordneten unterschieden.

Pressbohren mit Räumer. Bei diesem Verfahren wird der Boden durch Einpressen eines starren Pilotstranges verdrängt. Die neue Rohrleitung wird durch Einziehen hinter dem rotierenden Räumer eingebaut [DIN EN 12889].

Dies Verfahren entspricht prinzipiell einer ungesteuerten Version des Pilotrohrbohrverfahrens.

8.3.5 Steuerbare Verfahren

Die steuerbaren Verfahren (Tab. 5) bieten im Vergleich zu den nicht steuerbaren Verfahren deutlich mehr Entwicklungsmöglichkeiten und haben deshalb eine weit größere Bedeutung.

Gesteuerte Verfahren kommen heute in fast allen Bereichen des Rohrleitungsbaus zum Einsatz. Im Falle von Schmutzwasser-, Regenwasser- oder Mischwasserkanälen werden die Produktrohre direkt vorgepresst, im Falle von Fernwärme-, Gas-, Wasser- oder Stromleitungen werden die Vortriebsrohre als Schutzrohre für die eigentlichen Produktrohre verwendet. Gesteuerte Rohrvortriebe werden in bindigen- und nicht bindigen Böden, im Lockergestein und im Felsgestein ausgeführt.

Mikrotunnelbau wird üblicherweise zum Vortrieb von Rohren bis zu einem inneren Durchmesser von 1 m angewendet, die Maschine wird dabei von einem Steuerstand außerhalb des Tunnels ferngelenkt [DIN EN 12889]. Aufgrund technischer Weiterentwicklungen sind allerdings auch Vortriebe für Rohre größeren Durchmessers möglich.

Beim Mikrotunnelbau erfolgt der Vortrieb der Rohre bei gleichzeitigem vollflächigem Boden-

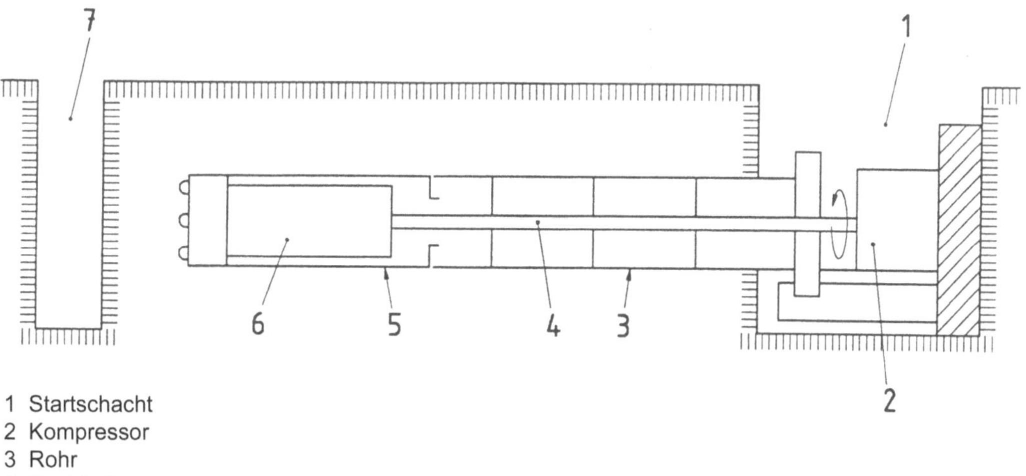

1 Startschacht
2 Kompressor
3 Rohr
4 Geständе
5 Mantelrohr
6 Hammer mit Bohrkopf
7 Zielschacht

Abb. 62 Hammerbohrung [DIN EN 12889]

Tab. 5 Verfahren und Arbeitsprinzip der steuerbaren Verfahren. (Nach DIN EN 12889 (2000))

Steuerbare Verfahren	
Mikrotunnelbau	Vortrieb eines Rohrstranges durch Pressen bei gleichzeitigem vollflächigem Bodenabbau durch einen Bohrkopf an der mechanisch- oder flüssigkeitsgestützten Ortsbrust; kontinuierliche, hydraulische Bodenabförderung.
Pilotrohrbohrverfahren	Gesteuerter Vortrieb eines Pilotrohres mit Hilfe eines Bodenverdrängungs- oder Bodenentnahmeverfahrens; nachfolgender Vortrieb eines Rohrstranges durch Aufweitung der Bohrung mit Pressbohrgerät bei gleichzeitigem Herauspressen des Pilotrohres.
Directional Drilling	Eine Pilotbohrung wird durch einen steuerbaren Bohrkopf mit flexiblem Bohrgestänge vorangetrieben. Die Bohrung wird mit Räumern erweitert bis der für die Rohrleitung erforderliche Durchmesser erreicht ist und die Rohre eingeschoben/eingezogen werden können.

abbau an der mechanisch-, flüssigkeits- oder erddruckgestützten Ortsbrust durch einen Bohrkopf. Die Rohre werden mit einer Pressenstation in der Startbaugrube und gegebenenfalls zusätzlichen Zwischenpressstationen im Verlauf der Trasse vorgepresst. Abb. 63 zeigt das Prinzip einer Mikrotunnelbaustelle für eine Maschine mit hydraulischer Förderung.

Die Bodenabförderung erfolgt kontinuierlich, mit Schneckenförderung, hydraulischer, pneumatischer oder mechanischer (Förderband etc.) Förderung. Die Maschinen des Mikrotunnelbaus sind den aus dem maschinellen Tunnelbau bekannten Systemen nachempfunden und entsprechend den spezifischen Bedingungen des Mikrotunnelbaus weiterentwickelt worden (Maidl et al. 1992). Abb. 64 oben zeigt die Systemskizze einer Mikrotunnelmaschine mit erddruckgestützter Ortsbrust und hydraulischer Bodenförderung, Abb. 64 unten für eine Maschine mit flüssigkeitsgestützer Ortsbrust.

Die Richtungs- und Lagekontrolle sowie die Steuerung wird wie schon bei den dargestellten Systemen des Pressbohrverfahrens durch die Kombination aus Laserstrahlen mit im Vortriebskopf installierter Zieltafel und Steuerungszylindern im Nachläufer des Schildes realisiert.

Der Einsatzbereich umfasst Vortriebslängen bis 500 m und Rohrdurchmesser ab 200 mm. Hinsichtlich der Geologie können je nach Bohrkopf alle Bodenklassen L, Lockergestein LBM/LBO 1, Steinklassen bis S 4, Festgesteinsklassen F und FZ/FD 1 bis 3 nach DIN 18319, auch im Grundwasser aufgefahren werden. Das geologische Einsatzspektrum in Kombination mit den zugehörigen Bohrköpfen zeigt Abb. 65.

Die Verwendung ringförmiger Fertigteile zum Ausbau der Start- und Zielgruben, die im Senkkastenverfahren als System- und Regelstartbaugruben eingebracht werden, sowie vorgefertigte Wiederlagerkonstruktionen verringern die Rüstzeiten und ermöglichen eine einfache Richtungsänderung des Vortriebes (Abb. 63).

Die Integration aller erforderlichen Baustelleneinrichtungen einschließlich einer Kranbahn und eines Dieselaggregats in einem Container gehört heute zum Standard der Baustelleneinrichtungen in Deutschland. Diese werden direkt über der Startgrube aufgestellt und ermöglichen geringe Rüstzeiten, Unabhängigkeit von externen Energiequellen und witterungsunabhängiges Arbeiten. Im Baukastensystem konzipierte Vortriebssysteme ermöglichen eine schnelle Umrüstung von Schneckenförderung auf hydraulische Förderung sowie den Austausch des Bohrkopfes und damit eine flexible Anpassung an die anstehenden Boden- und Grundwasserverhältnisse (Maidl und Gipperich 1994).

Pilotrohrbohrverfahren. Das Pilotrohrbohrverfahren (Abb. 66) ist ein mehrstufiges Verfahren, dessen Entwicklung erst durch die Steuerung der Erdverdrängungsverfahren möglich geworden ist.

Der Vortrieb der zuerst vorgetriebenen Pilotbohrung erfolgt bei diesem System nach dem Erdverdrängungsprinzip mit Hilfe einer Richtungs- und Lagekontrolle durch einen Theodoliten und einer in der Pilotrohrspitze installierten Zieltafel. Die Steuerung des Lenkkopfes wird gemäß den Ausführungen im Abschnitt „Nicht- oder bedingt steuerbare Verfahren" des Abschn. 8.3 mit einem rotierenden Lenkkopf realisiert. Auch

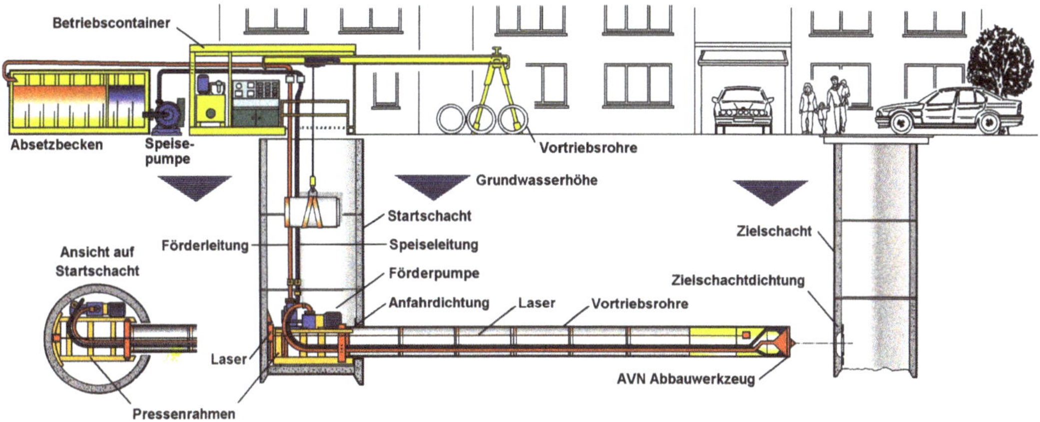

Abb. 63 Prinzipskizze einer Mikrotunnelbaustelle mit hydraulischer Förderung des Bodens; Herrenknecht AG

andere Verfahren zur Erstellung der Pilotbohrung sind möglich. Anschließend erfolgt der Vortrieb der Produkt- oder Schutzrohre nach dem Pressbohrverfahren bei gleichzeitigem Herausschieben des Pilotrohres. Rohraußendurchmesser zwischen 150 und 800 mm und Vortriebslängen von bis zu 80 m lassen sich auffahren.

Hinsichtlich des geologischen und hydrogeologischen Einsatzspektrums des Verfahrens gelten die Ausführungen für die nach dem Bodenverdrängungsverfahren arbeitenden, nichtsteuerbaren Verfahren. Hauptanwendungsfeld des gezeigten Systems sind Kanalanschlüsse.

Der mehrstufige Arbeitsablauf des Verfahrens nach DIN EN 12889 ist in Abb. 66 dargestellt. In der ersten Phase wird ein steuerbarer steifer Pilotrohrstrang eingebaut. In den nachfolgenden Phasen wird diese Bohrung erweitert, und die Rohre durch Verdrängen oder Entfernen des Bodens nachgeschoben.

Directional Drilling. Beim Directional Drilling, nach ATV A 125 auch als Horizontal Spülbohrung bzw. Horizontal Directional Drilling bezeichnet, wird der anstehende Boden durch eine unter hohem Druck stehende Bentonitsuspension an der Bohrkopfspitze gelöst.

Hierbei kommen in der Regel mobile Bohraggregate zum Einsatz, die zunächst eine Pilotbohrung mit einem steuerbaren Bohrkopf und einem flexiblen Bohrgestänge auffahren. Der gelöste Boden wird entlang dem Bohrgestänge zum Startpunkt ausgetragen. Die Bohrung kann von der Geländeoberfläche aus erfolgen, die Einrichtung einer Startbaugrube ist dementsprechend nicht erforderlich. Die Bohrung wird mit Räumern erweitert, bis der erforderliche Durchmesser erreicht ist und die Rohrleitung eingezogen werden kann. Das Prinzip ist in Abb. 67 dargestellt.

Die Vermessung erfolgt mit Sender und Empfänger von der Oberfläche aus. Die Steuerung des Bohrkopfes wird durch eine abgeschrägte Bohrplatte in Verbindung mit den Spüldüsen (Abb. 67) realisiert.

Der Einsatzbereich umfasst alle Böden, ausgenommen rollige Kiese ohne bindigen Anteil. Zusatzmaßnahmen für den Einsatz in wasserführenden Böden sind nicht erforderlich.

8.4 Gruben und Pressstationen

8.4.1 Startbaugrube

Die Startbaugrube ist im Allgemeinen nur Hilfsbau, der nach Abschluss des Vortriebs seine Aufgabe erfüllt hat und wieder beseitigt wird. Dennoch kommt ihr eine große Bedeutung zu, da von der Sorgfalt ihrer Planung und Herstellung das Gelingen des Rohrvortriebes, aber auch die Gesamtkosten der Rohrvorpressung, in hohem Maße abhängen. Man unterscheidet:

- Einfachpressschächte (Vortrieb nur in einer Richtung).
- Doppelpressschächte (Vortrieb nach zwei meist entgegengesetzten Richtungen).

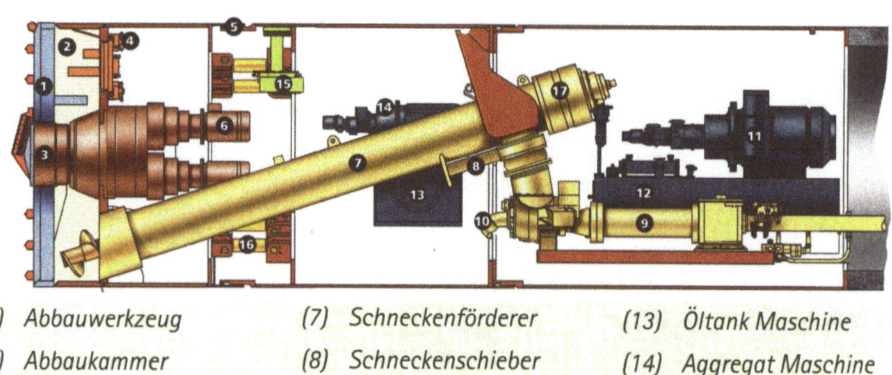

(1) Abbauwerkzeug
(2) Abbaukammer
(3) Bohrkopfantrieb
(4) Abbauraumtür
(5) Schildgelenk
(6) Schneidradantrieb
(7) Schneckenförderer
(8) Schneckenschieber
(9) Muckpump
(10) Förderrohr
(11) Aggregat Muckpump
(12) Öltank Muckpump
(13) Öltank Maschine
(14) Aggregat Maschine
(15) ELS Zieltafel
(16) Steuerzylinder
(17) Schneckenantrieb

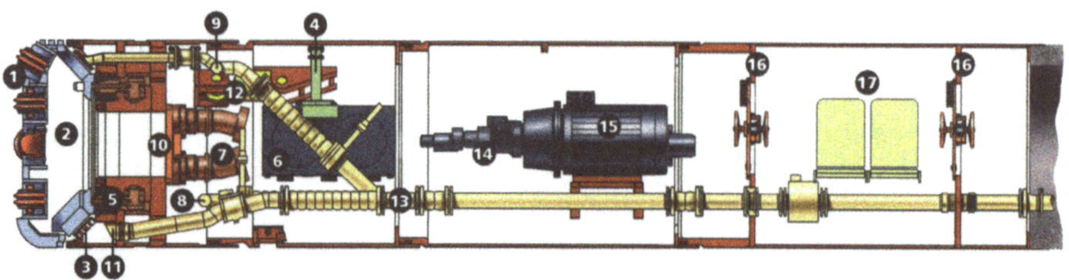

(1) Abbauwerkzeug
(2) Abbaukammer
(3) Brecher
(4) Zieltafel
(5) Hauptlager
(6) Schaltschrank
(7) Antriebsmotoren
(8) Verteilung Ringraumdüsen
(9) Verteilung Bohrkopfdüsen
(10) Durchstiegsluke
(11) Saugstutzen
(12) Steuerzylinder
(13) Bypass
(14) Antriebspumpe
(15) Antriebsmotor
(16) Schleusenwand
(17) Personenschleuse

Abb. 64 Mikrotunnelmaschinen: oben) erddruckgestützt, unten) flüssigkeitsgestützt; Herrenknecht AG

Deren Bemessung und Konstruktion werden wesentlich von den Baugrundbedingungen, aber auch von eventuell eingesetzten Hilfsmaßnahmen, wie Druckluftbetrieb oder Grundwasserabsenkung, bestimmt. Ihre Ausbildung erfolgt mittels Spundwänden, aber auch der Trägerverbau sowie offene und geschlossene Senkkästen sind denkbar. Diese Bauwerke können nachträglich als große Betriebsschächte oder Dükerhäupter genutzt werden.

Die Größe der Startbaugrube wird durch den erforderlichen Platzbedarf für die Ausrichtung der Rohre und durch die Abmessungen der Presseneinrichtung sowie der Einrichtungen für den Austrag des abgebauten Bodens, der Energieerzeugung, Entwässerung und des Zugangs für die Arbeitskräfte bestimmt. Weitere wichtige Elemente der Startbaugrube sind die Druckwand und die Brillenwand.

Die Druckwand, auch Pressenwiderlager genannt, hat die Aufgabe, die gesamte Vortriebskraft auf das Erdreich zu übertragen. Sie wird entweder aus aneinandergereihten Stahlträgern gebildet oder in Stahlbeton als Fertigteile bzw. an Ort und Stelle hergestellt. Die Verwendung von Stahlträgern und Fertigteilen hat den Vorteil, dass die

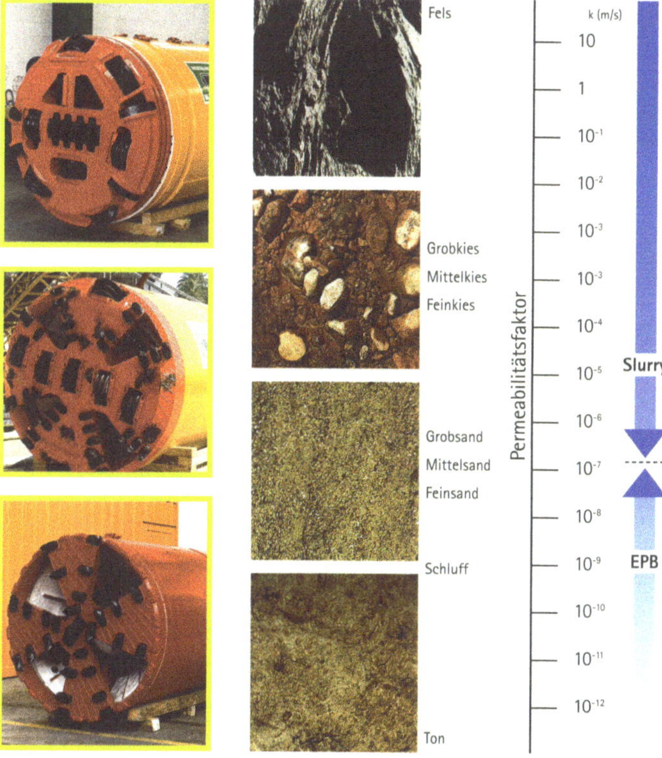

Abb. 65 Geologisches Einsatzspektrum und Gestaltung der Bohrköpfe bei Mikrotunnelmaschinen; Herrenknecht AG

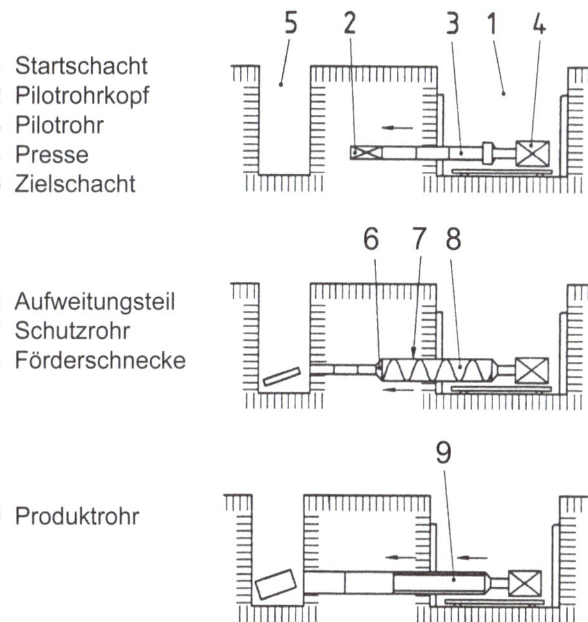

Abb. 66 Pilotrohrvortrieb [DIN EN 12889]

Druckwand schnell eingebaut werden kann, sofort tragfähig ist und nach Abschluss der Vortriebsarbeiten schnell zur Wiederverwendung auszubauen ist. Der entscheidende Nachteil einer aus Stahlträgern gebildeten Druckwand besteht darin, dass ein gleichmäßiges Anliegen der Träger am

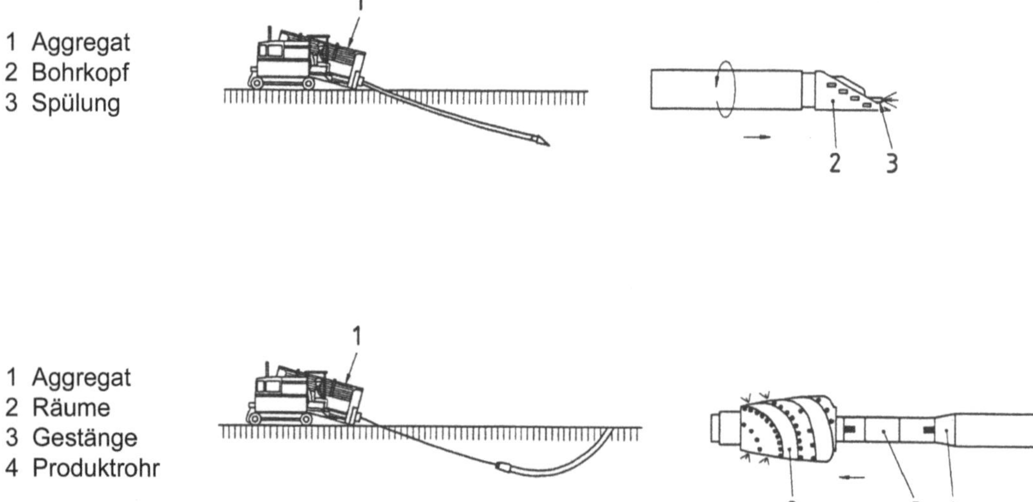

Abb. 67 Directional Drilling [DIN EN 12889]

Erdreich schwierig ist. Stahlbetondruckwände, insbesondere wenn sie an Ort und Stelle gegen das Erdreich bzw. gegen die Spundwände betoniert sind, liegen vollkommen gleichmäßig an, so dass die Druckverteilung sehr günstig ist. Um das Ausweichen der Druckwand zu vermeiden oder mindestens zu vermindern, kann es zweckmäßig sein, eine Verfestigung des Bodens durch Injektion von Zementmörtel vorzunehmen. Eine solche Bodenverfestigung ist auch dann noch sinnvoll, wenn die ersten Bewegungen in der Druckwand eingetreten sind, um diese zum Stillstand zu bringen.

Einer besonderen Ausbildung bedarf auch die Brillenwand, das ist die Vorderwand des Pressschachtes, durch die der Rohrstrang durchgeführt wird. Die einfachste Methode besteht darin, die Spundwände, welche den Pressschacht umschließen, in der Größe des Schneidschuhes auszubrennen und den Schneidschuh mit den folgenden Rohren durch die so gebildete Öffnung hindurchzupressen. Diese Lösung ist zwar einfach, aber technisch unbefriedigend. Der vorderen Spundwand wird der Zusammenhalt genommen, und es ist schwierig, ihn wieder herzustellen. Außerdem bereitet es Schwierigkeiten, Einbrüche an der Ortsbrust beim Anfahren des Schneidschuhes zu vermeiden. Wesentlich besser ist es, hinter der vorderen Spundwand eine Brillenwand in Stahlbeton zu erstellen. Diese Brillenwand weist eine Öffnung auf, welche unter Berücksichtigung des erforderlichen Spieles genau dem Außendurchmesser des Schneidschuhes und der folgenden Rohrstrecke entspricht. Bei Grundwasserandrang verhindert eine Spezialdichtung das Eindringen des Wassers entlang der Rohraußenwandung.

8.4.2 Zielbaugrube

Die Zielbaugrube stellt das Ende der jeweiligen Rohrvorpressung dar. Sie dient im Allgemeinen zur Bergung des ankommenden Schneidschuhes oder Schildes. In Einzelfällen kann sie auch als Startbaugrube dienen und muss dann entsprechend dimensioniert sein. In jedem Fall ist es sinnvoll, die Zielbaugrube für spätere Betriebszwecke zu nutzen, etwa zum Einbau eines Kontrollschachtes.

8.4.3 Hauptpressstation

Die Hauptpressstation (Abb. 44) wird in der Startbaugrube installiert und dient dazu, die einzelnen Rohre bzw. den Rohrstrang in Abhängigkeit vom Abbauvorgang an der Ortsbrust durch das Gebirge zu drücken. Entsprechend der erforderlichen Vorpresskraft werden zwei, vier, sechs, acht oder

Abb. 68 Zwischenpressstation, Durchmesser 2,0 m, Abwasserkanal Bad Godesberg

in Ausnahmefällen auch mehr hydraulische Zylinder verwendet.

Zur Einleitung der Pressenkräfte in die vorzupressenden Rohre dient meist ein stählerner Druckring, der so verwindungssteif ausgebildet sein muss, dass eine gleichmäßige Druckverteilung über die Stirnfläche des Rohres gewährleistet ist. Der Druckring kann in einem Führungsrahmen oder auf der entsprechend profilierten Pressschachtsohle gleiten.

8.4.4 Zwischenpressstationen

Wenn auch durch Ausschöpfung aller Möglichkeiten zur Minderung der Mantelreibung (zum Beispiel durch glatte Rohroberflächen und Bentonitsuspensionen als Stütz- und Gleitmittel) die Vorpresswiderstände erheblich reduziert und damit die Vorpressstrecken verlängert werden können, so erreichen doch nach einer gewissen Vorpressstrecke die Widerstände die Größe der von den Rohren aufnehmbaren Vorpresskräfte (Abb. 44). Die Länge dieser Strecke schwankt je nach Rohrdurchmesser, Rohrmaterial, Rohroberfläche, Gebirge, Vorpresstechnik und den Maßnahmen zur Minderung der Reibung zwischen 40 und 100 m, wobei Unter- und Überschreitungen möglich sind.

Um trotzdem möglichst lange Vorpressstrecken von einer Startbaugrube aus zu erreichen, werden Zwischenpressstationen, auch Dehner genannt, angeordnet. Die Wirkung dieser Zwischenpressstationen beruht darin, dass nicht mehr die ganze Rohrstrecke gleichzeitig vorgeschoben wird, sondern dass der Vorschub der Rohrstrecke in einzelne Abschnitte unterteilt wird (Abb. 46 und 68). Damit entsteht die zu überwindende Mantelreibung jeweils nur noch in dem gerade bewegten Teilabschnitt, wogegen sie in den in Ruhe befindlichen Abschnitten nicht auftritt.

Die Zwischenpressstationen bestehen aus einer Vielzahl kurzhubiger Pressen, welche zusammen jene Kraft aufbringen müssen, die zum Vortrieb der vor ihnen liegenden Rohrstrecke notwendig ist. Ihre Abstützung erfolgt am hinter ihnen befindlichen Rohrstrang. Zwecks einheitlicher Bemessung der Vortriebsrohre sollten die Vorpresskräfte an allen Zwischenstationen und der Hauptpressstation möglichst gleich sein, jedoch nur mit etwa 70 bis 80 % ausgenutzt werden. Da die erste Zwischenpressstation neben der Mantelreibung noch den Brustwiderstand zu überwinden hat, muss die erste Teillänge kürzer sein als die übrigen Teillängen. Nach Abschluss des Vortriebes werden die Zwischenpressstationen ausgebaut, die Zwischenräume zusammengeschoben oder nachträglich ausbetoniert.

8.5 Sicherung, Produktleitung

Die Sicherungsmaterialien haben einer Vielzahl von Beanspruchungen während des Vortriebs und des Betriebszustandes zu genügen. Die Nutzung und die Nutzungsart stellen insbesondere im Abwasserleitungsbau hohe Anforderungen an das Material, so dass diese wegen der strengeren Maßstäbe hier besonders betrachtet werden. Für die Sicherung begehbarer Querschnitte können die in (Maidl B 2004, Kap. 2) behandelten Materialien und Verfahren verwendet werden. Insbesondere werden in Zukunft auch neuere Materialien, wie Stahlfaserbeton, Faserbetone, Kunststoffbetone und Kunststoffe, eingesetzt werden.

8.5.1 Beanspruchungen während des Vortriebs

Aus der Lage im Gebirge. Generell kann man davon ausgehen, dass Abwasserleitungen fast in jedem Gebirge und in den unterschiedlichsten Tiefenlagen erstellt werden müssen, das heißt, die Einsatzpalette erstreckt sich vom trockenen Gebirge über die Verlegung unter Wasser bis hin zum Gebirge mit Grundwasser.

Aus dem Bauverfahren. Die aus dem Bauverfahren resultierenden Einflussfaktoren können Auswirkungen sowohl auf das Gesamtsystem als auch auf die Einzelelemente, wie Rohre oder Tübbinge, haben. In diesem Zusammenhang sind besonders zu beachten die Beanspruchungen beim Transport und Einbau, bei der Rohrvorpressung, beim Arbeiten unter Druckluft, durch Injektionen und infolge Erschütterungen durch Sprengen oder Verdichten.

Beim Bau von Abwasserleitungen werden gegenwärtig fast ausschließlich vorgefertigte Bauteile verwendet, die meistens nicht auf der Baustelle produziert, sondern antransportiert werden. Der Transport bis zur Einbaustelle und die Zwischenlagerung setzen voraus, dass Rohre, Schachtteile oder Tübbinge auch für die Lastfälle „Transport und Lagerung" dimensioniert sein müssen.

Problematisch sind jedoch die aus dem Einbau resultierenden Einflussfaktoren. Hier erfolgt die Lasteintragung oft so, dass es zu partiellen Spannungsspitzen kommen kann. Um diese Überbeanspruchung zu vermeiden, ist es empfehlenswert, die speziell für den Einbau entwickelten Verlegegeräte zu verwenden, die eine gleichmäßigere Lastverteilung bewirken.

Von allen Verfahren zur Herstellung von Abwasserleitungen weist der Rohrvortrieb die gravierendsten Einflussfaktoren auf. Das Rohr muss Druckkräfte aufnehmen, die einerseits aus der eingeleiteten Vorpresskraft (Spitzenwerte 30 bis 40 MN) und andererseits aus den bei Abweichungen auftretenden exzentrischen Krafteinleitungen resultieren. Diesen Beanspruchungen müssen Betongüte und Rohrwanddicke genügen. Um die Extrembeanspruchung in Grenzen zu halten, sollte die resultierende mittlere Druckspannung aus der Vorpresskraft maximal 9 N/mm^2 betragen, da bei den Steuerungsvorgängen die Randspannungen bei gerade noch nicht klaffender Fuge etwa den doppelten Wert und bei klaffender Fuge bis zur Rohrachse mehr als den dreifachen Wert der mittleren Druckspannung erreichen können. Um eine gleichmäßige Druckverteilung zu gewährleisten, wird für die Einleitung der Pressenkräfte in die vorzupressenden Rohre ein stählerner verwindungssteifer Druckausgleichsring benutzt (Haefelin und Kittel 1978; Scherle 1977).

8.5.2 Beanspruchungen im Betriebszustand

Beanspruchungen aus Innenwasserdruck. Das durch die Abwasserleitung fließende Wasser übt einen hydrostatischen und einen hydrodynamischen Druck auf die Auskleidung aus. Entscheidend für die Größenordnung dieses Innendrucks ist die hydraulische Situation, das heißt, ob es sich um eine Freispiegel- oder um eine Druckleitung handelt.

Das Kennzeichen einer Freispiegelleitung ist, dass sie nur eine Teil-Füllung hat, die aber bis zum Rohrscheitel reichen kann. Der Wasserspiegel steht dabei unter äußerem Luftdruck, so dass sich kein Überdruck aufbaut. Bei der statischen

Berechnung einer Freispiegelleitung muss jedoch auch der Lastfall Innerer Staudruck (höchstmöglicher Wasserstand in den Schächten, beispielsweise bei geschlossenem Schieber) berücksichtigt werden.

Im Gegensatz zu einer Freispiegelleitung ist die Druckleitung ständig über den ganzen Querschnitt gefüllt, und das Medium wird unter Druck gefördert. Grundsätzlich unterscheidet man zwei Arten von Druckleitungen, die Fall- und die Pumpendruckleitungen. Während bei der ersten der für die Förderung erforderliche Druck durch natürliches Gefälle zwischen Beginn und Ende der Leitung entsteht, erreicht man den erforderlichen Druck bei der zweiten Art durch Pumpen, also durch künstliche Hebung.

Rohre und Auskleidungsmaterialien müssen für den maßgebenden zulässigen Druck gemäß DIN EN 764 dimensioniert werden. Bei Rohren mit dünnen Wandungen muss gegebenenfalls ein statischer Nachweis auf Beulen durchgeführt werden.

Als Auskleidungen kommen auch Spannbeton und von außen mittels Injektionen aufgebrachte Vorspannungen zur Anwendung. Hier bieten auch Verfahren mit Stahlfaserbeton wegen der garantierbaren Übertragung von Zugbeanspruchungen und der verbesserten Aufnahme dynamischer Beanspruchungen größere Vorteile.

Thermische Beanspruchung. Aufgrund der in den letzten Jahren verbesserten Lebensqualität verfügen viele Haushalte über Wasch- und Spülmaschinen, die in erhöhtem Maße heiße Abwässer in die Leitungen abgeben. Zusammen mit den normalen Haushalts- und den mitunter sehr warmen Industrieabwässern kann die Temperatur in einer Leitung zeitweise stark steigen. Temperaturdifferenzen spielen besonders bei den Materialien eine Rolle, die längskraftschlüssig verbunden sind und einen hohen Temperaturausdehnungskoeffizienten haben, wie Polyäthylen und Polypropylen.

Neben einer Längenänderung des Rohrstranges können Abwässer mit höherer Temperatur auch zu einer Gefährdung von bituminösen Rohrverbindungen oder von Schutzanstrichen führen. Stoßweises Einleiten von heißen Abwässern kann zusätzlich Spannungen im Rohrmaterial bewirken, was besonders bei Teilfüllung problematisch sein kann. Abhilfe kann hier durch Vorschalten eines Abkühlbeckens oder aber durch Zugabe von kaltem Wasser geschaffen werden. Zur Vermeidung dieser Gefahren enthalten die Ortssatzungen oft die Forderung, dass kein Abwasser wärmer als 35 °C eingeleitet werden darf.

Mechanische Beanspruchungen. Im Abwasser werden eine Reihe verschiedener Feststoffe mitgeführt, wie Textilien, feste Metallteile, Sand, Kies. Sie führen zu mechanischen Beanspruchungen der Leitung (Abrieb), die ihre Lebensdauer wesentlich beeinflussen können, und zu Ablagerungen.

Beim Transport von Wasser-Festkörper-Gemischen durch Rohrleitungen erfolgt durch die Schleifwirkung der im Abwasser enthaltenen Schmutzstoffe, je nach verwendetem Rohrmaterial, ein mehr oder weniger starker Abrieb. Er nimmt mit der Fließgeschwindigkeit zu und ist daher bei Steilstrecken besonders zu beachten. Zur Vermeidung von Abrieberscheinungen wird empfohlen (Bettinghausen 1974), die Fließgeschwindigkeit nicht größer als 6 m/s sowie ein möglichst hartes und mit glatter Oberfläche versehenes Material zu wählen. Die Abb. 69 zeigt die Abriebwerte einiger Rohrmaterialien; danach fällt der absolute Abriebwert von Asbestzementrohren deutlich aus dem Rahmen, während fast alle anderen Materialien in derselben Größenordnung liegen. Der für Steinzeug typische steile Anstieg nach einer bestimmten Anzahl von Lastspielen ist darauf zurückzuführen, dass erst nach Abrieb der sehr harten Glasur das eigentliche Steinzeugmaterial abgetragen wird.

Die mechanischen Einwirkungen von sehr schnell fließendem Wasser ohne Feststoffe beruhen im Wesentlichen auf der sogenannten Kavitation (lat. cavitare = aushöhlen): Strömt Wasser mit einigen Metern pro Sekunde parallel zu einer Begrenzungsfläche, so ruft jede geometrische Veränderung dieser Fläche ein Ablösen der Strömung und damit lokale Unterdruckbereiche hervor. Unterschreitet dabei der statische Unterdruck des strömenden Wassers den Dampfdruck, so entstehen wasserdampfgefüllte Bläschen. Gelangen diese in Bereiche, in denen der statische Druck wieder über dem Dampfdruck liegt – das ist meist

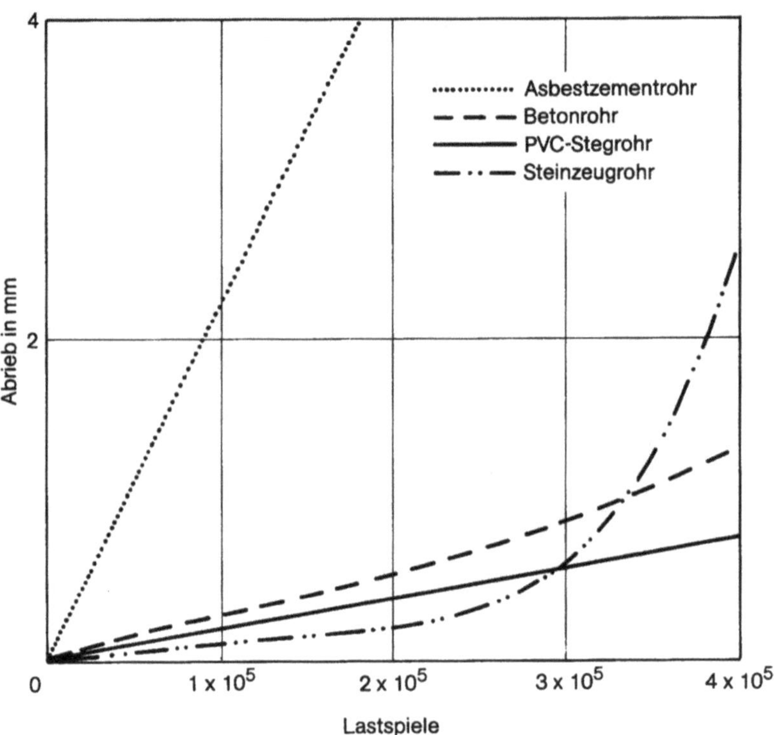

Abb. 69 Absolute Abriebwerte für Rohre verschiedener Materialien. (Bettinghausen 1974)

kurz hinter der Entstehungsstelle der Bläschen der Fall – kondensiert der Dampf in den Bläschen, und sie brechen schlagartig zusammen, sie implodieren. Die durch diese Implosionen verursachten Druck- und Stoßwellen erzeugen lochfraßartige Zerstörungen und Aushöhlungen der Materialoberfläche. Schäden durch Kavitation sind abhängig von der Fließgeschwindigkeit, der geometrischen Ausbildung der Abflussquerschnitte und den Eigenschaften des Werkstoffes. Bevorzugte Schadensstellen sind: Anprallflächen in Schächten, Leitungsknickpunkte und Strecken mit Fließgeschwindigkeiten größer als 8 m/s. Betone sind infolge ihres Gefügeaufbaus nur bedingt widerstandsfähig gegen Kavitationsangriffe, es sei denn, dass besondere Anforderungen an die betontechnologischen Eigenschaften gestellt werden (Walz und Wischers 1969). Nutzt man Stahlfaserbeton oder Kunststoffe, so können deren Eigenschaften Kavitationsschäden vorbeugen.

Bei höheren Fließgeschwindigkeiten als die im Bereich der Abwasserkanalisation empfohlenen 8 m/s müssen Kavitation fördernde Aufprallflächen durch konstruktive Maßnahmen vermieden werden. Anstriche oder Beschichtungen mit Kunststoffemulsionen oder Kunststoffmörtel in Schächten können einer Kavitationsbeanspruchung entgegenwirken (Bujard 1972).

Im Laufe der Betriebszeit einer Abwasserleitung kommt es zur Ablagerung der im Abwasser mitgeführten Feststoffe. Dieser Vorgang wird als Sedimentation bezeichnet und findet nur im wasserführenden Teil des Rohrquerschnittes statt. Im Gegensatz dazu steht die Inkrustation, die sich über den gesamten Leitungsquerschnitt erstreckt und zum Beispiel durch Rosten bei Stahlrohren oder durch Aussonderung von Kalkbestandteilen bei Betonrohren entsteht. Sedimentation und Inkrustation beeinträchtigen sowohl durch ihre Querschnittsverengung als auch durch ihre sehr rauhe Oberfläche das Fließverhalten in der Abwasserleitung erheblich. Besonders wenn es sich um Druckrohre handelt, kann es zu negativen Auswirkungen kommen, wenn Fließgeschwindigkeit und Transportmenge nicht mehr den Planwerten entsprechen. Um derartige Beeinträchtigungen zu vermeiden, müssen entsprechende Rohrmaterialien gewählt sowie eine regelmäßige Kontrolle und Reinigung der Abwasserleitung vorgenommen werden. Als günstig haben sich Kunststoffbeschichtungen, Bitumenanstriche und Zementmörtelauskleidungen erwiesen. Die bei einer Reinigung entstehenden Beanspruchungen sind verfahrensabhängig und müssen von den Rohrmaterialien aufgenommen werden (Stein und Niederehe 1980).

Chemische Beanspruchungen. Maßgebender als mechanische Einflussfaktoren beeinflussen chemische die Wahl des geeignetsten Ausbaumaterials für Abwasserleitungen. Unter chemischen Beanspruchungen der Abwasserleitungen versteht man im Wesentlichen die Wirkung von aggressiven Wässern, die biogene Schwefelsäure-Korrosion und bei Metallen das Rosten. Von Einfluss können dabei neben den Abwassereigenschaften sein

- Kanalatmosphäre.
- Stoffe auf den Rohrwandungen.
- Ausbaumaterial.
- Bauphysikalische Kenndaten, wie Temperatur, Flüssigkeitstransport, Baugrund, Grundwasser und Beschaffenheit der Außenwandungen.

Eine Abwasserleitung kann sowohl innen als auch außen dem Angriff aggressiver Wässer ausgesetzt sein. Ein wesentlicher Faktor zur Beurteilung der Aggressivität von Abwässern oder Grundwässern ist der pH-Wert (Abb. 70 und Tab. 6). Abwasserleitungen müssen beständig gegenüber den Einflussfaktoren der aggressiven Wässer sein. In Anbetracht der auf dem Markt

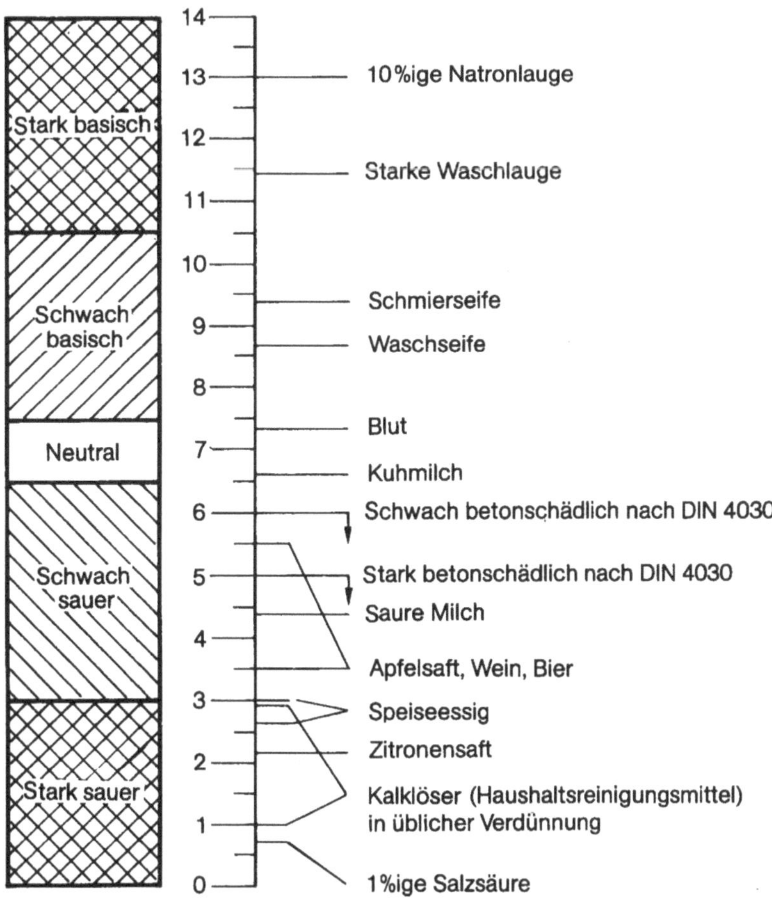

Abb. 70 Wasserbeschaffenheit: ph-Werte verschiedener Abwasserbestandteile. (Fachverband Steinzeugindustrie e.V. 1978)

Tab. 6 Wasserbeschaffenheit: Grenzwerte zur Beurteilung des Angriffgrades von Wässern vorwiegend natürlicher Zusammensetzung, nach DIN 4030. (Jenne 1979)

Untersuchung	Angriffsgrade		
	Schwach angreifend	Stark angreifend	Sehr stark angreifend
pH-Wert	6,5 bis 5,5	5,5 bis 4,5	unter 4,5
Kalk lösende Kohlensäure (CO_2) [mg/l]	15 bis 30	30 bis 60	über 60
Ammonium (NH_4^+) [mg/l]	15 bis 30	30 bis 60	über 60
Magnesium (Mg_2) [mg/l]	100 bis 300	300 bis 1500	über 1500
Sulfat (SO_4^{2-}) [mg/l]	200 bis 600	800 bis 3000	über 3000

befindlichen zahlreichen unterschiedlichen Rohr- und Ausbaumaterialien und der Vielzahl der Mischungs- und Konzentrationsmöglichkeiten schädlicher Substanzen im Abwasser werden von den Rohrherstellern im Allgemeinen Tabellen herausgegeben, in denen angegeben ist, gegen welche chemischen Schadstoffe das Material resistent ist.

Die biogene Schwefelsäure-Korrosion von Beton ist Gegenstand eines Forschungskomplexes, so dass auf diese Berichte verwiesen werden kann (Institut für Konstruktiven Ingenieurbau 1982). Als spezielle Literatur sei besonders D. K. B. Thistlethwayte (Thistlethwayte 1979) empfohlen.

Die Korrosion von Metallen ist – mit Ausnahme des unmittelbaren Angriffes von starken Säuren oder Laugen – das Ergebnis eines elektrochemischen Prozesses, der durch Umweltfaktoren, wie das Vorhandensein von Sauerstoff, Feuchtigkeit, Temperatur und örtlichen Unsauberkeiten, hervorgerufen werden kann. Durch diese Medien können galvanische Ströme an der Oberfläche des Metalls entstehen, die eine Korrosion hervorzurufen vermögen. Wenn die entstandenen Korrosionsprodukte nicht beseitigt oder in irgendeiner Weise verbraucht werden, korrodiert das Metall weiter (Fachgemeinschaft Gusseiserne Rohre 1969; Merget 1977). Bei erdverlegten Rohrleitungen kann das Rohrmaterial sowohl den Angriffen des umgebenden Erdreichs als auch des durchfließenden Mediums ausgesetzt sein.

Biologische Beanspruchungen. Neben den mechanischen und chemischen Beanspruchungen von Abwasserleitungen treten auch biologische auf. So siedeln sich auf feuchten Beton-, Mörtel- oder Asbestzementflächen gern Flechten, Pilze oder Algen, bei Meerwasser auch die gesamte dort lebende Flora an (Klose 1978). Darüber hinaus werden gerade Abwasserleitungen durch Bakterien und Bazillen befallen. Gewisse Bazillenarten oxidieren Schwefelverbindungen zu Schwefelsäure, die Leitungen aus Beton oder Asbestzement zerstört (Institut für Konstruktiven Ingenieurbau 1982). Viele Organismen sind bemerkenswert anpassungsfähig und können ohne Schwierigkeiten im pH-Bereich von 2 bis 10 gedeihen. Sie haben aber ein verhältnismäßig enges optimales Temperaturintervall, in dem sie am besten gedeihen. Dieses Intervall kann im Bereich von 4 bis 80 °C liegen.

Um die Organismen abzutöten, werden häufig Chemikalien als Gegenmittel eingesetzt, die nach ihrem Anwendungsbereich als Germicide, Algicide, Herbicide, Fungicide, Bactericide, Biocide, Microbiocide oder Slimicide bezeichnet werden. Bei Meeresflora hat sich Chlor bereits als bewährtes Mittel durchgesetzt.

Ein weiteres Problem stellen von außen in die Rohrleitungen einwachsende Wurzeln dar. Abb. 71 zeigt die Aufnahme einer Kamerabefahrung einer Rohrleitung. Deutlich zu erkennen sind die in das Rohr eingedrungen Wurzeln. In Regenwasserkanälen können diese Wurzeln meterlange Schleppen in der Leitung bilden, in Schmutzwasserkanälen neigen sie zur starken Verzweigung und Propfenbildung. In beiden Fällen können sie den Querschnitt soweit ausfüllen, dass keine ausreichende Fließbewegung des Wassers gewährleistet werden kann.

Die genauen Ursachen für das gezielte Eindringen der Wurzel in die Rohrleitungen sind noch nicht abschließend geklärt, die Wurzeln scheinen aber in ihrem Wachstum dem Lagerungsdichtegradienten im Boden zu folgen und dadurch ge-

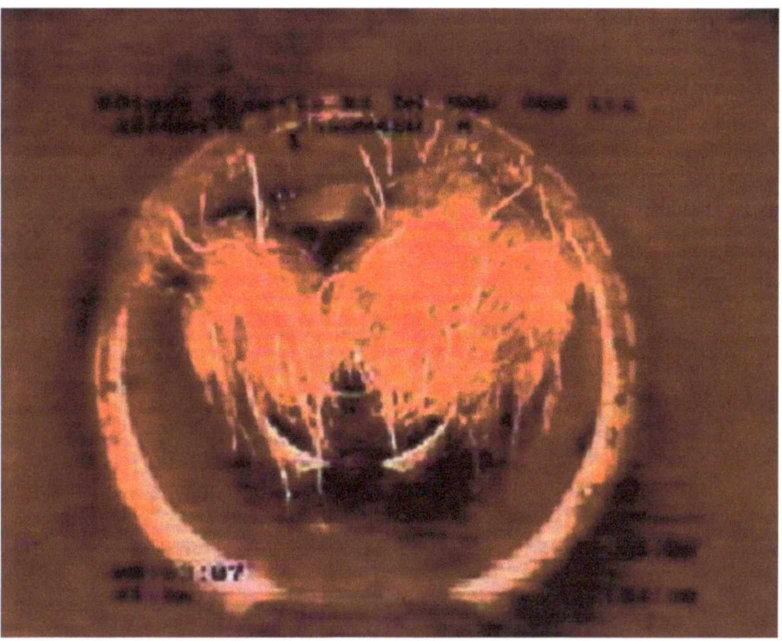

Abb. 71 Aufnahme des Wurzelwachstums in einer Rohrleitung bei einer Kamerabefahrung. (Stützel und Bossler 2003)

rade in Richtung der wenig verdichteten Bereiche der Muffenstoßverbindungen der Rohrleitungen zu wachsen. Nachdem diese ausgefüllt sind, ist der „Rückweg" versperrt, und die Wurzel beginnt in das Rohr hineinzuwachsen (Stützel und Bossler 2003).

Darüber hinaus kommt es vor, dass Ratten, die sich in Abwasserleitungen aufhalten, feste Stoffe, wie Kunststoffauskleidungen, annagen und somit Schäden verursachen. Ratten bekämpft man durch Auslegen entsprechender Kontaktgifte.

8.5.3 Einbauen der Produktleitung

Einschieben oder Einziehen einer Produktleitung in ein vorhandenes Schutzrohr oder in einen stabilisierten nichtbegehbaren Hohlraum. Diese Verfahren sind Stand der Technik und werden bei der unterirdischen Herstellung von Rohrleitungen mit den auf dem deutschen Markt vorhandenen Vortriebsgeräten eingesetzt. Der Einbau von korrosionssicheren Produktrohren (Steinzeug, Kunststoffe) in Stahlschutzrohre wird an einem Beispiel beschrieben, dessen Verlegetechnologie basiert auf einem Patent von Drespa: Nach Fertigstellung des Bohrlochs wird auf das Spitzende des ersten Rohres ein stählerner Führungskopf gesetzt und mit einem durch die Rohre führenden Verspannseil gehalten. In der Rohrsohle läuft gleichzeitig ein am Führungskopf befestigter Blechstreifen ab, der dem einzuschiebenden Rohrstrang als Führung dient, um ein Verhaken der Muffen zu verhindern. Nacheinander werden die Rohre in herkömmlicher Form in der Baugrube zusammengesetzt und vorgeschoben, wobei das Verspannseil die vielgliedrige Kette des Rohrstranges verhältnismäßig steif hält. Anschließend werden die verbleibenden Hohlräume mit Dämmer verfüllt. Dieses Verfahren setzt exakte und zielgenaue Bohrungen voraus, da Lagekorrekturen des Steinzeugrohrstranges kaum möglich sind.

Vorpressen der Produktrohre beim Vortrieb. Als Vorpressrohre werden dabei fast ausschließlich standardisierte Stahl-, Stahlbeton- und Asbestzementrohre verwendet. In Deutschland werden auch Vortriebsrohre aus Steinzeug oder GFK mit Nennweiten bis DN 600 eingebaut.

Herstellen einer extrudierten Produktleitung. Verfahren zur örtlichen Herstellung der Produktleitung für nichtbegehbare Querschnitte werden noch nicht praktiziert. Jedoch bieten sich Möglichkeiten, Verfahren aus dem Bereich großer, begehbarer Querschnitte zu übertragen. Als

Beispiele können die extrudierte Stahlfaserbetonröhre des Sammlers Hamburg-Harburg Nord, Los 2 (Bielecki und Magnus 1981), und einige Sanierungsverfahren (Centriline-, Relining und Instuform-Verfahren) für korrodierte Rohrleitungen (Maidl et al. 1981) dienen.

Erklärung zu konkurrierenden Interessen Der/die Autor(en) hat/haben keine Interessenkonflikte zu erklären, die für den Inhalt dieses Manuskripts relevant sind.

Literatur

Amann J, Borrmann A (2015) Open BIM for Infrastructure – mit OKSTRA und IFC Alignement zur internationalen Standardisierung des Datenaustausches. Tagungsband zum 6. OKSTRA-Symposium, Köln

Anagnostou G, Kovari K (1992) Ein Beitrag zur Statik der Ortsbrust beim Hydroschildvortrieb, Probleme bei maschinellen Tunnelvortrieben. Symposium München, 22/23. Oktober

ATV-A 125 (1996) Rohrvortrieb, September 1996

Baumann Th (1992) Tunnelauskleidungen mit Stahlbetontübbingen. Bautechnik 69(1):11–20

Berufsgenossenschaft der Bauwirtschaft (BG BAU) (2005) Druckluftverordnung, Juni 2005

Bettinghausen G (1974) Betonrohre nach der neuen DIN 4032, Teil 1. Betonw u Fertigteil-Tech 40:5591/96

Bielecki R, Magnus W (1981) Stahlfaser-Pumpbeton – Ein Baustoff für den Tunnelbau. Beton Stahlbetonbau 76:42/46

Braach O (1993) Extrudierbetonbauweise für Tunnelauskleidungen. In: Taschenbuch für den Tunnelbau. Glückauf, Essen, S 211–237

BuildingSMART (2017) IFC introduction. https://www.buildingsmart.org/standards/bsi-standards/industry-foundation-classes/. Zugegriffen am 17.09.2021

Bujard W (1972) Rohre aus Stahlbeton und Beton. Tiefbau Ingenieurbau Straßenbau 14 (1972)

Bundesverband Deutsche Beton- und Fertigteilindustrie eV (1978) Handbuch für Rohre aus Beton, Stahlbeton, Spannbeton. Wiesbaden/Berlin

Deutscher Ausschuss für unterirdisches Bauen (DAUB) (2010) Empfehlung zur Auswahl von Tunnelvortriebsmaschinen, Stand 10/2010

Deutscher Verband für Gas- und Wasserwirtschaft (1990) Merkblatt GW 312, Januar 1990. Statische Berechnung von Vortriebsrohren. HRSG, DVGW, Eschborn

DIN 4126 (1986) Ortbeton-Schlitzwände, Konstruktion und Ausführung

DIN 1054 (2009) Baugrund, Sicherheitsnachweise im Erd- und Grundbau

DIN EN 12889 (2000) Grabenlose Verlegung und Prüfung von Abwasserleitungen und -kanälen (03.2000)

Fachgemeinschaft Gusseiserne Rohre (1969) Gussrohr-Handbuch. Essen

Fachverband Steinzeugindustrie eV (1978) Kanalisation mit Steinzeug. Köln

Haefelin H-M, Kittel D (1978) Durchpressverfahren unter Verwendung von Stahlbetonrohren – Entwurf und Ausführung. Betonw u Fertigteil-Tech 44:331/38, 387/89

Hähnlen V (1992) Einsatz, Fertigung und Verlegung großformatiger Stahlbetonrohre. 3R Int 31(3):128–137

Hamburger H, Weber W (1993) Tunnelvortrieb mit Vollschnitt- und Erweiterungsmaschinen für große Durchmesser im Felsgestein. In: Taschenbuch für den Tunnelbau. Glückauf, Essen, S 139–197

Herrenknecht (2002) Pipe Jacking mit Microtunneltechnologie, Dezember 2002

Herzog M (1985) Die Pressenkräfte bei Schildvortrieb und Rohrvorpressung im Lockergestein. Baumasch Bautech 32(1985):236–238

Hewett B-H, Johannesson S (1922) Shield and Compressed Air Tunnelling. McGraw, New York. Deutsche Übersetzung (1960). Schild- und Drucklufttunnelbau. Werner, Düsseldorf

Horn M (1961) Horizontaler Erddruck auf senkrechte Abschlussflächen von Tunneln. Landeskonferenz der ungarischen Tiefbauindustrie, Budapest, Deutsche Überarbeitung STUVA, Düsseldorf

Institut für Konstruktiven Ingenieurbau (1982) Zukunftsorientierte Bauverfahren für kleine Tunnelquerschnitte. II. Kolloquium für Bauverfahrenstechnik. Ruhr-Universität Bochum, 09.11.1982, veröffentlicht in Technisch-wissenschaftliche Mitteilungen Nr. 83-1

Jenne G (1979) Schlitzloses Verlegen von Leitungen. Technische Akademie, Wuppertal.

Jenne G (1981) Terra Erdverdrängungshämmer. Informationsschrift, Bohr-, Ramm- und Gründungstechnik. Essen

Klose N (1978) Beton in Abwasseranlagen. Beton 28(1978): 5209/13

Krabbe W (1971) Tunnelbau mit Schildvortrieb. In: Grundbau Taschenbuch, Bd I, Ergänzungsband. Ernst & Sohn, Berlin, S 218–292

Krause Th (1987) Schildvortrieb mit flüssigkeits- und erdgestützter Ortsbrust. Mitteilungen des Instituts für Grundbau und Bodenmechanik, Heft 24, TU Braunschweig

Lorenz H, Walz B (1982) Ortswände. In: Grundbau Taschenbuch, 3. Aufl. Teil 2. Ernst & Sohn, Berlin, S 687–714

Magnus W (1980) Neue Bauverfahren mit Stahlfaserbetonpumpen beim Sammlerbau Hamburg. Konstruktiver Ingenieurbau, Heft 34, Ruhr-Universität Bochum

Mähring K (1986) Gesteuerter Rohrvortrieb, eine wirtschaftliche Alternative beim Bau kleiner Abwasserkanäle. Tiefbau BG 1986 Heft 11

Maidl B (2004) Handbuch des Tunnel- und Stollenbaus I. Glückauf, Essen

Maidl B (1997a) Grundlegende konstruktive Unterschiede in der Ausführung von Tunnelschalen. In: Deutscher Beton Verein e.V. (Hrsg) Tunnelschalen. Eigenverlag, Wiesbaden, S 12–20

Maidl B, Gipperich C (1994) Entwicklung von Vortriebsmaschinen für Mikrotunnel. Tunnelbau Taschenbuch. Glückauf, Essen

Maidl B, Herrenknecht M, Anheuser L (1995) Maschineller Tunnelbau im Schildvortrieb. Ernst & Sohn, Berlin

Maidl B, Herrenknecht M, Maidl U, Wehrmeyer G (2011) Maschineller Tunnelbau im Schildvortrieb. Ernst + Sohn, Berlin

Maidl B, Herrenknecht M, Möhring K (1992) Berichte zum 2. Internationalen Symposium Mikrotunnelbau München: 08.04.1992. A.A. Balkema/Rotterdam/Brookfield

Maidl B, Niederehe W, Stein D, Bielecki R (1981) Sanierungsverfahren für unterirdische Rohrleitungen mit nichtbegehbarem Querschnitt. In: Taschenbuch für den Tunnelbau 1982. Verlag Glückauf GmbH, Essen, S 267/307

Maidl U (1995a) Erweiterung der Einsatzbereiche der Erddruckschilde durch Bodenkonditionierung mit Schaum, Technisch-wissenschaftliche Mitteilungen [TWM] Nr. 95-4, Ruhr-Universität Bochum

Maidl U (1995b) Einsatz vom Schaum für Erddruckschilde – Theoretische Grundlagen der Verfahrenstechnik. Bauingenieur 70(11):487–495

Maidl U (1997b) Aktive Stützdrucksteuerung bei Erddruckschilden. Bautechnik 74(6):376–380

Maidl U (2003a) Prozess-Controlling bei hoch mechanisierten Bauverfahren. Vortrag Ruhr-Universität Bochum

Maidl U, Herrenknecht M (1995) Einsatz von Schaum bei einem Erdruckschild in Valencia. Tunnel 5:10–19

Maidl U, Nellessen P (2003) Zukünftige Anforderungen an die Datenaufnahme und -auswertung bei Schildvortrieben. Bauingenieur Ausg 3 78:150–161, März 2003

Merget C (1977) Korrosionsbeständige Schutzsysteme im Säureschutzbau. Österr Ingenieurz 20(1977):5354/56

ÖNORM ENV 1997-1 (1997) Eurocode 7: Entwurf, Berechnung und Bemessung in der Geotechnik

Philipp G (1986) Tunnelauskleidung hinter Vortriebsschilden. In: Taschenbuch für den Tunnelbau 1987. Glückauf, Essen, S 211–274

Schenck W-R, Wagner H (1963) Luftverbrauch und Überdeckung beim Tunnelvortrieb mit Druckluft. Die Bautechnik 40:41–47

Scherle M (1977) Rohrvortrieb. Bauverlag, Wiesbaden/Berlin

Sievers W (1984) Entwicklungen im Tunnelbau. Beton 34:347–354

Stein D, Niederehe W (1980) Rohrwerkstoffe im Abwasserleitungsbau. In: Taschenbuch für den Tunnelbau 1981. Verlag Glückauf GmbH, Essen, S 474/89

Stein D, Falk C, Beckmann D, Körkemeyer K (2001) Stellungnahme zur Belastung von Vortriebsrohren aus Vortriebskräften. Unveröffentlichtes Gutachten, Bochum

Stein D (2003) Grabenloser Leitungsbau. Ernst und Sohn, Berlin

Stützel T, Bossler B (2003) Kanal voll: Wenn Bäume in Rohren Wurzeln schlagen. RUBIN. Lensing Druck GmbH & Co. KG, Dortmund

Thistlethwayte DKB (1979) Sulfide in Abwasseranlagen. Düsseldorf

Toll, DG, Zhu H, Osman A, Coombs W, Li X, Rouainia M (Hrsg) (2014) 2nd international conference on information technology in geo-engineering, ISBN: 978-1-61499-417-6

Uffman H-P (2001) Erfolgreicher Rohrvortrieb durch Kenntnis möglicher Fehlerquellen. 5. Internationales Symposium Mikrotunnelbau, 5./6. April 2001 in München im Rahmen der BAUMA 2001. Glückauf, Essen, S 81–83

Walz K, Wischers G (1969) Über den Widerstand von Beton gegen die mechanische Einwirkung von Wasser hoher Geschwindigkeit. Beton 19:403/06–457/60

Zäschke W, Schellin WU (1981) Geschlossene Bauweise für Grundstücksanschlusskanäle. Tiefbau, Ingenieurbau, Straßenbau 23:147/50

Geotechnische Messverfahren

Holger Rosenkranz

Inhalt

1 **Einleitung** ... 241

2 **Ziele geotechnischer Messungen** ... 241

3 **Bestandteile von Messprogrammen** ... 243

4 **Messunsicherheit/Qualitätssicherung** ... 247

5 **Informationen aus geotechnischen Messungen** ... 247

6 **Messsysteme und Messverfahren** ... 249

Literatur ... 252

1 Einleitung

Geotechnische Messungen müssen fachgerecht geplant und entsprechend eines Messprogramms durchgeführt werden. Planung, Installation, Messung und Unterhaltung erfordern ein angemessenes finanzielles und zeitliches Budget und greifen oft in Planungs-, Bau- oder Betriebsprozesse ein. Derartige Erfordernisse müssen bekannt sein und angemessen berücksichtigt werden.

Unkoordiniert durchgeführte Messungen hingegen bedeuten nicht nur Verschwendung von Ressourcen und behindern den Baufortschritt, sie können Sicherheit vortäuschen und damit zur Gefährdung von Menschen und Sachwerten beitragen.

2 Ziele geotechnischer Messungen

2.1 Erkundung

Erkenntnisse aus geotechnischen Messungen während der Erkundungsphase von Bauprojekten dienen u. a. der Festlegung von charakteristischen Werten zur Bemessung der Bauwerke, der Beurteilung des Einflusses auf bestehende Objekte, sowie der Klassifizierung des anstehenden Baugrundes als Grundlage für die Kalkulation der Baumaßnahmen. Messverfahren zur Baugrunderkundung sind ausführlich im Kapitel (▶ „Baugrunderkundung") beschrieben, sie werden hier nicht gesondert betrachtet.

H. Rosenkranz (✉)
Tractebel Hydroprojekt GmbH, Weimar, Deutschland
E-Mail: hr@hydroprojekt.de

U. Arslan (Hrsg.), *Geotechnik*, Handbuch für Bauingenieure,
https://doi.org/10.1007/978-3-658-29496-0_33

2.2 Beweissicherung

Grundsätzlich ist ein Beweissicherungsverfahren (z. B. nach DIN 4123 (2013)) immer dann nötig, wenn die Gefahr besteht, dass ein Objekt nach einer bestimmten Zeit nicht mehr in dem Zustand ist, in dem es zum Zeitpunkt der Beweissicherung war.

Im Rahmen von Baumaßnahmen soll damit der Zustand vorhandener, möglicherweise beeinflusster Bausubstanz erfasst werden, um berechtigte Schadensersatzansprüche durchsetzen und unberechtigte Ansprüche abwehren zu können. Planmäßig durchgeführte geotechnische und/oder geodätische Messungen im Vorfeld, während und nach Baumaßnahmen ermöglichen belastbare und quantifizierbare Aussagen zum Verhalten des Baugrunds, des zu erstellenden Bauwerks, der umgebenden Gebäude und der Infrastruktur. Damit können im Falle von Schäden die Ursachen ermittelt und in Bezug zur jeweiligen Bauphase gebracht werden.

Im übertragenen Sinne werden unter Beweissicherungsmessungen auch solche verstanden, die den natürlichen Zustand im erweiterten Baubereich vor Baubeginn dokumentieren, um Veränderungen des Naturraums durch die Baumaßnahme erkennen und ggf. einordnen zu können. Derartige Messgrößen sind im Bereich der Geomesstechnik zum Beispiel Grundwasserstände und – temperaturen oder Sickerwassermengen.

Im Gegensatz zu dem im nachfolgenden Abschnitt beschriebenen (allgemeinen) Geomonitoring sind die Fragestellungen bei der Beweissicherung meist auf Bestandsobjekte begrenzt.

2.3 Geomonitoring

Unter Geomonitoring versteht man die fortlaufende Erfassung, Auswertung und Bewertung geotechnischer und bauwerksbezogener Messgrößen. Geotechnische Monitoringmessungen können aus folgenden Gründen erforderlich sein:

- Überwachung von Ingenieur- oder geotechnischen Bauwerken mit besonders hohem Schadenspotenzial (z. B. Talsperren, Untertagebau),
- Überwachung natürlicher Vorgänge, von denen eine potenzielle Gefahr für das Leben oder die Gesundheit der Menschen oder für materielle Werte ausgeht (z. B. Hangrutschungen)
- Schadensprävention und Vorhersage der Lebensdauer von Bauwerken, Reduzierung von Unterhaltungs- und Sanierungskosten (Health Monitoring)

Die Ergebnisse sind von besonders hoher Aussagekraft, wenn das Geomonitoring vor Baubeginn startet und während der gesamten Bau- und Betriebszeit fortgesetzt wird.

Ein Spezialfall des geotechnischen Monitorings ist die Beobachtungsmethode als Prognose-, Mess-, Auswerte- und Reaktionskonzept. Dabei werden die üblichen geotechnischen Untersuchungen und Modellierungen (Prognosen) in systematischer Weise mit einer parallel durchgeführten, fortlaufenden messtechnischen Kontrolle des Baugrundes und des Bauwerkes kombiniert.

Voraussetzung für die Zulässigkeit der Beobachtungsmethode ist, dass vor dem Baubeginn folgende Forderungen erfüllt sind (DIN EN 1997-1 (2014), Kap. 2.7, Absatz (2)P):

- Für das Verhalten des Bauwerks müssen zulässige Grenzen unter Berücksichtigung normgerechter Sicherheiten festgelegt werden.
- Die Bandbreite möglichen Verhaltens muss bewertet werden, und es muss gezeigt werden, dass eine annehmbare Wahrscheinlichkeit dafür besteht, dass das wirkliche Verhalten innerhalb dieser Grenzen bleiben wird.
- Ein Konzept für die Messungen muss geplant werden, mit denen erkannt werden kann, ob das tatsächliche Verhalten im erwarteten Bereich bleibt. Die Messungen müssen dies genügend früh anzeigen und in ausreichend kurzen Zeitabständen ausgeführt werden, damit Gegenmaßnahmen erfolgreich vorgenommen werden können.
- Die Reaktionszeiten (Messung, Datenübertragung, Auswertung, Entscheidung) müssen im Vergleich zu möglichen Systemveränderungen ausreichend kurz sein.
- Es muss ein Konzept von Gegenmaßnahmen geplant werden für den Fall, dass das Messsystem ein Bauwerksverhalten außerhalb des Toleranzbereichs ausweist.

2.4 Qualitätssicherung und Steuerung des Bauablaufs

Die geotechnische Qualitätssicherung und/oder Steuerung des Bauablaufs greift auf die Ergebnisse der Geomesstechnik zurück. Typische Beispiele aus verschiedenen Bereichen des Spezialtiefbaus, Tunnelbaus und Dammbaus sind:

- Messungen zur geometrischen Steuerung von Tunnelbohrmaschinen
- Pfahlprüfungen, Ankerzugprüfungen
- Verdichtungskontrolle und Setzungsmessungen beim Dammbau
- Vertikalverschiebungsmessungen zur Steuerung von Hebungsinjektionen
- Temperaturmessungen bei Bodenvereisungen

Messungen zur Steuerung des Bauablaufs sind Bestandteil eines Regelkreises, die Ergebnisse beeinflussen unmittelbar die nachfolgenden Bauprozesse. Zur Gewährleistung eines rationellen Bauablaufs werden hohe Anforderungen an die schnelle Verfügbarkeit der zur weiteren Interpretation aufbereiteten Messergebnisse gestellt. Die Messungen werden häufig automatisiert gesteuert, die Messergebnisse werden zeitnah oder in Echtzeit zusammen mit dem Sollwert oder Nennbereich in der jeweiligen Steuerzentrale angezeigt.

Jede Verzögerung bei der Ergebnisbereitstellung hat entweder eine Baubehinderung oder den Verlust der Eingriffsmöglichkeit in den Bauablauf zur Folge, so dass in diesen Fällen das eigentliche Messziel nicht mehr erreicht werden kann.

3 Bestandteile von Messprogrammen

Die Erstellung von Messprogrammen ist ein konzeptioneller Prozess aus aufeinander aufbauenden Schritten in einem iterativen Gestaltungsprozess. Eine allgemeine Darstellung der Einzelschritte ist in Dunnicliff et al. (2012) enthalten, weitere Empfehlungen sind für Talsperren in DWA-M 514 (2011), für Wasserbauwerke der Bundeswasserstraßenverwaltung in VV-WSV 2602 (2009) und für ingenieurgeodätische Arbeiten in DIN 18710-1 (2010) enthalten.

Messprogramme müssen schriftlich fixiert und in der Regel vom Projektverantwortlichen, dem Prüfingenieur und/oder der Aufsichtsbehörde freigegeben werden. Typische Bestandteile sind nachfolgend beschrieben.

3.1 Definition der allgemeinen Projektbedingungen und der Ziele der Messungen

Zu Beginn der Arbeiten ist es erforderlich, die übergeordneten Projektziele und – bedingungen herauszuarbeiten, diejenigen Mechanismen zu identifizieren, die Einfluss auf das Verhalten des zu beobachtenden Objektes haben und die mit dem Projekt verbundenen geotechnisch relevanten Risiken zu analysieren und zu bewerten. Nachfolgende Betrachtungen sind unabhängig von der späteren messtechnischen Realisierung durchzuführen.

- Beschreibung des Projektgebietes (Baugrund, Bauwerk)
- existierende Modellierungen
- Formulierung der erwarteten Erkenntnisse aus den Messungen
- geotechnisch relevante Risiken durch das/für das Projekt
- Festlegung des Betrachtungszeitraumes
- Verfügbares Budget

3.2 Herausarbeiten der geotechnisch relevanten Fragestellungen

Die Ursache für die mit dem Projekt verbundenen Risiken sind in der Regel Informationsdefizite, die u. a. in geotechnischen Fragestellungen münden. Geotechnische Messungen sind niemals Selbstzweck, sondern dienen dem Ziel, diese Informationsdefizite zu verringern. Es gilt der Grundsatz: „Keine Messung ohne Fragestellung".

Die geotechnischen Fragestellungen sind so konkret und differenziert wie möglich zu formulieren und im Messprogramm zu fixieren. Im Laufe des Projektablaufs müssen sie ggf. angepasst werden, in verschiedenen Projektphasen treten unterschiedliche Schwerpunkte hervor. Oft haben die Ergebnisse der Messungen Rückwirkungen auf das Messprogramm selbst, indem beispielsweise die Messintervalle angepasst werden, um die jeweilige Fragestellung beantworten zu können.

Eine solche konkrete Fragestellung wäre beim Dammbau beispielsweise: Werden projektierte Kennwertbereiche bei der Verdichtung des Stützkörpers eingehalten?

3.3 Definition der zu erfassenden Messgrößen

Die zu erfassenden Messgrößen lassen sich unmittelbar aus den geotechnischen Fragestellungen des konkreten Projekts ableiten. Häufig sind dies Verschiebungen in Kombination mit Neigungen, Verzerrungen, Spannungen und Wasserdrücken sowie die Temperatur.

Wenn das erwartete Verhalten des betrachteten Bauwerks oder geotechnischen Objekts im Vorfeld durch Prognosemodelle abgebildet wurde hat es sich bewährt, mindestens die Messgrößen der maßgeblichen Einwirkungen und der modellierten Reaktionen zu messen. Die Erfassung redundanter Messgrößen steigert die Zuverlässigkeit der Information.

3.4 Definition von Messbereich und Messunsicherheit

Die Messbereiche der zu planenden Instrumentierung müssen so festgelegt werden, dass die zu erfassenden Veränderungen in allen Lastfällen und auch bei ungünstigen Kombinationen von Einwirkungen messbar sind. Zu deren Bemessung sind idealerweise Modellberechnungen heranzuziehen, in bestimmten Fällen kann auch auf Erfahrungswerte zurückgegriffen werden. Im Zweifelfall sollte der Messbereich auf der sicheren Seite liegend größer gewählt werden, solange darunter die Genauigkeit nicht leidet.

Die erforderliche Messunsicherheit ist so festzulegen, dass alle im Rahmen der geotechnischen Aufgabenstellung relevanten Messgrößenänderungen sicher erfasst werden können. Deshalb ist zunächst die erforderliche *Trennschärfe* aus Sicht der geotechnischen Fragestellungen zu definieren. Darunter ist derjenige Wert einer Ergebnisgröße zu verstehen, ab dem auf Grundlage der Messergebnisse mit einer vorgegebenen Wahrscheinlichkeit signifikant zwischen zwei Zuständen unterschieden (abgegrenzt) werden kann. Diese „Zustände" können beispielsweise Trendindikatoren oder Prognosewerte aus vorangegangenen Modellierungen sein.

Ein größerer Messbereich hat meist eine geringere Genauigkeit zur Folge. Dann ist es erforderlich, einen Kompromiss zwischen beiden zu finden oder solche Messsysteme auszuwählen, deren Messbereich nachjustierbar oder nachträglich skalierbar ist.

3.5 Anforderungen an die räumliche Auflösung der Information

Aus den geotechnischen Fragestellungen müssen die (Mindest-)Anforderungen an die räumliche Auflösung der gewünschten Information abgeleitet werden. Besteht die Aufgabenstellung der Messung in der Alarmierung bei Grenzwertüberschreitungen, sind die Messpunkte mindestens so dicht anzuordnen, dass Veränderungen auch zwischen den diskreten Punkten noch erkannt werden können. Soll mit den Messdaten ein prognostiziertes Objektverhalten überprüft werden, so sollten die Messpunkte mit den Modellknoten übereinstimmen.

Bei diskret angeordneten Messsystemen wirkt sich die Anzahl häufig direkt auf den Preis aus. Hier muss ein Kompromiss zwischen Budget und messtechnischen Anforderungen gesucht werden. Einsparungen zu Lasten der Punktdichte können dazu führen, dass die Messziele nicht und nur eingeschränkt erreichbar sind.

Linien- oder flächenhaft arbeitende Messverfahren (z. B. Laserscanner) stellen quasi geometrisch lückenlose Messdaten zur Verfügung. Damit ist es möglich, auch im Nachhinein Informationen an relevanten Positionen abzurufen. Bei ihrer Anwendung muss berücksichtigt werden, dass oft sehr große Datenmengen behandelt werden müssen.

3.6 Messtechnische Instrumentierung

Die zuvor genannten Anforderungen bilden die Grundlage für die Auswahl der einzusetzenden Messsysteme bzw. Messverfahren. Zu beachten sind:

- Gewährleistung von Messbereich und Messunsicherheit entsprechend der Anforderungen,
- Gewährleistung der erforderlichen räumlichen und zeitlichen Auflösung,
- Lieferzeiten verträglich mit dem Projektablauf,
- geringer Einfluss auf das Baugeschehen, Vermeidung von Baubehinderungen,
- Zuverlässigkeit, Robustheit und an den Projektablauf angepasste Lebensdauer, ggf. Langlebigkeit über Jahrzehnte
- einfache und unkomplizierte Handhabung, Arbeitsschutz bei Installation, Messung und Wartung
- Überprüfbarkeit/Reproduzierbarkeit der Messwerte,
- geringe Beeinflussung der Messung durch äußere Faktoren,
- Möglichkeiten zur Kalibrierung,
- geringer Wartungsaufwand der Messgeräte,
- Redundanz der Messgrößen und bivalente Messungen (Erfassung von Messgrößen mit zwei voneinander unabhängigen Messverfahren),
- angepasst an die äußeren Randbedingungen (z. B. Zugänglichkeit, korrosive Bedingungen, Frost, Hitze, Feuchtigkeit, Explosionsdruck, Spannungsversorgung)
- Schutz der Messeinrichtung

Kosten und Nutzen sollten im angemessenen Verhältnis zueinander stehen. Zu beachten sind auch indirekt wirkende Aufwände, etwa Baubehinderungen infolge Installation und Messung. Die Auswahl der Instrumentierung ist in der Regel ein iterativer Prozess, der häufig Kompromisse zwischen Anforderungen und möglichen Realisierungen erfordert.

In das Messprogramm sind Listen und Übersichtspläne mit eindeutiger Bezeichnung der Messpunkte aufzunehmen.

3.7 Zeitplan der Messungen

Die Messungen sollen so früh wie möglich beginnen. Frühzeitige Informationen zum Normalverhalten der untersuchten Objekte ohne Einwirkungen aus dem Bauprozess und zum Einlaufverhalten der Messeinrichtungen erleichtern die Interpretation der Ergebnisse.

Die Messfrequenz wird durch das Ziel der Messungen bestimmt. Dienen die Messungen der Warnung oder Alarmierung bei außergewöhnlichem Objektverhalten, muss permanent gemessen werden. Für diesen Zweck kommen nur automatisierte Messsysteme in Frage.

Bei anderen Messzielen/Fragestellungen ist die Messfrequenz wesentlich freier wählbar. Sowohl kontinuierliche, periodische oder ereignisinduzierte Messungen sind in der geomesstechnischen Praxis anzutreffen. Die Anforderungen an die Messfrequenz bzw. die Messzeitpunkte sind im Messprogramm festzuschreiben.

Folgende Grundsätze sollten beachtet werden:

- Bei Messungen mit niedriger Messfrequenz sollten die Termine so gelegt werden, dass mindestens die Extremzustände im Objektverhalten erfasst werden.
- Bei periodischen Messungen unterschiedlicher Messverfahren sollten die Messzeitpunkte untereinander synchronisiert werden. Dies gilt auch für die Messung der Einflussgrößen.
- Kontinuierliche Messungen haben stets den Vorteil, dass in den Messdaten auch nachträglich unerwartete Ereignisse erkannt und bewertet werden können.
- Ereignisorientierte Messungen (z. B. bei Hochwasser, nach Erdbeben) werden meist unerwartet erforderlich, der Termin zeitnah zum Ereignis kann auch außerhalb der normalen

Arbeitszeit liegen. Die Meldekette bis zur Aktivierung des Messpersonals muss sichergestellt sein und stets fortgeschrieben werden.
- Bei automatisch durchgeführten Messungen mit autonomer Datenerfassung (z. B. durch dezentrale Datenlogger) ist im Messprogramm festzulegen, wann die die Daten abgerufen/ausgelesen und ausgewertet werden.

Zu jedem Messwert muss ein zuverlässiger Zeitstempel vorhanden sein (z. B. Besonderheiten während der Sommerzeitumstellung). Dies gilt insbesondere dann, wenn mehrere Messgeräte miteinander synchronisiert werden müssen. Besonders hohe Anforderungen an die Genauigkeit der Zeitreferenz bestehen dann, wenn der Zeitpunkt von Ereignissen selbst eine der Messgrößen ist (z. B. bei seismischen Verfahren).

3.8 Datenmanagement

Auf Grund der Vielfalt der verfügbaren Monitoringsysteme wird hier lediglich die grundsätzliche Struktur der verschiedenen Prozessebenen dargestellt (Tab. 1).

Datenschutz und Sicherheit gegen Missbrauch und Manipulation müssen in jeder Prozessstufe gewährleistet sein.

3.9 Auswertekonzept

Dienen die Messergebnisse der Alarmierung bei unvorhergesehenen Zuständen, müssen die Ergebnisse dem jeweiligen Gutachterkreis permanent zur Verfügung stehen. Die dafür erforderlichen technischen Möglichkeiten (z. B. über Webserver) sind technisch sicher zu stellen und im Messprogramm zu beschreiben.

Im Messprogramm sind mindestens folgende Anforderungen und personellen Verantwortlichkeiten zu fixieren:

- Abrufen, automatisierte Übermittlung der Messdaten an zuständige Stellen,
- Aufbereitung der Messdaten und Bewertung der Ergebnisse,
- Art und der Umfang der Aufbereitung bzw. Präsentation der Messergebnisse,
- geotechnische Bewertung in Bezug zu den Fragestellungen, einzubeziehenden Fachdisziplinen,
- Turnus und Inhalt der Messberichte

Messungen müssen stets unmittelbar nach der Messungsdurchführung ausgewertet und aus messtechnischer Sicht bewertet werden. Dadurch können Messfehler und Ungenauigkeiten sofort erkannt und durch Nachmessungen ausgeräumt oder bestätigt werden, selbst wenn die eigentliche geotechnische Bewertung der Messergebnisse nicht zeitkritisch ist (z. B. während der Erkundungsphase).

3.10 Erwartungsbereiche, Signal- bzw. Eingreifwerte

Erwartungsbereiche, Signal- bzw. Eingreifwerte bilden einen Rahmen für die schnelle Bewertung

Tab. 1 Grundsätzliche Struktur der verschiedenen Prozessebenen

<table>
<tr><td rowspan="2">Sensorebene</td><td colspan="2">Erfassung des Messsignals und Umwandlung in ein elektrisches Signal</td></tr>
<tr><td>Analog-Digital-Wandlung</td><td rowspan="2">analoge Datenübertragung (z. B. 4–20 mA-Stromsignal) per Kabel</td></tr>
<tr><td>Datenübertragung</td><td rowspan="2">digitale Datenübertragung per Kabel, Daten- oder Mobilfunk</td></tr>
<tr><td rowspan="2">Datenerfassungsebene</td><td>Analog-Digital- Wandlung</td></tr>
<tr><td colspan="2">Messungssteuerung, Datenerfassung mit Transformation der Messwerte in physikalisch auswertbare Größen und Erstspeicherung der Daten</td></tr>
<tr><td>Datenübergabe</td><td colspan="2">Netzwerkverbindung, Modemverbindung, Standleitung
Übergabe als Dateien oder Zugriff auf gemeinsame Datenbanken</td></tr>
<tr><td>Auswerteebene</td><td colspan="2">weiterführende Auswertung, Berechnung, Visualisierung, grafische Präsentation, Unterstützung der Entscheidungsfindung, stufenweises Alarmierungskonzept
Archivierung</td></tr>
</table>

der Messergebnisse und für die weitere Entscheidungsfindung. Deshalb müssen sie für wesentliche Messstellen im Messprogramm enthalten sein, ebenso wie die Handlungsempfehlungen/Maßnahmen bei Überschreitung. Für die Anwendung der Beobachtungsmethode nach DIN 1997-1 und zur Steuerung des Bauablaufs sind sie unabdingbar.

3.11 Archivierung

Im Messprogramm sind Festlegungen zur Datensicherung und Archivierung der Messergebnisse zu treffen. Dies sind zum Beispiel:

- Intervalle der Datensicherung (bei automatisierten Messverfahren)
- Zeitdauer der Archivierung
- Umfang der Archivierung (Rohdaten, aufbereitete Messdaten, Ergebniswerte, Stammdaten)
- Art der Archivierung, Speichermedien

4 Messunsicherheit/ Qualitätssicherung

Ein vollständiges Messergebnis besteht nach DIN 1319-1 (1995) aus dem eigentlichen Messergebnis und quantitativen Angaben zu seiner Qualität.

Ohne Angaben zur Messunsicherheit kann der Benutzer die Zuverlässigkeit der Messung nicht einschätzen und es ist es schwer, das Messergebnis mit den Prognosewerten oder dem Ergebnis anderer Messungen zu vergleichen. Somit sind Messergebnisse ohne Qualitätsangaben von geringem Wert, zuweilen sogar wertlos.

Für die Bewertung und Angabe der Messunsicherheit setzt sich zunehmend SN ENV 13005 (2000) (bekannt unter der Bezeichnung: GUM – Guide to the Expression of Uncertainty in Measurement) als akzeptierter Standard durch. Durch dessen Anwendung ist es möglich, Messungen auf einheitlicher Basis qualitativ zu bewerten, auch dann, wenn einzelne Einflussgrößen auf das Messergebnis auf Grund unvollständiger Informationen nur abgeschätzt werden können.

Messungen mit einer zu geringen Genauigkeit sind möglicherweise für den vorgesehenen Zweck nicht nutzbar. Auf der anderen Seite entstehen für Messungen, die mit der *höchstmöglichen* Genauigkeit ausgeführt werden, zusätzliche Kosten. Das planerische Ziel bei der Erstellung der Messprogramme besteht darin, die erforderlichen Messgrößen mit einer auf das Messziel optimal abgestimmten Messgenauigkeit zu bestimmen.

Im Rahmen der Planung von Messungen sind zunächst ausgehend von den Messzielen der geotechnische Aufgabenstellung *Genauigkeitsanforderungen* an die Messergebnisse (nicht an die Messwerte) zu definieren. Dies kann zum Beispiel durch die Benennung der erforderlichen Trennschärfe erfolgen, die eine weitere Verwendung der Messergebnisse im Sinne der Aufgabenstellung ermöglicht.

Darauf aufbauend erfolgt die *Auswahl der Messverfahren*. Dabei werden die geräte- und verfahrenseigenen Genauigkeitspotenziale sowie die funktionalen Zusammenhänge zwischen den Messgrößen zur Berechnung des eigentlichen Messergebnisses berücksichtigt.

Während bzw. nach der Durchführung der Messungen erfolgt der *Genauigkeitsnachweis*. Damit wird es möglich, auf Basis der Messungen die tatsächlich erreichten Genauigkeiten zu quantifizieren und mit den Genauigkeitsanforderungen zu vergleichen. Idealerweise erfolgt dieser Nachweis so zeitnah, dass weitere Messungen vorgenommen werden können, um die Genauigkeitsforderungen einzuhalten.

5 Informationen aus geotechnischen Messungen

5.1 Verschiebungen, Neigungen und Verzerrungen

Um das geometrische Verhalten geotechnisch relevanter Objekte zu beschreiben, werden Verschiebungen, Neigungen und Verzerrungen erfasst.

Je nach Aufgabenstellung handelt es sich bei den Messstellen um Einzelpunkte, sie können auch linienhaft, flächenhaft oder räumlich verteilt sein.

Unter Spannungseinwirkung kommt es zu Formänderungen (Verzerrung, innere Verformung) von Längen, Flächen oder Körpern. Zu deren Ermittlung im Untergrund oder im Einflussbereich von Boden und Bauwerk müssen die Messpunkte im Untersuchungsbereich je nach Fragestellung ein- oder mehrdimensional verteilt angeordnet werden. Eine geeignete Punktanordnung vorausgesetzt, können die Messdaten der Einzelpunktbestimmung zur Ermittlung der Verzerrungen herangezogen werden. Bei Verzerrungen handelt es sich stets um Relativbewegungen zwischen mindestens zwei Punkten, die entweder direkt gemessen (z. B. Extensometer) oder aus absoluten Messwerten durch Differenzbildung ermittelt werden (z. B. Raumvektor zwischen geodätischen Objektpunkten).

Geometrische Messungen in der Geomesstechnik waren historisch häufig dadurch gekennzeichnet, dass sie in lokalen, objektbezogenen Koordinatensystemen mit direktem Bezug auf vorgegebene Bauwerks-achsen ausgewertet wurden. Ein großer Teil der klassischen Messgeräte trug diesem Umstand bereits konstruktiv Rechnung, indem zum Beispiel die Messachsen mit der bevorzugten Einbaurichtung festgelegt worden sind. Die Frage eines übergeordneten Raumbezugs spielte in der Geomesstechnik lange Zeit eine untergeordnete Rolle.

In zunehmendem Maße werden räumlich verteilte Sensoren und/oder absolut messende Verfahren zur Erfassung der Geometrie eingesetzt (GNSS-Empfänger, automatisierte Totalstationen, usw.). Dann besteht die Notwendigkeit, die Ergebnisse verschiedenartiger geotechnischer Messungen in einem projektübergreifenden geometrischen Zusammenhang zu modellieren bzw. zu interpretieren und in einem einheitlichen Raumbezug zu präsentieren. Dafür müssen alle Messergebnisse in einem einheitlichen Bezugssystem vorliegen. In diesem Fall sind die in der Geodäsie gebräuchlichen Lage- und Höhenbezugssysteme zu verwenden und die Messergebnisse entsprechend zu transformieren (Welsch et al. 2013).

5.2 Kräfte, Dehnungen und Spannungen

Zur Beurteilung der Belastungssituation in Bauwerken und im Untergrund werden Kräfte und (mechanische) Spannungen herangezogen.

Mechanische Spannungen, eigentlich Spannungstensoren, sind außer im Sonderfall Druck (z. B. Porenwasserdruck) nicht direkt messbar. Gemessen werden Komponenten des Spannungstensors, die im Idealfall den ebenen bzw. räumlichen Hauptnormalspannungen entsprechen bzw. aus denen Betrag und Richtung der Hauptnormalspannungen berechnet werden können.

Bei der *indirekten* Spannungsmessung ist die eigentliche Messgröße eine Verformung (Stauchung/Dehnung), die unter Berücksichtigung der Stoffgesetze und -eigenschaften des umgebenden Materials in eine Spannungskomponente umgerechnet werden kann.

Bei der *direkten* Spannungsmessung wird ein Fluiddruck (Wasser-/Öldruck) entweder in einem Druckkissen oder beim Hydro-Frac-Verfahren direkt in einem Bohrloch gemessen.

Da es sich stets um sehr kleine Verformungen handelt und die zu erfassenden In-situ-Spannungsverhältnisse durch die Installation (z. B. Bohrungen) und die Messeinrichtung selbst beeinflusst werden, ist die Anbindung des Messgeräts an das zu bewertende Objekt häufig die limitierende Größe für die Interpretierbarkeit der Spannungsmessung.

Bei Kenntnis der wirkenden Kräfte bzw. Spannungen kann durch Vergleich mit den Annahmen eingeschätzt werden, ob noch genügend Tragreserven vorhanden sind. Ist dies nicht der Fall, muss ein Versagen von Bauteilen/Bauwerken und damit ein Verlust der Standsicherheit befürchtet werden. Gemessene Spannungen bzw. Kräfte ermöglichen die Überprüfung und ggf. Kalibrierung/Validierung von statischen Berechnungen.

5.3 Hydrometrische Messgrößen

Wasser im Baugrund (Grundwasser) wirkt auf Bauwerke u. a. durch Veränderung der Wichte, durch Sohlwasserdruck/Auftrieb, durch chemische Beanspruchung (Lösungsvorgänge) oder durch die Veränderung der Baugrundeigenschaften infolge Strömung (Material- oder Wärmetransport). Die genaue Kenntnis über die zeitliche Entwicklung der Potenzialverteilung bzw. der Lage der Grundwasserhorizonte im Untergrund von Baumaßnahmen ist eine Grundlage für die Modellierung des Bauwerksverhaltens und die Interpretation der anderen geometrischen Größen.

Maßgebend für die Wirkung des Wassers ist u. a. das Potenzial, welches sich am Messpunkt aus der Summe von geodätischer Höhe und Druckhöhe (Wasserdruck oder -stand) ergibt.

In ausreichend durchlässigen Untergründen kann die Druckhöhe meist durch Wasserstandmessungen in offenen Piezometerstandrohren oder Druckmessung in geschlossenen Piezometersystemen ermittelt werden. Bei nicht hinreichend durchlässigen Böden muss der Porenwasserdruck direkt erfasst werden. Dazu ist ein für den jeweiligen Anwendungszweck hinreichend schnell reagierendes Messsystem erforderlich.

Weitere wichtige hydrometrische Messgrößen sind Wasserstände in Fließgewässern (Messung mittels Gerinnepegel) und Sickerwasserdurchflüsse (Messung mittels Messwehr) zur Bewertung der Wirksamkeit von Dichtungsmaßnahmen. An Staudämmen ist die Durchsickerung eine der wichtigsten Messgrößen.

5.4 Umweltbezogene Einflussgrößen

Die zuverlässige Bewertung geotechnischer Messungen ist nur bei Kenntnis der relevanten Einflussgrößen (Wirkgrößen) möglich. Diese können entweder das betrachtete Objekt oder die Messeinrichtung beeinflussen.

Die Temperatur wirkt direkt auf das Messobjekt ein und kann eine Veränderung geotechnisch relevanter Materialparameter bewirken (Dichte, Festigkeit …). Auch die Temperaturverteilung selbst kann das Ziel geotechnischer Messungen sein (z. B. Leckageortung durch längenverteilte Temperaturmessung mittels faseroptischer Verfahren). Die Erfassung von Luft-, Wasser-, Boden- und/oder Betontemperaturen ist demzufolge bei den meisten geotechnischen Messungen unumgänglich für eine umfassende Interpretation bzw. Bewertung der Ergebnisse.

Zusätzlich wirkt die Temperatur direkt auf die in der Geomesstechnik verwendeten Messgeräte ein und kann zu systematischen Messabweichungen führen (Dehnung von Extensometern, Nullpunktverschiebung bei Neigungssensoren, Einfluss auf die elektrooptische Streckenmessung in Tachymetern).

Die Messung des Luftdrucks ist insbesondere bei der Verwendung absolut messender Wasserdrucksensoren erforderlich. Da in derartigen Sensoren der Wasserdruck gegenüber einem Vakuum gemessen wird, führen Änderungen des wirkenden Luftdrucks auch bei unverändertem Wasserstand/-druck zu Messwertschwankungen.

Niederschlagsmenge und Schneehöhe im Projektgebiet sowie Meerespegel (Tideeinfluss) sind Voraussetzungen zur Interpretation der Grundwasserstände.

6 Messsysteme und Messverfahren

Nachfolgend sind Messsysteme zusammengefasst, die häufig zur Beantwortung geotechnischer Fragestellungen eingesetzt werden. Dem Charakter des Handbuchs entsprechend kann nicht auf Einzel- bzw. Speziallösungen und experimentelle Verfahren eingegangen werden. Es werden stets nur die Hauptanwendungsgebiete aufgeführt. In der letzten Spalte (Auto) wird nicht nur die Eignung zur automatisierten, d. h. programmgesteuerte Auslösung der Messungen bewertet, sondern auch zur sofortigen automatisierten Berechnung und Präsentation der Ergebnisse. Dabei wird auf die gängige geomesstechnische Praxis Bezug genommen. Darüber hinaus existieren zahlreiche Sonderlösungen für praktisch alle Messsysteme (Tab. 2, 3 und 4). Die Abkürzungen bedeuten:

xx … Automatisierung wird sehr häufig angewendet, ist der Regelfall
x … Automatisierung wird angewendet
S … Automatisierung in Sonderfällen möglich

Tab. 2 Messsysteme zur Erfassung von Verschiebungen diskreter Punkte

Messsystem	Anwendungsgebiete	Besonderheiten	Auto
Tachymeter/Totalstation	dreidimensionale Koordinatenbestimmung diskreter Punkte an der Oberfläche von Objekten	sehr flexible Punktanordnung und Messungsdurchführung, großer Messbereich, auch reflektorlos anwendbar	x
Digitalnivellier (geometrisches Nivellement)	Höhenbestimmung diskreter Punkte an der Oberfläche von Objekten	sehr flexible Punktanordnung und Messungsdurchführung, großer Messbereich, sehr genau	S
satellitengestützte Messsysteme (GNSS)	dreidimensionale Koordinatenbestimmung diskreter Punkte an der Oberfläche von Objekten	benötigt freie Sicht oberhalb der natürlichen Horizontlinie (ungeeignet bei enger Bebauung und unter Bäumen)	x
Schlauchwaage (hydrostatisches Nivellement)	Setzungsmessung in Dämmen/ Schüttungen in genähert horizontalen Profilen	sehr genau, aber eingeschränkter Messbereich	x
Setzungspegel (Sonderform des Sondenextensometers lt. DIN 4107-2)	Setzungsmessung in Dämmen/ Schüttungen in genähert vertikalen Profilen	Bestimmung von Verzerrungsprofilen möglich	

Tab. 3 Messsysteme zur Erfassung von flächenhaften Verschiebungen

Messsystem	Anwendungsgebiete	Besonderheiten	Auto
Laserscanner	flächenhafte dreidimensionale Koordinatenbestimmung beliebiger Oberflächen	absoluter Lagebezug ist möglich, sehr hohe Punktdichte, große Datenmenge, zusätzlich fotometrische Information, ggf. aufwändige Auswertung	
digitale Fotogrammetrie			S
InSAR (Interferometric Synthetic Aperture Radar)	Überwachung von Rutschhängen, flächenhafte Setzungsmessung	terrestrisch oder satellitengestützt anwendbar, Ergebnis: Relativbewegungen in einer durch den Standort des Senders definierten Richtung, die nicht zwangsläufig mit der Maximalkomponente der Bewegung überein stimmt	

Tab. 4 Messsysteme zur Erfassung von Neigungen

Messsystem	Anwendungsgebiete	Besonderheiten	Auto
Neigungssensor	Bestimmung von Neigungsänderungen diskreter, zugänglicher Punkte	punktuelle Aussage, begrenzt dauerstabil (Nullpunktdrift), preiswert	xx
Pendellot	Neigungsmessung in Bauwerken (z. B. Staumauern)	sehr genau, erfordert vertikale Schächte oder Bohrungen, Neigungsverlauf wird über die gesamte Lotlänge integriert	x
Schlauchwaage (geschlossenes System)	Neigungsmessung in Bauwerken	sehr genau, aber eingeschränkter Messbereich, Anordnung aller Messstellen in etwa der gleichen Höhe erforderlich	xx

Verzerrungen können aus den Messergebnissen einiger der zuvor genannten Messsysteme berechnet werden. Einige Messsysteme speziell zur direkten Ermittlung von Verzerrungen sind (Tab. 5, 6 und 7):

Die Auswahl der geeigneten Messverfahren, die Planung der Datenübertragung und Kommunikation, die Installation, Messung und Auswertung setzen stets Erfahrung und sowohl geo-, mess- als auch informationstechnisches Hintergrundwissen

Tab. 5 Messsysteme zur Erfassung von Verzerrungen

Messsystem	Anwendungsgebiete	Besonderheiten	Auto
Extensometer (vgl. DIN 4107-2)	abschnittsweise Bestimmung von Längenänderungen in Boden oder Fels	sehr genau, sehr häufig als Mehrfachextensometer angewendet, beliebige Orientierung möglich	x
Inklinometer (vgl. DIN 4107-3)	Ermittlung von detaillierten Neigungsprofilen, daraus abgeleitet Verschiebungsprofile	sehr dichte Information entlang der Messachse, ungünstige Aufsummierung von Messunsicherheiten	x
Gleitmikrometer (Sonderform des Sondenextensometers lt. DIN 4107-2)	abschnittsweise, detaillierte Bestimmung von Längenänderungen im Fels, seltener im Boden	sehr dichte Information entlang der Messachse, Messbereich pro Abschnitt begrenzt	
Konvergenzmessung	Abstandsmessung im untertägigen Hohlraumbau	mittels spezieller Messbänder oder tachymetrisch	x

Tab. 6 Messsysteme zur Erfassung von Kräften, Dehnungen und Spannungen

Messsystem	Anwendungsgebiete	Besonderheiten	Auto
Kraftmessdose	Bestimmung der am Ankerkopf wirksamen Ankerkräfte	Messbereich umfasst in der Regel sowohl Spannungsabnahme (Ankerkraftverlust) und -zunahme (Aktivierung der Ankerwirkung)	xx
Messanker	Bestimmung der Dehnung an Vorspannankern unter Last		xx
Dehnungsmesser (Strainmeter)	Dehnungsmessung in Beton oder Fels	Messgerät eingebettet in das zu untersuchende Material	xx
Dehnmessstreifen	Dehnungsmessung an der Oberfläche von massiven Bauteilen	Sensor auf der Oberfläche verschraubt oder verklebt	xx
faseroptische Dehnungsmessung	Dehnungsmessung an/in massiven Bauteilen, seltener im Boden	mechanische Anbindung der Faser an das zu untersuchende Objekt erforderlich, unempfindlich gegenüber elektrischen Störungen	x
Druckkissen (vgl. DIN 4107-4 (2012))	direkte Messung totaler Spannungen in einer definierte Richtung	sehr hohe Anforderungen an die Einbaubedingungen, ungeeignet für Steinschüttungen, Berechnung effektiver Spannungen in Kombination mit Porenwasserdrucksensor möglich	xx
Hydro-Frac-Methode	Spannungsmessung im kristallinen Gestein	Ableitung lokaler Spannungen (minimale Spannung), vereinfachende Annahmen erforderlich	

Tab. 7 Messsysteme zur Erfassung hydrometrischer Größen

Messsystem	Anwendungsgebiete	Besonderheiten	Auto
offenes Piezometerstandrohr	Messung von Wasserständen im Untergrund	nur geeignet in ausreichend durchlässigem Untergrund im Bereich des Filters	x
geschlossenes Piezometersystem	Messung von Wasserdrücken im Untergrund, Sohlwasserdruckmessung	Entlüftung beachten, kann zum offenen Standrohr erweitert werden (größerer Messbereich)	x
Porenwasserdrucksensor	Messung von Porenwasserdrücken	Einsatz in wenig durchlässigem Material (Lehm, Ton), Luftdruckkorrektur beachten	xx
Messwehr	Messung von Durchflüssen (z. B. Sickerwasser)	Messgröße: Wasserstand, Durchflussberechnung über W/Q-Beziehung	xx

voraus. Die Besonderheiten der einzelnen Sensoren, ihre Vor- und Nachteile bezogen auf die durch das Projekt gegebenen Randbedingungen bestimmen letztendlich das Design der Instrumentierung und beeinflussen dadurch den Projekterfolg.

Erklärung zu konkurrierenden Interessen Der/die Autor(en) hat/haben keine Interessenkonflikte zu erklären, die für den Inhalt dieses Manuskripts relevant sind.

Literatur

ASCE (2000) Guidelines for instrumentation and measurements for monitoring dam performance. American Society of Civil Engineers, USA

Bassett R (2012) A guide to field instrumentation in geotechnics: principles, installation and reading. Spon Press, USA

DIN 1319-1:1995-01 (1995) Grundlagen der Messtechnik – Teil 1: Grundbegriffe

DIN 1319-2:2005-10 (2005) Grundlagen der Messtechnik – Teil 2: Begriffe für Messmittel

DIN 1319-3:1996-05 (1996) Grundlagen der Messtechnik – Teil 3: Auswertung von Messungen einer einzelnen Messgröße, Messunsicherheit

DIN 1319-4:1999-02 (1999) Grundlagen der Messtechnik – Teil 4: Auswertung von Messungen; Messunsicherheit

DIN 18710-1:2010-09 (2010) Ingenieurvermessung – Teil 1: Allgemeine Anforderungen

DIN 18710-4:2010-09 (2010) Ingenieurvermessung – Teil 4: Überwachung

DIN 4107-4:2012:02 (2012) Geotechnische Erkundung und Untersuchung – Geotechnische Messungen – Teil 4: Druckkissenmessungen

DIN 4123:2013-04 (2013) Ausschachtungen, Gründungen und Unterfangungen im Bereich bestehender Gebäude

DIN EN 1997-1:2014-03 (2014) Eurocode 7 – Entwurf, Berechnung und Bemessung in der Geotechnik – Teil 1: Allgemeine Regeln

DIN EN 1997-2:2010-10 (2010) Eurocode 7 – Entwurf, Berechnung und Bemessung in der Geotechnik – Teil 2: Erkundung und Untersuchung des Baugrunds

DIN EN ISO 18674-1:2015-09 (2015) Geotechnische Erkundung und Untersuchung – Geotechnische Messungen – Teil 1: Allgemeine Regeln

DIN EN ISO 18674-2:2017-03 (2017) Geotechnische Erkundung und Untersuchung – Geotechnische Messungen – Teil 2: Verschiebungsmessungen entlang einer Messlinie: Extensometer

DIN EN ISO 18674-3:2018-09 (2018) Geotechnische Erkundung und Untersuchung – Geotechnische Messungen – Teil 3: Verschiebungsmessungen quer zu einer Messlinie: Inklinometer

Dunnicliff J, Marr WA, Standing J (2012) Principles of geotechnical monitoring. In: Burland J, Chapman T, Skinner HD, Brown M (Hrsg) ICE manual of geotechnical engineering. ICE Publishing, London

DWA-M 514 (2011) Bauwerksüberwachung an Talsperren. DWA Henneff

Fecker E (1997) Geotechnische Messgeräte und Feldversuche im Fels. Ferdinand Enke

Möser M (2016) Ingenieurbau. In: Möser M, Müller G, Schlemmer H (Hrsg) Handbuch der Ingenieurgeodäsie. Herbert Wichmann Verlag, Berlin

Möser M, Hoffmeister H, Müller G, Staiger R, Schlemmer H (2012) Handbuch der Ingenieurgeodäsie – Grundlagen. Herbert Wichmann Verlag, Berlin

Müller-Salzburg L (1995) Der Felsbau, Band 2A – Felsbau über Tage. Ferdinand Enke Verlag, Stuttgart

Schwarz W (2004) Genauigkeitsmaße richtig interpretieren. Schriftenreihe des DVW 46:77–96, Bühl

SN ENV 13005:2000-07: (2000) Leitfaden zur Angabe der Unsicherheit beim Messen

VV-WSV 2602 (2009) Ingenieurvermessung im Bauwesen. Verwaltungsvorschrift der Wasser- und Schifffahrtsverwaltung des Bundes, Herausgegeben vom Bundesministerium für Verkehr, Bau und Stadtentwicklung, 01/2009

Weise K, Wöger W (1999) Meßunsicherheit und Meßdatenauswertung. Wiley-VCH, Weinheim

Welsch W, Heunecke O, Kuhlmann H (2013) Auswertung geodätischer Überwachungsmessungen. In: Möser M, Müller G, Schlemmer H (Hrsg) Handbuch der Ingenieurgeodäsie. Herbert Wichmann Verlag, Berlin

Baugrund-Tragwerk-Interaktion

Ulvi Arslan und Simon Meißner

Inhalt

1 **Einleitung** ... 253
2 **Vorgehen in der Bauingenieur-Praxis** ... 255
3 **Ermittlung der Sohldruckverteilung und der Baugrundverformungen** ... 258
4 **Geotechnische Gründungsvarianten** ... 260
5 **Beobachtungsmethode (Messtechnische Überwachung)** ... 263
6 **Projektbeispiele** ... 266
Literatur ... 276

1 Einleitung

Da jedes Bauwerk (Tragwerk) im bzw. auf dem Baugrund gegründet vom Baugrund getragen werden muss, führt jede Gründung auf das Problem Baugrund-Tragwerk-Interaktion. Aus diesem Grund kommt in der Geotechnik der Untersuchung dieser Interaktion eine zentrale Bedeutung zu. Eine vollständige Analyse des im allgemeinen dreidimensionalen Interaktionsproblems erfordert:

- eine zutreffende Modellierung des Tragwerks und dessen mechanischen Verhaltens. Diese Modellierung liegt im Verantwortungsbereich der Tragwerksplanung
- eine zutreffende Modellierung des Baugrunds und des mechanischen Verhaltens des Bodens. Diese Modellierung liegt im Verantwortungsbereich der Geotechnik
- eine zutreffende Beschreibung des Kontaktverhaltens zwischen dem Boden und dem Bauwerk
- eine adäquate Berechnungsmethode zur Lösung des Interaktionsproblems (Arslan 1994)

Die in der Abb. 1 dargestellten Begrifflichkeiten werden wie folgt definiert:

U. Arslan (✉)
em. Univ.-Prof. Dr.-Ing., Fachbereich Bau- und Umweltingenieurwissenschaften, Technische Universität Darmstadt, Darmstadt, Deutschland
E-Mail: arslan@ismd.tu-darmstadt.de

S. Meißner
Prof. Dr.-Ing., Prof. Quick und Kollegen Ingenieure und Geologen GmbH, Darmstadt, Deutschland
E-Mail: Simon.meissner@quick-ig.de

U. Arslan (Hrsg.), *Geotechnik*, Handbuch für Bauingenieure,
https://doi.org/10.1007/978-3-658-29496-0_71

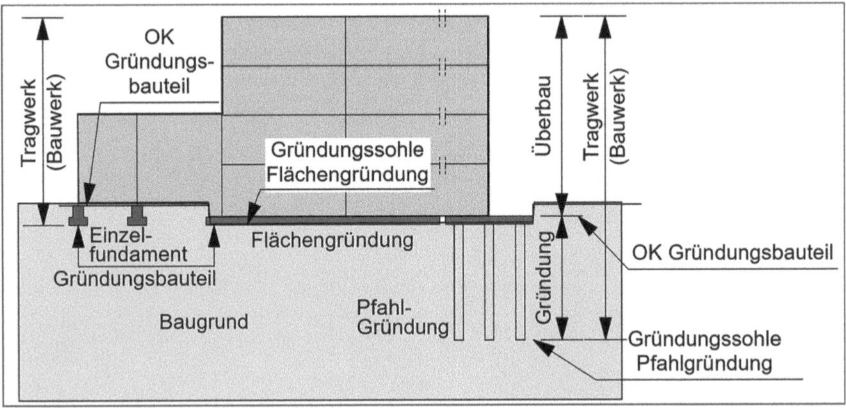

Abb. 1 Baugrund-Tragwerk-Interaktion in Anlehnung an (DIN Fachbericht 130)

- **Bauwerk**. Das Bauwerk umfasst das Tragwerk und alle nicht tragenden Bauteile.
- **Tragwerk**. Das Tragwerk umfasst alle tragenden Bauteile des Überbaus und die Gründungsbauteile oberhalb der Gründungssohle.
- **Überbau**. Der Überbau umfasst alle tragenden Bauteile oberhalb der Oberkante der Gründungsbauteile. Die Gründungselement sind alle Bauteile unterhalb des Überbaus, wie Einzelfundamente, Streifenfundamente, Gründungsplatte, Pfähle.

Das mechanische Verhalten des Bodens, das zutreffend modelliert werden soll, weist im Wesentlichen folgende Eigenschaften auf (Arslan 1994):

- Der Boden zeigt ein nichtlineares, elasto-plastisches Deformationsverhalten und zwar sowohl bei Belastung mit konstanten Hauptspannungsverhältnissen als auch bei deviatorischer Belastung. Nach Entlastungen geht nur ein Teil der gesamten Verformung zurück. Der verbleibende Anteil ist plastisch.
- Große Ent- und Wiederbelastungszyklen verursachen Hystereseeffekte im Deformationsverhalten. Diese Hysteresen haben eine Verdichtung zur Folge. Dagegen kann das Verhalten bei kleinen Ent- und Wiederbelastungen als elastisch angesehen werden.
- Im Gegensatz zu den sonstigen Materialien im Bauingenieurwesen wie Holz, Stahl und Beton zeigt der Boden unter Scherbelastung bzw. unter deviatorischer Belastung eine Volumenveränderung. Nach anfänglicher Kontraktanz folgt eine Volumenzunahme, eine Dilatanz. Die Verhinderung der Dilatanz hat bekanntlich eine Verspannung des Bodens zur Folge.
- Die Größe des Seitendrucks hat einen Einfluss auf das Deformationsverhalten. Mit zunehmendem Seitendruck wird das Verhalten weniger spröde, die Tendenz zu Dilatanz nimmt ab.
- Eine direkte Folge der plastischen Eigenschaften des Bodens ist die Tatsache, dass das Deformationsverhalten vom Spannungsweg abhängig ist.

Der Boden verhält sich wie ein elasto-plastisches, verfestigendes Material, d. h. die Verformungen des Bodens unter allgemeinen Spannungsänderungen setzen sich additiv aus zwei Anteilen zusammen

$$\Delta\varepsilon_{ij} = \Delta\varepsilon_{ij}^{e} + \Delta\varepsilon_{ij}^{p}$$

- einem elastischen Anteil. Dieser Anteil kann nach der Elastizitätstheorie erfasst und beschrieben werden und
- einem plastischen Anteil, der nach der Plastizitätstheorie zu berechnen ist.

Zeitabhängiges Verhalten Die Deformationen des Bodens infolge Belastung gehen in der Regel mit einer Verringerung des Porenvolumens einher. Wenn dieser Vorgang durch die Strömung des ausgepressten Porenwassers bestimmt wird; dies ist übrigens immer dann der Fall, wenn der Boden wassergesättigt und gering durchlässig ist, kommt es zu Verzögerungen im zeitlichen Verlauf der Deformationen. Dieses zeitabhängige Deformationsverhalten wird „Konsolidierung" genannt (siehe Kap. ▶ „Bodenmechanik").

Das Zusammenwirken von Bauwerk (Tragwerk) und Baugrund wird in der Berechnung praktischer Bauaufgaben durch verschiedene Modelle simuliert. Für die Ingenieurpraxis ist die Frage wichtig, ob das im Allgemeinen schwierige dreidimensionale Problem durch ein einfacheres, zwei- oder gar eindimensionales Problem ersetzt werden kann und ob Vereinfachungen bezüglich des Materialverhaltens des Baugrundes möglich sind. Wenn das Interaktionsproblem Baugrund-Tragwerk durch eine Wechselwirkung allein zwischen Gründungselement und dem Boden idealisiert werden kann, reduziert sich das Problem auf die Bestimmung der Sohldruckverteilung in der Gründungssohle. Die Sohldruckverteilung hängt von vielen Faktoren ab; dazu gehören:

- die Geometrie des Bauwerkes,
- die Biegesteifigkeit des Bauwerkes,
- die Einbindetiefe des Bauwerkes in den Baugrund,
- die Art, die Größe und die Richtung der Belastung,
- mögliche zeitlich veränderliche Belastungen (Bauzustände),
- die Zusammensetzung des Bodens und seine Eigenschaften zum maßgebenden Herstellzeitpunkt.

Aus diesen Bedingungen und aus den Eigenschaften des Baugrunds ergibt sich der Bemessungswert des Sohlwiderstands. Um den Spannungsnachweis in der Sohlfuge führen zu können, ist die Kenntnis der aus der Belastung resultierenden Sohldruckverteilung erforderlich. Ihre Ermittlung ist allerdings im Allgemeinen hochgradig statisch unbestimmt. Zur Lösung müssen deshalb Deformationsbedingungen herangezogen werden. Diese Bedingungen lassen sich als ein allgemeiner Grundsatz formulieren, der bei der Bestimmung der Sohldruckverteilung von Fundamenten erfüllt werden muss. Dieser allgemeine Grundsatz ist in der Abb. 2 schematisch dargestellt. Ein Fundament der Länge l, der Breite b und der Dicke d hat eine Biegesteifigkeit EI. Der durch das Fundament belastete Baugrund weist einen Steifemodul E_s auf. Das Fundament ist durch eine äußere Einwirkung P und den Sohldruck mit der Verteilung q(x) beansprucht. Daraus ergibt sich eine Durchbiegung des Gründungsbauteils y = f(x). Der Sohldruck q(x) belastet wiederum den Baugrund und erzeugt eine Setzungsmulde $\overline{y} = \overline{f}(x)$. Bei korrekter Bestimmung der Sohldruckverteilung müssen aufgrund der Kompatibilität die Durchbiegung des Gründungsbauteils und die Setzungsmulde gleich sein, was ein iteratives Vorgehen zur Folge haben kann, bei dem der Ansatz für die Sohldruckverteilung entsprechend angepasst werden muss.

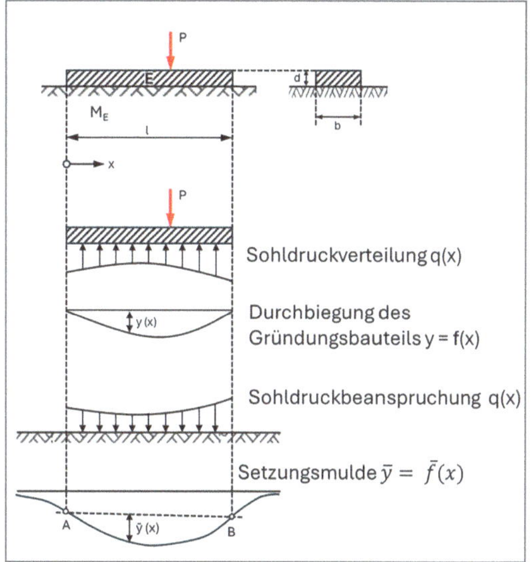

Abb. 2 Fundament mit äußerer Einwirkung auf dem Baugrund und Darstellung der Sohldruckverteilung, der Durchbiegung des Gründungselement und der Setzungsmulde

2 Vorgehen in der Bauingenieur-Praxis

Eine gesamtheitliche und realitätsnahe Erfassung der Baugrund-Tragwerk-Interaktion ist aufgrund der Komplexität nur mit großem Berechnungsaufwand möglich. Daher wird diese gesamtheitliche

Erfassung auch heutzutage selten verfolgt. Zudem erfolgt die Wahl der Gründung sowie die endgültige Berechnung des Tragwerkes häufig nacheinander und von verschiedenen Fachdisziplinen, nämlich von der Geotechnik und von der Tragwerksplanung. Häufig können die Verformungen des Baugrunds u. a. aufgrund der Heterogenität und Komplexität der Erkundung nur abgeschätzt werden. Daher empfiehlt es sich für die Praxis die Betrachtung der Baugrund-Tragwerk-Interaktion an getrennten Teilmodellen (Tragwerk und Gründungsbauteile) vorzunehmen (Abb. 3). Im Folgenden wird eine in drei Modellierungsstufen aufgeteilte Systematik empfohlen, mit der die Baugrund-Tragwerk-Interaktion berücksichtigt werden kann (Zilch 1993). Die Berechnung des Überbaus und der Element erfolgt getrennt; die Interaktion wird in Abhängigkeit von den Erfordernissen in unterschiedlichen Genauigkeitsstufen (Modellierungsstufen) berücksichtigt (DIN Fachbericht 2003).

Modellierungsstufe 0

Im einfachsten Fall wird die Baugrund-Tragwerk-Interaktion vernachlässigt. Die Schnittgrößenermittlung erfolgt unter Annahme einer starren, unverschieblichen Auflagerung des Tragwerks. Die sich hieraus ergebenden Sohlspannungen werden mit Bemessungswerten für Sohlwiderstände z. B. aus der DIN 1054 oder projektspezifischen Werten verglichen, die ein Versagen des Baugrunds infolge Grundbruch ausschließen und nur Setzungen bzw. Setzungsdifferenzen hervorrufen, die erfahrungsgemäß als unschädlich für das Tragwerk angesehen werden. Voraussetzung für die Wahl dieser einfachen Modellierungsstufe 0 ist beim Nachweis der Gebrauchstauglichkeit, dass entweder das Tragwerk setzungsunempfindlich ist oder dass der Baugrund hohe Steifigkeit aufweist, daher die Setzungen sehr klein bleiben und damit auch Setzungsdifferenzen vernachlässigt werden können. Die Verwendung der Modellierungsstufe 0 ist im Hochbau bei einfachen Tragsystemen üblich. Die Anwendung sollte sich auf Tragsysteme mit geringer Steifigkeit beschränken, im Grenzfall nur auf statisch bestimmte Tragsysteme. Bei hochgradig statisch unbestimmten Systemen oder Tragwerken mit ungleichmäßiger Steifigkeitsverteilung können die Verformungen des Baugrunds zu maßgebenden Umlagerungen der Schnittgrößen im Tragwerk führen, die rechnerisch erfasst werden müssen. Dies muss dann seitens der Tragwerksplanung geleistet werden.

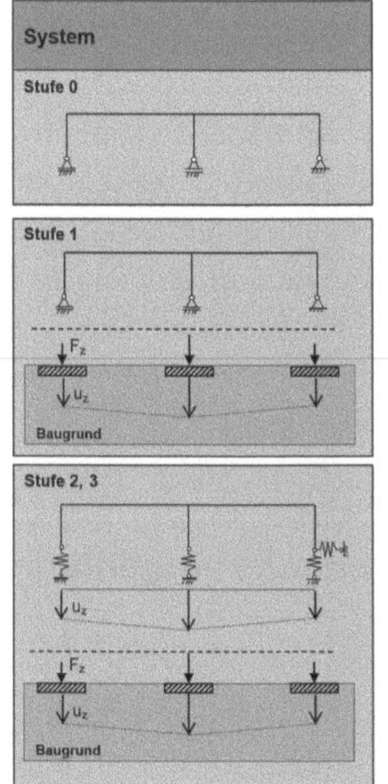

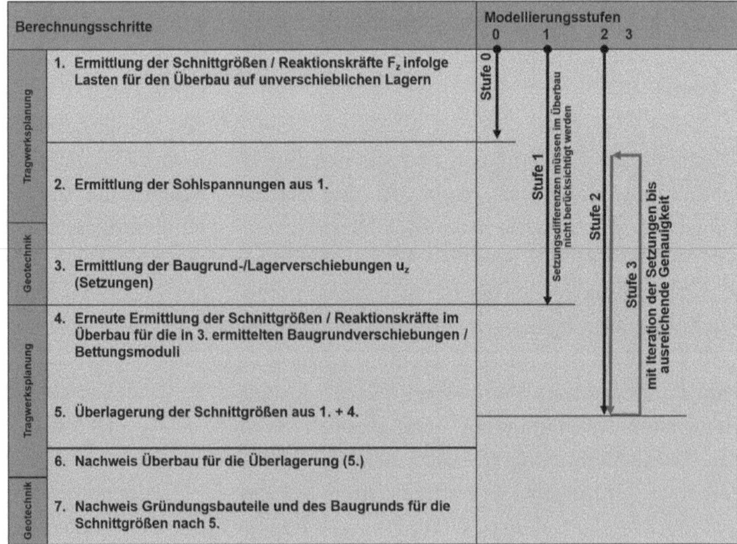

Abb. 3 Modellierungsstufen 1 bis 3 der Baugrund-Tragwerk-Interaktion

Modellierungsstufe 1

In der Modellierungsstufe 1 wird die Baugrund-Tragwerk-Interaktion näherungsweise berücksichtigt. Es werden zunächst – analog zum Vorgehen in der Stufe 0 – die Schnittgrößen des Tragwerks bei starrer, unverschieblicher Lagerung ermittelt. Für die sich daraus ergebenden Sohldrücke werden die Baugrundverschiebungen (Setzungen/Setzungsdifferenzen) bestimmt. Es bedarf anschließend der Nachweis durch die Tragwerksplanung, dass die sich dabei ergebenden Setzungen bzw. Setzungsdifferenzen für das Tragwerk verträglich sind.

Modellierungsstufe 2

Weiterführend werden bei einer Modellierungsstufe 2 die ermittelten Baugrundverschiebungen in Form der berechneten Setzungsdifferenzen dem Überbau als Lastfall aufgezwungen – alternativ können Bettungsmoduli angesetzt und die Schnittgrößen im Tragwerk bestimmt werden. Damit wird in der Modellierungsstufe 2 die Rückwirkung des Überbaus auf die Baugrundverschiebungen berücksichtigt. Die aus diesen Einwirkungen resultierende Beanspruchung ist in der Bemessung sowohl beim Nachweis der Gebrauchstauglichkeit als auch beim Nachweis der Tragfähigkeit zu berücksichtigen. Die Modellierungsstufe 2 stellt gegenüber der Stufe 3 eine sinnvolle Vereinfachung dar, wenn die im Tragwerk eingerechneten Setzungen nicht zu unverhältnismäßig hoher Unwirtschaftlichkeit führen. Dies muss seitens der Tragwerksplanung beurteilt werden.

Modellierungsstufe 3

Die Modellierungsstufe 3 wird durch ein mehrmaliges Anwenden der Stufe 2 (Iteration der Setzungen) auf Grundlage der getrennten Modelle ausgeführt. Die Iteration erfolgt so lange bis eine ausreichende Übereinstimmung der Sohldruck- bzw. der Setzungsverteilung erzielt wird.

Bei *Modellierungsstufe 4* wird das Gesamtsystem – bestehend aus Überbau-Gründungsbauteile-Baugrund – geschlossen berechnet und nachgewiesen. Diese gesamtheitliche Betrachtung führt zu hohen Anforderungen an mögliche Berechnungsprogramme und deren Benutzer. Insbesondere die Komplexität der realitätsnahen Abbildung des Baugrunds mit nicht-linearen Eigenschaften in der Berechnung erfordert große Rechnerkapazitäten. Diese gesamtheitliche Betrachtung wird in der Regel wegen des großen Aufwands gemieden.

Eine erste Orientierungshilfe für die Wahl der erforderlichen Genauigkeit/Modellierungsstufe für ein Tragwerk kann eine Betrachtung der Systemsteifigkeit k bieten (Abb. 4).

In der Regel erhält man mit wenigen Iterationszyklen ein für baupraktische Zwecke ausreichend genaues Ergebnis. Der entscheidende Vorteil der iterativen Berechnung besteht darin, dass man anhand der einzelnen Berechnungsschritte die

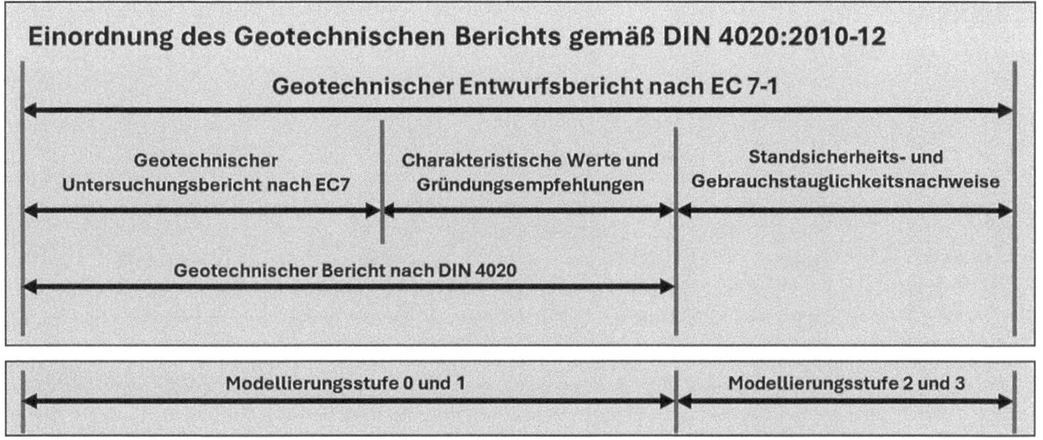

Abb. 4 Einordnung des Geotechnischen Berichts und der Modellierungsstufen. (DIN 4020 2020)

Empfindlichkeit des Tragwerks gegenüber Setzungen ablesen kann, sodass geeignete Sicherheitsüberlegungen einbezogen werden können und dass zeitabhängiges Verhalten mit einfachen ingenieurmäßigen Berechnungsmodellen problemlos zu berücksichtigen ist.

3 Ermittlung der Sohldruckverteilung und der Baugrundverformungen

Die Größe und Verteilung des Sohldrucks ist die Grundlage für die Ermittlung der Beanspruchung und für die Bemessung der Gründungskörper. Gegenstand der in der Geotechnik durchzuführenden Nachweise ist die äußere Standsicherheit, die bei Flach- und Flächengründungen entscheidend von den Fundamentabmessungen abhängt bzw. deren Ziel die Bestimmung der äußeren Fundamentabmessungen ist. Dabei geht es um die Nachweise der Systeme und Gründungselemente gegen Verformungen (Gebrauchstauglichkeit) und Versagen im Boden bzw. an der Grenzfläche Gründungskörper und Boden (Tragfähigkeit). Für die Berechnung der Sohldruckbeanspruchung können folgende Berechnungsverfahren verwendet werden (Abb. 5), die mit unterschiedlichem Aufwand und der Genauigkeit der Ergebnisse verbunden sind (siehe Kap. ► „Grundbau, Baugruben und Gründungen"):

- Spannungstrapezverfahren
- Bettungsmodulverfahren nach Winkler
- Steifemodulverfahren nach Ohde
- Numerische Verfahren, wie z. B. die Finite-Elemente-Methode

Das statisch bestimmte Spannungstrapezverfahren ist das in der Anwendung einfachste Verfahren und basiert auf der Annahme, dass die Sohldruckverteilung q(x) linear ist. Das Verfahren berücksichtigt keine Baugrund-Tragwerk-Interaktion.

Das Bettungsmodulverfahren ist ein oft verwendetes Verfahren. Dabei wird der Baugrund ingenieurtechnisch vereinfacht durch Federn ersetzt. Das Konzept des Bettungsmodulverfahrens beruht auf einer gedanklichen Trennung des Überbaus und dem Baugrund in der Gründungsebene. Die Interaktionswirkung besteht in der Verteilung der Bettungsspannungen, die nach dem Prinzip actio = reactio auf den Überbau und den Baugrund in gleicher, entgegengesetzter Größe wirken. Die Verformung ist nur abhängig von der einwirkenden Normalspannung an der gleichen Stelle. Der Ansatz entspricht nicht dem tatsächlichen Verhalten, da die Verformungen des Baugrunds nicht nur von der an dieser Stelle wirkenden Sohlnormalspannung abhängig sind, sondern auch von denen der benachbarten Stellen. Werden die Bettungsspannungen auf beiden Seiten des Modells – Überbau und Baugrund – angesetzt, ergeben sich zwei Verformungsverläufe in der Gründungsebene – auf der oberen Seite die Verformung des Überbaus an der Unterseite der Gründungsplatte die Verformung des Baugrunds, also die Setzungen. Dabei geht auf beiden Seiten die Steifigkeit des jeweiligen Teilsystems in die

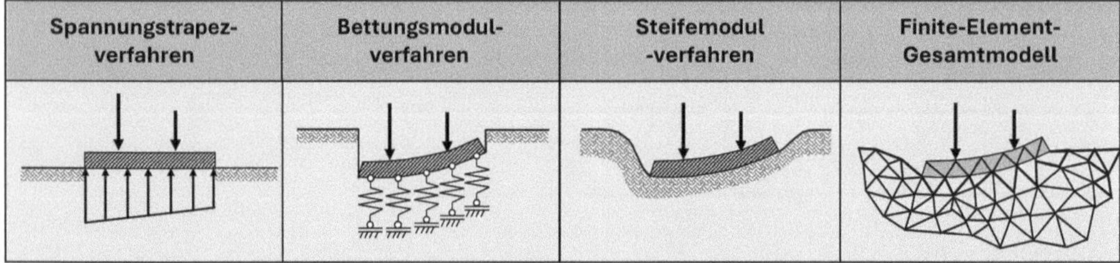

Abb. 5 Berechnungsverfahren zur Ermittlung von Baugrundverschiebungen

Berechnung ein. Aus Gründen der Kompatibilität müssen die beiden Verformungsverläufe identisch sein, d. h. die Setzungen des Baugrunds müssen mit den Setzungen der Gründungsplatte übereinstimmen. Wenn diese Übereinstimmung erzielt ist, dann war die angesetzte Sohldruckverteilung zutreffend. Wenn nicht, dann muss der Ansatz für den Spannungsverlauf korrigiert werden. Um einen realistischen Federansatz zu ermitteln, bedarf es einer Zusammenarbeit der Geotechniker und der Tragwerksplaner. Das Bettungsmodulverfahren ist ein etabliertes Verfahren, jedoch kann hiermit nicht die tatsächliche Baugrund-Tragwerk-Interaktion abgebildet werden. Im Normalfall sollte der Bettungsansatz aus einer Setzungsberechnung ermittelt werden. Allein aus dieser Tatsache geht hervor, dass der Bettungsansatz keine Bodenkenngröße darstellt, sondern zusätzlich abhängig u. a. von der Größe und Geometrie der Lastfläche ist. Der Bettungsansatz ist daher als Systemkennwert zu verstehen. Das Grundprinzip der unabhängigen Bettungsfedern führt bei konstantem Bettungsansatz in der Regel zu einer Überdimensionierung der Gründungselement.

Bei dem Steifemodulverfahren werden das Tragwerk und der Baugrund nach der Elastizitätstheorie modelliert. Der Baugrund wird dabei als Kontinuum angesehen und durch den elastisch isotropen Halbraum ersetzt. Gründungsbauteil und Baugrund sind durch die Bedingung verknüpft, dass in der Kontaktfläche ihre Verschiebungen gleich sein müssen. Die Aufgabe kann selten geschlossen gelöst werden, daher werden für die Ermittlung der Sohldruckverteilung Näherungslösungen herangezogen.

Für die Berücksichtigung der Baugrund-Tragwerk-Interaktion werden die Gründungsbauteile in Einzelelemente mit endlichen Abmessungen unterteilt, die Setzungsmulden der einzelnen Elemente (z. B. nach Steinbrenner) werden anschließend überlagert. Dabei konzentriert sich die Übereinstimmung von Setzungen und der Durchbiegung der Gründungsbauteile auf diskrete Punkte. Bei ausreichend kleiner Unterteilung kann praktisch eine geschlossene Lösung erzielt werden (Kany 1974).

Numerische Berechnungsverfahren sind in der Ingenieurspraxis mittlerweile eine gängige Methode für die Beurteilung des Verformungsverhaltens. Mit numerischen Berechnungsverfahren können insbesondere komplexe Strukturen hinsichtlich der Gebrauchstauglichkeit beurteilt werden. Dabei kommen vorwiegend Methoden der Kontinuumsmechanik (z. B. Finite-Elemente-Methode (FEM)) zum Einsatz. Einer der maßgebenden Aspekte bei den numerischen Berechnungsverfahren in der Geotechnik ist die Wahl mit entsprechender Kenntnis der geeigneten Stoffgesetze für den Baugrund. Für eine realistische Prognose von Verformungen sind höherwertige Stoffgesetze erforderlich, da nur diese das nichtlineare Spannungs-Verformungsverhalten beschreiben können. Weiterhin entscheidend ist die numerische Modellierung von Kontaktflächen zwischen Baugrund und Bauteilen. Üblicherweise wird diese Kontaktfläche mit sogenannten Interface-Elementen zur Berücksichtigung der Baugrund-Tragwerk-Interaktion modelliert. Insbesondere bei der Bemessung von Kombinierten Pfahl-Plattengründungen ist der Einsatz von numerischen Berechnungsverfahren fest verankert (Hanisch et al. 2002). Bei der Anwendung numerischer Berechnungsverfahren empfiehlt es sich, die Ergebnisse von in-situ Messungen (z. B. Pfahlprobebelastungen) nachzurechnen und anhand dieser Ergebnisse eine Kalibrierung vorzunehmen. Der Modellierungs- und Berechnungsaufwand ist gegenüber den anderen, vorgenannten Verfahren erheblich größer (EANG 2014).

Es können für erste Abschätzungen (Modellierungsstufe 2) vorab geschätzte Werte für Bettungsmoduli für die Auswirkungen auf das Tragwerk verwendet werden. Meist werden im Geotechnischen Bericht ohne Kenntnis von Lasten und ohne Kenntnis des Tragwerks Angaben zu möglichen Gründungsystemen und Bettungsreaktionen angegeben. Diese sind immer als Schätzwert zu sehen. Erfahrungswerte und Herleitungen zu Bettungsreaktionen finden sich in (Fischer 2009). Die tatsächliche Größe der Bettungsreaktionen muss – falls für das Tragwerk erforderlich bzw. bei sensiblen Tragwerken – in einem iterativen Prozess (Modellierungsstufe 3) ermittelt werden. Gemäß DIN EN 1997-1 wird das Bettungsmodulverfahren für die Ermittlung von Setzungen und Setzungsunterschieden als ungeeignet betrachtet. Es sollten genauere Verfahren wie die Finite-Elemente-Methode herangezogen werden, wenn die Wechselwirkung zwischen Baugrund und Tragwerk maßgebend ist. Dies ist Bestandteil eines Geotechnischen Entwurfsberichts nach EC 7 (Abb. 4).

4 Geotechnische Gründungsvarianten

Die verschiedenen Gründungsvarianten lassen sich grundsätzlich in Anlehnung an (DIN Fachbericht 2003) in Flach- bzw. Flächengründungen und Tiefgründungen unterteilen (Abb. 6). Bei allen geotechnischen Gründungsvarianten gilt es nicht nur die Verformungen infolge von Laständerungen zu ermitteln, sondern auch sonstige Interaktionen, u. a. durch bauablaufsbedingte Lasten, Grundwasserhaltungen, Aufschüttungen, Erschütterungen, möglichen Schwell- und Karsterscheinungen zu betrachten.

Flachgründung/Flächengründung

Eine Flachgründung besteht aus gedrungenen Fundamenten oder Streifenfundamenten, die als starr angenommen werden können. Eine Baugrund-Tragwerk-Interaktion kann bei ausreichendem Abstand zwischen den Gründungen weitestgehend vernachlässigt werden. Bei Flächengründungen mit ausgedehnten Fundamentplatten (Plattengründung), die durch das Tragwerk ausgesteift werden, muss zur Ermittlung der Schnittgrößen die Baugrund-Tragwerk-Interaktion berücksichtigt werden. In der Ingenieurpraxis wird hierzu zumeist das Bettungsmodulverfahren eingesetzt (siehe Kap. ▶ „Grundbau, Baugruben und Gründungen").

Zur Gewährleistung der Gebrauchstauglichkeit werden mittlerweile häufig Baugrundverbesserungsverfahren in Betracht gezogen. Diese können je nach Gründungsvariante (z. B. Bodenaustausch, etc.) als Flächengründung oder bei Ausführung von Stabilisierungssäulen als tiefliegende Flächengründung betrachtet werden.

Tiefgründung Bei einer Tiefgründung werden die Lasten mittels Gründungsbauteile in tiefere Baugrundschichten eingeleitet. Die Pfahlgründung als gängigste Form einer Tiefgründung wird im Allgemeinen ausgeführt, wenn ein Baugrund mit geringer Tragfähigkeit ansteht, um Lasten in Hinblick auf die Standsicherheit und Gebrauchstauglichkeit abzutragen. Hierzu werden

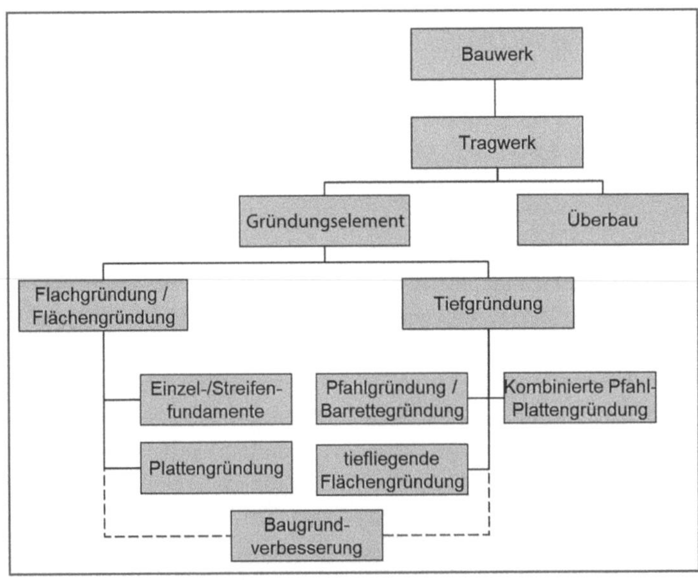

Abb. 6 Gründungsvarianten

Lasten ausschließlich über die Pfähle in den Baugrund abgetragen. Werden mehrere Pfähle über eine gemeinsame Pfahlkopfplatte verbunden und unterschreiten die Abstände der Pfähle ein gewisses Maß, müssen Pfahl-Pfahl-Interaktionen bei der Bemessung berücksichtigt werden. Die Pfahlanordnung kann weiterhin als Instrument zur Optimierung von Schnittgrößen in der Fundamentplatte und im Tragwerk angesehen werden (Arslan und Ripper 2002). Der Nachweis der Gebrauchstauglichkeit von Pfahlgründungen wird oft vernachlässigt. Insbesondere bei schwimmenden Pfahlgründungen oberhalb nicht tragfähiger Schichten sind die Spannungsänderung unterhalb der Pfahlaufstandsebene im Hinblick auf die Gebrauchstauglichkeit zu beachten.

Kombinierte Pfahl-Plattengründung (KPP)

Die Kombinierte Pfahl-Plattengründung (KPP) ist eine Verbundkonstruktion, die die Tragwirkung der Gründungsplatte und Tiefgründungselementen (Pfähle, Barrette, etc.) miteinander kombiniert. Eine KPP stellt ein komplexes Tragsystem dar, dessen realitätsnahe Modellierung die Berücksichtigung der in Abb. 7 dargestellten Interaktionen zwischen der Gründungsplatte und der Tiefgründungselemente erfordert. In Deutschland sind erste erfolgreiche Ausführungsbeispiele von KPP-Gründungen mit einer intensiven messtechnischen Begleitung der Messeturm in Frankfurt am Main in bindigen Baugrundschichten (Reul 2000) sowie der Treptower in Berlin in nichtbindigen Baugrundschichten (Reul 2000). Seitdem wurden eine Vielzahl von baulichen Anlagen auf einer KPP gegründet. Die Planung, Bemessung und Ausführung von Kombinierten Pfahl-Plattengründungen sind über die Technischen Baubestimmungen grundsätzlich geregelt.

Die KPP ist ein in technischer, aber auch in wirtschaftlicher Hinsicht, optimiertes Gründungssystem, das sowohl für klassische Hochbauten wie z. B. Hochhäuser aber auch für Ingenieurbauwerke wie z. B. Brücken angewendet werden kann.

Ein zusätzliches, die Besonderheiten einer KPP erfassendes Regelwerk ist die KPP-Richtlinie (Hanisch et al. 2002; Reul und Randolph 2025). Aufgrund der Komplexität des Trag- und Verformungsverhaltens, das in der Interaktion zwischen den einzelnen Gründungselementen und dem Baugrund liegt, sind KPP grundsätzlich in die Geotechnische Kategorie GK 3 einzuordnen. Sie sind nicht nur von einem Prüfingenieur für Baustatik, sondern auch von einem Prüfsachverständigen für Erd- und Grundbau (Geotechnik) zu prüfen (Katzenbach und Meißner 2024). Die Vorteile einer KPP gegenüber einer konventionellen Flachgründung und einer Pfahlgründung können wie folgt zusammengefasst werden:

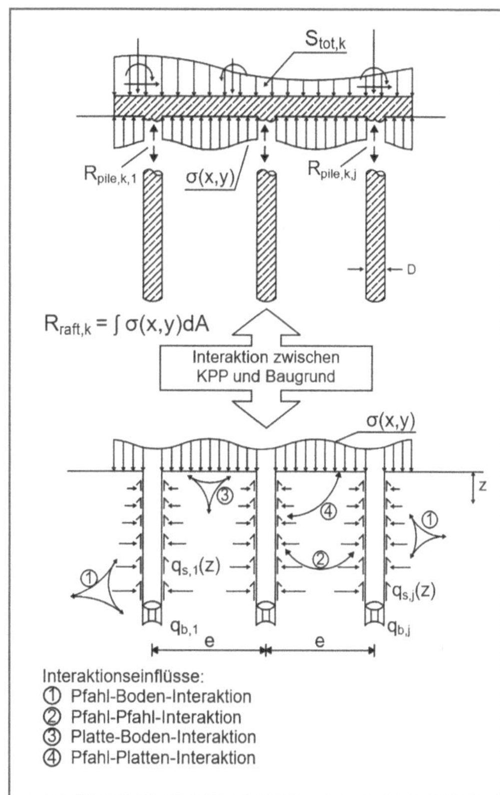

Abb. 7 Kombinierte Pfahl-Plattengründung (KPP) als geotechnische Verbundkonstruktion mit den maßgebenden Interaktionseinflüssen. (Hanisch et al. 2002)

- Reduktion von Setzungen im Vergleich zu einer Flachgründung
- Reduktion von Setzungsdifferenzen im Vergleich zu einer Pfahlgründung

- Erhöhung der Tragfähigkeit von Flachgründungen
- Verringerung der Durchbiegung der Gründungsplatte
- Einsparung von Pfahlmassen

Die vorgenannten Interaktionen, die zu diesem optimierten Gründungsystem der KPP führen, gelten systembedingt nur, wenn

- unter der Gründungsplatte keine Schichten mit geringer Steifigkeit (z. B. weiche bindige bzw. organische Böden, sackungsfähige Auffüllungen) anstehen.
- das Steifigkeitsverhältnis der oberen Baugrundschicht zur einer unteren Schicht einen Wert von 1/10 nicht unterschreitet.

Der Planungsablauf kann mit der Modellierungsstufe 3 (Abb. 3) beschrieben werden. Es bedarf hierfür einer intensiven Abstimmung zwischen den Fachdisziplinen Geotechnik und Tragwerksplanung. Für die Planung einer KPP bedarf es einer vorzeitigen Ermittlung der Lasten. Die geotechnischen Nachweise einer KPP können vereinfacht Abb. 8 entnommen werden.

Bei einer Nachweisführung mittels numerischer Berechnungen nimmt die Modellierung von Tiefgründungselementen (Pfähle, Barrette) eine Schlüsselrolle ein (Granitzer 2024).

Stützbauwerke/Deckelbauweise

Auch für Stützbauwerke, d. h. z. B. Gewichtsstützwände, im Boden einbindende Wände (Baugrubenwände), zusammengesetzte Stützkonstruktionen oder Tunnel, ist die Baugrund-Tragwerk-Interaktion zu beachten. Dabei können in Analogie zur Ermittlung von Sohldruckverteilungen auch Berechnungen nach dem Bettungsmodulverfahren oder numerische Verfahren zur Ermittlung von Spannungen und Verformungen im Baugrund verwendet werden.

Bei allen geotechnischen Ingenieurbauwerken gilt es nicht nur die Verformungen infolge von Laständerungen zu ermitteln, sondern auch sonstige Einwirkungen u. a. durch bauablaufsbedingte Lasten, Grundwasserhaltungen, Aufschüttungen, Erschütterungen, mögliche Schwell- und Karsterscheinungen oder Erdbeben zu betrachten.

Im innerstädtischen Bereich wird aufgrund vielfältiger Randbedingungen die Herstellung von Baugruben mittels einer Deckelbauweise ausgeführt (Abb. 9). Dabei kann auf z. B. aufwendige Rückverankerungen oder Aussteifungen verzichtet werden. Bei der Deckelbauweise wird zunächst das Bauwerk von oben nach unten hergestellt, dabei

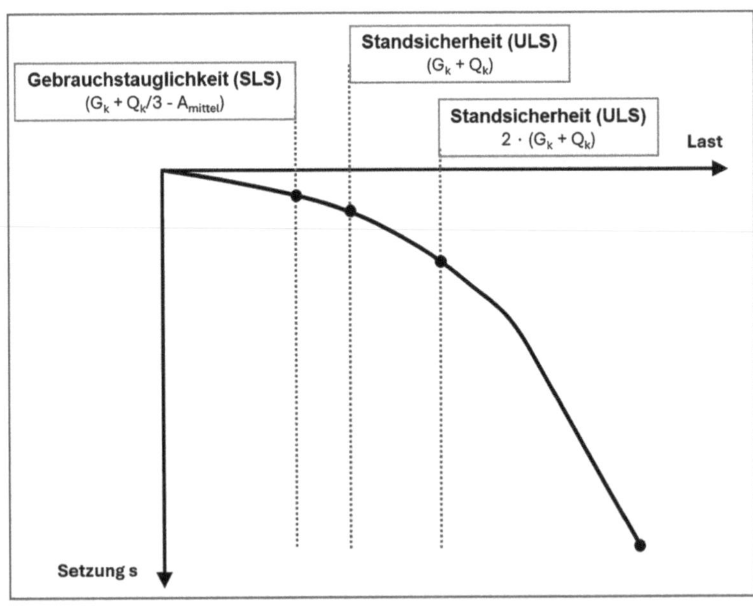

Abb. 8 Gesamtwiderstand einer KPP – Nachweis der Tragfähigkeit

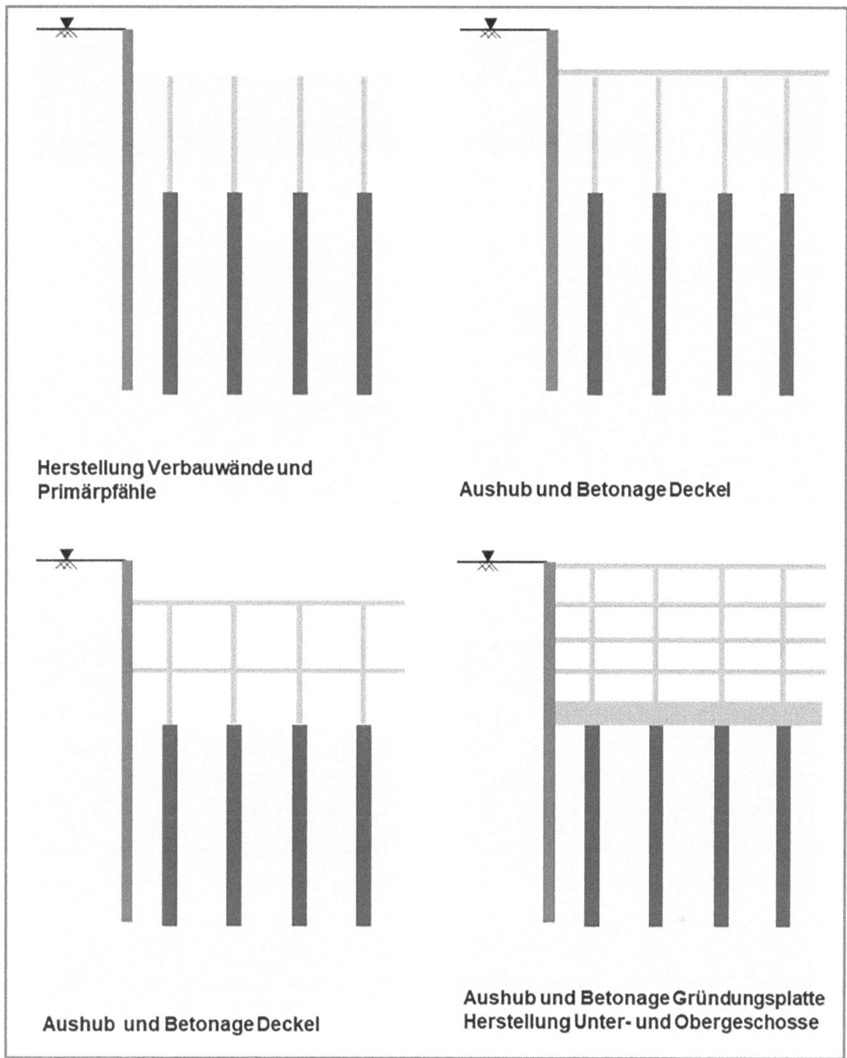

Abb. 9 Ablaufschema Deckelbauweise in Anlehnung an Bauvorhaben FOUR, Frankfurt am Main

werden zuerst die Baugrubenumschließung sowie die Primärpfähle mit Primärstützen in den Baugrund eingebracht. Anschließend erfolgt der Aushub bis zum ersten Aussteifungsdeckel, welcher auf den Primärstützen auflagert und das endgültige Untergeschoss bildet. Daraufhin erfolgt der weitere Aushub unterhalb des Deckels zur nächsten Aussteifungsebene (weitere Deckel oder Gründungsplatte). Nach Herstellung der Gründungsplatte erfolgt die Fertigstellung der Untergeschosse sowie die Errichtung der Obergeschosse. Die Deckelbauweise erfordert eine umfassende Betrachtung von Bauwerk-Interaktionen für alle Bauphasen bei der die Fachdisziplinen der Geotechnik und Tragwerksplanung gefordert sind.

5 Beobachtungsmethode (Messtechnische Überwachung)

Mit der Einführung der DIN 1054:2005-01 ist die Beobachtungsmethode normativ geregelt und auch weiterhin fester Bestandteil der Untersuchung von Grenzzuständen entsprechend DIN EN 1997-1-2014:03 (Abb. 10).

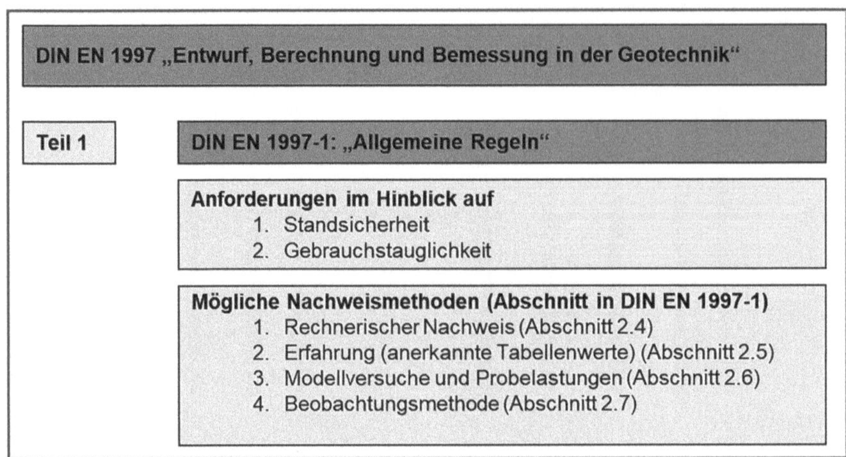

Abb. 10 Struktur der grundlegenden geotechnischen Normierung. (Geomesstechnik 2021)

In der Geotechnik sind eine Vielzahl von Unsicherheiten bei dem Werkstoff Baugrund zu beachten. Im Ingenieurwesen erfolgt die Planung auf Basis der Werkstoffkennwerte und der mathematischen Modellen. In der Geotechnik müssen zunächst projektspezifisch die Werkstoffkennwerte mittels einer Baugrunderkundung mit den bekannten Unwägbarkeiten und Unsicherheiten qualifiziert ermittelt werden. Empfehlungen zu Art und Umfang einer Baugrunderkundung finden sich im DIN EN 1997-2:2010-10. Es gilt jedoch, dass nur ein geringer Anteil des Werkstoffs Baugrund mittels einer Baugrunderkundung punktuell untersucht wird und dies nicht zu einer statistischen Kennwertermittlung führen kann. Daher ist der Geotechnik-Ingenieur angewiesen, die Kennwerte vorsichtig abzuschätzen (DIN1054:2021:04). Gleiches gilt für die Ableitung eines repräsentativen Baugrundmodells. Kennwerte und Baugrundmodelle müssen je nach Nachweisführung im Hinblick auf die Art der Einwirkung (stabilisierend/destabilisierend) gewählt werden.

Auf Grundlage der Ergebnisse von Baugrunderkundungen, welche in einem Geotechnischen Untersuchungsbericht zusammengefasst werden (Abb. 4), sind Nachweise zur Standsicherheit und Gebrauchstauglichkeit mittels mathematischer Modelle zu erbringen. Jedoch können diese Nachweise nur mit ausreichender Erfahrung tatsächlich beurteilt werden, da das ingenieurmäßige Urteilsvermögen von umfangreichen praktischen Erfahrungen resultiert.

Aufbauend auf den Unwägbarkeiten und Unschärfen der Baugrunderkundung und der Nachweisführung basierend auf mathematischen Modellen wird die Beobachtungsmethode eingesetzt, um die Fallstudie (case history) zu dokumentieren.

Die Beobachtungsmethode ist eine Kombination geotechnischer Untersuchungen und der Berechnung mit laufender, messtechnischer Kontrolle von Baugrund und Bauwerk während der Herstellung und ggf. auch während der Nutzung. Die Beobachtungsmethode ist insbesondere bei schwierigen und komplexen Bauwerken der Geotechnischen Kategorie 3 zu empfehlen. Für Kombinierte Pfahl-Plattengründungen, tiefe Baugruben, Rutschhänge und Tunnel hat sich die Beobachtungsmethode bewährt und etabliert. Dabei ist die Planung und Umsetzung eine anspruchsvolle Ingenieuraufgabe, die hohe interdisziplinäre Fachkenntnis und Erfahrung erfordert. Bei Tragwerken, bei denen ein Versagen vorab nicht erkennbar ist bzw. zeitlich nicht rechtzeitig beobachtet werden kann, ist die Beobachtungsmethode normativ nicht anwendbar. Für die Beobachtung von Verschiebungen und Spannungen (Kräfte) können die in Abb. 11 ausgewählten Messsysteme zur Anwendung kommen. Ziel des Messsystems ist die Generierung von robusten Messwerten und abgeleiteten Messergebnissen, einer zeitnahen geeigneten Visualisierung und anschließender Aus- und Bewertung unter Berücksichtigung der Prognose und von ggf. vorab festgelegten Grenzwerten. Die Beobachtungsmethode hat sich bei dieser konsequenten Durchführung und Bewertung aller zur Verfügung stehenden Messdaten bewährt. Die Methode dient nicht nur zur Verifizierung des angenommenen mathematischen Modells, sondern insbesondere auch der Überwachung der Baumaßnahme.

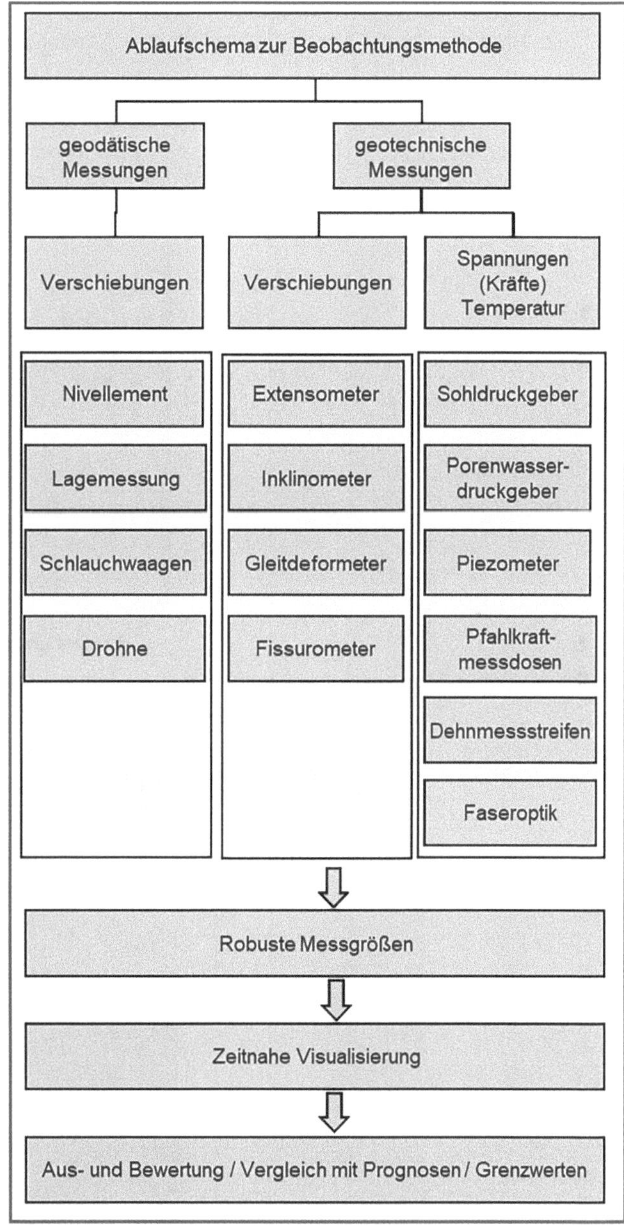

Abb. 11 Beispiel eines Ablaufschemas zur Beobachtungsmethode mit ausgewählten Messsystemen in Anlehnung an. (Arslan 2002)

6 Projektbeispiele

6.1 Flachgründung – AfE Hochhaus, Frankfurt a. M.

Das 116 m hohe AfE Hochhaus wurde von 1969 bis 1972 auf einer bis zu 3,6 m dicken, nahezu quadratischen Gründungsplatte als Flächengründung errichtet. Die Gründungsebene liegt mit 13 m unter Gelände in den bindigen Schichten der Frankfurt-Formationen. Im Rahmen der Beobachtungsmethode wurde zur Ermittlung des Setzungsverhaltens 5 Setzungspegel in unterschiedlichen Tiefen unter der Gründungsplatte angeordnet (Abb. 12). Die mittlere effektive Sohlnormalspannung beträgt 330 kN/m^2 (Amann et al. 1975).

Die Setzungspegel wurden bereits vor der Betonage der Gründungsplatte bis 3 Jahre nach Rohbauende beobachtet (Abb. 13). Aus dem Verhältnis der setzungserzeugenden Spannungen und der beobachteten Setzungen kann repräsentativ ein

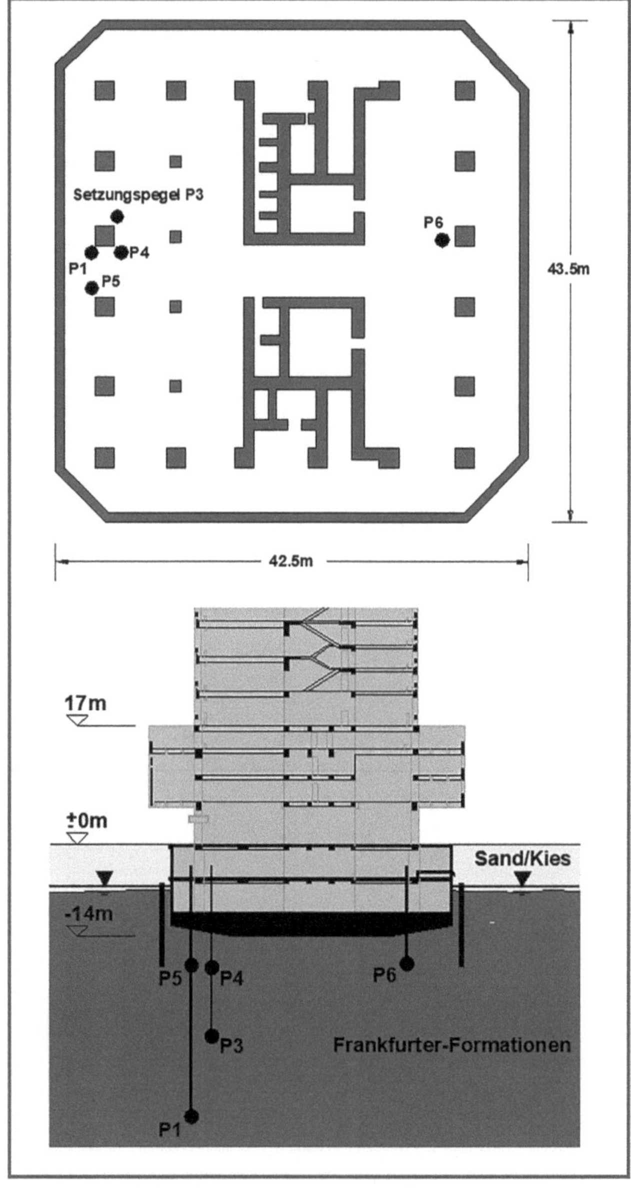

Abb. 12 AfE – Lageplan und Schnitt mit Darstellung der Messtechnik. (Amann et al. 1975)

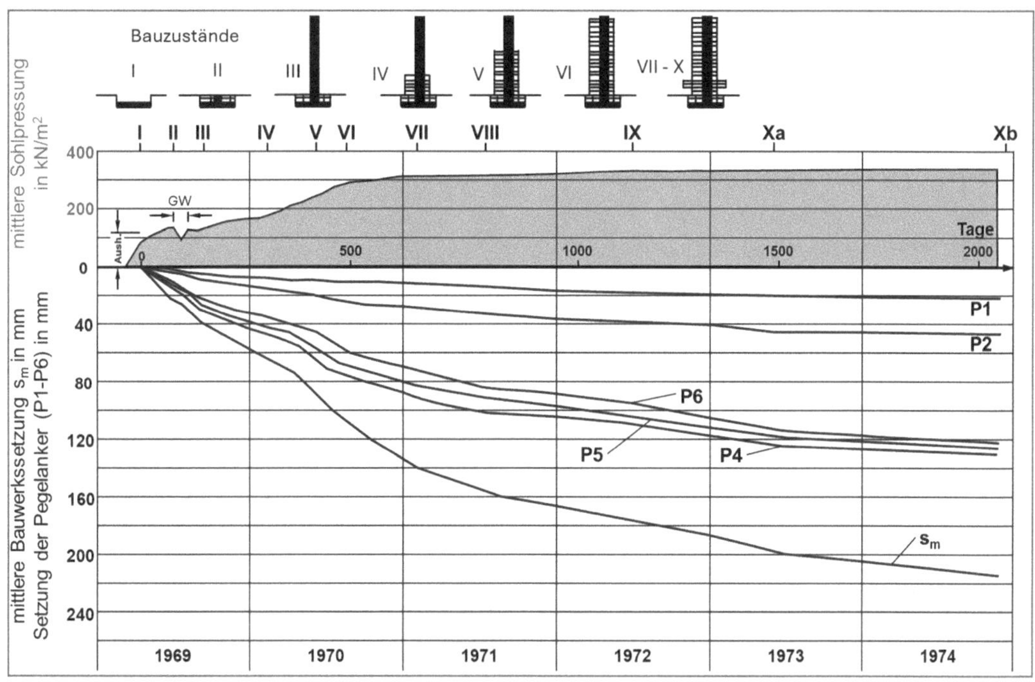

Abb. 13 AfE- zeitliche Entwicklung der gemessenen Gebäudesetzungen. (Amann et al. 1975)

Bettungsmodul zwischen 3 MN/m^3 bis 5 MN/m^3 abgeleitet werden. Die mittleren Bauwerkssetzungen betrugen zu diesem Zeitpunkt ca. 22,0 cm.

6.2 Pfahlgründung – Commerzbank, Frankfurt a. M.

In (Holzhäuser 1998) wird das Setzungsverhalten des 259 m hohen Commerzbank-Hochhauses in Frankfurt am Main beschrieben. Wegen des geringen Abstands zum 103 m hohen Bestandshochhaus wurde eine Pfahlgründung konzipiert (Abb. 14). Der 259 m hohe Hochhausturm ist auf 111 teleskopierten Großbohrpfählen gegründet, die ihre Last nahezu vollständig in die 44 m tief unter der Geländeoberfläche anstehenden felsartigen Frankfurter Kalke abtragen. Die Pfähle wurden mit einem Durchmesser von 1,8 m bis 20 m unter Gründungsplatte und darunter mit einem Durchmesser von 1,5 m teleskopiert ausgeführt. Mit Pfahllängen von 37,6 m bis 45,6 m werden die setzungsempfindlichen Frankfurt-Formationen durchörtert und binden in die darunterliegenden felsartigen Schichten ein (Abb. 16). Die Frankfurter Kalke sind im Bereich der Pfahltragstrecken durch eine Pfahlmantelverpressung und bis 10 m unter den tiefstgelegenen Pfahlfuß durch die Gebirgsvergütung mittels Zementinjektionen ertüchtigt worden (Arslan et al. 1996; Katzenbach

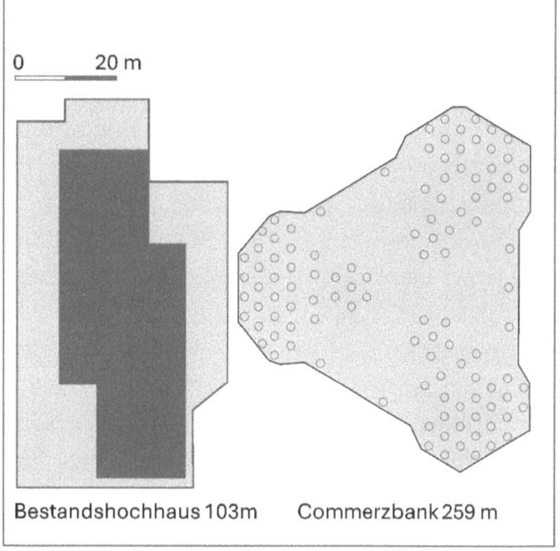

Abb. 14 Commerzbank – Lageplan

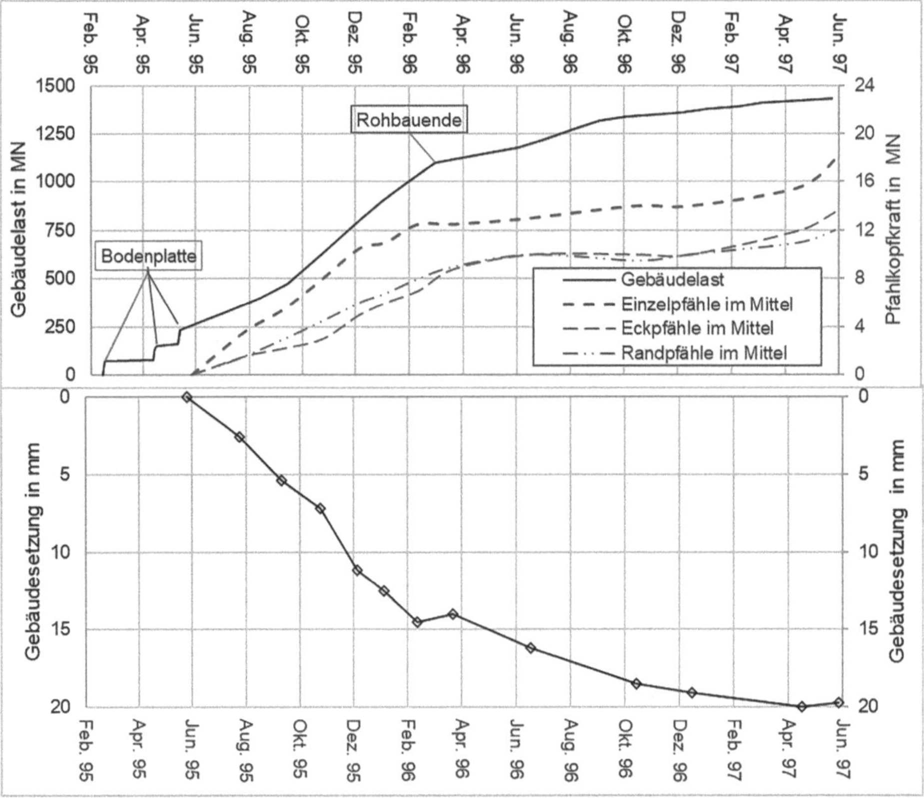

Abb. 15 Commerzbank – zeitliche Entwicklung der gemessenen Gebäudesetzungen und Pfahlkopfkräfte

et al. 1996). Die Anordnung der Pfähle erfolgte entsprechend der Lastkonzentrationen in drei Gruppen unter den Kernbereichen.

Die Planung der Pfahlgründung erfolgte durch dreidimensionale, elasto-plastische Finite-Element-Berechnungen. Voraussetzung für derartige Berechnungen ist, dass die Interaktion zwischen dem Baugrund und dem Tragwerk, die Interaktion zwischen den Pfählen und insbesondere das Tragverhalten der Pfähle im mathematischen Modell zutreffend simuliert werden (Arslan 1994). Die setzungserzeugende Last beträgt 1430 MN. Der Bau und die Inbetriebnahme wurden durch geotechnische und geodätische Messungen im Sinne der Beobachtungsmethode begleitet. In einer Vielzahl von Pfählen wurden Pfahlkräfte mittels Druckmessdosen (Abb. 15 und 16) und Dehnmesssteifen sowie u. a. die Sohl- und Porenwasserdrücke unterhalb der Gründungsplatte gemessen und dokumentiert.

Die maximalen Pfahllasten wurden mit 24 MN erwartungsgemäß für freistehende Einzelpfähle beobachtet. Die mittleren Pfahlkräfte für Eck- und Randpfähle lagen zwischen 12 MN und 14 MN (Abb. 15 und 17).

6.3 KPP und Deckelbauweise – Four, Frankfurt a. M.

Die vier Hochhäuer des Projekts Four stehen auf einer gemeinsamen Tiefgarage mit 4 Untergeschossen. Diese Untergeschosse wurden in Deckelbauweise mittels zwei Aussteifungsdeckeln und einer umlaufenden Schlitzwand erstellt (Abb. 9). Die gewählte Gründungsvariante für die 4 Hochhäuser besteht im Endzustand aus einer Kombinierten Pfahl-Plattengründung mit insgesamt 378 Pfählen. Aus technischen und wirtschaftlichen Gründen wurde auch die umlaufende Schlitzwand zusätzlich zum Lastabtrag herangezogen (Meißner et al. 2020). Im Bauzustand der Deckelbauweise ohne Gründungsplatte erfolgt der Lastabtrag der Pfähle als Pfahlgründung. Der Lastabtrag nach Einbau der Gründungsplatte erfolgt über die Grün-

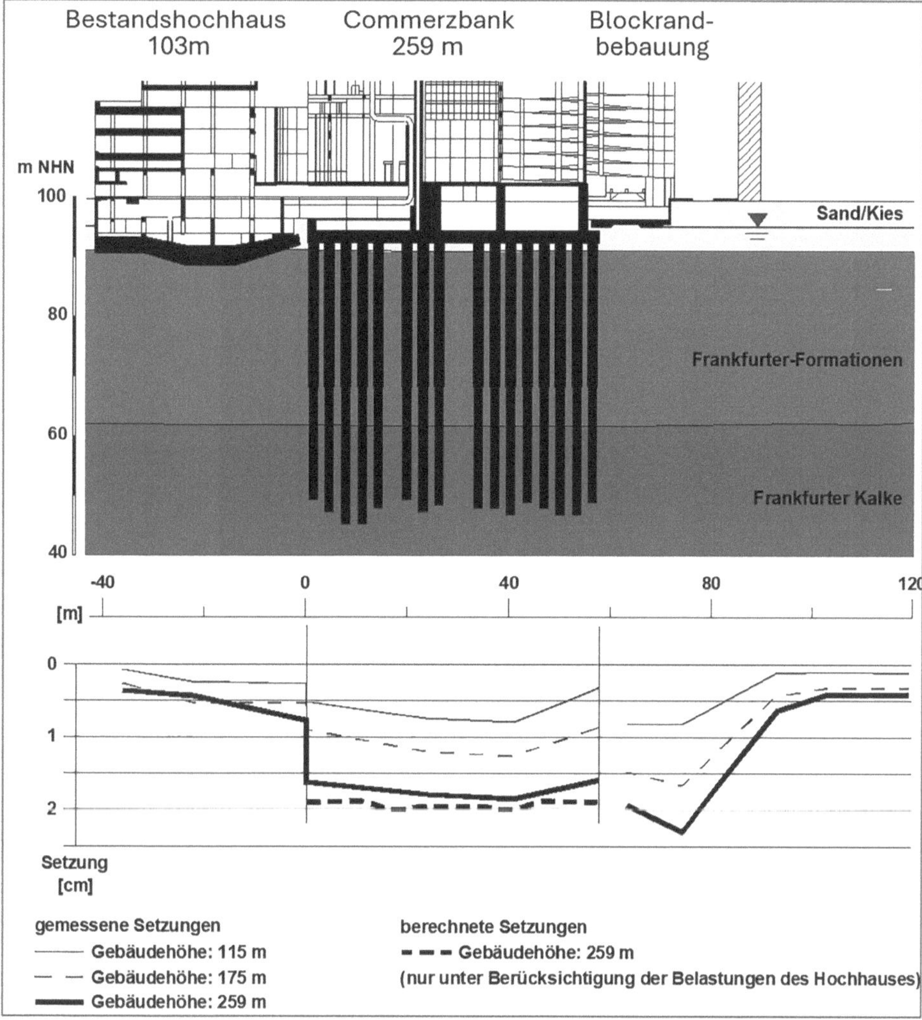

Abb. 16 Commerzbank – zeitliche Entwicklung der gemessenen Gebäudesetzungen im Schnitt

dungspfähle und die Gründungsplatte, sowie über die Schlitzwände in Anlehnung an die KPP-Richtlinie und die DIN 1054:2021-04.

Aufgrund der Komplexität des Trag- und Verformungsverhaltens ist die tiefe Baugrube und die Kombinierte Schlitzwand-Pfahl-Plattengründung grundsätzlich in die Geotechnische Kategorie GK 3 einzuordnen und ist somit nicht nur von einem Prüfsachverständigen für Baustatik, sondern auch von einem Prüfsachverständigen für Erd- und Grundbau zu prüfen. In Analogie zur Vorgehensweise zur Baugrube wurden auch für die Gründung maßgebende Bemessungsansätze und Nachweisstrategien mit den Prüfern abgestimmt.

Zusätzlich zu den Standsicherheitsnachweisen für die tiefe Baugrube wurden aufgrund der komplexen Situation der Nachbarschaftsbebauung numerische Berechnungen (Abb. 18) durchgeführt. Mit Beginn des Aushubs wurden alle Verbauschnitte mittels Inklinometer und geodätischer Messbolzen ausgestattet und die Messwerte mit den prognostizierten Verschiebungswerten für jeden Bauzustand verglichen und bewertet. Im Rahmend der Beobachtungsmethode zeigte sich, dass die angedachten Deckelauflager weniger steif reagieren als prognostiziert. Üblicherweise sind die Verschiebungen einer Verbauwand abhängig von der Größe und der Verteilung des

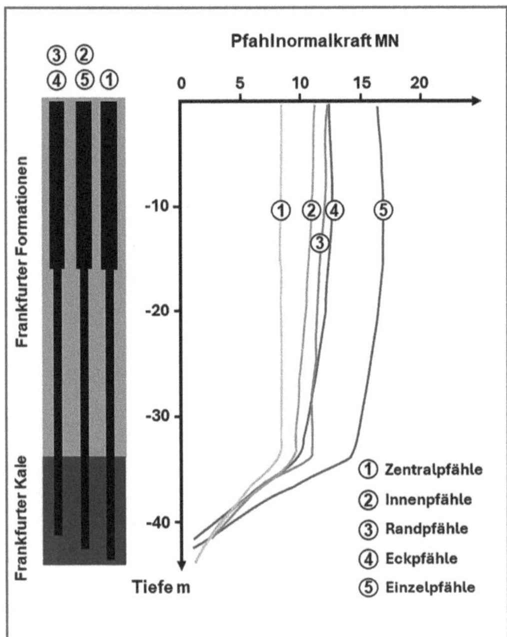

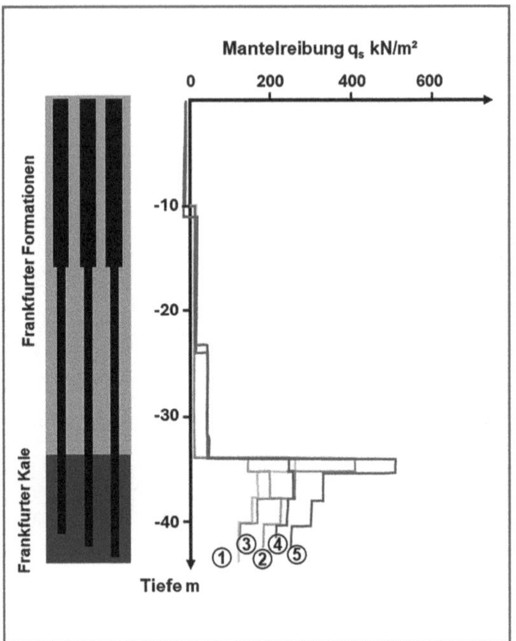

Abb. 17 Entwicklung der Pfahlnormalkräfte und abgeleitete Mantelreibungswerte

Erd- und Wasserdrucks sowie vom materialspezifischen Tragverhalten der Verbauwand und der Stützsysteme. Bei den Aussteifungsdeckels sind zusätzlich die Elastizität, die Temperaturdehnung sowie das Kriechen und Schwinden zu nennen (Katzenbach und Meißner 2024; Seip et al. 2022). Während die beiden erstgenannten Einflüsse in den statischen Berechnungen und Verformungsprognosen oft Berücksichtigung finden, werden die Einflüsse auf die Verbaustatik und die Prognose der Verschiebungen aus Kriechen und Schwinden bei einer Deckelbauweise in der Regel nicht berücksichtigt. Somit wird die Auflagersteifigkeit der Deckel insbesondere bei großen Abmessungen überschätzt. Bei zusätzlicher Betrachtung der Einflüsse aus Kriechen und Schwinden können die eingetretenen Verbauwandverschiebungen rechnerisch realistisch erfasst werden. Das rheologische Modell zur Abbildung von Schwinden und Kriechen muss projektspezifisch in den geotechnischen numerischen Berechnungen berücksichtigt werden. Um diese Interaktion ingenieurtechnisch zu erfassen, kann z. B. eine Volumenkontraktanz der Kontinuumselemente (Aussteifungsdeckel) in Ansatz gebracht werden (Abb. 18).

Der Vergleich der Messergebnisse der horizontalen Verschiebungen mit den Berechnungsergebnissen der 2-fach ausgesteiften Baugrube macht den Einfluss von Schwinden und Kriechen deutlich (Abb. 19).

Ergänzend zu den erforderlichen Gründungspfählen im Bereich der Hochhäuser wurden zur Auflagerung der beiden Aussteifungsdeckel insgesamt 240 Primärstützen mit Primärfertigteilstützen in den Baugrund vorab eingebracht. Die Nachweisführungen zur Standsicherheit und Gebrauchstauglichkeit der Gründung der vier Hochhäuser erfolgten anhand von analytischen und numerischen Berechnungen. In diesem Kontext wurden u. a. numerische 3D-Berechnungen zur Standsicherheit und Gebrauchstauglichkeit der Kombinierten Schlitzwand-Pfahl-Plattengründung durchgeführt. Zusätzlich wurden durch die Verwendung der Schlitzwand als Gründungssystem weitere Untersuchungen erforderlich:

- Untersuchungen zu Verdrehungen und Verschiebungen der Schlitzwandlamellen parallel zur Schlitzwandachse
- Grenzwertbetrachtungen zur Steifigkeit der Schlitzwand quer zur Schlitzwandachse

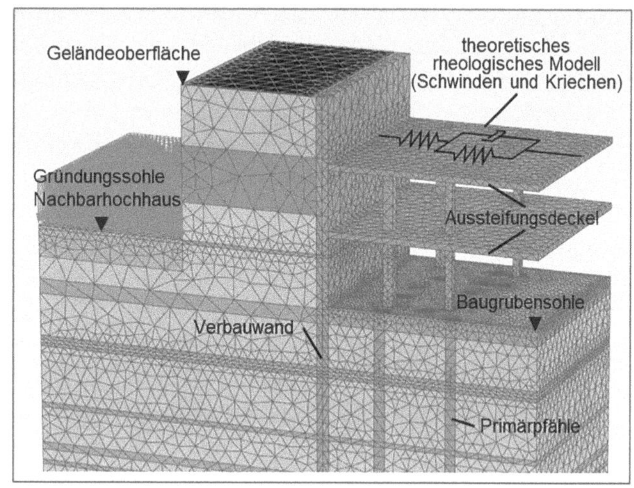

Abb. 18 FOUR – Numerisches Berechnungsmodell Verbau mit schematischer Darstellung des rheologischen Modells zum Schwinden und Kriechen

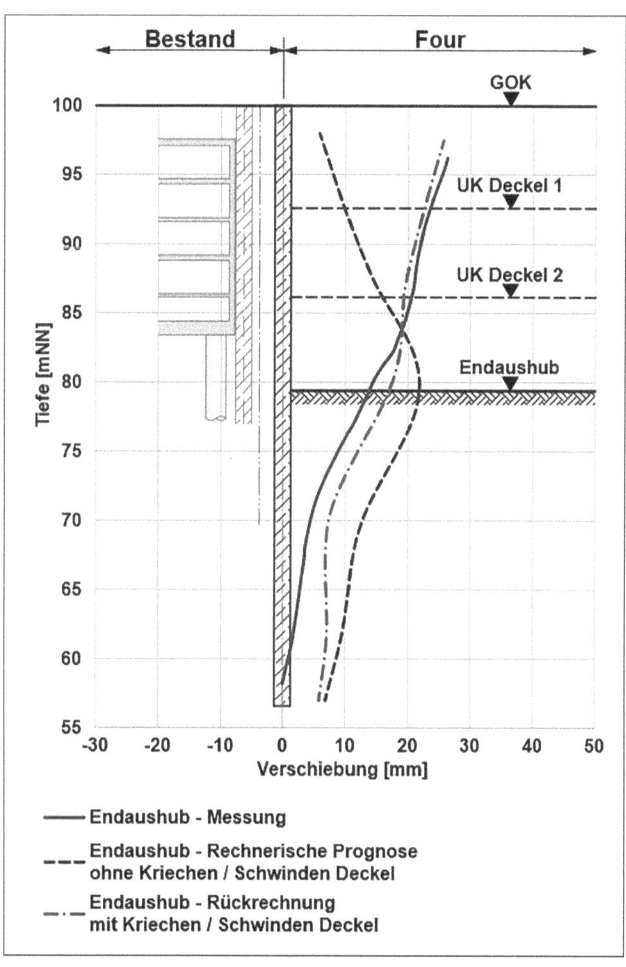

Abb. 19 FOUR – gemessene und berechnete Verbauwandverschiebungen

Aufgrund der angedachten einschaligen Bauweise mit der Schlitzwand als Kelleraußenwand sind Untersuchungen zu Verbausteifigkeit bei Durchbiegung der Gründungsplatte und deren Einfluss auf die Gesamtkonstruktion erforderlich. Systembedingt fungiert eine Verbauwand aus einzelnen Schlitzwandlamellen statisch nicht als Scheibe. Unter Berücksichtigung der Mantelreibung entlang des Verbaus kann jedoch eine gewisse Verbausteifigkeit in Längsrichtung (Scheibenwirkung) in Ansatz gebracht werden. Diese Betrachtungen setzen ein hohes Maß an Verständnis der Baugrund-Tragwerk-Interaktionen voraus. Im Falle des Projekts Four wurde eine Grenzwertbetrachtung bezüglich der Scheibensteifigkeit der Schlitzwandlamellen durchgeführt (Abb. 20).

Eine ingenieurtechnische Herausforderung bei einer Deckelbauweise kann der Anschluss der Gründungsplatte an die Verbauwand sein. Hier müssen die Steifigkeiten bzw. die Relation der Steifigkeiten der Verbauwand in Bezug auf die Gründungssteifigkeit realitätsnah ermittelt werden, um den Anschluss zu bemessen. Diesbezüglich werden auch bei Durchführung komplexer Berechnungen Grenzwertbetrachtungen empfohlen (Abb. 21). Anhand dieser Untersuchungen konnte festgestellt werden, dass – obwohl die Schubsteifigkeit im Modell mit dem weichen Verbau ausgeschaltet wurde – eine horizontale Verschiebung bzw. Verdrehung der einzelnen Lamellen nicht maßgebend für die Bemessung des Überbaus ist.

Die numerischen Simulationen wurden mittels zwei- und dreidimensionaler Finite-Elemente Berechnungen durchgeführt (Abb. 22). Das entwickelte dreidimensionale Berechnungsmodell berücksichtigt:

- Verbauwände als Volumen-Elemente
- Gründungspfähle im Bereich der Hochhäuser als Volumen-Elemente
- Kontaktzonen um die Gründungspfähle mit Übergangselementen (Reul 2000)
- Primärstützen im Bereich der Deckel als Embedded Beams
- Gründungsplatten der Hochhäuser und Bestandsbauwerke als Volumen-Elemente
- Lasten aus der aufgehenden Bebauung
- Kernwände im Bereich der Hochhäuser als Plattenelemente
- Detaillierten Bauablauf

Die Erstellung des numerischen Modells, die verwendeten Baugrund- und Stoffparameter sowie die Berechnungsphasen wurden in enger Abstimmung mit allen beteiligten Prüfern gewählt. Die geotechnische Prüfung erfolgte auf Grundlage unabhängiger Vergleichsberechnungen. Die wahrscheinlichen Setzungen der Gründungsplatte unter setzungsrelevanten Lasten sind in Abb. 23 dargestellt.

Das Messprogramm zur Gründung sowie die Messergebnisse und deren Aus- und Bewertung

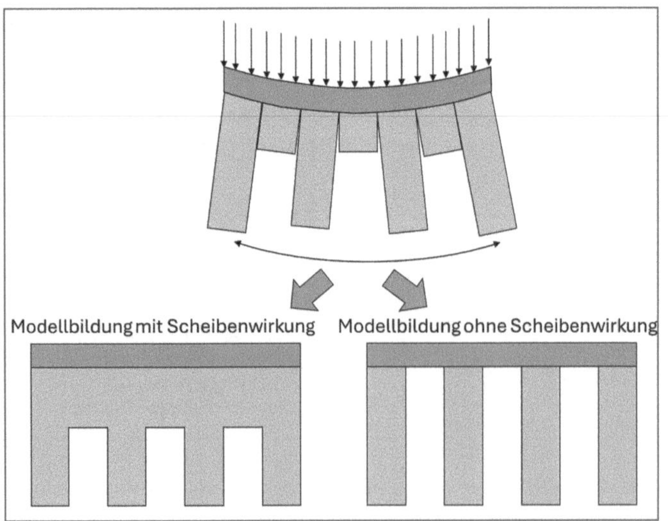

Abb. 20 FOUR – Modelle zur Grenzwertuntersuchung des Einflusses der Scheibenwirkung der Schlitzwandlamellen

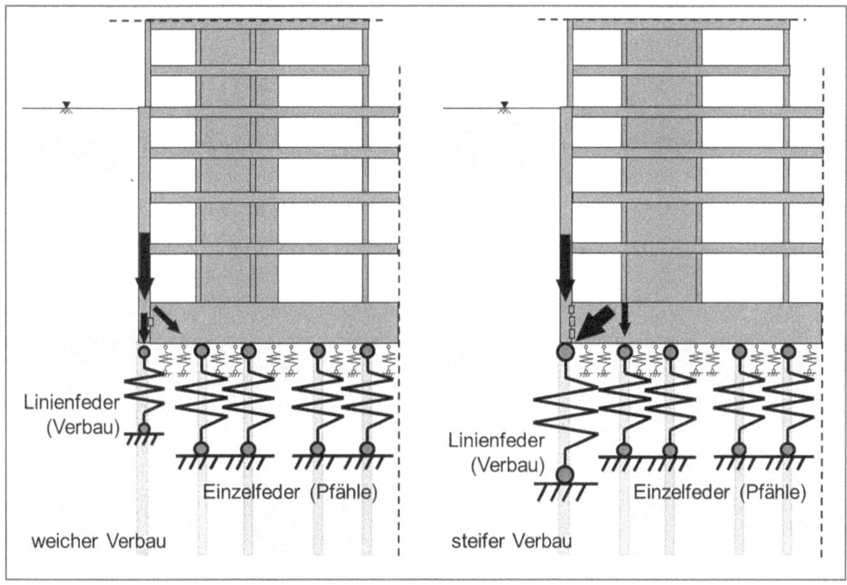

Abb. 21 FOUR – Modelldarstellung zum Einfluss der relativen Steifigkeiten der Gründungselemente (quer zur Schlitzwand)

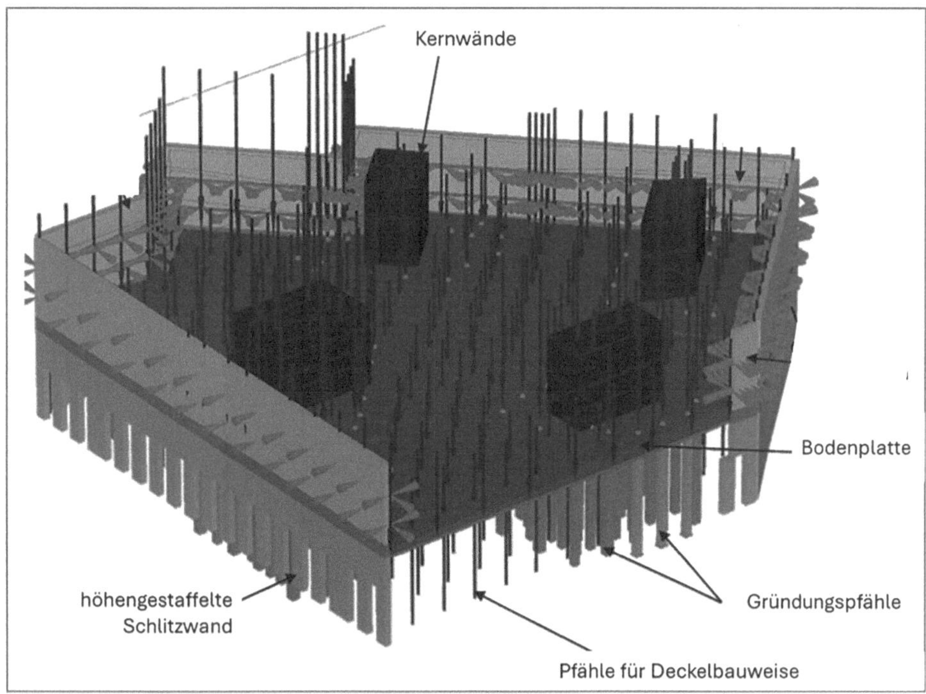

Abb. 22 FOUR – Numerisches Modell der Gründung (Baugrund ausgeblendet)

sind Bestandteil der geotechnischen Prüfung. Im Rahmen der geodätischen und geotechnischen Messungen der Gründung kam eine umfangreiche geotechnische Messinstrumentierung, bestehend aus Kraftmessdosen an Pfahlfuß und Pfahlkopf, Dehnmessstreifen in verschiedenen Ebenen sowie Sohl- und Porenwasserdruckgebern und Gleitdeformetern bis in große Tiefen, zum Einsatz. Neben der vorgenannten klassischen Instrumentierungen wurden die Messpfähle zusätzlich mit faseroptischen Sensorkabeln (Distributed Strain Sensing) über die gesamte Pfahllänge ausgerüstet, welche u. a. eine Dehnungsmessung entlang der Pfähle ermöglichen. Zur Beobachtung der Setzungen bzw. Hebungen werden insgesamt 35 Messbolzen an Primärstützen über das gesamte Untergeschoss verteilt installiert und von Beginn an kontinuierlich gemessen (Abb. 26). Bis zum Endaushubzustand konnten Hebungen der Primärstütztzen von mehreren Zentimetern in Baugrubenmitte beobachtet werden. Die kontinuierliche Beobachtung der vertikalen Verschiebungen des Überbaus stellt bei der Deckelbauweise eine besondere Herausforderung dar und muss im Vorfeld mitgeplant und umgesetzt werden (Abb. 24 und 25). Da

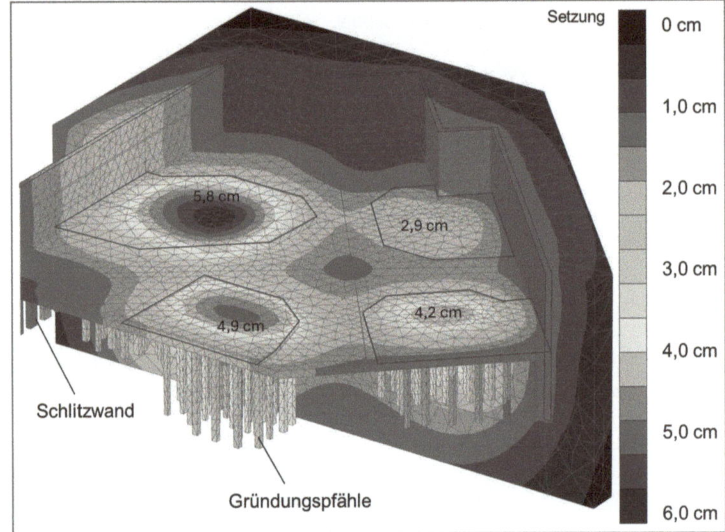

Abb. 23 FOUR – Setzungsplot (Schlitzwand und Baugrund teilweise ausgeblendet)

Abb. 24 Aushub unter Aussteifungsdeckel 01

Abb. 25 Skyline Frankfurt vom Aussteifungsdeckel 02

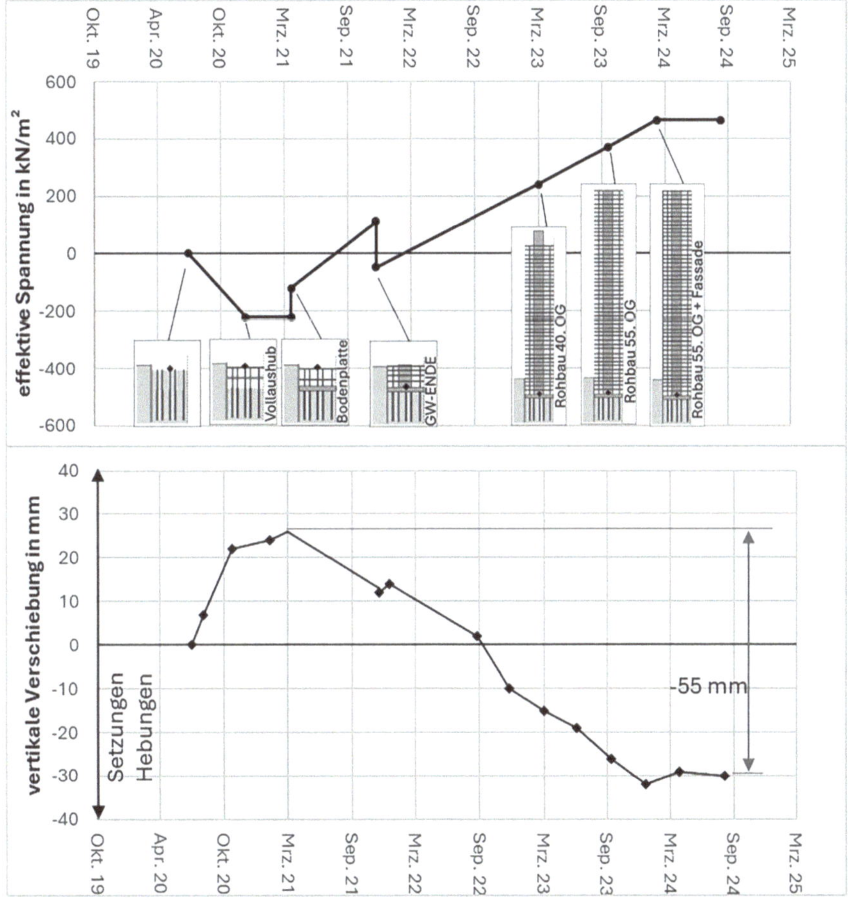

Abb. 26 Four – zeitliche Entwicklung der gemessenen vertikalen Verschiebungen

zunächst die Verschiebungen an der Gründungsplatte nicht gemessen werden können, bedarf es einer temporären Messung der Primärstützen mit anschließendem Übertrag der Messergebnisse auf die Messpunkte im Untergeschoss (Abb. 26).

Erklärung zu konkurrierenden Interessen Der/die Autor(en) hat/haben keine Interessenkonflikte zu erklären, die für den Inhalt dieses Manuskripts relevant sind.

Literatur

Amann P, Breth H, Stroh D (1975) Verformungsverhalten des Baugrundes beim Baugrubenaushub und anschließendem Hochhausbau am Beispiel des Frankfurter Tons. Mitteilungen der Versuchsanstalt für Bodenmechanik und Grundbau der Technischen Hochschule Darmstadt, Heft 15. Darmstadt

Arslan U (1994) Baugrund-Tragwerk-Interaktion. Mitteilungen des Institutes und der Versuchsanstalt für Geotechnik der Technischen Hochschule Darmstadt, Heft Nr. 33. Darmstadt

Arslan U (2002) Observational Method – Some applications in geotechnical engineering practice. Proc.of the 2nd International Conference on Soil Structure Interaction in Urban Civil Engineering, 7./8.3.2002. Zürich/ Switzerland 2:441–445

Arslan U, Ripper P (2002) Geotechnik – Geotechnische Aspekte bei Planung und Bau von Hochhäusern in Eisele, J. HochhausAtlas: Typologie und Beispiele, Konstruktion und Gestalt, Technologie und Betrieb. Callway Verlag. München. ISBN 9783766715240

Arslan U, Katzenbach R, Holzhäuser J, Quick H (1996) Geotechnische Messungen an der Pfahlgründung des neuen Commerzbank-Hochhauses in Frankfurt am Main. 6. Nationale Tagung für Bodenmechanik und Grundbau, 24.–25.10.1996, Dokuz Eylül, Universitesi, Izmir, Türkei

Empfehlungen des Arbeitskreises Geomesstechnik (2021) In 1061 Wiley eBooks. https://doi.org/10.1002/978343361079

Fischer D (2009) Interaktion zwischen Baugrund und Tragwerk – zulässige Setzungsdifferenzen sowie Beanspruchung von Bauwerk und Gründung, Schriftenreihe Geotechnik Universität Kassel, Kassel Heft 21

Granitzer AN (2024) Embedded finite element with implicit interaction surface for 3D analysis of deep foundations. Doctoral thesis, Graz University of Technology. https://doi.org/10.3217/cez3j-eam28

Hanisch J, Katzenbach R, König G (2002) Kombinierte Pfahl-Plattengründungen. Ernst & Sohn, Berlin. ISBN: 978-3-433-03372-2

Holzhäuser J (1998) Experimentelle und numerische Untersuchungen zum Tragverhalten von Pfahlgründungen im Fels. Mitteilungsheft des Institutes für Geotechnik der Technischen Universität Darmstadt, Heft 42. Darmstadt

Kany M (1974) Berechnung von Flächengründungen: 464 Tab. u. 244 Kurventafeln mit Erläuterungen. Verlag von Wilhelm Ernst & Sohn, Berlin/München/Düsseldorf

Katzenbach R, Meißner S (2024) Ressourcenschonende Gründungstechnologie zur Reduktion der CO_2-Emission: die Kombinierte Pfahl-Plattengründung. Der Prüfingenieur 65/November. Bundesvereinigung der Prüfingenieure für Bautechnik e.V. (BVPI), S 27–39

Katzenbach R, Quick H, Arslan U (1996) Commerzbank-Hochhaus Frankfurt am Main: Kostenoptimierte und setzungsarme Gründung. Bauingenieur 71(7/8):345–354

Meißner S, Michael J, Kies M, Cronen B (2020) Bauvorhaben FOUR Deckelbauweise mit einer Kombinierten Schlitzwand-Pfahl-Plattengründung. geotechnik 43:193–200

Reul O (2000) In-situ-Messungen und numerische Studien zum Tragverhalten der Kombinierten Pfahl-Plattengründung. Mitteilungen des Institutes und der Versuchsanstalt für Geotechnik der Technischen Universität Darmstadt, Darmstadt, Heft 53

Reul O, Randolph M (2025) Combined Pile-Raft Foundations, Design and practice. CRC Press, London. https://doi.org/10.1201/9781003244646

Seip M Kuttig H Vernikovsky M Chmyznikov E (2022) Auswirkungen des Kriech- und Schwindverhaltens der Stahlbetondecken bei einer Deckelbauweise auf die Bemessung des Verbaus am Beispiel der tiefsten innerstädtischen Hochhausbaugrube in Frankfurt am Main, Mitteilungen des Institutes und der Versuchsanstalt für Geotechnik der Technischen Universität Darmstadt, Heft Nr. 113

Zilch K (1993) Verfahren für die Berechnung der Interaktion von Baugrund und Bauwerk. Der Prüfingenieur 3:10–21

Normen und Bücher

Deutsche Gesellschaft für Geotechnik e.V. (Hrsg) (2014). Empfehlungen des Arbeitskreises Numerik in der Geotechnik – EANG. https://doi.org/10.1002/9783433604489

DIN 1054:2021-04 (2021) Baugrund – Sicherheitsnachweise im Erd- und Grundbau – Ergänzende Regelungen zu DIN EN 1997-1

DIN 4020:2010-12 (2020) Geotechnische Untersuchungen für bautechnische Zwecke – Ergänzende Regelungen zu DIN EN 1997-2

DIN EN 1997-1:2014-03 (2014) Eurocode 7: Entwurf, Berechnung und Bemessung in der Geotechnik – Teil 1: Allgemeine Regeln. Beuth, Berlin

DIN EN 1997-2:2010-10 (2010) Eurocode 7: Entwurf, Berechnung und Bemessung in der Geotechnik – Teil 2: Erkundung und Untersuchung des Baugrunds. Beuth, Berlin

DIN-Fachbericht 130 (2003) Wechselwirkung Baugrund/Bauwerk bei Flachgründungen. Beuth Verlag GmbH, DIN Deutsches Institut für Normung e.V.

Empfehlungen des Arbeitskreises Geomesstechnik (2021) In Wiley eBooks. https://doi.org/10.1002/978343361079

Umweltgeotechnik

Matthias Vogler

Inhalt

1 **Einführung, Grundlagen und Begriffsdefinitionen** ... 278

2 **Altlasten, Altstandorte und Altablagerungen** ... 293

3 **Deponiebau, Geotechnik der Deponien** ... 305

Literatur ... 322

Abkürzungen

ASTM	American Society for Testing Material
BBodSchG	Bundes-Bodenschutzgesetz
BBodSchV	Bundes-Bodenschutz- und Altlasten-Verordnung
BImSchG	Bundes-Immissionsschutzgesetz
DAD	Deponieasphalt-Dichtungsschicht
DAT	Deponieasphalt-Tragschicht
DepV	Deponieverordnung
DGGT	Deutsche Gesellschaft für Geotechnik e. V., Essen
DGM	Deutsche Gesellschaft für Materialkunde e. V., Frankfurt/Main
DIN	Deutsches Institut für Normung, Berlin
DVWK	Deutscher Verband für Wasserwirtschaft und Kulturbau e. V., Bonn
EPA	Environmental Protection Agency, amerikanische Umweltbehörde
GCL	Geosynthetic Clay Liners, Geokunststoff-Ton-Dichtungen (auch GTD)
GewinnungsabfV	Gewinnungsabfallverordnung
GDA	Arbeitskreis „Geotechnik der Deponien und Altlasten“
GOF	Geländeoberfläche
GTD	Geokunststoff-Ton-Dichtung
GW	Grundwasser
HDPE	High-density Polyethylen, Polyethylen hoher Dichte (auch PEHD)

M. Vogler (✉)
Ingenieursozietät Prof. Dr.-Ing. Katzenbach GmbH, Darmstadt, Deutschland
E-Mail: vogler@katzenbach-ingenieure.de

U. Arslan (Hrsg.), *Geotechnik*, Handbuch für Bauingenieure,
https://doi.org/10.1007/978-3-658-29496-0_34

IGSD	Integrierte Glas-Sandwich-Dichtung
KDB	Kunststoffdichtungsbahn
KrWG	Kreislaufwirtschaftsgesetz
LAGA	Länderarbeitsgemeinschaft Abfall
MBA	Mechanisch-biologische Abfallbehandlungsanlage
MBO	Muster-Bauordnung
MNA	Monitored Natural Attenuation, überwachte natürliche Rückhalte- und Abbauprozesse
QS	Qualitätssicherung
TA	Technische Anleitung
TF	Task Force
WHG	Wasserhaushaltsgesetz

1 Einführung, Grundlagen und Begriffsdefinitionen

Unter dem Oberbegriff „Geotechnik" werden die theoretischen Grundlagendisziplinen *Bodenmechanik* und *Felsmechanik*, deren Umsetzung im Grund- und Felsbau sowie das Spezialgebiet *Umweltgeotechnik* zusammengefasst.

Auf dem 10. Internationalen Kongress für Bodenmechanik und Grundbau in Stockholm 1981 wurde der Begriff „Umweltgeotechnik" wie folgt definiert:

> „Die Umweltgeotechnik hat die Aufgabe, Verunreinigungen von Luft, Wasser und Boden infolge anthropogener Einflüsse mit Hilfe der geotechnischen Wissenschaft zu vermeiden resp. mit den vorhandenen Technologien zu beseitigen. Diese Verunreinigungen werden in erster Linie durch unterirdische Schadstoffquellen wie Deponien und Altlasten hervorgerufen."

1994 wurde von der International Society for Soil Mechanics and Geotechnical Engineering das Internationale Technische Komitee ITC 5 „Environmental Geotechnics – Umweltgeotechnik" gegründet, das im Zuge der Umstrukturierung der Technischen Komitees in TC 215 unbenannt wurde. Dem ITC 215 gehören 54 Vertreter aus 24 Ländern an. Ziel des ITC 215 ist es, zum einen für eine bessere internationale Zusammenarbeit sowie für eine bessere Verbreitung des umweltgeotechnischen Wissens zu sorgen und zum anderen die Forschung in bestimmten Bereichen der Umweltgeotechnik voranzutreiben (Sêco e Pinto 1998). Um dies zu erreichen, wurden 1998 sechs sog. Task Forces (TF) geschaffen, Gruppen von Wissenschaftlern, welche die im folgenden vorgestellten Themengebiete bearbeiten:

TF-1	Design Basics and Performance Criteria – Entwurfsgrundlagen und Beurteilungskriterien,
TF-2	Managing Contaminated Sites – Umgang mit kontaminierten Flächen,
TF-3	Innovative Barrier Technologies and Materials – Innovative Abdichtungssysteme und Materialien,
TF-4	Underwater Geoenvironmental Issues – Umweltgeotechnische Probleme unter Wasser,
TF-5	Geoenvironmental Risk Assessment under Specific Loading Conditions – Umweltgeotechnische Gefährdungsabschätzung bei speziellen Lastfällen,
TF-6	Research and Education – Forschung und Lehre.

Zur Lösung umweltgeotechnischer Probleme werden Grundlagenkenntnisse über die Ausbreitung von Schadstoffen im Boden, im Grundwasser und in der Bodenluft benötigt. Die Erkundung, Bewertung und Sanierung von Altlasten sowie die Geotechnik der Deponien sind weitere Themen, die hier behandelt werden. Die Kenntnis der Grundlagen der Bodenphysik sowie der Boden- und Felsmechanik (vgl. Abschn. 1) wird hier vorausgesetzt.

1.1 Begriffsdefinitionen

Altablagerungen (engl.: polluted deposits) sind im Sinne von § 2 Abs. 5 Nr. 1 des Gesetzes zum Schutz vor schädlichen Bodenveränderungen und zur Sanierung von Altlasten (Bundes-Bodenschutzgesetz – BBodSchG) stillgelegte Abfallbeseitigungsanlagen sowie sonstige Grundstücke, auf denen Abfälle behandelt, gelagert oder abgelagert worden sind. Eine Altablagerung ist eine Altlast im Sinne des Gesetzes, durch die schädliche Bodenveränderungen oder sonstige Gefahren für den Einzelnen oder die Allgemeinheit ausgehen.

Altlasten (engl.: polluted areas) im Sinne des Bundesbodenschutzgesetzes (BBodSchG) sind 1. stillgelegte Abfallbeseitigungsanlagen sowie sonstige Grundstücke, auf denen Abfälle behandelt, gelagert oder abgelagert worden sind (Altablagerungen), und 2. Grundstücke stillgelegter Anlagen und sonstige Grundstücke, auf denen mit umweltgefährdenden Stoffen umgegangen worden ist, ausgenommen Anlagen, deren Stilllegung einer Genehmigung nach dem Atomgesetz bedarf (Altstandorte), durch die schädliche Bodenveränderungen oder sonstige Gefahren für den einzelnen oder die Allgemeinheit hervorgerufen werden. Altlasten werden von den Verwaltungsbehörden in einem Altlastenkataster erfasst und geführt.

Altlast-Verdachtsflächen (engl.: suspected polluted areas). Altablagerungen und Altstandorte, soweit ein hinreichender Verdacht besteht, dass von ihnen eine Gefahr für die öffentliche Sicherheit oder Ordnung ausgeht bzw. künftig ausgehen kann. Der Begriff „Altlast-Verdachtsfläche" hat nicht die enge Bedeutung von „Grundstück", sondern umfasst Altablagerungen und Altstandorte in ihrer tatsächlichen räumlichen Erstreckung. Altlastverdächtige Flächen sind gemäß dem Gesetz zum Schutz vor schädlichen Bodenveränderungen und zur Sanierung von Altlasten (Bundes-Bodenschutzgesetz – BBodSchG) Altablagerungen und Altstandorte, bei denen der Verdacht schädlicher Bodenveränderungen oder sonstiger Gefahren für den einzelnen oder die Allgemeinheit besteht.

Altstandorte (engl.: former locations). Grundstücke stillgelegter Anlagen mit Nebeneinrichtungen, nicht mehr verwendete Leitungs- und Kanalsysteme sowie sonstige Betriebsflächen oder Grundstücke, in oder auf denen mit umweltgefährdenden Stoffen umgegangen wurde, soweit es sich um Anlagen der gewerblichen Wirtschaft oder um öffentliche Einrichtungen gehandelt hat.

Ausbreitung (engl.: propagation). Verteilung von Schadstoffen, die aus einer Altablagerung oder einem Altstandort freigesetzt werden, mit Hilfe von Ausbreitungsmedien.

Ausbreitungsmedien (engl.: propagational media). Oberbegriff für Umweltmedien, in die aus einer Altlast freigesetzte Schadstoffe eingetragen werden und innerhalb derer oder mit deren Hilfe sich die Schadstoffe verteilen. Ausbreitungsmedien können sein:

- Grundwasser, das den Standort bzw. die Ablagerung unter-, um- oder durchströmt,
- Oberflächengewässer, die direkt oder indirekt (z. B. über das Grundwasser) Zufluss aus dem Altstandort oder der Altablagerung erhalten,
- Luft als freie Atmosphäre,
- Bodenluft in der Umgebung des Standortes oder der Ablagerung und
- Pflanzen, die auf oder in der Umgebung eines Altstandortes oder einer Altablagerung wachsen.

Über die Ausbreitungsmedien kann ein Übergang von Schadstoffen oder schädlichen Beeinflussungen auf Menschen, Pflanzen, Tiere und andere Schutzgüter stattfinden.

Boden (engl. Soil) Boden wird im BBodSch als die obere Schicht der Erdkruste definiert, soweit sie Träger der nachfolgend aufgeführten Bodenfunktionen ist, einschließlich der flüssigen Bestandteile (Bodenlösung) und der gasförmigen Bestandteile (Bodenluft), ohne Grundwasser und Gewässerbetten.

Der Boden erfüllt natürliche Funktionen als Lebensgrundlage und Lebensraum für Menschen, Tiere, Pflanzen und Bodenorganismen, Bestandteil des Naturhaushalts, insbesondere mit seinen Wasser- und Nährstoffkreisläufen, Abbau-, Ausgleichs- und Aufbaumedium für stoffliche Einwirkungen auf Grund der Filter-, Puffer- und Stoffumwandlungseigenschaften, insbesondere auch zum Schutz des Grundwassers. Des Weiteren dient der Boden als Archiv der Natur- und Kulturgeschichte. Der Boden dient als Rohstofflagerstätte, Fläche für Siedlung und Erholung, Standort für die land- und forstwirtschaftliche Nutzung, sowie als Standort für sonstige wirtschaftliche und öffentliche Nutzungen, Verkehr, Ver- und Entsorgung.

Bodenverunreinigungen (engl.: soil pollution). Durch die Einwirkung des Menschen (anthropogen) über Wasser und Luft bzw. in flüssiger oder fester Form in den Boden eingetragene Schadstoffe. Natürliche (geogene) Grundgehalte an bestimmten Stoffen (z. B. Schwermetalle) können eine beträchtliche Vorbelastung darstellen. Böden können Schadstoffe über Jahre speichern, verändern, verlagern und auch wieder abgeben.

Detailerkundung (engl.: detail remediation phase). Nach der historischen Erkundung und der darauf folgenden orientierenden Erkundung die dritte und abschließende Arbeitsphase der Gefährdungsabschätzung.

Eintrag (engl.: input). Vorgang des Übergangs eines Schadstoffs aus einer Altablagerung bzw. einem Altstandort in ein Umweltmedium (z. B. Untergrund, Grundwasser, Oberflächengewässer, Luft). Nach dem Eintrag können je nach Beschaffenheit des Mediums Verdünnungs-, Transport-, Abbau und Sorptionsvorgänge stattfinden. Es sind aber auch Remobilisierungsvorgänge möglich. Art und Ausmaß dieser Vorgänge sind ausschlaggebend, in welcher Form und Menge sich der eingetragene Schadstoff ausbreitet.

Erfassung (engl.: registration). Erster und grundlegender Arbeitsabschnitt bei der Behandlung von Altlast-Verdachtsflächen.

Erfassungsbewertung (engl.: registrational evaluation). Dieser Begriff wird in der LAGA-Informationsschrift „Erfassung, Gefahrenbeurteilung und Sanierung von Altlasten" (LAGA 1991) als Oberbegriff benutzt, der sowohl die Erstbewertung der einzelnen Verdachtsfläche als auch die Festlegung von Prioritäten für behördliche Maßnahmen innerhalb eines Verdachtsflächenkollektivs umfasst. Der Begriff „Erfassungsbewertung" kann, ebenso wie der Begriff „Erstbewertung", zu Missverständnissen Anlass geben, weil er sich nicht nur auf die Bewertung, sondern auch auf die Auswertung und fachliche Beurteilung der in der Erfassung gewonnenen und dokumentierten Daten, Tatsachen und Erkenntnisse erstreckt.

Erstbewertung (engl.: first evaluation). Einleitender Schritt bei der Gefährdungsabschätzung, dient einer ersten Risikoeinschätzung und -bewertung im Einzelfall.

Exposition (engl.: exposition). Art und Weise des Kontakts eines Organismus mit einem Stoff (insbesondere Schadstoff). Im Hinblick auf den Menschen wird zwischen äußerer und innerer Exposition unterschieden. Die äußere Exposition bezeichnet den Kontakt mit Substanzen in den verschiedenen Umweltmedien, Lebensmitteln und Bedarfsgegenständen. Die innere Exposition beschreibt die Belastung des Menschen durch bereits in den Körper gelangte Stoffe. Die Exposition gegenüber einer Substanz erfolgt über verschiedene Expositionspfade, auf denen der Stoff in den Organismus gelangt.

Flächenrecycling (engl.: land recycling). Wiedernutzbarmachung von Grundstücken stillgelegter Industrie- oder Gewerbebetriebe, Verkehrsflächen u. ä. Die Maßnahmen zur Aufbereitung und Sanierung solcher Flächen umfassen im wesentlichen den Abbruch oberirdischer und unterirdischer Bauwerke, Untersuchungen und Begutachtungen zur Gefährdungsabschätzung bei Verdacht auf Bodenbelastungen, ggf. die zur besorgnisfreien Nutzung notwendigen Sicherungs- und Sanierungsmaßnahmen sowie eine Geländegestaltung mit z. T. umfangreichen Bodenbewegungen.

Filtereigenschaften (engl.: filter attributes/filter characteristics). Fähigkeit eines Substrats, Feststoffe und/oder gelöste Stoffe aus Suspensionen oder wässrigen Lösungen zurück- oder festzuhalten.

Freisetzung (engl.: release). Umfassender Begriff für alle Vorgänge, durch die Schadstoffe allein oder zusammen mit anderen Stoffen (z. B. verunreinigter Boden) vom Boden oder Schüttkörper eines Altstandortes bzw. einer Altablagerung abgelöst werden. Die Freisetzung wird durch chemische, physikalische oder biologische Vorgänge innerhalb des Bodens bzw. Schüttkörpers (z. B. Gasbildung, Verflüchtigung von Schadstoffen), durch den Angriff natürlicher Ausbreitungsmedien (z. B. Durchsickerung von Niederschlagswasser, Winderosion) oder durch eine selbstständige Aufnahme durch Lebewesen

(z. B. Schadstoffaufnahme durch Pflanzenwuchs, orale Bodenaufnahme durch „Hand-zu-Mund-Aktivität" von Kindern) bewirkt.

Gefährdung (engl.: risk). Möglichkeit einer Schädigung, die ein Schutzgut durch die von einer Gefahrenquelle ausgehenden Einwirkungen erleiden kann.

Gefährdungsabschätzung (engl.: risk assessment). Zusammenfassender Begriff für die Gesamtheit der Untersuchungen und Beurteilungen, die notwendig sind, um die Gefahrenlage bei der einzelnen Altlast-Verdachtsfläche abschließend zu klären. Die Gefährdungsabschätzung umfasst alle im Einzelfall auf die Erfassung folgenden Maßnahmen bis zur abschließenden Gefahrenbeurteilung durch die zuständige Behörde. Sie ist die zweite Hauptphase in der Altlastenbehandlung und gliedert sich im typischen Fall in die

- Erstbewertung,
- orientierende Erkundung und
- Detailerkundung.

Jeder dieser Teilschritte enthält eine fachliche und rechtliche Beurteilung; diesen gehen in der Erstbewertung eine Auswertung der Erfassungsunterlagen und ggf. Nacherhebungen, in der Orientierungs- und Detailphase konkrete Untersuchungen voraus.

Gefährdungspotenzial (engl.: risk potenzial). Umfang der Gefährdungen oder Schädigungen von Schutzgütern in der Umgebung einer Verdachtsfläche bzw. Altlast, die unter definierten Bedingungen zu erwarten sind. Bei Altlasten sind v. a. die schadstoffbedingten Gefährdungspotenziale von Bedeutung. In Betracht kommen aber auch „kinetische" Gefährdungspotenziale (z. B. infolge von Setzungen oder Rutschungen). Die Bedingungen, unter denen Gefährdungspotenziale abgeschätzt werden, sollen sich auf die Gegebenheiten des Einzelfalls sowie auf Annahmen über bestimmte Zustände innerhalb des möglichen und wahrscheinlichen Geschehensablaufs beziehen (z. B. Mobilisierung eines Teiles des Schadstoffinventars, Versagen einzelner natürlicher oder technischer Barrieren, Änderung der Realnutzung).

Gefahrenbeurteilung, abschließende (engl.: risk assessment, final). „Abschließende Gefahrenbeurteilung" ist der zusammenfassende Begriff für die fachlichen und rechtlichen Beurteilungen im bestimmungsgemäßen Ablauf der Detailphase einer Gefährdungsabschätzung und zugleich für das darauf beruhende Gesamtergebnis.

Gefahrenverdacht (engl.: risk supposition). Er ist im rechtlichen Sinne gegeben, wenn das Vorliegen bestimmter Tatsachen nach der Lebenserfahrung den Schluss auf eine mögliche Gefahr für die öffentliche Sicherheit zulässt. Der Gefahrenverdacht berechtigt die zuständige Behörde insbesondere zur weiteren Sachverhaltsaufklärung und, soweit verhältnismäßig und erforderlich, auch zu einer vorläufigen Unterbrechung eines Geschehensablaufs.

Gruppenparameter (engl.: group parameters). Parameter, die auf der Ermittlung von Substanzgruppen beruhen. Beispiele für Substanzgruppen sind, z. B.:

KW	Kohlenwasserstoffe,
MBAS	methylenblauaktive Substanzen,
AOX	adsorbierbare organische Halogenverbindungen,
EOX	extrahierbare organische Halogenverbindungen,
POX	strippbare (engl.: purgeable) organische Halogenverbindungen.

Hintergrundwert (engl.: background value). Konkrete Angabe über den allgemein verbreiteten Gehalt eines Schadstoffes oder einer Schadstoffgruppe in Böden, Gewässern, Luft oder biologischen Materialien. Der allgemein verbreitete Gehalt ist i. d. R. sowohl natürlich (bei Böden z. B. geogen) als auch durch menschliche Tätigkeit (anthropogen) bedingt. Im Zusammenhang mit Altlasten gibt der Hintergrundwert die Summe der natürlichen und allgemeinen anthropogenen Vorbelastung in der engeren oder weiteren Umgebung einer Altlast (-Verdachtsfläche) an, soweit diese dazu nicht beigetragen hat. Hintergrundwerte gelten für eine bestimmte räumliche Einheit oder für eine bestimmte Population, bei Böden z. B. für ein Land (überregionale H.), für eine naturräumliche oder siedlungsgeografische Einheit (regionale H.) oder für die Umgebung einer Verdachtsfläche (lokale H.).

Immissionen (engl.: immissions). Auf Menschen sowie Tiere, Pflanzen oder andere Sachen einwirkende Luftverunreinigungen, Geräusche, Erschütterungen, Licht, Wärme, Strahlen u. ä. Umwelteinwirkungen (nach § 3 Abs. 2 BImSchG). Im weiteren Sinne sind darunter auch sonstige von einer Verdachtsfläche bzw. Altlast hervorgerufenen Einwirkungen auf ihre Umgebung zu verstehen.

Immobilisierung (engl.: immobilisation). Im Zusammenhang mit der Sicherung von Altlasten: Oberbegriff für alle Maßnahmen, die einen Kontaminationskörper derartig beeinflussen, dass die Verfügbarkeit der Schadstoffe oder der kontaminierten Materialien für Emissionsvorgänge wie Auslaugung, Gasbildung oder Verwehung herabgesetzt wird.

In-situ-Verfahren (engl.: in-situ-methods). Verfahren, mit deren Hilfe die im Untergrund befindlichen umweltgefährdenden Stoffe ohne ein Bewegen der Bodenmassen auf physikalischem, chemischem oder biologischem Wege behandelt werden, um sie aus dem Boden zu entfernen, in unschädliche Stoffe umzuwandeln oder an einer Ausbreitung zu hindern. Als Verfahren kommen in Betracht:

- Bodenluftabsaugungen,
- Gasfassung (Deponiegas),
- (mikro-)biologische Behandlung,
- Bodenspülprozesse (In-situ-Extraktion),
- chemische Behandlung,
- thermische Behandlung,
- Verfestigung (in Anlehnung an (LAGA 1991)).

Im Gegensatz dazu: On-site-Verfahren, Off-site-Verfahren.

Kataster (engl.: register). Auf amtlicher Vermessung und Vermarkung beruhendes Liegenschaftsverzeichnis. Als Altlast-Verdachtsflächen-Kataster (kurz: Verdachtsflächen-Kataster) werden die Kataster bezeichnet, welche die unteren Abfallwirtschaftsbehörden und das Landesoberbergamt über die in ihren Zuständigkeitsbereich fallenden Altlast-Verdachtsflächen zu führen haben. In die Verdachtsflächen-Kataster sind die Daten, Tatsachen und Erkenntnisse aufzunehmen, die über die Altablagerungen und Altstandorte erhoben und bei deren Untersuchung, Beurteilung und Sanierung sowie bei der Durchführung sonstiger Maßnahmen oder der regelmäßigen Überwachung ermittelt werden.

Kontaminationspotenzial (engl.: contamination potenzial). Art und Menge der Schadstoffe, mit deren Freisetzung und Eintrag in den Boden aus bestimmten technischen Anlagen und Nebeneinrichtungen bei üblichem Betrieb, bei gestörtem Betrieb sowie bei und nach der Stilllegung aufgrund der Lebenserfahrung zu rechnen ist. Das auf den einzelnen Altstandort bezogene Kontaminationspotenzial ergibt sich aus dessen konkreter gewerblicher und industrieller Vornutzung unter Berücksichtigung des Betriebszeitraumes der einzelnen Anlagen und der sonstigen Betriebseinrichtungen.

Langzeitlager (engl.: long term storage). Sollen Abfälle nicht endgültig auf Deponien beseitigt, sondern vorerst länger als ein Jahr lang gelagert werden, handelt es sich um ein sogenanntes „Langzeitlager". Nach § 23 der Deponieverordnung sind bei Errichtung und Betrieb eines Langzeitlagers die gleichen Anforderungen wie bei Deponien einzuhalten. Praktisch sind Langzeitlager Deponien mit begrenzter Lagerzeit.

Maßnahmenwert (engl.: measure value). Wert für Einwirkungen oder Belastungen, bei dessen Überschreiten unter Berücksichtigung der jeweiligen Bodennutzung und des Wirkungspfades des Schadstoffes i. d. R. von einer schädlichen Verunreinigung bzw. Altlast auszugehen ist und weitere Maßnahmen erforderlich sind.

Mobilisierung (engl.: mobilisation). Übergang eines Stoffes von einer festgelegten (immobilen) in eine verlagerungsfähige oder verfügbare Form (z. B. Lösung, Dispersion, Verflüchtigung).

Mobilität (engl.: mobility). Verlagerungsfähigkeit oder Verfügbarkeit eines Stoffes.

Off-site-Verfahren (engl.: off-site-methods). Verfahren zur Behandlung von verunreinigtem Boden in einer nicht am Ort des Anfalls dieses Bodens befindlichen Anlage. Bei Off-site-Verfahren wird i. A. mit stationären Anlagen gearbeitet, die i. d. R. für die Bodenbehandlung unterschiedlicher Altlasten bestimmt sind.

On-site-Verfahren (engl.: on-site-methods). Verfahren zur Behandlung von verunreinigtem Boden in einer am Ort des Anfalls dieses Bodens befindlichen Anlage. Bei On-site-Verfahren wird i. d. R. mit mobilen oder semimobilen Anlagen gearbeitet, die jeweils am alten Einsatzort abgebaut und zum neuen Einsatzort transportiert werden können.

Orientierende Untersuchungen (engl.: orientational Investigation). Im bestimmungsgemäßen Ablauf der Orientierungsphase im Einzelfall durchgeführte Untersuchungen.

Orientierungsphase (engl.: orientational phase). Arbeitsphase einer Gefährdungsabschätzung, innerhalb derer festgestellt und entschieden werden soll, ob eine Gefahr für die öffentliche Sicherheit dem Grunde nach besteht oder ob der aus der Erstbewertung hergeleitete Gefahrenverdacht als ausgeräumt gelten kann. Die für diese Entscheidung notwendigen konkreten Untersuchungen werden als orientierende Untersuchungen, alle fachlichen und rechtlichen Beurteilungen als konstituierende Gefahrenbeurteilung zusammengefasst. In der Regel besteht die Orientierungsphase aus einer hierarchischen Wechselfolge von Untersuchungs- und Beurteilungsschritten.

Orientierungswerte (engl.: orientational values). Angaben über Schadstoffgehalte in Böden, Oberflächengewässern, im Grundwasser, in Lebensmitteln, Körperflüssigkeiten oder anderen Medien, die als Vergleichswerte zum Erkennen einer Verunreinigung herangezogen werden können oder die einen Maßstab für das Ausmaß einer Verunreinigung bieten.

Probenahmestrategie (engl.: sample taking strategy). Planvolle Vorgehensweise, die sicherstellen soll, dass die entnommenen Proben zuverlässig und repräsentativ für die betreffende Altlast (-Verdachtsfläche) sind, und dass die Probenahmepunkte optimal gewählt werden. Wichtige Gesichtspunkte sind:

- Anordnung der Probenahmepunkte,
- Probenahmetechnik,
- Probenmenge,
- Probenbehandlung,
- Beprobungshäufigkeit,
- Dokumentation,
- Qualitätssicherung.

Nach Festlegung der Probenahmestrategie wird ein detaillierter Probenahmeplan erstellt.

Prüfwert (engl.: survey value). Im Anwendungsbereich „Altlasten" ist dies eine konkrete Angabe für den Gehalt eines Schadstoffes oder einer Schadstoffgruppe im Boden, im Grundwasser oder in anderen Umweltbestandteilen, die als Beurteilungshilfe für die Entscheidung über weitere Sachverhaltsermittlungen dient. Bei der Unterschreitung eines Prüfwertes kann für ein bestimmtes Schutzgut und einen bestimmten Wirkungspfad unter Berücksichtigung der bestehenden oder geplanten Nutzung der Gefahrenverdacht als ausgeräumt gelten; bei dessen Überschreitung ist eine weitere Aufklärung des im Einzelfall gegebenen Sachverhalts angezeigt. Nach ihrer Funktion sind Prüfwerte in erster Linie zur Anwendung bei der konstituierenden Gefahrenbeurteilung geeignet.

Rüstungsaltlasten (engl.: polluted areas resulting from military activities). Dies sind Altablagerungen bzw. Altstandorte, die infolge rüstungsbedingter Anlagen und Aktivitäten oder durch Kriegseinwirkungen derart mit Schadstoffen belastet sind, dass von ihnen Gefahren für die öffentliche Sicherheit oder Ordnung ausgehen.

Sanierung (engl.: remediation). Durchführung technischer Maßnahmen, durch die sichergestellt wird, dass von einer Altlast im Zusammenhang mit der vorhandenen oder geplanten Nutzung keine Gefahren für Leben und Gesundheit von Menschen oder andere Schutzgüter ausgehen (nach (SRU 1989)).

Sanierungsuntersuchung (engl.: remediation investigation). Bezeichnung für den i. d. R. einer Sanierung vorangehenden Arbeitsabschnitt bei einer festgestellten Altlast. Die Sanierungsuntersuchung umfasst die Ermittlung der zweckmäßigen und verhältnismäßigen Maßnahme bzw. Maßnahmenkombination zur nachhaltigen Beseitigung der Kontamination, ggf. unter Berücksichtigung einer geplanten Nutzung.

Sanierungsziele (engl.: remediation goal). Auf den Einzelfall bezogene, von den Schutzzielen abgeleitete und i. d. R. aufgrund der Sanierungsuntersuchung abschließend festgelegte Maßgaben für das technische Ergebnis von Sanierungsmaßnahmen (z. B. Reinigung auf bestimmte Grenzkonzentrationen).

Schadstoffe (engl.: contaminats). Gleichbedeutend mit umweltgefährdenden Stoffen.

Schadstoffinventar (engl.: entirety of contaminats). Gesamtheit der in einer Altablagerung (an einem Altstandort) vorhandenen Schadstoffe. Das Schadstoffinventar ist charakterisiert durch die Art, Menge und Beschaffenheit der in einer Verdachtsfläche vorhandenen umweltgefährdenden Stoffe.

Schutzgüter (engl.: subjects of protection). Von der Rechtsordnung geschützte Güter des Einzelnen (z. B. Leben, Gesundheit, Eigentum) oder der Allgemeinheit (z. B. Reinheit des Grundwassers).

Schutz- und Beschränkungsmaßnahmen (engl.: protective and restrictive measures). Zusammenfassende Bezeichnung für diejenigen Maßnahmen zur Gefahrenabwehr oder -vorsorge, die nicht den technischen Maßnahmen zur Sanierung (Dekontaminationsverfahren, Sicherungsverfahren, Umlagerung in Ausnahmefällen) zuzurechnen sind. Zu den Schutz- und Beschränkungsmaßnahmen zählen insbesondere:

- Nutzungseinschränkungen,
- Absicherung gegen Zutritt,
- Einschränkungen bestimmter baulicher oder zweckgebundener Nutzungen,
- Untersagung der Trink- oder Brauchwassergewinnung aus Grund- oder Oberflächenwasser,
- Beschränkungen für den Verzehr oder beim Inverkehrbringen von Lebens- oder Futtermitteln, Anbauempfehlungen,
- Beschränkungen der Deponiegasnutzung.

In der Regel dienen Schutz- und Beschränkungsmaßnahmen

- als Sofortmaßnahme zur Gefahrenabwehr, bis durch Untersuchungen die endgültige Art der Sanierung ermittelt werden kann,
- als temporäre Maßnahme, bis unter Berücksichtigung der Dringlichkeit im Vergleich zu anderen Einzelfällen eine Sanierung erfolgen kann,
- als dauerhafte Maßnahme, wenn andere Maßnahmen unverhältnismäßig wären oder keinen Erfolg versprechen.

Schutzziele (engl.: preservational objectives). Ausmaß der Risikominderung (Immissions-, Expositionsminderung), die im Einzelfall erreicht werden muss, um Gefahren von den jeweils betroffenen Schutzgütern abzuwenden. Der Form nach können Schutzziele als Zahlenwerte (z. B. Höchstwerte für die Konzentration von Schadstoffen) oder in verbaler Umschreibung angegeben werden. Schutzziele werden von der zuständigen Behörde i. d. R. im Rahmen der abschließenden Gefahrenbeurteilung bestimmt und ggf. aufgrund der Sanierungsuntersuchung weiter konkretisiert und abschließend festgelegt.

Summenparameter (engl.: sum parameters). Parameter, die nicht auf der Ermittlung einzelner Stoffe oder Verbindungen beruhen, sondern Elemente oder durch bestimmte Eigenschaften gekennzeichnete Stoffe zusammenfassen. Beispiele für Summenparameter sind:

TOC (Total Organic Carbon) gesamter organischer Kohlenstoffgehalt,
DOC (Dissolved Organic Carbon) gelöster organischer Kohlenstoffgehalt,
CSB (Chemical Oxigene Demand) chemischer Sauerstoffbedarf.

Technische Barrieren (engl.: technical barriers). Hierunter sind sowohl Behälter, Becken, gering durchlässige Fußböden, bautechnisch hergestellte Dichtungen u. ä. zu verstehen, die aus dem Zeitraum des Betriebs oder der Stilllegung einer Altablagerung bzw. eines Altstandortes stammen, als auch die verschiedenen Verfahren bzw. Systeme, die bei der Einschließung einer Altlast zur Anwendung kommen können. Technische Barrieren zur Einschließung sind:

- horizontale Abdichtungssysteme (z. B. Oberflächenabdichtungen) und

- vertikale Abdichtungssysteme (z. B. Dichtwände).

Neben den Grundanforderungen hoher Abdichtungswirkung und großer Beständigkeit sollten technische Barrieren möglichst auch die Forderungen nach Kontrollierbarkeit und Reparierbarkeit erfüllen, was baupraktisch außerordentlich schwierig zu realisieren ist. Einsetzbarkeit und Wirksamkeit eines oder einer Kombination mehrerer Barrierensysteme hängen wesentlich von den geotechnischen Eigenschaften des Untergrunds ab.

Transfer (engl.: transfer). Freie Ausbreitung (lat.: transferre übertragen) von Stoffen mittels Ausbreitungsmedien von einem Herkunftsort; der Transfer kann zielgerichtet sein (Ausbreitung).

Transfermedium (engl.: transfer medium). Ausbreitungsmedium.

Überwachung (engl.: monitoring). Bei der Überwachung einer Verdachtsfläche oder einer Altlast sind zu unterscheiden:

- der als Gefährdungsabschätzung bezeichnete initiale Überwachungsvorgang, bei dem es sich typischerweise um einen einmaligen Vorgang handelt,
- die regelmäßige Überwachung, bei der wiederkehrend örtliche Ermittlungen zu bestimmten Merkmalen vorgenommen werden.

Die behördliche Überwachung erfolgt durch die zuständige Behörde oder in deren Auftrag. Die Selbst- bzw. Eigenüberwachung obliegt dem Ordnungspflichtigen nach Maßgabe eines Gesetzes oder eines Verwaltungsaktes.

Umweltgefährdende Stoffe (engl.: ecologically harmful substances). Feste, flüssige und gasförmige Stoffe, die geeignet sind, das Wohl der Allgemeinheit zu beeinträchtigen, insbesondere die Gesundheit der Menschen zu gefährden und ihr Wohlbefinden zu beeinträchtigen, Nutztiere, Vögel, Wild und Fische zu gefährden, Gewässer zu verunreinigen oder ihre Eigenschaften sonst nachteilig zu verändern, Boden und Nutzpflanzen schädlich zu beeinflussen oder sonst die öffentliche Sicherheit zu gefährden oder zu stören.

Untersuchungsstrategie (engl.: examination strategy). Planvolle Vorgehensweise bei der Untersuchung mit den Zielen:

- Erkundung der Wirkungspfade,
- Festlegung des Untersuchungsumfangs,
- Eingrenzung der Verunreinigung,
- qualitativ und quantitativ hinreichende Erfassung des Schadstoffinventars,
- Beurteilung der Verfügbarkeit der Schadstoffe auf den verschiedenen Wirkungspfaden,
- Prognose über weitere Entwicklung der Emissionen und Immissionen.

Vergleichswerte (engl.: reference values). Zusammenfassend für Orientierungswerte, Prüfwerte, Maßnahmenwerte, Hintergrundwerte und entsprechende Werte.

Verunreinigung (engl.: pollution). Durch menschliche Aktivitäten in die Luft, das Wasser oder den Boden eingetragene Schadstoffe. Verunreinigungen bewirken eine Erhöhung der Konzentrationen der Schadstoffe über die ggf. natür lich vorhandenen Konzentrationen der jeweiligen Stoffe in den Medien Wasser, Boden und Luft (natürliche Hintergrundbelastung) hinaus.

Wirkungspfad (engl.: exposure pathway). Möglicher oder tatsächlicher Weg, den ein Schadstoff aus dem Boden bzw. Schüttkörper einer Verdachtsfläche oder Altlast bis zu einem Schutzgut zurücklegt. Sowohl die Verdachtsfläche bzw. Altlast als (potenzielle) Schadstoffquelle als auch das (potenziell) betroffene Schutzgut gelten als Bestandteile des Wirkungspfades. Der Begriff „Wirkungspfad" beschreibt lediglich abstrakt den Weg von Schadstoffen bis hin zu einer möglichen Wirkung bei dem Schutzgut; seine Verwendung ist keine Aussage über das tatsächliche Vorhandensein einer Wirkung oder gar einer nachteiligen Wirkung.

Wirkungspotenzial (engl.: effective potenzial). Vermögen eines Stoffes, Wirkungen durch chemische oder chemisch-biologische Veränderungen an unbelebter oder belebter Materie hervorzurufen.

1.2 Schadstoffe

Schadstoffe sind chemische Elemente und Verbindungen, die aufgrund ihrer Konzentration in der Luft, im Boden bzw. im Grundwasser eine Gefährdung für Mensch und Natur darstellen. In Anhang 2 der Bundes-Bodenschutz- und Altlastenverordnung (BBodSchV 1999) sind Maßnahmen-, Prüf- und Vorsorgewerte für ausgewählte Schadstoffe zusammengestellt. Die Maßnahmen-, Prüf- und Vorsorgewerte werden in Abhängigkeit vom Medium, in dem sich der Schadstoff befindet, angegeben. Dies beruht auf der Tatsache, dass die Wirkung der Schadstoffe vom Ausbreitungspfad bzw. von der Form, in der sie vorliegen, abhängig ist.

Neben Schwermetallen und anorganischen Verbindungen stellen Kohlenwasserstoffe (organische Verbindungen) die wichtigste Schadstoffgruppe dar. Im Regelfall findet eine weitere Unterteilung zur genaueren Beschreibung der Kohlenwasserstoffe statt. Man unterscheidet zwischen einfachen aromatischen Kohlenwasserstoffen, polyzyklischen aromatischen Kohlenwasserstoffen, nichtaromatischen nichthalogenierten Kohlenwasserstoffen, leichtflüchtigen halogenierten Kohlenwasserstoffen, sonstigen chlorierten Kohlenwasserstoffen, Pestiziden sowie polychlorierten Biphenylen und Dioxinen (Abb. 1).

Eine ausführliche Liste von Schadstoffen und Schadstoffquellen findet sich in (Görner und Hübner 1999).

1.3 Strömung in porösen Medien, Mehrphasenströmung

Das Gesetz von Darcy (Darcy 1856) gilt in der Form von Gl. (1) für die Strömung der Phase α im mit der Phase α *gesättigten* Porenraum.

$$v_\alpha = k_\alpha \cdot \text{grad } h_\alpha \qquad (1)$$

$$\text{mit} \quad k_\alpha = \frac{\rho_\alpha g}{\eta_\alpha} k_{ij}^* \qquad (2)$$

(v_α Filtergeschwindigkeit der Phase α in m/s, h_α Energiehöhe der Phase α in m, ρ_α Dichte der Phase α in kg/m^3, g Erdbeschleunigung in m/s^2, η_a dynamische Viskosität der Phase α in (kN · s)/m^2, k_{ij}* Durchlässigkeit (Permeabilität) in m^2).

Im *teilgesättigten* Porenraum strömen sowohl die gasförmige als auch die flüssige Phase im Boden. Für jede Phase α gilt

$$v_{\alpha,u} = k_{\alpha,u} \cdot \text{grad } h_\alpha \qquad (3)$$

($k_{\alpha,u}$ Durchlässigkeitsbeiwert für die Phase α im teilgesättigten Porenraum in m/s).

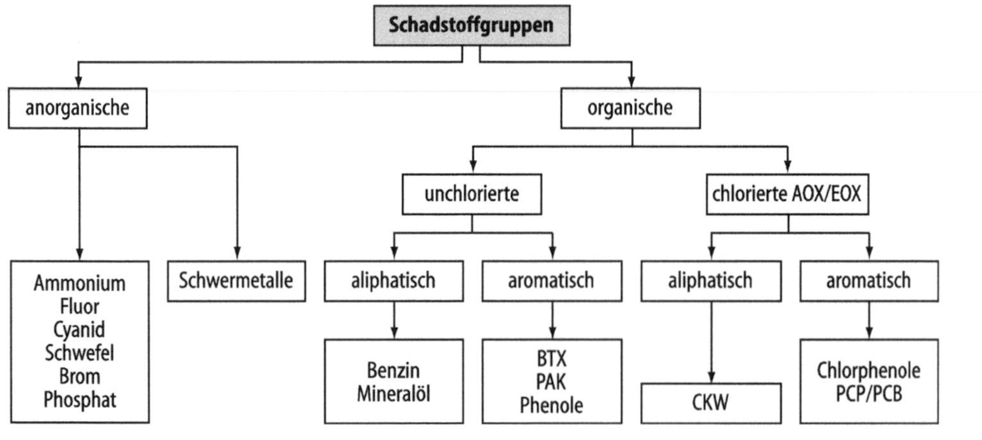

Abb. 1 Schadstoffgruppen

Die fluidunabhängige Permeabilität k^*_{ij} (in m^2) ist eine Funktion des Sättigungsgrades S. Es gilt $k_{ij}^* = k_{ij}^*$ (s). Dies wird durch die relativen spezifischen Permeabilitäten $k^*_{r\alpha}$ für die Phase α berücksichtigt.

$$k^*_{r\alpha} = \frac{k_{\alpha,u}}{k_\alpha}. \quad (4)$$

In Abb. 2 sind beispielhaft die relativen spezifischen Permeabilitäten für Luft k^*_{rG}, Wasser k^*_{rL} und Öl k^*_{rO} in Abhängigkeit vom Sättigungsgrad S angegeben. Für die Filterströmung im teilgesättigten Porenraum lautet das Gesetz von Darcy

$$v_\alpha = \frac{\rho_\alpha g k^*_{ij}}{\eta_\alpha} k^*_{r\alpha}(\mathrm{S})\mathrm{grad}\ h_\alpha. \quad (5)$$

1.4 Ausbreitung von Schadstoffen

Unter der Ausbreitung von Schadstoffen versteht man den Verteilungsvorgang eines Schadstoffs im Ökosystem. Die Ausbreitung der Schadstoffe kann über die Umweltmedien Grundwasser, Oberflächenwasser, Außenluft und Bodenluft sowie über Pflanzen erfolgen. Strömungs- und Stofftransportvorgänge spielen eine entscheidende Rolle im Zusammenhang mit der geotechnischen Ausgestaltung von Deponien oder Sanierungsmaßnahmen an Altlasten. Ziel ist es, den möglichen Transport von Schadstoffen in die Umgebung zu minimieren. Ein wesentlicher Maßstab für die Sicherheit von Deponien bzw. die Wirksamkeit von Sanierungsmaßnahmen ist damit der räumliche und zeitliche Verlauf des zu erwartenden Transports von Schadstoffen durch die Barrieren im Untergrund.

Die Mobilisierung von Schadstoffen resultiert aus unterschiedlichen Prozessen wie Lösung und chemischer oder biologischer Umsetzung. Maßgebende Transportprozesse sind Advektion, Diffusion und (hydrodynamische) Dispersion (Luckner und Schestakow 1986). Der Transport von Schadstoffen wird durch die Konzentration im (Sicker-)Wasser und durch Prozesse wie Sorption, Lösungsvorgänge, Abbau und Rückhalt der Schadstoffe im Korngerüst beeinflusst.

Es lassen sich einige grundsätzliche Aussagen bezüglich des relativen Einflusses von Advektion, Diffusion und Dispersion auf den Stofftransport treffen. Für Filtergeschwindigkeiten in der Größenordnung von $5 \cdot 10^{-10}$-m/s, wie sie für verdichtete Tone typisch sind, können sowohl Advektion als auch Diffusion eine wichtige Rolle spielen. Der Einfluss der Dispersion im Vergleich zur Diffusion ist klein. Für Filtergeschwindigkeiten unterhalb von $1 \cdot 10^{-10}$-m/s dominiert der Einfluss der Diffusion gegenüber der Advektion. In sandi-

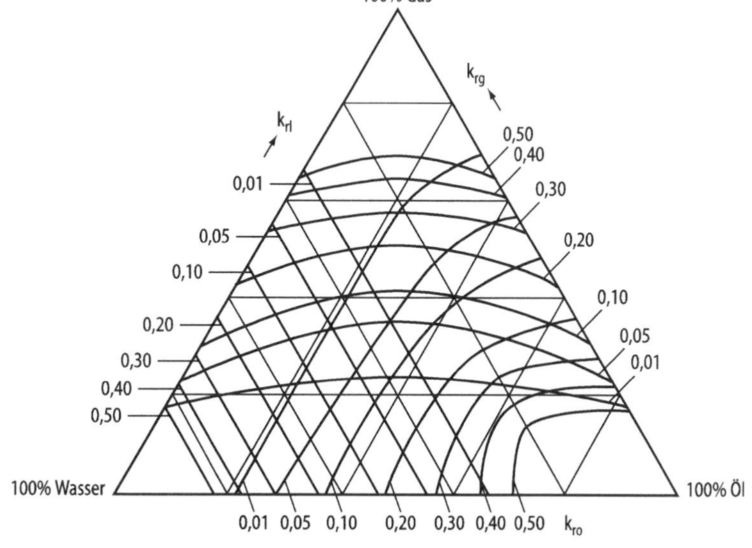

Abb. 2 Relative spezifische Permeabilität in Abhängigkeit vom Sättigungsgrad

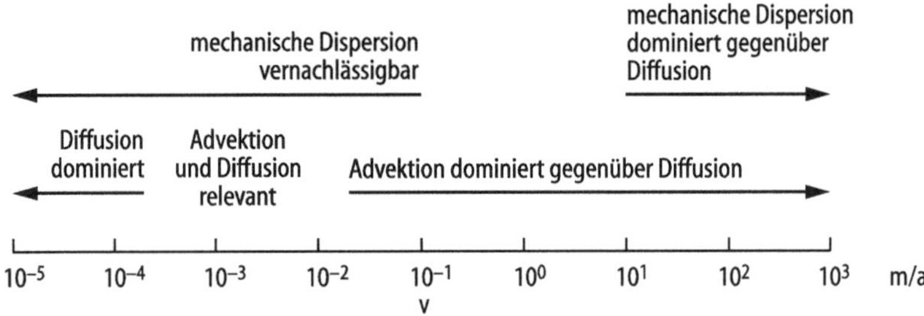

Abb. 3 Stofftransportvorgänge in Abhängigkeit von der Filtergeschwindigkeit v für eine 1,2 m dicke Abdichtungsschicht

gen oder kiesigen Aquiferen dominiert der Einfluss der Advektion gegenüber der Diffusion; die Dispersion kann hier ebenfalls den Einfluss der Diffusion überwiegen. In Abb. 3 ist der relative Einfluss der Stofftransportvorgänge in Abhängigkeit von der Filtergeschwindigkeit exemplarisch für eine 1,2 m dicke Abdichtungsschicht dargestellt.

Advektion

Die Advektion (auch advektiver Transport) beschreibt die Bewegung (wasser-)gelöster Schadstoffe infolge der Strömung des Trägerfluids. Es entsteht eine passive Bewegung des Schadstoffs mit dem strömenden Trägerfluid. Der advektive Massenstrom des Schadstoffs ist daher abhängig vom Volumenstrom des Trägerfluids. Die zeitliche Veränderung der Konzentration des Schadstoffs im Kontrollraum infolge Advektion wird ausgedrückt durch die Beziehungen zur Beschreibung der Strömung einer oder mehrerer Phasen in porösen Medien. Die advektive Massenstromdichte eines Schadstoffs, der mit der Konzentration c_i im Trägerfluid vorhanden ist, ergibt sich zu

$$\dot{m}_{A_i} = v \cdot c_i \quad \text{in g}/\left(\text{s}\cdot\text{m}^2\right) \qquad (6)$$

(v Strömungsgeschwindigkeit in m/s).

Diffusion

Unter Diffusion versteht man einen physikalischen Ausgleichsprozess, in dessen Verlauf Schadstoffteilchen infolge eines Konzentrationsgefälles von Orten höherer Konzentration zu solchen mit niedrigerer Konzentration gelangen. Die Bewegung des Schadstoffs ist unabhängig von der Bewegung des Trägerfluids. Die Diffusion bewirkt eine räumliche Verteilung der gelösten Stoffe durch die Brownsche Molekularbewegung und ist in starkem Maße temperaturabhängig (Crank et al. 1981). Die diffusive Massenstromdichte ergibt sich zu

$$\dot{m}_{Ai} = D_{0i} \text{ grad} \cdot c_i \quad \text{in g}/\left(\text{s}\cdot\text{m}^2\right) \qquad (7)$$

(D_0 molekularer Diffusionskoeffizient im Wasser in m^2/s).

Diese Beziehung wird als 1. Ficksches Gesetz bezeichnet und gibt den Massenstrom pro Zeiteinheit und Fläche in Richtung des Konzentrationsgefälles wieder. Die molekularen Diffusionskoeffizienten lassen sich nach der Gleichung von Stokes/Einstein ermitteln:

$$D_0 = \frac{k_b T}{6\pi\eta r} \quad \text{in m}^2/\text{s}. \qquad (8)$$

($k_b = 1{,}380658 \cdot 10^{-23}$ Nm/K Boltzmann-Konstante, T Temperatur in k, η dynamische Viskosität in $(kN \cdot s)/m^2$, r Radius des diffundierenden Teilchens in m).

Die molekularen Diffusionskoeffizienten verschiedener Stoffe sind Tab. 1 zu entnehmen. Diese Werte gelten nur für Idealbedingungen bei Diffusion in reinem Wasser. Durch die Gestalt des Porenraums wird der Diffusionsvorgang im Boden gegenüber dem entsprechenden Vorgang im freien Flüssigkeitsraum behindert. Die Behinderung der Diffusion wird einerseits dadurch hervorgerufen, dass die Diffusionswege gegenüber dem freien Flüssigkeitsraum verlängert sind. Neben diesem geometrischen Einfluss kann der Diffusionsvorgang durch Ionisierungseffekte des Porenwassers und die Wechselwirkung der dynamischen Viskosität des Porenwassers mit der Ladung der Bodenminerale beeinflusst werden. Die Berücksichtigung der Diffusionsverhältnisse im

Tab. 1 Molekulare Diffusionskoeffizienten verschiedener Stoffe

Diffundent	Konzentration in %	Temperatur in C	Diffusionskoeffizient in m^2/s
Essigsäure	–	12	$0{,}9 \cdot 10^{-9}$
Methanol	0,25	18	$1{,}4 \cdot 10^{-9}$
Methanol	–	20	$1{,}3 \cdot 10^{-9}$
Äthanol	0,25	18	$1{,}1 \cdot 10^{-9}$
Propanol	0,25	18	$0{,}8 \cdot 10^{-9}$
Azetylen	0,25	18	$1{,}8 \cdot 10^{-9}$
Harnstoff	0,25	18	$1{,}3 \cdot 10^{-9}$
Acetamid	0,25	18	$1{,}1 \cdot 10^{-9}$
Aminosäuren	–	25	$0{,}8 \cdot 10^{-9}$
Zucker	–	25	$0{,}5 \cdot 10^{-9}$
HCl	–	25	$3{,}4 \cdot 10^{-9}$
HBr	–	25	$3{,}9 \cdot 10^{-9}$
LiCl	–	25	$1{,}3 \cdot 10^{-9}$
LiBr	–	25	$1{,}4 \cdot 10^{-9}$
NaCl	–	18	$1{,}2 \cdot 10^{-9}$
NaCl	–	25	$1{,}5 \cdot 10^{-9}$
NaBr	–	25	$1{,}6 \cdot 10^{-9}$
KCl	–	25	$1{,}9 \cdot 10^{-9}$
KNO_3	–	25	$1{,}8 \cdot 10^{-9}$
$CaCl_2$	–	25	$1{,}2 \cdot 10^{-9}$
NH_4	–	15	$1{,}8 \cdot 10^{-9}$
Cl^-	–	20	$2{,}0 \cdot 10^{-9}$
Na+	–	20	$1{,}3 \cdot 10^{-9}$
O_2	–	10	$1{,}3 \cdot 10^{-9}$
O_2	–	20	$2{,}0 \cdot 10^{-9}$

Mehrphasenmedium Boden geschieht durch Ersetzen von D_0 durch einen Diffusionskoeffizienten D_d für den Boden. Allgemein gilt

$$D_d = \beta \cdot D_0 \quad \text{in } m^2/s. \tag{9}$$

Für die Größe des Impedanzfaktors β findet man in der Literatur Werte zwischen 0,02 und 0,7, je nach Bodenart und abhängig davon, ob es sich um ein Locker- oder Festgestein handelt.

Dispersion

Unter Dispersion versteht man die Verteilung bzw. Auffächerung von gelösten Inhaltsstoffen im bewegten (Poren-)Wasser, die durch unterschiedliche Fließgeschwindigkeiten einzelner Wasservolumina im Inneren des Strömungsraumes und aufgrund der Umlenkung der Strömung durch das Korngerüst hervorgerufen wird. Sie wird in diesem Zusammenhang auch als „mechanische Dispersion" bezeichnet. Die Auffächerung des Schadstoffs findet in Richtung der Strömung des Trägerfluids (longitudinal) und quer dazu (transversal) statt. Die Dispersion stellt zusätzlich zum advektiven Transport einen weiteren strömungsabhängigen Beitrag zum Massenstrom dar, der Stoff bewegt sich also passiv mit dem Trägerfluid. Mathematisch kann die Dispersion analog zum 1. Fickschen Gesetz formal wie die Diffusion dargestellt werden. Die Gleichung für die dispersive Massenstromdichte lautet

$$\dot{m}_{Ai} = n \cdot D_{dis} \cdot \text{grad } c_i \quad \text{in } g/(s \cdot m^2) \tag{10}$$

Für n ist grundsätzlich der nutzbare oder effektive Porenanteil einzusetzen. Dieser berechnet sich aus dem Verhältnis des Volumens des frei beweglichen Porenwassers zum Gesamtvolumen des Bodens. Der Dispersionskoeffizient D_{dis} ist proportional zum Betrag der Abstandsgeschwindigkeit v_a des Trägerfluids und zur Dispersivität α_i. Die Proportionalitätsfaktoren sind die longitudinale Dispersivität α_L in Strömungsrichtung und die transversale Dispersivität α_T quer zur Strömungsrichtung. Es gilt

$$D_{dis} = \alpha_i \cdot v_a. \tag{11}$$

Diese Beziehung gilt sowohl für Stofftransportvorgänge im wassergesättigten als auch im teilgesättigten Porenraum. Versuche zur Bestimmung der Dispersivität haben gezeigt, dass α_L und α_T keine konstanten Bodenparameter sind, sondern vom zurückgelegten Transportweg der Schadstoffe abhängen, d. h. einen Maßstabeffekt zeigen. Dies ist darauf zurückzuführen, dass je nach Größe des als repräsentativ betrachteten Kontrollvolumens die Geschwindigkeitsvariationen auf unterschiedliche Ursachen zurückzuführen sind. Kleinmaßstäblich werden sie durch Aufspaltung der Fließwege am Korngerüst hervorgerufen (Mikrodispersion), während sie großmaßstäblich durch Inhomogenitäten des Grundwasserleiters verursacht werden (Makrodispersion). Es wurden Beziehungen zur direkten Ermittlung der longitudinalen Dispersivität unter Berücksichtigung des Maßstabeffekts aufgestellt. Allgemein wurde angesetzt:

$$\alpha_L = \frac{s^2}{2|v_a|^2} \cdot x \tag{12}$$

(s Varianz der Geschwindigkeitsverteilung der Abstandsgeschwindigkeit in m/s, x Fließweg in m).

Die transversale Dispersivität ist grundsätzlich sehr viel kleiner als die longitudinale Dispersivität. Näherungsweise wird für Laborversuche $\alpha_T = 0{,}1\text{-}\alpha_L$ angegeben. In situ wird mit $\alpha_T = (0{,}01 \ldots 0{,}3)\alpha_L$ gerechnet. Die Werte der longitudinalen Dispersivität liegen in der Größenordnung von $\alpha_L = (10^{-4} \ldots 10^{-2})$ m für Laborversuche, in der Größenordnung von $\alpha_l = (10^{-2} \ldots 10^{-1})$ m für Feldversuche und in der Größenordnung von $\alpha_L = (10^1 \ldots 10^2)$ m für regionale Aquifere (Bertsch 1978). Für die transversale Dispersivität ergeben sich jeweils um den Faktor 10 bis 100 niedrigere Werte. Da die molekulare Diffusion und die mechanische Dispersion in ihrer Wirkung häufig nicht unterschieden werden können und sie sich darüber hinaus mathematisch auf die gleiche Weise darstellen lassen, werden die Prozesse für eine Modellierung zusammengefasst und als *hydrodynamische Dispersion* bezeichnet (Luckner und Schestakow 1986).

Austauschprozesse

Zwischen Boden und Grundwasser finden verschiedene Austauschprozesse statt. Man unterscheidet zwischen Filterung, Sorption, Ionenaustausch und externem Austausch. Als *externe* Austauschprozesse werden Stoffaustauschprozesse zwischen der Boden- und Grundwasserzone und der Umwelt z. B. bei der Stoffentnahme durch Pflanzen bezeichnet. Die Prozesse Filterung, Sorption und Ionenaustausch sind untereinander nur unvollkommen abgrenzbar. Unter *Filterung* versteht man die Siebwirkung des porösen Mediums gegenüber Wasserinhaltsstoffen. Mit *Sorption* wird der Wechselwirkungsprozess zwischen Adsorption und Desorption bezeichnet. Man versteht darunter das Anlagern und Freisetzen gasförmiger, flüssiger oder fester Migranten an der Oberfläche der Feststoffkomponente. Hierbei spielen sowohl physikalische als auch chemische Bindungen eine Rolle. Die dabei wirkenden Bindungskräfte umfassen alle Übergänge zwischen Van-der-Waalsschen Anziehungskräften (physikalische Wechselwirkung) und chemischer Bindung (ionische oder Atombindungen).

Als Sorbenten wirken im Untergrund v. a. Tonminerale, Zeolithe, Eisen- und Manganhydroxide bzw. -oxidhydrate sowie Aluminiumhydroxid, organische Substanzen, v. a. Huminstoffe, mikrobielle Schleime, Pflanzen und Mikroorganismen. Die Tonminerale sorbieren Kationen an Fehlstellen. Die Huminstoffe sind in der Lage, Kationen, Anionen sowie polare und unpolare Moleküle zu binden (Jasmund und Lagaly 1993). Die Sorption wird durch Sorptionsisothermen beschrieben, welche die Beziehungen zwischen den Konzentrationen der gelösten und der sorbierten Phase herstellen. Man spricht von *Ionenaustausch*, wenn die an den Sorptionsprozessen beteiligten Teilchen Ionen sind.

Chemische und biochemische Reaktionen, radioaktiver Zerfall

Beim Abbau der Stoffe durch chemische und biochemische Reaktionen bzw. beim Zerfall radioaktiver Isotope geht man von einer Proportionalität der Abbaurate und der Konzentration bzw. von einer Zerfallsrate und der Anzahl radioaktiver Kerne aus.

$$\frac{dc}{dt} = \lambda \cdot c(t) \text{ bzw} \cdot \frac{dN}{dt} = \lambda \cdot N(t) \qquad (13)$$

(c (t) Konzentration der gelösten Phase zum Zeitpunkt t in mg/l, λ Abbau- bzw. Zerfallskonstante in 1/s bzw. 1/a, N(t) Anzahl der vorhandenen radioaktiven Kerne zum Zeitpunkt t).

1.5 Mineralölschadensfälle

Kapillardruck-Sättigungsbeziehung

Der für ein poröses Medium charakteristische Zusammenhang zwischen den Sättigungsgraden der benetzenden und nichtbenetzenden Phase sowie dem Kapillardruck ist eine grundlegende hydraulische Eigenschaft des porösen Mediums. Für diese Beziehung wird im Folgenden die Bezeichnung Kapillardruck-Sättigungs-Beziehung (P-S-Beziehung) verwendet. Die P-S-Beziehung eines porösen Mediums wird durch die Porengrößenverteilung, die Anordnung und die Vernetzung der Körner bestimmt. Sie ist von den Drainage- und Befeuchtungsbedingungen abhängig und somit hysteretisch. Betrachtet man den Porenraum als Ganzes, so stellt die Kapillardruck-Sättigungs-Beziehung den statischen Verlauf der Sättigung in Abhängigkeit von der Höhe über dem Grundwasserspiegel dar (Busch et al. 1993). Häufig wird die P-S-Beziehung zur mathematischen Beschreibung durch die van-Genuchten Gleichung dargestellt (van Genuchten 1980).

Ermittlung des Ölvolumens

Zur Beurteilung von Schadensfällen, bei denen sich Mineralöl im Untergrund befindet, ist die Kenntnis des Volumens und der Verteilung des Mineralöls im Untergrund von entscheidender Bedeutung. Die Messung der Phasenstände des Öles und des Wassers in Beobachtungspegeln führt jedoch zu unzutreffenden Daten bezüglich des Ölvolumens, und zwar zu einer erheblichen Überschätzung des Ölvolumens, da die Kapillarität die Verteilung des Öles im Untergrund wesentlich beeinflusst, im Pegel jedoch von untergeordneter Bedeutung ist. In Abb. 4 ist beispielhaft eine Sättigungsverteilung im Dreiphasensystem Öl-Wasser-Luft dargestellt. Durch Kombination der P-S-Beziehungen von Wasser-Öl und Öl-Luft für das Dreiphasensystem Wasser-Öl-Luft ergibt sich näherungsweise die P-S-Beziehung Wasser-Luft. Hieraus ergeben sich die

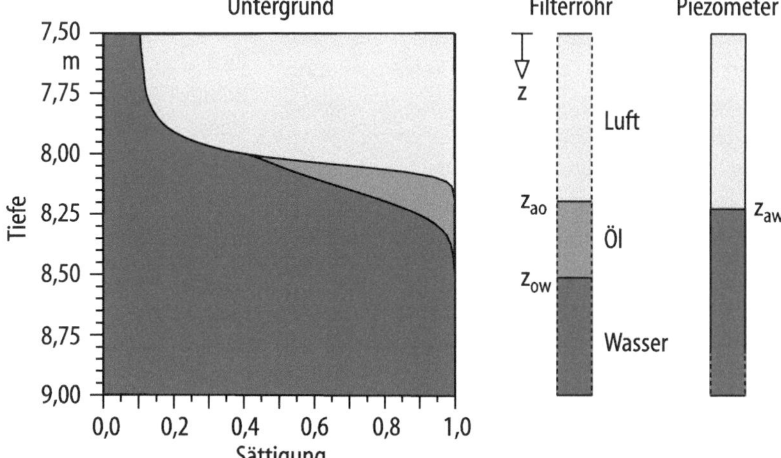

Abb. 4 Sättigungsverteilung im Dreiphasensystem Öl-Wasser-Luft

Sättigungen der Wasserphase S_w bzw. der Ölphase S_o im Untergrund:

$$S_w(z) = [1 + (\alpha_{ow} \cdot ((z_{ow} - z) \cdot (\rho_w - \rho_o) \cdot g))^n]^{(1/n-1)}, \quad (14)$$

$$S_o(z) = [1 + (\alpha_{ao} \cdot ((z_{ao} - z) \cdot (\rho_o - \rho_a) \cdot g))^n]^{(1/n-1)} \quad (15)$$

($\alpha_{ow}{}^a \approx 7 \cdot 10^{-4}$ m²/N Maßstabsfaktor im System-Wasser-Öl, $\alpha_{ao}{}^a \approx 9 \cdot 10^{-4}$ m²/N Maßstabsfaktor im System Öl-Luft, n = 1,5 … 5 Formfaktor, z Höhenkoordinate in m).

Mit diesen Gleichungen ergibt sich die Sättigungsverteilung der Phasen Wasser und Öl im Boden. Wird in einer beliebigen Tiefe eine größere Sättigung der Ölphase gegenüber der Wasserphase berechnet, so befindet sich in dieser Tiefe Öl. Die Sättigung mit Öl ist dann S_o-S_w, also der horizontale Abstand zwischen den beiden Sättigungsverteilungskurven. Wird eine geringere Sättigung mit Öl als mit Wasser errechnet, ist in dieser Tiefe kein Öl mehr im Porenraum vorhanden. Integriert man die Fläche zwischen den Sättigungsverteilungskurven für Öl und für Wasser, so erhält man das Ölvolumen, bezogen auf die Einheitsfläche (1 m²).

Abschöpfformeln

Befinden sich im Boden neben dem Grundwasser noch weitere mit Wasser nicht mischbare flüssige Phasen (z. B. Mineralöl), so sind die herkömmlichen Brunnenformeln nach Dupuit (1863) nicht mehr anwendbar, da ein Mehrphasenproblem vorliegt. Für die hydraulische Sanierung von Mineralölschadensfällen wurden Abschöpfformeln entwickelt, mit deren Hilfe der Entwurf und die Planung der Brunnenanlagen zur hydraulischen Sanierung ermöglicht wird (Vogler 1999). Dazu wurde die Grundgleichung der Mehrphasenströmung für unterschiedliche Randbedingungen integriert, und man erhält einen Lösungskatalog für die Fälle:

Fall I Abschöpfen der leichten Phase,
Fall II Abschöpfen der schweren Phase,
Fall III gleichzeitiges Abschöpfen der geringmächtigen leichten Phase und Abpumpen der schweren Phase,
Fall IV gleichzeitiges Abpumpen der geringmächtigen schweren Phase und Abschöpfen der leichten Phase.

Die Lösungen gelten für stationäre Strömung in homogenem und isotropem Untergrund. Die Grundgleichung der Mehrphasenströmung für die Phase α lautet

$$\underbrace{\frac{\partial}{\partial t}(n\rho_\alpha S_\alpha)}_{\text{Speicher}} - \underbrace{\frac{\partial}{\partial x_i}\left[\frac{\rho_\alpha}{\eta_\alpha} k^*_{r\alpha} k^*_{ij}\left(\frac{\partial p_\alpha}{\partial x_j} + \rho_\alpha g \frac{\partial z}{\partial x_j}\right)\right]}_{\text{Zu- und Abfluss}} + \underbrace{Q_\alpha \rho_\alpha}_{\text{Quellen und Semken}} = 0 \quad (16)$$

(p_α Gesamtdruck der Phase α in kN/m², Q_α Volumenzufluss (Quelle) der Phase α in m³/s).

Unter der Annahme einer konstanten Sättigung S_α und konstanter relativer spezifischer Permeabilität $k^*_{r\alpha}$ werden die Gln. (17) und (18) für eine leichte und eine schwere Phase formuliert und beide Gleichungen über die Abhängigkeit der Sättigungsgrade von den Kapillardrücken miteinander gekoppelt. Im Folgenden wird beispielhaft die Lösung für den Fall III (Abb. 5), gleichzeitiges Abschöpfen der geringmächtigen leichten Phase und Abpumpen der schweren Phase, angegeben:

Fördermenge der schweren Phase:

$$-Q_s = \frac{\pi k^*_{ij} k^*_{rs} g \rho_s}{\eta_s \ln R/_{r_b}} [H_s^2 - h_s^2], \quad (17)$$

Fördermenge der leichten Phase:

$$-Q_l = \frac{\pi k^*_{ij} k^*_{rl} g \rho_l}{\eta_l \ln R/_{r_b}} (H_l - H_s)(H_l - h_l), \quad (18)$$

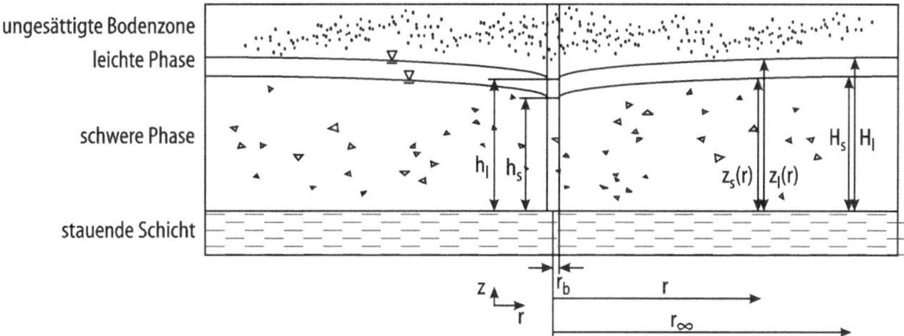

Abb. 5 Abschöpfen der geringmächtigen leichten Phase und gleichzeitiges Abpumpen der schweren Phase

Spiegellinie der leichten Phase:

$$z_l = \sqrt{H_s^2 + \left(h_s^2 - H_s^2\right) \frac{\ln R/r}{\ln R/r_b}} + (H_l - H_s), \qquad (19)$$

Spiegellinie der schweren Phase:

$$z_s = z_l - (H_l - H_s) \qquad (20)$$

(r_b Brunnenradius in m, R Einflussradius in m).

Eine vollständige Entfernung des Mineralöls aus dem Untergrund ist durch das Abschöpfen nicht zu erreichen. Es verbleibt immer eine Residualsättigung der Poren mit Mineralöl. Eine weitere Reduzierung des Mineralöles im Boden kann nur durch Abbauprozesse erreicht werden.

2 Altlasten, Altstandorte und Altablagerungen

Bei der Sanierung und Sicherung von Altlasten, Altstandorten und Altablagerungen arbeitet der Bauingenieur interdisziplinär mit anderen Wissenschaftlern, z. B. aus der Verfahrenstechnik, der Chemie oder der Biologie, zusammen. Als Mehrphasenmedium hat der Boden Eigenschaften, die bei der Erkundung und Sanierung einer Kontamination besonders berücksichtigt werden müssen:

- Je nach seinen chemisch-physikalischen Eigenschaften kann ein Schadstoff in der festen Phase (Korngerüst) sorbiert werden, in der flüssigen Phase (Grundwasser, Porenwasser) gelöst sein oder als flüchtiger Stoff in der gasförmigen Phase (Bodenluft) vorliegen. In der Regel befindet sich ein Schadstoff in mehreren Phasen des Bodens zugleich.
- Schadstoffe in der flüssigen Phase bzw. in der gasförmigen Phase sind mobil und werden durch die Transportmechanismen Advektion, Dispersion und Diffusion im Untergrund bewegt. Die Ausbreitung des Schadstoffs ist daher abhängig von der Zeit. Die genaue Kenntnis der hydromechanischen Eigenschaften des Bodens ist für die Erkundung einer Kontamination und die Planung der Sanierung von entscheidender Bedeutung.
- Da der Boden nicht inert ist, findet u. U. eine chemische Interaktion zwischen dem Boden und den Schadstoffen statt, die bei der Erkundung und ggf. Sanierung ebenfalls berücksichtigt werden muss.

2.1 Altlastenerkundung

Der Rat von Sachverständigen für Umweltfragen (SRU 1989) untergliedert den Umgang mit Altlasten vereinfachend in die drei Hauptphasen:

Phase 1 Erfassung,
Phase 2 Gefährdungsabschätzung,
Phase 3 Sanierung bzw. Überwachung.

In den Phasen 1 und 2 werden alle zum sachgemäßen Umgang mit Altlasten nötigen Informationen gesammelt und ausgewertet; sie werden daher zusammenfassend als „Altlastenerkundung" bezeichnet. Ziel der Altlastenerkundung ist die Bestimmung von Art, Umfang und räumlicher Erstreckung einer möglichen Kontamination im Untergrund. Die Untersuchungen zur Altlastenerkundung gliedern sich in verschiedene Phasen, die nach Maßgabe der Ergebnisse der jeweils vorhergehenden Untersuchungen durchlaufen werden. Nach jedem Untersuchungsschritt wird in einer Bewertung geprüft, ob der Verdacht auf eine Kontamination im Untergrund nach den vorliegenden Informationen noch aufrechterhalten wird oder ob er ausgeräumt wurde. Bestätigt sich der Verdacht, so steht bei den weiteren Untersuchungen die genauere Ermittlung der räumlichen Ausbreitung, des Schadstoffinventars und der geotechnischen Eigenschaften des Untergrunds im Vordergrund. In der letzten Phase, der Sanierungsuntersuchung, wird das Sanierungsverfahren auf Basis der Gefährdungsabschätzung und der Sanierungszielwerte festgelegt. Im Einzelnen können folgende Phasen durchlaufen werden:

- Erfassung,
- Historische Erkundung,
- Erstbewertung,
- orientierende technische Untersuchung,
- Gefährdungs- bzw. Risikoabschätzung,
- detaillierte technische Erkundung,
- Sanierungsuntersuchung.

Der Ablauf der Bearbeitungsschritte im Umgang mit Altlasten, wie er national und international üblich ist, ist als Flussdiagramm in Abb. 6 dargestellt.

Erfassung vorhandener Daten

Die Erfassung der vorhandenen Daten stellt die erste Hauptphase im Umgang mit Altlasten dar. Sie dient der Identifizierung und Lokalisierung von Altlastverdachtsflächen durch eine summarische Gefahrenbeurteilung auf Basis der recherchierten Nutzungsgeschichte. In einem iterativen Prozess werden die relevanten Quellen gesichtet und gezielt auf Informationen über mögliche Kontaminationen des Bodens ausgewertet. Folgende Informationsquellen sind dabei von besonderem Interesse:

- Katasteramt, Vermessungsamt, Luftbilder,
- Tiefbauamt,
- Ordnungsamt,
- Untere Wasserbehörde,
- Gewerbeaufsicht,
- Betreiber der Altlastverdachtsflächen (aktuelle und ehemalige),
- Firmenarchiv, Wirtschaftsarchiv,
- Kampfmittelräumdienst.

Erste fachliche Beurteilung

Die erste fachliche Beurteilung erfolgt auf Basis der in der Erfassung gewonnenen Daten. Sie beinhaltet:

- die Auswertung der in der Erfassung erhobenen, aufbereiteten und dokumentierten Daten, Tatsachen und Erkenntnisse und ggf. die Veranlassung zusätzlicher standortbezogener Erhebungen,
- das Beiziehen allgemeiner wissenschaftlicher Erkenntnisse,
- das Heranziehen von Informationen zu typischen Kontaminationspotenzialen der einzelnen Vornutzungen (z. B. branchenspezifische Informationen (Kötter et al. 1989)),
- die Auswertung von für den Einzelfall relevanten standort- bzw. raumbezogenen Informationen, insbesondere auch zur Hydrogeologie und zur Geologie,
- die fachliche Beurteilung aller vorliegenden Informationen und Daten mit dem Ziel einer ersten Risikoeinschätzung,
- die rechtliche Bewertung der fachlichen Risikoeinschätzung.

Die Erstbewertung führt zur konstituierenden Gefahrenabschätzung. Durch sie wird die Entscheidung der zuständigen Behörde darüber getroffen, ob und ggf. welche Sofortmaßnahmen notwendig sind, auf welchen Wegen das vermutete Kontaminationspotenzial zu einem rechtlich relevanten Risiko für Schutzgüter führen

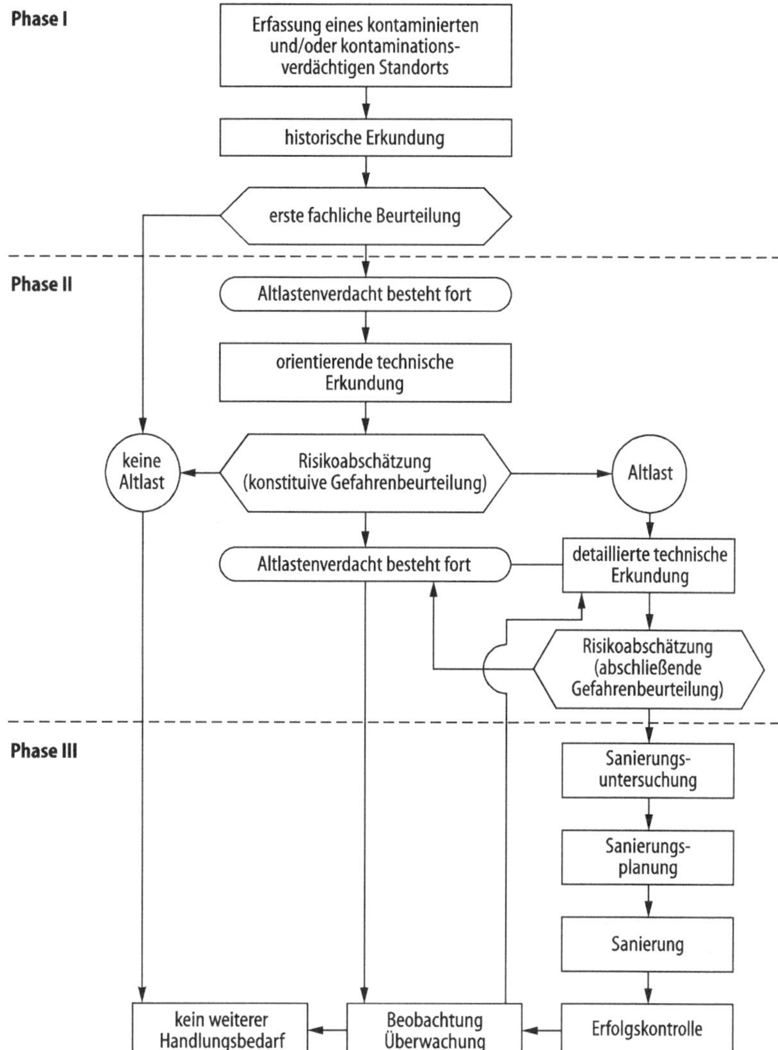

Abb. 6 Bearbeitungsschritte im Umgang mit Altlasten

könnte (maßgebende Wirkungspfade) und ob weitere Untersuchungen notwendig sind.

Untersuchungen in situ und im Labor

Wurde durch die Erstbewertung der Verdacht auf eine Kontamination im Untergrund erhärtet, so sind Untersuchungsschritte notwendig, die durch direkte und indirekte Messungen vor Ort die maßgebenden Informationen zum tatsächlich im Boden vorhandenen Schadstoffinventar verfügbar machen. Die Aufschlussmethoden, die im Bereich der Altlastensanierung Anwendung finden, beruhen zum großen Teil auf den aus dem Grundbau bekannten Verfahren (vgl. Abschn. 3). Eingesetzt werden meist direkte Aufschlussmethoden, da die Gewinnung von Bodenproben Voraussetzung für die Laboruntersuchungen ist. Untersuchungen müssen nach Maßgabe der bereits vorliegenden Informationen an den folgenden Medien durchgeführt werden:

- Korngerüst,
- Bodenluft,
- Grundwasser,
- Sickerwasser,
- Oberflächengewässer und ihre Sedimente,
- Glieder der Nahrungskette,
- Personen oder Personengruppen, die einem erhöhten Expositionsrisiko ausgesetzt sind.

Felduntersuchungen
Die Untersuchungsmethoden im Bereich der Altlastenerkundung basieren auf den aus der Baugrunderkundung bekannten Verfahren. Da jedoch zusätzlich zu den bodenmechanischen Eigenschaften die Ermittlung des Schadstoffinventars von Interesse ist, muss bei der Planung und Durchführung der Aufschlussarbeiten dieser Aspekt besonders berücksichtigt werden. Im Untersuchungskonzept müssen auf Basis einer genauen Zielsetzung der Umfang und die Art der Aufschlussarbeiten, die Probenahme und die daran anschließende Laboranalytik festgelegt werden. Weiterhin ist dem Umstand Rechnung zu tragen, dass die während der Aufschlussarbeiten gewonnenen Erkenntnisse evtl. kurzfristige Änderungen des Untersuchungskonzepts erforderlich machen. Das Festlegen der Aufschluss- und Probenahmepunkte soll die bereits in der Erstbewertung gewonnenen Erkenntnisse bezüglich der erwarteten räumlichen Erstreckung der Kontamination sowie deren Zusammensetzung berücksichtigen. Es ist darauf zu achten, dass die gesamte räumliche Erstreckung der Kontamination und alle evtl. kontaminierten Transportmedien erfasst werden. Zu berücksichtigen ist dabei das chemo-physikalische Verhalten der festgestellten Schadstoffe im Boden (Löslichkeit, Sorptionsverhalten, Siedepunkt usw.).

Schurf. Der Schurf (Grube oder Graben, nach DIN 4124 ausgehoben und gesichert) ist ein künstlich hergestellter Aufschluss zur Einsichtnahme in den Baugrund, zur Entnahme von Proben und zur Durchführung von Feldversuchen. Schürfe eignen sich nur für Aufschlüsse oberhalb des Grundwassers. Die Untersuchungstiefe ist durch die Standsicherheit der Böschungen begrenzt, übliche Tiefen reichen bis etwa 5 m unter die Geländeoberfläche (GOF).

Bohrung. Bohrungen sind direkte Aufschlüsse im Baugrund mit Durchmessern zwischen 60 und 2500 mm. Sie dienen der Entnahme von Boden-, Fels- bzw. Wasserproben und können zu Grundwassermessstellen bzw. Bodenluftpegeln ausgebaut werden. Darüber hinaus können im Bohrloch weitere Untersuchungen durchgeführt werden (s. Abschn. 3). Mit Bohrungen sind Erkundungen in Boden und Fels bis in große Tiefen möglich. Die für den Aufschluss in Betracht kommenden Bohrverfahren und Geräte sind abhängig von den bodenmechanischen Eigenschaften des Untergrunds, von der zu erzielenden Güteklasse der Probenahme sowie von den ggf. durchzuführenden Versuchen im Bohrloch. Für Untersuchungen von Altlastverdachtsflächen sind Bohrverfahren mit durchgehender Gewinnung gekernter Proben erforderlich. Nach der Art, wie der Boden bzw. der Fels gelöst wird, werden folgende Kernbohrverfahren unterschieden:

- Rotations-Trockenkernbohrung,
- Rotationskernbohrung mit Spülung,
- Rammkernbohrung,
- Rammrotations-Kernbohrung,
- Druckkernbohrung.

Da durch die Spülung der Bohrung Wasser von außen in das Bohrloch gelangt und die entnommenen Proben dadurch in ihren Eigenschaften und insbesondere in ihrem Schadstoffgehalt verändert werden, sind die Bohrverfahren ohne Spülung (Rotations-Trockenkernbohrung, Rammkernbohrung, Druckkernbohrung) den übrigen Verfahren vorzuziehen, soweit der Untergrund dies zulässt. Die Ergebnisse der Bohrungen müssen nach DIN EN ISO 146988-1 und -2 dokumentiert werden.

Kleinbohrung. Die Kleinbohrung (früher: Sondierbohrung) ist ein Aufschluss im Boden, der mit Durchmessern von 30 bis 80 mm durchgeführt wird. Der Einsatz von Kleinbohrungen in Böden ist durch das Größtkorn des anstehenden Bodens und durch die Qualität, d. h. die Realitätsnähe des Bohrguts, begrenzt. Bei ihrem Einsatz ist zu beachten, dass die kleinen Maße der Proben und die geringen geförderten Bodenmengen die Durchführung zahlreicher Laboruntersuchungen nicht zulassen. Je nach Bohrverfahren und Bohrwiderstand des Bodens ist die Erkundungstiefe ohnehin stark eingeschränkt.

Entnahme von Wasserproben. Die Entnahme von Proben aus dem Grundwasser erfolgt aus einer zur Grundwassermessstelle ausgebauten Bohrung nach DIN EN ISO 22281-1. Bei komplizierten Baugrund- und Grundwasserverhältnissen ist darauf zu achten, dass verschiedene Aquifere nicht durch die Anlage der Grundwassermessstelle in hydraulische Verbindung miteinander gebracht werden und die Filterstrecke jeweils nur einen Aquifer erfasst. Dies geschieht durch die Anordnung einer Dichtung aus quellfähigem Ton (z. B. Bentonit) auf der entsprechenden Höhe im Bohrloch. In Abb. 7 ist eine Grundwassermessstelle schematisch dargestellt.

Die Grundwasserproben können aus der Grundwassermessstelle durch Abschöpfen bzw. Abpumpen gewonnen werden. Um die Fließrichtung des Aquifers festzustellen, ist es notwendig, mehrere Grundwassermessstellen anzuordnen. Aus den gemessenen Spiegelhöhen wird ein Grundwassergleichenplan erstellt, an dem die Fließrichtung und in Zusammenhang mit den Durchlässigkeitsbeiwerten k auch die Fließgeschwindigkeit des Grundwassers ermittelt werden können. Befinden sich andere, mit Wasser nicht mischbare Schadstoffe in flüssiger Phase im Boden (z. B. Mineralöl), so sind bei Messung und Interpretation der in den Grundwassermeßstellen gemessenen Höhen der einzelnen Phasen

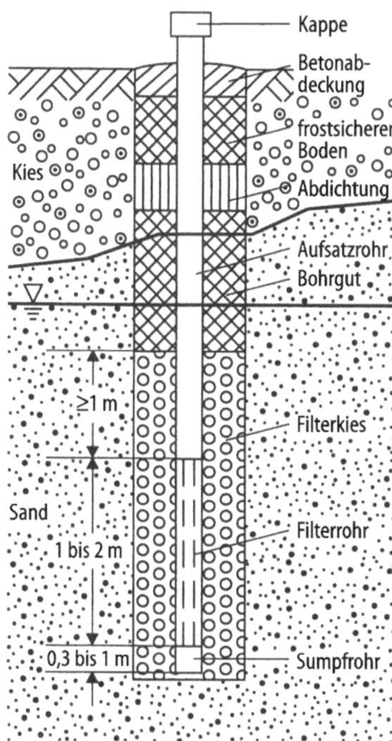

Abb. 7 Grundwassermessstelle (Messpegel)

die Kapillardruck-Sättigungsbeziehungen zu beachten, da sonst das im Boden tatsächlich vorhandene Volumen des Schadstoffs stark überschätzt wird (vgl. Abschn. 1.5).

Entnahme von Bodenluftproben. Zur Entnahme von Bodenluftproben sind zwei Verfahren gebräuchlich:

- Probenahme in Glasampullen
- Aktivkohle-Sorptionsröhrchen

Die Verfahren unterscheiden sich hinsichtlich ihrer Eignung für bestimmte Böden, ihrer maximalen Entnahmetiefe und ihrer Nachweisgrenze (s. GDA-Empfehlungen, E1-2 (DGGT 1997)).

Laboruntersuchungen

Die Bestimmung des Schadstoffinventars der dem Boden entnommenen Proben wird im Labor durch chemische Analyse durchgeführt. Im Folgenden sind einige der wichtigsten Laboruntersuchungen aufgeführt:

- *AAS* (Atomic Absorption Spectrophotometry) Atomabsorptions-Spektralphotometrie. Analysentechnik zum selektiven Nachweis von Elementen und zu ihrer Konzentrationsbestimmung.
- *GC (GLC)* (Gas Liquid Chromatography) Gaschromatografie. Sie ist eine Methode zur Trennung von Substanzgemischen durch unterschiedliche Verteilung der Komponenten zwischen einer gasförmigen (mobilen) und einer flüssigen (stationären) Phase. Der gaschromatografischen Analyse zugänglich sind alle Gase und unzersetzt flüchtigen Stoffe im Siedebereich bis 400 °C. Der Detektor dient zum Nachweis der Probenkomponenten, die – mit der mobilen Phase verdünnt – am Säulenende in zeitlicher Folge voneinander getrennt austreten.
- *ECD* (Electron Capture Detector) Elektroneneinfangdetektor. Spezifischer und nachweisstarker Detektor, der v. a. zum Nachweis von halogenorganischen Nitro- und Carbonyl-Verbindungen eingesetzt wird.
- *FID* (Flame Ionisation Detector) Flammenionisationsdetektor. Universaldetektor für alle

kohlenstoff- und wasserstoffhaltigen Verbindungen.

- *MS (MSD)* (Mass Specification) Massenspezifischer Detektor. Detektor zur Identifizierung unbekannter organischer Verbindungen.
- *HPLC* (High Performance Liquid Chromatography) Hochleistungsflüssigkeitschromatografie. Methode zur Trennung von Substanzgemischen durch unterschiedliche Verteilung der Komponenten zwischen einer flüssigen (mobilen) und einer festen (stationären) Phase. Diese Methode findet v. a. bei der Analyse von zersetzlich verdampfbaren Substanzen (z. B. Phenylharnstoffherbizide, Carbamate, Phenoxialkancarbonsäuren) Verwendung. Mittels einer UV-Fluoreszenz-Detektion können PAKs (polyaromatische Kohlenwasserstoffe), die aufgrund ihrer physikalischen und chemischen Eigenschaften auch durch eine gaschromatografische Untersuchung bestimmbar wären, sehr spezifisch nachgewiesen und bestimmt werden.
- *IC* (Ion Chromatography) Ionenchromatografie. Analysentechnik zur Bestimmung von Anionen.
- *ICP-OES* (Inductivly Coupled Plasma) Optische Emissionsspektralphotometrie. Methode zur Multi-Elementanalyse, bei der Atome aus einem angeregten Zustand (induktiv gekoppeltes Plasma) zur Emission von charakteristischer Strahlung angeregt werden.
- *IR* (Infrared Spectrophotometry) Infrarotspektralfotometrie. Methode zur summarischen Bestimmung von z. B. Kohlenwasserstoffen.
- *RFA* (X-ray Fluorescence Analysis) Röntgenfluoreszenzanalyse (neuere Bezeichnung: Röntgenfluoreszenz-Spektralfotometrie). Zerstörungsfrei arbeitendes Verfahren zur Bestimmung von Elementen in Festkörpern, Pulverpresslingen, Pasten und Lösungen.

2.2 Gefährdungsabschätzung und Bewertung von Altlasten

Auf der Grundlage einer Altlastenerkundung wird die Bewertung einer Verdachtsfläche erstellt. Hierbei ist zu klären, ob und in welchem Ausmaß Schadstoffe austreten, welche die Umwelt und den Menschen gefährden.

Rechtsverbindliche Grenzwerte

Durch das Bundes-Bodenschutzgesetz (BBodSchG) vom 17.03.1998 und die zugehörige Bundes-Bodenschutz- und Altlastenverordnung (BBodSchV) vom 12.07.1999 wurden für Deutschland einheitliche und rechtsverbindliche Grenzwerte vorgelegt, die die Gefährdung eines Schutzgutes (z. B. die Gesundheit des Menschen, die Medien Wasser, Boden und Luft, pflanzliche und tierische Lebewesen in ihren Ökosystemen sowie Sachgüter wie Bauwerke oder Ver- und Entsorgungsleitungen) in Abhängigkeit von der geplanten oder tatsächlichen Nutzung der Fläche, vom betrachteten Schadstoff und vom Wirkungspfad des Schadstoffs definiert. Allerdings liegen noch nicht für alle Schadstoffe verbindliche Maßnahmen-, Prüf- bzw. Vorsorgewerte vor, so dass bei der Gefährdungsabschätzung z. T. noch auf die in anderen Untersuchungen und in den Landesgesetzgebungen veröffentlichte Werte (z. B. Kloke-Liste, Holland-Liste) zurückgegriffen wird.

Nutzungsabhängige Gefährdungsabschätzung

Bei der nutzungsabhängigen Gefährdungsabschätzung werden die Gefährdungspotenziale für einzelne Schutzgüter auf Basis der für die Fläche vorgesehenen Nutzung sowie der Wirkungspfade bewertet.

Gefährdungsabschätzung zum Schutz der menschlichen Gesundheit. Die Gesundheit des Menschen kann über folgende Wirkungspfade gefährdet werden:

- Aufnahme über „Hand-zu-Mund-Kontakt“,
- Aufnahme über die Atemwege,
- Aufnahme über Hautkontakt,
- Aufnahme über den Verzehr von Nahrungsmitteln (Wirkungspfad Boden-Nutzpflanze oder Boden-Grundwasser).

Ob über diese Wirkungspfade eine Gefahr für die menschliche Gesundheit entstehen kann, ist im Einzelfall unter Berücksichtigung aller bestehenden oder beabsichtigten Nutzungen abzuwägen. Den tatsächlich relevanten Wirkungspfaden werden die entsprechenden Schadstoffbelastungen zugeordnet, um so die daraus resultierenden möglichen Gefährdungen abzuschätzen.

Gefährdungsabschätzung zum Schutz von Sachgütern. Mögliche Gefährdungen von Sachgütern durch Altlasten resultieren u. a. aus:

- Beeinträchtigung der Standsicherheit eines Bauwerks durch
  - Korrosion,
  - Setzungen, Rutschungen und Absenkungen,
  - Kolmation.
- Ansammlung von brennbaren und explosiven Gasgemischen, die durch anaerobe Abbauprozesse organischer Stoffe im Boden entstehen können.

Berücksichtigung der Erkenntnisse aus der Gefährdungsabschätzung bei der Neunutzung. Aus der Gefährdungsabschätzung lassen sich Bereiche einer Verdachtsfläche ermitteln, für die eine bestimmte Neunutzung unter den gegebenen Bedingungen nicht möglich ist. In Bereichen, die eine niedrige oder gar keine Belastung aufweisen, können sensible Nutzungen wie Kinderspielplätze verwirklicht werden. Bodenbereiche mit höheren Schadstoffbelastungen, von denen aber keine Gefahr für die Schutzgüter ausgeht, können ggf. unter bestimmten Randbedingungen (z. B. Versiegelung der Fläche) im Boden verbleiben. Unter Berücksichtigung der Verhältnismäßigkeit kann es sinnvoll sein, von einer kostspieligen Sanierungsmaßnahme abzusehen und stattdessen die geplante Nutzung der Verdachtsfläche entsprechend zu ändern.

2.3 Sanierung von Altlasten

Unter dem Begriff „Sanierung" wird die Summe notwendiger Maßnahmen verstanden, die sicherstellen, dass von einer Altlast im Zusammenhang mit ihrer geplanten Nutzung keine Gefahr mehr für Menschen oder andere Schutzgüter ausgeht. Als Sanierungsmaßnahmen stehen *Sicherungs- und Dekontaminationstechniken* zur Verfügung; die Schadstoffe können also immobilisiert oder entfernt werden. Auch Umlagerungen sind der Sanierung zuzurechnen.

Einkapselung

Einkapselungen dienen zur Sicherung eines Schadstoffherdes. Die seitliche Abschirmung besteht aus vertikalen Dichtwänden, die in einen undurchlässigen Untergrund bzw. in eine künstlich hergestellte Dichtungssohle einbinden. Die Oberflächenabdichtung soll zum einen die Sickerwasserneubildung, zum anderen Gas- und Staubemissionen des Schadstoffherdes an die Umgebung verhindern. Betrieb und Nachsorge erfordern (Abb. 8):

- Abpumpen von eindringendem Niederschlagswasser mit Brunnen, um einen Anstieg des Grundwassers zu verhindern,
- regelmäßige Kontrolle der Dichtungselemente,
- Beobachtungen an Grundwassermessstellen im An- und Abstrom.

Vertikale Dichtwände. Die große Zahl geeigneter Verfahren erlaubt die Herstellung von vertikalen Dichtwänden in jedem Bodentyp. Diese Methode ist für jeden Schadstofftyp anwendbar. Die Durchlässigkeit hängt bei mineralischen Abdichtungen entscheidend von der Wahl der Ausgangsstoffe, insbesondere deren Widerstandsfähigkeit gegen aggressive Schadstoffe, ab. Man unterscheidet folgende Dichtwandtypen:

- Schlitzwand im Einphasenverfahren: Aushub der einzelnen Schlitzwandlamellen im Pilgerschrittverfahren bei gleichzeitigem Verfüllen der Lamellen mit einer Bentonit-Zement-Suspension, die sowohl eine Stützfunktion ausübt, als auch als Dichtmasse wirkt.
- Schlitzwand im Zweiphasenverfahren: Die Bentonitsuspension hat lediglich eine Stützfunktion und wird im Kontraktorverfahren gegen das Abdichtungsmaterial (z. B. Mischungen aus Ton, Zement, Bentonit) ausgetauscht.
- Kombinationswand: Schlitzwand im Einphasenverfahren, die durch den Einbau tragender oder abdichtender Elemente wie Spundwände

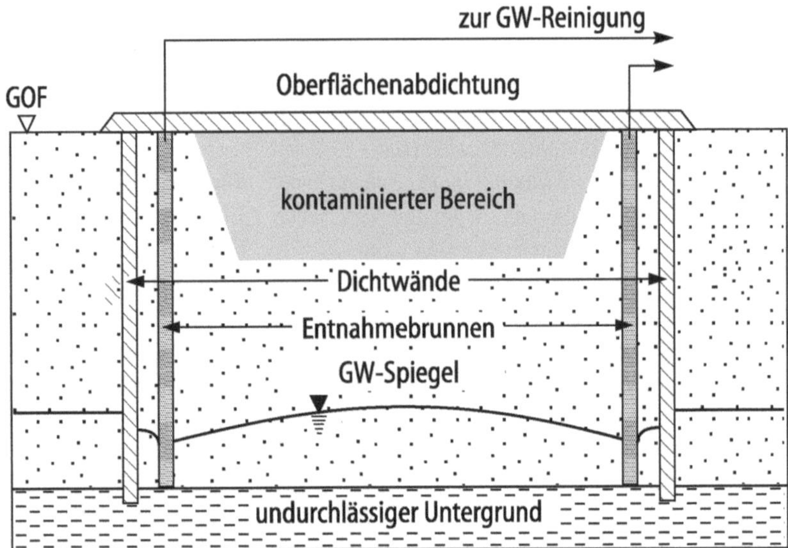

Abb. 8 Einkapselung einer Altlast

oder Abdichtwände aus Glas oder HDPE-Bahnen verstärkt wird.

- Stahlspundwand: Spundwände werden in den Boden gerammt. Die Dichtung erfolgt i. d. R. mit profilierten, an der Oberfläche haftenden Dichtungen aus dauerhaft elastischem Polyurethan.
- Schmalwand: Die 8 bis 15 cm dicken Schmalwände werden durch wiederholtes Einrammen und Ziehen einer Stahlbohle mit I-Profil erstellt. Dabei werden die entstehenden Hohlräume vom Fuß der Bohle aus mit Dichtungsmaterial (Bentonit, Zement) verpresst. Schmalwände sollten als kontrollierbare Mehrkammersysteme ausgeführt werden.
- Injektionswand: Mit Hilfe von Injektionslanzen wird Zement oder Silicagel in den Boden injiziert.
- Düsenstrahlverfahren: Beim Düsenstrahlverfahren (Jet-Grouting/HDI/Soilcrete) wird der anstehende Boden in seiner Struktur aufgelöst und mit einer Suspension durchmischt.

Vorteile von Dichtwänden sind:

- Vermeidung der Auskofferung des kontaminierten Bodens,
- Festhalten des Schadstoffs an definierter Stelle,
- Bei Spundwand und Schmalwand fällt kein Aushub an.

Nachteile von Dichtwänden sind:

- Organische gelöste Stoffe können zur Schwellung des Dichtungsmaterials und Erhöhung der Durchlässigkeit führen.
- Fehlstellen, Fugendichtigkeit und Schlossverbindungen, die die Dichtigkeit letztlich bestimmen, sind praktisch nicht ohne Weiteres kontrollierbar.
- Begrenzte Dichtwirkung. Schadstoffe können die Dichtwand advektiv, dispersiv und diffusiv durchdringen.

Bautechnische Einsatzgrenzen:

- Schlitzwand: bis Tiefen von ca. 150 m,
- Stahlspundwand: bis Tiefen von ca. 20 m,
- Schmalwand: bis Tiefen von ca. 25 m.

Oberflächenabdichtungen. Sie werden überwiegend als mineralische Dichtung ausgeführt. Zusätzlich können weitere Dichtungselemente eingebaut werden (üblich: HDPE-Folien), man spricht dann von einer „Kombinationsabdichtung". Weitere Bestandteile sind die Dränschicht mit der Sickerwasserfassung sowie ggf. eine Gasdränung (vgl. GDA-Empfehlungen, E-2-4 (DGGT 1997)). Oberflächenabdichtungen können bei allen Böden mit ausreichender Tragfähigkeit verwendet werden und sind für jeden Schadstoffherd geeignet. Zur Verhinderung von Ausgasungen sind Gasdrainage und Gasdichtung vorzusehen. Nachteile sind:

- Witterungsempfindlichkeit der mineralischen Abdichtung,
- Begrenzte Dichtwirkung: Schadstoffe und Niederschlagswasser können die Oberflächenabdichtung advektiv, dispersiv und diffusiv durchdringen.
- Bei großen Setzungen, Setzungsdifferenzen und Sackungen der Altlast sind besondere Oberflächenabdichtungskonstruktionen und Dränsysteme erforderlich.

Basisabdichtungen. Wenn die beschriebenen vertikalen Dichtwände nicht in einen undurchlässigen Untergrund einbinden, besteht die Notwendigkeit, eine Sohlabdichtung einzubauen. Mögliche Verfahren sind:

- Injektionsschirm zwischen begehbaren Stollen,
- überschnittene Stollen,
- Sohle im Düsenstrahlverfahren.

Diese Verfahren sind aus dem Grundbau bekannt, wurden aber bisher aus wirtschaftlichen und technischen Gründen zur Einkapselung von Altlasten nicht bzw. nur in wenigen Sonderfällen angewandt. Nachteile sind:

- Es können nicht kontrollierbare Fehlstellen auftreten.
- Begrenzte Dichtwirkung. Schadstoffe können die künstliche Basisabdichtung advektiv, dispersiv und diffusiv durchdringen.

Verfahren zur Dekontamination

Thermische Verfahren. Bei der *In-situ-Dekontamination* wird der Boden mit Hilfe von Elektroden, die horizontal und vertikal eingebracht werden, aufgeheizt, was ein Übertreten leichtflüchtiger Schadstoffe in die Gasphase zur Folge hat. Eine Dampfsperre verhindert das Austreten der Gase in die Atmosphäre. Der kondensierte Gasdampf wird zusammen mit dem gleichfalls ausgetriebenen Wasserdampf abgereinigt. Bei der *In-situ-Desorption* wird heißer Wasserdampf oder heiße Luft unter Druck in den Boden injiziert und der Schadstoff auf diese Weise in die Gasphase gebracht. Die Anwendung der Insitu-Dekontamination setzt einen relativ gut durchlässigen Boden voraus. Die zu behandelnden Schadstoffe müssen einen gegenüber Wasser geringeren Siedepunkt haben. Nachteile sind:

- Bei der In-situ-Desorption kann es durch die hohen Einpressdrücke zu Schäden an der umliegenden Bebauung kommen.
- Die mobilisierten Schadstoffe können ins Grundwasser verschleppt werden.

Die *Verbrennung (on-site oder off-site)* ist ein Verfahren, bei dem der ausgehobene kontaminierte Boden in Öfen (üblich: Drehrohröfen) erhitzt wird und die Schadstoffe durch die Zufuhr von thermischer Energie mobilisiert bzw. in Bestandteile aufgespalten werden, die wiederum mobil sind. Durch eine angeschlossene Abgasreinigungsanlage werden die Schadstoffe aus dem Verbrennungsgas resorbiert.

Wasch- und Extraktionsverfahren. Bei diesen Verfahren (Bodenwäsche) werden die Schadstoffe in einer Separierungsanlage durch den Eintrag mechanischer Energie abgetrennt (Waschverfahren) bzw. in einem Prozessmedium gelöst (Extraktion). Häufig werden diese Verfahren kombiniert. Der gereinigte Boden kann anschließend wieder eingebaut werden. Das Verfahren kann praktisch nur bei rolligen Böden angewendet werden. Es verbleiben je nach Korngrößenverteilung z. T. größere Mengen an Waschschlamm, die deponiert oder in Bodenverbrennungsanlagen behandelt werden müssen.

Biologische Sanierung. Sie basiert auf dem Abbau des Schadstoffs durch Mikroorganismen (vorrangig Bakterien und Pilze) im Boden. Dazu werden die Milieubedingungen im Boden durch Nährstoff- und/oder Sauerstoffzugabe im Hinblick auf die Abbauleistung der Mikroorganismen optimiert und der Boden mit den erforderlichen Mikroorganismen „geimpft“. Bei günstigen hydrogeologischen Gegebenheiten (homogener Bodenaufbau, Durchlässigkeit $k > 10^{-4}$ m/s) kann die Kontamination in situ behandelt werden. Anderenfalls wird der Boden ausgehoben und on-site oder off-site in Mieten behandelt. Eine Prinzipskizze der mikrobiologischen Sanierung in Mieten ist in Abb. 9 zu sehen. Die biologische Sanierung ist in erster Linie für die In-situ-Behandlung von rolligen Böden bei einer Belastung mit aliphatischen Kohlenwasserstoffen und deren Derivaten wie Mineralölkohlenwasserstoffe (z. B. Benzol, Toluol, Xylol) und leichtflüchtige chlorierte Kohlenwasserstoffe (z. B. Di-, Trichlormethan) geeignet. Mieten bedürfen besonderer öffentlich-rechtlicher Genehmigungen.

Hydraulische Verfahren. Alle hydraulischen Verfahren bedürfen besonderer Planungen und besonderer wasserrechtlicher Regelungen.

- *Aktive Verfahren.* Hydraulische Verfahren beruhen auf der Entnahme von schadstoffbelastetem Grundwasser und der anschließenden Reinigung des entnommenen Wassers. Bei der Anordnung und Dimensionierung der Brunnen ist darauf zu achten, dass der gesamte kontaminierte Bereich erfasst wird, also im Einzugsbereich der Brunnen liegt und eine Verschmutzung des Grundwassers im Abstrombereich verhindert wird. Sinnvollerweise wird das gereinigte Wasser durch Infiltration in Schluckbrunnen wieder dem Aquifer zugeführt, um die Nettogrundwasserentnahme zu begrenzen und die Durchflussgeschwindigkeit zu erhöhen.
- Hydraulische Maßnahmen in der ungesättigten Bodenzone erfordern immer eine Infiltration. Das Verfahren findet vorzugsweise für sehr großflächige Kontaminationsbereiche Anwendung, bei denen aus wirtschaftlichen Gesichtspunkten eine Bodenwäsche oder ein Bodenaustausch nicht sinnvoll erscheint. Die Maßnahmen zur hydraulischen Sanierung sind zumeist über sehr lange Zeiträume (fünf bis zehn Jahre) aufrechtzuerhalten. Zur Mobilisierung von schwer löslichen Schadstoffen insbesondere in der ungesättigten Bodenzone können dem Boden durch die Schluckbrunnen Tenside zugegeben werden. Ebenso ist eine Nährstoffzugabe und Sauerstoffzufuhr zur Unterstützung biologischer Abbauprozesse möglich (Abb. 10).
- *Passive Verfahren.* Passive hydraulische Verfahren nutzen das natürlich vorhandene hydraulische Gefälle des Aquifers, um das kontaminierte Grundwasser der Reinigungsanlage zuzuführen. Die hohen Kosten des Pumpprozesses über Jahre der aktiven hydraulischen

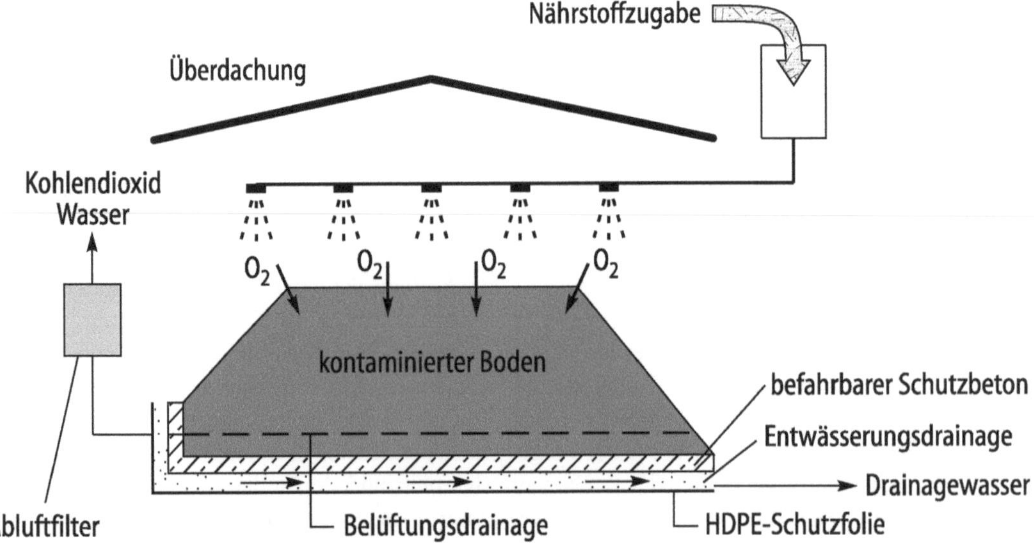

Abb. 9 Prinzipskizze einer biologischen Sanierung (on-site/off-site)

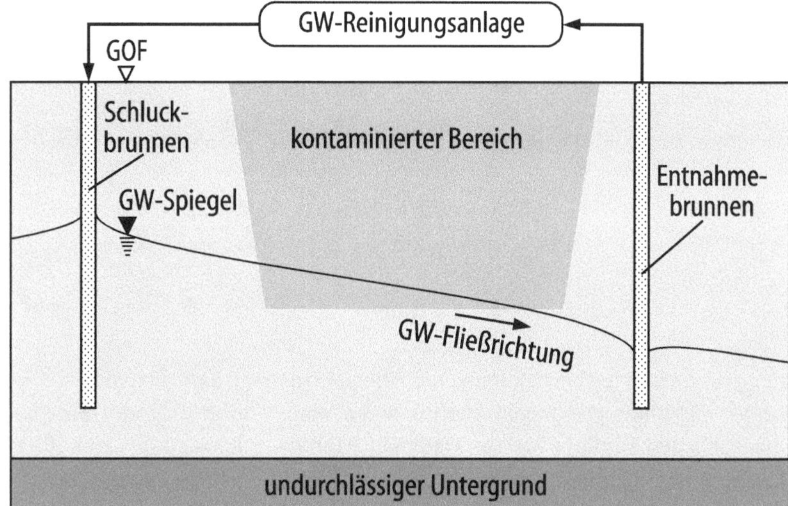

Abb. 10 Prinzipskizze einer hydraulischen Sanierung

Sanierung werden so vermieden. Die Reinigung erfolgt in situ in speziellen chemophysikalischen Reaktoren. Es werden zwei Verfahren nach der Art der Anordnung der Reaktoren unterschieden:

- permeable reaktive Wand,
- Funnel and Gate (Trichter und Tor).

Bei der permeablen reaktiven Wand wird im Abstrombereich der Altlast eine permeable Wand als Reaktor ausgeführt, sodass das kontaminierte Grundwasser beim Durchströmen der Wand gereinigt wird. Beim Funnel-and-gate-Verfahren (Abb. 11) wird das Grundwasser im Abstrombereich durch gegenüber der Durchlässigkeit des Aquifers relativ dichte Leitwände (z. B. Schlitzwände, Schmalwände) in Trichteranordnung dem Tor zugeleitet, welches den Reaktor enthält. Das Reaktormaterial muss dem Schadstoffinventar angepasst werden; die Zugänglichkeit des Reaktors während der Sanierung ist sicherzustellen.

Pneumatische Verfahren. Da leichtflüchtige Schadstoffe in der Bodenluft mobil vorliegen bzw. mobilisiert werden können, besteht die Möglichkeit, diese Schadstoffe durch pneumatische Verfahren aus dem Boden zu extrahieren. Die Verfahren sind nur bei gut durchlässigen Böden anwendbar. Die Reinigung der dem Boden entnommenen Bodenluft erfolgt i. d. R. durch Aktivkohle- bzw. Kompostfilter.

- *Bodenluftabsaugung.* Durch Vakuumbrunnen wird in der ungesättigten Bodenzone ein Unterdruck erzeugt, und es entsteht eine Luftströmung in Richtung des Vakuumbrunnens. Die leichtflüchtigen Schadstoffe, die sich in der Bodenluft befinden, werden dadurch dem Boden entzogen. Zugleich wird durch die Luftströmung und die Herabsetzung des Partialdrucks die Verdampfung der leichtflüchtigen Schadstoffe gefördert.
- *Bioremediation/In-situ-Strippung.* Bei einer Kontamination der gesättigten und der ungesättigten Bodenzone kann durch Einpressen von Luft in den mit Wasser gesättigten Bereich eine Verdampfung der im Wasser gelösten Schadstoffe erreicht werden (Strippung). Dieses Verfahren wird nur in Kombination mit der Bodenluftabsaugung in der ungesättigten Bodenzone durchgeführt.

Monitored Natural Attenuation

Das Verfahren des Monitored Natural Attenuation (MNA) wird in den USA seit Mitte der 90er-Jahre mit Erfolg zur kostengünstigen Sanierung von Kohlenwasserstoffverunreinigungen im Grundwasser eingesetzt. Die amerikanische Umweltbehörde EPA beschreibt das Verfahren wie folgt (ASTM 2015):

Die Natural Attenuation-Prozesse umfassen eine Vielzahl physikalischer (Diffusion, Dispersion, Advektion), chemischer (Sorption, Verdün-

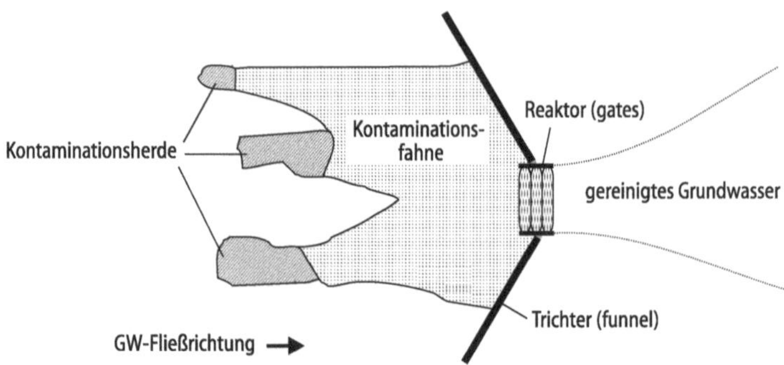

Abb. 11 Funnel-and-Gate-System

nung) und biologischer (biologischer Abbau) Prozesse, die unter geeigneten Bedingungen ohne menschlichen Einfluss Masse, Toxizität, Mobilität, Volumen oder Konzentration von Schadstoffen im Boden und im Grundwasser verringern.

Eine Langzeitüberwachung der Natural Attenuation-Prozesse sieht die EPA als Voraussetzung für die Akzeptanz von Natural Attenuation als Sanierungsmaßnahme. Im Deutschen bezeichnet man MNA als „überwachte natürliche Rückhalte- und Abbauprozesse".

Das Verfahren nutzt die Selbstreinigungs- und Selbstheilungskräfte der Natur zur Behebung von Umweltschäden, zumal natürliche Rückhalte- und Abbauprozesse seit jeher essenzielle Elemente der Selbstreinigung in Ökosystemen sind und wegen der damit verbundenen Säuberungs- und Stabilisierungsfunktionen zu den natürlichen Regelungsfunktionen der Umwelt gehören.

Die Anwendung von Monitored Natural Attenuation fordert eine Ergänzung des Erkundungskonzepts für Altlasten. Neben den Kenntnissen der physikalisch-chemischen Stoffeigenschaften, der Abbaupfade sowie des Baugrundaufbaus an der Kontaminationsquelle ist eine sorgfältige Identifizierung der Schadstoffahne notwendig. Im Bereich der Abstromfahnen werden oft nur Schadstoffgehalte, teilweise Umsetzungsprodukte, aber nur selten hydrogeochemische Parameter gemessen, die zur Beurteilung der generellen Voraussetzung zur Anwendung von MNA bekannt sein müssen. Des Weiteren ist ein standort- und kontaminationsspezifisches Monitoringsystem Grundvoraussetzung für die Anwendung von MNA. Das Monitoring beginnt bereits mit der Erkundung und ist in allen weiteren Phasen erforderlich (Katzenbach et al. 2000).

Der Nachweis von Natural Attenuation erfolgt durch Konzentrationsveränderung der Schadstoffe und Zwischenabbauprodukte, steigende Gehalte an Umsetzungsprodukten oder eine Konzentrationsabnahme von Elektronendonatoren und -akzeptoren.

2.4 Überwachung von Altlastensanierungen

Mit der Überwachung der Altlastensanierung wird sichergestellt, dass die Gesundheit der beteiligten Personen sowie der Bevölkerung durch die Sanierung zu keinem Zeitpunkt gefährdet ist, die Sanierung fachgerecht durchgeführt und erfolgreich abgeschlossen wird, die in der Sanierungsplanung formulierten Sanierungsziele also erreicht werden. In diesem Sinne ist die Überwachung sowohl *Qualitätskontrolle* der eigentlichen Sanierungsmaßnahme und *Erfolgskontrolle* während und nach Abschluss der Sanierung. Darüber hinaus ist die Dokumentation der Sanierungsmaßnahme ein wichtiger Aspekt der Überwachung der Altlastensanierung. Nach der Chronologie gliedert sich die Überwachung in drei Phasen:

- vorbereitende Sanierungsüberwachung,
- Überwachung während der Bauphase,
- Nachsorge.

Die wirksame Sanierungsüberwachung setzt voraus, dass die bei der Erkundung der Altlast gewonnenen Informationen bereits in der Planungsphase der Sanierungsmaßnahme im Sinne einer *vorbereitenden Sanierungsüberwachung* dahingehend Berücksichtigung finden, dass geeignete Schutz- und Vorsorgemaßnahmen ausgearbeitet werden sowie ein auf das festgestellte Schadstoffinventar und die geotechnischen Verhältnisse abgestimmtes Monitoring-System erarbeitet wird. Dazu müssen Art, Häufigkeit und räumliche Dichte der Probenahme und der Messungen festgelegt werden. Zusammen mit einem aufzustellenden Katalog von Grenz- und Hintergrundwerten ermöglicht die aus dem Monitoring gewonnene Datenbasis eine Entscheidung über das Ergreifen von evtl. erforderlichen Schutzmaßnahmen oder Modifikationen des Sanierungsverfahrens. In der *Überwachung während der Bauphase* sind:

- die Qualität der durchgeführten Arbeiten zu überprüfen und ggf. Nachbesserung einzuleiten,
- der Erfolg der Sanierung durch die Auswertung der Daten des Monitorings zu überprüfen,
- der Fortschritt und die Qualität der Arbeiten zu dokumentieren und
- die Sicherheit der Beteiligten und der Anwohner sicherzustellen.

In der nach Abschluss der Sanierungsmaßnahme beginnenden *Nachsorgephase* muss überprüft werden, ob das Sanierungsziel erreicht wurde. Da Erfahrungen über die Langzeitwirksamkeit einiger Sanierungstechniken bis heute nur eingeschränkt zur Verfügung stehen, ist dieser Aspekt durch geeignete Überwachungsmethoden besonders zu berücksichtigen. Wenn die Sanierung erfolgreich beendet ist und die Kontamination des Bodens und des Grundwassers nunmehr unterhalb der gesetzlichen Grenzwerte liegt, wird die Altlast aus der amtlichen Altlastendatei genommen.

3 Deponiebau, Geotechnik der Deponien

Vom Arbeitskreis 6.1 (AK-6.1) der Deutschen Gesellschaft für Geotechnik (DGGT) werden die Empfehlungen „Geotechnik der Deponiebauwerke“ (kurz: GDA-Empfehlungen) erarbeitet (DGGT 1997). Sie stellen eine einheitliche Grundlage für die technische Umsetzung der an Abdichtungs- und Sanierungsmaßnahmen gestellten Anforderungen hinsichtlich technischer und wirtschaftlicher Planung und Bauausführung dar. Die Empfehlungen dokumentieren den derzeitigen Stand der Technik und werden in zeitlichen Abständen als Sammelband und aktualisiert auf der Homepage „*http://www.gdaonline.de*“ veröffentlicht.

3.1 Grundlagen der Abfallmechanik

Abfall weist im Vergleich zu Boden einige Besonderheiten in seinem geotechnischen Verhalten auf, da Abfall ein inhomogenes, in seiner Zusammensetzung oft nicht hinreichend bekanntes Gemisch aus unterschiedlichen Stoffen ist. Die Größenverteilung der Einzelkomponenten des Abfalls weicht stark von der eines Bodens ab. Die Einzelkomponenten haben zudem unterschiedliche Festigkeiten. Im Abfall eingelagerte Folien und Fasern wirken wie eine Zugbewehrung. Das Tragverhalten des Abfalls entspricht nur eingeschränkt dem eines Bodens (Tab. 2).

Man unterscheidet zwischen bodenähnlichen körnigen Abfällen und nicht bodenähnlichen Abfällen. Bei *bodenähnlichen* Abfällen können die für eine geotechnische Beurteilung eines Deponiebauwerks maßgeblichen Materialkennwerte

- Reibungswinkel φ',
- (Faser-) Kohäsion c',
- Steifemodul E_s

aus den bekannten bodenmechanischen Laboruntersuchungen gewonnen werden. Bei *nicht bodenähnlichen* Abfällen sind zusätzliche Untersuchungen erforderlich. Es werden größere Versuchsstände benötigt, damit die Inhomogenität des Abfalls berücksichtigt und das Materialverhalten mit der Festigkeitshypothese von Mohr-Coulomb beschrieben werden kann. Wie sich in umfangreichen Untersuchungen in Triaxialversuchen zeigte,

Tab. 2 Klassifizierung der Abfälle für die geotechnische Beurteilung des Abfallkörpers

Bodenähnliche Abfälle	Nichtbodenähnliche Abfälle
bisher deponierte, weitgehend unbehandelte Abfälle:	bisher deponierte, weitgehend unbehandelte Abfälle:
– Bodenaushub	– Hausmüll
– Schlämme	– Sperrmüll
– Straßenaufbruch	– Grünabfall
– Verbrennungsrückstände (Schlacken, Aschen, Stäube)	– hausmüllähnlicher Gewerbeabfall
– Bauschutt	– Baustellenabfälle
– Klärschlamm	– Feststoffe

zeigen nicht bodenähnliche Abfallstoffe im Gegensatz zu Boden und bodenähnlichen Abfallstoffen kein ausgeprägtes Bruchverhalten (Abb. 12). Zur geotechnischen Untersuchung der Standsicherheit ist ein Verformungskriterium notwendig, welches nach Maßgabe der für die Dichtungssysteme zulässigen Verformungen gewählt wird (φ', c' in Abhängigkeit von der Dehnung ε_1).

3.2 Deponien

Deponien sind Anlagen zur Ablagerung von Abfallstoffen, die sowohl übertage als auch untertage angelegt werden. Bei Übertagedeponien wird zwischen Halden-, Hang- und Grubendeponien unterschieden. Für Abfälle mit einem signifikanten Gehalt an toxischen, langlebigen oder bioakkumulierbaren organischen Stoffen sind Untertagedeponien im Salzgestein vorgesehen.

3.3 Deponie als Reaktor

Durch Abbauprozesse verändern sich im Laufe der Zeit die Zusammensetzung und somit auch die Eigenschaften des Abfalls; dabei entstehen u. a. Sickerwasser und Deponiegas.

Deponiesickerwasser
Sickerwässer in Deponien entstehen durch das Eindringen von Niederschlagswasser in den Deponiekörper, den Eintrag von Eigenfeuchtigkeit über den eingelagerten Abfall sowie biochemische Abbauprozesse. Die Sickerwasserzusammensetzung wird durch den Kontakt des versickernden Wassers mit den Abfällen und den daraus resultierenden biologischen, chemischen und physikalischen Prozessen bestimmt. Sickerwässer sind häufig hochgradig organisch und anorganisch belastet. Messergebnisse über die Sickerwasserzusammensetzung einer Hausmülldeponie sind in (Steinkamp 1988) wiedergegeben. Die zu erwartende Sickerwassermenge hängt vom erreichten Durchfeuchtungsgrad und der Dicke des Deponiekörpers ab.

Deponiegas
Deponiegas entsteht beim Abbau von organischer Substanz in der Deponie und ist ein Gemisch, das unter günstigen Bedingungen aus bis zu 55 Vol.-% Methan (CH_4), bis zu 45 Vol.-% Kohlendioxid (CO_2) und einer Vielzahl von Spurenelementen besteht. Bei normalen Betriebsbedingungen ist mit Methangehalten von etwa 35 bis 55 Vol.-% zu rechnen. Insbesondere Methan wird nach heutigem Kenntnisstand als umweltschädlich angesehen, weil es in weitaus stärkerem Maß als das Kohlendioxyd den Treibhauseffekt in der Atmosphäre bewirkt. Bei der Verbrennung des Methans werden Wasserdampf und Kohlendioxid erzeugt, wodurch die umweltschädigende Wirkung des Methans herabgesetzt wird bei gleichzeitiger Energiegewinnung. Darüber hinaus wird eine planmäßige Entgasung der Deponie noch aus folgenden Gründen gefordert:

- Beseitigung von Geruchsbelästigungen,
- Abbau des unter einer hermetisch abgeschlossenen Oberflächendichtung entstehenden Gasdrucks,
- Sicherung des Pflanzenbewuchses auf der Deponieabdeckung.

Die Gasentwicklung einer Deponie ist eine Begleiterscheinung der erwünschten Mineralisie-

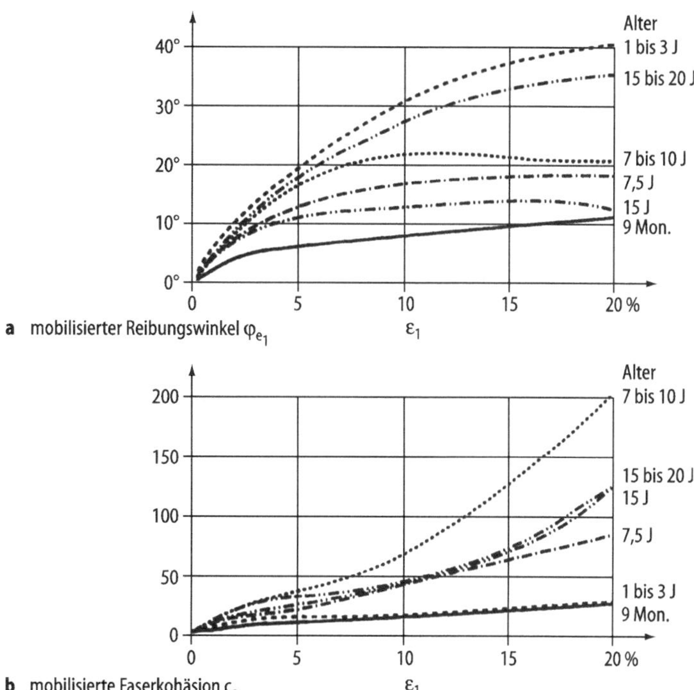

Abb. 12 Dehnungsabhängige Scherparameter, ermittelt in Dreiaxialversuchen an unterschiedlichen, nicht bodenähnlichen Abfällen

rung des Deponiekörperinhalts und setzt einen Mindestfeuchtigkeitsgehalt des Deponieguts voraus. Nach bisherigen Erfahrungen reichen dazu die während der Deponieaufschüttung anfallenden Niederschläge aus.

Setzungen und Sackungen

Am Deponiekörper sowie im Baugrund unter einer Deponie treten Verformungen auf. Die Ursachen für die Verformung des Deponiekörpers sind:

- Eigenlasten des Deponiekörpers,
- Auflasten auf dem Deponiekörper (z. B. aus Fahrstraßen, späterer Nutzung nach dem Aufbau des Oberflächenabdichtungssystems) und
- Abbauprozesse im Deponiekörper.

Man unterscheidet i. Allg. zwischen Setzungen und Sackungen des Deponiekörpers. Bei *Setzungen* werden die sog. Eigen- und Lastsetzungen unterschieden. Eigensetzungen werden auf biochemische Umsetzungsprozesse zurückgeführt, bei denen gasförmige und wässrige Zersetzungsprodukte entstehen. Lastsetzungen entstehen durch die Zusammendrückung infolge Auflasten. Als *Sackung* wird die lastunabhängige Zusammendrückung von Hohlräumen im Deponiekörper verstanden. Die auftretenden Verformungen führen zu einer Zwangsbeanspruchung der Abdichtungssysteme. Die großflächige Deponieauflast hat z. T. ungleichmäßige Untergrundsetzungen zur Folge; die Basisabdichtung muss die hierbei auftretenden Setzungsunterschiede schadlos überstehen. Die Böschungen und der Böschungsfuß werden besonders stark beansprucht. Für Oberflächen- und Zwischenabdichtungen sind die Verformungen im Deponiekörper und die Setzungen des Untergrunds von Bedeutung. Nach dem Ergebnis von Messungen betrugen die Setzungen und Sackungen bei Siedlungsabfällen 10 % bis 20 % der Deponiehöhe. Da sich in Abhängigkeit der Zusammensetzung des Abfalls und der Vorbehandlung (MBA) das mechanische Verhalten stark unterscheidet ist eine genauere Prognose der Vertikalverschiebungen derzeit wegen fehlender Daten zum Verformungsverhaltens des Abfalls noch nicht möglich.

3.4 Entwurf von oberirdischen Deponiebauwerken, Multibarrierenkonzept

Grundsätzlich sind Deponien so zu planen, zu errichten und zu betreiben, dass durch

- geologisch und hydrologisch geeignete Standorte,
- geeignete Deponieabdichtungssysteme,
- geeignete Einbautechniken für die Abfälle und
- Einhaltung der Zuordnungswerte

mehrere weitgehend voneinander unabhängig wirksame Barrieren geschaffen werden und die Freisetzung und Ausbreitung von Schadstoffen nach dem Stand der Technik verhindert wird. Die Beseitigung von Abfällen muss der Deponieverordnung (DepV) so erfolgen, dass das Wohl der Allgemeinheit nicht beeinträchtigt wird. Aufgrund der lang andauernden Abbauprozesse von Schadstoffen muss die Funktionstüchtigkeit von Deponiebauwerken über sehr viel längere Zeiträume sichergestellt werden als bei anderen Ingenieurbauwerken. Man spricht in diesem Zusammenhang von Langzeitbeständigkeit. Aus diesen Überlegungen entstand das *Multibarrierenkonzept*. Ihm zufolge müssen in einer Deponie mehrere Sicherheitsbarrieren vorhanden sein, die unabhängig voneinander jeweils sicherstellen, dass langfristig Schäden für die Umwelt durch Deponien nicht zu erwarten sind. Die Komponenten des Multibarrierenkonzepts sind in Tab. 3 dargestellt.

Deponieabdichtungssysteme
In der Regel wird die Dichtwirkung mit einer Kombinationsabdichtung, bestehend aus einer Kunststoffdichtungsbahn (KDB) und einer mineralischen Dichtungsschicht, erzielt. Folgende Eigenschaften sollten durch Labor-, Modell-, Groß- und Feldversuche untersucht und bewertet werden:

- Wirksamkeit der Abdichtung als Schadstoffsperre,
- Kurz- und Langzeitbeständigkeit der Abdichtung gegenüber den zu erwartenden mechanischen, thermischen, hydraulischen und biologischen Belastungen sowie Kombination dieser Lasten,
- Standsicherheit,
- Empfindlichkeit des Abdichtungssystems gegenüber Fehlstellen,
- Herstellung des Abdichtungssystems,
- Qualitätssicherung.

Tab. 3 Komponenten des Multibarrierenkonzepts

Komponente	Zielsetzung
Standort geologische Barriere	Verhinderung einer flächenförmigen Ausbreitung von Schadstoffen durch hohes Adsorptionsvermögen und geringe Fließgeschwindigkeiten im Untergrund
Basisabdichtung	Abdichtung der Deponie nach unten zur Verhinderung des Schadstofftransportes in den Untergrund
Oberflächenabdichtung	Verhinderung des Eintrags von Niederschlag in die Deponie und somit Reduzierung der Sickerwassermenge, Verhinderung des unkontrollierten Entweichens von Deponiegas
Vorbehandlung und Art des Einbaus der Abfälle	Reduzierung des Schadstoffpotenzials durch Inertisierung der Schadstoffe mittels Verbrennung oder Vorrotte
Sickerwasserfassung	Ableitung, Fassung und Reinigung des Sickerwassers
Gasfassung	Erfassung und Entsorgung des Deponiegases
Qualitätssicherung	Sicherstellung der Einhaltung aller Anforderungen an die Werkstoffe und die Herstellung der Deponie
Kontrolle und Nachsorge	Überprüfung und Sicherstellung der Funktionstüchtigkeit der Anlage
Reparierbarkeit	Ersetzen von fehlerhaften Teilen des Bauwerks und/oder der technischen Einrichtungen

Beanspruchung der Deponieabdichtungen

Deponieabdichtungen werden durch physikalische, chemische und biologische Einwirkungen beansprucht. Eine Übersicht gibt Tab. 4.

Werkstoffe für mineralische Dichtungen

Zur Herstellung der mineralischen Dichtung kommen sowohl feinkörnige Böden wie natürliche oder aufbereitete Tone und Schluffe als auch gemischtkörnige Böden mit Zusatzstoffen in Betracht. Durch die Zugabe von Zusatzstoffen wie Bentonit, Tonmehl, Wasser, Hydrosilikatgel usw. ist es möglich, die Durchlässigkeit zu verringern, die Sorptionsfähigkeit zu erhöhen und den Wassergehalt so einzustellen, dass ein günstiges Einbauverhalten erzielt wird.

Beispiele für gemischtkörnige Böden mit Zusatzstoffen sind Bentokies und Dynagrout-Gelbeton. Bentokies ist eine Dichtung, bestehend aus Kies, Füller (i. d. R. Tonmehl) und Bentonit. Es handelt sich hierbei um einen Kies mit Hohlraumminimierung durch eine Korngrößenverteilung entsprechend der Fuller-Kurve. Dies führt zu einer Verkleinerung des Porenanteils bis auf etwa 20 %. Dynagrout-Gelbeton besteht aus einem korngrößenabgestuften Kies-Sand-Gemisch entsprechend der Fuller-Kurve und Tonmehl. Der vorhandene minimierte Porenraum wird mit Silan-modifiziertem Hydrosilikatgel (Dynagrout) als Bindemittel verfüllt.

Eine Untersuchung des einzubauenden Materials auf Eignung als Dichtungsmaterial ist für jeden Einzelfall durchzuführen. Die Untersuchungen sind in den GDA-Empfehlungen E-3-1, E-3-3 und E-3-5 erläutert; prinzipiell handelt es sich um Laboruntersuchungen zur bodenphysikalischen, chemischen und tonmineralogischen Charakterisierung sowie zur Bestimmung der Einbaukriterien für ein Versuchsfeld. Weiterhin ist ein großmaßstäblicher Eignungsversuch (Versuchs- oder

Tab. 4 Beanspruchung der Deponieabdichtungen

Art der Einwirkung	Belastungstyp	Last erzeugt durch
Physikalische Beanspruchungen	statische Belastung aus unveränderlichen Lasten	Eigengewicht der Deponie
	statische Belastung aus veränderlichen Lasten	hydrostatische Belastung (Einstauhöhe Sickerwasser)
		hydrodynamische Belastung (Fließvorgänge in Dränschichten)
		abgelagerte Abfälle
		Verkehrslasten (Baubetrieb, Ablagerungsbetrieb, Folgenutzung)
		Bauwerke in der Betriebsphase
	Bewegungen des Untergrunds	Tektonik, Bergbaueinflüsse, Grundwasserabsenkungen
	sonstige mechanische Beanspruchungen	Baugerät, Bodenverdichtung, Sondierungen etc.
	Wärmeeinwirkungen	Reaktionswärme aus Abbau- oder Umsetzungsprozessen der Abfälle, Deponiebrände
	Witterungseinflüsse	Verdunstung, Frost
	Gefügeänderung durch hydraulische Beanspruchungen mit Gefahr der Erosion, Suffosion und Kolmation	
Chemische Beanspruchungen	Niederschlag	
	Sickerwasser	
	Deponiegas	
Biologische Beanspruchungen	höhere pflanzliche Organismen	Durchwurzelung
	höhere tierische Organismen	Lebensraum für Wühl- und Nagetiere
	Mikroorganismen	

Probefeld) zum Nachweis der Eignung der Abdichtungsmaterialien und der Baugeräte sowie des Bauverfahrens unter Feldbedingungen durchzuführen.

Nach dem Stand der Technik werden folgende Anforderungen an die mineralische Dichtung gestellt:

- Wahl der Kornabstufung so, dass das Material suffusionsbeständig ist und eine geringe Rissanfälligkeit besitzt.
- Feinstkornanteil (< 2 µm) ≥ 20 Gew.-%,
- Anteil an Tonmineralien ≥ 10 Gew.-%,
- Anteil organischer Substanz ≤ 5 Gew.-%,
- Das eingebaute Material muss den berechneten Verformungen plastisch folgen können.
- Homogenität des Dichtungsmaterials im eingebauten Zustand,
- gleichmäßiger Einbauwassergehalt,
- Verdichtungsgrad jeder eingebauten Lage $D_{Pr} > 95$ %.
- Der Einbauwassergehalt w sollte i. d. R. über dem optimalen Wassergehalt w_{Pr} liegen, mit $w_{Pr} < w < w(D_{Pr} = 95\ \%)$. Wird davon abgewichen, ist durch Erhöhung der Verdichtungsenergie ein Luftporenanteil $n_a \leq 5$ % einzuhalten.

Gefahr der Austrocknung. Die Eigenschaften mineralischer Dichtungen sind stark abhängig vom Wassergehalt. Bei einer Verminderung des Wassergehalts (Austrocknung) kommt es bei bindigen Böden zur Schrumpfung des Materials und evtl. zur Bildung von Schrumpfrissen. Dies kann zu einer Erhöhung der Durchlässigkeit der mineralischen Dichtung führen. Besondere Maßnahmen sind zu ergreifen, um einen Verlust der Dichtungswirkung der mineralischen Abdichtung in Folge von Austrocknung zu vermeiden, die bei fehlendem Feuchtigkeitsnachschub von unten (Grundwasserspiegel > 3 bis 5 m unterhalb der mineralischen Abdichtungsschicht) und bei Temperaturanstieg oberhalb in der Deponie eintreten. Hier erreichen die Temperaturen z. T. mehr als 60 °C. Aber auch eine tiefere Temperatur (z. B. 25 °C) kann langfristig zur Austrocknung in der mineralischen Abdichtungsschicht führen.

Art und Umfang der Eignungsnachweise sind unter Beachtung abfallrechtlicher Vorgaben im Rahmen des Bauentwurfs festzulegen. Eine Verringerung der möglichen Austrocknung kann durch Abfallvorbehandlung und Einsatz eines Dichtungsmaterials mit niedriger Schrumpfgrenze erreicht werden.

Chemische Beständigkeit mineralischer Dichtungen. Mineralische Dichtungen werden hinsichtlich ihrer bodenphysikalischen Eigenschaften, insbesondere der Durchlässigkeit, durch anorganische und organische Stoffe verändert. Daher muss die Beständigkeit von mineralischen Dichtungen gegenüber infiltriertem Niederschlagswasser, Deponiesickerwasser und aggressiven flüssigen Medien im Rahmen der Zulassungsprüfung nachgewiesen werden. Die Beständigkeit ist gegeben, wenn die geforderten dichtenden und mechanischen Eigenschaften der betrachteten mineralischen Dichtung erhalten bleiben (DGGT 1997).

Erosions- und Suffosionsgefahr bei mineralischen Dichtungen. Für die Abdichtwirkung von mineralischen Dichtungen ist deren Erosions- und Suffosionssicherheit von Bedeutung. Da mineralische Abdichtungsmaterialien gegenüber den angrenzenden Schichten nicht in jedem Fall filterstabil sind, können zusätzliche Untersuchungen erforderlich werden. Dies gilt insbesondere bei geringem Gehalt an Tonmineralen, bei großem Porenanteil und bei großem hydraulischen Gefälle.

Unter *Erosion* versteht man die Umlagerung und den Transport fast aller Kornfraktionen eines Bodens infolge Wasserströmung. Man unterscheidet zwischen äußerer, innerer und Kontakterosion. Bei äußerer Erosion überwindet die Schleppkraft des an der Schichtoberfläche strömenden Wassers die rückhaltenden Kräfte der Bodenteilchen. Bei innerer Erosion findet eine rückschreitende Erosion in bevorzugten Porenkanälen der Bodenschicht statt. Bei einer von der Kontaktfläche zwischen feinkörnigen und grobkörnigen Schichten ausgehenden Erosion spricht man von Kontakterosion.

Bei der *Suffosion* werden die feinkörnigen Bestandteile eines Bodens ausgespült, während ein grobkörniges Korngerüst erhalten bleibt. Analog zur Erosion wird zwischen äußerer, innerer und Kontaktsuffosion unterschieden.

Weitere Basisabdichtungssysteme

Asphaltbauweise, Asphaltbeton. In den GDA-Empfehlungen (DGGT 1997) wird eine kombinierte Basisabdichtung in Asphaltbauweise vorgestellt, die von oben nach unten wie folgt aufgebaut ist:

- > 30 cm Entwässerungsschicht,
- 2 × 6 cm Deponieasphalt-Dichtungsschicht,
- 8 cm Deponieasphalt-Tragschicht,
- 2 × 20 cm mineralische Trag- und Dichtungsschicht,
- Untergrund.

Bei der Herstellung einer Basisabdichtung in Asphaltbauweise werden eine Asphaltdichtungsschicht und eine Asphalttragschicht mit Gemischen aus kornabgestuftem Splitt bzw. Kies, Natur- oder Brechsand, Füller und Bitumen verwendet. Die Körnung der Splitte beträgt 0 … 8, 0 … 11 oder 0 … 16 mm. Bei zu erwartendem „saurem Milieu" des Sickerwassers werden karbonatarme Mineralstoffe eingesetzt (maximaler Calciumkarbonatanteil 20 Gew.-% im Mineralstoffgemisch > 2 mm). Als Bindemittel wird Straßenbaubitumen nach DIN EN 12591 verwendet. Eine Basisabdichtung in Asphaltbauweise ist in Abb. 13 dargestellt.

Integrierte-Glas-Sandwich-Dichtung (IGSD). Nachdem der Werkstoff Glas in der Abdichtungstechnik in vertikalen Dichtwänden und bei Auskleidungen von Abwasserkanälen bereits erfolgreich erprobt worden ist, wurde ein neuartiges Dichtungssystem entwickelt, bei dem Glaselemente in die mineralische Basisabdichtung integriert werden (Abb. 14). Die Glaselemente der IGSD sind durch etwa 1-cm breite Stoßfugen getrennt, die mit natürlichen oder synthetischen Fugendichtungsmassen (z. B. Bentonit) gedichtet werden können. Im Bereich der Glaselemente ist die IGSD konvektions- und diffusionsdicht. Transportvorgänge können nur im Bereich der Fugen stattfinden.

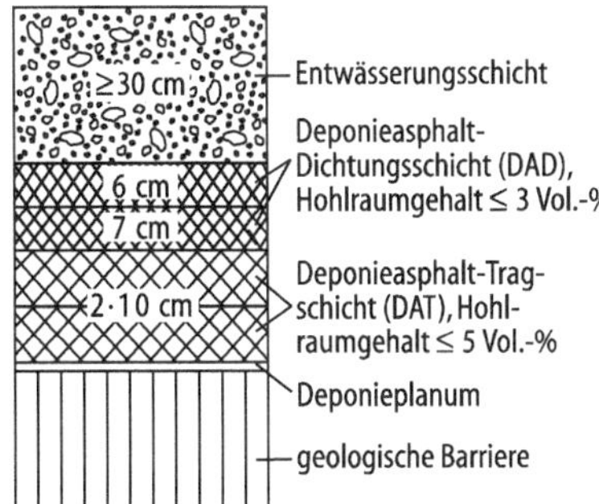

Abb. 13 Basisabdichtung in Asphaltbauweise

Glas bietet sich als idealer Werkstoff für Abdichtungen insofern an, als Glas

- außerordentlich dicht und resistent gegenüber nahezu allen Chemikalien,
- korrosions- und langzeitbeständig,
- produkt- und qualitätssicher herstellbar,
- tragfähig und
- zu 100 % aus Recyclingmaterial

herstellbar ist. Die Wirkungsweise und die baupraktische Anwendbarkeit der IGSD wurde in umfangreichen Grundlagenversuchen nachgewiesen (Weiler 1998).

Alternative Oberflächenabdichtungssysteme

Asphaltbauweise, Asphaltbeton. In den GDA-Empfehlungen (DGGT 1997) wird eine kombinierte Oberflächenabdichtung in Asphaltbauweise vorgestellt, die von oben nach unten wie folgt aufgebaut ist:

- 10 bis 12 cm Asphaltdichtungsschicht,
- 8 cm Asphalttragschicht,
- 15 cm Ausgleichsschicht,
- ggf. Gasdrainage.

Geokunststoff-Ton-Dichtungen (GTD). (Engl. Geosynthetic Clay Liners (GCL)). Dies sind werksgefertigte, dünnschichtige Zusammensetzungen aus Kunststoffen und natürlichem Ton. Folgende Varianten sind als alternative Oberflächenabdichtung möglich:

- eine adhäsiv gebundene Bentonitschicht zwischen zwei Geotextillagen,

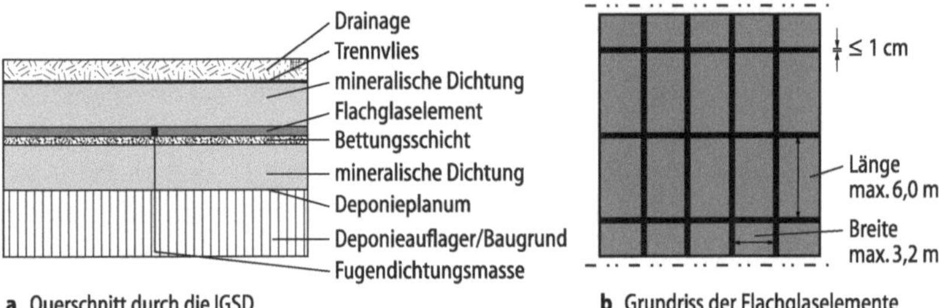

Abb. 14 Integrierte-Glas-Sandwich-Dichtung (IGSD)

- eine Schicht aus pulverförmigem oder granuliertem Bentonit zwischen zwei Geotextilien, die miteinander vernäht sind,
- eine pulverförmige oder granulierte Bentonitschicht zwischen zwei miteinander vernadelten Geotextillagen,
- eine adhäsiv direkt auf einer Kunststoffbahn fixierte Bentonitschicht.

Bei Zutritt von Feuchtigkeit hydratisiert und quillt der Bentonit und bildet so die Sperrschicht. Die Geokunststoffkomponenten wirken primär als Trägermaterial, haben darüber hinaus aber je nach Produkt auch eine bewehrende, die Festigkeit erhöhende oder auch die Sperrwirkung unterstützende Funktion.

Kapillarsperre. Die Kapillarsperre ist ein Zweischichtsystem, bestehend aus einer feinkörnigen Schicht (Kapillarschicht) über einer grobkörnigen Schicht (Kapillarblock). Eine Kapillarsperre in ihrer einfachsten Anordnung an einem Deponiehang ist in Abb. 15 dargestellt. Die Kapillarschicht besteht aus einem gleichförmigen Granulat mit der Korngröße von Feinsand. Einsickerndes Wasser baut hier einen Kapillarsaum über der Schichtgrenze zum Grobsand des Kapillarblocks auf. Der Kapillarblock besteht aus einem enggestuften Grobsand oder Granulat, der bzw. das filterstabil gegenüber dem Feinsand ist.

Die Wirkung der Kapillarsperre beruht auf einem Sprung der Porengrößenverteilung an der Schichtgrenze von fein- und grobkörnigem Material und den unterschiedlichen Wassersättigungen dieser Materialien. Am Grenzbereich zweier Schichten unterschiedlicher Porengrößenverteilung stellt sich zu beiden Seiten die gleiche Saugspannung (Kapillardruck) ein. In Abb. 16 sind die vom Sättigungsgrad abhängigen Saugspannungen und hydraulischen Leitfähigkeiten für einen Grobsand und einen Feinsand idealisiert dargestellt. Im Feinsand ist dabei der Wassergehalt deutlich größer als im Grobsand.

Die ungesättigte hydraulische Leitfähigkeit k_u ist weitaus mehr vom Wassergehalt als von der Porengröße abhängig und geht mit abnehmendem Wassergehalt um einige Zehnerpotenzen zurück. So hat der Feinsand einen höheren Sättigungsgrad und damit eine relativ hohe hydraulische Leitfähigkeit k_{uf}, der Grobsand mit kleinem Sättigungsgrad eine um mehrere Zehnerpotenzen kleinere hydraulische Leitfähigkeit k_{ug}.

Die Kapillarsperre wird so dimensioniert, dass nahezu das gesamte einsickernde Wasser in der Feinsandschicht lateral abfließt und am Böschungsfuß durch Dräns gefasst wird. Eine Kapillarsperre kann auch in Kombination mit anderen Dichtungsschichten bzw. mit anderen Dichtungselementen (z. B. HDPE-Bahn oder Bentonitmatte) verwendet werden. Für alle Systeme gilt es, eine Neigung von $\beta \geq 8°$ sicherzustellen. Das Maximalgefälle wird durch die Standsicherheit und damit durch die Verbundscherfestigkeit der verwendeten Materialien bestimmt (von der Hude et al. 1999).

Kunststoffdichtungsbahnen

Im Deponiebau werden Kunststoffdichtungsbahnen aus HDPE eingesetzt, die nach dem Stand der Technik mindestens eine Dicke von 2,5 mm haben. Diese Bahnen werden in Breiten von 2 bis 6 m angeliefert, auf dem Deponiekörper ausgelegt und

Abb. 15 Kapillarsperre

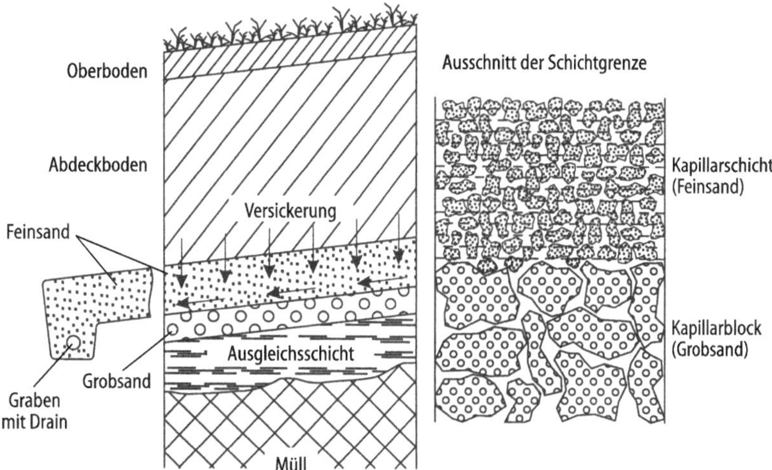

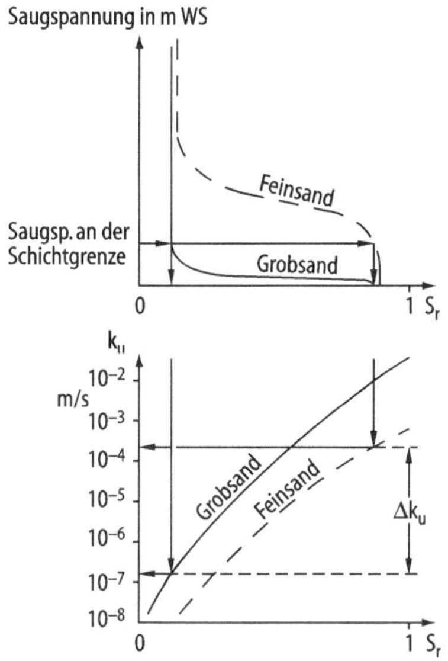

Abb. 16 Abhängigkeit der Saugspannung und der aktuellen hydraulischen Leitfähigkeit k_u vom Sättigungsgrad S (qualitativ)

dann verschweißt. Die Kunststoffdichtungsbahnen dürfen planmäßig durch Schubspannungen, nicht aber durch Zugspannungen beansprucht werden. Unzulässige Zugspannungen innerhalb der Kunststoffdichtungsbahnen sind durch konstruktive Maßnahmen dauerhaft auszuschließen. Hierzu gehört insbesondere die Verwendung von Geogittern. Das Scherverhalten zwischen mineralischen Schichten und Kunststoffdichtungsbahnen bzw. Geogittern ist experimentell zu ermitteln (s. GDA-Empfehlungen E2-7 und E3-8).

Geotextilien

Geotextilien sind mechanisch verfestigte Vliesstoffe und Verbundstoffe, die im Deponiebau vielseitig eingesetzt werden, z. B. als

- Schutzschicht zum Schutz von Kunststoffdichtungsbahnen,
- Trennschicht,
- Dränschicht,
- Filterschicht oder
- als Bewehrung zur Stabilisierung von Böschungen.

Je nach Anwendungsgebiet kann das Flächengewicht der Geotextilien 300 bis 3000 g/m^2 betragen. Die Schutzwirkung beruht sowohl auf einer Pufferwirkung als auch auf einer Lastverteilung.

Der Einsatz von Geotextilien als Trennschicht erfordert eine Abstimmung der Öffnungsweiten des Geotextils auf die zurückzuhaltenden Korngrößen des zu schützenden Bodens, die als „mechanische Filterwirksamkeit" bezeichnet wird. Das Bodenrückhaltevermögen wird durch die wirksame Öffnungsweite des Geotextils D_w beschrieben. Bei der Überprüfung der mechanischen Filterwirksamkeit wird zwischen der Beanspruchung des Geotextils bei statischer und dynamischer Belastung unterschieden. Spezielle Anforderungen gelten für filtertechnisch schwierige Böden (Problemböden). Solche Problemböden liegen vor, wenn (DVWK 1986):

- Körner d < 0,06 mm im Boden enthalten sind und die Ungleichförmigkeitszahl U < 15 ist,
- die Massenanteile des Bodens im Bereich 0,02 mm < d < 0,1 mm > 50 % betragen,
- wenn die Massenanteile des Bodens d < 0,06 mm mehr als 40 % betragen und die Plastizitätszahl $I_p < 15$ % ist.

Geotextilien können als Dränschicht eingesetzt werden. Unter *Dränen* wird die Ableitung von Wasser in der Ebene des Geotextils (Dränagematte) verstanden. Die Abflussleistung (Transmissivität Θ) wird durch den Durchlässigkeitsbeiwert in der Ebene des Geotextils k_h und die lastabhängige wirksame Dicke d beschrieben:

$$\Theta = k_h \cdot d \quad \text{in m}^2/\text{s}. \tag{21}$$

Bei Verwendung von Geotextilien als Filterschicht wird Wasser senkrecht zur Geotextilebene abgeführt. Der auflastabhängige Durchlässigkeitsbeiwert k_v des Geotextils muss, multipliziert mit einem Abminderungsfaktor η, größer als der Durchlässigkeitsbeiwert des umgebenden Bodens sein.

$$\eta \cdot k_v \geq k \quad \text{in m/s}. \tag{22}$$

Die Stabilisierung von Geländesprüngen und Böschungen mit *Geogittern* ist in der Geotechnik als „Bewehrte Erde" bekannt. Im Deponiebau werden Geogitter im mehrschichtigen Oberflächenabdichtungssystem eingesetzt. Mit der Geogitterbewehrung kann ein Teil der Hangabtriebskräfte in den böschungsparallelen Gleitflächen als Zugkraft abgetragen werden. Zur Kraftweiterleitung muss das Geogitter in einem Randgraben auf dem Deponieplateau verankert werden. Nachweis der Aufnahme der Hangabtriebskräfte in der Gleitfläche:

$$\eta = \frac{T_R + Z_{\text{Geo}}}{T_a + F_S}, \tag{23}$$

wobei in der Gleitfläche übertragbare Kraft:

$$T_R = G \cdot \cos\beta \cdot \tan\varphi' + c' \cdot \tag{24}$$

Hangabtriebskraft in der Gleitfläche:

$$T_a = G \cdot \sin\beta, \tag{25}$$

Strömungskraft in der Gleitfläche:

$$F_S = i \cdot \gamma_w \cdot l \cdot \sin\beta, \tag{26}$$

aufnehmbare Zugkräfte im Geogitter:

$$Z_{\text{Geo}}.$$

Verformungen (böschungsparallele Verschiebung)

$$\Delta l = \int_0^l \varepsilon(Z_{\text{Geo}}, t)\, dl. \tag{27}$$

Abfallkörper und Deponiebetrieb

Die DepV regelt die Anforderungen an den Einbau von Abfällen. Der Deponiekörper ist so aufzubauen, dass keine nachteiligen Reaktionen der Abfälle untereinander oder mit dem Sickerwasser erfolgen. Erforderlichenfalls sind getrennt entwässerte Bereiche für bestimmte Abfälle vorzuhalten. Grundsätzlich ist anzustreben, den Deponiekörper abschnittsweise so aufzubauen, dass eine möglichst zügige Verfüllung der einzelnen Abschnitte möglich ist und das Deponieoberflächenabdichtungssystem eingebaut werden kann. Die auf dem Deponiegelände vorgehaltenen Maschinen sollen i. d. R. eine unverzügliche Ablagerung und einen verdichteten Einbau der angelieferten Abfälle ermöglichen. Der Einbau ist so vorzunehmen, dass langfristig nur geringe Setzungen des Deponiekörpers zu erwarten sind. Der Deponiekörper ist so aufzubauen, dass seine Stabilität sichergestellt ist. Die Abfälle sind hohlraumarm und verdichtet einzubauen.

Sickerwasserfassung

Deponiesickerwasser wird im Abfallkörper mit unterschiedlichen organischen und anorganischen Inhaltsstoffen angereichert und muss über ein Entwässerungssystem gesammelt und gereinigt werden, bevor es in den Vorfluter eingeleitet wird.

Das Entwässerungssystem als Bestandteil des Basisabdichtungssystems setzt sich aus folgenden Elementen zusammen:

- Schutzschicht,
- Entwässerungsschicht,
- Entwässerungsleitungen,
- Sammel- und Kontrollschächte,
- Speicherbecken.

Abb. 17 zeigt Grundriss und Schnitt eines Deponieentwässerungssystems. Maßnahmen zur Reduzierung der Sickerwassermenge in der Betriebsphase sind:

- Einbau der Abfälle unter Überdachungen,
- Zwischenabdichtungen aus Bodenaushub,
- Oberflächenabdichtungen oder kurzfristige temporäre Abdeckung verfüllter Deponieabschnitte.

Deponiegasfassung

Bei der Deponiegasfassung wird zwischen passiver und aktiver Gasfassung unterschieden. Bei Fassung des Deponiegases unter Eigendruck der Gasphase spricht man von *passiver* Gasfassung. Das Gas steigt nach oben und wird in Fassungselementen gesammelt. Die passive Gasfassung ist nur bei geringen Gasmengen geeignet. Bei *aktiver* Gasfassung wird über die Fassungselemente mit einem Unterdruck (0,03 bar) das Deponiegas gezielt abgesaugt. Hierdurch wird ein größerer Erfassungsgrad erreicht als bei der passiven Gasfassung.

Fassungselemente. Anlagen zur Gasfassung bestehen aus horizontalen bzw. vertikalen Fassungselementen. Die horizontale Gasfassung ist Bestandteil des Oberflächenabdichtungssystems und erfolgt mit einem Flächenfilter. Die Wirkung wird durch den zusätzlichen Einbau von Dränleitungen erhöht. Die vertikale Gasfassung erfolgt mittels Brunnen. Sie bestehen aus einem innen liegenden Drainagerohr und werden mit einer Säule aus kalkarmen Kies ummantelt. Dabei sind zwei Herstellungsverfahren zu unterscheiden: Zum einen kann beim Einbau des Abfalls ein Brunnen in einem Zugrohr errichtet werden, zum anderen kann ein Gasbrunnen nachträglich in den Deponiekörper mittels Bohrungen oder im Rammverfahren niedergebracht werden. Für *ver-*

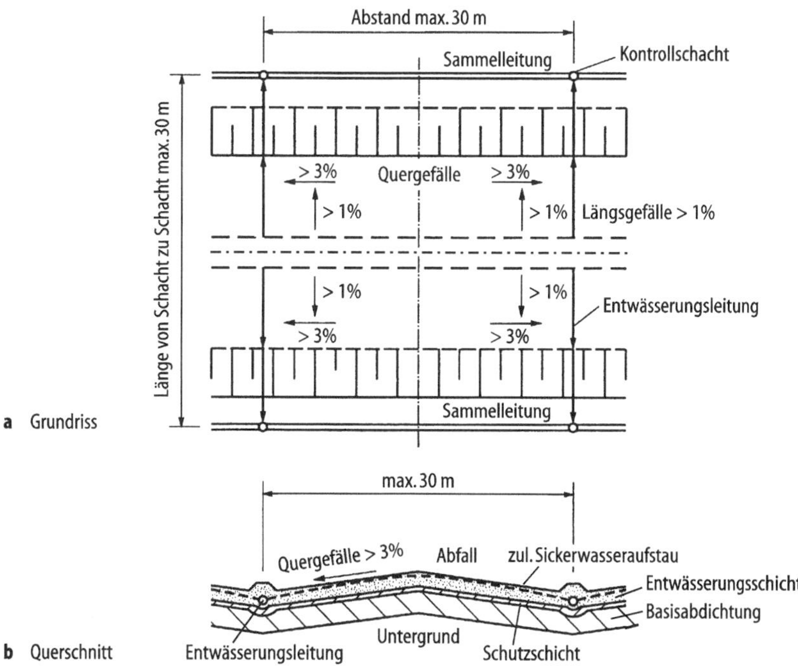

Abb. 17 Deponieentwässerungssystem (nach GDA)

tikale Gasbrunnen haben sich folgende Richtwerte bewährt:

- Abstand der Brunnen untereinander etwa 50 bis 60 m,
- Brunnenfuß ca. 2 bis 3 m oberhalb der Basisabdichtung,
- Durchmesser der Brunnenbohrung etwa 0,9 m,
- Ummantelung des Filterrohres aus kalkarmem Kies ($CaCO_3$ < 10 %),
- Tonabdichtung am Brunnenkopf zur Vermeidung von Lufteinbrüchen,
- Ableitung der Kondensationsflüssigkeit, die bei Abkühlung des wasserdampfgesättigten Gases ausfällt,
- Verlegen der Gasableitungsrohre mit mehr als 3 % Gefälle, damit in Folge unterschiedlicher Setzungen des Deponiekörpers keine Säcke in der Leitung mit Verschlüssen durch Kondensateinschluss entstehen,
- ausreichende Tiefenlage der Sammelleitungen, um ein Gefrieren des Kondensats zu vermeiden.

Für *horizontale* Entgasungssysteme empfiehlt sich:

- 10 bis 12 m vertikaler Abstand zwischen den Entgasungsebenen,
- 15 bis 20 m horizontaler Abstand zwischen den kiesummantelten Gas-Drainageleitungen.

Sammel- und Regelungssysteme. Die Fassungselemente werden außerhalb des Deponiekörpers an Sammelstationen zusammengefasst, in denen die Regel- und Messeinrichtungen zur Steuerung der aktiven Gasfassung angeordnet werden. Die Entsorgung des Deponiegases erfolgt in Hochtemperaturfackeln oder Muffeln. Bei großen Deponiegasmengen wird das Deponiegas häufig zur Energiegewinnung genutzt. Die Sammel- und Regelungssysteme müssen korrosionsbeständig und explosionsgeschützt ausgeführt werden. Das wasserdampfgesättigte Deponiegas scheidet im Leitungssystem Kondensat aus, das in den Tiefpunkten in einem Kondensatabscheider getrennt werden muss. In der Regel bietet sich eine gemeinsame Entsorgung mit dem Deponiesickerwasser an.

Qualitätssicherung

Die geforderte Qualität des Gesamtbauwerks Deponie setzt eine entsprechende Qualität seiner Bauteile voraus. Das Qualitätsmanagement bei der Herstellung dieser Bauteile hat sicherzustellen, dass die nach dem Stand der Technik festgelegten Qualitätsanforderungen eingehalten werden. In Abb. 18 ist das Ablaufdiagramm für die Qualitätssicherung nach der aktuellen Handhabung dargestellt.

Die Qualitätssicherung muss als integraler Bestandteil des Gesamtsicherheitskonzepts von Deponien unabhängig von Vertragsinhalten, Vertragsqualitäten und ökonomischen Abhängigkeiten des Fremdüberwachers vom Antragsteller sein. Dies ist mit der in Abb. 19 dargestellten Aufgabenverteilung bei der Qualitätssicherung sichergestellt. In einem Qualitätssicherungsplan sind unter Beteiligung der Bauüberwachung und der Aufsichtsbehörde Aufgaben und Verantwortlichkeiten der Eigen- und Fremdprüfung in Verbindung mit DIN 18200, der Herstellungsbeschreibung des Abdichtungssystems mit Angabe der zu überprüfenden Vorgänge sowie der Art und Anzahl der Qualitätsprüfungen an den angelieferten Baustoffen (Eingangsprüfung) bei ihrer Verarbeitung (Verarbeitungsprüfung) und am fertigen Bauteil (Abnahmeprüfung) festzulegen (GDA-Empfehlungen E5-1).

Die Qualitätssicherung hat mindestens zweistufig zu erfolgen. Hierbei ist einerseits eine Eigenprüfung durch den Hersteller (DIN 18200, Abschn. 3) und andererseits eine Fremdüberwachung durch ein unabhängiges Institut oder Ingenieurbüro, das im Einvernehmen zwischen Auftraggeber und Genehmigungsbehörde beauftragt wird (DIN 18200, Abschn. 4), vorgesehen. Für die Eigen- und Fremdüberwachung ist jeweils ein geotechnisch qualifizierter Fachmann mit vertieften Kenntnissen auf dem Gebiet Deponietechnik zu betrauen. Sämtliche Ergebnisse der Eigen- und Fremdüberwachung sind vollständig zu dokumentieren und zur Abnahme vorzulegen. Die Abnahme erfolgt durch die Aufsichtsbehörde. Bei der Abnahme von Teilleistungen ist sicher-

Abb. 18 Ablaufdiagramm für die Qualitätssicherung (QS) nach der aktuellen Handhabung

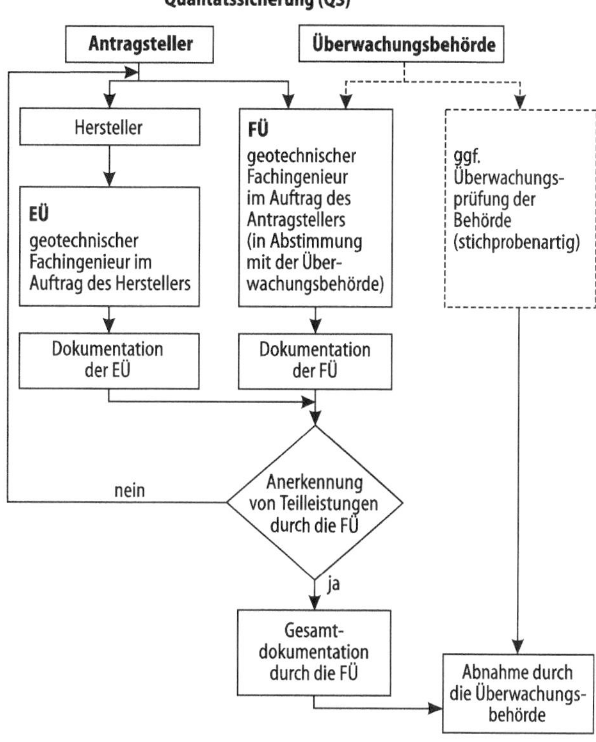

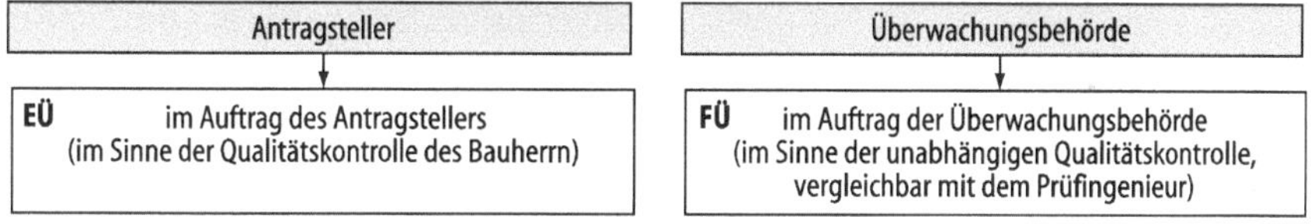

Abb. 19 Qualitätssicherung

zustellen, dass die bereits abgenommenen Teile weder durch folgende Baumaßnahmen noch durch andere Einflüsse in ihren Eigenschaften ungünstig verändert werden. Zur Schlussabnahme werden die Gesamtdokumentation und die Gesamtbewertung der Anlage, in denen insbesondere Prüfvermerke über planmäßige Ausführungen von Teilleistungen und vom Gesamtbauwerk und über die Einhaltung der Anforderungen des Qualitätssicherungsplanes enthalten sind, durch den Fremdüberwacher vorgelegt.

Der folgende Untersuchungsumfang ist unabhängig sowohl von der Eigenprüfung als auch von der Fremdprüfung während der Bauausführung durchzuführen. Der Untersuchungsumfang gilt sowohl für die Herstellung der Basisabdichtung als auch der Oberflächenabdichtung:

- Qualitätsmerkmale des Untergrunds als Sicherungselement des Standorts (GDA E-1-1 und E-2-1) entsprechend Genehmigungsbescheid,
- Tragfähigkeit des Planums,
- Einhaltung der zulässigen Toleranzen in der Ebenflächigkeit des Planums sowie die
- Einhaltung der Soll-Höhenlage.

Für die Planung und Überwachung des Deponiebetriebs sind nach der DepV die Instrumente Betriebsordnung, Betriebshandbuch, Abfallkataster und Betriebstagebuch vorgesehen.

Nachsorge und Langzeitüberwachung
Nach kompletter Verfüllung eines Deponieabschnitts mit Abfällen ist das Oberflächenabdichtungssystem aufzubringen, und die Mess- und Kontrolleinrichtungen für die Langzeitüberwachung sind einzurichten. Die Abnahme erfolgt durch die überwachende Behörde, die folgendes zu berücksichtigen hat:

- jährliche Erklärungen zum Deponieverhalten,
- Jahresauswertungen der Untersuchungsprogramme zur Eigenkontrolle,
- Funktionstüchtigkeit der Abdichtungssysteme, Mess- und Kontrolleinrichtungen sowie
- Betriebshandbuch und Bestandspläne.

Mit dem Zeitpunkt der Schlussabnahme beginnt die Nachsorgephase. Innerhalb dieser Nachsorgephase sind vom Deponiebetreiber sog. *Langzeituntersuchungsprogramme* durchzuführen.

Mess- und Kontrolleinrichtungen bei oberirdischen Deponien. Nach dem Stand der Technik sind mindestens folgende Mess- und Kontrolleinrichtungen vorzuhalten und in regelmäßigen Abständen auf ihre Funktionsfähigkeit hin zu überprüfen:

- Grundwasserüberwachungssystem mit mindestens einer Messstelle im Grundwasseranstrom und mindestens vier Messstellen im Grundwasserabstrombereich der Deponie,
- Messeinrichtung zur Überwachung der Setzungen und Verformungen der Deponieabdichtungssysteme und des Deponiekörpers,
- Messeinrichtungen für die meteorologische Datenerfassung (auf die Datenerfassung von meteorologischen Messstationen an einem vergleichbaren Standort in unmittelbarer Umgebung kann zurückgegriffen werden) sowie
- Messeinrichtung zur Erfassung der Sickerwasser- und sonstigen Wassermenge sowie der Sickerwasser- und sonstigen Wasserqualität.

In der Betriebsphase sind die *Verformungen* des Deponiebasis-Abdichtungssystems zu überprüfen. Es sind in jährlichen Intervallen durchgehende *Höhenvermessungen* der Sickerrohre im Entwässerungssystem durchzuführen. Die gemessenen Verformungen sind mit den Ergebnissen der Setzungs- und Verformungsberechnungen zu vergleichen. Es sind in jährlichen Intervallen (bis zu einer Abfallschütthöhe von 2 m vierteljährlich) durchgehende *Kamerabefahrungen* der Sickerrohre durchzuführen. Bei den Befahrungen ist insbesondere auf Rohrschäden, Inkrustationen und Leitungssackungen zu achten. Sofern diese festgestellt werden, sind sie nach Art und Umfang schriftlich und bildlich in Bestandsplänen zu dokumentieren. Bei Inkrustationen ist eine Rohrreinigung durchzuführen, deren Wirksamkeit durch eine anschließende Kamerabefahrung zu kontrollieren ist.

Jährlich sind durchgehende Temperaturprofile in den Sickerrohren aufzunehmen. Die *Temperaturmessungen* müssen vor der Spülung der Sickerrohre erfolgen. Bei abgeschlossenen Deponieabschnitten und Temperaturen mit fallender Tendenz können die Messabstände auf bis zu zwei Jahre ausgedehnt werden. In der Nachsorgephase ist die *Funktionsfähigkeit* des Deponieoberflächenabdichtungssystems regelmäßig zu kontrollieren. Bei festgestellten Leckagen sind diese unverzüglich zu reparieren. Im Zuge der Reparaturmaßnahmen ist der betroffene Bereich der Dichtungsschicht freizulegen und die Qualität der Dichtungsmaterialien unter Beachtung der Anforderungen zu überprüfen. Die *Verformung* des Deponieoberflächenabdichtungssystems ist in jährlichen Intervallen zu ermitteln und mit den Ergebnissen der Prognosen zu vergleichen. Die Höhenmesspunkte sind im Raster entsprechend den Vorgaben des Abfallkatasters auf der Dichtungsschicht anzulegen.

Wasserhaushalt des Deponieoberflächenabdichtungssystems. Die Wasserabflussmengen auf dem Deponieoberflächenabdichtungssystem und die Verdunstung auf der Deponie sind im Rahmen eines Messprogramms zu erfassen. Der Wasserhaushalt im System ist zu bilanzieren.

Sonstige Langzeitsicherungsmaßnahmen. In halbjährlichen Intervallen sind Begehungen auf der stillgelegten Deponie durchzuführen. Insbesondere ist dabei auf den Zustand der Rekultivierungsschicht und des Bewuchses, den Zustand des Entwässerungssystems und die Nutzungen auf der Deponieoberfläche zu achten. Eventuell aufgetretene Erosionsschäden sind zu beseitigen. Auf stillgelegten Deponien ist das Entwässerungssystem von darin wurzelnden Pflanzen zu befreien, die eine freie Vorflut behindern. Soweit Vernässungen oder Austritte an den Böschungen festgestellt werden, ist das Entwässerungssystem zu kontrollieren und ggf. instand zu setzen. Es ist sicherzustellen, dass die Nutzungen den in den Genehmigungsunterlagen zugelassenen Nutzungen entsprechen.

3.5 Geotechnische Nachweise bei Deponiebauwerken

Eine Deponie ist ein geotechnisches Bauwerk, dessen *Standsicherheit* und *Funktionsfähigkeit* über die gesamte Dauer seiner Betriebs- und Nachbetriebsphase gewährleistet sein muss. Ein wesentlicher Bestandteil der geotechnischen Bearbeitung ist der Nachweis, dass nach DIN 1054 eine ausreichende Sicherheit gegenüber dem Grenzzustand der Gebrauchstauglichkeit gegeben ist. Beim Nachweis der Standsicherheit einer Deponie muss zwischen der inneren, der äußeren und der Standsicherheit von Einbauten unterschieden werden. Einen Überblick über die geotechnischen Standsicherheitsnachweise bei Deponiebauwerken gibt Abb. 20.

Innere Standsicherheit
Die innere Standsicherheit bezieht sich auf Fragen des Deponiebetriebs zur Sicherheit des Einbaus der Abfallstoffe, die in die für die äußere Standsicherheit nicht maßgebende Zone eingebaut werden. Im Bereich der inneren Standsicherheit können Abfallstoffe mit geringerer, jedoch für die Betriebssicherheit noch ausreichender Festigkeit eingebaut werden.

Äußere Standsicherheit
An das Dichtungssystem auf der Böschung werden hinsichtlich der Standsicherheit folgende wesentliche Anforderungen gestellt:

- Unter Eigengewicht oder äußerer Belastung darf im Dichtungssystem keine Rutschung auftreten.
- Die Dichtungsbahn darf auch lokal keine Zugspannungen erhalten, die ihre Zugfestigkeit überschreitet.

Bei Kunststoffdichtungsbahnen (KDB) können folgende mechanische Beanspruchungen auftreten:

- Druck durch Auflasten in Sohl- und Böschungsbereichen,
- Schub durch Setzung der Auflasten in Böschungsbereichen,
- Zug durch Eigengewicht auf Böschungen sowie
- Zug durch unterschiedliche Setzungen.

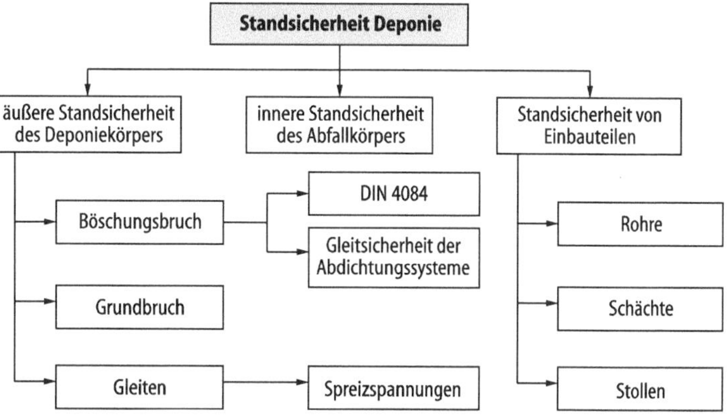

Abb. 20 Geotechnische Standsicherheitsnachweise bei Deponiebauwerken

Standsicherheit der Deponieböschungen. Die Standsicherheit der Deponieböschungen wird durch eine Böschungsbruchuntersuchung entsprechend DIN 4084 nachgewiesen. Es sind alle kinematisch möglichen Gleitkörper in Betracht zu ziehen. Einige mögliche Gleitkörper sind in Abb. 21 dargestellt. In der Regel sind die Abdichtungssysteme bei Deponien aus mehreren Schichten mit unterschiedlichem Scherverhalten zusammengesetzt. Die maßgebende Gleitsicherheit bezieht sich meist auf die schichtparallelen Grenzflächen zwischen den Schichten sowie auf mögliche Gleitflächen innerhalb der Schichten. Im Einzelnen ist nachzuweisen, dass die im Grenzzustand aktivierbare Reibungskraft zwischen den Schichten und innerhalb der Schichten größer als die vergleichbare Schubkraft ist. Gegebenenfalls sind bei diesem Nachweis auftretende Differenzkräfte Geogittern oder vergleichbaren Konstruktionselementen unter Berücksichtigung der erforderlichen Sicherheit zuzuweisen. Hierfür müssen folgende Parameter bekannt sein:

- Scherparameter in den Kontaktflächen zwischen den einzelnen Elementen des Abdichtungssystems,
- Scherparameter innerhalb der einzelnen mineralischen Schichten des Abdichtungssystems und
- Wichte des Abfallkörpers und der Schichten der Abdichtungssysteme.

Für den *Gleitsicherheitsnachweis* der Böschung sind die Kräfte an möglichen Versagenskörpern zu betrachten. Der Nachweis muss für sämtliche Lastzustände aus Eigengewicht und sonstigen Belastungen (z. B. dem Aufstau von Sickerwasser in der Entwässerungsschicht) in allen maßgebenden Bau- und Betriebszuständen geführt werden. Gegebenenfalls ist das Auftreten einer böschungsparallelen Strömung in der Entwässerungsschicht zu berücksichtigen. Bei schichtenartigem Aufbau des Abfallkörpers muss eine mittlere Wichte aus anteilmäßig gewichteten Wichten bestimmt werden. Die erforderlichen Sicherheiten ergeben sich aus DIN 4084.

Bei geschichtetem Dichtungsaufbau ist als maßgebliche Schicht die Schicht mit der niedrigsten Sicherheit zu ermitteln. Die Scherparameter und Wichten sind wegen der Abbau- und Umwandlungsvorgänge in der Deponie mit der Zeit veränderliche Größen. Für die statische Bemessung der Sickerwasserrohre ist nach DIN 19667 die Wichte des Abfalls bei Hausmülldeponien mit $\gamma = 15\ kN/m^3$ und bei Bauschuttdeponien mit $\gamma = 20\ kN/m^3$ anzusetzen. Nur wenn die Betriebsbedingungen nachweislich andere Wichten erwarten lassen, können diese nach DIN 19667 angesetzt werden.

Spreizspannungen in der Deponiebasis. Entlang der Deponiebasis wirken Schubspannungen, die zu einer Spreizverformung der Deponiebasis führen. Diese Schubbeanspruchung muss vom Deponieabdichtungssystem aufgenommen und in den Untergrund abgeleitet werden, ohne dass die Standsicherheit der Deponie oder die Funktionsfähigkeit der Abdichtungssysteme gefährdet wird. Hierzu muss sowohl die Aufnahme der Spreizspannungen als auch der Spreizverformungen sichergestellt sein.

Die Ermittlung der Normal- und Schubspannungsverteilung in der Aufstandsfläche von Schüttungen kann numerisch mittels Finite-Element-Methode oder semianalytisch nach dem

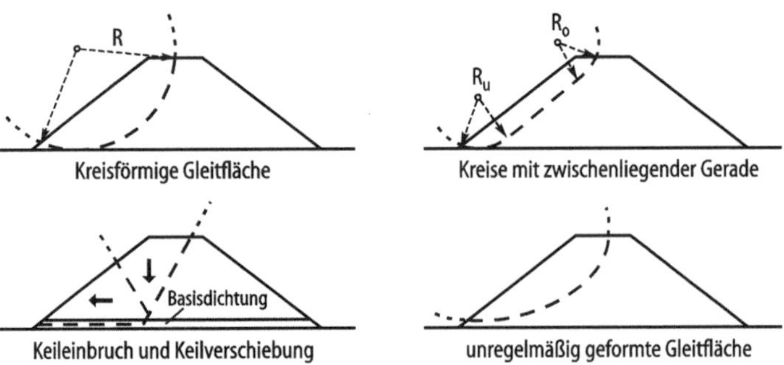

Abb. 21 Mögliche Gleitkörper in der Deponieböschung

Verfahren von Engesser erfolgen. Bei dem letztgenannten Verfahren werden die Erddrücke in unterschiedlichen vertikalen Schnitten der Deponie unter der Annahme ebener Gleitflächen durch Variation der Gleitflächen bestimmt. Das Kräftegleichgewicht für ein Element zwischen zwei Schnitten ist nur bei Vorhandensein einer Schubkraft T an der Deponiesohle erfüllt. Für kleine Elemente kann aus der Schubkraft T mit ausreichender Genauigkeit die Schubspannungsordinate τ an dieser Stelle abgeleitet werden. Der Verlauf der Schubspannungen entlang der Deponiesohle wird ermittelt, indem diese Berechnung für unterschiedliche Schnitte entlang der Deponiesohle durchgeführt wird.

Die Spreizsicherheit ist i. Allg. als örtliche (lokale) Sicherheit nachzuweisen, um das Auftreten lokaler Spannungsüberschreitungen und Plastifizierungen in der Sohlfuge auszuschließen. Sind solche Plastifizierungen unschädlich für die Funktionsfähigkeit der Abdichtungssysteme, kann alternativ der Nachweis der Gesamtsicherheit (globale Sicherheit) geführt werden. Dieser Nachweis entspricht dem Gleitsicherheitsnachweis eines als monolithisch gedachten Gleitkörpers auf der Deponiebasis und setzt die Möglichkeit lokaler Plastifizierungen in der Sohlfuge sowie von Spannungsumlagerungen im Deponiekörper voraus. Der Nachweis der Spreizsicherheit ist für die Schicht bzw. Kontaktfläche des Basisabdichtungssystems mit der geringsten Scherfestigkeit zu führen.

Grundbruchsicherheit. Die Standsicherheit des Deponiegeländes und der unmittelbaren Umgebung vor dem Abfallkörper ist analog einer Böschungsbruchuntersuchung bzw. einer Grundbruchuntersuchung nach DIN 4084 nachzuweisen (Abb. 22).

Setzungsberechnungen. An der Deponieaufstandsfläche treten wegen der vergleichsweise großen Lastfläche infolge der als schlaffe Last wirkenden Deponieaufschüttung je nach Steifigkeit des Untergrunds Setzungen in Dezimeter bzw. Meter-Größenordnung auf. Die Oberfläche der Dichtungsschicht muss unter Berücksichtigung der Setzungen und der Anforderungen an die Mindestgefälle des Dränsystems mit entsprechenden Überhöhungen hergestellt werden. Das tatsächliche Verformungsverhalten des Deponiekörpers muss durch Feldmessungen erfasst werden. An biologisch vorbehandeltem Hausmüll, der mit einer Wichte $\gamma = 15\text{-kN/m}^3$ eingebaut wurde, wurden die in Tab. 5 angegebenen Steifemoduli ermittelt.

Standsicherheit der Einbauteile

Zu den Standsicherheitsnachweisen des Abfallkörpers gehören auch die Nachweise der konstruktiven Elemente innerhalb des Abfallkörpers, wie Schächte, Leitungen, Stollen und andere Einbauten. Einwirkungen auf die Einbauteile sind u. a.:

- Eigengewicht,
- Vertikalbelastung aus dem Deponiekörper,
- Horizontalbelastung aus dem Deponiekörper,
- ungleichmäßige Verformungen des Deponiekörpers,
- Abweichungen des Querschnitts von der Sollform,
- Deponiesickerwasser und/oder Deponiegas,
- Temperatur und Temperaturgradienten sowie
- biologische und chemische Einwirkungen.

Tab. 5 Steifemoduli des biologisch vorbehandelten Hausmülls

Druckbereich in kN/m^2	**Steifemodul** in kN/m^2
0 … 100	ca. 1,25
0 … 200	ca. 2,00
200 … 1000	ca. 6,50

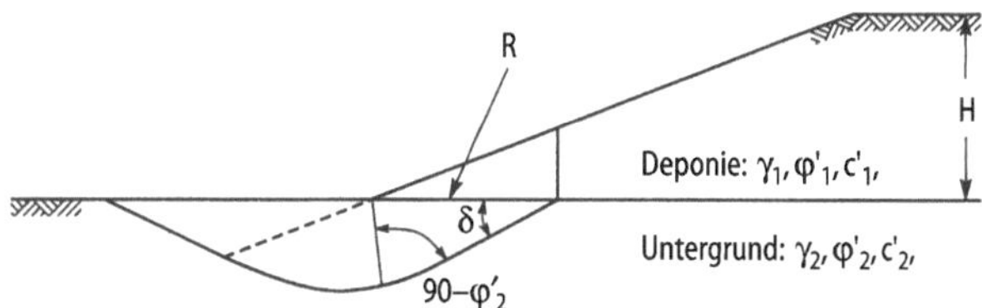

Abb. 22 Grundbruchuntersuchung

Erklärung zu konkurrierenden Interessen Der/die Autor(en) hat/haben keine Interessenkonflikte zu erklären, die für den Inhalt dieses Manuskripts relevant sind.

Literatur

ASTM (2015) Standard guide for remediation of ground water by natural attenuation at petroleum release sites. American Society for Testing Material, West Conshohocken, S 1943–1998

BBodSchG (1998) Bundes-Bodenschutz-Gesetz

BBodSchV (1999) Bundes-Bodenschutz- und Altlastenverordnung, Berlin

Bertsch W (1978) Die Koeffizienten der longitudinalen und transversalen Dispersion – ein Literaturüberblick. DGM 2:37–46

Busch K-F, Luckner L, Tiemer K (1993) Lehrbuch der Hydrogeologie. Bd 3: Geohydraulik. Gebrüder Borntrӓger, Berlin

Crank J, McFarlane NR et al (1981) Diffusion processes in environmental systems. Macmillan Press, London

Darcy H (1856) Les fontaines publiques de la ville de Dijon. Dalmont, Paris

DGGT (1997) Empfehlungen des Arbeitskreises „Geotechnik der Deponien und Altlasten" (GDA-Empfehlungen). Deutsche Gesellschaft für Geotechnik e.V. (DGGT). Ernst & Sohn, Berlin. http://www.gdaonline.de

Dupuit J (1863) Etudes théoretiques et pratiques sur le mouvement des eaux dans les canaux découverts et à travers les terrains perméables. Dunod, Paris

DVWK (1986) Anwendung und Prüfung von Kunststoffen im Erdbau und Wasserbau. Deutscher Verband für Wasserwirtschaft und Kulturbau e. V., Bonn. H 76. Paul Parey, Hamburg

Genuchten M Th. van (1980) A closed-form equation for predicting the hydraulic conductivity of unsaturated soils. Soil Sci Soc Am J 44(5):892–898

Görner K, Hübner K (Hrsg) (1999) Hütte – Umweltschutztechnik. Springer, Berlin/Heidelberg/New York

Hude N von der, Katzenbach R, Neff HK (1999) Kapillarsperren als Oberflächen-Abdichtungssystem – Entwurf, Eignungsprüfung und Qualitätsmanagement. Geotechnik 22(2):143–152

Jasmund K, Lagaly G (1993) Tonminerale und Tone. Struktur, Eigenschaften, Anwendung und Einsatz in Industrie und Umwelt. Steinkopff, Darmstadt

Katzenbach R, Vogler M, Fehsenfeld A (2000) Die Beeinflussung von Natural Attenuation durch die Kapillareigenschaften des Bodens. In: Proceedings of the 2nd Symposium. „Natural Attenuation – Neue Erkenntnisse, Konflikte, Anwendungen", Frankfurt am Main

Kötter L, Niklauß M, Toennes A (1989) Erfassung möglicher Bodenverunreinigungen auf Altstandorten. Kommunalverband Ruhrgebiet, Essen

LAGA (1991) LAGA-Informationsschrift „Erfassung, Gefahrenbeurteilung und Sanierung von Altlasten" Hrsg: Länderarbeitsgemeinschaft Abfall

Luckner L, Schestakow WM (1986) Migrationsprozesse im Boden- und Grundwasserbereich. Deutscher Verlag für Grundstoffindustrie, Leipzig

Sêco e Pinto P (Hrsg) (1998) Environmental geotechnics, Bd 1–4. Balkema, Rotterdam

SRU (1989) Sondergutachten „Altlasten" des Rates von Sachverständigen für Umweltfragen. Metzler-Poeschel, Stuttgart

Steinkamp S (1988) Erfahrungen mit dem Entwässerungssystem der Zentraldeponie Hannover, 51. Aufl. Veröffentlichungen des Grundbauinstituts der Landesgewerbeanstalt Bayern, Nürnberg

Vogler M (1999) Einfluss der Kapillarität auf die Mehrphasenströmung bei der Sanierung von Mineralölschadensfällen im Boden. Mitteilungen des Instituts und der Versuchsanstalt für Geotechnik der Technischen Universität Darmstadt, H 45

Weiler H (1998) Flachglas-Elemente als dauerhafte Schadstoffsperre in Deponiebasisabdichtungen – Integrierte-Glas-Sandwich-Dichtung (IGSD). Mitteilungen des Instituts und der Versuchsanstalt für Geotechnik der Technischen Universität Darmstadt, H 41

Normen

DIN 1054: Baugrund – Sicherheitsnachweise im Erd- und Grundbau – Ergänzende Regelungen zu DIN EN 1997-1 (2010–12)

DIN EN 1997-1: Eurocode 7 – Entwurf, Berechnung und Bemessung in der Geotechnik – Teil 1: Allgemeine Regeln; Deutsche Fassung EN 1997-1:2004 + AC:2009 + A1:2013 (2014-03)

DIN EN 1997-1/NA: Nationaler Anhang – National festgelegte Parameter – Eurocode 7: Entwurf, Berechnung und Bemessung in der Geotechnik – Teil 1: Allgemeine Regeln (2010–12)

DIN EN 1997-2: Eurocode 7: Entwurf, Berechnung und Bemessung in der Geotechnik – Teil 2: Erkundung und Untersuchung des Baugrunds; Deutsche Fassung EN 1997-2:2007 + AC:2010 (2010-10)

DIN EN 1997-2/NA: Nationaler Anhang – National festgelegte Parameter – Eurocode 7: Entwurf, Berechnung und Bemessung in der Geotechnik – Teil 2: Erkundung und Untersuchung des Baugrunds (2010–12)

DIN EN ISO 146988-1: Geotechnische Erkundung und Untersuchung – Benennung, Beschreibung und Klassifizierung von Boden – Teil 1: Benennung und Beschreibung (ISO 14688-1:2002 + Amd 1:2013); Deutsche Fassung EN ISO 14688-1:2002 + A1:2013 (2013-12)

DIN EN ISO 146988-2: Geotechnische Erkundung und Untersuchung – Benennung, Beschreibung und Klas-

sifizierung von Boden – Teil 2: Grundlagen für Bodenklassifizierungen (ISO 14688-2:2004); Deutsche Fassung EN ISO 14688-2:2004 + A1:2013 (2013-12)
DIN EN ISO 22476-1: Geotechnische Erkundung und Untersuchung – Felduntersuchungen – Teil 1: Drucksondierungen mit elektrischen Messwertaufnehmern und Messeinrichtungen für den Porenwasserdruck (ISO 22476-1:2012 + Cor. 1:2013); Deutsche Fassung EN ISO 22476-1:2012 + AC:2013 (2013-10)
DIN EN ISO 22476-2: Geotechnische Erkundung und Untersuchung – Felduntersuchungen – Teil 2: Rammsondierungen (ISO 22476-2:2005 + Amd 1: 2011); Deutsche Fassung EN ISO 22476-2:2005 + A1: 2011 (2012-03)
DIN EN ISO 22281-1: Geotechnische Erkundung und Untersuchung – Geohydraulische Versuche – Teil 1: Allgemeine Regeln (ISO 22282-1:2012); Deutsche Fassung EN ISO 22282-1:2012 (2009–12)
DIN EN ISO 22281-4: Geotechnische Erkundung und Untersuchung – Geohydraulische Versuche – Teil 4: Pumpversuche (ISO 22282-4:2012); Deutsche Fassung EN ISO 22282-4:2012 (2012-09)
DIN 4084: Baugrund – Geländebruchberechnung (2009-01)
DIN 4124: Baugruben und Gräben – Böschungen, Verbau, Arbeitsraumbreiten (2012-01)
DIN 18200: Übereinstimmungsnachweis für Bauprodukte – Werkseigene Produktionskontrolle, Fremdüberwachung und Zertifizierung von Produkten (2000-05)
DIN 19667: Dränung von Deponien; Planung, Bauausführung und Betrieb (2015-08)

Oberflächennahe Geothermie

Ulvi Arslan und Heiko Huber

Inhalt

1 Einleitung ... 325

2 Theoretische Grundlagen des Wärmetransports im Boden ... 327

3 Ermittlung geothermischer Kennwerte ... 332

4 Systeme und Technologien der oberflächennahen Geothermie ... 333

5 Dimensionierung von geothermischen Systemen ... 336

Literatur ... 337

1 Einleitung

Die Nutzung oberflächennaher Geothermie zur Temperierung von Gebäuden zeichnet sich durch Flexibilität, Nachhaltigkeit, permanente Verfügbarkeit und durch weitgehende Unabhängigkeit von fossilen Energieträgern aus.

Das Wort Geothermie leitet sich von den griechischen Worten Geos (Erde) und Thermos (Wärme) ab und wird synonym zum deutschen Begriff Erdwärme verwendet. Geothermie umfasst alle Themen im Zusammenhang mit der Energie, die unterhalb der Erdoberfläche in Form von Wärme gespeichert ist.

Geothermische Energie zählt zu den vielversprechendsten erneuerbaren Energien. Erneuerbare Energien schonen die Ressourcen der Erde und minimieren die Kohlendioxidemission. Anders als bei den meisten übrigen erneuerbaren Energien, die direkt oder indirekt von der Sonne gespeist werden, entsteht Erdwärme zum größten Teil beim Zerfall natürlicher, langlebiger radioaktiver Isotope in der kontinentalen Erdkruste. Geothermische Energie ist dadurch weitestgehend jahreszeit-, tageszeit- und witterungsunabhängig. Neben der Gebäudetemperierung bietet Geothermie die Möglichkeit einer grundlastfähigen Stromproduktion.

Mit einem durchschnittlichen geothermischen Gradienten von etwa 3 °C pro 100 m Tiefe weisen rund 99 % der Erde eine höhere Temperatur als 1000 °C auf. Von dem verbleibenden Prozent sind immer noch 99 % heißer als 100 °C. Die Temperatur im inneren Erdkern beträgt nach verschie-

U. Arslan (✉)
em. Univ.-Prof. Dr.-Ing. Bau- und Umweltingenieurwissenschaften, Technische Universität Darmstadt, Darmstadt, Deutschland
E-Mail: arslan@ismd.tu-darmstadt.de

H. Huber
Dr.-Ing., CDM Smith SE, Bickenbach, Deutschland
E-Mail: heiko.huber@cdmsmith.com

U. Arslan (Hrsg.), *Geotechnik*, Handbuch für Bauingenieure,
https://doi.org/10.1007/978-3-658-29496-0_62

denen Schätzungen etwa 5000 °C bis 7000 °C. Dieses in der Erde gespeicherte Energiepotenzial gilt nach menschlichen Maßstäben als unerschöpflich.

Bei der wirtschaftlichen Nutzung des geothermischen Energiepotenzials kommen verschiedene Entzugstechnologien in unterschiedlichen Tiefen- und Temperaturbereichen zum Einsatz (Abb. 1). Umfassende Ausführungen zu den verschiedenen geothermischen Systemen werden z. B. in (VBI 2012) gegeben.

Die Tiefenbereiche geothermischer Systeme können im Allgemeinen in oberflächennahe Bereiche bis etwa 400 m unter Geländeoberkante (mu GOK) und in tiefe Bereiche unterteilt werden. Die Vielzahl von Entzugstechnologien wird im Folgenden unter dem Begriff geothermisches System zusammengefasst. Eine zusammenfassende Beschreibung der Funktionsweisen und Unterschiede der einzelnen offenen oder geschlossenen geothermischen Systeme wird in Abschn. 4 gegeben.

Bei der Dimensionierung kleinerer geothermischer Systeme bis zu einer installierten Leistung von 30 kW (geothermische Kategorie GtK1) werden die unbekannten geothermischen Parameter des Untergrunds über Erfahrungswerte z. B. nach (VDI-4640-1 2010) abgeschätzt. Die Vielzahl von geologischen und hydrogeologischen möglichen Gegebenheiten lässt die Angabe von geothermischen Parametern nur innerhalb grober Grenzen zu (Tab. 1). Die Diskrepanz zwischen diesen Erfahrungswerten und in-situ vorliegenden Werten kann daher erheblich sein, was zu einer Über- oder Unterdimensionierung des Systems führen kann.

Bei der Dimensionierung mittlerer und größerer geothermischer Systeme mit installierten Leistungen von über 30 kW (geothermische Kategorie GtK2 und GtK3) werden die geothermischen Kennwerte über Feld- und Laborversuche ermittelt und der Wärmetransport mittels numerischer Modellierung simuliert. Der Wärmetransport im Untergrund erfolgt über verschiedene Mechanismen wie Konduktion (Wärmeleitung), Konvektion (Wärmeströmung) und Radiation (Wärmestrahlung). Diese kommen einzeln oder in Kombination in den einzelnen Phasen des Mehrphasenmediums Boden vor.

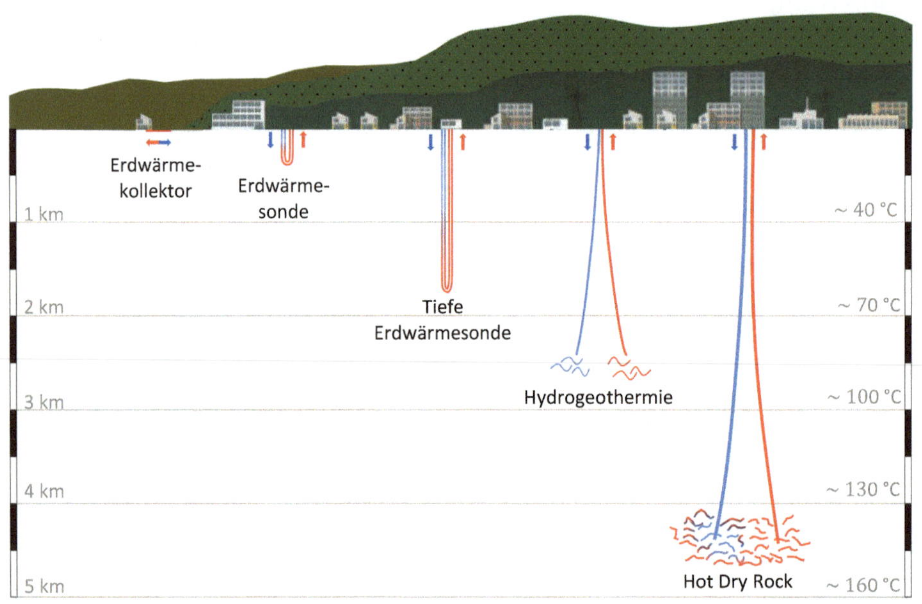

Abb. 1 Schematische Darstellung geothermischer Systeme. (Arslan und Huber 2013)

Tab. 1 Bandbreiten geothermischer Kennwerte nach. (VDI-4640-1 2010)

	Gesteinstyp	Wärmeleitfähigkeit λ Bandbreite [$W\,m^{-1}\,K^{-1}$]	empfohlener Rechenwert [$W\,m^{-1}\,K^{-1}$]	Volumenbezogene spez. Wärmekapazität $\rho{\cdot}c$ [$MJ\,m^{-3}\,K^{-1}$]	Dichte ρ [$10^3\,kg\,m^{-3}$]
Lockergesteine	Ton/Schluff, trocken	0,4–1,0	0,5	1,5–1,6	1,8–2,0
	Ton/Schluff, wassergesättigt	1,1–3,1	1,8	2,0–2,8	2,0–2,2
	Sand, trocken	0,3–0,9	0,4	1,3–1,6	1,8–2,2
	Sand, feucht	1,0–1,9	1,4	1,6–2,2	1,9–2,2
	Sand, wassergesättigt	2,0–3,0	2,4	2,2–2,8	1,9–2,3
	Kies/Steine, trocken	0,4–0,9	0,4	1,3–1,6	1,8–2,2
	Kies/Steine, wassergesättigt	1,6–2,5	1,8	2,2–2,6	1,9–2,3
	Geschiebemergel/-lehm	1,1–2,9	2,4	1,5–2,5	1,8–2,3
	Torf, Weichbraunkohle	0,2–0,7	0,4	0,5–3,8	0,5–1,1

2 Theoretische Grundlagen des Wärmetransports im Boden

Thermodynamische Grundlagen

Thermodynamik ist die Wissenschaft von den Erscheinungsformen der Energie, von den Prozessen der Energieumwandlung und von den thermischen Eigenschaften der Materialien. Die Gesetzmäßigkeiten, nach denen Wärmetransport zwischen Systemen unterschiedlicher Temperatur erfolgt, werden in der Thermodynamik beschrieben. Umfangreiche Ausführungen zu thermodynamischen Grundlagen können unter anderem (Bear 1972; de Marsily 1986; Häfner 1992) entnommen werden.

Der erste Hauptsatz der Thermodynamik (Energieerhaltungssatz) ist eine besondere Form der Energiebilanz der Mechanik. Demnach ist die Änderung der inneren Energie dU in einem geschlossenen, ruhenden System ($E_{kin} = 0$, $E_{pot} =$ konst.) gleich der Summe der Änderung der Wärme δQ und der Änderung der Arbeit δW.

$$dU = \delta Q + \delta W \tag{1}$$

Die Wärme Q [W s] ist definiert als die Energie, die innerhalb eines Systems oder über dessen Grenzen transportiert wird. Wärme kann zu Temperaturänderungen eines Systems führen, muss dies aber nicht. So kann beispielsweise eine zugeführte Wärme einen Wechsel des Aggregatzustands bei gleichbleibender Temperatur verursachen. Während die Temperatur als Zustandsgröße den Zustand eines Systems beschreibt, ist Wärme eine Prozessgröße, die ausschließlich bei Zustandsänderungen auftritt.

Der Wärmestrom $\dot{Q}$ [W] ist die pro Zeiteinheit transportierte Wärmemenge. Wird ein Wärmestrom in ein geothermisches System eingebracht bzw. aus einem geothermischen System entzogen, spricht man von der Heiz-, bzw. Kühlleistung oder allgemein von der thermischen Last.

$$\dot{Q} = \frac{Q}{t} \tag{2}$$

Die Wärmestromdichte $\dot{q}$ [$W\,m^{-2}$] ist der Wärmestrom pro Einheitsfläche.

$$\dot{q} = \frac{\dot{Q}}{A} = \frac{Q}{t\,A} \tag{3}$$

Durch Ableitung von Gl. (1) lässt sich aus dem Energieerhaltungssatz die Leistungsbilanz aufstellen.

$$\frac{dU}{dt} = \dot{Q} + \dot{W} \tag{4}$$

Dabei ist die zeitliche Änderung der inneren Energie über die spezifische Wärmekapazität c mit der zeitlichen Änderung der Temperatur im Kontrollvolumen V verknüpft. Die spezifische Wärmekapazität gibt an, welche Wärmemenge einem Material pro Kilogramm zugeführt werden muss, um dessen Temperatur um ein Kelvin zu erhöhen. Sie ist von verschiedenen Materialeigenschaften abhängig und wird häufig mit der Dichte ρ zur volumetrischen Wärmekapazität c_V zusammengefasst.

$$\frac{dU}{dt} = \rho \int_V c_V \frac{\partial T}{dt} dV \qquad (5)$$

Der Wärmestrom $\dot{Q}$ kann als das Integral der in das System einfließenden Wärmestromdichte $\dot{q}$ über die Oberfläche ermittelt werden, wobei $\overline{n}$ den Normalenvektor darstellt. Das Integral der Wärmestromdichte über die Oberfläche A eines Kontrollvolumens kann nach dem Gaußschen Integralsatz in das Volumenintegral der Divergenz von $\dot{q}$ umgewandelt werden.

$$\dot{Q} = -\int_A \dot{q}\overline{n}\, dA = -\int_V \operatorname{div}(\dot{q})\, dV \qquad (6)$$

Die Leistungsdichte $\dot{W}$ stellt bei vernachlässigbaren Volumen- und Oberflächenkräften Wärmequellen bzw. – senken [W m^{-3}] innerhalb des Kontrollvolumens dar. Aus Gl. (4), (5) und (6) folgt, dass die zeitliche Änderung der Temperatur T gleich der in das Kontrollvolumen einfließenden Wärmestromdichten $\dot{q}$ sowie der inneren Wärmequellen und Wärmesenken $\dot{W}$ ist.

$$\rho c \frac{\partial T}{\partial t} = -\operatorname{div} \dot{q} + \dot{W} \qquad (7)$$

Wärmetransportmechanismen

Der Transport von Wärme erfolgt über verschiedene Mechanismen stets von Gebieten höherer Temperatur zu Gebieten niederer Temperatur, entsprechend dem zweiten Hauptsatz der Thermodynamik. Es wird unterschieden zwischen Konduktion (Wärmeleitung), Konvektion (Wärmeströmung) und Radiation (Wärmestrahlung).

Konduktion (Wärmeleitung)

Konduktion beschreibt Wärmetransport von energetisch höheren Molekülen zu Molekülen eines niedrigeren Energieniveaus ohne eine Massenbewegung. Konduktion erfolgt innerhalb eines Körpers, einer ruhenden Flüssigkeit oder eines ruhenden Gases mit unterschiedlichen Temperaturbereichen oder zwischen zwei benachbarten, unterschiedlich temperierten Körpern.

Die durch Konduktion hervorgerufene Wärmestromdichte $\dot{q}_{kond}$ hängt nach dem ersten Fourierschen Gesetz zur Wärmeleitung linear mit dem Temperaturgradienten grad(T) und der Proportionalitätskonstante λ zusammen, was als Wärmeleitungsgleichung für den homogenen, isotropen Fall bezeichnet wird Gl. (8).

$$\dot{q}_{kond} = -\lambda \operatorname{grad}(T) \qquad (8)$$

Mit λ wird im Weiteren die Wärmeleitfähigkeit bezeichnet, die eine temperaturabhängige Materialeigenschaft darstellt. Häufig wird die Wärmeleitfähigkeit auf die Dichte und die spezifische Wärmekapazität bezogen. Dieser Wert wird als Temperaturleitfähigkeit bezeichnet.

$$a = \frac{\lambda}{\rho\, c} \qquad (9)$$

mit

a = Temperaturleitfähigkeit [$m^2\ s^{-1}$]
λ = Wärmeleitfähigkeit [W $m^{-1}\ K^{-1}$]
c = spezifische Wärmekapazität [W s $kg^{-1}\ K^{-1}$]

Als weiterer Kennwert, der in direktem Zusammenhang mit der Wärmeleitfähigkeit steht, wird auch der thermische Widerstand (in geothermischen Systemen als Bohrlochwiderstand) angegeben. Der thermische Widerstand ist umgekehrt proportional zur Wärmeleitfähigkeit und somit ein Maß für die Temperaturdifferenz, die in einem Material beim Hindurchtreten eines Wärmestroms entsteht.

Konvektion (Wärmeströmung)

Konvektion ist der an die Bewegung von Stoffteilchen gebundene Wärmetransport. In der Geothermie erfolgt Konvektion im oberflächennahen Bereich durch Grundwasserströmung, wenn Energie durch Fluidbewegung transportiert wird. Je nach Ursache der Bewegung wird zwischen freier (natürlicher) und erzwungener Konvektion unterschieden. Bei der freien Konvektion wird die Bewegung des Fluids aufgrund von unterschiedlichen geodätischen oder hydraulischen Druckhöhen verursacht. Von erzwungener Konvektion wird gesprochen, wenn die Strömung des Fluids durch äußere Kräfte (z. B. Energiehöhenunterschied bewirkt durch eine Pumpe) aufgezwungen wird.

Die konvektive Wärmestromdichte $\dot{q}_{konv}$ entspricht dem Wärmeinhalt des Fluids und dessen Relativgeschwindigkeit zum Festkörperskelett v_α

$$\dot{q}_{konv} = (\rho c)_\alpha \, v_\alpha \, T_\alpha \qquad (10)$$

Dispersion

Der konvektive Wärmestrom wird beeinflusst durch Dispersion. Thermische Dispersion beschreibt die Auffächerung der mit dem Trägerfluid transportierten Wärme, die durch die heterogene Verteilung der Strömungsgeschwindigkeiten innerhalb des Kontrollvolumens hervorgerufen wird. In Abhängigkeit der Größe des betrachteten Kontrollvolumens wird zwischen korngerüstbedingter Mikrodispersion (Größenbereich 10^{-3} m), kleinskaliger Makrodispersion (Größenbereich 100 m) und großskaliger Makrodispersion (Größenbereich 10^3 m) unterschieden.

$$\dot{q}_{disp} = (\rho c)_\alpha \, D_\lambda \, \mathrm{grad}\,(T) \qquad (11)$$

mit

D_λ = Dispersionskoeffizient [$m^2 \, s^{-1}$]

Die Größe der Dispersion wird durch die longitudinale und transversale Dispersivität und die Abstandgeschwindigkeit des Grundwassers quantifiziert (Scheidegger 1957). Die longitudinale Dispersivität in Fließrichtung ist in der Regel zehnmal größer als die transversale Dispersivität senkrecht zur Fließrichtung.

Für Péclet-Zahlen $Pe < 3000$, die bei oberflächennahen geothermischen Systemen mit geringen Grundwasserfließgeschwindigkeiten vorliegen, ist der Beitrag der Dispersion an der Wärmeausbreitung vernachlässigbar klein (Bear 1972).

Radiation (Wärmestrahlung)

Radiation beschreibt Wärmetransport durch Strahlung, also Emission und Absorption elektromagnetischer Wellen. Dabei ist die Strahlungsleistung eines Körpers abhängig von der Temperatur, der Oberfläche und der Oberflächenbeschaffenheit des Körpers sowie der Frequenz der Strahlung. Die maximal mögliche radiative Wärmestromdichte der von der Oberfläche eines schwarzen Körpers ausgesandten Wärmestrahlung findet bei sehr hohen Temperaturen im Vakuum statt und entspricht nach dem Stefan-Boltzmann-Gesetz der spektralspezifischen Intensität der schwarzen Strahlung integriert über den gesamten Wellenlängenbereich.

Nach (Farouki 1986) nimmt bei oberflächennahen Untergrundtemperaturen von etwa 8 °C–15 °C sowie im gesättigten Boden die Radiation einen Wert kleiner 1 % am Gesamtwärmetransport an und ist somit vernachlässigbar klein.

Wärmeübergang

Zwischen einem ruhenden, festen Körper und einem strömenden Fluid ungleicher Temperatur findet ein Wärmeübergang vom Körper höherer Temperatur zum Körper niederer Temperatur statt. Der Wärmestrom über die spezifische Kontaktfläche A_{SF} [$m^2 \, m^{-3}$] entspricht der Temperaturdifferenz ΔT beider Körper und der Proportionalitätskonstante h_{SF}.

$$\dot{q}_{Aus} = h_{SF} \, A_{SF} \, (T_S - T_F) \qquad (12)$$

h_{SF} wird im Weiteren als Wärmeübergangskoeffizient [$W \, m^{-2} \, K^{-1}$] bezeichnet und ist neben den thermodynamischen Materialeigenschaften der beteiligten Körper unter anderem auch abhängig von der Strömungsart (laminar oder turbulent).

Péclet-Zahl

Die nach Jean Claude Eugène Péclet benannte Péclet-Zahl gibt als dimensionslose Kennzahl das Verhältnis von konvektivem zu konduktivem Wärmestrom an. Sie entspricht dem Produkt von Reynolds-Zahl und Prandtl-Zahl und somit dem Produkt der charakteristischen Fließlänge, der Filtergeschwindigkeit, der Dichte und der Wärmekapazität pro Wärmeleitfähigkeit Gl. (13).

Maßgebend für das Verhältnis von konvektivem zu konduktivem Wärmestrom ist also die charakteristische Länge des untersuchten Systems. Bei einer Péclet-Zahl größer 1 dominiert der konvektive Wärmestrom, während Systeme mit Péclet-Zahlen kleiner 1 von konduktivem Wärmestrom dominiert werden.

$$Pe = Re\ Pr = \frac{l\ v\ \rho\ c}{\lambda} = \frac{l^2\ \rho\ c}{\lambda\ t} = \frac{\dot{Q}_{konv}}{\dot{Q}_{kond}} \quad (13)$$

mit

Pe = Péclet-Zahl [−]
Re = Reynolds-Zahl [−]
Pr = Prandtl-Zahl [−]
l = charakteristische Fließlänge [m]
v = Filtergeschwindigkeit [$m\ s^{-1}$]
ρ = Dichte
c = spezifische Wärmekapazität [$W\ s\ kg^{-1}\ K^{-1}$]
λ = Wärmeleitfähigkeit [$W\ m^{-1}\ K^{-1}$]

Fourier-Zahl

Die nach Jean Baptiste Joseph Fourier benannte Fourier-Zahl (Fo) gibt als dimensionslose Kennzahl das Verhältnis der geleiteten zur gespeicherten Wärme an.

$$Fo = \frac{\lambda\ t}{\rho\ c\ l^2} \quad (14)$$

Wärmetransport im Mehrphasenkörper Boden

Das makroskopisch unter dem Begriff „Boden" zusammengefasste Medium stellt mikroskopisch ein Gemisch mehrerer, sich gegeneinander abgrenzender konstituierender Komponenten dar. Zur physikalischen Erfassung und mathematischen Beschreibung solcher Mehrkomponentenmedien wurden verschiedene theoretische Ansätze entwickelt (siehe Kap. ▶ „Bodenmechanik").

Jede Konstituierende nimmt gleichzeitig mit den übrigen Konstituierenden das gesamte Volumen des betrachteten Kontinuums ein, was zur Vorstellung eines Modells perfekter Unordnung, einem sogenannten verschmierten Modell führt. Die geometrische Beschreibung der komplexen Porenstruktur und genaue Lage der einzelnen Konstituierenden werden hierbei vernachlässigt. Sämtliche physikalischen Größen der einzelnen Konstituierenden wie beispielsweise Bewegung, Verzerrung, Spannung und Temperatur werden auf das Ersatzkontinuum bezogen (Abb. 2).

Im Mehrphasenkörper Boden findet Wärmetransport vorrangig konduktiv (innerhalb der festen und flüssigen Phase) und konvektiv (innerhalb der flüssigen Phase) statt. Der Anteil der Radiation und der Dispersion am Gesamtwärmetransport nimmt im Boden eine vernachlässigbare Größe an.

Im Falle durchströmter, wassergesättigter Böden spricht man von einem wassergesättigten Boden, wenn sich der betrachtete Bodenkörper unterhalb des Kapillarsaums befindet. Der Anteil der Gasphase ist in diesem Fall vernachlässigbar klein, es handelt sich um ein Zweiphasensystem bestehend aus einer festen Phase, dem Korngerüst und einer flüssigen Phase, dem Grundwasser (hierzu siehe Kap. ▶ „Bodenmechanik").

Unter Vernachlässigung der Radiation und der Dispersion resultiert die Änderung der Temperatur eines Kontrollvolumens im gesättigten Boden

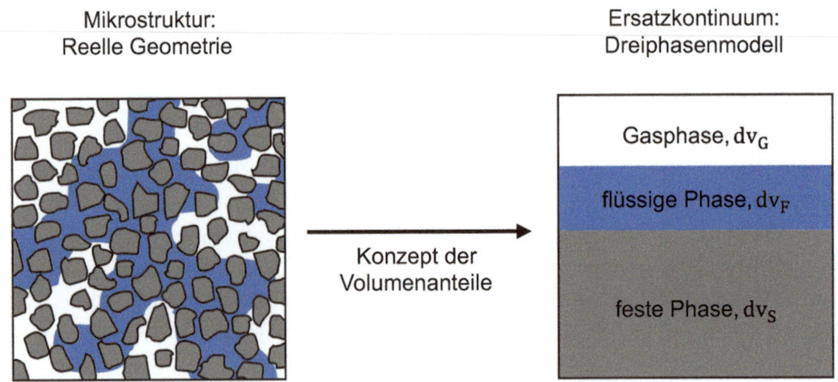

Abb. 2 Modellvorstellung der Mischungstheorie. (Arslan und Huber 2010)

über die Zeit aus der Summe der konduktiven und konvektiven Wärmestromdichten der festen und flüssigen Phase, dem Wärmeübergang zwischen den Phasen und den vorliegenden Wärmequellen.

Bei Vernachlässigung der Temperaturdifferenz zwischen fester und flüssiger Phase kann von einem lokalen thermischen Gleichgewicht (local thermal equilibrium, LTE) ausgegangen werden. Bei Annahme dieses LTE entfällt der Wärmeübergangsterm und es können vereinfachend gemittelte Bodenkennwerte für die Wärmeleitfähigkeit und die Wärmekapazität verwendet werden. Es folgt Gl. (15) mit gemittelten Materialwerten.

$$(\rho c)_{SF}\frac{\partial T}{\partial t} = \mathrm{div}(\lambda_{SF}\,\mathrm{grad}\,T) - (\rho c)_F\ v_F\,\mathrm{div}(T) + \dot{W}_{SF} \qquad (15)$$

Die Gewichtung bei der Mittelung der Kennwerte der fluiden und festen Phase erfolgt über den Porenanteil n durch verschiedene mathematische Ansätze. Gängige mathematische Mittelungsmodelle sind das Schichtmodell nach (Birch und Clark 1940), das Dispersionsmodell nach (Hashin und Shtrikman 1962) und das Mo dell des geometrischen Mittels nach (Woodside und Messmer 1961; Sass et al. 1971).

Die Differenzialgleichung für den Wärmetransport in einem geothermischen System nach Gl. (15) kann über verschiedene Ansätze analytisch gelöst werden. Dabei wird die Wärmequelle des geothermischen Systems als Punkt-, Flächen-, Linien- oder Zylinderquelle angenommen und der umgebende Raum durch verschiedene Annahmen homogenisiert und vereinfacht. Die hierfür zugrunde liegenden Theorien sind die Linienquellentheorie, die Zylinderquellentheorie und die bewegliche Linienquellentheorie. Umfangreiche Ausführungen zu den analytischen Lösungen der Wärmetransportgleichungen eines geothermischen Systems sind zum Beispiel in (Bear 1972; Diao et al. 2004; Hähnlein et al. 2010) zu finden.

Der am häufigsten verwendete Ansatz zur analytischen Lösung der Wärmetransportgleichung basiert auf der Kelvinschen Linienquellentheorie, die erstmals durch (Ingersoll und Plass 1948) auf geothermische Systeme übertragen wurde. Umfangreiche Ausführungen hierzu können (de Vries 1952; Carslaw und Jaeger 1959; Mogensen 1983) entnommen werden. Die Wärmequelle wird dabei als idealer thermischer Leiter unendlicher Länge angenommen, während Quellenradius, Wärmekapazität und der daraus resultierende thermische Bohrlochwiderstand vernachlässigt werden. Die Kelvinsche Linienquellentheorie geht von einem rein konduktivem Wärmetransport aus. Der konvektive Wärmetransport wird hierbei nicht berücksichtigt.

Die Temperatur zum Zeitpunkt t im Abstand r um eine Linienquelle zeitlich variabler Heizleistung im unendlich ausgedehnten, homogenen und isotropen Untergrund mit der Wärmeleitfähigkeit λ_{eff} und der Temperaturleitfähigkeit a ergibt sich nach (Carslaw und Jaeger 1959) zu

$$T(r,t) = T(t=0) + \frac{1}{4\,\pi\,\lambda_{eff}}\int_0^t \frac{\dot{Q}(t)}{H}\,e^{-\frac{r^2}{4a(t-t')}}\,\frac{dt'}{t-t'} \qquad (16)$$

mit

$\dot{Q}(t)$	= zeitlich variable Heizleistung [W]
H	= Quellenlänge [m]
a	= Temperaturleitfähigkeit [$m^2\,s^{-1}$]
r	= Radialer Abstand zur Linienquelle [m]
$t-t'$	= Untersuchungszeitraum [s]

Unter Annahme einer konstanten Heizleistung und annähernd konstanter Temperatursteigung ergibt sich für die mittlere Sondenfluidtemperatur $T_m(t)$ unter Berücksichtigung des thermischen Bohrlochwiderstandes und unter Inkaufnahme geringer Abweichungen:

$$T_m(t) = T(t=0) + \frac{\dot{Q}}{H\,4\,\pi\,\lambda_{eff}}\ln(t) + \frac{\dot{Q}}{H}\left[R_b + \frac{1}{4\,\pi\,\lambda_{eff}}\left(\ln\left(\frac{4\,a}{r^2}\right) - \gamma_{EU}\right)\right] \qquad (17)$$

Unter Annahme einer konstanten Ausgangstemperatur ($T(t = 0) = \text{konstant}$) und der als zeitlich konstant angenommenen Heizleistung ($\dot{Q} = \text{konstant}$) kann Gl. (17) wie folgt vereinfacht werden:

$$T_m(t) = \frac{\dot{Q}}{H\,4\,\pi\,\lambda_{eff}}\ln(t) + \text{Konst} \qquad (18)$$

Die Änderung der mittleren Sondenfluidtemperatur über die Zeit ist nach Gl. (18) im stationären Bereich proportional zu ln(t) und umgekehrt proportional zur Wärmeleitfähigkeit λ_{eff} des geothermischen Systems. λ_{eff} kann demnach aus der Steigung k_T [K] der mittleren Sondenfluidtemperatur über der logarithmische Zeit berechnet werden.

$$\lambda_{eff} = \frac{\dot{Q}}{H\,4\,\pi}\frac{\ln(t_2) - \ln(t_1)}{T_m(t_2) - T_m(t_1)} = \frac{\dot{Q}}{H\,4\,\pi\,k_T} \qquad (19)$$

Die Näherungslösung für λ_{eff} nach Gl. (19) gilt nur bei konstanter Heizleistung und konstanter Ausgangstemperatur für einen unendlichen, homogenen und isotropen Untergrund sowie unter der Annahme, die Erdwärmesonde sei unendlich lang ($H \to \infty$), ihr Radius vernachlässigbar klein ($r_b \to 0$) und die Wärmeleitfähigkeit der Sonde unendlich groß ($\lambda_{Sonde} \to \infty$).

Für die Auswertung der Änderung der mittleren Sondenfluidtemperatur über die Linienquellentheorie muss ein stationärer Zustand vorliegen, sodass sich eine Regressionsgerade mit hohem Bestimmtheitsmaß ermitteln lässt. Eine annähernd konstante Temperatursteigung ist nach (Eklöf und Gehlin 1996) für Zeiten

$$t \geq \frac{5\,r^2}{a} \qquad (20)$$

erreicht.

Es ergibt sich eine über die gesamte Erdwärmesondenlänge H gemittelte Wärmeleitfähigkeit λ_{eff} des geothermischen Systems bestehend aus Erdwärmesonde, Ringraumfüllung und umgebendem Untergrund.

3 Ermittlung geothermischer Kennwerte

Für die Dimensionierung größerer geothermischer Systeme ist die rechnerische Analyse des geothermischen Wärmetransportes und somit die Kenntnis der vorliegenden geothermischen Kennwerte, insbesondere der Wärmeleitfähigkeit essenziell.

Zur Ermittlung geothermischer Kennwerte kommen verschiedene Labor- und Feldversuche zum Einsatz. Als gängige Laborversuche zur Ermittlung der Wärmeleitfähigkeit gelten unter anderem Messgeräte nach dem Prinzip der instationären Voll- und Halbraum-Linienquelle (Hooper und Lepper 1950), des Optical-Scannings (Popov et al. 1999), und der Laserflash-Methode (Parker 1961). Zusammenfassende Erläuterungen zur Ermittlung geothermischer Kennwerte können (Farouki 1986) entnommen werden.

Als gängige Feldversuche zur Ermittlung der effektiven Wärmeleitfähigkeit eines geothermischen Systems in-situ gelten Geothermal Response Tests (GRT) und Enhanced Geothermal Response Tests (EGRT).

Bei einem Geothermal Response Test wird auf das zirkulierende Wärmeträgerfluid in einer Erdwärmesonde eine konstante Heizleistung eingebracht. Die resultierende Temperaturänderung wird über die Sondenwandung und die Ringraumfüllung an den umgebenden Untergrund abgegeben. Die effektive Wärmeleitfähigkeit des geothermischen Systems kann über den zeitlichen Verlauf der gemessenen Fluideintritts- und -austritts-temperatur ermittelt werden.

Als Erweiterung des Geothermal Response Tests gilt der Enhanced Geothermal Response Test (EGRT), bei dem die Ermittlung der effektiven Wärmeleitfähigkeit von geothermischen Systemen nach dem Messprinzip der faseroptischen Temperaturmessung (distributed temperature sensing, DTS) erfolgt. Vorteil eines EGRTs gegenüber einem GRT ist die tiefenbezogene Ermittlung der Temperatur und somit der tiefenbezogenen effektiven Wärmeleitfähigkeit (Abb. 3).

Bei einem Enhanced Geothermal Response Test wird ein Hybridkabel bestehend aus einem Glasfaserkabel und einem Kupferdraht in einem Bohrloch oder einer ausgebauten Erdwärmesonde installiert. Über den Kupferdraht kann eine konstante Heizleistung eingebracht werden, während die zeitliche Änderung der Temperatur im Glasfaserkabel über die Tiefe gemessen wird.

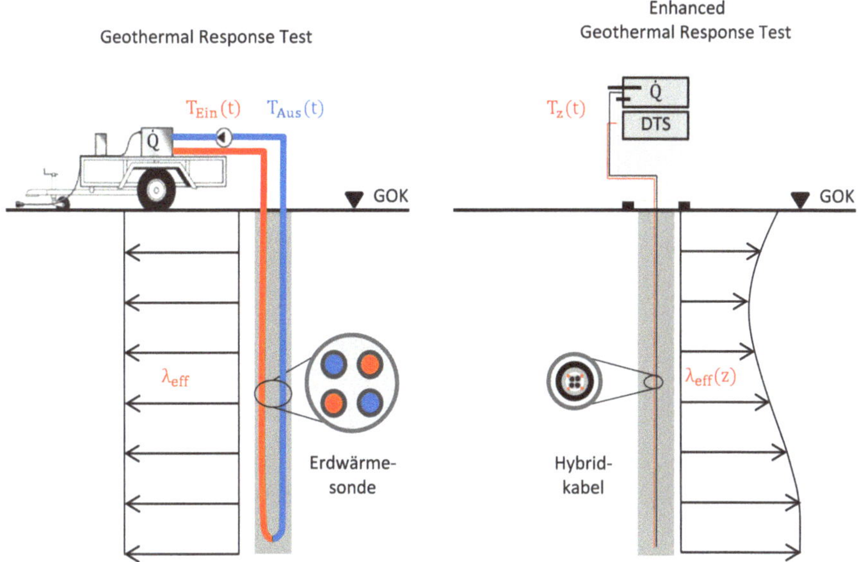

Abb. 3 Schematischer Systemvergleich zwischen GRT und EGRT. (Huber 2013)

Hierfür wird ein Lichtimpuls in die Glasfaser gesendet. Durch Brechung des Lichts wird permanent ein Teil des ausgesandten Impulses zur Quelle zurückgestreut. Dabei wird unterschieden zwischen der elastischen Rayleigh-Streuung, die durch die Brechung an der Glas-faserwand verursacht wird, und der inelastischen Raman-Streuung, verursacht durch Brechung an Phononen. Phononen sind Quasiteilchen zur quantenmechanischen Beschreibung von Gitterschwingungen von Atomen. Bei der Brechung an Phononen kommt es mit geringer Wahrscheinlichkeit zu einem bleibenden Energieübertrag zwischen den Elektronen des thermisch angeregten Atoms und den Photonen des Lichts. Nach diesem Energieübertrag besitzt die einfallende Raman-Streuung entweder eine höhere oder niedrigere Frequenz als die des emittierten Impulses und lässt sich in Stokes-Raman-Streuung und Anti-Stokes-Raman-Streuung unterteilen.

Im Gegensatz zur Stokes-Raman-Streuung I_{SR} zeigt die Intensität der Anti-Stokes-Raman-Streuung I_A eine deutliche Abhängigkeit zur Temperatur des Brechungspunktes auf (Abb. 4). Durch eine Frequenzanalyse lässt sich das Intensitätsverhältnis von Stokes-Raman-Streuung zu Anti-Stokes-Raman-Streuung und somit die relative Temperatur am Brechungspunkt ermitteln. Über den Vergleich der relativen Temperatur mit einem Referenzwert, der beispielsweise über ein Widerstandsthermometer bestimmt werden kann, kann die absolute Temperatur abgeleitet werden.

Die Lokation des Brechungspunktes wird über die optische Zeitbereichsreflektometrie bestimmt (optical time domain reflection, OTDR). Die Intensität der einfallenden Streuung nimmt mit der Zeit exponentiell aufgrund gleichförmiger Verluste innerhalb der Glasfaser ab. Über die Messung der Intensität kann bei bekannter Geschwindigkeit des Lichts die Lokation des Brechungspunktes berechnet werden (Barnoski und Jensen 1976). Abschließend kann über die tiefenabhängige zeitliche Änderung der Temperatur mittels Quellentheorie die effektive Wärmeleitfähigkeit über die Tiefe berechnet werden.

4 Systeme und Technologien der oberflächennahen Geothermie

Die Anzahl der installierten oberflächennahen geothermischen Anlagen in Deutschland liegt bei derzeit etwa 470.000 Stück. Pro Jahr werden mit Stand 2023 etwa 26.000 weitere Anlagen errichtet.

Wie bereits ausgeführt stehen zur Nutzung des geothermischen Energiepotenzials verschiedene

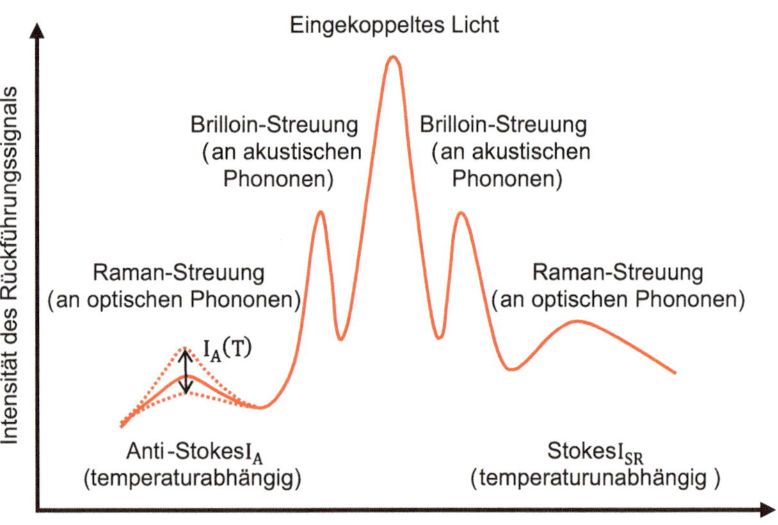

Abb. 4 Qualitatives Streuungsspektrum des Lichts. (Huber 2013)

Systeme und Technologien zur Verfügung. Generell kann bei geothermischen Systemen unterschieden werden zwischen Technischer Gebäudeausrüstung (TGA) und Technischer Baugrundausrüstung.

Die Technische Gebäudeausrüstung beinhaltet sämtliche Anlagenkomponenten oberhalb der Erdoberfläche und somit im Zusammenhang mit Geothermie vorrangig Systeme wie Wärmepumpen und Flächenheizungen. Auf diese Systeme wird im Weiteren nicht eingegangen. Umfassende Angaben hierzu können (VBI 2012; Kaltschmitt et al. 1999) entnommen werden.

Die Technische Baugrundausrüstung beinhaltet sämtliche Anlagenkomponenten unterhalb der Erdoberfläche. Diese werden unterschieden in offene und geschlossene Systeme und nachfolgend zusammenfassend vorgestellt.

Geschlossene Systeme oberflächennaher Geothermie

In geschlossenen geothermischen Systemen werden abgesehen von thermischer Energie während des Betriebs keinerlei Stoffe in den Untergrund eingebracht oder entnommen, was die Genehmigungsfähigkeit von geschlossenen Systemen gegenüber offenen Systemen begünstigt. Als geschlossene geothermische Systeme kommen Erdwärmesonden, erdberührte Betonbauteile und Erdwärmekollektoren zum Einsatz.

Erdwärmesonden

Erdwärmesonden sind die am häufigsten eingesetzte Form der technischen Baugrundausrüstung der oberflächennahen Geothermie und werden in der Regel als vertikal im Untergrund verbrachte Wärmetauscher hergestellt. In Abhängigkeit der anstehenden geologischen und hydrogeologischen Verhältnisse sowie der erforderlichen Entzugsleistung können Erdwärmesonden einzeln oder im Zusammenschluss von mehreren Erdwärmesonden als Erdwärmesondenfeld dimensioniert werden.

Innerhalb einer Erdwärmesonde zirkuliert ein Wärmeträgerfluid (Wasser oder ein Wasser-Frostschutzmittel-Gemisch) in einem geschlossenen Kreislauf meist in Rohren aus HDPE. Das Wärmeträgerfluid wird hierbei mittels einer Pumpe zirkuliert. Der Kreislauf kann in verschiedenen geometrischen Anordnungen erfolgen, so zum Beispiel als Einfach-U-Sonde, als Doppel-U-Sonde oder als Koaxialsonde, siehe hierzu (VDI-4640-4 2004).

Eine Sonderform der Erdwärmesonden sind solche mit Phasenwechsel des Wärmeträgerfluids. Vorteil dieser Sonderform ist der Verzicht der Zirkulationspumpe und somit die Ersparnis der erforderlichen Fremdenergie. Hierbei wird anstelle von Wasser oder einem Wasser-Frostschutzmittel-Gemisch als Wärmeträgerflüssigkeit Kohlendioxyd, Propan oder Ammoniak als Energieträger eingesetzt. Der Energieentzug aus dem

Untergrund erfolgt über Verdampfung des eingesetzten Energieträgers. Zur Begünstigung des Verdampfungsprozesses werden anstelle von HDPE-Rohren Stahl- oder Kupferrohre verwendet. Der verdampfte Energieträger steigt dabei aus eigener Kraft an den Sondenkopf, wo dessen Energie an einen Sekundärträger übergeben wird. Nach Abkühlung des Energieträgers fällt dieser mit Hilfe der Schwerkraft erneut an das Sondentiefste.

Beispiele von in Betrieb befindlichen Erdwärmesondenanlagen sind das Henninger Turm Areal in Frankfurt (382 Erdwärmesonden á 100 m, ca. 600 kW), die Unternehmenszentrale der Deutschen Flugsicherung in Langen (154 Erdwärmesonden á 70 m) (Sanner et al. 2006) und die Uni-Bibliothek in Rostock (28 Erdwärmesonden á 80 m, ca. 102 kW Heizleistung) (Sanner et al. 2006).

Typische Wärmeentzugsleistungen von Erdwärmesonden mit Zirkulationspumpen oder solchen mit Phasenwechsel werden mit etwa 20 W/m bis 80 W/m angegeben. Weiterführende Informationen können (VBI 2012) und VDI-4640-2 (2001) entnommen werden.

Erdberührte Betonbauteile

Auch erdberührte Betonbauteile können als Form der technischen Baugrundausrüstung angewendet werden. Hierbei werden Wärmetauscherrohre meist aus HDPE in statisch ohnehin erforderlichen Betonbauteilen U-förmig oder flächig verlegt. Gängige Systeme, die als erdberührte Betonbauteile fungieren können, sind Gründungspfähle, Schlitzwände, Fundamentplatten oder Tunnelröhren. Innerhalb der Wärmetauscherrohre zirkuliert unter Unterstützung einer Pumpe ein Wärmeträgerfluid in einem geschlossenen Kreislauf vergleichbar mit dem beschriebenen System der Erdwärmesonden.

Projektbeispiele mit erdberührten Betonbauteilen sind die Europäische Zentralbank in Frankfurt (97 thermisch aktivierte Ortbetonpfähle bis 37 m) oder das Businesscenter Stadthafen Rostock (266 thermisch aktivierte Stahlbeton-Fertigpfähle á 19 m, Entzugsleistung ca. 200 kW).

Typische Wärmeentzugsleistungen von erdberührten Betonbauteilen werden mit etwa 20 W/m^2 bis 100 W/m^2 angegeben. Weiterführende Informationen können (VBI 2012) und VDI-4640-2 (2001) entnommen werden.

Erdwärmekollektoren

Eine weitere Form der technischen Baugrundausrüstung der oberflächennahen Geothermie sind Erdwärmekollektoren. Hierbei werden Wärmetauscherrohre meist aus HDPE horizontal im Erdreich in einer Tiefe von etwa 1,0 m bis 1,5 m unter Geländeoberfläche verlegt. Je nach Verlegeart wird hierbei zwischen Flächen-, Spiral- und Grabenkollektoren unterschieden.

Erdwärmekollektoren nutzen vorrangig den Wärmeeintrag aus direkter oder indirekter Sonnenenergie in Form von Strahlung oder Regen. Entsprechend sollten die mit Erdwärmekollektoren genutzten Flächen für eine effiziente Nutzung nicht überbaut oder beschattet sein.

Typische Wärmeentzugsleistungen von Erdwärmekollektoren werden mit etwa 10 W/m^2 bis 40 W/m^2 angegeben. Weiterführende Informationen können (VBI 2012) entnommen werden.

Offene Systeme oberflächennaher Geothermie

Im Gegensatz zu geschlossenen geothermischen Systemen, die, wie beschrieben, dem Boden während des Betriebs ausschließlich Energie entziehen, entnehmen offene geothermische Systeme auch Materie aus dem anstehenden Untergrund.

Hierbei wird Grundwasser mittels Förderbrunnen aus einem vorliegenden Aquifer entnommen. Die enthaltene Wärmeenergie wird dem Grundwasser entzogen und das abgekühlte Wasser anschließend dem Aquifer über Schluckbrunnen erneut zugeführt. Die Kombination aus Förder- und Schluckbrunnen wird als Dublette bezeichnet.

Neben einer ausschließlichen Energieentnahme kann auch überschüssige Wärmeenergie der Gebäudekühlung einem Aquifer zugeführt werden. Bei geringen Strömungsgeschwindigkeiten kann der anstehende Bodenkörper auch als saisonaler Wärmespeicher fungieren, in dem zugeführte Wärme- oder Kälteenergie saisonal gespeichert und später genutzt wird.

Die hydrogeologischen Verhältnisse (Durchlässigkeit, Ergiebigkeit) des Aquifers sind maßgebend für die Dimensionierung von offenen geothermischen Systemen. Der vorliegende Grundwasserchemismus ist entscheidend für dic

Langlebigkeit des Systems. Die Grundwasser- und Energieentnahme, die Veränderung der vorliegenden Grundwassertemperatur und des anstehenden Grundwasserchemismus sowie die mögliche Lage in Trinkwasser- oder Heilquellenschutzgebieten sind maßgebend für die Genehmigungsfähigkeit offener geothermischer Systeme.

Projektbeispiele offener geothermischer Systeme sind das Reichstagsgebäude, Berlin (Aquiferspeicherung, 10 Brunnen je 60 m) (Kranz et al. 2008) und das Hochhaus WestendDuo in Frankfurt (Aquiferspeicherung, 2 Brunnen je 140 m) (Sanner et al. 2006).

Die Aquiferspeicherung des Reichstagsgebäudes und dessen Nachbargebäude in Berlin erfolgt als Wärme- wie auch Kältespeicherung. Hierzu wird das Grundwasser in unterschiedlichen Grundwasserstockwerken als saisonaler Wärme- und Kältespeicher genutzt. Zehn Brunnen mit einer Tiefe von je 60 m sind dabei in zwei Feldern zu je fünf Brunnen mit einem Abstand von etwa 300 m zueinander angeordnet. Sie nutzen im Sommer die niedrige Umgebungstemperatur des oberflächennahen Grundwasserstockwerks zur Gebäudekühlung mit einer Zirkulationsrate von bis zu 300 m^2/h.

Eine Dublettenbohrung mit einer Tiefe von 320 m nutzt ergänzend den tieferliegenden Aquifer als Wärmespeicher. Im Sommer erfolgt hierbei die Beladung des Aquiferspeichers mit maximal 70 °C und einen maximalen Zirkulationsrate von 100 m^3/h. Die eingespeiste Wärmeenergie kann im Winter durch Umkehrung des Systems zur Gebäudetemperierung genutzt werden.

5 Dimensionierung von geothermischen Systemen

Wie ausgeführt, werden bei der Dimensionierung kleinerer geothermischer Systeme bis zu einer installierten Leistung von 30 kW die unbekannten geothermischen Parameter des Untergrunds über Erfahrungswerte z. B. nach (VDI-4640-1 2010) abgeschätzt.

Sowohl bei der Erkundung des Untergrundes über Feld- und Laborversuche als auch bei der numerischen Modellierung wird der Untergrund üblicherweise nicht als Mehrphasenmedium abgebildet, sondern als Einphasenmedium vereinfacht. Die Wärmetransportmechanismen der einzelnen Phasen werden nicht unabhängig voneinander erfasst, sondern zu effektiven (oder scheinbaren) Werten wie der effektiven Wärmeleitfähigkeit zusammengefasst. Gerade für grundwasserdurchströmte geothermische Systeme sind die Berücksichtigung der einzelnen Wärmetransportmechanismen der flüssigen Phase, (der Gasphase) und der festen Phase sowie deren Wechselwirkungen für zuverlässige Berechnungsergebnisse von großer Bedeutung (Huber et al. 2014).

Mit zunehmender Darcy-Geschwindigkeit nimmt die effektive Wärmeleitfähigkeit deutlich zu. Bereits ab Darcy-Geschwindigkeiten von 0,2 m d^{-1} ist der Grundwassereinfluss auf die effektive Wärmeleitfähigkeit deutlich zu erkennen (Huber und Arslan 2012, 2014; Arslan und Huber 2013; Albers et al. 2024).

Bei der Abschätzung von Wärmeleitfähigkeiten über Tabellenwerke wird nach aktuellem Stand der Technik der Einfluss der Grundwasserfließgeschwindigkeit nicht berücksichtigt (VDI-4640-1 2010).

Durch eine Erweiterung der aktuellen Tabellenwerke auf Grundlage experimenteller und numerischer Untersuchungen (Huber und Arslan 2013) können Empfehlungen für Wärmeleit-fähigkeiten in Abhängigkeit der Grundwasserfließgeschwindigkeit gegeben werden. Somit ist es bei der Anwendung in der Ingenieurpraxis möglich, nicht nur zwischen Wärmeleitfähigkeiten für trockenen, feuchten oder wassergesättigten Sand zu differenzieren, sondern auch effektive Wärmeleitfähigkeiten schwach wasserführender, wasserführender und stark wasserführender Sande zu unterscheiden. Dabei können die in einem möglichen Projektgebiet vorliegenden Filtergeschwindigkeiten über hydrogeologische Karten abgeschätzt werden.

Die Wärmeleitfähigkeiten können demnach für einen schwach wasserführenden Sand mit 2,0 W m^{-1} K^{-1} bis 3,75 W m^{-1} K^{-1} (empfohlener Rechenwert 2,7 W m^{-1} K^{-1}), für einen wasserführenden Sand mit 2,5 W m^{-1} K^{-1} bis

Tab. 2 Empfehlungen für effektive Wärmeleitfähigkeiten von wasserführenden Sanden

	Gesteinstyp	Filtergeschwindigkeit v [m d^{-1}]	Wärmeleitfähigkeit λ Bandbreite [W m^{-1} K^{-1}]	Wärmeleitfähigkeit λ empfohlener Rechenwert [W m^{-1} K^{-1}]	Bemerkung
Lockergesteine	Sand, trocken	–	0,3–0,9	0,4	(VDI-4640-1 2010)
	Sand, feucht	–	1,0–1,9	1,4	(VDI-4640-1 2010)
	Sand, wassergesättigt	(keine Angaben)	2,0–3,0	2,4	(VDI-4640-1 2010)
	Sand, schwach wasserführend	0–0,3	2,0–3,75	2,7	Steigerung: 0–25 %
	Sand, wasserführend	0,3–0,6	2,5–4,5	3,3	Steigerung: 25–50 %
	Sand, stark wasserführend	0,6–1,0	3,2–6,0	4,2	Steigerung: 50–100 %

4,5 W m^{-1} K^{-1} (empfohlener Rechenwert 3,3 W m^{-1} K^{-1}) und für einen stark wasserführenden Sand mit 3,2 W m^{-1} K^{-1} bis 6,0 W m^{-1} K^{-1} (empfohlener Rechenwert 4,2 W m^{-1} K^{-1}) angegeben werden (Tab. 2), siehe auch (Huber und Arslan 2015).

Erklärung zu konkurrierenden Interessen Der/die Autor(en) hat/haben keine Interessenkonflikte zu erklären, die für den Inhalt dieses Manuskripts relevant sind.

Literatur

Albers A, Steger H, Zorn R, Blum P (2024) Evaluating an enhanced thermal response test (ETRT) with high groundwater flow. Geotherm Energy 12(1):1. https://doi.org/10.1186/s40517-023-00278-y

Arslan U, Huber H (2010) Application of deep geothermics – geothermal power plants. Renewable Energy 2010 Japan, 27.06–02.07.2010

Arslan U, Huber H (2013) Untersuchungen zum Wärmetransportverhalten oberflächennaher durchströmter Böden, Ernst & Sohn. Bautechnik 90(9):580–584. https://doi.org/10.1002/bate.201300044

Barnoski MK, Jensen SM (1976) Fiber waveguides: a novel technique for investigating attenuation characteristics. Appl Opt 15(9):2112–2115

Bear J (1972) Dynamics of fluids in porous media. Elsevier, New York

Birch F, Clark H (1940) The thermal conductivity of rocks and its dependence upon temperature and composition; part I + II. Am J Sci 238(9):529–558; 613–635

Carslaw HS, Jaeger JC (1959) Conduction of heat in solids. Clarendon Press, London

Diao N, Li Q, Fang Z (2004) Heat transfer in ground heat exchangers with groundwater advection. Int J Therm Sci 43(12):1203–1211

Eklöf C, Gehlin S (1996) TED – a mobile equipment for thermal response test. MSc Thesis, Lulea University of Technology, S 62

Farouki O (1986) Thermal properties of soils. Trans Tech 136:11

Häfner F (1992) Wärme- und Stofftransport. Springer, Berlin

Hähnlein S, Molina-Giraldo N, Blum P, Bayer P, Grathwohl P (2010) Ausbreitung von Kältefahnen im Grundwasser bei Erdwärmesonden. Grundwasser 15(2):123–133

Hashin Z, Shtrikman S (1962) A variational approach to the theory of the effective magnetic permeability of multiphase materials. J Appl Phys 33(10):3125–3131

Hooper FC, Lepper FR (1950) Transient heat flow apparatus for determination of thermal conductivity. Heat Pip Air Condition 22(8):129–134

Huber H (2013) Experimentelle und numerische Untersuchungen zum Wärmetransportverhalten oberflächennaher, durchströmter Böden [Dissertation]. Technical University of Darmstadt, Darmstadt

Huber H, Arslan U (2012) Characterization of heat transport processes in geothermal systems. In: Proceedings SET: suistanable energy technologies, 02.–05.09.2012, Vancouver

Huber H, Arslan U (2013) Characterization of heat transport processes in geothermal systems. Int J Low Carbon Technol 2013. https://doi.org/10.1093/ijlct/ctt014

Huber H, Arslan U (2014) Untersuchungen zum Wärmetransportverhalten oberflächennaher durchströmter Böden, Ernst & Sohn Special 2014. Geotherm Bohr Brunnentech A61029:24

Huber H, Arslan U (2015) The influence of the darcy velocity of groundwater flow on the effective thermal conductivity. In: Proceedings world geothermal congress 2015 Melbourne, 19.–25.04.2015

Huber H, Arslan U, Sass I (2014) Zum Einfluss der Filtergeschwindigkeit des Grundwassers auf die effektive Wärmeleitfähigkeit. Grundwasser 19(3):173–179. https://doi.org/10.1007/s00767-014-0263-7

Ingersoll LR, Plass HJ (1948) Theory of the ground heat pipe heat source for the heatpump. Transactions of the American Society of Heating and Ventilating Engineers 54:119–122

Kaltschmitt M, Huenges E, Wolff H (1999) Energie aus Erdwärme. Verlag für Grundstoffindustrie, Stuttgart

Kranz S, Bartels J, Gehrke D, Hoffmann F, Wolfgramm M (2008) Wärme- und Kältespeicherung in Aquiferen. – bbr – Fachmagazin für Brunnen- und Leitungsbau 59(7/8):34–43

Marsily G de (1986) Quantitative hydrogeology: groundwater hydrology for engineers. Academic Press, Orlando

Mogensen P (1983) Fluid to duct wall heat transfer in duct system heat storages. In: Proceedings international conference on subsurface heat storage in theory and practice. Stockholm, S 652–657

Parker W (1961) Flash method of determining thermal diffusivity, heat capacity, and thermal conductivity. J Appl Phys 32(9):1679

Popov YA, Pribnow DFC, Sass JH, Williams CF, Burkhardt H (1999) Characterization of rock thermal conductivity by high-resolution optical scanning. Geothermics 28(2):253–276

Sanner B, Mands E, Sauer M (2006) Beispiele größerer erdgekoppelter Wärmepumpenanlagen in Deutschland (Teil 2), bbr Leitungsbau, Brunnenbau Geothermie 2/2006

Sass JH, Lachenbruch AH, Munroe RJ (1971) Thermal conductivity of rocks from measurements on fragments and its application to heat-flow determinations. J Geophys Res 76(14):3391–3401

Scheidegger AE (1957) On the Theory of Flow Phases in Porous Media. Proceedings IUGG General Assembly

VDI-4640-1 (2010) Thermische Nutzung des Untergrunds – Grundlagen, Genehmigungen, Umweltaspekte. Beuth, Berlin

VDI-4640-2 (2001) Thermische Nutzung des Untergrunds – Erdkoppelte Wärmepunpenanalgen. Beuth, Berlin

VDI-4640-4 (2004) Thermische Nutzung des Untergrunds – Direkte Nutzungen. Beuth, Berlin

Verband Beratender Ingenieure (2012) VBI-Leitfaden Oberflächennahe Geothermie. VBI, Berlin

Vries DA de (1952) A nonstationary method for determining thermal conductivity of soil in situ. Soil Sci 73(2):83–90

Woodside W, Messmer JH (1961) Thermal conductivity of porous media. II. Consolidated rocks. J Appl Phys 32(9):1699–1706

Stichwortverzeichnis

A
Abfallklassifizierung 306
Abfallmechanik 305
Abschöpfformel 292
Abstrahlungsdämpfung 72
Abtrieb 17
adsorbiertes Wasser 3
Advektion 288
Aktivitätszahl 6
Altablagerung 278, 293
Altlast 279, 293
  Sanierung (*siehe* Sanierung)
  Überwachung 285
Altlastenerkundung 293
Altstandort 279, 293
Anti-Stokes-Raman-Streuung 333
Aquifer 335
Asphaltbauweise 311
Atterberg'sche Zustandsgrenze 5–7
Aufbruchsicherheit 196
Auflast
  flächenhafte 34–39
Aufschluss 86
  direkter 88
  indirekter 89
Auftrieb 17, 19, 37, 55
Ausbläsersicherheit 174, 196
Ausbreitungsmedium 279
Ausnutzungsgrad 52, 53
Ausrollgrenze 5
axialbelasteter Pfahl 127, 129, 134

B
Barriere
  technische 284
Basisabdichtung 301
Baugrube 107, 146–148, 151, 152, 156–158, 161–163, 262, 269
Baugrund 1, 9, 14, 16, 19, 26, 32–39, 55, 264
  Steifemodul 255
Baugrundausrüstung
  technische 334
Baugrunderkundung 83, 264
Baugrundmodell
  digitales 204, 205
Baugrundrisiko 84
Baugrundschicht
  obere, Steifigkeit 262
Baugrund-Tragwerk-Interaktion 254, 255
  Modellierungsstufe 256
Baugrundverbesserung 107, 109, 113, 117
Baugrundverformung 258
Baugrundverhältnisse 83
Baugrundverschiebung 258
Bauweise
  grundwasserschonende 158
Bauwerk 254
bedingt-steuerbare Verfahren 215, 226
Belastung
  harmonische 78
  seismische 60
  transiente 61
bemanntes Verfahren 209
Bemessungswert 98, 118–122, 162
Bentonitsuspension 175, 176, 178, 191, 212, 227
Beobachtungsmethode 206, 207, 242
  geotechnische 263
Berechnung
  numerische 259, 262
Beschränkungsmaßnahme 284
Betonbauteil
  erdberührtes 335
Bettungsmodul 123, 136, 137
Bettungsmodulverfahren 258
Bewehrung 113, 117, 124, 126, 153, 155, 164, 165
Beweissicherung 242
Bioremediation 303
Blindschild 180, 182
Boden 87, 254, 330
  Deformation 254
  gesättigter 330
  als mehrphasiges Medium 9–18
  Scherbelastung 254
  Seitendruck 254
Bodenaustausch 107, 108, 117

U. Arslan (Hrsg.), *Geotechnik*, Handbuch für Bauingenieure,
https://doi.org/10.1007/978-3-658-29496-0

Bodeneigenschaft
  hydromechanische 293
Bodenentnahmeverfahren 215, 216, 220
Bodenkennwert 98
dynamischer 74
Bodenkonditionierung 184, 185
Bodenluftabsaugung 303
Bodenluftprobe 297
Bodenmechanik 1, 2, 18, 42, 43, 278
Bodenparameter
  äquivalent-lineare 67
Bodenphysik 2–9
Bodenprobe 3, 5, 8, 21, 28, 44, 88
Bodenseparation 191
Bodenteilchen 2–5, 7, 13
Bodenverdrängungsverfahren 215, 216, 227
Bodenvereisung 113, 116, 155
Bodenvernagelung 117, 155, 156, 165
Bodenverunreinigung 280
Bodenwäsche 301
Bohrlochwiderstand 328, 331
Bohrpfahl 123, 124, 131, 132, 152, 162
  flüssigkeitsgestützter 124, 152
  verrohrter 124, 132, 152
Bohrpfahlwände 152, 156, 163
Bohrung 296
Bohrverfahren 88
Brecher 180
Bruchkörpermodell 195
Building Information Management 208
Bundes-Bodenschutzgesetz 278
Businesscenter Stadthafen Rostock 335

C
Chart- und Dashboard-Visualisierung 204
Compaction Grouting 113, 115
Cone Penetration Test 90
Controllingregelkreis 207
Cross-hole-Messung 76
Culmann 139, 141

D
Dämpfung
  kritische 62
Dämpfungskonstante 61
Dämpfungskraft 62
Dämpfungsverhältnis 64
Darcy-Geschwindigkeit 336
Dashboard-Visualisierung 204
Datenbank 202–204, 206, 208
Datenmanagement 201
Deckelbauweise 262
  Beobachtungsmethode 268
Dekontamination 301
Dekrement
  logarithmisches 77
Deponie 306
  Funktionsfähigkeit 319
  Grundbruchsicherheit 321
  Kontrolleinrichtung 318
  Qualitätssicherung 316
  Sackung 307
  Setzung 307
  Setzungsberechnung 321
  Standsicherheit 319, 321
Deponieabdichtung 308
  Beanspruchung 309
Deponiebasis 320
Deponiebau 305
Deponiegasfassung 315
Deponiesickerwasser 314
Dichtwand
  vertikale 299
Dickstoffpumpe 182
diffuse Wasserhülle 3
Diffusion 288
Diffusionskoeffizient
  molekularer 289
digitales Baugrundmodell 204, 205
Digitalisierung 200
Directional Drilling 226, 227, 230
direkter Aufschluss 88
Dispersion 73, 289, 329
  thermische 329
Dispersionskoeffizient 329
Dispersionsmodell 331
Dispersivität
  longitudinale 329
  transversale 329
Down-hole-Messung 76
Druckhöhe 14
Druckluftstützung 174, 178, 196, 198, 200
Druckluftverordnung 174
Drucksondierung 90
Dublettenbohrung 336
Durchlässigkeit 2, 20, 21, 22, 25, 43
Durchlässigkeitsbeiwert 20, 22
Durchströmung
  von Fels 22
  schichtnormale 22
  schichtparallele 22
Düsenstrahlsohle 159
Düsenstrahlverfahren 107, 113, 115, 116, 155, 159
Dynamic Probing 90
dynamische Intensivverdichtung 110

E
Ebene
  gebrochene Gleitfläche 52–54
Eigenfrequenz 61
Eigenkreisfrequenz 61
  gedämpfte 62
Eigenperiode 61
Einkapselung 299

Einmassenschwinger 61
Einphasenmedium 336
Einphasenverfahren 115, 154
Eintrag 280
Einzellast 32
Elastizitätsmodul 32, 33
Elementwand 155
Energie
geothermische 325
Energieanteil der Wellentypen 72
Energiedissipation im Boden 65
Energieerhaltungssatz 327
Energiepotenzial
geothermisches 333
Enhanced Geothermal Response Test 332
Erdbeben 60
Erddamm 77
Erddruck 45–52
Erddruckansatz 159
Erddruckbeiwert 48, 51
Erddruckresultierende 195, 196
Erddruckschild 180, 181, 184, 185
Erddrucktheorie
von Coulomb 46
von Rankine 48
Erdkörper 1, 2, 16, 46, 52
Erdverdrängungshammer 215–218, 221, 222
Erdwärmekollektor 335
Erdwärmesonde 334
Wärmeentzugsleistung 335
Erdwärmesondenlänge 332
Erdwiderstand 47, 50
Erfahrungswert 131, 133–135, 137
Erkundungstiefe 89
Erosion 310
Erstbelastung 28
Europäische Zentralbank 335
Exposition 280
Extensometer 251
Extrudierbeton 186, 190

F
Federsteifigkeit
dimensionslose 79
dynamische 78
Felduntersuchung 296
Fels 1, 87
Durchströmung 22
Felsmechanik 22, 278
Festgestein (Fels) 1
Festigkeitseigenschaften der Böden 42–45
Festigkeitshypothese 42, 43
Filtergeschwindigkeit 18, 20, 23, 24, 31, 287
Filterströmung 10, 18, 19, 22–24
Finite-Elemente-Methode 259
Flächengründung 117, 121–123, 135
flächenhafte Auflast 34–39
Flächenrecycling 280
Flachgründung 260
Beobachtungsmethode 266
Fließgrenze 5, 6
Flügelsondierung 93
flüssigkeitsgestützter Bohrpfahl 124, 152
Flüssigkeitsschild 175
Four-Projekt 268, 271
Fourier-Analyse 61
Fourier-Zahl 330
Frequenz
dimensionslose 79
Frequenzverhältnis 64
Fugenausbildung 187, 188
Fundamente 117, 118, 120–123, 129, 130
Funnel-and-Gate-System 304
Fußauflager 156, 161
Fußpunkterregung
harmonische 63
transiente 64
Fußwiderstand
Spitzendruck 123, 126–128, 131–133, 140, 162, 164
Fuzzy Logik 207

G
Gaußscher Integralsatz 328
Gebäudeausrüstung
technische 334
Gebäudetemperierung 325
Gebrauchstauglichkeit 117, 118, 120, 122, 130, 133–135
Gefährdungsabschätzung 281, 285, 298
nutzungsabhängige 298
Gefährdungspotenzial 281
Gefahrenverdacht 281
gekrümmte Gleitfläche 51
Geographisches Informationssystem 204
Geokunststoff-Ton-Dichtung 311
geophysikalisches Verfahren 93
Geotechnik 256, 264, 278
geotechnische Kategorie 84
Geotextilien 313
Geothermal Response Test 332
Geothermie
Kennwerte 327
oberflächennahe 325, 333
geothermisches System 326, 332
Dimensionierung 336
geschlossenes 334
oberflächennahes 329
offenes 335
Gesamtwärmetransport 329
Gesetz
von Darcy 20, 286
von Snell 73
von Stefan-Boltzmann 329
gewellter Schnitt 16
GIS (Geographisches Informationssystem) 204
Glas-Sandwich-Dichtung
integrierte 311

Gleichgewicht
thermisches, lokales 331
Gleitfläche
gebrochene 52–54
gekrümmte 51
Grabenverbau 148, 149
Gradient
geothermischer 325
Granulometrie 7, 9
Gravitationswasser 15
Grenzfrequenz 73
Grenztiefe 37
Grenzwert
rechtsverbindlicher 298
Grenzzustand im Boden 41
Grobsiebmaschine 193
Größen
totale 10
Grundbruch 20, 55, 56, 108, 117, 119, 121, 142, 143, 145, 157
Grundbruchformel 55
Grundbruchlast 55
Gründung
Messprogramm 272
numerisches Modell 272
Gründungsbauteil 259
Gründungsplatte 262
Grundwasser 14–17, 19, 20, 25, 26, 335
Grundwasserfließgeschwindigkeit 336
Grundwasserprobe 297
grundwasserschonende Bauweise 158
Grundwasserspiegel 13, 16, 23, 87
Grundwasserverhältnisse 87
Gruppenparameter 281
GUM (Guide to the Expression of Uncertainty in Measurement) 247

H

Haftwasser 15
Halbraum
geschichteter 72
Hammerbohrung 216, 225
Hauptpressstation 211, 230, 231
Heizleistung 331
Henninger-Turm-Areal 335
Hintergrundwert 281
Hochhaus WestendDuo in Frankfurt 336
Homogenbereich 101
Horizontalbelastung 136–138
Horizontalbohrgerät 209
Horizontalramme/ - presse
mit geschlossenem Rohr 216, 218
Horizontalramme /-presse
mit offenem Rohr 222
Hydrojetschild 175, 178
Hydroschild 175, 176, 178
Hydrozyklon 193, 194
Hystereseeffekt 254

I

Immission 282
indirekter Aufschluss 89
Initialsetzung 30
Injektionsmittel 114, 115
Injektionssohle 159
Inklinometer 251
In-situ-Verfahren 282
Intensivverdichtung
dynamische 110
Isochrone 31

K

Kapillardruck 12, 18
Kapillardruck-Sättigungs-Beziehung 291
kapillare Steighöhe 11, 12
Kapillar Hysterese 12
Kapillarität 10, 11
Kapillarkohäsion 12, 13
Kapillarsperre 312
Kapillarwasser 14, 15
Kapillarzug 18
Kataster 282
Kategorie
geotechnische 84
Kelvinsche Linienquellentheorie 331
Kelvin-Voigt-Körper 67
Kennwert
geothermischer 332
kennzeichnender Punkt 37
Key Performance Indicators 203
Klassifizierung 85, 87
Kohäsion 12, 43, 47, 52, 55
Kohlenwasserstoffe 286
kombinierte Pfahl-Plattengründung 107, 135, 261
Beobachtungsmethode 268
Gesamtwiderstand 262
kombinierte Schlitzwand-Pfahl-Plattengründung 269
Kompressionsbeiwert 29
Konditionierungsverfahren 183
Konduktion 328
Konsistenzzahl 5
Konsolidationssetzung 27, 30
Konsolidierung 26, 30, 43, 53
Konsolidierungsbeiwert 32
Konsolidierungsgrad 32
Konsolidierungssetzung 27, 28, 30
Konsolidierungstheorie 30–34
Kontaminationspotenzial 282
Kontinuumsmechanik 259
Konvektion 328
Korndichte 7
Korngrößendiagramm 3, 4
Körnungslinie 3
Korrespondenzprinzip 79
KPIs (Key Performance Indicators) 203
KPP. *Siehe* Kombinierte Pfahl-Plattengründung
KPP-Richtlinie 261

Krafteck 139, 140
Kraftmessdose 251
kreisförmige Lastfläche 37
Kreisfundament
äquivalentes 79
komplexe Steifigkeitsfunktion 80
Kriechsetzung 27, 30
krummliniges Quadrat 23
Kunststoffdichtungsbahn 312

L
Laboruntersuchung 297
Lagerungsdichte 8, 93
Lamellenverfahren mit kreisförmigen Gleitflächen 53
Längsfuge 187, 189
Langzeitlager 282
Langzeitüberwachung 318
Laserflash-Methode 332
Laserscanner 244, 250
Lastfläche
kreisförmige 37
rechteckförmige 34
Laufzeitmessung 74
Leistungsdichte 328
Lichtstreuungsspektrum
qualitatives 334
Linienquellentheorie 331
Lockergestein 1
Love-Welle 73
Luftbedarf 200

M
Makrodispersion
großskalige 329
kleinskalige 329
Mantelreibung 123, 211
Mantelreibungskraft 199
Mantelwiderstand 123
Maschinendaten 202, 204, 208
Materialdämpfung des Bodens 79
Materialgesetz 2
Mehrbrunnenanlage 26, 27
Mehrkomponentenmedium
Wärmetransport 330
Mehrphasenkörper
Wärmetransport 330
Mehrphasenströmung 286
Messbereich 244
Messfrequenz 245
Messprogramm 243
Messunsicherheit 244, 247
Mikrodispersion
korngerüstbedingte 329
Mikropfähle 133
Mikrotunnelbau 225, 226
Mineralölschadensfall 291
MIP-Wände 154–156
Mischungskonstituente 10, 14–16
Mischungstheorie 10, 11, 15, 43, 330
Mixschild 178, 179
Modell
des geometrischen Mittels 331
rheologisches 271
verschmiertes 330
Monitored Natural Attenuation 303
Multibarrierenkonzept 308
Multizyklon 193, 194

N
Neigungssensor 250
neuronales Netz 207
neutrale Spannung 15
nicht-steuerbare Verfahren 215, 226
Niederdruckinjektion 113–115
normalkonsolidierter Boden 29, 30
Normalspannung
totale 43
Normierung
geotechnische 264

O
Oberflächenabdichtung 300, 311
Oberflächenspannung 10–13
Oberflächenverdichtung 109
Oberflächenverfestigung 114
Oberflächenwelle 69
Ödometer 28
Off-site-Verfahren 282
Ölvolumenermittlung 291
On-site-Verfahren 283
Optical-Scanning 332
Orientierungswert 283
Ortsbrust 167, 168, 170, 171, 173–185, 194–196, 198, 200, 201, 205, 206, 209, 210, 212, 213, 216, 224, 226, 230
mit Druckluftbeaufschlagung 173
mit Flüssigkeitsstützung 174
mit mechanischer Stützung 173
Ortsbruststabilität 194, 203, 205
Ortsbruststützung 167, 170, 178, 184, 199

P
Partialgröße 10
Péclet-Zahl 329
Pfahl
axial belasteter 127, 129, 134
Pfahlgründung 107, 123, 135, 138
Beobachtungsmethode 267
Pfahlgruppe 129, 130, 135, 137, 138
Pfahl-Plattengründung
kombinierte (*siehe* kombinierte Pfahl-Plattengründung)
Pfahlprüfung 126
Pfahlroste 138–141

Pfahltragfähigkeit 126, 127, 130, 131
Piezometer 249, 251
Piezometerrohr 14
Pilotrohrbohrverfahren 226
Plastizitätsdiagramm nach Casagrande 7
Plastizitätszahl 5, 6, 69
Polymerschäume 184
Polymersuspension 183
Porenanteil 7
Porenwasser 5, 11, 13–15, 16, 17, 27, 28, 30, 43
Porenwasserdruck 11, 13–17, 43, 44, 53, 249, 251
Porenwasserspannung 12, 15
Porenwinkelwasser 15
Porenzahl 7, 8, 27–29, 68
Potenzialnetz 23, 25
Pressbohrverfahren
  mit Aufweitung 216, 218
Prinzip
  der instationären Voll- und Halbraum-Linienquelle 332
  der wirksamen Spannungen 14–16
Probenahmestrategie 283
Proctor-Dichte 8
Prozess-Controlling 201, 202, 208
Prüfwert 283
P-Welle 69

Q
Quadrat
  krummliniges 23
Querdehnzahl 32, 33

R
Radiation 329
Rahmenscherversuch 43
Rammpfahl 126, 132, 133
Rammsondierung 90
Raumwelle 69
rechteckförmige Lastfläche 34
Refraktionsmessung 74
Reichstagsgebäude 336
Resonanz 63
Resonant-Column-Versuch 76
Reynolds-Zahl 329
Ringfuge 187–189
Rohrausziehverfahren 216, 219, 220
Rohrberstverfahren 216, 219, 220
Rohrvortrieb 167, 209–212, 214, 232
Ruhedruck 50
Rüstungsaltlast 283
Rütteldruckverdichtung 111
Rüttelstopfverdichtung 111, 112

S
Sackung 307
Sand
  wasserführender, Wärmeleitfähigkeit 337
Sanierung 283, 299
  biologische 301, 302
  hydraulische 302, 303
  pneumatische 303
  Überwachung 304
Sanierungsuntersuchung 283
Sättigungszahl 8, 14
Schadstoff 286
  Ausbreitung 287
  flüssiger 293
  Mobilisierung 287
Schadstoffinventar 284, 297
Schaum 184, 185
Scherdehnungsamplitude 67
Scherfestigkeit 9, 43–45, 46, 48, 52, 55
Scherverformung 66
Scherwelle 71
Scherwellengeschwindigkeit 73
Scherwiderstand 43, 53, 54
Schichtmodell 331
schichtnormale Durchströmung 22
schichtparallele Durchströmung 22
Schildmantel-Reibungskraft 197
Schildmaschine 167, 169, 172, 202
  mit teilflächigem Abbau 172
Schildvortrieb 174, 186, 191, 195, 196, 200, 201, 203, 205, 207, 212
Schildvortriebsverfahren 167, 181
Schlauchwaage 250
Schlitzwand 153, 156, 163
Schlitzwandlamelle
  Scheibenwirkung 272
Schlitzwand-Pfahl-Plattengründung 269, 270
Schlussstein 187
Schneckenförderer 181, 183–185
Schneidenwiderstand 198, 199
Schneidschuh 198, 210–212, 230
Schrumpfgrenze 5
Schubmodul
  dynamischer 77
  komplexer 67
Schurf 296
Schutzgüter 284
Schutzmaßnahme 284
Schwingung
  erzwungene 64
  freie 63
  von Fundamenten 78
Schwingungsentwässerer 193
Sekantenschubmodul 67
Senkkasten 107, 141–144, 146
Sensitivität 9, 10
Sensor 246
Separieranlage 175, 179, 180, 192, 194, 202
Setzung 307
Setzungsberechnung 34, 37–41, 121, 122, 321
Setzungsdifferenz 40
Setzungsermittlung 26, 37
Setzungsplot 274

SH-Welle 73
Sicherheit 52, 56
Sicherung von Böschungen 54
Siebbandpresse 194
Silobeiwert 195
Skeleton-Kurve 67
Slurry Shield 175, 176
Snell, Gesetz von 73
Sofortsetzung 27
Sohldruck 117–122, 135
Sohldruckverteilung 107, 123, 255, 258
Sohlfuge
  Spannungsnachweis 255
Sohlwiderstand 255
Soil Fracturing 113, 115
Soll-Ist-Vergleich 201, 205–208
Solvatationswasser 3, 5
Sondenfluidtemperatur
  mittlere 331
Sondierung 90, 93
Spannung 14, 15
  effektive 15
  neutrale 15
  wirksame 15
Spannungstrapezverfahren 258
Spannungsverteilung infolge Auflast 32–39
spezifische Strömungskraft 19, 24
Spreizspannung
  Deponiebasis 320
Sprengverdichtung 110
Spundwand 151, 156, 163
Standard-Penetration-Test 90
Standrohr 14
Standsicherheit von Böschungen 42, 52
Standsicherheitsnachweis 269
Startbaugrube 222, 224, 226–228, 230, 231
Stefan-Boltzmann-Gesetz 329
Steifemodul 28, 37
Steifemodulverfahren 259
Steighöhe
  kapillare 11, 12
steuerbares Verfahren 225, 226
Stoffgesetze 2
Stofftransport 287
Stokes-Raman-Streuung 333
Strömung 286
  zum Brunnen 24–26
  zumSickerschlitz 24–26
Strömungskraft
  spezifische 19, 24
Stützbauwerk 262
Stützdruck 175–177, 181, 183–185, 196, 197, 199
Stützflüssigkeit 174–177, 179
Suffosion 310
Summenparameter 284
SV-Welle 71
S-Welle 69
Systemverhalten 205, 208

T
TBM. *Siehe* Tunnelbohrmaschine
technische Baugrundausrüstung 334
technische Gebäudeausrüstung 334
Teilschnittabbau 167
Teilschnittmaschine 170, 173, 213
Temperatur 331
  absolute 333
Temperaturleitfähigkeit 328
Thermodynamik 327
Thixschild 174–177
Tiefenverdichtung 109–111
Tiefgründung 260
totale Größen 10
totale Normalspannung 43
Trägerbohlwand 149–151, 156, 160–162
Tragfähigkeit 107, 109, 112, 117, 120, 121, 124, 127–132, 134, 135, 140, 144, 157, 161, 162, 262
  von Flachgründungen 54
Tragwerk 254
  Modellierungsstufe 257
Tragwerksplanung 256
Triaxialversuch44
  zyklischer 77
Tübbing 186, 189, 190, 232
Tübbingauskleidung 186, 190
Tübbingdichtungsband 189
Tübbingsystem 186
Tunnelbohrmaschine 167, 168
  mit Schild 169
  ohne Schild 168
Tunnelsicherung 169, 186
Tunnelvortriebsmaschine 167, 168, 210

U
Überbau 254
Überkonsolidationsverhältnis 29
überkonsolidierter Boden 29, 30, 37
Überkonsolidierungsgrad 68
Überlagerungsdruck 29
Überwachung
  messtechnische 263
umweltgefährdender Stoff 285
Umweltgeotechnik 278
  Begriffsdefinition 278
  Task Forces 278
unbemannte Verfahren 214
Uni-Bibliothek in Rostock 335
Untergrundtemperatur
  oberflächennahe 329
Unternehmenszentrale der Deutschen Flugsicherung 335
Untersuchung
  geotechnische 85, 86
Unterwasserbetonsohle 158–160
Up-hole-Messung 76

V
Verankerung 157, 158
Verdichtung 107, 109–114, 117
Verdichtungsgrad 8
Verdrängungsbohrpfahl 126
Verdrängungspfahl 123, 124, 131
Verfahren
 bedingt-steuerbares 215, 226
 bemanntes 209
 geophysikalisches 93
 nicht-steuerbares 215, 226
 seismisches 95
 steuerbares 225, 226
 unbemanntes 214
Verfestigung 112–117, 153, 155
Vergrößerungsfaktor
 dynamischer 63
Verklebung 180
verrohrter Bohrpfahl 124, 132, 152
Verunreinigung 285
Vollschnittmaschine 173
Vollschnittabbau 167
Vortriebspressenkraft 181, 184, 197
Vortriebswiderstand 197–199

W
Wärme
 Definition 327
 geleitete 330
 gespeicherte 330
Wärmekapazität
 spezifische 327, 328
Wärmeleitfähigkeit 328, 332, 336
 Ermittlung 332
 wasserführende Sande 337
Wärmeleitung 328
Wärmequelle 331
Wärmestrahlung 329
Wärmestrahlungsleistung 329
Wärmestrom 327, 328
 konduktiver 329, 330
 konvektiver 329, 330
Wärmestromdichte 327, 328
 radiative, maximal mögliche 329
 über die Oberfläche 328
Wärmeströmung 328
Wärmetauscherrohr 335
Wärmeträgerfluid 334
Wärmetransport 328
 im Boden 327, 330
 Differenzialgleichung 331
Wärmeübergang 329
Wärmeübergangskoeffizient 329
Wasser
 adsorbiertes 3
Wasserdurchlässigkeit 87
Wasserdurchlässigkeitsbeiwert 87
Wassergehalt 5–7, 8, 44
wassergesättigter Boden 16
Wasserhaltung 147, 157, 158
Wasserhülle 2–5
 diffuse 3
Wasserprobenentnahme 296
Wellenausbreitung im Boden 68
Wellenlänge 70
Wellenpfad 75
Wellentyp
 Energieanteil 72
Wellenzahl 70
Wert
 charakteristischer 84, 97
Wichte 2, 9, 13, 16, 17, 19
Widerstand
 thermischer 328
Winkel der inneren Reibung 43
Wirkungspfad 285
Wirkungspotenzial 285

Z
Zeitbereichsreflektometrie
 optische 333
Zeitfaktor 32
Zeit-Setzungsverhalten 30
Zentrifuge 192, 194
Zerfall
 radioaktiver 291
Zielbaugrube 230
Zusammendrückbarkeit der Böden 27–34
Zweiphasenverfahren 115, 116, 153, 154
Zwischenpressstation 210–213, 226, 231
Zylinderquellentheorie 331

Zeitfracht Medien GmbH
Ferdinand-Jühlke-Straße 7
99095 Erfurt, Deutschland
produktsicherheit@kolibri360.de